Jana Brauweiler

Benchmarking von umweltorientiertem Wissen auf unterschiedlichen Aggregationsebenen

GABLER EDITION WISSENSCHAFT

Studien zum internationalen Innovationsmanagement

Herausgegeben von
Univ.-Professor Dr. Matthias Kramer
Internationales Hochschulinstitut Zittau

Die zunehmende Globalisierung stellt neue Herausforderungen an die strategische Unternehmensführung. Zukünftig werden die europäischen Integrationsprozesse die Innovations- und damit die Wettbewerbsfähigkeit von Unternehmen wesentlich prägen. Vor diesem Hintergrund werden in der Reihe sowohl Beiträge zur Innovationsforschung als auch zu Innovationsprozessen im internationalen Kontext präsentiert. Die konsequente Ausrichtung auf innovative und dynamische Marktentwicklungen, wie beispielsweise den Umweltmanagement- und -technikmarkt, liefert die Basis für eine Diskussion zwischen Wirtschaft, Politik, Verwaltung und Wissenschaft in einem interdisziplinären Umfeld.

Jana Brauweiler

Benchmarking von umweltorientiertem Wissen auf unterschiedlichen Aggregationsebenen

Eine exploratorische Untersuchung am Beispiel eines Vergleichs von Deutschland, Polen und Tschechien

Mit einem Geleitwort von Prof. Dr. Matthias Kramer

Deutscher Universitäts-Verlag

Bibliografische Information der Deutschen Bibliothek
Die Deutsche Bibliothek verzeichnet diese Publikation in der Deutschen Nationalbibliografie; detaillierte bibliografische Daten sind im Internet über >http://dnb.ddb.de> abrufbar.

Dissertation Internationales Hochschulinstitut Zittau (Sachsen), 2002

1. Auflage Oktober 2002

Lektorat: Brigitte Siegel / Nicole Schweitzer

Der Deutsche Universitäts-Verlag ist ein Unternehmen der Fachverlagsgruppe BertelsmannSpringer.
www.duv.de

Umschlaggestaltung: Regine Zimmer, Dipl.-Designerin, Frankfurt/Main

Gedruckt auf säurefreiem und chlorfrei gebleichtem Papier

ISBN-13:978-3-8244-7737-1 e-ISBN-13:978-3-322-81447-0
DOI: 10.1007/978-3-322-81447-0

Meinem Mann Dr. Hans-Christian Brauweiler
und meinen Eltern Renate und Günter Siegfried
in Liebe und Dankbarkeit gewidmet.

Geleitwort

Die Ressourcenverfügbarkeit und der effiziente Umgang mit den aus der Natur entnommenen Inputfaktoren bei Produktions- und Dienstleistungsprozessen werden zunehmend zu bestimmenden und begrenzenden Faktoren für die Entwicklungsfähigkeit von Volkswirtschaften. Internationalisierungs- und Globalisierungstendenzen stellen in diesem Zusammenhang zusätzliche Herausforderungen an die internationale Staatengemeinschaft, den Rahmen für eine nachhaltige Entwicklung zu gestalten und auf dieser Grundlage die diesbezüglichen marktwirtschaftlichen Prozesse mit zu begleiten.

Die Öffnung der Grenzen sowie die Demokratisierung in den ehemaligen sozialistischen Ländern Mittel- und Osteuropas haben auch zu einem liberalisierten Umgang mit Umweltinformationen und Umweltproblemen insgesamt geführt. Dies eröffnet Chancen, im Rahmen internationaler Kooperationen und Partnerschaften aktuelle Umweltprobleme zu lösen und künftige zu vermeiden. Es besteht daher ein hoher Bedarf für einen kontinuierlichen Erfahrungs- und Informationsaustausch sowie Wissenstransfer auf unterschiedlichen Ebenen über den Status Quo der Umweltbelastungen, Problemlösungskompetenzen und von erfolgreichen Modellen mit nachhaltiger Wirkung. Von besonderer Bedeutung wird in diesem Zusammenhang der Transfer umweltorientierten Wissens sein.

Das Wissensmanagement, als noch recht junge wissenschaftliche Disziplin, wird dadurch in der Zukunft noch eine zusätzliche Gewichtung erhalten. Unabhängig davon, ob man den Faktor Wissen bereits als eigenen Produktionsfaktor einstuft bzw. ihn als integralen Bestandteil der klassischen Faktoren sieht und daher eine explizite Betrachtung ausschließen möchte, muss auch hier dem Effizienzkriterium beim Umgang mit demselben genügt werden. Hierzu besteht nach wie vor erheblicher Forschungsbedarf. Im internationalen Maßstab scheitert ein effizientes Verarbeiten von Umweltinformationen schon häufig an heterogenen Datengrundlagen, den Unternehmen fehlen häufig konkrete Einschätzungsmöglichkeiten über ökonomische und ökologische Wirkungen bei der Realisierung ihrer Zielstellungen und es bestehen ungleiche Ausgangsbedingungen, die im internationalen Wettbewerb eine Harmonisierung sowie Angleichung der Entscheidungsgrundlagen erschweren. Nicht nur aus diesem Grund handelt es sich bei der vorliegenden Arbeit von Frau Dr. Brauweiler um eine sehr anspruchsvolle und aktuelle Thematik.

Unter Berücksichtigung dieser Rahmenbedingungen untersucht Frau Dr. Brauweiler in ihrer Dissertation, wie man den unternehmenszweckbezogenen Umgang von umweltrelevantem Wissen im internationalen Kontext analysieren und strukturieren kann. Als Instrument nutzt sie die Benchmarking-Methode, die durch die Verwendung auf unterschiedlichen Aggregationsebenen und den Ländervergleich Deutschland, Polen und Tschechien eine unter Anwendungsgesichtspunkten gesehen interessante Ergänzung erfährt, die in dieser Form bislang nicht publiziert wurde.

Das breit angelegte Betrachtungsspektrum unter Nutzung eines beachtlichen Literatur- und Datenumfangs einerseits und die sich anschließende innovative Vernetzung bisher nicht im Zusammenhang dargestellter Wissenskomponenten andererseits, stellen den besonderen Erkenntnisgewinn der Arbeit dar. Zusätzlichen Diskussionsraum für künftige Entwicklungen und den erforderlichen Forschungsbedarf schafft Frau Dr. Brauweiler durch eine differenzierte und komprimierte Darstellung ihrer Forschungsergebnisse, speziell für die weitere Entwicklung des umweltorientierten Wissenstransfers zwischen den betrachteten Benchmarking-Partnern, aber auch die Anforderungen an die Akteure einer Wissensgesellschaft ingesamt betreffend.

Das Buch bietet somit eine Fülle von Grundlagen, Vorschlägen und Erkenntnissen für unterschiedliche Zielgruppen. Es richtet sich an Interessenten, die sich einen Überblick über den Implementierungsstand von Umweltmanagementsystemen in den betrachteten Ländern verschaffen wollen, es bietet controllingorientierte Ansatzpunkte für die konkrete Anwendungsmöglichkeit der Benchmarking-Methode und es liefert Anhaltspunkte für Entscheidungsträger in Wirtschaft, Politik und Verwaltung zur künftigen Gestaltung des diesbezüglichen Wissenstransfers.

In der Summe wird in der Publikation von Frau Dr. Brauweiler daher ein äußerst anspruchsvolles Themenfeld bearbeitet, das sich durch den Innovationsgehalt exzellent in die Studienreihe zum internationalen Innovationsmanagement eingliedern lässt und deshalb einen wesentlichen Impuls für die weitere Entwicklung der Reihe darstellt.

Matthias Kramer

Vorwort

Die hier vorliegende Arbeit reiht sich in ein relativ junges Forschungsgebiet ein, da sich das Benchmarking sowohl im Rahmen des Wissensmanagements als auch bezogen auf umweltorientierte Untersuchungsgegenstände - insbesondere im internationalen Kontext - erst in der Entwicklung befindet.

Die Anstöße zur Beschäftigung mit dem Benchmarking von umweltorientiertem Wissen waren verschiedener Art. Entsprechend der Bedeutung des Wissens als Produktionsfaktor und Ergebnis internationaler Wertschöpfungsaktivitäten spielt das Wissensmanagement in Theorie und Praxis eine immer größere Rolle. In diesem Rahmen kommt dem internationalen Management von umweltorientiertem Wissen auf Grund des grenzüberschreitenden Charakters der Umweltprobleme sowie den mit den Internationalisierungsprozessen verbundenen Chancen zur Umsetzung eines zielgerichteten Wissenstransfers eine besondere Bedeutung zu.

Die Fokussierung der Betrachtung auf Deutschland, Polen und Tschechien - Länder, die sich entsprechend ihrer geographischen Lage gegenwärtig am Grenzverlauf der Europäischen Union befinden - wurde dabei durch unterschiedliche Gründe motiviert. Die bis zur Systemtransformation in Polen und Tschechien einerseits sowie Deutschlands andererseits historisch unterschiedlichen Wirtschaftssysteme bedingen zwar differenziertes umweltorientiertes Wissen. Die Zugehörigkeit Polens und Tschechiens zur ersten Beitrittsgruppe in die Europäische Union erfordert aber die Angleichung der politisch-rechtlichen, sozialen, ökonomischen und ökologischen Rahmenbedingungen, wobei der Nachweis vergleichbarer Umweltstandards notwendig ist. Entsprechend dieser Tendenzen findet eine dynamische Anpassung des umweltorientierten Wissens statt. Dabei führt die zunehmende Internationalisierung der Wirtschaften der drei Länder zu einem Transfer von Technologien, aber auch von Managementstrategien. In diesem Zusammenhang hat sich eine Erwartungshaltung etabliert, die davon ausgeht, dass hohe Wissenstransferpotenziale von Deutschland nach Polen und Tschechien bestehen.

Um diese Erwartungshaltung zu evaluieren, ist es Zielstellung dieser Arbeit, das einem internationalen Transfer zu Grunde liegende umweltorientierte Wissen methodisch konsistent und inhaltlich umfassend zu untersuchen. Dazu wird unter Nutzung des Benchmarking-Konzeptes eine Methodik entwickelt und angewendet, durch die das umweltorientierte Wissen im internationalen Kontext definiert, seine Ausprägungen analysiert und festgestellte Unterschiede nach Wissensvorsprüngen bzw. -defiziten bewertet werden können. Die hierfür definierten Benchmarks werden entsprechend ihres Abstraktionsgrades auf der makro-, meso- und mikroökonomischen Betrachtungsebene strukturiert und die Benchmarking-Analyse für jede Betrachtungsebene durchgeführt. Während durch das makroökonomische Benchmarking Rahmenbedingungen sowie Art und Umfang des umweltorientierten Wissens Deutschlands, Polens und Tschechiens untersucht und bewertet werden, wird innerhalb dieses Rahmens durch das mesoökonomische Benchmarking eine branchenbezogene und durch das mikroökonomische Benchmarking eine prozessbezogene Konkretisierung des umweltorientierten Wissens vorgenommen. In diesem Zusammenhang werden deskriptiv auf jeder Betrachtungsebene benchmarkbezogene Wissensvorsprünge bzw. -defizite definiert, Zusammenhänge zwischen den Benchmark-Bewertungen erarbeitet sowie Übereinstimmungen, Ergänzungen oder Differenzierungen der Benchmark-Bewertungen zwischen unterschiedlichen Aggregationsebenen diskutiert. Im Sinne einer impulsgebenden Schnittstellendiskussion werden außerdem auf jeder Betrachtungsebene Voraussetzungen betrachtet, unter denen die definierten Wissensvorsprünge und -defizite Marktrelevanz erhalten und auf dieser Basis normative Empfehlungen für die Weiterentwicklung des umweltorientierten Wissens durch einen internationalen Transfer zwischen Deutschland, Polen und Tschechien erarbeitet.

Für das Benchmarking von umweltorientiertem Wissen liefert diese Arbeit damit methodische und analytische Ergebnisse. Der Beitrag zur Weiterentwicklung der Benchmarking-Methodik resultiert aus der Konkretisierung der Anforderungen dieses Instrumentes für die Untersuchung des umweltorientierten Wissens im internationalen Kontext und auf unterschiedlichen Aggregationsebenen. Als analytischen Beitrag erbringt die Arbeit durch die detaillierte Analyse des umweltorientierten Wissens, die schlüssige Bewertung von Wissensvorsprüngen und -defiziten sowie die begründete Ableitung von Bereichen für einen internationalen Wissenstransfer die notwendigen Informationen zur Bewertung und Entwicklung des umweltorientierten Wissens im internationalen Maßstab.

Die Benchmarking-Analyse des umweltorientierten Wissens Deutschlands, Polens und Tschechiens hat exploratorischen Charakter. In diesem Sinne liefert sie im oben erläuterten Rahmen erstmalig einen Beitrag dafür, für alle drei Partner das umweltorientierte Wissen zu bestimmen, tiefgehend zu analysieren und plausibel zu bewerten. Da in diesem Zusammenhang Eingrenzungen, z. B. bezüglich der zu berücksichtigenden Wissenselemente oder des zu betrachtenden Zeitraumes, vorgenommen wurden, dient die Untersuchung als Einstieg in das internationale Management von umweltorientiertem Wissen zwischen Deutschland, Polen und Tschechien.

Jana Brauweiler

Danksagung

Die Arbeit entstand während meiner Tätigkeit als wissenschaftliche Mitarbeiterin am Studiengang Betriebswirtschaftslehre des Internationalen Hochschulinstituts Zittau. Entsprechend des hier angelegten Profils hatte ich über internationale Forschungs- und Praxisprojekte sowie die in diesem Rahmen entwickelten Kooperationen die Möglichkeit, die oben skizzierte Thematik zu bearbeiten. Mein erster und herzlicher Dank gilt daher dem Studiengangsleiter und meinem Doktorvater Herrn Prof. Dr. Matthias Kramer. Er hat durch anspruchsvolle Forderungen einerseits, Freiräume für eigenständige Entscheidungen und Schwerpunktsetzungen andererseits sowie eine vertrauensvolle Arbeitsatmosphäre die Entstehung und den Abschluss dieser Arbeit ermöglicht.

Weiterhin bedanke ich mich bei meinen Zweit- und Drittgutachtern, Herrn Prof. Dr. Eberhard Seidel, Leiter des Instituts für Ökologische Betriebswirtschaftslehre der Universität-Gesamthochschule Siegen sowie Herrn Prof. Dr. Marco Lehmann-Waffenschmidt, Leiter des Lehrstuhls Managerial Economics der Technischen Universität Dresden, für die umfangreichen inhaltlichen Impulse und die intensive Unterstützung.

Ich bedanke mich außerdem bei Herrn Prof. Dr. Zygfryd Nowak, Leiter des Cleaner Production Zentrums Katowice und des Lehrstuhls für Umwelt- und Sicherheitsmanagement der Schlesischen Technischen Universität Gliwice für die interessanten Diskussionen über das umweltorientierte Wissen im internationalen Maßstab und die wichtigen fachlichen Anregungen.

Für die zahlreichen inhaltlichen Hinweise und die freundschaftliche Unterstützung bedanke ich mich bei Frau Dr. Liane Möller sowie bei meinen Kolleginnen und Kollegen des Studienganges Betriebswirtschaftslehre. Hier insbesondere bei Herrn Dipl.-Kfm. David Müller (für die jederzeit möglichen, konstruktiven und zielführenden Diskussionen), bei Frau Dipl.-Ing. (FH) Peggy Eifler (für die interdisziplinären Gespräche und das unübertroffene Korrekturlesen) und bei Frau Dipl.-Kff. Maria Urbaniec (für die Ausdauer bei der Besorgung und Übersetzung polnischer Informationen und die darauf aufbauenden internationalen Diskussionen). Herzlich bedanke ich mich auch bei Frau Gabriele Triebel, Sachbearbeiterin im Studiengang, für ihre durch viele Gesten geprägte Unterstützung und Motivation sowie bei Herrn Dipl.-Ing. (FH) Andreas Sommer, Verein für internationales und interdisziplinäres Management e. V., für seine technischen Hilfestellungen.

Ganz persönlich und von Herzen bedanke ich mich bei meiner Familie: Bei meinem Mann, Dr. Hans-Christian Brauweiler, dass er mich dadurch motivierte und voranbrachte, indem er stets das richtige Maß zwischen kritischem Hinterfragen meiner Arbeitsergebnisse und Ermunterung zur Fortsetzung auf dem eingeschlagenen Weg gefunden hat; des Weiteren bei meinen lieben Eltern, Renate und Günter Siegfried, die mich im privaten Bereich zu jeder Zeit sowie mit großer Selbstverständlichkeit weit über das übliche Maß hinaus unterstützten und mich durch ihren Optimismus motivierten sowie bei meiner Schwiegermutter, Elisabeth Brauweiler, für ihren Zuspruch.

Jana Brauweiler

Inhaltsverzeichnis

Geleitwort VII

Vorwort IX

Danksagung XI

Inhaltsverzeichnis XIII

Tabellenverzeichnis XIX

Abbildungsverzeichnis XXIII

Abkürzungsverzeichnis XXV

1 Spezifik des Managements von umweltorientiertem Wissen im Rahmen der Internationalisierung 1

1.1 Kennzeichen und Effekte von Internationalisierungstendenzen 2

1.2 Relevanz umweltorientierter Aspekte bei Internationalisierungsprozessen 7

1.3 Dimensionen des internationalen Managements von umweltorientiertem Wissen 10

1.4 Identifikation und Bewertung des umweltorientierten Wissens als Voraussetzung des internationalen Wissensmanagements 20

1.5 Auswahl des Benchmarking-Konzeptes als methodisches Hilfsmittel zur Untersuchung des umweltorientierten Wissens 25

2 Entwicklung des methodischen Vorgehens zum Benchmarking von umweltorientiertem Wissen 31

2.1 Grundsätzliche Kennzeichen und Arten des Benchmarkings 32

2.2 Konkretisierung der Anforderungen des Benchmarking-Konzeptes für die Untersuchung von umweltorientiertem Wissen 36

2.2.1 Begründung, Strukturierung und Abgrenzung des Benchmarking-Objektes 37

2.2.2 Auswahl geeigneter Benchmarking-Partner auf Basis ausreichender Unterschiede 38

2.2.3 Festlegung von quantitativen und qualitativen Benchmarks 39

2.2.4 Mess-, Vergleichs- und Gestaltungsaspekt der Benchmarking-Analyse 42

2.3 Eingrenzung des Benchmarking-Objektes auf das explizite und explizierte implizite umweltorientierte Wissen 49

2.4 Ergänzende Begründung der Benchmarking-Partner Deutschland, Polen und Tschechien auf Basis von zu erwartenden Unterschieden im umweltorientierten Wissen 51

2.4.1 Wissen in Abhängigkeit der langfristigen Entwicklung der umweltorientierten Unternehmensführung in Deutschland 52

2.4.2 Auswirkungen des Transformationsprozesses in Polen und Tschechien auf die Wissensentwicklung 56

2.5 Ableitung von Benchmarks zur Analyse des umweltorientierten Wissens auf Basis von Erklärungsfaktoren des internationalen Managements 61

2.5.1 Entwicklung von Benchmarks auf Grundlage von Internationalisierungs-theorien 62

2.5.1.1 Theorie der monopolistischen Vorteile 67

2.5.1.2 Internalisierungstheorie 68

2.5.1.3 Außenhandelstheorie 70

2.5.2 Erarbeitung von Benchmarks auf Basis von Theorien der Multinationalen Unternehmung 72

2.5.2.1 Ressourcentransferorientierte Theorie 72

2.5.2.2 Ressourcenorientierte Theorie 73

2.5.3 Strukturierung der Benchmarks auf der makro-, meso- und mikroökonomischen Aggregationsebene 74

2.6 Konkretisierung des Mess-, Vergleichs- und Gestaltungsaspektes für die Benchmarking-Analysen auf der makro-, meso- und mikroökonomischen Ebene 77

3. Benchmarking-Analyse des umweltorientierten Wissens Deutschlands, Polens und Tschechiens auf der makroökonomischen Ebene 81

3.1 Benchmarking der Rahmenbedingungen des Wissens auf Basis von Umweltzustandsindikatoren 83

3.1.1 Anpassungsreaktionen und -bedarf im Bereich der Luftemissionen 84

3.1.2 Aktuelle Tendenzen und Erfordernisse im Bereich Wasser/Abwasser 90

3.1.3 Ergebnisse und Entwicklungsbedarf in der Abfallwirtschaft 93

3.1.4 Definition von Wissensvorsprüngen bzw. -defiziten unter Berücksichtigung der aktuellen und zu erwartenden Wirtschaftskraft 98

3.2 Benchmarking von ex post und ex ante Leistungsindikatoren zum umwelttechnischen Wissen 101

3.2.1 Beitrag realisierter Umweltschutzinvestitionen zur Harmonisierung der Umweltstandards 104

3.2.2 Differenzierung zukünftig erforderlicher Umweltschutzinvestitionen nach Umfang und Art ... 111

3.2.3 Festlegung von Wissensvorsprüngen bzw. -defiziten in Abhängigkeit von Investitionsfähig- und -notwendigkeiten ... 117

3.3 Benchmarking des expliziten Wissens und der Leistungsindikatoren zu Umweltmanagementsystemen ... 121

3.3.1 Die internationale Norm ISO 14001 ... 122

3.3.1.1 Entwicklung der Norm und Einbindung in die Normenreihe ... 123

3.3.1.2 Anforderungen und Verfahrensablauf zur Zertifizierung ... 124

3.3.1.3 Erfolgte Standardisierung und dynamische Einführung der Norm ... 126

3.3.2 Die europäische EMAS-VO ... 132

3.3.2.1 Aufhebung der EMAS I durch die revidierte EMAS II ... 132

3.3.2.2 Leistungsanforderungen für eine Validierung nach der EMAS II ... 133

3.3.2.3 International inhomogene Standardisierung und Implementierung der Verordnung ... 137

3.3.3 Die weltweit ausgerichteten Cleaner Production Concepts ... 143

3.3.3.1 Verbreitung der Cleaner Production Idee über Cleaner Production Programme ... 143

3.3.3.2 Integrierter Umweltschutz- und modularer Umweltmanagementsystemansatz der Cleaner Production Concepts ... 145

3.3.3.3 Unterschiede in Standard und Umsetzung der Cleaner Production Concepts bei den Benchmarking-Partnern ... 153

3.3.4 Bestimmung von Wissensvorsprüngen bzw. -defiziten im Zusammenhang mit Markterfordernissen ... 159

3.4 Ansatzpunkte zur Beibehaltung, Neuausrichtung oder Neukombination des umweltorientierten Wissens ... 163

4 Benchmarking-Analyse des umweltorientierten Wissens Deutschlands, Polens und Tschechiens auf der mesoökonomischen Ebene ... 169

4.1 Ermittlung grundsätzlicher Wissenstransferpotenziale auf Basis der internationalen Branchenstruktur ... 170

4.1.1 Das Verarbeitende Gewerbe als ökonomisch maßgeblicher Wirtschaftsbereich aller Benchmarking-Partner ... 170

4.1.2 Festlegung ökonomisch maßgeblicher Branchen des Verarbeitenden Gewerbes in Abhängigkeit von Beschäftigung, Umsatz und Arbeitsproduktivität ... 176

4.1.2.1 Methodische Vorgehen zur Normierung und Abgrenzung der Branchen ... 177

4.1.2.1.1 Zweidimensionale Betrachtungsweise auf Basis der Portfolio-Analyse 179
4.1.2.1.2 Anwendung der ABC-Analyse im Rahmen einer eindimensionalen Betrachtung 179
4.1.2.2 Kooperationspotenziale zwischen den ökonomisch maßgeblichen Branchen des deutschen, polnischen und tschechischen Verarbeitenden Gewerbes 183

4.2 Benchmarking des umwelttechnischen Wissens der ökonomisch maßgeblichen Branchen 188
4.2.1 Entwicklung und Stand der Umweltintensitäten deutscher, polnischer und tschechischer Branchen 190
4.2.2 Definition von Wissensvorsprüngen bzw. -defiziten in Abhängigkeit der branchenbezogenen Umweltintensität 198

4.3 Benchmarking des Wissens ökonomisch maßgeblicher Branchen zu Umweltmanagementsystemen 202
4.3.1 ISO 14001-Zertifizierungs- und EMAS-Validierungsintensität der deutschen Branchen 205
4.3.2 Zertifizierungsintensität der polnischen Branchen zur ISO 14001 und zum CP-EMS 208
4.3.3 ISO 14001-Zertifizierungsintensität tschechischer Branchen 211
4.3.4 Festlegung von Wissensvorsprüngen bzw. -defiziten unter Berücksichtigung der branchenbezogenen Zertifizierungs- und Validierungsintensität 213

4.4 Ansatzpunkte für eine branchenbezogene Wissensentwicklung 218

5 Benchmarking-Analyse des umweltorientierten Wissens Deutschlands, Polens und Tschechiens auf der mikroökonomischen Ebene ... 225

5.1 Differenzierung der Benchmarks zur Untersuchung des explizierten Erfahrungswissens nach Motivations-, Anforderungs- und Effizienzkriterien 226

5.2 Benchmarking von Ursachen, Art und Resultaten der Internalisierung von Wissen zur ISO 14001 im internationalen Maßstab 229
5.2.1 Kennzeichen des impliziten Wissens aus Sicht der deutschen Unternehmen 231
5.2.2 Weitere Charakteristika des Erfahrungswissens in Bezug auf polnische Unternehmen 243
5.2.3 Vergleichbare und abweichende Merkmale der Wissensentwicklung aus der Perspektive tschechischer Unternehmen 251
5.2.4 Definition von Wissensvorsprüngen bzw. -defiziten unter Berücksichtigung der Motivations- und auf Basis der Anforderungs- und Effizienzkriterienbeurteilung ...258

5.3 Benchmarking der Internalisierung von Wissen zur EMAS-VO nach Gründen, Ausprägungen und Resultaten für deutsche Unternehmen 261

5.3.1 Charakteristika des impliziten Wissens unter Berücksichtigung von Gemeinsamkeiten und Unterschieden im Vergleich zum Wissen zur ISO 14001 .... *264*

5.3.2 Festlegung von Wissensvorsprüngen bzw. -defiziten unter Beachtung der Motivations- und auf Grundlage der Anforderungs- und Effizienzkriterienbewertung ... *275*

5.4 Benchmarking von Kennzeichen und Beiträgen der Internalisierung von Wissen zum Cleaner Production Concept in polnischen Unternehmen 277

5.4.1 Neue Aspekte zum Erfahrungswissen entsprechend der Spezifik des Cleaner Production-Ansatzes *277*

5.4.2 Ableitung von Wissensvorsprüngen in Abhängigkeit der Beurteilung von Anforderungs- und Effizienzkriterien *282*

5.5 Ansatzpunkte zur Weiterentwicklung des impliziten Wissens zu Umweltmanagementsystemen in deutschen, polnischen und tschechischen Unternehmen 283

6. Ergebnisse, Grenzen und weitere Erfordernisse für das Benchmarking von umweltorientiertem Wissen 291

6.1 Zusammenfassung und Differenzierung der Ergebnisse des makro-, meso- und mikroökonomischen Benchmarkings 291

6.2 Bewertung des methodischen Vorgehens und Ableitung von Ansatzpunkten für weiterführende Forschungen 304

Anhangverzeichnis 311

Literaturverzeichnis 327

Tabellenverzeichnis

Tabelle 1-1: Umfang und Richtungen von Ex- und Importen Polens und Tschechiens 3
Tabelle 1-2: Direktinvestitionen in Mittel- und Osteuropa nach Herkunftsländern (Anteil am Bestand 1998) 3
Tabelle 1-3: Länderstruktur der kumulierten ausländischen Direktinvestitionen in Polen und Tschechien in % 4
Tabelle 1-4: Ausgewählte Determinanten der Globalisierung 5
Tabelle 1-5: Mögliche negative und positive Umweltwirkungen der Internationalisierung/ Globalisierung 9
Tabelle 1-6: Rolle des Wissens zur Erzielung von Verbundvorteilen internationaler Unternehmen 11
Tabelle 1-7: Vergleichende Bewertung von Controllinginstrumenten zur Analyse und Bewertung des umweltorientierten Wissens 26
Tabelle 2-1: Übersicht über wesentliche Erklärungsansätze der Internationalisierung 62
Tabelle 2-2: Charakteristika des industrieökonomischen, internalisierungstheoretischen und standortbezogenen Ansatzes zur Erklärung von Internationalisierung 65
Tabelle 2-3: Erklärungsansätze von Theorien der Multinationalen Unternehmung 72
Tabelle 3-1: Ausgewählte Emissionskennziffern Deutschlands 1990-1998 86
Tabelle 3-2: Vergleich von Emissionen pro Kopf in den Alten und Neuen Bundesländern 1990 und 1995 88
Tabelle 3-3: Ausgewählte Emissionskennziffern 1995 und 1997 89
Tabelle 3-4: Entwicklung von Wasserentnahme und Abwasseraufkommen in Deutschland 90
Tabelle 3-5: Wasserverbrauch, Abwasseraufkommen und -behandlung in Polen 91
Tabelle 3-6: Trinkwasserproduktion und Abwassereinleitung in Tschechien 91
Tabelle 3-7: Anschluss der Bevölkerung an Kläranlagen in Deutschland, Polen und Tschechien 1980-1998 92
Tabelle 3-8: Aufkommen und Entsorgung von Abfällen in Deutschland 1990 i. Vgl. zu 1993 93
Tabelle 3-9: Primärabfallaufkommen 1996 und 1997 in Deutschland 94
Tabelle 3-10: Entwicklung der Industrie- und Kommunalabfälle in Polen 95
Tabelle 3-11: Entstehung der Abfälle nach Herkunft in Tschechien 96
Tabelle 3-12: Abfallbehandlung in Tschechien 1998-1999 96
Tabelle 3-13: Siedlungsabfall im internationalen Vergleich 97
Tabelle 3-14: Struktur der Umweltschutzinvestitionen des Produzierenden Gewerbes in Deutschland 1991-1997 105
Tabelle 3-15: Umweltschutzinvestitionen des Produzierenden Gewerbes der Alten und Neuen Bundesländer 1991-1997 106
Tabelle 3-16: Struktur der Umweltschutzinvestitionen in Polen 1990-1999 108

Tabelle 3-17: Struktur der Umweltschutzinvestitionen in Tschechien 1988-1998 110
Tabelle 3-18: Durchschnittlich erwartete jährliche Wachstumsraten internationaler Umweltschutzmärkte bis zum Jahr 2000 112
Tabelle 3-19: Marktpotenzial bzw. -volumen für Umwelttechnik in Deutschland in Mrd. DM 112
Tabelle 3-20: Marktpotenzial für Umwelttechnik in Osteuropa in Mrd. DM (nach HELMUT KAISER UNTERNEHMENSBERATUNG) 113
Tabelle 3-21: Investitionsbedarf für den Ausbau der Umweltschutz-Infrastruktur in Osteuropa in Mrd. DM (nach dem INSTITUT DER DEUTSCHEN WIRTSCHAFT) 113
Tabelle 3-22: Prozentualer Anteil der umweltorientierten Anpassungskosten Polens und Tschechiens am BIP (nach DZIEGIELEWSKA) 114
Tabelle 3-23: Umweltorientierter Investitionsbedarf Polens und Tschechiens nach Bereichen (nach DZIEGIELEWSKA) 115
Tabelle 3-24: Differenzierung des Investitionsbedarfs in Polen in den Bereichen Wasser, Abfall, Luft in Mio. DM 116
Tabelle 3-25: Welthandelsanteile potenzieller Umweltschutzgüter 1991-1997 im internationalen Maßstab 118
Tabelle 3-26: Anzahl deutscher Umwelttechnikanbieter 118
Tabelle 3-27: Höhe der Umweltexporte deutscher Umwelttechnikanbieter nach Bereichen (1995) 119
Tabelle 3-28: Zielregionen für Umweltexporte aus Deutschland 120
Tabelle 3-29: Normen im Rahmen der ISO 14000er Reihe 123
Tabelle 3-30: Entwicklung der ISO 14001-Zertifizierungen weltweit im Zeitraum 1995-2000 128
Tabelle 3-31: Entwicklung der ISO 14001-Zertifikate in EU-Ländern auf Basis relativer Kennzahlen im Zeitraum 1996-1998 130
Tabelle 3-32: Absolute und relative Kennzahlen zum Einführungsgrad der ISO 14001 in Deutschland, Polen und Tschechien (Stand Januar 2002) 131
Tabelle 3-33: Entwicklung der EMAS-Registrierungen in EU-Ländern im Zeitraum 1996-2001 140
Tabelle 3-34: Erwerbstätige und Bruttoinlandsprodukt (BIP) pro EMAS-Registrierung 1996 und 1998 141
Tabelle 3-35: Umsetzungsstand der ÖKOPROFIT-Idee in deutschen Kommunen 157
Tabelle 3-36: Absolute Kennzahlen zur Umsetzung des CPC in Polen (1991-2000) und Tschechien (1992-1997) 158
Tabelle 3-37: Ansatzpunkte zur Entwicklung der konzeptionellen Wissensbasis durch einen internationalen Wissenstransfer auf makroökonomischer Ebene 167

Tabelle 4-1: Sektorale Zusammensetzung der deutschen, polnischen und tschechischen Volkswirtschaften im Zeitraum 1991-1999 176
Tabelle 4-2: Ansatzpunkte der regionalen Zusammenarbeit auf Basis ökonomisch maßgeblicher Branchen des Verarbeitenden Gewerbes 188
Tabelle 4-3: Entwicklung der Umweltintensität der Branchen des Verarbeitenden Gewerbes in Deutschland 1991-1997 192
Tabelle 4-4: Entwicklung der Umweltintensität der Branchen des Verarbeitenden Gewerbes in Polen 1995-1999 195
Tabelle 4-5: Entwicklung der Umweltintensität der Branchen des Verarbeitenden Gewerbes in Tschechien 1994-1998 197
Tabelle 4-6: Ansatzpunkte für eine branchenbezogene Wissensentwicklung durch einen internationalen Wissenstransfer auf mesoökonomischer Ebene 222
Tabelle 5-1: Kennzeichen empirischer Erhebungen zur Umsetzung der Anforderungen der ISO 14001 in deutschen, polnischen und tschechischen Unternehmen 231
Tabelle 5-2: Relevanz interner, externer Gründe sowie der Vorgaben des Mutterunternehmens für die Einführung der ISO 14001 in deutschen Unternehmen 232
Tabelle 5-3: Motive für die Einführung der ISO 14001 in deutschen Unternehmen 233
Tabelle 5-4: Kritische Abweichungen deutscher Unternehmen von den Anforderungen der ISO 14001 234
Tabelle 5-5: Klärungsbedarf deutscher Unternehmen zu einzelnen Anforderungen der ISO 14001 235
Tabelle 5-6: Effekte der ISO 14001 in deutschen Unternehmen i. Vgl. zu ihren Erwartungen 238
Tabelle 5-7: Schwierigkeiten deutscher Unternehmen beim Aufbau und der Aufrechterhaltung des Umweltmanagementsystems nach der ISO 14001 239
Tabelle 5-8: Zeitlicher Aufwand für die Einführung der ISO 14001 in deutschen Unternehmen 240
Tabelle 5-9: Durchschnittliche Kosten und Einsparungen bei der Einführung der ISO 14001 in deutschen Unternehmen 241
Tabelle 5-10: Einführungs-, laufende und Investitionskosten deutscher Unternehmen bei der Umsetzung der ISO 14001 241
Tabelle 5-11: Durch die ISO 14001 erzielte Kostensenkungen in deutschen Unternehmen 242
Tabelle 5-12: Durch die ISO 14001 erzielte Verringerungen des Umweltverbrauchs in deutschen Unternehmen 242
Tabelle 5-13: Motive für die Einführung der ISO 14001 in polnischen Unternehmen 243
Tabelle 5-14: Ursachen für das geringe Interesse polnischer Unternehmen an der ISO 14001 244
Tabelle 5-15: Probleme polnischer Unternehmen bei der Umsetzung einzelner Anforderungen der ISO 14001 245

Tabelle 5-16: Vorteile der Einführung der ISO 14001 in polnischen Unternehmen 247
Tabelle 5-17: Schwierigkeiten polnischer Unternehmen bei der Einführung der ISO 14001 248
Tabelle 5-18: Zeitlicher Aufwand für die Einführung der ISO 14001 in polnischen Unternehmen 249
Tabelle 5-19: Direkte und indirekte Kosten polnischer Unternehmen bei der Einführung der ISO 14001 250
Tabelle 5-20: Bewertung der Effizienz des Umweltmanagementsystems nach der ISO 14001 durch polnische Unternehmen 250
Tabelle 5-21: Anreize für und Erwartungen an die Einführung (und Zertifizierung) eines Umweltmanagementsystems in tschechischen Unternehmen 251
Tabelle 5-22: Vorteile der Einführung eines Umweltmanagementsystems in tschechischen Unternehmen 254
Tabelle 5-23: Absolute und relative Kennzahlen zu den Kosten der Einführung eines Umweltmanagementsystems in tschechischen Unternehmen 257
Tabelle 5-24: Kennzeichen empirischer Erhebungen zur Umsetzung der Anforderungen der EMAS-VO in deutschen Unternehmen 263
Tabelle 5-25: Motive für die Einführung der EMAS-VO in deutschen Unternehmen 264
Tabelle 5-26: Motive für die weitere Beteiligung deutscher Unternehmen an der EMAS-VO 265
Tabelle 5-27: Abweichungen deutscher Unternehmen bei der Erfüllung der Normanforderungen der EMAS-VO 267
Tabelle 5-28: Positive Effekte der Einführung der EMAS-VO in deutschen Unternehmen 269
Tabelle 5-29: Zeitlicher, personeller und finanzieller Aufwand der EMAS-Einführung in deutschen Unternehmen 271
Tabelle 5-30: Verteilung des finanziellen Aufwandes deutscher Unternehmen durch die Beteiligung der EMAS-VO nach Kostenarten 272
Tabelle 5-31: Bereiche und Höhe erzielter Kosteneinsparungen durch die EMAS-VO in deutschen Unternehmen 273
Tabelle 5-32: Zusammenfassung der ökologischen Ergebnisse von zehn CP-Schulen in Polen 280
Tabelle 5-33: Ökologische und ökonomische Effekte des CP-EMS in 54 verifizierten polnischen Unternehmen 280
Tabelle 5-34: Ansatzpunkte zur prozessualen Entwicklung der konzeptionellen Wissensbasis durch einen internationalen Wissenstransfer auf mikroökonomischer Ebene 288

Abbildungsverzeichnis

Abbildung 1-1: Aspekte des Wissensmanagements - ihre Kennzeichen und Instrumente 13
Abbildung 1-2: Dimensionen des umweltorientierten Wissens im internationalen Kontext 16
Abbildung 1-3: Abgrenzung des Untersuchungsgegenstandes und der Zielstellungen der Arbeit 24
Abbildung 2-1: Arten des Benchmarkings, differenziert nach Partnern, Objekten und Regionen 35
Abbildung 2-2: Relevanz der grundsätzlichen Einflussfaktoren von Nachfrage und Angebot für Nachfrage nach bzw. Angebot an umweltorientiertem Wissen 46
Abbildung 2-3: Der methodische Beitrag des Benchmarking-Konzeptes zur Analyse des umweltorientierten Wissens Deutschlands, Polens und Tschechiens 48
Abbildung 2-4: Argumentationsweg zur Ableitung und Bewertung der Benchmarks, systematisiert nach Makro-, Meso- und Mikroebene 76
Abbildung 2-5: Zielstellungen und Vorgehen der Benchmarking-Analysen auf der makro-, meso- und mikroökonomischen Ebene 79
Abbildung 3-1: Anforderungen und Verfahrensablauf der ISO 14001 125
Abbildung 3-2: Anforderungen und Verfahrensablauf der EMAS II 136
Abbildung 3-3: Typische Cleaner Production Maßnahmen 145
Abbildung 3-4: Grundsätzliche Verknüpfbarkeit von Umweltmanagementsystemen (UMS) und dem Cleaner Production Concept (CPC) - vereinfachte Darstellung 151
Abbildung 3-5: Synergien zwischen dem CPC und einem Umweltmanagementsystem nach der ISO 14001 152
Abbildung 3-6: Zusammenfassung der Ergebnisse des makroökonomischen Benchmarkings und ihrer Zusammenhänge für Deutschland (D), Polen (PL) und Tschechien (CZ) 164
Abbildung 4-1: Einordnung der Wirtschaftsbereiche in die Volkswirtschaft 171
Abbildung 4-2: Zusammensetzung und Entwicklung der Wirtschaftsbereiche Deutschlands 1991 und 1999 173
Abbildung 4-3: Zusammensetzung und Entwicklung der Wirtschaftsbereiche Polens 1992 und 1999 174
Abbildung 4-4: Zusammensetzung und Entwicklung der Wirtschaftsbereiche Tschechiens 1991 und 1999 175
Abbildung 4-5: Einordnung und Methodik der Branchenstrukturanalyse 181
Abbildung 4-6: Ergebnisse der Branchenstrukturanalyse auf Basis der Portfolio-Analyse für Deutschland, Polen und Tschechien 184
Abbildung 4-7: Ergebnisse der Branchenstrukturanalyse auf Basis der ABC-Analyse für Deutschland, Polen und Tschechien 186

Abbildung 4-8: Ökonomisch maßgebliche und unmaßgebliche Branchen des Verarbeitenden Gewerbes in Deutschland, Polen und Tschechien 187
Abbildung 4-9: Durchschnittliche Umweltintensität der Branchen des Verarbeitenden Gewerbes 1991-1994 und 1995-1997 in Deutschland 191
Abbildung 4-10: Durchschnittliche Umweltintensität der Branchen des Verarbeitenden Gewerbes 1995-1999 in Polen 194
Abbildung 4-11: Durchschnittliche Umweltintensität der Branchen des Verarbeitenden Gewerbes 1994-1998 in Tschechien 196
Abbildung 4-12: Umweltintensitäten der Branchen des Verarbeitenden Gewerbes Deutschlands (D), Polens (PL) und Tschechiens (CZ) im Vergleich 199
Abbildung 4-13: ISO 14001-Zertifizierungsintensität der deutschen Branchen des Verarbeitenden Gewerbes 1995-2000 206
Abbildung 4-14: EMAS-Validierungsintensität der deutschen Branchen des Verarbeitenden Gewerbes 1996-2000 207
Abbildung 4-15: ISO 14001-Zertifizierungsintensität der polnischen Branchen des Verarbeitenden Gewerbes 1997-2000 209
Abbildung 4-16: CP-EMS-Zertifizierungsintensität der polnischen Branchen des Verarbeitenden Gewerbes 1996-2000 210
Abbildung 4-17: ISO 14001-Zertifizierungsintensität der tschechischen Branchen des Verarbeitenden Gewerbes 1997-2000 212
Abbildung 4-18: Zertifizierungs- und Validierungsintensitäten der Branchen des Verarbeitenden Gewerbes in Deutschland (D), Polen (PL) und Tschechien (CZ) im Vergleich 214
Abbildung 4-19: Zusammenfassung der Ergebnisse des mesoökonomischen Benchmarkings für Deutschland (D), Polen (PL) und Tschechien (CZ) nach Branchengruppen 220
Abbildung 5-1: Relevanz des CPC zur Erfüllung der Anforderungen der ISO 14001 am Beispiel von drei polnischen Unternehmen 278
Abbildung 5-2: Zusammenfassung der Ergebnisse des mikroökonomischen Benchmarkings für deutsche (D), polnische (PL) und tschechische (CZ) Unternehmen - Anforderungskriterien 285
Abbildung 5-3: Zusammenfassung der Ergebnisse des mikroökonomischen Benchmarkings für deutsche (D), polnische (PL) und tschechische (CZ) Unternehmen - Effizienzkriterien 286
Abbildung 6-1: Differenzierung der Ergebnisse der makro-, meso- und mikroökonomischen Benchmarking-Analysen und ihrer Zusammenhänge 303
Abbildung 6-2: Impulse für weiterführende Forschungen zum Benchmarking von umweltorientiertem Wissen 309

Abkürzungsverzeichnis

ASEAN	Association of South-East Asian Nations
BAT	Best Available Technology
BauGew	Baugewerbe
BDI	Bund Deutscher Industrie
BF	Bestimmungsfaktoren des internationalen Wissenstransfers
BIP	Bruttoinlandsprodukt
BM	Benchmark(s)
BMU	Bundesministerium für Umwelt, Naturschutz und Reaktorsicherheit
BWS	Bruttowertschöpfung
CEEC	Central and Eastern European Countries
CEFTA	Central European Free Trade Association
Che	Chemische Industrie
CP/CPC	Cleaner Production/Cleaner Production Concept(s)
CZ	Tschechien
D	Deutschland
DAU	Deutsche Akkreditierungs- und Zulassungsgesellschaft für Umweltgutachter
EAC	European Accreditation of Certification
EF	Erklärungsfaktoren eines internationalen Engagements
EG	Europäische Gemeinschaft
Ele	Herstellung von Büromaschinen, Datenverarbeitungsgeräten und -einrichtungen, Elektrotechnik, Feinmechanik, Optik
EMAS-VO	Environmental Management and Audit Scheme - Verordnung
EnWaBe	Energie- und Wasserversorgung, Bergbau
ERCP	European Roundtable for Cleaner Production
Ern	Ernährungsgewerbe und Tabakverarbeitung
EU	Europäische Union
Fah	Fahrzeugbau
FEU	Forschungsgruppe Evaluierung von Umweltmanagementsystemen
GastGew	Gastgewerbe
GEMI	Global Environmental Management Initiative
GEMS	Global Environmental Management Survey
Gla	Glasgewerbe, Keramik, Verarbeitung von Steinen und Erden
GruVermUnDL	Grundstückswesen, Vermietung, Unternehmensdienstleister
Gum	Herstellung von Gummi- und Kunststoffwaren
GUS	Gemeinschaft unabhängiger Staaten
HaRep	Handel und Reparatur
Hol	Holzbe- und -verarbeitung
ICPIC	International Cleaner Production Information Clearinghouse

IHK	Industrie- und Handelskammer
IPPC	Integrated Pollution Prevention and Control
k. A.	keine Angabe
KMU	Kleine und mittelständische Unternehmen
KreVers	Kreditinstitute und Versicherungsgewerbe
LaFoFi	Land- und Forstwirtschaft, Fischerei
Led	Ledergewerbe
Mas	Maschinenbau
Met	Metallerzeugung und -bearbeitung, Herstellung von Metallerzeugnissen
Min	Kokerei, Mineralölverarbeitung, Herstellung und Verarbeitung von Spalt- und Brutstoffen
MOE	Mittel- und Osteuropa
NACE	Nomenclature des Activités dans la Communauté européenne (Allgemeine Klassifizierung industrieller Aktivitäten in den Europäischen Gemeinschaften)
NAFTA	North American Free Trade Association
NCPC	National Cleaner Production Centre
OECD	Organization for Economic Cooperation and Development
Pap	Papier-, Verlags- und Druckgewerbe
PHARE	Poland and Hungary Assistance for the Reconstruction of the Economy
PL	Polen
POEMS	Pollution Prevention and Environmental Management System Consultation Program in Small and Medium-sized Enterprises
Son	Recycling, Herstellung von Möbeln, Schmuck, Musikinstrumenten, Sportgeräten, Spielwaren
sonDienstl	sonstige Dienstleister
SU	Sowjetunion
Tex	Textil- und Bekleidungsgewerbe
TGA	Trägergemeinschaft für Akkreditierung
TQM	Total Quality Management
UAG	Umweltauditgesetz
UNEP	United Nations Environmental Programme
UNEP IE	United Nations Environmental Programme Industry and Environment
UNIDO	United Nations Industrial Development Organization
USD	US-Dollar
VerGe	Verarbeitendes Gewerbe
VerNach	Verkehr und Nachrichtenübermittlung
VK	Vergleichskriterien
VoDe	Wissensvorsprünge und -defizite
WHO	World Health Organization
WTO	World Trade Organization

1 Spezifik des Managements von umweltorientiertem Wissen im Rahmen der Internationalisierung

In diesem einleitenden Kapitel wird die Motivation zur Untersuchung des umweltorientierten Wissens am Beispiel Deutschlands, Polens und Tschechiens vermittelt. Dazu wird zunächst aus ökonomischer Sicht die Auswahl Deutschlands, Polens und Tschechiens veranschaulicht, in dem am Beispiel der Im- und Exporte sowie Direktinvestitionen auf die zunehmenden Internationalisierungstendenzen zwischen deutschen, polnischen und tschechischen Unternehmen und ihre Impulse für den Aufbau von Wissen eingegangen wird. Auf dieser Basis werden die Begriffe Internationalisierung/Globalisierung, internationales Unternehmen/Management definiert und die Betrachtung auf strategische Aspekte des internationalen Managements gelenkt (vgl. Kapitel 1.1).

Im Weiteren wird deshalb auf die Rolle umweltorientierter Fragestellungen i. R. von Internationalisierungsprozessen eingegangen. Ausgehend von den Austauschprozessen zwischen Unternehmen und Umwelt werden mögliche (positive und negative) Auswirkungen der internationalen Tätigkeit auf die natürliche Umwelt diskutiert. Es wird beschrieben, dass i. R. von Internationalisierungsprozessen die Umsetzung von Effizienzgewinnen statt Mengeneffekten infolge der zunehmenden Harmonisierung umweltpolitischer und -rechtlicher Rahmenbedingungen befördert wird. Auf Grund des geplanten Beitritts zur EU werden gerade in Polen und Tschechien Anpassungsreaktionen zur Verbesserung der Umweltstandards ausgelöst, wodurch sich Chancen und Notwendigkeiten der Entwicklung umweltorientierten Wissens durch ein internationales Engagement, z. B. deutscher Unternehmen, ergeben. Dem entsprechend wird auch aus umweltorientierter Sicht die Auswahl Deutschlands, Polens und Tschechiens erklärt (vgl. Kapitel 1.2).

Auf dieser Grundlage wird auf die Bedeutung des Wissens als Produktionsfaktor und Ergebnis internationaler Wertschöpfungsaktivitäten eingegangen und erarbeitet, dass das Management von Wissen einen eigenständigen Bereich der internationalen Zusammenarbeit darstellen kann. Aufbauend auf einer allgemeinen Definition wird das internationale, wechselseitige und kooperative Verständnis des Wisssensmanagements i. R. dieser Arbeit definiert und die Betrachtung auf das internationale Management von umweltorientiertem Wissen gelenkt. In diesem Zusammenhang werden Ausprägungsformen des umweltorientierten Wissens im internationalen Kontext definiert, Beispiele horizontaler, vertikaler und diagonaler internationaler Kooperationen zum Management von umweltorientiertem Wissen gezeigt und dessen Vorteilhaftigkeit diskutiert (vgl. Kapitel 1.3).

In Anlehnung daran werden die diskutierten Dimensionen des internationalen Managements von *umweltorientiertem* Wissen in die drei Hauptaspekte: Bestimmung der Wissens*basis*, Umsetzung des Wissens*transfers* und Realisierung der Wissens*evolution* subsumiert. Weil die Identifikation und Bewertung der Wissensbasis die Voraussetzung für die Initiierung des Wissenstransfers und somit der Wissensevolution darstellt, wird die weitere Untersuchung auf diesen Aspekt beschränkt. Da die Wissensbasis eine personelle, strukturelle und konzeptionelle Ausprägung hat, wird zum Zwecke der Komplexitätsreduzierung eine weitere Eingrenzung auf die *konzeptionelle Wissensbasis* vorgenommen. Als Ziel dieser Arbeit wird die Entwicklung und Anwendung einer Methodik, durch die die konzeptionelle Basis des umweltorientierten Wissens im internationalen Kontext definiert, analysiert und bewertet werden kann, definiert (vgl. Kapitel 1.4).

Abschließend wird diskutiert, durch welches methodische Hilfsmittel die definierte Themenstellung zu untersuchen ist. Auf Basis einer kriteriengestützten Evaluation von Instrumenten des

Controllings, die der Partnerauswahl und -bewertung dienen (Benchmarking, Bilanzanalyse, Machbarkeitsanalyse, Nutzwertanalyse sowie Stärken-Schwächen-Analyse) wird die Auswahl des Benchmarkings zur Definition, Analyse und Bewertung der konzeptionellen Basis des umweltorientierten Wissens Deutschlands, Polens und Tschechiens begründet (vgl. Kapitel 1.5).

1.1 Kennzeichen und Effekte von Internationalisierungstendenzen

Internationale wirtschaftliche Verflechtungen haben eine lange Tradition und insbesondere in den letzten Jahrzehnten kontinuierlich zugenommen.[1] Gekennzeichnet sind die zunehmenden internationalen Wirtschaftsbeziehungen durch die überproportional steigende Bedeutung des Welthandels, die zunehmenden ausländischen Direktinvestitionen westeuropäischer Industrieländer und die steigende internationale Verzahnung der Finanzmärkte.[2] Nach dem ersten Welthandelsbericht der WTO aus dem Jahre 1995 war der Welthandel von 1950 bis 1995 jährlich real um 6 % gestiegen (die Weltproduktion i. Vgl. dazu um 4 %). 15 % der weltweit erzeugten Güter flossen 1995 in den internationalen Handel. Es wurde geschätzt, dass zu diesem Zeitpunkt ca. 80 % der deutschen Industrie-, Dienstleistungs- und Handelsunternehmen internationale Wirtschaftsbeziehungen unterhielten.[3] Im Folgenden werden diese wirtschaftlichen Verknüpfungen und ihre Bedeutung für die Wissensentwicklung am Beispiel Deutschlands, Polens und Tschechiens dargestellt.

Deutschland ist der bedeutendste Handelspartner für die mittel- und osteuropäischen Länder, insbesondere für Ungarn, Polen und Tschechien.[4] Dies wird beispielhaft an den Ex- und Importen Polens und Tschechiens gezeigt. Diese spielen für den Wachstumsprozess der Länder eine wichtige Rolle, weil über Exporte nicht nur Zugänge zu ausländischen Märkten, sondern auch Finanzzuflüsse im Inland und über Importe Technologie- und Know-how-Zuflüsse realisiert werden. Aus Tabelle 1-1 wird deutlich, dass im Zeitraum 1991-1999 die EU mit Abstand der wichtigste Handelspartner Polens und Tschechiens war, mit einem gleichbleibenden bis steigenden Anteil Deutschlands. Als Ursachen für diese engen Wirtschaftsbeziehungen werden Ähnlichkeiten der Warenstruktur der deutschen Exporte mit der Warenstruktur der Importe Polens und Tschechiens angegeben.[5] Neben den Ex- und Importen spielten auch Direktinvestitionen eine wichtige Rolle. Deutschland besaß 1998 vor den USA und den Niederlanden mit 19 % den höchsten Anteil an den Direktinvestitionen in Mittel- und Osteuropa (vgl. Tabelle 1-2). Diese Tendenz lässt sich auch auf Länderebene für Polen und Tschechien fortschreiben (vgl. Tabelle 1-3); so besaß Deutschland den höchsten Anteil an den kumulierten Direktinvestitionen in Polen (17,1 %) und in Tschechien (29,0 %) (Stand Juli 1999). Diese besondere Position Deutschlands resultiert z. B. aus der geographischen Nähe (niedrige Transportkosten, geringere Kosten der Markterschließung und -sicherung, kulturelle Gemeinsamkeiten, geringe Unterschiede in den Konsumentenpräferenzen) sowie der Leistungsfähigkeit der deutschen Wirtschaft (im Vergleich zu anderen westeuropäischen Staaten).[6]

---

[1] Vgl. MÜLLER; KORNMEIER (1997, S. 73). Vgl. ausführlich für einen geschichtlichen Abriss DÜLFER (1997, S. 19-23).
[2] Vgl. z. B. SCHNEIDEWIND; FICHTER (2000, S. 1) oder UMWELTBUNDESAMT (HRSG.) (1997, S. 126).
[3] Vgl. dazu ausführlicher EDEN (1997, S. 45).
[4] Vgl. OST- UND MITTELEUROPA VEREIN E. V. (1999, S. 30).
[5] In Anlehnung an JOST (2001, S. 24-27).
[6] Vgl. JOST (2001, S. 24-27).

Tabelle 1-1: Umfang und Richtungen von Ex- und Importen Polens und Tschechiens

	1991	*1992*	*1993*	*1994*	*1995*	*1996*	*1997*	*1998*	*1999*
				Polen					
Export in Mio. USD	*14.903*	*13.187*	*14.143*	*17.240*	*22.895*	*24.440*	*25.750*	*28.230*	*27.410*
nach (in %):									
▪ EU	55,6	58,0	63,2	62,7	70,0	66,3	64,0	68,4	70,5
davon Deutschland	29,5	31,4	36,3	35,7	38,3	34,4	32,8	36,3	36,1
▪ MOE einschl. ehem. SU	23,2	15,4	13,3	14,5	17,3	20,0	24,4	21,1	17,2
▪ CEFTA-5	k. A.	k. A.	4.8	4,8	5,4	5,6	6,8	7,1	8,1
Import in Mio. USD	*15.522*	*15.913*	*18.834*	*21.569*	*29.050*	*37.137*	*42.310*	*47.050*	*45.750*
aus (in %):									
▪ EU	49,7	53,1	57,3	65,3	64,7	63,9	63,8	65,7	64,9
davon Deutschland	26,5	23,9	28,0	27,4	26,6	24,7	24,1	26,4	25,2
▪ MOE einschl. ehem. SU	23,2*	16,3	13,5	14,2	15,4	15,3	14,9	13,3	14,2
▪ CEFTA-5	k. A.	k. A.	3,6	4,3	5,6	5,6	6,3	6,3	6,7
				Tschechien					
Export in Mio. USD	*7.924***	*8.227***	*13.077*	*14.253*	*21.657*	*21.907*	*22.778*	*26.352*	*26.845*
nach (in %):									
▪ EU	43,3	52,9	42,4	54,1	55,1	58,2	59,9	64,2	69,2
davon Deutschland	27,4	32,9	26,0	29,4	31,8	36,0	35,7	38,5	42,1
▪ GUS-12	k. A	k. A	k. A	k. A	k. A	4,9	6,6	5,0	3,0***
▪ CEFTA-7	k. A	k. A	26,4	22,9	23,7	23,4	22,8	20,3	17,5
Import in Mio. USD	*7.082***	*8.891***	*12.734*	*14.971*	*25.265*	*27.716*	*27.167*	*28.789*	*28.863*
aus (in %):									
▪ EU	39,8	47,7	42,7	55,7	56,4	62,4	61,5	63,5	64,0
davon Deutschland	24,9	26,8	25,4	25,4	25,8	29,8	31,9	34,5	33,9
▪ GUS-12	k. A	k. A	k. A	k. A	k. A	8,5	8,0	6,8	6,1
▪ CEFTA-7	k. A	k. A	21,6	18,5	17,5	14,7	15,1	14,0	13,5

* Daten von 1990; ** ohne Handel mit der Slowakei; *** Schätzung.

Quelle: BUNDESMINISTERIUM FÜR WIRTSCHAFT (HRSG.) (1996, S. 14, 21 f.) sowie (1997, S. 31, 40) und BFAI (HRSG.) (2000b, S. 8 f., 17).

Tabelle 1-2: Direktinvestitionen in Mittel- und Osteuropa nach Herkunftsländern (Anteil am Bestand 1998)*

Land	***Anteil der Direktinvestitionen in %***
Deutschland	*19,0*
USA	15,0
Niederlande	15,0
Österreich	7,0
Großbritannien	6,0
Frankreich	5,0
Zypern	5,0
andere	28,0

* einschließlich der Russischen Förderation, der Ukraine und Weißrussland.

Quelle: BFAI (HRSG.) (2000a, S. 6).

Tabelle 1-3: Länderstruktur der kumulierten ausländischen Direktinvestitionen in Polen und Tschechien in %

Polen	
Land	***Juli 1999***
Deutschland	*17,1*
USA	14,1
Italien	8,9
Niederlande	8,7
Frankreich	7,2
Großbritannien	5,6
Int. Konzerne	5,3
Korea (Rep.)	4,1
Russland	3,1
sonstige	25,9

Tschechien	
Land	***Ende 1998 (in %)***
Deutschland	*29,0*
Niederlande	27,0
Österreich	9,5
USA	7,2
Großbritannien	6,7
sonstige	20,5

Quelle: BFAI (HRSG.) (2000a, S. 8, 14).

Der jahresdurchschnittliche Anteil der Direktinvestitionen am Bruttoinlandsprodukt betrug im Zeitraum 1994-1999 in Tschechien ca. 4 % und in Polen ca. 2 %. Unter 25 betrachteten mittel- und osteuropäischen Ländern nahm Polen damit den 16. und Tschechien den 7. Rang ein.[7] Ähnlich wie die Ex- und Importe befördern die Direktinvestitionen im Wachstumsprozess Polens und Tschechiens z. B. die:

- Erneuerung und Modernisierung des Kapitalstockes durch Technologie- und Kapitaltransfer;
- Bewusstseinsentwicklung durch Transfer von Managementtechniken (z. B. Qualität/Umwelt);
- Zugänge und Einbindung in internationalen Markt- und Produktionsstrukturen;
- Anpassung an internationale Standards und Normen.[8]

Die am Beispiel Deutschlands, Polens und Tschechiens dargestellte grenzüberschreitende Ausdehnung bzw. Verbindung von Märkten, Branchen oder Unternehmen wird als *Internationalisierung* bezeichnet.[9] *Globalisierung* stellt die „... regional weitreichendste Form der Internationalisierung im Sinne weltweiter Unternehmensaktivitäten ..."[10] und somit einen Sonderfall der Internationalisierung dar. Denn ein Großteil der zunehmenden internationalen Verflechtungen vollzieht sich zwischen Industrieländern (v. a. der sog. Triade Westeuropa-Nordamerika-Japan) bzw. im Zusammenhang mit regionalen Freihandelsabkommen interregional.[11] Aus diesem Grund wird i. R. dieser Arbeit der Begriff der Internationalisierung bevorzugt verwendet. WRONA (vgl. Tabelle 1-4) unterscheidet marktbezogene, politische, soziale, technologische, ökonomische, wettbewerbsbezogene sowie interne Ursachen dieser Entwicklung und bezeichnet diese als Globalisierungstreiber.

[7] Vgl. BERENSMANN; BEYFUß (2000, S. 64).
[8] Vgl. WELFENS; JUNGMITTAG (2001, S. 90); ZSCHIEDRICH (2000, S. 381) und (2001, S. 207 f.). Gleichermaßen erbringen ausländische Direktinvestitionen auch Effekte für die westeuropäischen Investoren wie z. B. die Erschließung von Wachstumsmärkten, Zugang zu Humankapital, Erweiterung der Wertschöpfungskette. Vgl. ebenda, S. 209.
[9] In Anlehnung an WRONA (1999, S. 123) und BRODEL (1996, S. 194).
[10] KRYSTEK; ZUR (1997a, S. 3).
[11] Vgl. PERLITZ (1995, S. 1) und UMWELTBUNDESAMT (HRSG.) (1997, S. 127).

Tabelle 1-4: Ausgewählte Determinanten der Globalisierung

Globalisierungs-treiber	Beispiele
marktbezogene	▪ Relevanz von Weltmarken ▪ Homogenisierung von Einkommensverteilung/Verbrauchsgewohnheiten in Industrieländern ▪ weltweite Kunden und Absatzkanäle ▪ Vorhandensein führender Länder
politische, soziale	▪ sinkende Handelshemmnisse ▪ Entwicklung internationaler Wirtschafts- und Währungsräume (z. B. EU, NAFTA, ASEAN) ▪ Öffnung neuer Märkte (z. B. der ehemaligen sozialistischen Staaten) ▪ vereinzelte Homogenisierung von Werten und Kulturen ▪ Angleichung der Bedürfnisse der Nachfrager (z. B. infolge eines grenzübergreifenden Informationsflusses, sinkenden Handelsbarrieren)
technologische	▪ schnellere Innovationsentwicklung ▪ Weiterentwicklung der Informations- und Kommunikationstechnologien, damit verbundene Senkung von Transport- und Kommunikationskosten ▪ homogene Technologiestandards in Industrieländern ▪ internationale Angleichung infrastruktureller Voraussetzungen (z. B. der technologischen Standards in der Telekommunikationsbranche)
ökonomische	▪ wachsende Bedeutung von Erfahrungskurven, Economies of Scale-/Scope-Effekten ▪ Verlagerungseffekte ▪ sinkende Logistikkosten, steigende Innovationskosten bei verkürzten Produktlebenszyklen
wettbewerbs-bezogene	▪ hohe Export-Importquoten ▪ Konkurrenz durch internationale Wettbewerber ▪ follow-the-leader-Effekt ▪ globale Wettbewerbsstrategien
interne	▪ cross-subsidizing-Effekte

Quelle: WRONA (1999, S. 123-128) sowie Ergänzungen aus BORRMANN (1997, S. 813-816) und SCHNEIDEWIND; FICHTER (2000, S. 1).

Ausgehend von den Begriffen der Internationalisierung und Globalisierung wird ein *internationales Unternehmen* als ein grenzüberschreitend tätiges Unternehmen[12] definiert.[13] Ein multinationales Unternehmen stellt auch hier einen Sonderfall dar.[14] So versteht auch KREIKEBAUM unter internationalen Unternehmen sowohl Unternehmen, die regionale grenzüberschreitende Geschäftsbeziehungen aufweisen (kleine und mittlere Unternehmen) als auch multinationale Unternehmen (sog. Global Players - Großunternehmen).[15] Die Definition des internationalen Unternehmens impliziert, dass ein Unternehmen mit unterschiedlichen Zielstellungen in ausländische Märkte eintreten kann. Diese reichen vom klassischen Export über ausländische Direktinvestitionen oder Lizenzvergaben ins Ausland bis hin zum Aufbau von Joint Ventures oder ausländischen

[12] Unter einem Unternehmen wird i. R. dieser Arbeit eine rechtlich-finanzielle Einheit verstanden, während der Betrieb die technisch-wirtschaftliche Einheit zur Realisierung der wirtschaftlichen Ziele der Unternehmung darstellt. Da der Begriff des Unternehmens damit einen Oberbegriff des Betriebes darstellt, wird hier i. d. R. von Unternehmen gesprochen. Vgl. GROCHLA (1993, Sp. 377-386).

[13] Vgl. für viele PERLITZ (1995, S. 11); BRODEL (1996, S. 194) oder DÜLFER (1997, S. 5). Vgl. zu einer ausführlichen Diskussion der Definitionsversuche des Begriffs Internationales Unternehmen sowie zu quantitativen und qualitativen Kriterien zur Messung des Internationalisierungsgrades von Unternehmen DÜLFER (1997, S. 6-8) und die dort zitierte Literatur.

[14] Nach BRODEL entstehen multinationale Unternehmen „... durch substantielle Beteiligungen am Kapital ausländischer Unternehmen in mindestens zwei Ländern", BRODEL (1996, S. 202 f.). Dazu zählt der Aufbau von Tochtergesellschaften, Niederlassungen und Repräsentanzen ebenso wie die Gründung von Joint Ventures, wobei multinational das Agieren des Unternehmens in mindestens zwei Volkswirtschaften impliziert. Vgl. BRODEL (1996, S. 196, 199). Vgl. ausführlich zu Definitionsschwierigkeiten und -ansätzen des Begriffs multinationales Unternehmen ebenda, S. 197-203.

[15] Vgl. KREIKEBAUM (1998, S. 7) oder auch SIEDENBIEHL (1997, S. 6).

Tochtergesellschaften.[16] Auf Grund des Wachstumspotenzials der mittel- und osteuropäischen Volkswirtschaften sowie der schon beschriebenen geographischen Nähe spielen Internationalisierungstendenzen deutscher Unternehmen in diese Länder eine große Rolle.[17] ENGELHARD; ECKERT haben i. R. einer empirischen Studie festgestellt, dass der Markteintritt deutscher Unternehmen in die mittel- und osteuropäischen Märkte, dem sog. *Stufenprozess zunehmender Internationalisierung*[18] folgt, der durch folgende Etappen typisiert wird:

- direkte Exporte, zunächst ohne eigene Repräsentanz;
- direkte Exporte mit eigener Repräsentanz;
- Ausweitung des Engagements durch Gründung eines Joint Ventures;
- Umwandlung des Joint Ventures in eine Tochtergesellschaft.[19]

Dies zeigt, dass es Aufgabe internationaler Unternehmen ist, die Wertschöpfungsaktivitäten in (mindestens zwei) unterschiedlichen Volkswirtschaften zu organisieren, zu steuern und zu überwachen.[20] Das *internationale Management* befasst sich daher mit Fragestellungen der Führung international tätiger Unternehmen.[21] Dies umfasst die Untersuchung der relevanten Rahmenbedingungen ebenso, wie die Bestimmung von Determinanten des internationalen Engagements oder die Erarbeitung normativer, strategischer und operativer Handlungsalternativen der grenzüberschreitenden Unternehmenstätigkeit. Internationalisierungstendenzen erstrecken sich daher nicht mehr ausschließlich auf die klassischen betrieblichen Funktionsbereiche Beschaffung, Produktion, Absatz, Logistik, sondern auch auf den Personal-, Finanz-, Marketing- sowie Forschungs- und Entwicklungsbereich.[22] MACHARZINA; OESTERLE wiesen in diesem Zusammenhang noch 1997 darauf hin, dass i. R. des internationalen Managements Diskussionen um die Form des Eintritts auf internationale Märkte (Export, Kooperation, Direktinvestitionen) strategische Überlegungen (zur erfolgreichen mittel- und langfristigen internationalen Positionierung des Unternehmens unter Berücksichtigung der relevanten Rahmenbedingungen) dominierten.[23] Im Folgenden wird daher untersucht, ob i. R. von Internationalisierungsprozessen auch umweltorien-

---

[16] Vgl. PERLITZ (1995, S. 9).

[17] In Anlehnung an OST- UND MITTELEUROPA VEREIN E. V. (1999, S. 19). Die Volkswirtschaften in Mittel- und Osteuropa wurden Mitte bis Ende der 90er Jahre zu den neuen Wachstumsmärkten gezählt. Vgl. BERGER (1997, S. 23).

[18] Vgl. JOST (2001, S. 25).

[19] Vgl. ENGELHARD; ECKERT (1994, S. 31-33). MÜLLER; KORNMEIER (1997, S. 77) differenzieren acht grundsätzliche Internationalisierungsarten:

- strategische Orientierung auf den Weltmarkt bzw. auf Auslandsmärkte;
- Entwicklung internationaler Unternehmen;
- Markteintritt durch Export oder Direktinvestitionen;
- Kooperation bzw. Eigentumsstrategien durch Joint Ventures oder Tochtergesellschaften;
- Umsetzung von Wettbewerbsvorteilen wie Kostenführerschaft;
- Internationale Funktionsbereichsstrategien, z. B. im Bereich Marketing oder der Preispolitik;
- strategisches außenpolitisches Management;
- Maßnahmen zur Koordination der Organisations-, Informations- bzw. Kommunikationsstruktur.

Noch ausführlich werden Internationalisierungsschritte bei DÜLFER (1997, S. 129, 169-215) unterschieden nach

- funktionaler Internationalisierung (direkter Import, indirekter/direkter Export, Auslands-Lizenzvergabe, internationales Franchising, Auslands-Leasing, Lohnfertigung im Ausland) und
- institutioneller Internationalisierung (Vertragsmanagement für ausländische Partner, Errichtung/Lieferung schlüsselfertiger Anlagen, Errichtung/Unterhaltung einer Verkaufsniederlassung, eines Montage- oder Produktionsbetriebes).

[20] Vgl. BERGER (1997, S. 21) und KREIKEBAUM (1998, S. 6).

[21] Vgl. BRODEL (1996, S. 222).

[22] Vgl. BERGER (1997, S. 21).

[23] Vgl. MACHARZINA; OESTERLE (1997, S. 16).

tierte Fragestellungen eine Rolle spielen. Dazu wird zunächst auf die grundsätzlichen Wechselwirkungen zwischen Unternehmen und Umwelt und danach auf diesbezügliche Entwicklungstendenzen bei der zunehmenden Internationalisierung eingegangen.

1.2 Relevanz umweltorientierter Aspekte bei Internationalisierungsprozessen

Jedes Unternehmen tritt während des Prozesses der Erstellung von Gütern und Dienstleistungen mit seinen Unternehmensfunktionen in Austauschbeziehungen mit der Umwelt.[24] Die Umwelt - definiert als „Umgebung, in der ein Unternehmen tätig ist; dazu gehören Luft, Wasser, Land, Bodenschätze, Flora, Fauna und der Mensch sowie deren Wechselwirkungen"[25] - setzt sich im systemwissenschaftlichen Verständnis[26] aus vier interdependenten Grundstrukturen zusammen. Dazu zählen:

- Naturraumstruktur (Landschaft mit einzelnen Ökosystemen und deren Elementen Klima, Wasser, Boden, Relief, Organismen);
- Produktionsstruktur (Anzahl, Art, Verflechtung von (produzierenden bzw. dienstleistenden) Unternehmen, Land- und Forstwirtschaft);
- Infrastruktur (Verkehrswege und -anbindung, Handel/Versorgung, Dienstleistung, Gesundheits-, Bildungs-, Sozialwesen, kulturelle Einrichtungen);
- Bevölkerungsstruktur (Alters-/Qualifikationstruktur, Wanderungen, Besiedelungsdichte).[27]

In der betriebswirtschaftlichen Literatur werden in Anlehnung dazu Teil-Umweltbegriffe für die *ökologische*, *ökonomische*, *technologische*, *rechtlich-politische* sowie *sozio-kulturelle* Umwelt unterschieden.[28] Die wechselseitige Verknüpfung von Unternehmen und Umwelt kann vereinfacht folgendermaßen charakterisiert werden:[29] Unternehmen entnehmen unter Nutzung der Naturraum-, Produktions-, Infra- und Bevölkerungsstruktur für die Produktions- und Konsumprozesse aus der Umwelt Inputs (Rohstoffe, Humankapital, Vorprodukte u. a.). Angebot und Zustand der Grundstrukturen der Umwelt beeinflussen dabei Art, Quantität und Qualität der zur Verfügung stehenden Inputs.[30] Während oder im Anschluss an die Produktions- und Konsumprozesse geben die Unternehmen in Beeinflussung der Naturraum-, Produktions-, Infra- und Bevölkerungsstruktur Outputs (Produkte, Dienstleistungen, Abluft, Abwasser, Abfall) an die Umwelt ab.[31] Die

---

[24] Vgl. TISCHLER (1998, S. 61) oder SCHULZ (1998, S. 12).

[25] EUROPÄISCHES KOMITEE FÜR NORMUNG (1996, S. 6). Siehe auch KOSTA; HASSAN (1997, S. 39); STREBEL (1980, S. 17).

[26] Siehe dazu auch KRAMER (1990, S. 24 f.).

[27] Vgl. SEIDLER; PESCHKE (2002, S. 8). Siehe für ein landwirtschaftlich orientiertes, gesamtwirtschaftliches System KRAMER (1990, S. 26-28).

[28] Vgl. WICKE; HASSIS; SCHAFFHAUSEN; SCHULZ (1992, S. 12). Vgl. für detaillierte Beschreibungen der Kennzeichen der Umweltbegriffe WINTER (1997, S. 7-20). Die für ein Unternehmen relevanten Umweltbedingungen können daher auch als Umfeldbedingungen bezeichnet werden, wodurch das Problem der oftmals synonymen Verwendung des Begriffs Umwelt für die ökologischen Umfeldbedingungen vermieden wird. Vgl. DÜLFER (1997, S. 225).

[29] Vgl. z. B. HOPFENBECK (1994, S. 47); MEFFERT; KIRCHGEORG (1998, S. 8 f.) sowie UMWELTBUNDESAMT; STATISTISCHES BUNDESAMT (1998, S. 7).

[30] Auch als Versorgungsfunktion der Umwelt bezeichnet. Vgl. MEFFERT; KIRCHGEORG (1998, S. 9).

[31] In Anlehnung an STREBEL (1980, S. 38) oder WINTER (1997, S. 5). HOPFENBECK bezeichnet diese zwei Funktionen als Deckung des Rohstoffbedarfs sowie als Aufnahmemedium der Umweltbelastung. Vgl. HOPFENBECK (1994, S. 65). Im Gegensatz dazu unterscheidet ZABEL drei Leistungen der Umwelt a) als Inputfaktor (z. B. Rohstofflieferant, Bioindikator), b) als Transformationsdienstleister (z. B. Bereitstellung von Wasser-, Windkraft, Regelungs- und Steuerinstrument) sowie c) als Outputaufnehmer (z. B. Aufnahme von Abfällen, Emissionen, Umweltzustandsentwicklung). Vgl. ZABEL (1994, S. 10).

Umweltstrukturen werden durch die zur Verfügung stehenden Produkte und Dienstleistungen, den Ressourcenverbrauch und die Aufnahme von umweltschädlichen Outputs verändert.[32] Beispielhaft können folgende Wirkungen genannt werden:

- Naturraumstruktur: Verminderung oder Verstärkung ökologischer Probleme;
- Produktionsstruktur: Entwicklung von Branchenstrukturen und Arbeitsteilung;
- Infrastruktur: Aufbau von Kapazitäten durch Technologie- oder Know-how-Transfer;
- Bevölkerungsstruktur: Schaffung von Arbeitsplätzen.

Bei der Durchführung internationaler Wertschöpfungsaktivitäten finden diese Austauschprozesse und Wirkungen in mindestens zwei Volkswirtschaften statt. Die Steigerung der Arbeitsproduktivität und die damit verbundene Ausdehnung der Stoffströme, der steigende Umweltverbrauch an Flächen und Ressourcen, die wachsenden Abfallmengen infolge des exponentiellen Bevölkerungswachstums und die Rückführung physikalisch und chemisch veränderter Stoffe als Abprodukte in die Umwelt führ(t)en zu Veränderungen der Naturraumstruktur.[33] Folgen von Ressourcenübernutzung und Schadstoffüberlastung (d. h. von Umweltwirkungen) sind - häufig nach einem time-lag - Umweltbelastungen und Veränderungen lebensnotwendiger Umweltbedingungen wie der Wasserversorgung, Bodenfruchtbarkeit oder Klimaverhältnisse (Umweltschäden).[34] Die daraus resultierenden Umweltprobleme v. a. der Umweltmedien Wasser und Luft, wie z. B. die Verschmutzungen von Flüssen, Meeren, das Waldsterben, der Treibhauseffekt oder das Ozonloch stellen auf Grund der interdependenten Verknüpfungen und Wechselwirkungen der Ökosysteme (und ihrer Nichtgebundenheit an nationale Grenzen) internationale oder sogar globale Umweltbelastungen dar.[35] Im Weiteren stehen daher die belastenden und fördernden Einflüsse von Internationalisierungsprozessen auf die natürliche (ökologische) Umwelt im Vordergrund der Betrachtung. Aus diesem Grund wird der Begriff Umwelt im Weiteren synonym für natürliche (ökologische) Umwelt verwendet.

TROGE unterscheidet im Zusammenhang mit der zunehmenden Internationalisierung zwei mögliche Entwicklungspfade: Einerseits eine Verbesserung des Umweltschutzes, z. B. durch Umwelttechniktransfer, andererseits zusätzliche Umweltbelastungen durch steigendes Verkehrsaufkommen, den Rückgang regionaler Eingriffsmöglichkeiten oder durch Umweltdumping.[36] HUMMELS charakterisiert bezogen auf multinationale Unternehmen zwei mögliche Umweltstrategien: eine standardisierte, vom jeweiligen Land unabhängige Strategie, d. h. es werden auch in Ländern mit niedrigeren Umweltstandards freiwillig die Standards des Heimatlandes umgesetzt und eine differenzierte, in einzelnen Ländern den geltenden Umweltstandards angepasste Strategie, die z. B. zum internationalen Umweltdumping führen kann.[37] Nach einer Umfrage des IN-

[32] Auch als Trägerfunktion der Umwelt bezeichnet. Vgl. MEFFERT; KIRCHGEORG (1998, S. 9). Weiterhin arbeiten MEFFERT; KIRCHGEORG ebenda auch die Regelungsfunktion der Umwelt zur Erhaltung des ökologischen Gleichgewichts heraus. Vgl. ebenso KLIPPHAHN (1997, S. 19 f.).

[33] Vgl. SEIDLER; PESCHKE (2002, S. 8).

[34] Vgl. TISCHLER (1998, S. 63).

[35] Vgl. KRAMER; BRAUWEILER (1999, S. 208); HUMMELS (1998, S. 19) und BRODEL (1996, S. 5, 16 f.).

[36] Vgl. TROGE (2000, S. 15). KUMMER beschreibt im Kontext der Internalisierung von Produktionsstrukturen die Probleme und Effekte von betriebenem bzw. ausgenutztem Umweltdumping aus Sicht eines wertorientierten Umweltmanagements und zeigt, dass die Internationalisierung der Produktionsstrukturen Umweltdumping nicht fördert, sondern reduziert. Vgl. KUMMER (2001, S. 33-45).

[37] Vgl. HUMMELS (1998, S. 15).

STITUTS DER DEUTSCHEN WIRTSCHAFT stellten geringere Umweltauflagen kein ausschlaggebendes Investitionsmotiv deutscher Unternehmen in den mittel- und osteuropäischen Ländern dar.[38] PETSCHOW ET AL.[39] differenzieren die ökologischen Auswirkungen der Liberalisierung der Weltmärkte regionsspezifisch nach nicht-entwickelten/nicht-industrialisierten Ländern, Entwicklungsländern, ehemalige sozialistische Staaten, Neue Ökonomien in Asien sowie Industrien der sog. Triade. Zusammenfassend können aus ihren Untersuchungen zwei Tendenzen abgeleitet werden:

- Die Übernahme westlicher, d. h. marktwirtschaftlicher Produktions- und Konsumstrukturen durch weniger entwickelte Länder und die daraus zunächst resultierenden quantitativen Wachstumsprozesse führen zu einer Zunahme der regionalen Umweltbelastungen.
- Andererseits kommt es durch den dabei auftretenden Technik- und Wissenstransfer zu einer qualitativen Verbesserung der Ressourceneffizienz und somit zu der Verringerung von Umweltbelastungen. Das Potenzial für die Umsetzung ressourcenschonender und kosteneffizienter Produktions- und Konsumstrukturen steigt mit dem Entwicklungsgrad eines Landes.

Das UMWELTBUNDESAMT systematisiert zusammenfassend nachfolgende mögliche negative und positive Umweltwirkungen der Internationalisierung/Globalisierung.

Tabelle 1-5: Mögliche negative und positive Umweltwirkungen der Internationalisierung/Globalisierung

Internationalisierung/Globalisierung	
mögliche negative Umweltwirkungen durch:	***mögliche positive Umweltwirkungen durch:***
▪ Senkung sozialer und ökologischer Standards durch Regierungen zur Vermeidung von Abwanderungen von Unternehmen in Länder mit niedrigeren Umweltstandards	▪ zunehmende Produktkonkurrenz erfordert weltweit die Einhaltung von ökologischen Standards ▪ tendenzielle, v. a. interregionale Angleichung umweltrechtlicher Standards
▪ zunehmende Standortverlagerung in Länder mit niedrigen Umweltstandards (Umweltdumping)	▪ fehlende empirische Belegbarkeit von unternehmerischem Standortwechsel bei international erheblich unterschiedlichen Umweltkosten
▪ Zunahme des globalen Wirtschaftswachstums ▪ Zunahme der internationalen Transportströme (Zunahme des Verkehrs, steigender Auf- und Ausbau der Verkehrsinfrastruktur) ▪ zunehmende Erschließung bisher wenig besiedelter Regionen	▪ i. R. von Wachstumsprozessen verstärkte Anwendung modernerer Technologien ▪ mit steigendem Volkseinkommen zunehmende finanzielle Kapazitäten für Umweltschutz ▪ steigender Transfer von Umwelttechnologien infolge der Liberalisierung der Märkte und Verbesserung der Kommunikationstechnologien ▪ wettbewerbsverursachte Anreize zur besseren Ressourcennutzung (Kostensenkung durch integrierten Umweltschutz) ▪ Liberalisierung der Märkte führt tendenziell zur Abschaffung umweltschädlicher Subventionen

Quelle: UMWELTBUNDESAMT (HRSG.) (1997, S. 128-132).

Je nachdem welche Effekte dominieren, können Internationalisierungstendenzen somit positive oder negative Auswirkungen auf die ökologische Umwelt haben.[40] Der Umsetzung von Effizienzgewinnen (Senkung der Umweltbelastung) vor Mengeneffekten (Zunahme der Umweltbelastung) kommt i. R. der Internationalisierung auf Grund der beschriebenen internationalen Umweltprob-

[38] Vgl. UMWELTBUNDESAMT (HRSG.) (1997, S. 140).
[39] Vgl. PETSCHOW; HÜBNER; DRÖGE; MEYERHOFF (1998, S. 40-42).
[40] Vgl. PETSCHOW; HÜBNER; DRÖGE; MEYERHOFF (1998, S. 40-42).

leme eine besondere Bedeutung zu.[41] Unterstützt werden kann dies z. B. durch die interregionale Harmonisierung von Rahmenbedingungen oder Standards (vgl. Tabelle 1-5). So führt die weitere Angleichung der politisch-rechtlichen, sozialen, ökonomischen und ökologischen Rahmenbedingungen an die Erfordernisse der EU für polnische und tschechische Unternehmen zu einem zunehmenden Wettbewerbsdruck, der nicht nur ökonomische Effizienzsteigerungen (Rationalisierungen, Innovationen), sondern auch Anpassungsreaktionen zum Nachweis vergleichbarer Umweltstandards erfordert.[42] D. h., dass im Zuge der zunehmenden Internationalisierung, v. a. infolge der geplanten EU-Erweiterung, gerade für polnische und tschechische Unternehmen nicht nur die Ausweitung der Handelsbeziehungen, sondern auch der Transfer von umweltorientierten Wissen zu Technologien und Managementstrategien eine wichtige Rolle spielt.[43] In diesem Zusammenhang besitzen gerade internationale Unternehmen infolge ihrer wirtschaftlichen Verflechtungen Chancen, die Anwendung von umweltorientierten Wissen im eigenen Unternehmensverbund sowie auf vor- und nachgelagerten Produktionsstufen durch eine internationale Wissensübertragung grenzüberschreitend zu fördern.[44] Auf Basis der engen wirtschaftlichen Verknüpfungen zwischen deutschen und polnischen/tschechischen Unternehmen sind Chancen für die Ausdehnung der Zusammenarbeit auf umweltorientierte Fragestellungen zu erwarten.[45] Im Weiteren wird daher auf die Rolle des Wissens i. R. der Internationalisierung und die Aufgaben des Wissensmanagements im Allgemeinen sowie des umweltorientiertem Wissen im Besonderen eingegangen.

1.3 Dimensionen des internationalen Managements von umweltorientiertem Wissen

Der Abstimmung nationaler/internationaler Wertschöpfungsaktivitäten liegen die Wissenskomponenten zu Grunde, die die Funktion, die Struktur und den Prozess unternehmerischer Tätigkeit festlegen und koordinieren.[46] Ergebnis dieses Prozesses stellt wiederum Wissen dar.[47] Als *Wissen/Know-How* werden die auf verarbeiteten Daten und Informationen beruhenden Kenntnisse und Fähigkeiten definiert, die zur Ausübung betrieblicher Querschnitts- und Führungsfunktionen notwendig sowie deren Ergebnis sind.[48] Wissen wird damit als Kompetenz zur Lösung (spezifi-

---

[41] Beispielhaft hiefür sind die Ansätze von Faktor 4 und 10 zu nennen, bei denen es um die Vervierfachung bzw. Verzehnfachung der Ressourcenproduktivität geht. Vgl. WEIZSÄCKER; LOVINS; LOVINS (1997) und SCHMIDT-BLEEK (1994).

[42] Vgl. WELFENS; JUNGMITTAG (2001, S. 91); OST- UND MITTELEUROPA VEREIN E. V. (1999, S. 21) und HOMEYER; CARIUS (2000, S. 343).

[43] In Anlehnung an ZSCHIEDRICH (2000, S. 382); UMWELTBUNDESAMT (HRSG.) (1997, S. 132 f.) und NILL; LÜNENBÜRGER; PETSCHOW (2000a, S. 7)

[44] Vgl. JONES (2000, S. 85).

[45] Unterstützt wird dies durch bi- oder multilaterale Umweltabkommen. Zwischen Polen und Deutschland wurde zur Beförderung der grenzüberschreitenden Zusammenarbeit ein Deutsch-Polnischer-Umweltrat gebildet (31.8.98 in Kraft getreten). Weiterhin gibt es eine polnisch-deutsche Kommission für nachbarschaftliche Zusammenarbeit auf dem Gebiet des Umweltschutzes, die sich v. a. mit Störfällen und Umweltverträglichkeitsprüfung beschäftigt. Vgl. ausführlicher KRAMER; BRAUWEILER (1999, S. 209-221) sowie BFAI (2000c, S. 11). Zwischen Tschechien und Deutschland wurde ein Deutsch-Tschechisches Umweltabkommen unterzeichnet (24.10.96), das der Unterstützung gemeinsamer Projekte zur Angleichung des Umweltzustandes der Tschechischen Republik an EU-Standards dient. Weiterhin besteht ein Gewässerschutzabkommen (in Kraft getreten am 25.10.97) zum Schutz der Grenzgewässer. Vgl. BFAI (1998, S. 9). Internationale Kommissionen wurden z. B. zum Schutz der Elbe (IKSE) und Oder (IKSO) gegründet. Vgl. ausführlicher dazu REIPLINGER (2000, S. 39-54).

[46] Vgl. KLINK (1996, S. 73) oder auch BOYENS (1998, S. 8). So bezeichnet auch SCHRADER den Informationstransfer „... als Übermittlung zweckorientierten Wissens ...", SCHRADER (1990, S. 20).

[47] Vgl. PAWLOWSKY (1998, S. 9-45).

[48] Vgl. FELBERT (1998, S. 122). Auf die Abgrenzung von Daten (z. B. Zahlen, Sprache, Texte, Bilder), Informationen (Strukturierung und Einbindung von Daten in einen Zusammenhang) und Wissen (Verarbeitung von Informationen durch

→

scher) Probleme sowie als Befähigung zu handeln verstanden.[49] Träger von Wissen können einzelne Individuen, Organisationen/Unternehmen oder Netzwerke von Organisationen/Unternehmen sowie nicht-personelle Speichermedien (Bücher, Datenbanken) sein.[50] Wissen spielt für die Wettbewerbsfähigkeit der (internationalen) Unternehmen eine immer größere Rolle. Geschätzt wird, dass der Beitrag des Wissens für die Wertschöpfung über 50 % beträgt, weiterhin haben Studien gezeigt, dass durch ein effektives und effizientes Wissensmanagement die Produktivität durchschnittlich um 30 % erhöht werden kann.[51] Wissen ist (v. a. über den Produktionsfaktor Arbeit) Voraussetzung, aber auch (z. B. in Form von Produkten oder Dienstleistungen) Ergebnis des Leistungserstellungsprozesses. Auf Grund seiner Relevanz wird er neben Boden, Arbeit und Kapital zunehmend als eigenständiger Produktionsfaktor bezeichnet.[52] Aus der Analyse der Verbundvorteile internationaler Unternehmen in der nachfolgenden Tabelle 1-6 wird die Rolle des Wissens für die Leistungserstellungsprozesse deutlich.

Tabelle 1-6: Rolle des Wissens zur Erzielung von Verbundvorteilen internationaler Unternehmen

Verbundvorteile internationaler Unternehmen	**Rolle des Wissens zur Erreichung der Verbundvorteile**
Erfahrungskurveneffekte	▪ Stückkostensenkungen auf Basis von *Lerneffekten* (Wiederholung des Arbeitsvorganges, Spezialisierung), Verbesserung der Arbeitsproduktivität und -organisation, Produktstandardisierung
Economies of Scale-Effekte	▪ Größendegressionseffekte durch Senkung der Stückkosten bei absolut bzw. kumuliert zunehmendem Output durch Ausnutzung von *Lerneffekten*
Arbitrage-Effekte	▪ Wettbewerbsvorteile infolge internationaler Faktorkosten- bzw. Besteuerungsunterschiede
Economies of Scope-Effekte	▪ Effizienzvorteile von Mehrproduktunternehmen im Vergleich zu spezialisierten Einzelproduktunternehmen, unter der Voraussetzung, dass die produzierten Güter eine produktionstechnische Nähe aufweisen und wenn auf gemeinsame Ressourcen (z. B. auch *Wissen*) zurückgegriffen werden kann
Entwicklungsstand-Portfolio-Effekte	▪ Effekte der Verwertung *vorhandenen Wissens* bzw. Technologien infolge von Entwicklungsrückständen
Cross-Subsidizing-Effekte	▪ Unterstützung einzelner Länderengagements unter Rückgriff auf in anderen Ländern erwirtschafteten Ressourcen (z. B. auch *Wissen*) im Sinne eines grenzübergreifenden Verlustausgleiches
internationale Risikodiversifikationseffekte	▪ Risikominimierungseffekte für das Gesamtunternehmen bei unterschiedlichen markt- bzw. länderspezifischen Risiken
Internal Governance-Effekt	▪ Verbundeffekte auf Grund öffentlich-rechtlicher institutioneller Interdependenzen
Global Village-Effekte	▪ Auswirkungen unternehmerischer Aktivitäten von Land A auf den Unternehmenserfolg in Land B (z. B. Ausnutzung eines *Wissens*vorsprungs)

Quelle: Eigene Darstellung nach BRODEL (1996, S. 371-386).

Intelligenz und Lernen zum Aufbau von Handlungsvermögen) sowie die objektiven und subjektiven Verarbeitungsmöglichkeiten dieser wird hier nicht detaillierter eingegangen. Vgl. dafür ebenda, S. 122 f. oder SCHMIEDEL-BLUMENTHAL (2001, S. 83); TUCHER VON SIMMELSDORF (2000, S. 172-175); MERTEN (1985, S. 7); BOYENS (1998, S. 8) und AMELINGMEYER (2000, S. 42) - vgl. für Definitionen des Begriffs „Wissen" ebenda, S. 40 f.

49 Vgl. SCHMIEDEL-BLUMENTHAL (2001, S. 84).

50 Vgl. TUCHER VON SIMMELSDORF (2000, S. 175) und AMELINGMEYER (2000, S. 42, 52). Vgl. AMELINGMEYER (2000, S. 52) für eine Übersicht möglicher Wissensträger.

51 Vgl. BULLINGER; WÖRNER; PRIETO (1998, S. 21). Da die Bedeutung des Produktionsfaktors Wissen landes- und branchenspezifisch ist, dienen diese Angaben dazu, seine Rolle zu verdeutlichen, nicht aber seinen Anteil allgemeingültig zu quantifizieren. Vgl. für eine branchenbezogene und internationale Sichtweise BÜRGEL; ZELLER (1998, S. 53-55).

52 Vgl. TUCHER VON SIMMELSDORF (2000, S. 3 f., 169 f.). Siehe ausführlicher für die Rolle von Wissen in einzelnen betrieblichen Funktionsbereichen AMELINGMEYER (2000, S. 17).

Wissen ist somit integraler Bestandteil der Internationalisierungsprozesse in der Form, dass er Auslöser, Grundlage und Erfolgsfaktor für die internationale Tätigkeit darstellt. In Erweiterung der obigen Definition (vgl. Kapitel 1.1) wird i. R. dieser Arbeit *internationales Management als Führung international tätiger Unternehmen auf Basis der internationalen Übertragung von Wissen* verstanden. Neben bzw. infolge der integralen Rolle des Wissens bei Internationalisierungsprozessen kann er auch einen eigenständigen Bereich der internationalen Zusammenarbeit darstellen.[53] Die Erschließung und Nutzung von Wissenspotenzialen, zweckorientierte Entwicklung und Anwendung des Wissens, Verbesserung des Wissensflusses oder Beförderung der organisationalen Lernfähigkeit sind Aufgaben des Wissensmanagements.[54] Unter Berücksichtigung der erweiterten Definition des (internationalen) Managements umfasst *Wissensmanagement* im Verständnis dieser Arbeit die *Untersuchung von Rahmenbedingungen, Voraussetzungen und Determinanten des Wissens einerseits sowie die Erarbeitung normativer, strategischer und operativer Handlungsalternativen zur Aneignung, Verteilung und Ausnutzung des Wissens andererseits*. Die prozessualen Dimensionen des Wissensmanagements werden in der nachfolgenden Abbildung 1-1 schematisch dargestellt. Es wird deutlich, dass das Management von Wissen entsprechend des klassischen Managementprozesses durch die Wissensziele (auf normativer, strategischer und operativer Ebene) sowie die Wissensbewertung (Messung und Auswertung) gesteuert wird und sich aus verschiedenen Aspekten (Wissensidentifikation, -erwerb, -entwicklung, -bewahrung, -nutzung und -speicherung) zusammensetzt.[55] In der folgenden Abbildung werden die jeweiligen Aspekte bezüglich ihrer Zielstellungen und Instrumente charakterisiert. Die idealtypische Organisation des Wissensmanagements wird durch die Pfeile verdeutlicht, Wechselwirkungen, die zwischen allen Aspekte auftreten, werden aus Gründen der Übersichtlichkeit hier nicht herausgestellt.

Wissensmanagement kann intern (innerhalb eines Unternehmens) und extern (zwischen unabhängigen Unternehmen) umgesetzt werden. Beide Formen sind im internationalen Maßstab realisierbar. Da in Kapitel 1.1 definiert wurde, dass nicht nur internationale Aktivitäten innerhalb eines multinationalen Unternehmens, sondern jegliche Formen der grenzüberschreitenden Tätigkeit betrachtet werden, liegt der Schwerpunkt i. R. dieser Arbeit auf dem *internationalen externen Wissensmanagement*.

---

[53] So subsumiert BRODEL die Aktivitäten internationaler Unternehmen in folgende drei Kategorien:

- Exporte, d. h. die Ausdehnung des Absatzmarktes;
- Zusammenarbeit mit finanzieller Beteiligung, d. h. Beteiligung an oder Gründung, Erweiterung bzw. Erwerb von ausländischen Unternehmen (Aufbau sog. multinationaler Unternehmen);
- Zusammenarbeit ohne finanzielle Beteiligungen, d. h. Wissensaustausch (z. B. über Lizenzverträge), Netzwerkbildung.

Vgl. BRODEL (1996, S. 196) oder auch SCHANZ (1995, S. 16).

[54] Vgl. WILDEMANN (2001, S. 23); PAWLOWSKY (1998, S. 16); FELBERT (1998, S. 123) und TUCHER VON SIMMELSDORF (2000, S. 177). Anhand der Breite der Aufgaben des Wissensmanagements wird deutlich, dass es keine einzelne, sondern unterschiedliche Definitionen des Wissensmanagements gibt. Auf die diesbezügliche Diskussion wird i. R. dieser Arbeit nicht eingegangen. Vgl. für eine Übersicht zu Verständnissen des Wissensmanagements, gegliedert nach Ansätzen, die Zielsetzungen, Aufgaben oder Prozesse des Wissensmanagements in den Vordergrund stellen AMELINGMEYER (2000, S. 29-33).

[55] Vgl. PROBST; ROMHARDT (1996).

Abbildung 1-1: Aspekte des Wissensmanagements - ihre Kennzeichen und Instrumente

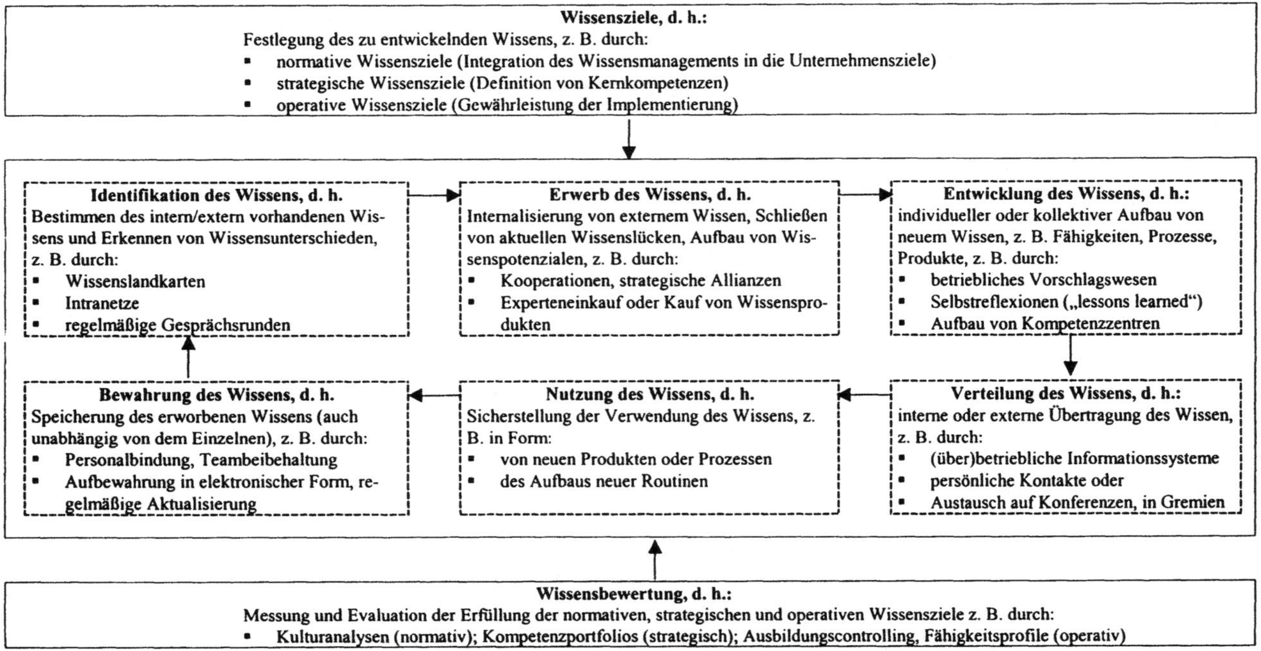

Quelle: Eigene Darstellung nach PROBST; ROMHARDT (1996, S. 5); KRIWALD; HAASIS (2001, S. 5 f.); BENDT (2000, S. 38-41); TUCHER VON SIMMELSDORF (2000, S. 179-185) und BULLINGER; WÖRNER; PRIETO (1998, S. 24-32).

Das Verständnis des internationalen Wissensmanagements dieser Arbeit wird im Folgenden durch zwei weitere Aspekte konkretisiert. KUBR; WALLACE haben fünf Übertragungswege des Wissens i. R. von Internationalisierungstendenzen zusammengefasst:

- Weiterverwendung traditioneller Systeme zur Gewährleistung von Stabilität und Kontinuität;
- spontane Übernahme neuer Systeme i. R. größerer Investitionsprojekte;
- Umsetzung standardisierter Konzepte in multinationalen Unternehmen;
- Anwendung von im Ausland erlerntem Know-How durch Ingenieure und Manager;
- Einführung/Transfer neuer Managementsysteme durch Projektarbeiten oder Berater.[56]

Die genannten Punkte implizieren zunächst eine einseitige internationale Wissensübertragung, d. h. *in* oder *von* Unternehmen des Auslandes und lassen die darauf aufbauende Rückkopplung offen. I. R. dieser Arbeit wird das internationale Engagement zum Zwecke des Wissensaustausches stets als zweiseitiger Prozess (in bzw. von Unternehmen des Auslandes und *zurück*) verstanden und kann daher auch als *wechselseitiges Wissensmanagement* bezeichnet werden.[57]

Für die internationale Zusammenarbeit zum Zwecke des Wissensmanagements spielen Kooperationen, d. h. eine Zusammenarbeit zur gemeinschaftlichen Verfolgung ausgewählter, übereinstimmender Ziele[58] eine wesentliche Rolle. HAUSSMANN stellt heraus, dass unterschiedliche Wissens-Schwerpunkte (z. B. bezogen auf die Entwicklung einer neuen Technologie oder hinsichtlich spezifischer Marktkenntnisse) ein häufiger Grund für internationale Kooperationen sind.[59] Eine Unterform der Kooperation sind strategische Allianzen, die eine zeitlich begrenzte, langfristig orientierte, strategisch ausgerichtete und vielfach nur auf spezielle unternehmerische Teilbereiche bezogene Form der Zusammenarbeit zwischen selbständigen Unternehmen sind.[60] Neben Markterschließungs-, Volumen- oder Burden-Sharing-Allianzen können Kompetenzallianzen unterschieden werden, die der Wissensbündelung und dem zweckorientierten Wissensmanagement dienen.[61] RALL weist in diesem Zusammenhang darauf hin, dass „... in dieser Eigenschaft, komplexes Wissen und institutionelle Fähigkeiten effizient zu transferieren, eine der zentralen theoretischen Begründungen für Allianzen liegt. Auf diesen Feldern besteht in der Regel kein effizienter Marktmechanismus, und andere Formen des Wissens- und Fähigkeitserwerbs sind häufig mit höheren Transaktionskosten behaftet."[62] Das internationale Wissensmanagement wird daher i. R. dieser Arbeit als *kooperatives Wissensmanagement* verstanden.[63] Kooperationen/strategische Allianzen zur Unterstützung eines internationalen Wissensmanagements können sich - je nach Ausrichtung der internationalen Tätigkeit (Exporte, Direktinvestitionen, Joint Ventures oder Tochterunternehmen) - auf Märkte, Produkte, Produktionsverfahren, Marken, Forschung, Entwicklung, Führungskonzeptionen, Qualitäts- aber

[56] KUBR; WALLACE (1983, S. 29).
[57] In diesem Zusammenhang unterscheiden BRUGGER; MAURER (bezogen auf Technologien) den Begriff Transfer (einseitiger Strom von Humankapital oder Gütern) von dem Begriff der Kooperationen (längerfristige Zusammenarbeit mit beidseitigen Lernprozessen). Vgl. BRUGGER; MAURER (1994, S. 97).
[58] Vgl. BÖRSIG; BAUMGARTEN (1997, S. 477).
[59] Vgl. HAUSSMANN (1997, S. 465).
[60] Vgl. HAUSSMANN (1997, S. 472) und KRYSTEK; ZUR (1997b, S. 132).
[61] Vgl. KRYSTEK; ZUR (1997b, S. 135).
[62] RALL (1994, S. 34 f.).
[63] Siehe zu der gleichen Argumentation SCHRADER (1990, S. 19).

auch Umweltstandards beziehen.[64] Entsprechend der dargestellten Erfordernisse zur Berücksichtigung umweltorientierter Anforderungen i. R. von Internationalisierungsprozessen, wird im Weiteren auf Aspekte des internationalen Managements von *umweltorientiertem Wissen* eingegangen. Dazu werden Ausprägungsformen des internationalen umweltorientierten Wissens definiert, Beispiele horizontaler, vertikaler und diagonaler internationaler Kooperationen zum Management von umweltorientiertem Wissen gezeigt und dessen Vorteilhaftigkeit diskutiert.

Die Erweiterung des Zielsystems eines Unternehmens von klassischen betriebswirtschaftlichen Finanz-, Ertrags-, Qualitäts- und Sicherheitszielen um Umweltschutzziele[65] erfordert spezielles umweltorientiertes Wissen. Welches Wissen im internationalen Kontext darunter zu verstehen ist, verdeutlicht nachfolgende Abbildung 1-2. Unternehmen sind danach durch eine *internationale umweltorientierte Unternehmensführung* gekennzeichnet, wenn die *Nutzung, Überprüfung, Anpassung oder Ergänzung von umweltorientiertem Fachwissen auf einem internationalen wechselseitigen/kooperativen Wissensmanagement* beruht. Sie sind dadurch als internationale Unternehmen im Sinne der in Kapitel 1.1 dargestellten Definition zu verstehen. In diesem Zusammenhang ist zu beachten, dass erst durch Realisierung des internationalen Wissensmanagements das umweltorientierte Wissen zu einem *internationalen* umweltorientiertem Wissen wird. In Abhängigkeit der Art der grenzüberschreitenden Tätigkeit umfasst die internationale umweltorientierte Unternehmensführung:

- den *internationalen technischen Umweltschutz* (z. B. Export von Umweltschutztechnologien);
- das *internationale Umweltmanagement* (z. B. operative und strategische Umweltfunktionen in ausländischen (Tochter)-Unternehmen) sowie
- die *Einführung internationaler Umweltmanagementsysteme* (als internationale Umweltmanagementsysteme werden die Systeme definiert, die auf Basis international gültiger Standards wie der ISO 14001[66] oder der EG-Öko-Audit-Verordnung[67] (im Weiteren EMAS-VO) zertifiziert bzw. validiert wurden).

Da das betriebliche Umweltmanagement somit neben dem technischen Umweltschutz als eine Ausprägung der umweltorientierten Unternehmensführung definiert wird, werden im Weiteren die Begriffe (internationales) Umweltmanagement und (internationale) umweltorientierte Unternehmensführung nicht synonym verwendet. Hier besteht ein Unterschied zur Definition des internationalen Managements (vgl. Kapitel 1.1), da in der Literatur nicht explizit zwischen internationaler Unternehmensführung und internationalem Management unterschieden wird. Von (internationalem) Umweltmanagement wird i. R. dieser Arbeit nur gesprochen, wenn es sich um Führungs- und Querschnittsaufgaben des Managements handelt, die nicht bis zur Dokumentation und Evaluation i. R. eines (internationalen) Umweltmanagementsystems führen.

[64] In Anlehnung an RALL (1999, S. 108). Vgl. zu weiterführenden Ausführungen zum Know-how-Management international tätiger Unternehmen ebenda, S. 108 f.
[65] Vgl. MEYERNICK (1997, S. 849).
[66] Vgl. EUROPÄISCHES KOMITEE FÜR NORMUNG (1996).
[67] Vgl. AMTSBLATT DER EUROPÄISCHEN GEMEINSCHAFTEN NR. L 168/1 (1993) sowie AMTSBLATT DER EUROPÄISCHEN GEMEINSCHAFTEN NR. L 114 (2001).

Abbildung 1-2: Dimensionen des umweltorientierten Wissens im internationalen Kontext

internationale umweltorientierte Unternehmensführung

jegliche, ***auf internationalem Wissenstransfer basierende***, sich *positiv* auf die ökologische Umwelt beziehende Maßnahme eines Unternehmens

umfasst funktional, d. h. aufgaben- und tätigkeitsbezogen,

internationalen betrieblich-technischen Umweltschutz

Technischen Maßnahmen zur Erhaltung und Schaffung lebensgerechter Umweltbedingungen (z. B. Luft-, Gewässer-, Boden-, Lärm- und Strahlenschutz, Wiederverwendung, -verwertung oder Entsorgung von Abfällen), ***die auf einem internationalen Export von Umwelttechnologien basieren.***

gliederbar in:

additive Maßnahmen

Entschwefelung, Filtertechniken, Entstickung , Kläranlagen, Katalysatoren

integrierte Maßnahmen

Produkt- und Prozessinnovationen zur Verringerung des Inputeinsatzes sowie umweltbelastender Outputs

internationales betriebliches Umweltmanagement

Von Unternehmen mit finanziellen Beteiligungen im Ausland (d. h. internationalen Unternehmen) auf internationalem Wissenstransfer aufgebauter Teil des Managements, der die unternehmerische Umweltpolitik festlegt und sie entsprechend den grundlegenden Funktionen des Managements (Zielsetzung, Planung, Entscheidung, Durchführung, Kontrolle) implementiert.

gliederbar in:

Führungsfunktionen (strategisch)

Definition, Durchsetzung von Umweltzielen, Erarbeitung umweltorientierter Strategie- und Organisationskonzepte sowie Maßnahmen für die operative Ebene

Querschnittsfunktionen (operativ)

Integration und Realisierung der Umweltziele in den Unternehmensfunktionen Beschaffung, Produktion, Absatz, Logistik, Marketing, Personalwesen

institutionale (d. h. organisationsbezogene) Umsetzung durch:

internationales Umweltmanagementsystem

Teil des gesamten übergreifenden Managementsystems, der die Organisationsstruktur, Planungstätigkeiten, Verantwortlichkeiten, Methoden, Verfahren, Prozesse und Ressourcen zur Entwicklung, Implementierung, Erfüllung, Bewertung und Aufrechterhaltung der Umweltpolitik umfasst und ***auf Basis der international gültigen Normen wie ISO 14001 oder EMAS-VO eingerichtet wurde.***

grundsätzliche Bestandteile in Anlehnung an DEMING

PLAN, z. B.:
- Erstaudit, Umweltpolitik, Umweltziele, Umweltprogramm

DO, z. B.:
- Umweltschutzmaßnahmen, Aufbau- und Ablauforganisation, Dokumentation, interne und externe Kommunikation

kontinuierliche Verbesserung

ACT, z. B.:
- Korrekturmaßnahmen

CHECK, z. B.:
- interne Audits, Überwachung und Messungen

Externes Audit; Zertifizierung

Quelle: Eigene Darstellung in Anlehnung an HANSEN (1992, S. 735); JANZEN (1998, S. 69); THOENES, (1995, S. 241 f.); STREBEL (1980, S. 46 f.); BRODEL (1996, S. 38); KOSTA; HASSAN (1997, S. 97); BALDERJAHN; MENNICKEN (1996, S. 24); GEGE (1994, S. 88); KAMINSKE (HRSG.) (1995, S. 4); STEGER (1993, S. 66); HAUFF; SOLBACH (1999, S. 69); EUROPÄISCHES KOMITEE FÜR NORMUNG (1996, S. 7); HOPFENBECK; JASCH; JASCH (1996, S. 429); HENN (1993, S. 39); KRINN; MEINHOLZ (1997, S. 35-592); BUTTERBRODT (1997, S. 112-180) sowie BRENNECKE; KRUG; WINKLER (1998).

Die Abbildung 1-2 dient auch dazu, unterschiedliche Dimensionen des umweltorientierten Wissens voneinander abzugrenzen, da - insbesondere zu Beginn der wissenschaftlichen Diskussion Anfang der 90er Jahre - die Begriffe Umweltschutz, Umweltmanagement bzw. Umweltmanagementsysteme oftmals synonym angewendet bzw. mit verschiedenen Definitionen belegt wurden.[68] Wenn im Weiteren vom internationalen Management des umweltorientierten Wissens gesprochen wird, so bezieht sich dies auf die in der Abbildung 1-2 definierten Wissensbereiche.[69]

Bezogen auf umweltorientierte Fragestellungen werden die besonderen Herausforderungen und Chancen von Kooperationen/strategischen Allianzen zum Zwecke eines internationalen Wissensmanagements deutlich.[70] So können je nach Ausrichtung der Kooperation horizontale (innerhalb einer Branche), vertikale (zwischen vor- und nachgelagerten Branchen) und diagonale (ohne Branchenverbindungen) strategische Allianzen unterschieden werden.[71]

PERLITZ weist darauf hin, dass durch *horizontale Allianzen* Ressourcenlücken geschlossen werden können.[72] Bezogen auf das internationale umweltorientierte Wissen kann branchenspezifisches Wissen (z. B. eine bestimmte Umwelttechnik oder ein -managementkonzept) transferiert werden, welches in dem anderen Unternehmen nicht zur Verfügung steht. Zielstellung der *vertikalen Allianz* ist die engere Anbindung unterschiedlicher Wertschöpfungsstufen.[73] Durch ein gezieltes vertikales Wissensmanagement können Voraussetzungen für eine ganzheitliche umweltorientierte Unternehmensführung entlang des gesamten Produktlebenszyklusses von den Lieferanten bis zu den Endverbrauchern im Sinne des Supply Chain Managements[74] geschaffen werden. *Diagonale Allianzen*, bei PERLITZ als konglomerate Allianzen bezeichnet,[75] dienen z. B. der gemeinsamen Grundlagenforschung oder gemeinschaftlichen Werbe- oder Vertriebsmaßnahmen von Unternehmen unterschiedlicher Geschäftsfelder.[76] I. R. der umweltorientierten Unternehmensführung kann es um die gemeinsame Umsetzung der Anforderungen internationaler Umweltmanagementsysteme zum Zwecke des Nachweises international einheitlicher Standards gehen. Die beschriebenen Kooperationsformen lassen Rückkopplungen im Sinnes eines wechselseitigen internationalen Wissensmanagements zu.

Da sich die Umweltmärkte im internationalen Maßstab durch unterschiedliche Ausgangs- und Rahmenbedingungen verschieden entwickeln, sind bezogen auf das umweltorientierte Wissen landesspezifische Unterschiede vorhanden. So ist auf Grund der langfristigen Tradition bei der

---

[68] Vgl. MEFFERT; KIRCHGEORG (1998, S. 16) oder HANSEN (1992, S. 734) sowie JANZEN (1998, S. 69).

[69] Eine andere Darstellungsweise in Form eines stufenweisen Aufbaus des Umweltmanagementsystems findet sich bei NOWAK, der vier Stufen unterscheidet:
1. Stufe: Bekenntnis zu einem vorsorgenden und verursachungsgerechten Umweltschutz.
2. Stufe: Entwicklung einer (z. B. integrierten) Managementstrategie zur Umsetzung der Umweltziele.
3. Stufe: Überführung der Strategie in ein betriebliches Umweltmanagementsystem.
4. Stufe: Evaluierung des betrieblichen Umweltmanagementsystems anhand von Standards wie ISO 14001 oder EMAS.

Vgl. NOWAK (2002, S. 313 f.).

[70] In Anlehnung an SCHNEIDEWIND (2000, S. 242).

[71] Vgl. KRYSTEK; ZUR (1997b, S. 134). SCHNEIDEWIND unterscheidet dagegen zwischen vertikalen, horizontalen, politik-orientierten und öffentlichkeits-orientierten Kooperationsformen. Vgl. SCHNEIDEWIND (2000, S. 242 f.).

[72] Vgl. PERLITZ (1997, S. 451).

[73] Vgl. PERLITZ (1997, S. 451).

[74] Vgl. KRÜGER; STEVEN (2000, S. 503).

[75] Vgl. PERLITZ (1997, S. 451 f.).

[76] Vgl. SELL (1994, S. 19).

Beschäftigung mit umweltorientierten Fragestellungen in westdeutschen Unternehmen ein höheres Erfahrungswissen zu erwarten, als in polnischen oder tschechischen Unternehmen, die sich insbesondere seit Beginn der Transformation 1990 offensiv umweltorientiert verhalten. In Abhängigkeit der Ausgangsbedingungen (z. B. Kapitaldecke, Umweltbewusstsein oder Motivation der Mitarbeiter) des Wissen-empfangenden im Vergleich zum Wissen-gebenden Unternehmen ist eine vollständige oder teilweise Übertragung des Erfahrungswissens möglich bzw. notwendig. Entsprechend des Verständnisses des wechselseitigen, kooperativen Wissensmanagements kommt es dabei nicht nur zu (Lern-)Effekten in dem Wissen-empfangenden, sondern auch in dem Wissen-gebenden Unternehmen.[77] Diese umfassen z. B.:

- *beidseitig*: organisatorische Verbesserungen;
- *für das Wissen-empfangende Unternehmen*: Kostenvorteile z. B. bezogen auf Informations-, Such-, Schulungs-, Aus- und Weiterbildungskosten; Informationsgewinne, z. B. über im Inland nicht angewendete Produkt- und Prozesstechnologien, Managementmethoden, Qualitäts- und Umweltstandards und diesbezüglichen Kontaktpersonen;
- *für das Wissen-gebende Unternehmen*: Kostensenkungen, z. B. in der Produktion durch Ausnutzung von Lohnkostenunterschieden, Wachstums- und Innovationseffekte, Aufbau einer Brückenkopffunktion.[78]

D. h., auf Basis eines horizontalen, vertikalen oder diagonalen Wissensmanagements kann das Wissen-empfangende Unternehmen, Nachteile auf Grund einer geringeren Erfahrung ausgleichen, da durch Einführung erprobter Umweltschutz- und -managementmaßnahmen eine Verbesserung der Umweltsituation kurzfristig erzielbar ist.[79] Andererseits ist zu erwarten, dass Unternehmen ohne diese Kooperationen Wettbewerbsnachteile bei der Anpassung an internationale Standards im Umweltbereich haben werden.[80] Hinzu kommt, dass infolge eines geringeren Umweltstandards, z. B. in Polen und Tschechien, bei einer gegebenen Investitionssumme der Grenznutzen (d. h. die Umweltentlastung) höher ist als z. B. in Deutschland.[81] Auf Grund der unterschiedlichen Ausgangssituationen von Deutschland und Polen/Tschechien ist somit zu erwarten, dass die Effekte eines internationalen Managements von umweltorientiertem Wissen zwischen diesen Ländern höher sind, als ein ausschließlich auf Westeuropa bezogenes Wissensmanagement.[82]

Entsprechend dieser Argumentation sind infolge der mit dem internationalen Transfer von erprobtem umweltorientiertem Wissen verbundenen Erfahrungseffekten des Wissen-gebenden Unternehmens in dem Wissen-empfangenden Unternehmen Erfahrungskurven-, Kostendegressions- und Entwicklungsstand-Portfolio-Effekte (vgl. Tabelle 1-6) erzielbar.[83] Diese Effekte sind unter Voraussetzung eines wechselseitigen Wissensmanagements auch in dem Wissen-gebenden Unternehmen zu beobachten, z. B. wenn das Wissen-gebende Unternehmen seine Umweltschutz-

[77] In Anlehnung an ZSCHIEDRICH (2000, S. 384), der in Bezug auf internationalen Wertschöpfungspartnerschaften betont, dass es dabei nicht um ausschließliche Kostenminimierung im westlichen Unternehmen, sondern um Wettbewerbsvorteile für beide Partner geht (Win-Win-Situationen).

[78] Vgl. BRUGGER; MAURER (1994, S. 37-42, 97) sowie ZSCHIEDRICH (2000, S. 392).

[79] In Anlehnung an HUMMELS (1998, S. 25), der allerdings bezogen auf standardisierte Umweltstrategien multinationaler Unternehmen in Entwicklungsländern argumentiert.

[80] Vgl. für eine ähnliche Argumentation WELGE; HOLTBRÜGGE (1998, S. 67).

[81] Vgl. HOMEYER; CARIUS (2000, S. 342).

[82] Darauf beruht das umweltpolitische Instrument der Joint Implementation. Vgl. dazu MICHAELOWA (1995).

[83] In Anlehnung an PERLITZ (1995, S. 112).

und -managementmaßnahmen auf Basis eines Feedbacks über ihre Anwendbarkeit in dem Wissen-empfangenden Unternehmen weiterentwickeln kann.[84]

BOYENS weist auf die Kosten, wie z. B. Anbahnungs-, Vereinbarungs-, Kontroll- und Anpassungskosten hin, die mit jeder Transaktion (hier: Austausch von umweltorientiertem Wissen) verbunden sind und deren Höhe von der Unternehmensspezifik, aber auch der Unsicherheit, Häufigkeit, den rechtlichen und technologischen Rahmenbedingungen des Transfers abhängig ist.[85] Voraussetzung für die Vorteilhaftigkeit internationaler unternehmerischer Tätigkeiten stellt daher ihre Effizienz dar, d. h. finanzielle oder andere Chancen, die diese finanziellen oder anderen Belastungen des internationalen Engagements kompensieren.[86] Unter Effizienz („bewirken“) wird in diesem Zusammenhang ein positives Output-Input-Verhältnis (Ertrag/Aufwand; Nutzen/Kosten) verstanden, durch das der Wirkungsgrad, die tatsächliche Leistung oder Wirtschaftlichkeit einer Maßnahme/Entscheidung/Organisation verbessert werden kann.[87] DYCKHOFF; AHN weisen darauf hin, dass Effizienz im Zusammenhang mit zustandsverändernden Zielen definiert werden muss, um z. B. bezogen auf Umweltziele, spezielle Effizienzbegriffe (Öko-Effizienz) zu definieren.[88] Das internationale Management von umweltorientiertem Wissen dient dann der Beförderung einer effizienten umweltorientierten Unternehmensführung, wenn durch die Umsetzung der notwendigen organisatorischen, institutionellen, technischen, sozialen u. a. Maßnahmen[89] unter Kostengesichtspunkten die (Problemlösungskompetenz zur) Umweltentlastung eines Partners verbessert wird, ohne die des anderen Partners zu verschlechtern (PARETO-Kriterium).[90]

Auf Basis der bisherigen Ausführungen werden folgende Feststellungen zusammengefasst:

1. Der Berücksichtigung umweltorientierter Aspekte kommt i. R. der Internationalisierungsprozesse auf Grund des grenzüberschreitenden Charakters der Umweltprobleme sowie der mit

[84] In Anlehnung an SCHRADER (1990, S. 154).
[85] Vgl. zu weiterführenden Aussagen hinsichtlich der Kostenarten und -einflussfaktoren BOYENS (1998, S. 45 f.).
[86] Vgl. BRODEL (1996, S. 195). So weist z. B. PERLITZ darauf hin, dass der internationale Wissenstransfer durch multinationale Unternehmen effizient vorgenommen wird (geringe zusätzliche Kosten, Nutzung der Gewinne zur Deckung von Entwicklungs-, Ausbildungs-, Transferkosten). Vgl. PERLITZ (1995, S. 112).
[87] Vgl. z. B. REIß; CORSTEN (1995, S. 8); WÖHE (1990, S. 49); THOMMEN; ACHLEITNER (1998, S. 108) oder BÜRGEL; HALLER; BINDER (1996, S. 32), die das Effizienzmaß (Wertverhältnis) als ein an die Produktivität (Mengenverhältnis) anknüpfendes Verhältnis darstellen. Siehe zu Beispielen betrieblicher Effizienzindikatoren SEIDEL (1985, S. 12), für Beispiele ihrer Erhebungsgrößen S. 19 und Erhebungsweisen S. 20. Von der Effizienz zu unterscheiden ist die Effektivität („Wirksamkeit“), die ein Kriterium zur Beurteilung der Zweckmäßigkeit, Richtigkeit, Neuartigkeit und Güte darstellt. Vgl. dazu CORSTEN (1995, S. 207).
[88] Vgl. DYKHOFF; AHN (2001, S. 114). Vgl. für eine Analyse von 180 Quellen, in denen der Effizienzbegriff verwendet wird und die Unterscheidung grundsätzlicher Definitionsansätze der Effizienz, ebenda, S. 112.
[89] In Anlehnung an SCHOLZ (1992, S. 535 f.).
[90] Vgl. KRAMER; REICHEL (2001, S. 10) und in Anlehnung an SCHRADER (1990, S. 150-152). DYCKHOFF; AHN definieren: „Eine Handlung heißt effizient in Bezug auf eine bestimmte Teilmenge der relevanten Ziele und in Bezug auf eine bestimmte Teilmenge von Handlungsalternativen, wenn sie eine Zustandsänderung bewirkt, die bei Wahl einer anderen Handlungsalternative aus der Teilmenge im Hinblick auf keines der im Einzelfall ausgewählten Ziele eine Verbesserung erlaubt, ohne gleichzeitig bei einem anderen der ausgewählten Ziele zu einer Verschlechterung zu führen (partielle Effizienz). Sie heißt (total) effizient, wenn sie in Bezug auf alle relevanten Ziele und in Bezug auf alle im Entscheidungskontext verfügbaren Handlungsalternativen effizient ist.“ DYKHOFF; AHN (2001, S. 115).

der internationalen Tätigkeit verbundenen Mengen- und Effizienzeffekte eine wichtige Bedeutung zu.

2. Das Wissen spielt als Auslöser, Grundlage und Erfolgsfaktor für die internationale Tätigkeit von Unternehmen eine integrative Rolle. Das Management des Wissens kann dabei auch einen eigenständigen Bereich der internationalen Zusammenarbeit darstellen, z. B. in Bezug auf umweltorientierte Aspekte. Im Zuge der Harmonisierung umweltpolitischer und -rechtlicher Rahmenbedingungen innerhalb der EU ist insbesondere für die Beitrittskandidaten Polen und Tschechien der Nachweis vergleichbarer Umweltstandards erforderlich.
3. International tätige Unternehmen besitzen infolge der grenzüberschreitenden wirtschaftlichen Verflechtungen die Möglichkeit, Umweltschutz und -management auf Basis eines horizontalen, vertikalen und diagonalen Wissensmanagements im oben definierten Sinne PARETO-effizient zu befördern.

Die bisher diskutierten Dimensionen des internationalen Managements von umweltorientiertem Wissen werden abschließend in drei Hauptaspekte subsumiert und auf dieser Basis die Themenstellung dieser Arbeit eingegrenzt.

1.4 Identifikation und Bewertung des umweltorientierten Wissens als Voraussetzung des internationalen Wissensmanagements

Ein wesentliches Ziel des internationalen Wissensmanagements stellt die Nutzung von bisher nicht zugänglichen umweltorientierten Wissens dar, um die unternehmerische strategische Positionierung in effizienter Form bezüglich der zeitlichen und finanziellen Ressourcen zu verbessern.[91] Ansatzpunkte für ein internationales Wissensmanagement ergeben sich somit dann, wenn es internationale Unterschiede in dem umweltorientierten Wissen von mindestens zwei Partnern gibt.[92] Diese zwei Partner werden als Partner A und Partner B bezeichnet und können auf unterschiedlichen Betrachtungsebenen angesiedelt sein (Land A bzw. B, Branche A bzw. B, Unternehmen A bzw. B). Voraussetzung für die Ermittlung internationaler Unterschiede in dem umweltorientierten Wissen der Partner stellt die Identifikation der jeweils vorhandenen *Wissensbasis* und ihre Bewertung durch das Erkennen von Wissensvorsprüngen bzw. -defiziten dar.

Die Wissensbasis wird erst dann für eine internationale Wissensverteilung interessant, wenn aus den Wissensvorsprüngen Angebote an Wissen und aus den Wissensdefiziten Nachfrage nach Wissen resultiert. Werden z. B. Angebot an umweltorientiertem Wissen von Partner A und Nachfrage nach diesem Wissen von Partner B zusammengebracht, findet ein *Wissenstransfer* statt.[93]

Der Wissenstransfer führt bei Partner B (Wissens-Nehmer) zu Lerneffekten (Wissenserwerb und -nutzung). Findet eine Rückkopplung über diese Effekte des Wissens-Nehmers zu Partner A (Wissens-Geber) statt, kann von einem wechselseitigen Wissenstransfer gesprochen werden, der z. B. zur Weiterentwicklung des Wissens führt. Gleichermaßen kann auch Partner B Wissensvor-

[91] In Anlehnung an WILDEMANN (2001, S. 25).
[92] In Anlehnung an BARKENTHIEN; KRAMER (2001, S. 272).
[93] Hierbei soll nicht ausgeschlossen werden, dass Wissenstransfer grundsätzlich auch ohne Angebot oder Nachfrage stattfinden kann bzw. Wissensangebote oder -nachfrage unabhängig von einem Wissenstransfer auftreten können.

sprünge bezogen auf spezifisches umweltorientiertes Wissen haben, welches er für einen Transfer anbietet und durch den Partner A, sofern dieser in diesem Bereich durch ein Wissensdefizit gekennzeichnet ist, nachgefragt wird. Dieser Aspekt wird als *Wissensevolution* bezeichnet.[94]

Das internationale Management von umweltorientiertem Wissen umfasst also im Verständnis dieser Arbeit folgende drei Aspekte (auch hierbei erfolgt die Steuerung über Wissensziele und die Wissensbewertung, weiterhin ist die Bewahrung des Wissens für jede Phase erforderlich):

- *Wissensbasis*: Identifikation des umweltorientierten Wissens, Erkennen von Wissensvorsprüngen und -defiziten.
- *Wissenstransfer*: Verteilung des Wissens, wenn Vorsprünge in Wissensangebote und Defizite in Wissensnachfrage resultieren.
- *Wissensevolution*: Auswirkungen des Wissenstransfers im Sinne von Lerneffekten auf beiden Seiten.[95]

Die Identifikation und Bewertung der Wissensbasis stellt eine grundlegende Voraussetzung für die Initiierung des internationalen Wissenstransfers und die Gewährleistung der Wissensevolution dar.[96] Denn erst auf dieser Grundlage können Anforderungen für die zielgerichtete Entwicklung des Wissens in dem Sinne, dass die bestehenden Kernkompetenzen der umweltorientierten Unternehmensführung gestärkt bzw. neue entwickelt werden, abgeleitet werden.[97]

Der Fokus dieser Arbeit wird daher auf den ersten Aspekt des internationalen Managements des umweltorientierten Wissens, auf die *Wissensbasis* gelegt. Der Auffassung von WILLKE folgend sind drei Betrachtungsweisen der Wissensbasis zu unterscheiden: die *personelle* Wissensbasis (z. B. Quantität, Qualität des Humankapitals), die *strukturelle* Wissensbasis (z. B. Infrastruktur, Organisationsstruktur) und die *konzeptionelle* Wissensbasis (z. B. Methoden, Instrumente, Modelle).[98] **Im Rahmen dieser Arbeit wird die Untersuchung auf die *konzeptionelle Wissensbasis* eingegrenzt** und die personelle bzw. strukturelle Wissensbasis nicht *explizit* berücksichtigt (hierbei ist aber zu beachten, dass zwischen den drei Ausprägungen interdependente Verknüpfungen bestehen und die personelle und strukturelle Wissensbasis Einfluss auf die Ausprägung der konzeptionellen Wissensbasis haben). **Unter der konzeptionellen Wissensbasis werden im Weiteren in Anlehnung an PROBST; ROMHARD alle Bestandteile des umweltorientierten Wissen, wie z. B. Normen, Routinen, Fähigkeiten, Fertigkeiten oder Erfahrungen verstanden, die für die Umsetzung der in Abbildung 1-2 aufgezeigten Ausprägungsformen der umweltorientierten Unternehmensführung erforderlich sind.**[99] Im Weiteren werden die Begriffe „konzeptionelle Basis des umweltorientierten Wissens“ und „umweltorientiertes Wissen“ synonym verwendet.

Wenn sich die konzeptionelle Wissensbasis im internationalen Maßstab unterscheidet und daraus eine Nachfrage nach oder ein Angebot an umweltorientiertem Wissen resultiert (d. h., das unter-

---

[94] Siehe ähnlich auch bei HEPPNER (1997, S. 187). Auf die Thematik der lernenden Organisationen wird i. R. dieser Arbeit nicht vertiefend eingegangen. Vgl. weiterführend dazu ULRICH (1998, S. 26-50).
[95] In Anlehnung an BÖHM (2000, S. 41).
[96] In Anlehnung an BENDT (2000, S. 38) und AMELINGMEYER (2000, S. 169).
[97] In Anlehnung an SCHMIEDEL-BLUMENTHAL (2001, S. 87 f.).
[98] Vgl. WILLKE (1998, S. 65 f.).
[99] Vgl. PROBST; ROMHARD (1996, S. 1).

schiedliche Wissen marktrelevant ist) findet ein internationaler Wissenstransfer statt. Der Aspekt des Wissenstransfers selbst zählt nicht mehr zum Betrachtungsgegenstand dieser Arbeit. Impulsgebend dafür wird aber im Sinne einer ausblickgebenden Schnittstellendiskussion auf ausgewählte Voraussetzungen der Marktrelevanz der identifizierten und bewerteten konzeptionellen Wissensbasis eingegangen. Entsprechend diesem Betrachtungshorizont werden folgende *Zielstellung* dieser Arbeit definiert:

Ziel dieser Arbeit ist es, eine Methodik zu entwickeln und anzuwenden, durch die die konzeptionelle Basis des umweltorientierten Wissens im internationalen Kontext am Beispiel Deutschlands, Polens und Tschechiens definiert, analysiert und bewertet werden kann. Einzelziele der Arbeit sind:

a) Determinanten des umweltorientierten Wissens zu erarbeiten, d. h. das Wissen zu bestimmen (Identifikation der Wissensbasis);

b) die Ausprägungen des umweltorientierten Wissens im internationalen Maßstab zu charakterisieren (Analyse der Wissensbasis) und

c) internationale Unterschiede im umweltorientierten Wissen in Form von Wissensvorsprüngen und -defiziten zu erarbeiten (Bewertung der Wissensbasis).

Im Sinne einer impulsgebenden Schnittstellendiskussion werden Voraussetzungen diskutiert, unter denen die definierten Wissensvorsprünge und -defizite Marktrelevanz erhalten und auf dieser Basis Ansatzpunkte für die Veränderung der konzeptionellen Basis des umweltorientierten Wissens Deutschlands, Polens und Tschechiens durch einen internationalen Wissenstransfer aufgezeigt.

Von den Untersuchungen dieser Arbeit explizit ausgeschlossen sind Fragestellungen, die sich auf:

- den Wissenstransfer (z. B. Initiierung, Umsetzung und Gestaltungsdimensionen des Wissenstransfers) und
- die Wissensevolution (z. B. Lerneffekte, Kosten-Nutzen-Effekte, Effizienzbewertung)

beziehen.[100] Unberücksichtigt bleiben - sofern nicht für die Identifikation und Bewertung der konzeptionellen Wissensbasis erforderlich - ebenfalls die Rahmenbedingungen, in denen die drei

[100] Vgl. weiterführend für:
- eine Zusammenstellung empirischer Erhebungen zum Wissenstransfer deutscher (multinationaler) Unternehmen, BENDT (2000, S. 2-8);
- modellgestützte statische und dynamische Untersuchungen über Möglichkeiten und Zweckmäßigkeiten der externen vs. internen Verwertung von technologischem Wissen in Abhängigkeit von: Gewinn aus dem Produktgeschäft vor Kosten für den Wissenserwerb, Erlös aus dem Verkauf von technologischem Wissen, Kosten der internen Bereitstellung von neuem technologischen Wissen, direkten Kosten des externen Erwerbs von technologischem Wissen, Kosten für den Transfer externen Wissens in das Unternehmen und Transaktionskosten der externen Wissensverwertung sowie bezogen auf die Auswirkungen positiver und negativer Einstellungen gegenüber dem externen Wissenserwerb, BOYENS (1998);
- eine Darstellung der Wissensfunktionen in individuellen und kollektiven Entscheidungsprozessen, zum Ablauf und den Barrieren des Wissenstransfers auf der individuellen, kollektiven und organisationalen Ebene sowie zu organisatorischen Gestaltungsmöglichkeiten auf den Verlauf des Wissenstransfers, HEPPNER (1997).
- eine Untersuchung von Aspekten der Transferentscheidungen von Führungskräften am Beispiel amerikanischer Stahlunternehmen, SCHRADER (1990);

→

Aspekte des internationalen Managements von umweltorientiertem Wissen eingebettet sind. Dazu zählen u. a. politisch-rechtliche (z. B. Stabilität, Gemeinsamkeiten oder Unterschiede der Umweltgesetzgebung), technisch-fachliche (z. B. Problemanalyse- und -lösungskompetenz), finanzielle (z. B. Finanzierungsmöglichkeiten), mentale (z. B. interkulturelle Unterschiede) oder logistische (z. B. Infrastruktur) Kriterien.[101] **Die Analyse bezieht sich somit nicht auf die Untersuchung des realisierten internationalen Transfers von umweltorientiertem Wissen und dessen Ergebnisse, sondern darauf, das diesem zu Grunde liegende Wissen zu identifizieren und zu bewerten, um Ansatzpunkte für einen internationalen Wissenstransfer zu erarbeiten.** Die Untersuchung erfolgt am Beispiel von Deutschland, Polen und Tschechien, da aus ökonomischer Sicht die Möglichkeiten (vgl. Kapitel 1.1) und aus umweltorientierter Sicht die Notwendigkeiten (vgl. Kapitel 1.2) für ein internationales Wissensmanagement dargestellt wurden.

In der nachfolgenden Abbildung 1-3 werden die drei Hauptaspekte des internationalen Managements von umweltorientiertem Wissen zusammengefasst und am vereinfachten 2-Partner-Fall dargestellt. Die fett markierten Kästchen dokumentieren den abgegrenzten Untersuchungsgegenstand dieser Arbeit. Im Anschluss daran wird in Kapitel 1.5 diskutiert, durch welches methodische Vorgehen die definierte Themenstellung untersucht werden kann.

- eine computergestützte Erklärung des Ablaufes des Know-how-Transfers durch multinationale Unternehmen in Entwicklungsländer aus der praxisorientierte Empfehlungen zur effizienten Gestaltung des Know-how-Transfers abgeleitet werden können, MERTEN (1985).

[101] In Anlehnung an KRAMER; REICHEL (2001, S. 12-14).

Abbildung 1-3: Abgrenzung des Untersuchungsgegenstandes und der Zielstellungen der Arbeit

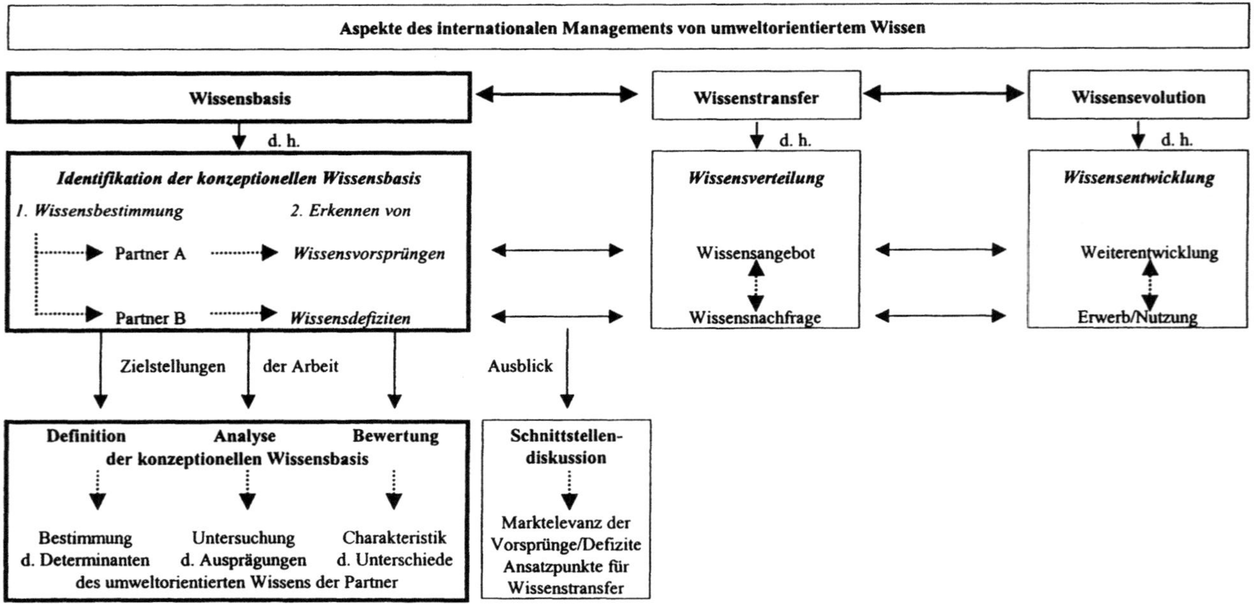

Quelle: Eigene Darstellung.

1.5 Auswahl des Benchmarking-Konzeptes als methodisches Hilfsmittel zur Untersuchung des umweltorientierten Wissens

Die Erarbeitung einer Methodik zur Untersuchung der konzeptionellen Wissensbasis erfolgt unter Rückgriff auf Instrumente des Controllings, da diese der systematischen, analysierenden und entscheidungsvorbereitenden Informationsverarbeitung dienen.[102] Ausgangspunkt für die Untersuchung des Wissens und seiner Unterschiede stellen geeignete Partner dar.[103] Die Partnerauswahl bzw. -bewertung kann mittels unterschiedlicher Controlling-Instrumente, wie z. B. dem Benchmarking, der Bilanzanalyse, der Machbarkeitsanalyse, dem Scoring-Modell oder der Stärken-Schwächen-Analyse erfolgen.[104] Eine Erweiterung des Instrumentenkastens ist grundsätzlich möglich, wird i. R. dieser Arbeit aber nicht verfolgt, vielmehr werden nur die Instrumente untersucht, die in der Literatur im Zusammenhang mit Kooperationen benannt werden. So wäre (z. B. fokussiert auf die Lernperspektive) grundsätzlich auch die Berücksichtigung des Balanced-Scorecard-Konzeptes denkbar gewesen. Da dieses Instrument für die Operationalisierung von Strategien zweckmäßiger denn für die vergleichende Istanalyse mehrerer Partner einzuschätzen ist,[105] findet es hier keine Berücksichtigung, wohl aber bei der Diskussion der Operationalisierungsmöglichkeiten der noch darzustellenden Ansatzpunkte eines internationalen Wissenstransfers (vgl. dazu Kapitel 6.2).

Von den oben genannten Instrumenten ist dasjenige abzugrenzen, durch das der Untersuchungsgegenstand am zielführendsten betrachtet werden kann. Die Evaluation der Instrumente erfolgt auf Basis ihrer Eignung zur Erarbeitung und Bewertung des umweltorientiertem Wissen auf Basis folgender Kriterien:

- *Definitionskriterium:* Sind durch Anwendung des Instruments Einfluss- bzw. Erfolgsfaktoren des umweltorientierten Wissens abgrenzbar?
- *Analysekriterium:* Ermöglicht die Anwendung des Instruments eine vergleichende Untersuchung der definierten Faktoren?
- *Bewertungskriterium 1:* Dient die Anwendung des Instruments der Bestimmung von Unterschieden zwischen den analysierten Faktoren?
- *Bewertungskriterium 2:* Sind durch Anwendung des Instruments Ansatzpunkte für ein internationales Wissensmanagement (im Sinne der Marktrelevanz der Wissensunterschiede) feststellbar?

Die Ergebnisse der Instrumentenbewertung werden in nachfolgender Tabelle zusammengefasst.

---

[102] In Anlehnung an PIONTEK (1996, S. 24-26).

[103] In Anlehnung an PERLITZ (1997, S. 452).

[104] Vgl. CODLING (1997, S. 35); BÖRSIG; BAUMGARTEN (1997, S. 483-486); PERLITZ (1997, S. 452) und MEISSNER (1995, S. 123).

[105] Vgl. beispielhaft zur umweltorientierten Balanced Scorecard FAHRBACH; HEINRICH; PFITZNER (2000).

Tabelle 1-7: Vergleichende Betrachtung von Controllinginstrumenten zur Analyse und Bewertung des umweltorientierten Wissens

	Kriterien			
Instrument	***Definitionskriterium***	***Analysekriterium***	***Bewertungskriterium 1***	***Bewertungskriterium 2***
Bench-marking[106]	▪ Instrument zur Ermittlung von Leistungslücken und Strategien zur Schließung der Lücken			
	▪ zu betrachtende Faktoren sind den Untersuchungsgegenstand charakterisierende quantitative oder qualitative Benchmarks (Orientierungs-, Richt-, Ziel- oder Vergleichswerte)	▪ Partnervergleiche sind anhand der definierten Benchmarks durchführbar, wobei ein Vergleich mit dem Besten angestrebt wird	▪ gezieltes Aufzeigen der Istposition und systematische Suche nach besseren (rationelleren) Lösungen (best practices) ▪ dabei explizite Erarbeitung von Ursachen für Unterschiede/Abweichungen	▪ Formulierung von Handlungsempfehlungen zur Übernahme oder Modifizierung der erarbeiteten best practices
Bilanzanalyse[107]	▪ Instrument zur Bewertung der wirtschaftlichen Zusammenhänge eines Unternehmens durch Analyse von Aufbau und Entwicklung der Bilanzstruktur			
	▪ zu betrachtende Faktoren beziehen sich auf Vermögens- und Kapitalstruktur und darauf aufbauend auf Gewinn- und Verlustrechnung (absolute, Verhältnis-, Index- oder Kennzahlen)	▪ Partnervergleiche sind auf Basis von Kennzahlen möglich (Betriebs- und Branchenvergleiche)	▪ Bestimmung der wirtschaftlichen Position des Unternehmens ▪ Ursachenanalyse bezogen auf Abweichungen der Vermögens- und Kapitalstruktur, des Kapitalumschlages, der Rentabilitätsrechnung oder des Cash Flows vom Durchschnitt	▪ Ableitung von Zielen und Maßnahmen zur Verbesserung der Bilanzpositionen
Machbarkeitsanalyse[108]	▪ Instrument zur technischen, wirtschaftlichen und sozialen Prüfung einer Investition			
	▪ zu betrachtende Faktoren beziehen sich auf investitionsrelevante Kriterien aus technischer, wirtschaftlicher und sozialer Sicht	▪ es erfolgen vergleichende Bewertungen mehrerer Investitionsalternativen auf Basis der Nutzwertanalyse	▪ über Nutzwerte (siehe detailliert dazu bei der Nutzwertanalyse)	▪ über Sensitivitätsanalyse (siehe detailliert dazu bei der Nutzwertanalyse)

106 Vgl. SCHRÖDER (1996, S. 546-549); PREIßLER (1996, S. 260-262); HORVÁTH; REICHMANN (1993, S. 53 f.).
107 Vgl. SCHRÖDER (1996, S. 321-323); LÖFFELHOLZ (1980, S. 764-776); KLENGER (1997, S. 554 f.).
108 Vgl. THOMMEN; ACHLEITNER (1998, S. 523-525).

Instrument	*Definitionskriterium*	*Analysekriterium*	*Bewertungskriterium 1*	*Bewertungskriterium 2*
Nutzwertanalyse/Scoring-Modell[109]	▪ Instrument des Controllings zur Alternativen-Bewertung auf Basis eines mehrdimensionalen Zielkataloges			
	▪ zu betrachtende Faktoren beziehen sich auf quantitative oder qualitative Ziele differenzierter Handlungsalternativen (Gewichtung der Ziele untereinander auf Basis von Präferenzurteilen und Bewertung des Zielerreichungsgrades durch Punktbewertung)	▪ vergleichende Bewertung der Handlungsalternativen durch Ermittlung der gewichteten Gesamtpunktzahl	▪ Bestimmung der Alternative mit dem höchsten Nutzwert aus mehreren Alternativen und unter Berücksichtigung verschiedener Zielanforderungen ▪ keine explizite Ursachenanalyse für Vorteilhaftigkeit von Alternativen, aber Entscheidungsfindung ist durch Vergabe von Punkten und Gewichten transparent	▪ nutzenoptimale Handlungsalternative kann durch Sensitivitätsanalyse evaluiert werden (Prüfung der Abhängigkeit der Ergebnisse von den vergebenen Zielgewichten und -punkten)
Stärken-Schwächen-Analyse[110]	▪ Instrument zur Potenzialanalyse des gesamten Unternehmens oder ausgewählter Teilbereiche (Produkte, Prozesse, Bereiche)			
	▪ zu betrachtende Faktoren beziehen sich auf quantitative und qualitative Beurteilungskriterien des Untersuchungsgegenstandes	▪ vergleichende (relative) Bewertung der Partner auf Basis der Kriterien mit Hilfe von Profil- oder Rating-Skalen, ohne Vorgabe von Soll- oder Richtwerten	▪ Bestimmung von Istposition, Leistungslücken und -potenzialen durch Aufzeigen von Stärken und Schwächen ▪ keine explizite Ursachenermittlung	▪ Ableitung von Zielen und Maßnahmen zur Nutzung von Chancen und Senkung von Risiken auf Basis der Gegenüberstellung von Ist- mit Soll-Profilen

Quelle: Eigene Darstellung.

[109] Vgl. FÄßLER; REHKUGLER; WEGENAST (1991, S. 490 f.); SCHULTE (1996, S. 638); WEBER (1992, Sp. 1435-1448).

[110] Vgl. MEISSNER (1995, S. 123); VOLLMUTH (1994, S. 285-293); FÄßLER; REHKUGLER; WEGENAST (1991, S. 499); SCHULTE (1996, S. 698); EHRMANN (1997, S. 135-138).

Auf Basis der Ergebnisse der vergleichenden Analyse in Tabelle 1-7 werden folgende Schlussfolgerungen gezogen:

Das *Benchmarking* ist ein Instrument des Restrukturierungs-Controllings, das sowohl auf „harte" (z. B. Unternehmen, Funktionen, Produkte, Prozesse) als auch auf „weiche" (z. B. Marketing, Vertrieb oder Entwicklung) Untersuchungsgegenstände anwendbar ist.[111] In diesem Sinne wird Benchmarking v. a. „... in Situationen, die durch Aufholbedarf gekennzeichnet sind ..."[112] eingesetzt. Die in Form von Benchmarks zu betrachtenden Faktoren können sich grundsätzlich auf quantitative und qualitative Einflussfaktoren eines internationalen Engagements beziehen (Definitionskriterium). Eine vergleichende Partnerbewertung ist bezogen auf die definierten Benchmarks möglich, neben der Suche nach Vorsprüngen und Defiziten kommt dem Aufzeigen von deren Ursachen sowie zu übernehmenden bzw. zu modifizierenden best practices explizite Bedeutung zu (Analyse- und Bewertungskriterien). Damit entspricht es auch den Zielstellungen des Wissensmanagements.[113] Da das Benchmarking allen Evaluierungskriterien gerecht wird, ist es als Methodik zur Untersuchung der konzeptionellen Wissensbasis besonders geeignet. Zu beachten ist aber, dass die Aussagefähigkeit von Benchmarkinganalysen davon abhängt, ob es gelingt, den Untersuchungsgegenstand ausreichend abzugrenzen, geeignete Analyseindikatoren (Benchmarks) zu definieren und repräsentative Partner für eine vergleichende Analyse zu finden.[114]

Die *Bilanzanalyse* stellt ein klassisches Instrument des Finanz-Controllings zur Analyse der wirtschaftlichen Entwicklung und Situation eines Unternehmens dar.[115] Die dabei betrachteten Faktoren beziehen sich ausschließlich auf Daten der Bilanz bzw. des Jahresabschlusses. Zwar können diese relevante Einflussfaktoren eines internationalen Engagements darstellen, sie spiegeln aber nur einen ausgewählten - eingegrenzten - Teilbereich wider (Definitionskriterium). Dem zu Folge bezieht sich die vergleichende Partneranalyse, die Ermittlung von Kennzeichen und Ursachen der Chancen bzw. Hemmnisse für eine internationale Zusammenarbeit ausschließlich auf den Finanzsektor (Analyse- und Bewertungskriterien). Einsetzbar ist dieses Instrument aus diesem Grund für spezielle Formen der internationalen Zusammenarbeit wie z. B. dem Beteiligungscontrolling (z. B. bei Errichtung/Unterhaltung einer Verkaufsniederlassung oder eines Montagebetriebes oder eines Produktionsbetriebes). Die Bilanzanalyse stellt in diesem Zusammenhang ein geeignetes Instrument zur Auswahl, Analyse und Beurteilung potenzieller Beteiligungsobjekte, zur Steuerung dieser auf Basis von Kennzahlen und zur Jahresabschlussgestaltung ausscheidender Objekte/Gesellschaften dar.[116]

Die *Machbarkeitsanalyse* ist ein Instrument des Investitionscontrollings.[117] Die dabei betrachteten Faktoren beziehen sich auf technische, ökonomische und soziale Aspekte einer Investitionsentscheidung.[118] Diese können zu relevanten Einflussfaktoren ausgewählter Teilbereiche eines internationalen Engagements gezählt werden, wie z. B. der Errichtung/Unterhaltung einer Verkaufs-

[111] Vgl. SCHULTE (1996, S. 62).
[112] DEGER (1997, S. 187).
[113] Vgl. WILDEMANN (2001, S. 35 f.).
[114] Vgl. PIESKE (1997, S. 28) oder BÖHNERT (1999, S. 13).
[115] In Anlehnung an HORVÁTH; REICHMANN (1993, S. 329).
[116] Vgl. SCHULTE (1996, S. 101).
[117] Vgl. THOMMEN; ACHLEITNER (1998, S. 523).
[118] Vgl. THOMMEN; ACHLEITNER (1998, S. 523-525).

niederlassung, eines Montage- oder Produktionsbetriebes (Definitionskriterium). Demzufolge bezieht sich die vergleichende Partneranalyse, die Ermittlung von Kennzeichen und Ursachen der Chancen bzw. Hemmnisse für eine internationale Zusammenarbeit auf die o. g. Formen des internationalen Engagements (Analyse- und Bewertungskriterien). Die Machbarkeitsanalyse wird daher, ähnlich wie die Bilanzanalyse, als ungeeignet für die Analyse und Bewertung der Wissensbasis eingeschätzt.

Das *Scoring-Modell* (synonym Nutzwertanalyse) ist ein Instrument des strategischen Controllings, welches der Auswahlentscheidung unterschiedlicher Alternativen, die durch ein mehrdimensionales Zielsystem gekennzeichnet sind, dient.[119] Die zu berücksichtigenden Ziele können sich grundsätzlich auf die umfassende Beschreibung von quantitativen und qualitativen Einflussfaktoren eines internationalen Engagements beziehen (Definitionskriterium). Die vergleichende Partneranalyse und die Ermittlung von Chancen bzw. Hemmnissen für eine internationale Zusammenarbeit sind auf präferenzbasierten Nutzwerten möglich. Eine Ermittlung von Ursachen für die erarbeiteten Vorsprünge und Defizite sowie die Erarbeitung von Potenzialen einer internationalen Zusammenarbeit ist nur auf Basis einer Sensitivitätsanalyse möglich. Diese dient der Variation der Nutzenpräferenzen des Entscheiders bezogen auf das mehrdimensionale Zielsystem,[120] nicht der Evaluierung der qualitativen oder quantitativen Einflussfaktoren im Sinne der Definition notwendiger Wissensgrundlagen (Analyse- und Bewertungskriterien). Bezogen auf die Bewertungskritierien wird das Benchmarking im Vergleich zum Scoring-Modell als zielführenderes Instrument eingeschätzt.

Die *Stärken-Schwächen-Analyse* als ein Instrument des strategischen Controllings ist sowohl zur Potenzialanalyse des gesamten Unternehmens als auch einzelner Bereiche, Prozesse, Produkte oder Zielstellungen anwendbar. Für die dabei zu berücksichtigenden quantitativen und qualitativen Faktoren sind keine Einschränkungen vorhanden, so dass grundsätzlich umfassende Faktoren des internationalen Engagements berücksichtigt werden können (Definitionskriterium). Eine vergleichende Partnerbewertung ist mit Hilfe von Profil- oder Ratingskalen möglich, durch die Leistungslücken und -potenziale des umweltorientierten Wissens erarbeitet werden können. Eine diesbezügliche Ursachenermittlung sowie die Diskussion der Marktrelevanz steht - im Vergleich zum Benchmarking - nicht explizit im Mittelpunkt der Betrachtung, ist bei entsprechend tiefgründiger Analyse und der Nutzung von Sollprofilen grundsätzlich möglich (Analyse- und Bewertungskriterien). Da die Stärken-Schwächen-Analyse ein Hilfsmittel des Benchmarkings ist,[121] wird im direkten Vergleich dieser beiden Instrumente auch hier das Benchmarking als zielführenderes Instrument eingeschätzt.

Auf Basis der kriteriengestützten Evaluation möglicher Controlling-Instrumente wird das Benchmarking als Methodik zur Analyse und Bewertung der konzeptionellen Basis des umweltorientierten Wissens ausgewählt.[122] Damit reiht sich die hier durchzuführende Analyse in ein relativ

[119] Vgl. JUNG (1994, S. 71).
[120] Vgl. WEBER (1992, Sp. 1435).
[121] Vgl. PIESKE (1997, S. 85 f.).
[122] Vgl. zu einer Begründung der Nutzung des Benchmarkings zum Aufbau organisatorischer Metafähigkeiten einer Organisation (Lern-, Innovations-, Wissenstransfer-, Kritik-, Kommunikations-, Anpassungs- bzw. Adaptions-, Wandlungs- bzw. Veränderungs- und Handlungsfähigkeit) TUCHER VON SIMMELSDORF (2000, S. 133-167).

junges Forschungsgebiet ein, da sich das Benchmarking sowohl i. R. des Wissensmanagements[123] als auch bezogen auf umweltorientierte Untersuchungsgegenstände erst in der Entwicklung befindet.[124] Dem (internationalen) umweltorientiertem Benchmarking wird auf Grund des beschriebenen grenzübergreifenden Charakters der Umweltprobleme (vgl. Kapitel 1.3) eine besondere Bedeutung zugemessen.[125] In Anlehnung an PAWLOWSKY, der für das Wissensmanagement eine Verknüpfung von Theorieentwicklung und -auswertung mit der Analyse und Bewertung empirischer Erfahrungen fordert,[126] zielt das Benchmarking von umweltorientiertem Wissen in dieser Arbeit theoretisch auf die Definition und praktisch auf die Untersuchung sowie Bewertung der konzeptionellen Wissensbasis. Das Benchmarking von umweltorientiertem Wissen stellt damit ein strategisches Instrument für die Vorbereitung eines internationalen Wissenstransfers dar.[127]

Im folgenden Kapitel 2 wird das Konzept und die Methodik des Benchmarkings grundsätzlich sowie bezogen auf den Untersuchungsgegenstand charakterisiert.

---

[123] KEHLENBECK (2000) nutzt z. B. das Benchmarking-Konzept, um individuelle Gestaltungsmöglichkeiten des Wissensmanagements zu entwickeln, indem er über das Benchmarking Stärken und Schwächen bei der Ausschöpfung strategischer und operativer Ziele des Wissensmanagements ermittelt. TUCHER VON SIMMELSDORF (2000) entwickelt eine Methodik für das Benchmarking von Wissensmanagement, in dem er Analysekriterien für die Gestaltungsfelder Organisation, technische Infrastruktur, personelle Infrastruktur, Prozesse und Prozessmanagement sowie Objekte definiert. AMELINGMEYER (2000) schlägt das Benchmarking als Instrument zur Bewertung von erfassten Strukturen der Wissensbasis vor.

[124] Siehe zu konzeptionellen Überlegungen zum Benchmarking auf Basis von Umweltkennzahlen GOLDMANN; SCHELLENS (1995). Vgl. zu Ergebnissen eines branchenbezogenen internationalen Benchmarkings der Umweltberichterstattung ENGAGING STAKEHOLDERS (ED.) (1997) oder zu einem auf Benchmarking basierendem Register, in dem amerikanische Unternehmen nach ihren toxischen chemischen Emissionen und Umweltschutzbemühungen bewertet werden ENVIRONMENTAL PROTECTION AGENCY (2001). Vgl. für ein qualitativ-quantitatives Benchmarking-Projekt bei italienischen Keramikplattenherstellern BARTOLOMEO; RANGHIERI (1998, S. 1); für ein internationales qualitativ-quantitatives Benchmarking-Projekt im Ernährungsgewerbe DYLLICK; KOLIBIUS (1998, S. 38-51); für quantitatives Benchmarking in einem Dienstleister RAUBERGER (1998, S. 17-37) und für quantitatives Benchmarking auf Basis von Umweltberichten und Umwelterklärungen CLAUSEN (1998, S. 52-64).

[125] Vgl. GOLDMANN; SCHELLENS (1995, S. 59).

[126] PAWLOWSKY (1998, S. 16).

[127] In Anlehnung an BÖHM (2000, S. 78 f.), wobei dieser auf den Wissenstransfer zwischen Netzwerken fokussiert.

2 Entwicklung des methodischen Vorgehens zum Benchmarking von umweltorientiertem Wissen

Die Anwendung des Benchmarkings zur Analyse und Bewertung der konzeptionellen Wissensbasis erfordert einerseits eine detailliertere Darstellung des Benchmarking-Konzeptes und andererseits den Bezug desselben auf die zu untersuchende Themenstellung. I. R. des Kapitels 2.1 werden daher Idee und Arten des Benchmarking-Konzeptes vorgestellt. Dabei wird deutlich, dass Benchmarking - entsprechend seiner Grundidee, vorhandenes externes Wissen zu systematisieren und für eine Anwendung aufzubereiten, auf die Zielstellungen eines internationalen Wissensmanagements abhebt.

Danach werden die Anforderungen des Benchmarking-Konzeptes unter dem Blickwinkel der Anwendbarkeit auf die Untersuchung und Bewertung der konzeptionellen Basis des umweltorientierten Wissens analysiert und ein Vier-Phasen-Schema für die Durchführung des Benchmarkings entwickelt (vgl. Kapitel 2.2). Dieses umfasst die Bestimmung des Benchmarking-Objektes (Phase 1), die Auswahl geeigneter Benchmarking-Partner (Phase 2), die Festlegung von Benchmarks (Phase 3) sowie die qualitative und quantitative Benchmarking-Analyse (Phase 4). Es wird gezeigt, dass durch die Festlegung von Benchmarks und die Durchführung der Benchmarking-Analyse die Untersuchungsziele zur Definition, Analyse und Bewertung der konzeptionellen Basis des umweltorientierten Wissens sowie der Diskussion der Marktrelevanz von Wissensvorsprüngen und -defiziten erfüllt werden können. Das Benchmarking ist damit geeignet, einerseits deskriptiv eine Erklärung der konzeptionellen Wissensbasis und der Kompetenzverteilung der Partner vorzunehmen und andererseits normativ Ansatzpunkte zur Anwendungs- und Durchsetzungskompetenz des Wissens der Partner zu erarbeiten.

Danach wird mit dem Benchmarking begonnen. In Kapitel 2.3 wird auf Basis der in Kapitel 1.4 vorgenommenen Definition des Untersuchungsgegenstandes dieser Arbeit eine Konkretisierung des Benchmarking-Objektes (Phase 1) vorgenommen. Dazu wird unter Rückgriff auf die Untergliederung von Wissen in explizites und implizites Wissen sowie der in Kapitel 1.3 dargestellten Ausprägungen des umweltorientierten Wissens begründet, dass i. R. des Benchmarkings dieser Arbeit ausschließlich das explizite und explizierte implizite umwelttechnische und -managementsystembezogene Wissen untersucht wird.

Darauf aufbauend wird in Kapitel 2.4 die Auswahl der Benchmarking-Partner Deutschland, Polen und Tschechien ergänzend begründet. Dies erfolgt, indem in Abhängigkeit der jeweiligen umweltorientierten Rahmenbedingungen auf die zu erwartenden Unterschiede in der konzeptionellen Wissensbasis eingegangen wird (Phase 2).

Schließlich erfolgt die Definition quantitativer und qualitativer Benchmarks (Phase 3). Diese werden unter Rückgriff auf die Erfolgsfaktoren eines internationalen Engagements hergeleitet, indem aus diesen Bestimmungsfaktoren für einen internationalen Wissenstransfer abstrahiert und daraus die Benchmarks zur Analyse des umweltorientierten Wissens abgeleitet werden. Für jeden Benchmark werden Vergleichskriterien und Anforderungen für die Feststellung von Wissensvorsprüngen und -defiziten definiert. Dabei wird auch auf erforderliche Datengrundlagen eingegangen. Die Benchmarks werden zusammenfassend entsprechend ihres Abstraktionsgrades auf der Makro-, Meso- und Mikroebene systematisiert (vgl. Kapitel 2.5).

Für jede dieser Aggregationsebene erfolgt abschließend in Kapitel 2.6 eine Konkretisierung der mit dem Mess-, Vergleichs- und Gestaltungsaspekt verfolgten Zielstellungen der Benchmarking-Analysen. Auf Grund des Umfanges der Ergebnisse dieser 4. Phase werden die Untersuchungsergebnisse gegliedert nach den Untersuchungsebenen in Kapitel 3 (Makroebene), Kapitel 4 (Mesoebene) und Kapitel 5 (Mikroebene) dargestellt. Eine kritische Bewertung der erarbeiteten Ergebnisse sowie der verwendeten Methodik und die Zusammenfassung des über diese Arbeit hinausgehenden Forschungsbedarfs erfolgt abschließend in Kapitel 6.

2.1 Grundsätzliche Kennzeichen und Arten des Benchmarkings

Das Benchmarking-Konzept wurde Anfang der 80er Jahre durch das amerikanische Unternehmen Rank Xerox (insbesondere durch David T. KEARNS und Robert CAMP) entwickelt.[128] Für die Bewältigung von Wettbewerbsnachteilen des Unternehmens wurden auf Basis des Vergleichs von Umfang, Organisation und Kosten der Wertschöpfungsprozesse japanischer Konkurrenten Anregungen für leistungsbestimmende und -verbessernde Praktiken gesammelt.[129] Ausgehend von diesen Erfahrungen fand eine Verbreitung des Konzeptes in der amerikanischen und europäischen Praxis statt, die auch dadurch gefördert wurde, dass 1991 die Durchführung eines Benchmarkings in den Kriterienkatalog zur Verleihung des Malcom Baldridge Quality Award und 1992 in den des European Quality Award aufgenommen wurde.[130]

Kerngedanke des Benchmarkings ist es, das unternehmensinterne Wissen durch Lernen von anderen dadurch zu erweitern, indem *vorhandenes* Wissen („best practice") erkannt, systematisiert und (modifiziert) übernommen wird.[131] Benchmarking erfordert in diesem Sinne:

- den Vergleich der eigenen Leistung mit den Leistungen anderer;
- die Klassifizierung der untersuchten Leistungen zur Feststellung der „best practices";
- die Identifikation der eigenen Leistungslücken sowie der Ursachen von Leistungsunterschieden und schließlich
- die Erarbeitung von Maßnahmen zur Leistungsverbesserung durch (modifizierte) Übernahmen erprobter Maßnahmen, Methoden, Ideen oder Praktiken.[132]

Dem entsprechend definiert SPENDOLINI Benchmarking bestehend aus neun Charakteristika als „A continuous (1), systematic (2) process (3) for evaluation (4) the products (5), services (5), and work processes (5) of organizations (6) that are recognized (7) as representing best practices (8) for the purpose of organizational

[128] Vgl. ULRICH (1998, S. 11); SPENDOLINI (1992, S. 5); SCHULTE (1996, S. 62) oder THOMMEN; ACHLEITNER (1998, S. 837). So hat CAMP das erste umfassende Benchmarking-Buch geschrieben. Vgl. CAMP (1989).

[129] Vgl. z. B. SCHMIDT (2000, S. 10 f.) oder ULRICH (1998, S. 11). Ausgangspunkt waren Kostennachteile von Rank Xerox i. Vgl. zu Canon. Nachdem auf Basis eines Reverse Product Engineerings festgestellt wurde, dass es keine produktspezifischen Unterschiede zu dem japanischen Konkurrenten gab, wurde die Kostenstruktur von Canon analysiert und festgestellt, dass Canon durch eine vorteilhaftere Logistik eine andere Preisgestaltung als Rank Xerox vornehmen konnte. Auf Basis der Analyse des Lagerhaltungs- und Vertriebssystems des Sportartikelversandes L. L. Bean konnte Rank Xerox die eigene Logistik optimieren. Vgl. ausführlich dazu KAJÜTER (2000, S. 114), aber auch GRUNWALD (1995, S. 143-146) und RAU (1999, S. 37). ULRICH führt 29 Benchmarking-Projekte von Rank Xerox auf. Vgl. ULRICH (1998, S. 229 f.).

[130] Vgl. SPENDOLINI (1992, S. 5 f.); TUCHER VON SIMMELSDORF (2000, S. 72) und ULRICH (1998, S. 11). Vgl. ausführlich zu der Umsetzung in der Praxis in den USA und Deutschland ULRICH (1998, S. 11-14).

[131] Vgl. PIESKE (1997, S. 25); ULRICH (1998, S. 191) und KARLÖF; ÖSTBLOM (1994, S. 80).

[132] Vgl. SCHMIDT (2000, S. 55); KIENBAUM; SCHRÖDER (1997, S. 6) sowie KRCMAR; REHÄUSER (1997, S. 123).

improvement (9).“[133] Benchmarking hat damit die Zielstellungen, sog. „best practice“ auf Basis von Analysekriterien zu identifizieren, die Ursachen von Abweichungen zu verstehen und die Lösungen für eine Anwendung im eigenen Unternehmen anzupassen.[134] In diesem Sinne stellt das Benchmarking kein vollkommen neues Managementinstrument dar, sondern ist einerseits durch Gemeinsamkeiten, andererseits durch Unterschiede zu anderen betriebswirtschaftlichen Instrumenten, wie z. B. dem Betriebsvergleich, dem Reverse Engineering oder dem TQM, gekennzeichnet.[135] In Anlehnung an SPENDOLINI wird Benchmarking in dieser Arbeit als eine fortlaufende Untersuchung der Ausprägungen und Unterschiede der konzeptionellen Basis umweltorientierten Wissens im internationalen Kontext zum Zwecke der Identifikation von Wissensvorsprüngen und -defiziten mit dem Ziel der Vorbereitung eines internationalen Wissenstransfers definiert (*Benchmarking von umweltorientiertem Wissen*).

Entsprechend seiner Zielstellungen hebt Benchmarking aus mehreren Gründen auf ein wechselseitiges, kooperatives Wissensmanagement im definierten Sinne (vgl. Kapitel 1.3) ab. Benchmarking zielt durch die Identifikation des Wissens und den Wissenstransfer auf die Aneignung und Entwicklung von Wissen.[136] Dabei ist Benchmarking durch das „Lernen vom Besten“ auf den Transfer von *bestehendem* Wissen ausgerichtet,[137] denn es ist nicht „Neues Wissen ... gefragt, sondern vorhandenes externes Wissen wird identifiziert, modifiziert und in das eigene Unternehmen transferiert“.[138] Benchmarking orientiert darauf, dass die Ergebnisse von *wechselseitigem* Nutzen sind.[139] So betont ULRICH den „... kooperativen Erfahrungsaustausch als konstitutierendes Merkmal des Benchmarking“[140] und stellt dar, dass gerade das Instrument des Benchmarkings auf die Erschließung von Wissen ausgerichtet ist. Aus diesem Grund definiert er Benchmarking als Zweck einer Allianz zur Unterstützung des Wissenstransfers.[141] Schließlich werden durch die auf dem Transfer basierende Eingliederung und Verbindung von identifiziertem Wissen in die bestehende Wissensbasis Leistungssteigerungen angeregt,[142] die wiederum die unternehmerische Effizienz befördern (vgl. zu Effizienz durch Wissensmanagement Kapitel 1.3).

Bezogen auf die Anwendungsmöglichkeiten des Benchmarkings werden in der Literatur verschiedene *Arten* benannt.[143] PIESKE differenziert zwischen internem und externem (wettbe-

---

[133] SPENDOLINI (1992, S. 9). Vgl. für möglicher Ausprägungsformen der neun Elemente ebenda, S. 10-15.
[134] Vgl. TUCHER VON SIMMELSDORF (2000, S. 75 f.).
[135] Siehe zur Abgrenzung von Benchmarking und Marktforschung, Wettbewerbsanalyse, Reverse Engineering, Kontinuierlichen Verbesserungsprozess, TQM, Key Account Management, Simultaneous Engineering, Betriebsvergleich PIESKE (1997, S. 19-25). Vgl. zu Gemeinsamkeiten und Unterschiede von Benchmarking und Betriebsvergleich SCHMIDT (2000, S. 54-76) und zum Vergleich von Benchmarking mit Betriebsvergleich, Wettbewerbsanalyse und Reverse Engineering ULRICH (1998, S. 68-74). Vgl. zur Abgrenzung von Benchmarking und klassischen wettbewerbsorientierten Managementkonzepten sowie aktuellen prozess- und qualitätsbezogenen Managementkonzepten (Kaizen, Business Process Reengineering, TQM, Lean Production/Management, Organisationales Lernen) TUCHER VON SIMMELSDORF (2000, S. 87-89).
[136] Vgl. ULRICH (1998, S. 2).
[137] Vgl. SCHMIDT (2000, S. 74).
[138] PIESKE (1997, S. 17).
[139] Vgl. SCHMIDT (2000, S. 41).
[140] ULRICH (1998, S. 21).
[141] Vgl. ULRICH (1998, S. 79, 189).
[142] Vgl. SCHMIDT (2000, S. 75).
[143] Siehe für eine ausführliche und kritische Analyse der in der Literatur benannten Benchmarking-Arten BÖHNERT (1999, S. 14-42), aber auch TUCHER VON SIMMELSDORF (2000, S. 90-103).

werbsorientiertem, funktionalem) Benchmarking.[144] Während das interne Benchmarking auf die Analyse von Produkten, Funktionen oder Prozessen innerhalb eines Unternehmens bzw. Unternehmensgruppe (z. B. Filialen, Niederlassungen, Werke, Holdingteile) orientiert ist, bezieht sich das wettbewerbsorientierte Benchmarking auf unmittelbare Wettbewerber und das funktionale Benchmarking auf Unternehmen ohne direktes Wettbewerbsverhältnis. Die Definition des funktionalen Benchmarkings erscheint nicht schlüssig, da der Begriff den prozessualen bzw. funktionalen Betrachtungshorizont und nicht das Wettbewerbsverhältnis betont. PIESKE weist in diesem Zusammenhang selber darauf hin, dass auch internes Benchmarking einen „... „funktionalen" Charakter erhalten"[145] kann (gleiches gilt auch für das wettbewerbsbezogene Benchmarking) und nennt das funktionale Benchmarking daher an anderer Stelle branchenexternes Benchmarking.

MERTINS; EDELER; SCHALLOCK untergliedern internes und externes Benchmarking.[146] Internes Benchmarking wird unternehmens- bzw. konzernbezogen definiert, während das externe Benchmarking neben dem branchenbezogenen bzw. branchenunabhängigem auch ein marktbezogenes Benchmarking (z. B. Marktanalysen) umfasst. Auch diese Untergliederung scheint nicht schlüssig, da marktorientiertes Benchmarking auch branchenbezogen durchgeführt werden kann.

KARLÖF; ÖSTBLOM unterscheiden daher internes, externes und funktionales Benchmarking, wobei externes Benchmarking sowohl konkurrenzbezogen als auch konkurrenzunabhängig sein kann und funktionales Benchmarking auf den Vergleich von Funktionen bzw. Prozessen im generischen (branchen- oder konkurrenzübergreifendem) Sinne abhebt.[147]

In einem anderen Ansatz differenziert SCHMIDT Benchmarking-Arten nach dem Benchmarking-Objekt, -Partner und -Maßstab.[148] Danach können bezogen auf das Benchmarking-Objekt Produkt-Benchmarking (Vergleich von Elementen eines Produktes), Funktions-Benchmarking (Vergleich von Bereichen mit gleichrangigen Aufgaben) und Prozess-Benchmarking (Vergleich von Ablaufelementen) unterschieden werden. Nach dem Benchmarking-Partner können unternehmensinternes und unternehmensexternes (branchenbezogenes oder branchenunabhängiges) Benchmarking differenziert werden. Bezogen auf die verwendbaren Benchmarks können grundsätzlich Kundenzufriedenheits-, Kosten-, Qualitäts- und Zeitbenchmarking unterschieden werden. Hier ist allerdings zu beachten, dass die benutzten Benchmarks vom Benchmarking-Objekt und der -Zielstellung abhängig sind, so dass nach Auffassung der Autorin eine Gliederung nach dem Benchmarking-Maßstab stets spezifisch und nur oberflächlich verallgemeinerbar ist.

WATSON differenziert die Arten des Benchmarkings entsprechend ihres Entwicklungsgrades in fünf Generationen und bringt das strategische und globale Benchmarking als neue Ideen ein.[149] Zum Benchmarking der ersten Generation zählt das Reverse Engineering, welches auf der Konkurrenzproduktanalyse basiert und die Verbesserung der Unternehmensleistung (Produkt- bzw. Leistungsspektrum) zum Ziel hat. Das wettbewerbsorientierte Benchmarking stellt die zweite

---

[144] Vgl. PIESKE (1997, S. 40) sowie für die nachfolgenden Ausführungen ebenda, S. 42-48.
[145] PIESKE (1997, S. 42).
[146] Vgl. MERTINS; EDELER; SCHALLOCK (1995, S. 11).
[147] Vgl. KARLÖF; ÖSTBLOM (1994, S. 62-68).
[148] Vgl. SCHMIDT (2000, S. 12 f.). Vgl. für die nachfolgenden Aussagen ebenda, S. 13-35.
[149] Vgl. WATSON (1993, S. 24) und für die folgenden Aussagen ebenda, S. 24-26. Ähnlich unterscheidet SABISCH internes und externes Benchmarking und differenziert das externe Benchmarking in branchenbezogenes und branchenübergreifendes Benchmarking, wobei letztgenanntes funktionalen und generischen Charakter haben kann. Vgl. SABISCH (1997, S. 5).

Generation und das prozessorientierte Benchmarking im Sinne eines Vergleich von Arbeitsabläufen, Prozessen, Funktionen von Unternehmen oder Organisationen ohne direktes Wettbewerbsverhältnis die dritte Generation dar. Die vierte Generation - das strategische Benchmarking - zielt auf die Analyse von strategischen Geschäftsabläufen (z. B. Kernkompetenzen, Marktstrategien) externer Partner einer Geschäftsallianz zum Zwecke der strategischen Neuorientierung des Unternehmens. Globales Benchmarking als vorerst letzte Generation wird zur Analyse der Geschäftsabläufe unter Berücksichtigung von Internationalisierungstendenzen bzw. -anforderungen durchgeführt. Auch WATSONS Modell ist nicht widerspruchsfrei, da auch das wettbewerbsorientierte, strategische und globale Benchmarking prozessorientiert sein kann und ab der zweiten Generation davon ausgegangen wird, dass es sich um ein externes Benchmarking handelt.

TUCHER VON SIMMELSDORF strukturiert die bestehenden Ansätze, indem er sie nach Entwicklungsstufen (WATSON), Objekten (Produkte/Dienstleistungen, Funktionen, Unternehmen, Prozesse), Benchmarking-Partnern (intern, wettbewerbsorientiert, funktional, generisch) und Ausrichtungen (operativ, taktisch, strategisch sowie quantitativ, qualitativ) gliedert.[150]

In der nachfolgenden Abbildung 2-1 wird unter Berücksichtigung o. g. Ansätze und Kritikpunkte eine Untergliederung des Benchmarkings vorgestellt, in der die Idee von SCHMIDT der Gliederung nach Benchmarking-Partnern und -Objekten aufgenommen wurde. Nicht berücksichtigt wurde aus den schon genannten Gründen eine Einteilung nach dem Benchmarking-Maßstab.[151]

Abbildung 2-1: Arten des Benchmarkings, differenziert nach Partnern, Objekten und Regionen

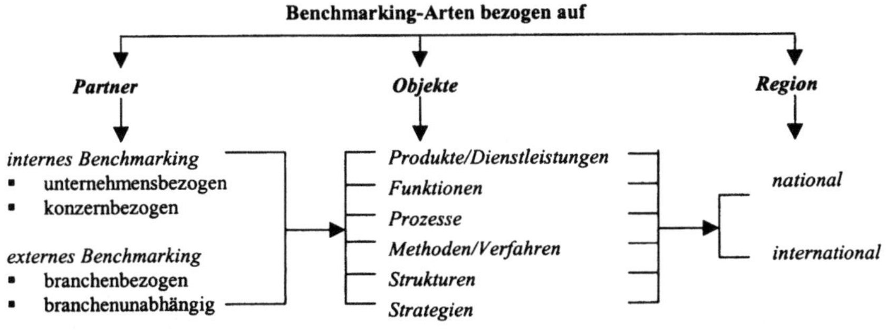

Quelle: Eigene Darstellung.

So kann grundsätzlich zwischen internem und externem Benchmarking unterschieden werden, welches sich jeweils auf Produkte/Dienstleistungen, Funktionen, Prozesse, Methoden/Verfahren, Strukturen oder Strategien beziehen kann. Jede Form des Benchmarkings kann dabei national oder international ausgeprägt sein. Die jeweiligen Arten des Benchmarkings lassen sich grund-

[150] Vgl. TUCHER VON SIMMELSDORF (2000, S. 90-103).

[151] Vgl. ausführlich und zusammenfassend zu Benchmarking-Arten auf Basis von Benchmarking-Definitionen unterschiedlicher Autoren ULRICH (1998, S. 205-219).

sätzlich auch auf umweltorientierte Fragestellungen anwenden.[152] Das i. R. dieser Arbeit durchzuführende Benchmarking hat in Abhängigkeit des definierten Benchmarking-Objektes (Analyse und Bewertung der konzeptionellen Wissensbasis - vgl. Kapitel 1.4) einen umweltorientierten, internationalen, prozessual (funktionsübergreifenden) - strategischen (strategieentwickelnden) und externen Charakter. Es bildet in diesem Sinne „... keine konkrete Ist-Situation ab, sondern den Entwicklungsprozess des Realobjektes."[153] Nachdem das Benchmarking-Konzept und dessen Arten definiert wurden, werden im Folgenden seine Anforderungen untersucht.

2.2 Konkretisierung der Anforderungen des Benchmarking-Konzeptes für die Untersuchung von umweltorientiertem Wissen

Die Durchführung des Benchmarkings erfolgt auf Basis eines strukturierten Ablaufes.[154] Sowohl in der Literatur als auch in der Praxis gibt es dafür unterschiedliche Phasenmodelle, die sich in Abhängigkeit des Benchmarking-Objektes hinsichtlich Benennung, Zahl und Reihenfolge unterscheiden.[155] Beispielhaft können prozess- und verhaltensorientierte Modelle differenziert werden. Das *prozessorientierte Phasenmodell* lehnt sich an die im DEMING-Zyklus beschriebenen Managementprozesse (plan-do-check-act) an und basiert auf dem bei XEROX angewendeten und von CAMP beschrieben Verfahren.[156] Die dort aufgeführten 10 Schritte umfassen:

1. Auswahl des Benchmark-Objektes;
2. Auswahl des Benchmark-Partners;
3. Festlegung der Methodik und Informationsbeschaffung;
4. Leistungsvergleich und Feststellung von Leistungslücken;
5. Prognose der Leistungsentwicklung;
6. Interne Kommunikation der Ergebnisse;
7. Definition von Zielen für die Funktionsbereiche;
8. Entwicklung von Aktionsplänen;
9. Umsetzung der Aktionen und Fortschrittskontrolle;
10. Anpassung der Aktionen.[157]

Dieses Vorgehen ist Grundlage für viele Benchmarking-Ablaufmodelle.[158] Andere Darstellungsformen basieren auf dem *verhaltensorientierten Modell* von SPENDOLINI,[159] der den Benchmarking-Ablauf in die Phasen:

[152] Vgl. BARTOLOMEO; RANGHIERI (1998, S. 2-4).
[153] PIESKE (1997, S. 64).
[154] Vgl. KARLÖF; ÖSTBLOM (1994, S. 71) oder KRCMAR; REHÄUSER (1997, S. 124).
[155] Vgl. LANGNER (1997, S. 107) und PIESKE (1997, S. 49 f.) sowie zu Ursachen für Abweichungen in der Praxis PIESKE (1997, S. 55). Siehe zu einer kritischen Analyse der in der Literatur benannten Phasenmodelle BÖHNING (1999, S. 92-154).
[156] Vgl. CAMP (1989, S. 16-19).
[157] Vgl. z. B. BOGASCHEWSKY (1997, S. 79 f.) und RAU (1999, S. 59).
[158] Vgl. z. B. RAU (1999, S. 59-63), siehe für andere Strukturierungsmodelle ebenda, S. 64-71; KÖRSCHGES (1997, S. 170); GRUNWALD (1995, S. 147); SABISCH (1997, S. 8).
[159] Vgl. dazu RAU (1999, S. 65). Vgl. für andere Darstellungsformen z. B. KRCMAR; REHÄUSER (1997, S. 129) oder KARLÖF; ÖSTBLOM (1994, S. 71).

- Festlegung des Benchmarking-Objektes;
- Zusammenstellung des Benchmarking-Teams;
- Festlegung der Benchmarking-Partner;
- Sammlung und Analyse der Benchmarking-Informationen;
- Umsetzung

im Sinne eines Kreislaufes gliedert.[160] I. R. dieser Arbeit wird auf Basis des verhaltensorientierten und unter Berücksichtigung des prozessorientierten Modells ein dem hier zu analysierenden Untersuchungsobjekt angepasstes Vorgehen entwickelt, das sich in vier Phasen gliedert. In einem ersten Schritt ist die Definition des *Benchmarking-Objektes* erforderlich (1. Phase). Dieses befindet sich zunächst auf einer hohen Aggregationsstufe. Um zu konkretisieren, wie und an welchem Beispiel das Objekt untersucht werden soll, ist auf einer niedrigeren Aggregationsebene die Definition von *Benchmarking-Partnern* (2. Phase) und *Benchmarks* (3. Phase) notwendig. Auf Basis der Umsetzung von Phase 1-3 wird eine der Zielstellungen dieser Arbeit - die *Definition* von Determinanten der konzeptionellen Basis des umweltorientierten Wissens - erfüllt. Die sich daran anschließende *quantitative und qualitative Benchmarking-Analyse* (4. Phase) führt zu Ergebnissen, die für die gewählten Benchmarks und Benchmarking-Partner aussagefähig sind. Über ihren Mess- und Vergleichsaspekt wird der Teilzielstellung, das Wissen zu *analysieren* und zu *bewerten*, genügt. Ihr Gestaltungsaspekt dient der ausblickgebenden Schnittstellendiskussion. Entsprechend der Spezifik des Benchmarking-Objektes bleiben bei dem hier gewählten Ansatz typische Phasen eines unternehmensbezogenen Benchmarking-Prozesses unberücksichtigt.[161]

Bei der nachfolgenden ausführlicheren Beschreibung der Phasen wird einerseits auf grundsätzliche Charakteristika i. R. des Benchmarkings und andererseits auf spezifische themenbezogene Herausforderungen eingegangen (vgl. für eine zusammenfassende Übersicht der definierten Phasen und ihrer Kennzeichen Abbildung 2-3).

2.2.1 Begründung, Strukturierung und Abgrenzung des Benchmarking-Objektes

Aus der Definition des Benchmarkings wird deutlich, dass es sowohl auf „harte" als auch auf „weiche" Untersuchungsgegenstände anwendbar ist (vgl. dazu auch Kapitel 1.5). Untersuchungsgegenstände - d. h. *Benchmarking-Objekte* - können sowohl Prozesse, Verfahren oder Methoden als auch deren Organisations- und Lenkungsstrukturen oder Rahmenbedingungen sein.[162] Daraus wird ersichtlich, dass es für das zu untersuchende Benchmarking-Objekt keine Einschränkungen gibt, sondern vielmehr könnte „... jeder erdenkliche Sachverhalt im Unternehmen, aber auch außerhalb der Wirtschaft ... untersucht werden."[163] Typische Benchmarking-Objekte sind dabei durch einen maßgeblichen Einfluss auf den Unternehmenserfolg, den Kundennutzen oder durch einen bestehenden

[160] Vgl. SPENDOLINI (1992, S. 48-50).
[161] Dazu zählen: die Zusammenstellung des Benchmarkingteams (Bereitstellung der personellen, sachlichen, finanziellen Kapazitäten); die Implementierung der Benchmarking-Ergebnisse im Unternehmen (Aufstellung und Umsetzung des Maßnahmenkataloges, die Bereitstellung der personellen und finanziellen Kapazitäten, Durchführung der Maßnahmen) oder die Durchführung eines permanenten Benchmarkings zur Gewährleistung eines kontinuierlichen Verbesserungsprozesses. Vgl. KARLÖF; ÖSTBLOM (1994, S. 188-192) oder PIESKE (1997, S. 53 f., 243-254, 263-268).
[162] Vgl. BOGASCHEWSKY (1997, S. 78).
[163] PIESKE (1997, S. 57).

Handlungsbedarf[164] gekennzeichnet. Beim umweltorientierten Benchmarking bezieht sich dies auf Objekte, die maßgeblichen Einfluss auf die Umweltorientierung eines Unternehmens haben bzw. die durch ein hohes umweltorientiertes Handlungsinteresse charakterisiert sind.[165] Auf Grund der Vielfältigkeit der Anwendungsmöglichkeiten des Benchmarkings ist es erforderlich, die Auswahl des Benchmarking-Objektes zu begründen sowie das Benchmarking-Objekt zu strukturieren und abzugrenzen.[166]

Im Kapitel 1.4 wurde die dem Wissensmanagement zu Grunde liegende konzeptionelle Wissensbasis als die zu untersuchende Themenstellung (d. h. als Benchmarking-Objekt) definiert. Diese Auswahl wurde *begründet*, indem die Bedeutung des internationalen Wissensmanagements für eine umweltorientierte Unternehmensführung abgeleitet und aus den Phasen des Wissensmanagements eine Eingrenzung auf die konzeptionelle Wissensbasis vorgenommen wurde. Durch die Festlegung, dass diese im internationalen Kontext zu definieren, zu analysieren und zu bewerten ist, wurde das Benchmarking-Objekt schließlich *strukturiert*. Auf dieser Basis erfolgt ergänzend in Kapitel 2.3 unter Rückgriff auf die Untergliederung von Wissen in explizites und implizites Wissen sowie die in Kapitel 1.3 dargestellten Wissensbereiche der internationalen umweltorientierten Unternehmensführung eine *Eingrenzung* des Benchmarking-Objektes auf das explizite und explizierte implizite umwelttechnische und -managementsystembezogene Wissen.

2.2.2 Auswahl geeigneter Benchmarking-Partner auf Basis ausreichender Unterschiede

Die *vergleichende* Untersuchung des Benchmarking-Objektes erfordert die Festlegung von mindestens zwei *Benchmarking-Partnern*.[167] Um größtmögliche Lerneffekte zu erzielen, wird beim Benchmarking ursprünglich der Vergleich mit dem Besten angestrebt, um bezogen auf das Benchmarking-Objekt die „best practices" zu ermitteln.[168] Die Suche nach diesem Partner kann durch Informationen von Verbänden, (benchmarkingspezifischen) Datenbanken, amtlichen Veröffentlichungen und Statistiken, Seminaren und Konferenzen oder aus dem eigenen Unternehmen unterstützt werden.[169] In der Praxis ist allerdings der Vergleich mit dem „Klassenbesten" auf Grund unvollständiger Informationen über diese bzw. zu zeit- und kostenintensiven Suchens oftmals nicht möglich.[170] Daher ist es entscheidend, Benchmarking-Partner zu finden, die sich hinsichtlich des Untersuchungsgegenstandes *ausreichend* unterscheiden.[171] So betonen auch

[164] Vgl. KIENBAUM; SCHRÖDER (1997, S. 6).
[165] Vgl. GOLDMANN; SCHELLENS (1995, S. 56 f.).
[166] Vgl. PIESKE (1997, S. 72-78).
[167] Vgl. PIESKE (1997, S. 155). BÖHNERT lehnt die Bezeichnung Benchmarking-Partner ab, da „ ... der Begriff „Partner" impliziert, dass ein kooperatives Verhältnis zwischen beiden Parteien besteht. Dies ist zwar häufig der Fall, aber keine zwingende Voraussetzung ... ". BÖHNERT (1999, S. 77 f.). Er verwendet statt dessen den Begriff „Vergleichsentität". Vgl. ebenda, S. 77. Diesem Vorgehen wird i. R. dieser Arbeit nicht gefolgt, da in Kapitel 1.3 ein wechselseitiges, kooperatives Verständnis des Wissensmanagements definiert wurde.
[168] Vgl. KREUZ (1997, S. 24) und KÖRSCHGES (1997, S. 169).
[169] Vgl. für eine Übersicht realisierter Benchmarking-Partnerschaften, systematisiert nach Initiator, Partner, Art und regionaler Dimension des Benchmarkings ULRICH (1998, S. 229-236). Vgl. grundsätzlich und ausführlicher zu Informationsgrundlagen KARLÖF; ÖSTBLOM (1994, S. 126-129) oder PIESKE (1997, S. 161-174) sowie bezogen auf Partner i. R. des umweltorientierten Benchmarkings GOLDMANN; SCHELLENS (1995, S. 60-67). Weltweit wurden Benchmarking-Zentren gegründet, die Unternehmen bei der Durchführung von Benchmarking-Projekten durch Information, Koordination u. a. unterstützen. Siehe für eine Zusammenstellung wichtiger Institutionen TUCHER VON SIMMELSDORF (2000, S. 74).
[170] Vgl. KIENBAUM; SCHRÖDER (1997, S. 11) oder SCHMIDT (2000, S. 43 f.) sowie für eine Übersicht ebenda, S. 46.
[171] Vgl. PIESKE (1997, S. 145 f.).

KARLÖF; ÖSTBLOM, dass es in Abhängigkeit von den Zielstellungen des Benchmarkings und den eigenen Erfahrungen sinnvoller sein kann, sich nicht mit dem Klassenbesten, sondern mit einem repräsentativen Partner zu vergleichen.[172] SPENDOLINI formuliert: „At the very top of the pyramid are the best-in-class and world-class practices, followed by a larger area representing best practices and an even larger area representing improvement over current practices. Note that the opportunities for simple improvement are much greater than the opportunities defined by the best-practices or best-in-class category."[173]

Bezogen auf die Untersuchung der konzeptionellen Wissensbasis ist somit die Auswahl von Partnern erforderlich, von denen zu erwarten ist, dass sich Art und Ausprägung des umweltorientierten Wissens genügend voneinander abheben. I. R. dieser Arbeit wurde aus ökonomischer (vgl. Kapitel 1.1) und ökologischer (vgl. Kapitel 1.2) Sicht begründet, dass die Analyse am Beispiel Deutschland (Benchmarking-Partner 1), Polen (Benchmarking-Partner 2) und Tschechien (Benchmarking-Partner 3) durchgeführt wird. In Kapitel 2.4 erfolgt eine ergänzende Begründung der Auswahl dieser Partner, in dem unter Rückgriff auf die Entwicklung der relevanten Rahmenbedingungen für Umweltschutz und -management auf die zu erwartenden Unterschiede in der konzeptionellen Wissensbasis zur umweltorientierten Unternehmensführung eingegangen wird.

2.2.3 Festlegung von quantitativen und qualitativen Benchmarks

In der betriebswirtschaftlichen Literatur werden Faktoren oder Kriterien, die für den Erfolg eines Unternehmens ausschlaggebend sind, als *strategische oder kritische Erfolgsfaktoren* bezeichnet. Diese sind situations-, branchen- und unternehmensabhängig und entsprechend dem Untersuchungszweck zu identifizieren.[174] So erfordert auch die strukturierte Untersuchung des Benchmarking-Objektes die Erarbeitung von Kriterien, die entscheidenden Einfluss auf die Leistungsfähigkeit des Objektes haben.[175] Diese Analysekriterien werden als *Benchmarks* bezeichnet.[176] Benchmarks stellen Bezugspunkte im Sinne von Zielgrößen oder Richtwerten dar, an denen das Benchmarking-Objekt gemessen oder beurteilt wird.[177] Die Orientierung auf leistungsbestimmende Faktoren ermöglicht zu prüfen, auf Basis welcher Faktormodifikationen Leistungsverbesserungen möglich sind.[178]

Grundsätzlich ist Benchmarking auf quantitativer und qualitativer Basis möglich. I. R. des *quantitativen Benchmarkings* wird das Benchmarking-Objekt auf Basis von (Kenn-)Zahlen untersucht und Gemeinsamkeiten bzw. Unterschiede zwischen den Benchmarking-Partnern in Bezug auf diese Kennzahlen und Parameter erarbeitet.[179] Dies erfolgt durch direkten Vergleich der Kennzahlen und ihre Systematisierung in eine aufsteigende/abfallende Reihenfolge, wobei die beste Kennzahl die „best practice" widerspiegelt.[180] *Qualitatives Benchmarking* bezieht sich dagegen

---

[172] Vgl. KARLÖF; ÖSTBLOM (1994, S. 130).
[173] SPENDOLINI (1992, S. 113).
[174] Vgl. FISCHER (2000, S. 74 f.). Als mögliche Hilfsmittel dazu beschreibt er analytisch-deskriptive Modelle wie z. B. den Produktlebenszyklus, die Erfahrungskurve oder das Half-Life-Konzept sowie empirische Untersuchungen mit statistischer Datenauswertung, wie z. B. die PIMS-Studie oder branchenspezifische Studien. Vgl. ebenda, S. 75-81.
[175] Vgl. KARLÖF; ÖSTBLOM (1994, S. 108), die diese Faktoren als „kritische Leistungsfaktoren" bezeichnen.
[176] Vgl. SABISCH (1997, S. 1).
[177] Vgl. ULRICH (1998, S. 10); KÖRSCHGES (1997, S. 169) oder SABISCH (1997, S. 1).
[178] Vgl. SCHMIDT (2000, S. 73).
[179] Vgl. PIESKE (1997, S. 40).
[180] Vgl. SCHMIDT (2000, S. 202).

auf die Beschreibung von Vorgehensweisen oder Prozessen zur Untersuchung von Ursachen quantitativer Unterschiede.[181] Vergleichskriterien können hier die einzelnen, für die Leistungserstellung notwendigen, Arbeitsschritte darstellen (was macht wer womit),[182] jedoch sind diese in Abhängigkeit des jeweiligen Benchmarking-Objektes zu definieren. KARLÖF; ÖSTBLOM weisen darauf hin, dass grundsätzlich quantitative Benchmarks benutzt werden sollten, da auf ihrer Basis eine glaubwürdigere Darstellung und Bewertung der Ergebnisse möglich ist und empfehlen, qualitative Beschreibungen oder Vergleiche nur unterstützend anzuwenden.[183] Andere Autoren heben hervor, dass - wenn nur Kennzahlen verglichen werden - es sich um eine eingeschränkte Benchmarking-Analyse handelt, wodurch eine tiefergehende Beschäftigung mit den internen und externen unternehmerischen Praktiken, die z. B. gerade für das Wissensmanagement eine Rolle spielen, versäumt wird.[184] KIENBAUM; SCHRÖDER empfehlen: „Auch sollte vermieden werden, sämtliche Sachverhalte quantifizieren zu wollen. Qualitative Einflussfaktoren können die gleiche Aussagekraft besitzen wie Kennzahlen".[185] PIESKE stellt in diesem Zusammenhang fest, dass beim Benchmarking zwar quantitative Angaben oftmals Schwerpunkt des Interesses sind, der Anteil dieser Informationen an den Gesamtergebnissen aber durchschnittlich zwischen 10 und 30 % liegt.[186]

Das umweltorientierte Benchmarking befindet sich erst in der Entwicklung.[187] Erste Ansätze sind sowohl dem ausschließlich quantitativen (Nutzung von Kennzahlen)[188] als auch dem quantitativ-qualitativem Benchmarking zuzuordnen.[189] Unter Berücksichtigung des hier definierten Benchmarking-Objektes kann *keine* eingeschränkte, ausschließlich auf quantitativer Basis arbeitende, Analyse angestrebt werden. Die Untersuchung der konzeptionellen Wissensbasis erfordert vielmehr die Erarbeitung von quantitativen *und* qualitativen Benchmarks.[190] Als Zielgrößen bzw. Richtwerte müssen sich diese auf wesentliche Einfluss- und Erfolgsfaktoren von Umfang und Ausprägung des umweltorientierten Wissens beziehen.[191] Wissenstransferpotenziale ergeben sich dann, wenn die umweltorientierte Unternehmensführung in Bezug auf die Benchmarks im internationalen Vergleich *unterschiedlich* ausgeprägt ist, d. h. marktrelevante Wissensvorsprünge und -defizite abgeleitet werden können.[192] Gerade das Benchmarking dieser komplexen und weichen Themenstellung ist durch Schwierigkeiten bei der Abgrenzung, Strukturierung und Erfassung quantitativer Benchmarks gekennzeichnet[193] und erfordert die gemeinsame Berücksichtigung

---

[181] Vgl. PIESKE (1997, S. 40).
[182] Vgl. SCHMIDT (2000, S. 50 f.).
[183] Vgl. KARLÖF; ÖSTBLOM (1994, S. 112 f.).
[184] Vgl. RAU (1999, S. 22); PIESKE (1997, S. 63) oder ULRICH (1998, S. 191).
[185] KIENBAUM; SCHRÖDER (1997, S. 10).
[186] Vgl. PIESKE (1997, S. 227). Ähnlich auch GEPRO (1996, S. 5).
[187] Vgl. BARTOLOMEO; RANGHIERI (1998, S. 1).
[188] Vgl. z. B. RAUBERGER (1998, S. 17-37); CLAUSEN (1998, S. 52-64). Das Toxics Release Inventory ist ein Beispiel für ein öffentliches, auf Gesetzen und Verordnungen basierendes, Benchmarking über Unternehmen. Vgl. dazu ebenda, S. 63. Es wurde im Zusammenhang mit dem Emergency Planning and Community Right-to-Know-Act von 1986 entwickelt und enthält in jährlicher Ausgabe Daten von Unternehmen des Verarbeitenden Gewerbes, anderer Industriebereiche und öffentlicher Anlagen über toxische chemische Emissionen und Umweltschutzbemühungen. Die Unternehmen müssen angeben: die Menge jeder Chemikalie (z. Zt. sind 650 Chemikalien und chemische Verbindungen berichtspflichtig), das Medium, in das sie freigesetzt wird sowie den Anteil der recycelten, energetisch verwendeten, vor Ort oder woanders behandelten Chemikalien. Vgl. dazu und zu Daten von 1999 ENVIRONMENTAL PROTECTION AGENCY (2001).
[189] Vgl. z. B. DYLLICK; KOLIBIUS (1998, S. 38-51) oder ENGAGING STAKEHOLDERS (ED.) (1997).
[190] In Anlehnung an TUCHER VON SIMMELSDORF (2000, S. 203).
[191] In Anlehnung an BÖHNERT (1999, S. 57) sowie KRCMAR; REHÄUSER (1997, S. 128).
[192] Argumentation in Anlehnung an MEISSNER (1994, S. 46).
[193] In Anlehnung an PIESKE (1997, S. 59, 61, 65).

qualitativer Benchmarks. Die Herausforderung besteht dabei in der Konkretisierung der qualitativen Benchmarks, die bisher in der Literatur nur unzureichend betrachtet wurden.[194] Als Ursachen werden die schlechte Dokumentation der Informationen und der damit verbundene hohe Strukturierungs- und Analyseaufwand angegeben.[195]

I. R. der praxisorientierten Benchmarking-Literatur wird empfohlen, Benchmarks auf Basis von leistungsbeschreibenden Faktoren wie Qualität und Preis (Nutzen), Produktionsmenge und Kosten (Produktivität) oder Zeit und Flexibilität zu operationalisieren.[196] Da es i. R. dieser Arbeit darum geht, die konzeptionelle Wissensbasis grundsätzlich zu definieren, zu analysieren und zu bewerten, nicht aber um die Bewertung verschiedener Wissenstransfer-Alternativen nach dem Nutzen, der Produktivität, Zeit und Flexibilität (vgl. dazu Kapitel 1.4 und Abbildung 1-3), wird bei der Bestimmung der Benchmarks *nicht* auf die o. g. Faktoren zurückgegriffen. TUCHER VON SIMMELSDORF stellt bezüglich der konzeptionellen Möglichkeiten eines Benchmarkings i. R. des Wissensmanagements grundsätzlich fest: „... Statt dessen sind die Rahmenbedingungen, die einen entscheidenden Einfluss auf den Prozess ausüben, einem Vergleich zu unterziehen. Es handelt sich somit nicht um den herkömmlichen Benchmarking-Ansatz, in dem die Wirkung (Prozessoutput) gemessen wird, um, nach Identifizierung der Best Practice-Unternehmen, in der Ursachenanalyse die erfolgskritischen Faktoren für ein besseres Wissensmanagement zu unterziehen. Vielmehr werden die Einflussfaktoren und Rahmenbedingungen, also die Ursachen, einem Vergleich unterzogen."[197]

Dieser Ansatz wird i. R. der Arbeit aufgegriffen und die Benchmarks unter Rückgriff auf die Erfolgsfaktoren eines internationalen Engagements hergeleitet, indem aus diesen Bestimmungsfaktoren für ein internationales Wissensmanagement abstrahiert und daraus die Benchmarks zur Analyse des umweltorientierten Wissens abgeleitet werden. Für jeden Benchmark werden Vergleichskriterien und Anforderungen für die Feststellung von Wissensvorsprüngen und -defiziten definiert. Dabei wird auch auf erforderliche Datengrundlagen eingegangen. Dem zu Folge werden sich die Benchmarks zwar auf Einflussfaktoren und Rahmenbedingungen des umweltorientierten Wissens beziehen. Es soll aber nicht ausgeschlossen werden, dass auch outputbezogene Benchmarks (z. B. bezogen auf den Umsetzungsstand der umweltorientierten Unternehmensführung im internationalen Vergleich) abgeleitet werden. Die Vorgehensweise bei der Definition und Bewertung der themenspezifischen Benchmarks wird ausführlich in Kapitel 2.5 dargestellt.

Durch die Festlegung von Benchmarks wird eine der Zielstellungen dieser Arbeit, das umweltorientierte Wissen, welches einem internationalen Wissensmanagement zu Grunde liegt zu *definieren* (vgl. dazu Kapitel 1.4 sowie Abbildung 1-3), erfüllt, da Bestimmungsfaktoren des umweltorientierten Wissens erarbeitet werden.

---

[194] Vgl. SCHMIDT (2000, S. 50).

[195] Vgl. PIESKE (1997, S. 98).

[196] Vgl. KARLÖF; ÖSTBLOM (1994, S. 4) und BOGASCHEWSKY (1997, S. 76 f.). Dies bezieht sich v. a. auf das prozessorientierte Benchmarking. Vgl. TUCHER VON SIMMELSDORF (2000, S. 95).

[197] TUCHER VON SIMMELSDORF (2000, S. 205). Er leitet für das Benchmarking von Wissensmanagement die Ressourcen Organisation, technische Infrastruktur, personelle Infrastruktur, Prozesse und Prozessmanagement sowie Objekte als Gestaltungsfelder des Wissensmanagements ab. Vgl. ebenda, S. 206 f.

2.2.4 *Mess-, Vergleichs- und Gestaltungsaspekt der Benchmarking-Analyse*

Bezogen auf das Benchmarking-Objekt wird am Beispiel der Benchmarking-Partner und auf Basis der Benchmarks die *Benchmarking-Analyse* durchgeführt. Diese ist durch einen Mess-, Vergleichs- und Gestaltungsaspekt gekennzeichnet.[198]

Messaspekt: Zunächst erfolgt die Sammlung und Verarbeitung quantitativer und qualitativer Informationen.[199] Ähnlich wie bei der Auswahl der Benchmarking-Partner können auch dazu unterschiedliche primär- oder sekundärstatistische Quellen der Informationsbeschaffung genutzt werden.[200] Aus Zeit- und Kostengründen schlägt BÖHNERT für die Datenerhebung vor, zunächst unternehmensinternes sekundärstatistisches Material, dann unternehmensexternes sekundärstatistisches Material auszuwerten und bei nicht ausreichendem Datenmaterial die primärstatistische Datenerhebung (Umfragen, Interviews) zu nutzen.[201] Diesem Vorschlag wird i. R. der hier durchzuführenden Benchmarking-Analyse gefolgt. Bezogen auf die erfassten Informationen ist eine Benennung der quantitativen oder qualitativen Informationsgrundlagen sowie der Vergleichbarkeit des zugrundeliegenden Datenmaterials erforderlich.[202] Hier ist auf Art, Herkunft, Genauigkeit, Zuverlässigkeit und Überprüfbarkeit der Daten und somit auf Unterschiede in Untersuchungszeiträumen, Bezugsgrößen, Rahmenbedingungen oder Lücken bei der Datenerfassung einzugehen.[203] Der Gewinnung aktueller, genauer, vergleichbarer und verifizierbarer Daten kommt also i. R. jeder Benchmarking-Analyse eine besondere Bedeutung zu.[204] Der Vergleichbarkeit des Datenmaterials ist v. a. bei internationalen Benchmarking-Analysen besondere Aufmerksamkeit zu schenken, indem die länderspezifischen Gegebenheiten genau benannt werden.[205]

Entsprechend des hier gewählten Benchmarking-Objektes sind quantitative und qualitative Informationen zum umweltorientierten Wissen im internationalen Maßstab zu erheben. Für die Benchmarking-Analyse ergeben sich dabei besondere Herausforderungen. Auf die mit dem weichen Benchmarking-Objekt verbundenen Schwierigkeiten bei der quantitativen Erfassung, infolge der schlechten Dokumentation und dem hohen Strukturierungs- und Analyseaufwand der Informationen, wurde schon hingewiesen. Diese verstärken sich auf Grund des internationalen Charakters der Studie, da zusätzliche Schwierigkeiten bei der Beschaffung von ausreichendem und vergleichbarem Informationsmaterial, insbesondere aus Polen und Tschechien, auftreten können.[206] Die Annäherung der Qualität der Daten der Benchmarking-Partner ist somit abhängig von den im internationalen Maßstab zur Verfügung stehenden Primär- bzw. Sekundärdaten.

---

198 Vgl. MERTINS; EDELER; SCHALLOCK (1995, S. 10) aber auch SABISCH (1997, S. 3) oder PIESKE (1997, S. 15).
199 Vgl. PIESKE (1995, S. 49).
200 Dazu zählen unternehmensinterne Informationen (z. B. Betriebsstatistiken, Bilanzdaten, Marktstudien, Prüfberichte u. a.), öffentlich zugängliche Informationen (z. B. amtliche Statistiken, Informationen von Industrieverbänden, Fachveröffentlichungen, Datenbankabfragen u. a.), Informationen durch die Partner selbst (vertrauliche Informationen von Kunden, Zulieferern, anderen Unternehmen u. a.) oder Daten aus eigenen empirischen Erhebungen. Vgl. SABISCH (1997, S. 10); KARLÖF; ÖSTBLOM (1994, S. 145-156); BÖHNERT (1999, S. 147 f.) für Beispiele für sekundär- und primärstatistische Datenquellen; PIESKE (1997, S. 190-202) sowie in Übersicht über Vor- und Nachteile einzelner Methoden RAU (1999, S. 102).
201 Vgl. BÖHNERT (1999, S. 146).
202 Vgl. KARLÖF; ÖSTBLOM (1994, S. 163-165).
203 Vgl. PIESKE (1997, S. 220-222).
204 Vgl. SABISCH (1997, S. 9) sowie KARLÖF; ÖSTBLOM (1994, S. 140 f.).
205 Vgl. GÜNTHER (1997, S. 183) und KARLÖF; ÖSTBLOM (1994, S. 170).
206 In Anlehnung an MEISSNER (1995, S. 119).

KIENBAUM; SCHRÖDER weisen in diesem Zusammenhang darauf hin, dass auf Grund der in der Praxis jeweils unterschiedlichen Rahmen- und Ausgangsbedingungen *keine vollständige Vergleichbarkeit* der Benchmarking-Partner gewährleistet werden kann. Da es i. R. des Benchmarkings darum geht, Hinweise zu „best practices" zu erhalten, deren (modifizierte) Übernahmen zu prüfen sind, steht diese Einschränkung den Zielstellungen des Instruments nicht entgegen.[207]

Der Messaspekt dient somit dazu, eine weitere Zielstellung der Arbeit, die definierten Wissensbestände zu *analysieren* (vgl. dazu Kapitel 1.4 sowie Abbildung 1-3) zu erfüllen, weil hier die Ausprägungen der Bestimmungsfaktoren im internationalen Maßstab untersucht werden.

Vergleichsaspekt: Im Weiteren werden die erfassten Informationen mit den Zielvorgaben der Benchmarks verglichen und Unterschiede zwischen den Leistungen der Benchmarking-Partner bezogen auf den untersuchten Benchmark sowie deren Ursachen ermittelt.[208] Dabei ist zu unterscheiden zwischen Ursachen, die einerseits in den weniger zu beeinflussenden Rahmenbedingungen oder andererseits in der unternehmensindividuellen und damit beeinflussbaren Ziel- und Strategiesetzung sowie operativen Ressourcenkombination liegen.[209] SCHMIDT unterscheidet in Anlehnung an CAMP[210] positive Lücken (Überlegenheit der eigenen Praktiken - Leistungsstärken), Leistungsparitäten (keine Unterschiede) und negative Lücken (Überlegenheit der externen Praktiken - Leistungsschwächen).[211] Dabei sind zu erwartende Entwicklungstrends bezogen auf die Benchmarks zu berücksichtigen, um auch zukünftige Leistungspotenziale und -ziele bewerten zu können.[212] Entsprechend dem hier zu betrachtenden Benchmarking-Objekt sind Leistungsstärken, -schwächen und -paritäten im umweltorientierten Wissen der Benchmarking-Partner sowie deren Ursachen zu erarbeiten.

Leistungsstärken liegen dann vor, wenn das umweltorientierte Wissen bezogen auf den jeweiligen Benchmark höher ausgeprägt ist - sie werden daher im Weiteren als *Wissensvorsprünge* im Sinne von „best practices" bezeichnet. Leistungsschwächen liegen bei einer geringeren Ausprägung vor und werden im Folgenden als *Wissensdefizite* im Sinne von „gaps" benannt. Bei *Wissensparitäten* werden keine Unterschiede im umweltorientierten Wissen festgestellt. Für quantitative Benchmarks werden Wissensunterschiede durch Systematisierung der Kennzahlen in eine aufsteigende/abfallende Reihenfolge ermittelt. Der Partner mit der besten Kennzahl besitzt Wissensvorsprünge, der Partner mit der schlechtesten Kennzahl Wissensdefizite. Für qualitative Benchmarks kann kein standardisiertes Vorgehen angewendet werden. Über geeignete Maßstäbe sind hier die Vergleichskriterien in eine Reihenfolge zu bringen, so dass dem Partner mit dem besten Erfüllungsgrad Wissensvorsprünge und dem Partner mit dem schlechtesten Erfüllungsgrad Wissensdefizite zugeordnet werden können. Der Partner mit Wissensvorsprüngen weist dabei den *Richtwert für Leistungssteigerungen* zum Abbau der Wissensdefizite der Vergleichspartner dar.

207 Vgl. KIENBAUM; SCHRÖDER (1997, S. 7).
208 Vgl. KARLÖF; ÖSTBLOM (1994, S. 170) und PIESKE (1997, S. 236 f.).
209 Vgl. TUCHER VON SIMMELSDORF (2000, S. 133).
210 Vgl. CAMP (1989, S. 122-124).
211 Vgl. SCHMIDT (2000, S. 47).
212 Vgl. SABISCH (1997, S. 11) und PIESKE (1997, S. 233).

Der Vergleichsaspekt zielt durch die Untersuchung der Ausprägungen auf die Zielstellung dieser Arbeit, die definierten und analysierten Wissensbestände zu *bewerten* (vgl. dazu Kapitel 1.4 sowie Abbildung 1-3), da er der Erarbeitung internationaler Unterschiede des umweltorientierten Wissens im Sinne von Wissensvorsprüngen und -defiziten dient.

Gestaltungsaspekt: Zur Erzielung einer strategischen Neuausrichtung ist es erforderlich, Ziele für die Nutzung der identifizierten Wissensvorsprünge des einen Benchmarking-Partners zur Schließung der Wissensdefizite des anderen Benchmarking-Partners zu erarbeiten.[213] Zwar zeigen die Ergebnisse des Vergleichsaspektes die Leistungsunterschiede auf, KARLÖF; ÖSTBLOM weisen aber darauf hin, dass die erarbeiteten „best practices" nicht unkritisch übernommen werden können, sondern ihre Anwendbarkeit stets im Zusammenhang mit den jeweiligen Ausgangs- und Rahmenbedingungen geprüft werden muss.[214] Dies kann einerseits bedeuten, dass es keine Notwendigkeit für Leistungssteigerungen gibt oder andererseits, dass das Lernen von anderen durch Übernahme unveränderter *oder* modifizierter „best practices" realisiert wird.[215]

Hieraus wird deutlich, dass sich der Gestaltungsaspekt auf die Schnittstellendiskussion zwischen den Aspekten Wissensbasis und Wissenstransfer (vgl. dazu Abbildung 1-3) bezieht. D. h., über den Gestaltungsaspekt wird auf Voraussetzungen/Bedingungen eingegangen, unter denen die identifizierten Wissensvorsprünge bzw. -defizite marktrelevant, also zu einem Angebot von bzw. einer Nachfrage nach umweltorientiertem Wissen, werden.[216]

Die Diskussion dieser Beziehungen erfolgt in Anlehnung an GERYBADZE, der das über das Wissensmanagement hinausgehende Kompetenzmanagement einbringt. Während er Wissensmanagement im in Kapitel 1.3 beschriebenen Sinne als Identifikation, Entwicklung, Verteilung, Nutzung und Bewahrung von Wissen versteht, zielt das Kompetenzmanagement auf die Fähigkeit, das Wissen (Wissenskompetenz) auf dem Markt anzuwenden und durchzusetzen (Anwendungs- und Durchsetzungskompetenz).[217] Er schlussfolgert daher: „... diese Unterscheidung ist insofern angebracht, weil dadurch die Aufmerksamkeit ... auf die Schlüsselfrage der Durchsetzung neuen Wissens, neuer Technologien und Geschäftskonzepte im Markt gelenkt wird. Wissen ist hierfür nur Mittel zum Zweck. Die Frage der Gewinnung, Übertragung und Nutzung von Wissen innerhalb von Unternehmen muss in jedem Fall verstanden und gelöst werden. Sie erschließt sich jedoch erst richtig, wenn man versteht, unter welchen Bedingungen Wissen in Unternehmen zu einer Kompetenz in der Geschäftswelt wird."[218] Nach der Definition von Wissensvorsprüngen und -defiziten (d. h. den Wissenskompetenzen bzw. -inkompetenzen), die als Information über die Wissensbasis dienen, sind also Kriterien zu benennen, nach welchen die Vorsprünge und Defizite marktrelevant (d. h. zu Anwendungs- und Durchsetzungskompetenzen) werden. Unter Marktrelevanz wird hier der Marktmechanismus zwischen Angebot und Nachfrage

---

[213] Vgl. SABISCH (1997, S. 10) oder KARLÖF; ÖSTBLOM (1994, S. 187).

[214] Vgl. KARLÖF; ÖSTBLOM (1994, S. 130 f.).

[215] Vgl. PIESKE (1997, S. 104 f.). Da es sich um die Übernahme von (modifizierten) Leistungen anderer handelt, benennt SCHMIDT diesen Vorgang als Leistungstransfer. Vgl. SCHMIDT (2000, S. 52).ULRICH weist kritisch darauf hin, dass eine spezifische und fundierte Betrachtung des Zusammenhangs zwischen Benchmarking und Lernen aus lerntheoretischer Sicht bisher nicht ausreichend stattgefunden hat und untersucht daher, welchen Beitrag Benchmarking für die Operationalisierung, Entwicklung und Institutionalisierung von organisationalen Lernprozessen liefern kann. Vgl. ULRICH (1998).

[216] In Anlehnung an STEGMÜLLER (1970, S. 168).

[217] Vgl. GERYBADZE (1998, S. 68-70), der diese Fragestellung in Bezug auf transnationale Unternehmen untersucht.

[218] GERYBADZE (1998, S. 68 f.).

verstanden. Diese beiden Begriffe sind zunächst zu klären und auf die Themenstellung anzuwenden. Nachfrage resultiert aus einem Wunsch nach Bedürfnisbefriedigung (d. h. einem realisierten Mangel und Wunsch, diesen aufzuheben). Die Befriedigung der Bedürfnisse erfolgt durch Güter, wodurch ein Bedarf entsteht. Die Nachfrage ist dann derjenige Teil des Bedarfes, der in Abhängigkeit des Preises der Güter und der zur Verfügung stehenden Einkommen auf dem Markt wirksam wird.[219] Unter Angebot wird i. d. R. ein Gut verstanden, welches auf dem Markt erworben werden kann. Hierbei kann es sich um Sachgüter, Investitionsgüter, Dienstleistungen oder Nominalgüter,[220] aber auch Wissen, handeln. Angebote und Nachfrage hängen von einer Vielzahl von Faktoren ab, die grundlegend auf Basis der Erkenntnisse der mikroökonomischen Theorie der Unternehmung, welche die betriebliche Preis- und Absatzpolitik bestimmt, abgeleitet werden können.[221] In der nachfolgenden Abbildung 2-2 wird zu diesen Faktoren in der linken Spalte ein zusammenfassender Überblick gegeben, ohne im Detail auf weitere Aspekte der Angebots-[222] und Nachfragetheorie[223] einzugehen. In der rechten Spalte der Abbildung wird beispielhaft gezeigt, in welcher Form diese Faktoren für Angebote von bzw. Nachfrage nach *umweltorientiertem Wissen* Relevanz erhalten.[224]

Die Einflussfaktoren des Angebots von bzw. der Nachfrage nach umweltorientiertem Wissen sind über den Gestaltungsaspekt der Benchmarking-Analyse nach Vorliegen der Ergebnisse des Mess- und Vergleichsaspektes für die einzelnen Benchmarks und Benchmarking-Partner zu konkretisieren. Da die Diskussion dieser Zusammenhänge einer ausblickgebenden Schnittstellendiskussion zu Ermittlung von Ansatzpunkten der Veränderung der konzeptionellen Wissensbasis durch einen internationalen Wissenstransfer dient (vgl. Kapitel 1.4 und Abbildung 1-3), werden die Einflussfaktoren zum einen im Sinne von *potenzialgebenden/potenziellen* Faktoren diskutiert. Zum anderen werden für die im Weiteren zu berücksichtigenden Einflussfaktoren zwei Einschränkungen vorgenommen:

a) Da i. R. dieser Arbeit auf ein kooperatives wechselseitiges Wissensmanagement abgehoben wird (vgl. Kapitel 1.3), bleiben monetäre Einflussfaktoren von Nachfrage (lfd. Nr. N 2, N 3 in Abbildung 2-2) und Angebot (lfd. Nr. A 1, A 2 in Abbildung 2-2) unberücksichtigt.[225]
b) Da es Ziel des Benchmarkings ist, die Wissensbasis transparent zu machen, bleiben Kriterien zum Wissen, seiner Gewinnung/Verteilung sowie Kriterien, die mit der Information von Nachfragern (lfd. Nr. N 4, N 5 in Abbildung 2-2) bzw. Anbietern (lfd. Nr. A 3, A 4, A 8 in Abbildung 2-2) verbunden sind, unberücksichtigt.

[219] Vgl. SCHMALEN (1996, S. 24, 348) und THOMMEN; ACHLEITNER (1998, S. 31).
[220] Vgl. HILKE (1993, Sp. 2769).
[221] In Anlehnung an BITZ; DELLMANN; DOMSCH; EGNER (1993, S. 51).
[222] Dazu zählen z. B. Diskussionen der Einflussfaktoren auf die Produktions- und Kostenfunktion, die Gestaltung des optimalen Produktionsplanes zur Gewinnmaximierung. Vgl. ausführlich dazu SCHUMANN (1986, S. 121-143).
[223] Dazu zählen z. B. die Abhängigkeit (oder Elastizität) der (optimalen) Nachfragemenge von den Nutzenpräferenzen, dem Einkommen (Engelsches Gesetz) oder von Preiserhöhungen (Giffensches Paradox). Vgl. hierzu ausführlicher SCHUMANN (1987, S. 27-49).
[224] In diesem Zusammenhang wird nicht auf die Rolle von Umweltwissen als öffentlichem Gut eingegangen.
[225] So stellen auch KRAMER; REICHEL beidseitig proportionale Vorteile im Sinne einer dauerhaften Zusammenarbeit als Zielstellungen von Kooperationen dar. Vgl. KRAMER; REICHEL (2001, S. 8).

I. R. der Schnittstellendiskussion werden damit aus Wissensvorsprüngen Angebots*potenziale* definiert, wenn (vgl. dazu die fett markierten Kästchen in Abbildung 2-2):

- die Wissensvorsprünge *Alleinstellungscharakter* haben (also keine paritätischen Wissensvorsprünge definiert werden) (lfd. Nr. A 5);
- *gegenwärtig/zukünftig eine Nachfrage* nach den Wissensvorsprüngen *besteht* (lfd. Nr. A 6);
- die Wissensvorsprünge für den Benchmarking-Partner auch zukünftig *im Zielsystem eine Rolle spielen* (lfd. Nr. A 7).

Es werden aus Wissensdefiziten Nachfrage*potenziale* abgeleitet, wenn (vgl. dazu auch die fett markierten Kästchen in Abbildung 2-2):

- *Erfordernisse für die Aufhebung der Wissensdefizite* bestimmt werden können (lfd. Nr. N 1).

Abbildung 2-2: Relevanz der grundsätzlichen Einflussfaktoren von Nachfrage und Angebot für Nachfrage nach bzw. Angebot an umweltorientiertem Wissen

Einflussfaktoren der Nachfrage (N)	*Lfd. Nr.*	***Einflussfaktoren der Nachfrage (N) nach umweltorientiertem Wissen***
▪ Bedürfnisstruktur/Nutzeneinschätzung der Güter/individuelle Nutzenpräferenzen	N 1	▪ Nutzen des Wissens entsprechend seiner Relevanz i. R. der Unternehmensziele
▪ Einkommen sowie Vermögen	N 2	▪ finanzielle, personelle, technische u. a. Kapazitäten des Wissenserwerbs und der -nutzung
▪ Preis (sowie Preis-Leistungsverhältnis) des Gutes sowie der anderen Güter	N 3	▪ Kosten des Wissenserwerbs
▪ Preis-, Werbe- und Distributionspolitik der Anbieter	N 4	▪ Zugangsmöglichkeiten zum Wissen
▪ Informationsstand der Nachfrager	N 5	▪ Informationsstand über Angebote von umweltorientiertem Wissen

▪ erzielbarer Preis des Gutes sowie konkurrierender Güter	A 1	▪ Marktpreis für das umweltorientierte Wissen
▪ Herstellkosten und (Veränderung der) Faktorkosten	A 2	▪ Kosten der Wissensentwicklung
▪ Konkurrenz (auch Trends)	A 3	▪ andere Wissensangebote
▪ Marktform	A 4	▪ Form des Wissensaustausches
▪ (Handlungsspielraum durch) personelle, finanzielle, technische u. a. Kapazitäten	A 5	▪ Alleinstellungsmerkmal des Wissens
▪ Nachfrage (auch Trends)	A 6	▪ Nachfrage nach umweltorientiertem Wissen und Entwicklung seiner Relevanz
▪ kurz-, mittel- und langfristige Unternehmensziele	A 7	▪ Bedeutung der Entwicklung von umweltorientiertem Wissen i. R. der Unternehmensziele
▪ Informationsstand der Anbieter	A 8	▪ Informationsstand über Nachfrage nach umweltorientiertem Wissen
Einflussfaktoren des Angebots (A)	*Lfd. Nr.*	***Einflussfaktoren des Angebots (A) an umweltorientiertem Wissen***

Quelle: Eigene Zusammenstellung nach SCHMALEN (1996, S. 348, 353 f.); WOLL (1990, S. 87, 95); ALBACH (2000, S. 69); HILKE (1993, Sp. 2777-2781).

Der Gestaltungsaspekt zielt damit auf die letzte Zielstellung dieser Arbeit, Ansatzpunkte für die Veränderung der konzeptionellen Wissensbasis durch einen internationalen Wissenstransfer zu erarbeiten (vgl. dazu Kapitel 1.4 sowie Abbildung 1-3), da Voraussetzungen diskutiert werden, unter denen die definierten Wissensvorsprünge und -defizite Marktrelevanz erhalten.

Durch das beschriebene methodische Vorgehen wird gewährleistet, einerseits *deskriptiv* eine *Erklärung der konzeptionellen Wissensbasis und der Kompetenzverteilung* (auf Basis der Definition von Wissensdefiziten und -vorsprüngen) der Benchmarking-Partner bezogen auf die definierten Benchmarks vorzunehmen und andererseits *normativ Ansatzpunkte für die Veränderung der Wissensbasis durch einen internationalen Wissenstransfer* (auf Basis der Diskussion von Voraussetzungen/Bedingungen für Angebots- und Nachfragepotenziale) zu erarbeiten.[226]

In diesem Zusammenhang wird nochmals ausdrücklich darauf hingewiesen, dass sich daran anschließende Fragestellungen der Steuerung von Angebot und Nachfrage auf dem Markt über den Preismechanismus und das Zusammenfinden von Angebot und Nachfrage im Sinne eines Marktgleichgewichtes (Umsetzung des Wissenstransfers) außerhalb der Betrachtungen liegen. In der nachfolgenden Abbildung 2-3 wird das methodische Vorgehen dieser Arbeit zur Untersuchung der in Kapitel 1.4 definierten Zielstellungen dieser Arbeit zusammengefasst. Daran anschließend wird auf die Konkretisierung des Benchmarking-Objektes (vgl. Kapitel 2.3), die ergänzende Begründung der Benchmarking-Partner (vgl. Kapitel 2.4) und die Ableitung relevanter Benchmarks (vgl. Kapitel 2.5) eingegangen. Die Darstellung der Ergebnisse der quantitativen und qualitativen Benchmarking-Analyse und ihrer Bewertung erfolgt auf Grund ihrer Komplexität ausführlich in den Kapiteln 3, 4 und 5.

[226] In Anlehnung an GERYBADZE (1998, S. 88).

Abbildung 2-3: Der methodische Beitrag des Benchmarking-Konzeptes zur Analyse des umweltorientierten Wissens Deutschlands, Polens und Tschechiens

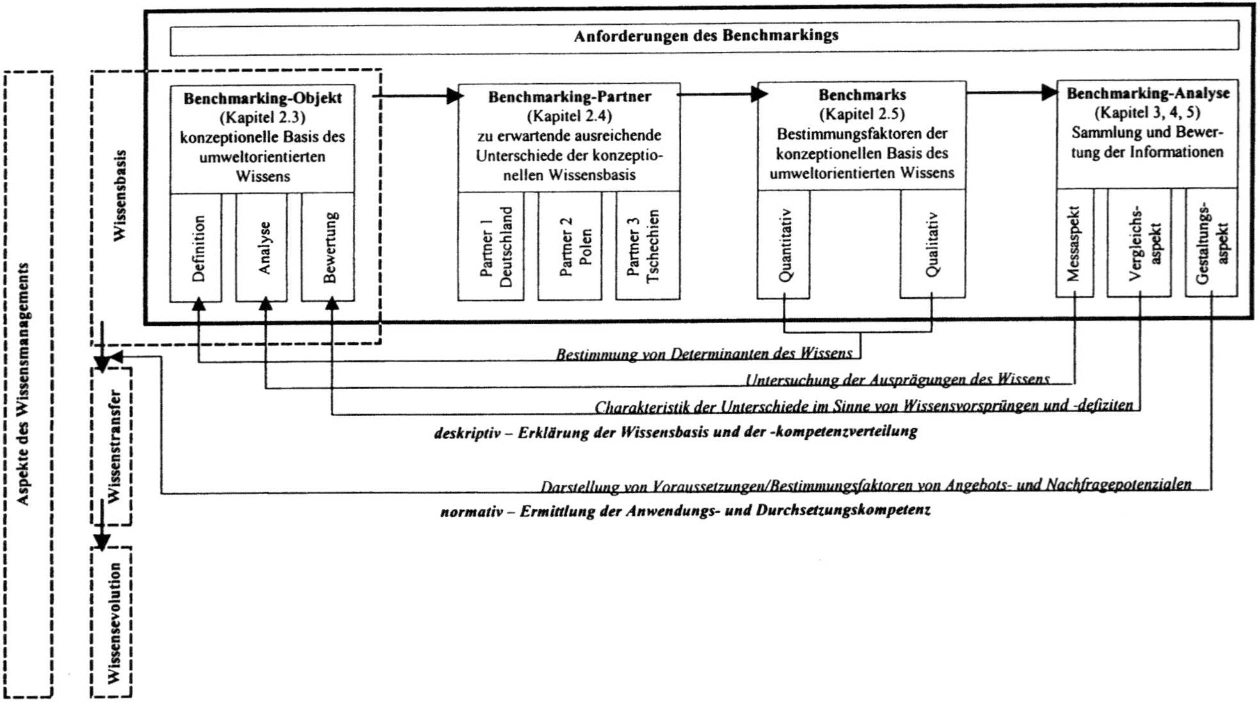

Quelle: Eigene Darstellung.

2.3 Eingrenzung des Benchmarking-Objektes auf das explizite und explizierte implizite umweltorientierte Wissen

Ergänzend zu den Aussagen aus Kapitel 1.4 wird das Benchmarking-Objekt weiter veranschaulicht. Dazu wird die in Kapitel 1.3 gegebene Definition des Wissens konkretisiert und der Bezug zu den in Abbildung 1-1 (ebenfalls Kapitel 1.3) erarbeiteten Dimensionen des umweltorientierten Wissens hergestellt.

Das Wissen kann in Anlehnung an POLANYI in explizites und implizites Wissen unterteilt werden.[227] Explizites Wissen umfasst für jeden verfügbares, d. h. in Dokumenten gespeichertes und in Worten oder Zahlen wiedergebbares *objektives Wissen*.[228] Implizites Wissen ist an Personen gebunden, beruht auf persönlichem *Erfahrungswissen* oder Kenntnissen und drückt sich in individuellen Verhaltensweisen aus.[229] Dieses implizite Wissen stellt die Basis für explizites Wissen dar.[230] Während implizites Wissen oftmals mit tazitem Wissen gleichgesetzt wird, unterscheidet ULRICH zwischen implizitem Wissen, welches über entsprechende Techniken wie Interviews, Beobachtungen explizierbar ist und implizitem Wissen (tazitem Wissen), welches nicht explizierbar ist.[231]

Sowohl das explizite als auch das implizite Wissen spielen für Internationalisierungsaktivitäten (vgl. Kapitel 1.1) eine Rolle. So betonen JOHANSON; VALHNE die Bedeutung der Marktkenntnisse in Form von objektivem Wissen (z. B. schriftlich festgehaltene Informationen über Märkte und Markteintrittsstrategien) und Erfahrungswissen (z. B. die bereitgestellten Ressourcen) sowie den Zusammenhang zwischen beiden Wissensformen für Initiierung und Intensität der Internationalisierung.[232] Bezogen auf die Art der internationalen Tätigkeit weisen JOHANSON; VALHNE darauf hin, dass die Bedeutung des Erfahrungswissens für produktions- und reexportorientierte Aktivitäten gering, die Bedeutung von objektivem Wissen dagegen hoch ist. Umgekehrt spielt das Erfahrungswissen für die Umsetzung von Marketing eine hohe Rolle. Eine Ausnahme dazu können große Unternehmen darstellen, die i. R. der Internationalisierung auf Grund ihrer Ausstattung mit (finanziellen) Ressourcen, leichter auf externes Erfahrungswissen zurückgreifen können. Weiterhin verliert das Erfahrungswissen desto mehr an Bedeutung, je ähnlicher die auslandsmarktspezifischen Faktoren den inlandsmarktspezifischen Faktoren sind.[233] Infolge fehlenden Erfahrungswissens und daraus resultierenden Investitionsunsicherheiten erklären JOHANSON; VALHNE die große Bedeutung des Exports, v. a. in benachbarte Länder, i. R. der Internationali-

[227] Vgl. POLANYI (1966, S. 19-21). Auf andere Kategorisierungsmöglichkeiten wird in diesem Rahmen nicht eingegangen, vgl. für eine zusammenfassende Übersicht BENDT (2000, S. 16); AMELINGMEYER (2000, S. 43-50).

[228] Vgl. ULRICH (1998, S. 56) und SCHMIDT (2000, S. 213).

[229] Vgl. AMELINGMEYER (2000, S. 44) und ULRICH (1998, S. 56).

[230] Vgl. POLANYI (1966, S. 20).

[231] Vgl. ULRICH (1998, S. 56 f., 62, 64). ULRICH erwähnt, dass tazites Wissen durch unternehmensindividuelle Kooperationen generierbar ist, in deren Rahmen Mitarbeiter des eigenen Unternehmens an den Praktiken des anderen Unternehmens teilhaben. Siehe ebenda, S. 63. I. R. der umweltorientierten Unternehmensführung sind sog. Twinning-Projekte zu nennen, deren Ziel es ist, für mittel- und osteuropäische Länder Übernahme und Vollzug des Umwelt-aquis dadurch zu erleichtern, dass Mitarbeiter aus Verwaltungen von EU-Mitgliedsländern sowie assoziierten Staaten gemeinsam an Projekten arbeiten.

[232] Vgl. JOHANSON; VAHLNE (1977, S. 26-28).

[233] Vgl. dazu auch ENGELHARD; ECKERT (1994, S. 4-6), die die wesentlichen Aussagen und Kritikpunkte der Theorie von JOHANSON; VAHLNE zusammenfassen.

sierung und die Aufnahme darüber hinausgehender Internationalisierungsaktivitäten mit Zunahme der internationalen Erfahrung.[234]

Bezogen auf die hier betrachtete Themenstellung ist nun zu definieren, was unter explizitem, implizitem und explizierbar implizitem umweltorientiertem Wissen im internationalen Kontext zu verstehen ist. In Kapitel 1.3 wurde festgelegt, dass eine *internationale umweltorientierte Unternehmensführung* dadurch gekennzeichnet ist, dass die *Nutzung, Überprüfung, Anpassung oder Ergänzung von umweltorientiertem Fachwissen auf einem internationalen wechselseitigen Wissensmanagement* beruht. In Abhängigkeit der Art der grenzüberschreitenden Tätigkeit kann es sich dabei um den internationalen technischen Umweltschutz, das internationale Umweltmanagement sowie die Einführung internationaler Umweltmanagementsysteme handeln. In Anlehnung an die dargestellten Aussagen von POLANYI, ULRICH und JOHANSON; VAHLNE wird folgendes definiert:

- *umweltorientiertes explizites Wissen* umfasst *das durch amtliche Statistiken, Normen und Gesetze für jeden verfügbare Wissen* zu ausgewählten oder gesamten Bereichen der Umwelttechnik, des Umweltmanagements oder der Umweltmanagementsysteme;
- *umweltorientiertes implizites Wissen* umfasst das *durch Erfahrungen gewonnene* und sich durch die Verhaltensweisen einzelner Personen ausdrückende Wissen zu ausgewählten oder gesamten Bereichen der Umwelttechnik, des Umweltmanagements oder der Umweltmanagementsysteme;
- *umweltorientiertes expliziertes implizites Wissen* umfasst *das durch Erfahrungen gewonnene und über empirische Erhebungen für jeden verfügbar gemachte Wissen* zu ausgewählten oder gesamten Bereichen der Umwelttechnik, des Umweltmanagements oder der Umweltmanagementsysteme.

Für die weitere Untersuchung werden zwei Einschränkungen vorgenommen: ULRICH weist darauf hin, dass Benchmarking darauf ausgerichtet ist, das bei anderen vorliegende explizite und explizierbare implizite Wissen zu erschließen. AMELINGMEYER betont, dass „... ein Wissenstransfer in der Regel die Explizierung von Wissen erfordert."[235] Aus diesem Grund wird i. R. dieser Arbeit im Weiteren ausschließlich das *umweltorientierte explizite und explizierte implizite Wissen* berücksichtigt. Daraus folgt, dass nur das zugängliche und prüfbare umweltorientierte Wissen betrachtet werden kann. Dazu zählen aus dem Bereich der Umwelttechnik z. B. über Statistiken oder empirische Erhebungen erfasste Umfänge und Bereiche durchgeführter oder geplanter Umweltschutzinvestitionen. Wissen zum Umweltmanagement ist nur dann nachprüfbar, wenn es durch zertifizierte/validierte Umweltmanagementsysteme (oder vergleichbare Konzepte) umgesetzt und statistische Daten über Anzahl oder Branche von Unternehmen mit Umweltmanagementsystemen erfasst sowie Informationen über Erfahrungen bei der Einführung der Systeme erhoben wurden. Bezogen auf das umweltorientierte Wissen steht daher im Weiteren das *umwelttechnische und -managementsystembezogene Wissen* im Mittelpunkt der Betrachtung. Allgemeine Informationen zum Umweltmanagement werden - sofern über Umfragen expliziert - nur ergänzend berücksichtigt.

---

[234] Vgl. JOHANSON; VAHLNE (1977, S. 29-31), aber auch KUMAR; EPPLE (1997, S. 315-317). Vgl. für eine lerntheoretische Erweiterung des Modells von JOHANSON; VAHLNE ebenda, S. 318-323.
[235] AMELINGMEYER (2000, S. 50 f.).

I. R. des Benchmarkings wird untersucht, ob sich das umwelttechnische bzw. -managementsystembezogene Wissen im internationalen Kontext unterscheidet. Denn Voraussetzung für einen internationalen Wissenstransfer im Bereich der umweltorientierten Unternehmensführung stellen gemeinsame Zielstellungen (z. B. Verbesserung des betrieblichen Umweltmanagements) und sich ergänzende Wissensvorsprünge der Partner (z. B. unterschiedliches explizites und implizites Wissen) dar (vgl. Kapitel 1.4).[236] Daher wird im folgenden Kapitel auf die zu erwartenden Unterschiede in der konzeptionellen Wissensbasis der Benchmarking-Partner vertiefend eingegangen, in dem die Ausgangs- und Rahmenbedingungen analysiert werden, die Einfluss auf das umweltorientierte Wissen haben.[237] Auf dieser Grundlage erfolgt eine ergänzende Begründung der Auswahl der Benchmarking-Partner Deutschland, Polen und Tschechien.

2.4 Ergänzende Begründung der Benchmarking-Partner Deutschland, Polen und Tschechien auf Basis von zu erwartenden Unterschieden im umweltorientierten Wissen

Die Berücksichtigung der Wechselwirkungen zwischen Unternehmen und Umwelt und die Verringerung der dabei entstehenden Umweltbelastungen durch Unternehmen wurde und wird wesentlich durch umweltorientierte Anspruchsgruppen (auch als Stakeholder oder Push- und Pullfaktoren bezeichnet)[238] gefordert und gefördert. Diese wiesen zunehmend darauf hin, dass die Umwelt als In- und Outputfaktor zu einem entscheidenden Engpassfaktor des Wirtschaftens der Unternehmen geworden ist.[239] Zu den Anspruchsgruppen zählen somit die Institutionen, Gruppen und Personen, die Einfluss auf die umweltorientierte Entscheidungsfindung haben.[240] Die jeweilige Betroffenheit der Unternehmen ist von situativen und unternehmensbezogenen Einflussfaktoren sowie der Branche und dem Unternehmensbereich[241] abhängig. Sie stellt eine Voraussetzung dafür dar, dass die Umsetzung von Umweltschutzanforderungen - neben wirtschaftlichen (Gewinnmaximierung, Sicherung und Ausbau von Marktanteilen, Qualität), technischen (Langlebigkeit, Genauigkeit) und sozialen (Arbeitnehmerschutz, Arbeitssicherheit) Anforderungen - zu einem entscheidungsrelevanten Handlungsbereich wurde.[242] So ist in den Unternehmen ein bestimmter Wissensstandard erforderlich, da z. B. i. R. des sog. Sevilla-Prozesses Richtlinien für eine integrierte Verminderung und Vermeidung von Umweltverschmutzungen (IPCC) festgelegt wurden, nach denen bei der Planung neuer Anlagen, aber auch nach einem gewissen Zeitablauf bei den bestehenden Anlagen, der sog. Stand der Technik (BAT – Best Available Technology)

---

[236] In Anlehnung an BÖRSIG; BAUMGARTEN (1997, S. 483), die diese beiden Punkte als Voraussetzung für die Partnerauswahl i. R. von Kooperationen benannten. Siehe ähnlich dazu SELL (1994, S. 17 f.) der diese beiden Faktoren neben anderen zu Erfolgsfaktoren für Kooperationen zählte.

[237] In Anlehnung an AMELINGMEYER (2000, S. 68 f.).

[238] Vgl. zum Konzept der umweltrelevanten Anspruchsgruppen MEFFERT; KIRCHGEORG (1998, S. 94-96).

[239] Vgl. ZABEL (1994, S. 10-11); HIPP; RENGER (1998, S. 36) oder SCHMID (1996, S. 107). Vgl. zur Entwicklung der Forderung umweltbezogener Anspruchsgruppen und der daraus resultierenden ökologischen Betroffenheit der Unternehmen KIRCHGEORG (1995, S. 61-68).

[240] Vgl. SCHULZ (1998, S. 73).

[241] Vgl. KIRCHGEORG (1995, S. 61). Vgl. ausführlich zur Analyse des Begriffs der ökologischen Betroffenheit in der betriebswirtschaftlichen Literatur SCHULZ (1998, S. 185-204). Eine Befragung von 600 Unternehmen zur umweltorientierten Unternehmensführung im Auftrag des Umweltbundesamtes kam zu dem Ergebnis, dass in 83 % der Fälle die Produktion von Umweltfragen betroffen ist (bei 67 % die Forschung und Entwicklung, bei 63 % die Materialwirtschaft), während die Bereiche Controlling/Rechnungswesen bei 14 % bzw. 5 % der Unternehmen betroffen sind. Vgl. STAHLMANN (1994, S. 35 f.).

[242] In Anlehnung an PISCHON, IWANOWITSCH (1998, S. 313) und SCHULZ (1998, S. 155).

umzusetzen ist. Im Folgenden wird am Beispiel ausgewählter Anspruchsgruppen gezeigt, welche Anforderungen und sich daraus entwickelnden umweltorientierten unternehmerischen Verhaltensweisen für den Benchmarking-Partner Deutschland einerseits und andererseits für die Benchmarking-Partner Polen und Tschechien charakteristisch waren. In diesem Zusammenhang werden die zu erwartenden Gemeinsamkeiten bzw. Unterschiede im umweltorientierten Wissen hervorgehoben (vgl. Kapitel 2.4.1 und 2.4.2). Für den Benchmarking-Partner Deutschland wird in diesem Zusammenhang nicht zwischen Entwicklungstendenzen in den Alten und Neuen Bundesländern differenziert, sondern im Schwerpunkt die langfristige Tradition bei der Beschäftigung mit umweltorientierten Fragestellungen in westdeutschen Unternehmen herausgestellt, während für Polen und Tschechien auf die Anpassungsreaktionen i. R. des Transformationsprozesses abgehoben wird. Zwar waren diese auf Grund der durch die Wiedervereinigung bedingten Übernahme des westdeutschen Umweltrechts sowie den Erfordernissen zur Anpassung der Wettbewerbsfähigkeit auch für ostdeutsche Unternehmen charakteristisch. Die Untersuchung des umweltorientierten Wissens von Regionen wie die Neuen Bundesländer, Polen und Tschechien, die gleichermaßen vom Transformationsprozess betroffen waren, stellt einen anderen, hier nicht verfolgten Forschungsansatz dar.[243] I. R. der Benchmarking-Analysen in Kapitel 3, 4 und 5 erfolgt nur dann eine Unterscheidung zwischen dem umweltorientierten Wissen der Alten und Neuen Bundesländer, wenn dies grundsätzlich zu Klärung der Art und Ursachen von Wissensvorsprüngen oder -defiziten erforderlich ist.

2.4.1 Wissen in Abhängigkeit der langfristigen Entwicklung der umweltorientierten Unternehmensführung in Deutschland

Auf Basis empirischer Erhebungen wurde festgestellt, dass insbesondere die sich verschärfenden Umweltschutzvorschriften und das sich erhöhende Umweltbewusstsein die ausschlaggebenden Faktoren für den Einbezug des Umweltschutzes in die Entscheidungsfindung deutscher Unternehmen waren bzw. sind.[244] Eine vergleichende Studie von 1988 und 1994 über die Betroffenheit von Unternehmen durch unterschiedliche externe umweltbezogene Rahmenbedingungen kam zu dem Ergebnis, dass sich der Druck durch die nationale und internationale Umweltgesetzgebung sowie durch die Forderungen der Kunden und des Handels nach umweltfreundlichen Produkten wesentlich erhöht hat, während dies bezogen auf den Druck durch Berichterstattung der Medien, Aktionen von Bürgerinitiativen, Firmenanliegern oder benachbarten Bewohnern nicht festgestellt werden konnte.[245] I. R. einer anderen Umfrage stellten umweltrechtliche Anforderungen im Zeitraum 1994-1996 einen wesentlichen Einflussfaktor für die Entwicklung von Umweltinnovationen des Verarbeitenden Gewerbes dar.[246] Die politisch-rechtlichen Rahmenbedingungen wirken dabei

---

[243] Vgl. für eine Betrachtung des Wiedervereinigungsprozesses aus mikroökonomischer Perspektive LEHMANN-WAFFENSCHMIDT (2000).

[244] In Anlehnung an JANZEN (1998, S. 59). Vgl. ausführlicher für Ursachen und Entwicklung des Wertewandels grundsätzlicher Art sowie zur gegenwärtigen Wertesituation in der Bundesrepublik Deutschland SCHULZ (1998, S. 111-143). Vgl. z. B. für eine differenzierte Betrachtung relevanter Anspruchsgruppen von Großunternehmen versus kleinen und mittelständischen Unternehmen KLIPPHAHN (1997, S. 189-197) sowie ebenda, S. 232-246 für diesbezügliche Ergebnisse auf Basis von Interviews in 24 kleinen und mittelständischen Unternehmen.

[245] Vgl. KIRCHGEORG (1995, S. 61-63) und ebenfalls MEFFERT; KIRCHGEORG (1998, S. 260-263).

[246] Vgl. BUNDESMINISTERIUM FÜR BILDUNG UND FORSCHUNG (HRSG.) (2000, S. 99, 104).

nicht nur auf den Prozess der Leistungserstellung (z. B. in Form von umweltorientierten Produktions- und Produktvorschriften), sondern auch auf andere Unternehmensbereiche wie Logistik und Absatz (z. B. durch die Verpackungsverordnung). In diesem Zusammenhang ist zu beachten, dass im Zuge der Wiedervereinigung das Umweltrecht der Bundesrepublik vollständig auf Ostdeutschland übertragen wurde.[247] Daraus folgte kurzfristig, dass auf dem Gebiet der ehemaligen DDR für den Betrieb von Neuanlagen ab dem 01. 07. 1990 die entsprechenden bundesdeutschen gesetzlichen Regelungen galten, sowie mittelfristig die Notwendigkeit einer systematischen umweltgerechten Umstrukturierung, Modernisierung oder Sanierung bestehender Unternehmen. Für die Übernahme der EU-Umweltrichtlinien wurden längere Fristen vereinbart.[248]

Aus Umfragen wird auch eine Zunahme und Stabilisierung der Umweltsensibilität der Bevölkerung deutlich.[249] So ist die Priorität des Umweltschutzes als gesellschaftliches Problem in den 80er Jahren gestiegen und nahm Anfang der 90er Jahre hinter dem Problem der Arbeitslosigkeit den zweiten Platz ein. Andere gesellschaftliche Probleme, wie das Asylbewerberproblem, die Steuerpolitik und die Wirtschaftsstabilität wurden dahinter eingeordnet.[250] Im Verlaufe der 90er Jahre konnte beobachtet werden, dass die Bedeutung des Umweltschutzes gesunken, während die der anderen politischen Aufgabenbereiche (z. B. Rente, soziale Gerechtigkeit, Gesundheitsfürsorge) gestiegen ist. Neben diesen Problemen zählt der Umweltschutz aber immer noch zu den wichtigsten Aufgabenbereichen.[251]

SCHMID fasst zusammen, dass in Deutschland zunächst externe gesellschaftsbezogene Anspruchsgruppen (ca. 70er Jahre) und erst zu späteren Zeitpunkten markt- und nachfrageinduzierte Anspruchsgruppen umweltorientierte Forderungen an die Unternehmen artikulierten.[252] Aus diesem Grund kann gegenwärtig beobachtet werden, dass in Deutschland eine Vielzahl von Anspruchsgruppen die umweltorientierte Unternehmensführung befördern.[253]

Auf die sich insbesondere seit Ende der 70er Jahre verschärfenden gesetzlichen Umweltvorschriften (Festlegung von anlagen- und medienorientierten Grenzwerten, Novellierung der Luft- und Wasserreinhaltungsgesetze sowie des Abfallgesetzes) reagierten die Unternehmen zunächst mit einzelnen, additiven Umweltschutzmaßnahmen auf der operativen Ebene.[254] Mit Hilfe von Filter-, Kläranlagen oder externem Recycling wurde versucht, Umweltbelastungen zu beseitigen bzw. zu begrenzen. Die Umweltschutzmaßnahmen waren reststoff- bzw. emissionsbezogen. In den 80er Jahren dehnte sich auf Grund der globalen Dimension des Umweltproblems der Interessenschwerpunkt sowohl der Umweltpolitik als auch der Verbraucher auf die Produktionsinputs

[247] Siehe dazu Artikel 16 des Staatsvertrages und Artikel 34 des Einigungsvertrages. Vgl. HENTRICH; KOMAR; VOSS; WEISHEIMER (2001, S. 4).

[248] Vgl. HENTRICH; KOMAR; VOSS; WEISHEIMER (2001, S. 5).

[249] Vgl. zu der Entwicklung des Umweltbewusstseins in Deutschland vom Umweltinteresse Anfang der 70er Jahre bis hin zur zunehmenden ökologischen Betroffenheit Ende der 90er Jahre MEFFERT; KIRCHGEORG (1998, S. 14).

[250] Vgl. STEGER (1993, S. 71).

[251] Vgl. BUNDESMINISTERIUM FÜR UMWELT, NATURSCHUTZ UND REAKTORSICHERHEIT (HRSG.) (2000, S. 15-18).

[252] Vgl. SCHMID (1996, S. 96). Vgl. für eine ähnliche Argumentation WINTER (1997, S. 20).

[253] SCHULZ weist zurecht darauf hin, dass gerade in Deutschland eine unüberschaubare Anzahl von Anspruchsgruppen existieren, die den unternehmenspolitischen Willensbildungsprozess beeinflussen. Vgl. SCHULZ (1998, S. 73-79). Darüber hinaus zeigt SCHMID auf, dass infolge der aktuellen Herausforderungen zum Schutz der Umwelt fast alle Anspruchsgruppen (auch) ökologische Ansprüche formulieren. Vgl. SCHMID (1996, S. 95).

[254] Vgl. UMWELTBUNDESAMT (HRSG.) (2000, S. 8) und in Anlehnung an HORBACH (1996, S. 11).

aus.[255] Dies führte zur Anwendung von produktions- und produktintegrierten Umweltschutztechnologien, wie z. B. der Entwicklung materialsparender Technologien, dem Schließen von Kreisläufen oder die Herstellung rohstoffschonender bzw. recycelbarer Produkte. Des Weiteren wurden umweltorientierte Anforderungen auch in das Personalwesen (z. B. Vermittlung umweltbezogener Schlüsselqualifikationen), die Organisation (z. B. Festlegung eines Umweltschutzverantwortlichen, Bildung von Umweltausschüssen oder Umweltarbeitskreisen), das Marketing (z. B. Sicherstellung eines umweltfreundlichen Produktnutzens) oder das Controlling (z. B. Entwicklung von Öko-Bilanzierung, Durchführung von Umweltaudits, Entwicklung von umweltorientierten Kennzahlen) einbezogen. Diese Umweltschutzmaßnahmen sind als ganzheitlich, ressourcenschonend und kreislauforientiert zu bezeichnen.[256]

Die Umsetzung der umweltorientierten Unternehmensführung auf *strategischer* Ebene erfordert(e) die Entwicklung mittel- und langfristiger Richtlinien zur Ausnutzung des umweltbezogenen Erfolgspotenzials.[257] Dazu zählen die Identifikation ökologischer Risiken und Chancen des Unternehmens sowie die Erarbeitung, Umsetzung und Bewertung eines Umweltprogramms.[258] Seit Ende der 70er Jahre wurden sowohl auf empirischer als auch auf konzeptioneller Basis explizit auf das Umweltschutz/-managementverhalten bezogene Strategietypen abgeleitet.[259]

In den 90er Jahren spielte der Umweltschutz durch Wahrnehmung der ökonomischen und sozialen Verantwortung der Unternehmen auch auf der *normativen* Ebene eine wichtige Rolle.[260] Voraussetzung dafür war die Integration des Umweltschutzes in das allgemeine Wertesystem (Philosophie, Grundsätze oder Leitbilder) einer Unternehmung.[261] STEGER bezeichnete dies als „... geplante Evolution des Unternehmens ..., um so die langfristige Überlebensfähigkeit des Unternehmens zu sichern und die Fähigkeiten zu steigern, auch unter veränderten Bedingungen gesteckte Ziele zu erreichen."[262] Den Übergang der Unternehmen von einem „Aktionszentrum", das durch Einwirkung auf die Umwelt nur seine betrieblichen Funktionen erfüllt, zu einem „Interaktionszentrum", das durch Anpassung an sich verändernde Umweltbedingungen ein notwendiges Gleichgewicht zwischen Umwelt und Unternehmung herstellt, benennt er sogar als „Paradigmenwechsel".[263] Als beispielhafte Kriterien für eine umweltorientierte Leitbildformulierung können genannt werden:

- Anerkennung der gesellschaftlichen Verantwortung der Unternehmen;
- Bekenntnis zu einer verantwortungsbewussten Nutzung der natürlichen Ressourcen;

---

[255] Vgl. UMWELTBUNDESAMT (HRSG.) (2000, S. 8-9).
[256] Vgl. UMWELTBUNDESAMT (HRSG.) (2000, S. 8-9).
[257] In Anlehnung an WINTER (1997, S. 78).
[258] Vgl. ausführlich in STAHLMANN (1994, S. 103-106) sowie MEFFERT; KIRCHGEORG (1998, S. 195-197).
[259] Beispielhaft seien hier die aus dem Marktchancen- und internem Risikopotenzial-Portfolio von STEGER konzeptionell abgeleiteten Strategierichtungen Risiko-, Chancen-, Innovationsorientierung sowie indifferentes Verhalten genannt. Vgl. STEGER (1993, S. 206-229). Siehe für eine zusammenfassende Übersicht von konzeptionell und empirisch abgeleiteten Strategietypen MEFFERT; KIRCHGEORG (1998, S. 197-202), die diese nach der Verhaltensbezugsebene (intern bzw. extern), ökologieorientierten Anpassungsintensität (passiv bzw. aktiv), Zeitpunkt der Strategieentwicklung bzw. Maßnahmenumsetzung (reaktiv bzw. proaktiv), Art der Strategieentwicklung (isoliert bzw. integriert) und Durchsetzung der Strategie (individuell bzw. kooperativ) unterscheiden.
[260] In Anlehnung an HOPFENBECK; JASCH; JASCH (1996, S. 427-428).
[261] Vgl. HOPFENBECK (1994, S. 129). Vgl. detailliert zur Ausgestaltung von Umweltpolitik und Umweltzielen WINTER (1997, S. 48-74).
[262] STEGER (1993, S. 185).
[263] Vgl. STEGER (1993, S. 57-58) sowie ausführlich SEIDEL; MENN (1991, S. 171-174).

- gleichrangige Gewichtung ökonomischer, ökologischer und sozialer Ziele, aktive Problemsuche nach umweltfreundlichen Produkten, Produktionsverfahren, Entsorgungskonzepten oder
- kooperative interne und externe Umweltkommunikation.[264]

Als übergeordnete Zielstellung werden, ausgelöst durch die Konferenz für Umwelt und Entwicklung in Rio de Janeiro 1992, auf der normativen Ebene die Anforderungen einer nachhaltigen Entwicklung zunehmend anerkannt.[265] Auf die Herausforderungen und Schwierigkeiten für Unternehmen bei der Umsetzung der Anforderungen einer nachhaltigen Entwicklung wird in diesem Rahmen nicht detailliert eingegangen, da dies ein eigener Forschungsschwerpunkt darstellt.

Um die komplexen Anforderungen der umweltorientierten Unternehmensführung auf operativer, strategischer und normativer Ebene systematisch umsetzen zu können, gewannen seit Mitte der 90er Jahre Umweltmanagementsysteme auf Basis international gültiger Normen (ISO 14001 und EMAS-VO) für deutsche Unternehmen steigende Bedeutung.[266] Dies drückt sich in der wachsenden und im internationalen Vergleich hohen Anzahl zertifizierter bzw. validierter deutscher Unternehmen aus.[267]

Für die umweltorientierte Unternehmensführung in Deutschland werden auf Basis der vorherigen Betrachtungen folgende Entwicklungstendenzen des impliziten Wissens zusammengefasst:

a) operative Ebene: vom additiven zum integrierten Umweltschutz;
b) strategische Ebene: vom defensiven zum offensiven Umweltmanagement;
c) normative Ebene: von der Implementierung des Umweltmanagements in das normative Zielsystem hin zur Akzeptanz der Anforderungen einer Nachhaltigen Entwicklung sowie
d) von der Umsetzung von Einzelmaßnahmen auf operativer, strategischer oder normativer Ebene hin zu einer systematischen Umsetzung der Anforderungen dieser Ebenen i. R. von Umweltmanagementsystemen.

In Form von Leitfäden wurde das Erfahrungswissen bei der Implementierung von Umweltschutz und -management für einzelne Branchen verallgemeinert und als grobe Richtlinie für einzelne Unternehmen anwendbar gemacht.[268] Weiterhin existieren eine Vielzahl von wirtschaftswissenschaftlichen Fachbüchern bzw. Publikationen, die das umweltorientierte Wissen nach Charakteristika, Problemen und Effekten auf wissenschaftlichem Niveau sowie am praktischen Fallbei-

---

[264] Vgl. HOPFENBECK (1994, S. 131). Für konkrete Beispiele ökologischer Leitbilder, sowohl einzelner Unternehmen als auch von Unternehmensverbänden siehe ebenda, S. 131-138 sowie WINTER (1997, S. 54-62).

[265] Vgl. UMWELTBUNDESAMT (1997, S. 108) und WINTER (1997, S. 49 f.). Dazu zählen:
- die Nutzung der Ressourcen i. R. ihrer Regenerierbarkeit (Vermeidung/Verringerung der Umweltbelastungen der Medien Luft, Boden, Wasser durch den gesamten Produktlebenszyklus bzw. in allen Unternehmensbereichen);
- die Beherrschung ökologischer Risiken (Risikobegrenzung für die natürliche Umwelt bei der Technologiewahl) und
- die Belastung der Natur i. R. ihrer Selbstreinigungskraft (Sicherung/Wiederherstellung der natürlichen Umwelt).

In Anlehnung an ZABEL (1994, S. 12). Vgl. ausführlicher SEIFERT (1998, S. 23-25).

[266] Vgl. FREIMANN (1999, S. 132) oder DYLLICK (1999, S. 117).

[267] Vgl. INTERNATIONAL ORGANIZATION FOR STANDARDIZATION (2001, S. 16-18) und http://europa.eu.int/comm/environment/emas (30.03.02).

[268] Vgl. SÄCHSISCHES STAATSMINISTERIUM FÜR UMWELT UND LANDESENTWICKLUNG (HRSG.) (1994); LANDESANSTALT FÜR UMWELTSCHUTZ BADEN-WÜRTTEMBERG (1994); LANDESANSTALT FÜR UMWELTSCHUTZ BADEN-WÜRTTEMBERG; UMWELTMINISTERIUM BADEN-WÜRTTEMBERG (HRSG.) (1994).

spiel beinhalten (explizites Wissen).[269] Differenzierte und umfangreiche empirische Studien über Kennzeichen und Wirkungen der Umsetzung einer umweltorientierten Unternehmensführung wurden durchgeführt und somit das implizite Wissen expliziert.[270]

Es wird daher festgestellt, dass, bedingt durch den langen Entwicklungszeitraum der umweltorientierten Unternehmensführung in Deutschland (sowie der darauf aufbauenden theoretischen Reflexion) - differenziertes explizites und implizites Wissen sowohl zur umweltorientierten Unternehmensführung auf operativer, strategischer und normativer Ebene, als auch zu normkonformen Umweltmanagementsystemen vorhanden ist.

2.4.2 Auswirkungen des Transformationsprozesses in Polen und Tschechien auf die Wissensentwicklung

Die mittel- und osteuropäischen Ländern befinden sich seit 1989/1990 in einem Transformationsprozess, in dessen Rahmen eine Anpassung der wirtschaftlichen, politischen, rechtlichen, umweltorientierten und sozialen Rahmenbedingungen an die EU-Standards stattfindet.[271] Um einen Überblick über den Transformationsprozess zu erhalten, wird zunächst auf die ökonomischen Veränderungsprozesse und Rahmendaten eingegangen. Die sich hierzu vollziehenden wirtschaftlichen Entwicklungstendenzen können grundsätzlich anhand makroökonomischer Wirtschaftsdaten skizziert werden (vgl. dazu Anhang 1), wenngleich für eine detaillierte quantitative und qualitative Analyse des Strukturwandels auch politisch-rechtliche, soziale und mikroökonomische Aspekte berücksichtigt werden müssen.[272]

In Polen wurde ab dem Jahr 1990 die „Schocktherapie" i. R. einer monetaristisch orientierten Umstrukturierung zur Marktwirtschaft verfolgt.[273] Diese führte kurzfristig zu drastischen Strukturveränderungen (z. B. negative Wachstumsraten bis 1991, starker Anstieg der Inflationsrate bis 1991 und der Arbeitslosenquote bis 1994). Mittel- und langfristig betrachtet, konnte ein kontinuierlicher Strukturwandel und die Stabilisierung wichtiger ökonomischer Indikatoren, wie dem Bruttoinlandsprodukt, der Investitionsquote und der Inflationsrate, erzielt werden.[274] So sind z. B. die Wachstumsraten des polnischen Bruttoinlandsproduktes im Vergleich höher als in den meis-

---

[269] Vgl. repräsentativ für einen Überblick STREBEL (1980); SEIDEL; STREBEL (1991); WICKE; HAASIS; SCHAFHAUSEN; SCHULZ (1992); STEGER (HRSG.) (1992); WAGNER (HRSG.) (1993); KAMINSKE (HRSG.) (1995); BUTTERBRODT (1997); KRINN; MEINHOLZ (1997); WINTER (1997); DORN (1998); MEFFERT; KIRCHGEORG (1998); SEIDEL (HRSG.) (1999).

[270] Vgl. beispielhaft POLTERMANN; BERRET (1998); UMWELTBUNDESAMT (1999); BMU; UBA (HRSG.) (2002); HAMSCHMIDT (1998); UMWELTBUNDESAMT (HRSG.) (1998a) sowie UMWELTBUNDESAMT (HRSG.) (1998b).

[271] In Anlehnung an MENSE-PETERMANN (1997, S. 174); MEISSNER (1995, S. 118); FASSMANN (1999, S. 11) sowie REISINGER (1994, S. 17). Vgl. ausführlich zur Entwicklung und zum Stand der Beitrittsverhandlungen NILL; LÜNENBÜRGER; PETSCHOW (2000b, S. 7-9). TROMMSDORFF; SCHUCHARDT definierten Transformation als „... Übergang einer Zentralverwaltungswirtschaft in eine Marktwirtschaft ... wie er gegenwärtig in vielen Ländern Mittel- und Osteuropas zu beobachten ist." TROMMSDORFF; SCHUCHARDT (1998, S. 5).

[272] Vgl. KRAMER (1999, S. 147) sowie in Anlehnung an OST- UND MITTELEUROPA VEREIN E. V. (1999, S. 20).

[273] Dazu zählen eine fast vollständige Preisliberalisierung, Subventionsabbau bei staatlichen Preisen, Liberalisierung des Außenhandels, Einleitung der Privatisierung u. a. Siehe ausführlicher dazu JUCHLER (2000, S. 190 f.). Vgl. detailliert MÖLLER (1997, S. 14-18), aber auch OLSZYNSKI; VOGEL (1991, S. 15). Das zu Grunde liegende Programm wurde nach dem Finanzminister benannt und auch als „Balcerowicz-Reform" bezeichnet. Vgl. SCHULDT (2000, S. 370).

[274] Vgl. SCHULDT (2000, S. 370); OLSZYNSKI; VOGEL (1991, S. 63 f.); PYSZ (1997, S. 141 f.) sowie HIRSCHHAUSEN (2000, S. 43).

ten westeuropäischen Ländern.[275] Polen wird daher unter den fortschrittlichen Reformstaaten (den sog. CEEC 5 - Ungarn, Slowakei, Slowenien, Tschechien und Polen) als Land mit der größten Entwicklungsleistung bzw. -fähigkeit eingeschätzt.[276] So hat Polen 1999 das Produktionsniveau von 1989 um 22 % erhöht und zählt damit unter 24 weiteren mittel- und osteuropäischen Ländern neben Slowenien (8 %) und der Slowakei (1 %) zu den drei einzigen Ländern, die i. R. der bisherigen Transformation i. Vgl. zu 1989 einen Produktionszuwachs erzielen konnten.[277] Trotz dieser Entwicklungen ist die Arbeitslosenquote bis 1994 gestiegen und pegelt sich gegenwärtig bei ca. 13 % ein (vgl. Anhang 1).[278] Weitere arbeitsmarktpolitische Probleme werden im Zuge der noch folgenden wirtschaftlichen Umstrukturierungen der Landwirtschaft und des Bergbaus erwartet.[279] Auf Grund der Tatsache, dass die Direktinvestitionszuflüsse größer sind als die polnischen Exporte, stellen die anhaltenden Handels- und Leistungsbilanzdefizite einen weiteren Problembereich dar, da das Land dadurch stark von ausländischen Kapitalzuflüssen abhängig ist (vgl. zu Im- und Exportquoten auch Kapitel 1.1).

Im Gegensatz zu Polen wurde in Tschechien ab 1989 eine „Sanfte Revolution“[280] durchgeführt. In diesem Zusammenhang konnte bis 1996 eine stabile Arbeitslosenquote von rund 3 % beobachtet werden - trotz der bis 1993 negativen Wachstumsraten des Bruttoinlandsproduktes. Insbesondere aber seit 1997 wird deutlich, dass die zu späte Einleitung konsequenter wirtschaftlicher Umstrukturierungen (wie z. B. der Privatisierung) zu einer Verschlechterung der wirtschaftlichen Rahmenbedingungen geführt haben.[281] Erkennbar wird dies aus den negativen Wachstumsraten des Bruttoinlandsproduktes im Zeitraum 1997-1999 und der seit 1997 deutlich gestiegenen Arbeitslosenquote auf rund 9 % im Jahr 1999. Tschechien hatte daher 1999 erst 93 % des Produktionsniveau von 1989 erreicht.[282] Nach der Rezession 1997-1999 wird eine langsame wirtschaftliche Erholung der tschechischen Wirtschaft erwartet (vgl. Anhang 1).[283]

I. R. des Transformationsprozesses spielen in Polen und Tschechien umweltorientierte Umstrukturierungen eine wichtige Rolle, die auch hier wesentlich durch interne und externe umweltorientierte Interessengruppen gefordert und gefördert wurden.[284] Hohe Bedeutung haben ebenfalls die regionalen umweltpolitischen und -rechtlichen Rahmenbedingungen.[285] Diese werden im Zuge

---

275 So konnten 1999 nur Irland (9,9 %), Luxemburg (5,6 %) und Finnland (5,5 %) ein höheres Wachstum erzielen. Vgl. BFAI (2000b, S. 1).

276 Vgl. KRAMER (1999, S. 148). Die Staatengemeinschaft Polen, Slowakei, Tschechien, Ungarn und Slowenien wird auch als CEFTA (Central European Free Trade Association) bezeichnet. Vgl. HORBACH (1996, S. 9).

277 Vgl. BERENSMANN; BEYFUß (2000, S. 57 f.).

278 Vgl. JUCHLER (2000, S. 193 f.).

279 Vgl. BFAI (2000b, S. 1).

280 Vgl. KOSTA (1995, S. 144 f.).

281 Vgl. HIRSCHHAUSEN (2000, S. 43). Vgl. für vertiefende Beschreibungen der Auswirkungen des Strukturwandels auf Unternehmen und deren Anpassungsreaktionen bezogen auf Privatisierung, Marktpositionierung, Modernisierung und Konfliktregelung MENSE-PETERMANN (1997, S. 173-197). Vgl. ausführlicher zur Entwicklung der Reformen in Polen und Tschechien MÖLLER (1999, S. 17-40).

282 Vgl. BERENSMANN; BEYFUß (2000, S. 57 f.).

283 Vgl. BFAI (2000b, S. 10).

284 In Anlehnung an KRAMER (1999, S. 150).

285 So wird dargestellt, dass das Umweltrecht den größten Einfluss auf das umweltorientierte Verhalten der polnischen Unternehmen hat. Vgl. KRAJEWSKI (1999, S. 37). Vgl. für einen zusammenfassenden Überblick über die Entwicklungs- und Anpassungstendenzen im Bereich des Umweltrechts im deutsch-polnisch-tschechischen Vergleich KRAMER; BRAUWEILER (HRSG.) (1999); KRAMER; BRAUWEILER (HRSG.) (2000); KRAMER; BRAUWEILER (2002).

der Vorbereitung auf den EU-Beitritt durch die kontinuierliche Übernahme des Umwelt-aquis-communautaire an die EU-Erfordernisse angepasst.[286] Damit verbunden sind nicht nur strategische Neuorientierungen der staatlichen Umweltpolitik, sondern auch die Übernahme umweltrechtlicher Regelungen sowie die Initiierung damit verbundener Umweltschutzinvestitionen und die Umstrukturierung der relevanten Verwaltungsstrukturen.[287] Von Bedeutung ist in Polen v. a. die 1991 verabschiedete „State Environmental Policy" und das 1990 erstmals vorgelegte und seitdem jährlich aktualisierte „National Environmental Programme", das kurz-, mittel- und langfristige Umweltschutzmaßnahmen sowie die umweltpolitischen Prinzipien umfasst.[288] In Tschechien sind umweltpolitische Ziele im „Rainbow-Programm" von 1991, der „State Environmental Policy" von 1995 sowie in der überarbeiteten Fassung von 1999 enthalten.[289] Impulse für eine stärkere Verantwortlichkeit des privaten Sektors für den Umweltschutz durch (freiwillige) Umweltmanagementaktivitäten gab die Ministerkonferenz der 13 mittel- und osteuropäischen Länder 1995 in Sofia. Die Verabschiedung von Dokumenten zu Fragestellungen der umweltorientierten Unternehmenspolitik, Cleaner Production Concepts sowie unternehmerischen Investitionen in den mittel- und osteuropäischen Ländern zählten zu den wichtigsten Ergebnissen der Aarhus Konferenz 1998 in Dänemark.[290]

In Polen war im Umweltrecht das 1980 erlassene und mehrfach novellierte „Gesetz über den Schutz und die Gestaltung der Umwelt" sowie seiner Ausführungsvorschriften, das die Luftreinhaltung, den Lärm- und Strahlenschutz sowie die Abfallwirtschaft und auch Abgaben, Geldstrafen für Inanspruchnahme der Umwelt, Haftungsgrundsätze sowie die verwaltungs- und strafrechtliche Verantwortung regelt, von besonderer Bedeutung.[291] Dieses Gesetz wurde im Juli 2001 durch ein neues Umweltschutzgesetz ersetzt. Im Zusammenhang mit der Anpassung der Umweltgesetzgebung an die Erfordernisse der EU wurden bisher das Naturschutzgesetz (1991), das Abfallgesetz (1997) sowie die Gesetzgebung zum Kommunalabwasser und Nitrat harmonisiert.[292] Allerdings wird eingeschätzt, dass in Polen (im Vergleich zu anderen potenziellen Beitrittskandidaten) die Anpassung von Umweltpolitik und Umweltrecht langsamer verläuft. Dadurch waren z. B. 1999 erst „... 10 von 130 anzupassenden gesetzlichen Bestimmungen voll mit dem Umwelt-aquis kompatibel."[293] Ursachen liegen in der ineffizienten Erarbeitungsweise neuer Gesetzesentwürfe sowie der dabei mangelnden Berücksichtigung struktureller Anpassungen an das EU-Recht, aber auch in fehlenden Programmen mit Zeitplänen für die Umsetzung der Rechtsangleichungen sowie personellen Engpässen durch Fluktuation gut ausgebildeter Fachkräfte in die Privatwirtschaft.[294] Es wurde

[286] Vgl. HOMEYER; BÄR; CARIUS; DEIM (2001, S. 16). Siehe ebenda, S. 97-166 für eine umfassende Darstellung des Aquis Communautaire der horizontalen Gesetzgebung, Luftreinhaltung, Abfallwirtschaft, Gewässerschutz, Naturschutz, industrieller Umweltschutz sowie Risikomanagement, Chemikalien, genetisch veränderte Organismen und Lärm, aus der die Anforderungen des Umweltrechts ersichtlich sind, die Polen und Tschechien bis zum Beitritt umgesetzt haben müssen.

[287] Vgl. HOMEYER; BÄR; CARIUS; DEIM (2001, S. 16 f.).

[288] Vgl. HOMEYER; BÄR; CARIUS; DEIM (2001, S. 254) und MÖLLER (1999, S. 41).

[289] Vgl. MÖLLER (1999, S. 58) und HOMEYER; BÄR; CARIUS; DEIM (2001, S. 172).

[290] THE REGIONAL ENVIRONMENTAL CENTRE; CZECH ENVIRONMENTAL MANAGEMENT CENTRE, PRAHA (1998, S. 7 f.).

[291] Vgl. SOMMER; ROTKO (1999, S. 50).

[292] Vgl. HOMEYER; BÄR; CARIUS; DEIM (2001, S. 260). Vgl. ausführlich und kritisch zum tatsächlichen Stand der rechtsförmlichen Anpassung in Polen ebenda, S. 264-277.

[293] NILL; LÜNENBÜRGER; PETSCHOW (2000b, S. 19).

[294] Vgl. SOMMER; ROTKO (1999, S. 62) und NILL; LÜNENBÜRGER; PETSCHOW (2000b, S. 19). Siehe ausführlich zu den bisher fehlenden gesetzlichen Angleichungen im Bereich Luft, Wasser, Abfall ebenda, S. 20.

daher eingeschätzt, dass Polen v. a. bis Mitte der 90er Jahre die notwendigen umweltpolitischen bzw. -rechtlichen Anpassungen entwickelt hat, seit 1997 bis zum Jahr 2000 darüber hinaus keine weiteren Fortschritte erzielt wurden. Dadurch ist Polen im Bereich der Übernahme des acquis-communautaire unter den ersten Beitrittskandidaten der problematischste.[295] Handlungsbedarf besteht z. B. bezüglich der Gesetzgebung im Wasserbereich, da hier nur Rahmenvorschriften existieren.[296] Die umweltrechtliche Basis in Tschechien stellt das Umweltrahmengesetz aus dem Jahr 1992 dar. Im Zuge der Übernahme des Umwelt-aquis-communautaire wurden außerdem das Luftreinhaltegesetz (1991), Naturschutzgesetz (1992), Gesetz zur Umweltverträglichkeitsprüfung (1992), das Abfallgesetz (1997), das Umweltinformationsgesetz (1998) und das Chemikaliengesetz (1998) verabschiedet.[297] Für Tschechien wurde schon 1998 eingeschätzt, dass ca. 2/3 der Gesetze den EU-Standards entsprechen, bis zum Jahr 2004 soll eine Angleichung des grundlegenden Rechtes erfolgt sein.[298] Handlungsbedarf ergibt sich v. a. für die Anpassung der Wasser- und Baugesetzgebung, deren Regelungen noch aus den 70er Jahren stammen sowie für die Erarbeitung einer Gesetzgebung für den Bodenschutz.[299] Allerdings haben sowohl Polen als auch Tschechien Übergangsfristen für die Umsetzung einzelner umweltrechtlicher Regelungen der EU beantragt.[300]

Ähnlich wie in Deutschland stellt auch in Polen und Tschechien die Entwicklung des Umweltbewusstseins, z. B. der Verbraucher, Abnehmer, des Handels, von Privatpersonen oder Nichtregierungsorganisationen, einen langfristigen Prozess dar.[301] Das Umweltbewusstsein der polnischen Bevölkerung wird gegenwärtig als gering bis leicht steigend[302] eingeschätzt. TEWS stellt dar, dass das Umweltbewusstsein nicht systematisch, d. h. bezogen auf grundsätzliche Fragen der Energie-, Abfall- oder Transportpolitik, sondern entsprechend der individuellen Betroffenheit ausgeprägt ist.[303] Auch in Polen haben sich umweltorientierte Interessenverbände wie der polnische Ökoklub gegründet, der sich gegen das quantitative Konsumwachstum und für ein ökologisches Verbraucherverhalten (z. B. Kauf wiederverwendbarer Produkte und konsequente Mülltrennung) einsetzt.[304] Es wird erwartet, dass die Nachfrage nach ökologischen Produkten mit steigendem Einkommen weiter zunimmt und sich dadurch der Marktdruck auf die Unternehmen verstärkt.[305] Sowohl in Polen als auch in Tschechien haben sich eine Vielzahl von umweltorientierten Unter-

---

[295] Vgl. NILL; LÜNENBÜRGER; PETSCHOW (2000b, S. 17, 20).

[296] Vgl. HOMEYER; BÄR; CARIUS; DEIM (2001, S. 260). Zu den über die planerischen und rechtlichen Instrumente hinausgehenden umweltpolitischen Instrumente zählen Investitionen aus dem Staatshaushalt und dem Nationalen, Wojewodschafts- sowie Kommunalen Umweltfonds (dessen Einnahmen z. B. auf Emissionsabgaben für Luft-, Wasser- und Bodenverunreinigungen und Umweltstrafen beruhen). Vgl. ebenda, S. 260 f.

[297] Vgl. HOMEYER; BÄR; CARIUS; DEIM (2001, S. 175). Vgl. ausführlicher und kritisch zum tatsächlichen Stand der rechtsförmlichen Anpassung ebenda, S. 182-184, 187-193.

[298] Vgl. BFAI (1998, S. 8).

[299] Vgl. HOMEYER; BÄR; CARIUS; DEIM (2001, S. 175). Zu den über die planerischen und rechtlichen Instrumente hinausgehenden umweltpolitischen Instrumenten zählen Investitionen aus dem Staatshaushalt und dem Umweltfond (dessen Einnahmen z. B. auf Emissions-, Gewässereinleitungs- und Abfallabgaben beruhen). Vgl. ebenda, S. 175-178.

[300] Vgl. ausführlich dazu HOMEYER; CARIUS (2000, S. 349-351).

[301] In Deutschland konnte seit Anfang der 70er Jahre bis Ende der 90er Jahre die Entwicklung des Umweltbewusstseins vom Umweltinteresse über das Umweltbewusstsein und den umweltfreundlichen Verbrauch bis hin zu einer zunehmenden ökologischen Betroffenheit beobachtet werden. Vgl. MEFFERT; KIRCHGEORG (1998, S. 14).

[302] Vgl. BFAI (2000c, S. 9) und TEWS (1999, S. 67).

[303] Vgl. TEWS (1999, S. 68).

[304] Vgl. BORYS (1998, S. 86 f.). Allerdings wird eingeschätzt, dass die polnischen Umweltverbände durch eine eher lokale Ausrichtung gekennzeichnet sind. Vgl. BFAI (2000c, S. 9).

[305] KRAJEWSKI (1999, S. 37 f.).

nehmensverbänden entwickelt, die für Unternehmen Informations-, Schulungs-, Trainings- und Weiterbildungsmaßnahmen für die Einführung von Umweltschutzmaßnahmen, -instrumenten oder -systemen (z. B. in Form von Pilotprojekten) anbieten.[306]

Die durch den Transformationsprozess erforderliche Angleichung der umweltorientierten Rahmenbedingungen ließ und lässt dynamische Anpassungsreaktionen zur Verringerung der Umweltbelastungen und Beseitigung der Umweltschäden erwarten, da innerhalb des kurzen Zeitraumes vom Beginn der Transformation bis zum erwarteten Eintritt in die EU (ca. 2004-2006), eine Angleichung an die EU-Standards vollzogen werden muss.[307] Die Anpassungsreaktionen für den Nachweis international vergleichbarer Umweltstandards erfordern ein hohes explizites und implizites Wissen. Die bisher entwickelten umweltorientierten unternehmerischen Verhaltensweisen beziehen sich auch in Polen und Tschechien auf die operative (umweltorientierte Entwicklung von Beschaffung, Produktion, Forschung und Entwicklung, Organisation, Absatz, Personalwesen oder Controlling), strategische (Umsetzung einer offensiven Umweltorientierung) und normative (Berücksichtigung von Kriterien einer nachhaltigen Entwicklung) Unternehmensebene. Hier spielt das Cleaner Production Concept, als ganzheitliche integrierte Umweltschutz- und -managementstrategie eine wichtige Rolle.[308] Da der erforderliche Nachweis vergleichbarer Umweltstandards durch zertifizierte/validierte Umweltmanagementsysteme dokumentierbar ist, kommt neben der Umsetzung von Einzelmaßnahmen der Implementierung von Umweltmanagementsystemen nach international geltenden Standards eine besondere Bedeutung zu. Es wird daher eingeschätzt, dass für polnische und tschechische Unternehmen eine offensive umweltorientierte Unternehmensführung für den Unternehmenserfolg unerlässlich ist.[309]

Infolge des bisher kurzen Zeitraumes für die Entwicklung einer offensiven umweltorientierten Unternehmensführung ist zu erwarten, dass sowohl explizites Wissen in Form von Leitfäden oder Standardliteratur als auch das auf Erfahrungen beruhende implizite (bzw. explizierte implizite) Wissen, geringer ausgeprägt ist als in Deutschland. Unter der Annahme, dass das explizite Wissen auf Grund seiner Standardisierung international verfügbar ist, ist davon auszugehen, dass Wissensdefizite v. a. beim explizierten impliziten Wissen, z. B. für die Darstellung von Erfolgsbeispielen zur Einführung eines effizienten Umweltmanagement(-system)s bzw. zur Durchführung von Pilotprojekten sowie in der Unterstützung bei Ausbildung, Beratung und Schulung zu Umweltmanagementsystemen, bestehen.[310]

Im folgenden Kapitel werden Benchmarks definiert, durch deren Analyse das umweltorientierte Wissen der Benchmarking-Partner identifiziert und bewertet werden kann.

---

[306] Vgl. SUCHÁNEK (1997, S. 13). Dazu zählen z. B. in Polen Federation of Science-Technical Associations; Polish Centre for Cleaner Production; Institute for Sustainable Development; Club ISO 14000 und in Tschechien Czech Business Council for Sustainable Development; Czech Environmental Management Centre; Association of Producers of Ecological Systems oder Czech Cleaner Production Centre (CCPC). Vgl. THE REGIONALE ENVIRONMENTAL CENTRE; CZECH ENVIRONMENTAL MANAGEMENT CENTRE (1998, S. 45, 104-106) sowie KRAJEWSKI (1999, S. 37).
[307] Siehe dazu auch NILL; LÜNENBÜRGER; PETSCHOW (2000b, S. 7).
[308] Vgl. BRAUWEILER; VANĚČEK; NOWAK; KRAMER (2000, S. 16).
[309] Vgl. KRAMER; BRAUWEILER; VANĚČEK; HYRŠLOVÁ; OBRŠALOVÁ (1998, S. 215)
[310] Vgl. BRAUWEILER; VANĚČEK; NOWAK; KRAMER (2000, S. 20).

2.5 Ableitung von Benchmarks zur Analyse des umweltorientierten Wissens auf Basis von Erklärungsfaktoren des internationalen Managements

Die Benchmarks werden in Anlehnung an KARLÖF; ÖSTBLOM entwickelt, die ein strukturelles Herunterbrechen vom *Analysebereich* (Fokus der Analyse), zu kritischen *Leistungsgrößen* (leistungsbeeinflussende Faktoren) und *Leistungsbeurteilungsindikatoren* (Maßstäbe zur Leistungsbeurteilung) vorschlagen.[311]

Die Übertragung dieses Vorgehens auf die hier zu untersuchende Themenstellung führt zu folgendem Vorgehen: Der Fokus der Analyse liegt auf einer internationalen Fragestellung, nämlich der Untersuchung des umweltorientierten Wissens, das einem internationalen Wissensmanagement zu Grunde liegen. Vor diesem Hintergrund werden unter Rückgriff auf grundsätzliche Theorien des internationalen Managements zunächst *Erklärungsfaktoren eines internationalen Engagements (EF)*, d. h., die kritischen Leistungsfaktoren für ein internationales Engagement, abgeleitet.[312] Es werden berücksichtigt die Theorien der Internationalisierung (i. d. R. binationale Betrachtungsweise) und Theorien der multinationalen Unternehmung (multinationale Betrachtungsweise). Ohne in diesem Rahmen auf die inhaltlichen Schwerpunkte, Stärken und Schwächen der Theorieansätze im Einzelnen einzugehen, erfolgt eine Darstellung wichtiger Erklärungsfaktoren für das internationale Management bzw. Engagement. Es wird dann geprüft, welche Relevanz diese Faktoren für ein internationales *Wissens*management haben. Auf dieser Basis werden Faktoren definiert, die Auslöser eines internationalen Transfers von *umweltorientiertem* Wissen sein können.[313] Diese (kritischen Leistungsfaktoren) werden als *Bestimmungsfaktoren des internationalen Wissensmanagements (BF)* bezeichnet. Dazu zählen Faktoren, die Quantität, Qualität und Ergebnisse des umweltorientierten Wissens wesentlich beeinflussen.[314] Auf Grundlage der Bestimmungsfaktoren werden *quantitative oder qualitative Benchmarks* zur Untersuchung der konzeptionellen Wissensbasis, die einem internationalen Management von umweltorientiertem Wissen zu Grunde liegt, festgelegt *(BM)*. In diesem Zusammenhang wird auch auf *Kriterien* eingegangen, mit deren Hilfe die Benchmarks verglichen werden können *(VK)*. Für jeden Benchmark sind somit entweder Kennzahlen oder qualitative Merkmale zu benennen, anhand derer die Benchmark-Informationen bewertet, die Benchmarking-Partner in eine aufsteigende Reihenfolge gebracht und *Wissensvorsprünge bzw. -defizite* abgeleitet werden *(VoDe)*. Zum besseren Verständnis wird in diesem Zusammenhang auch auf Datengrundlagen eingegangen, durch die die entsprechenden Informationen erhältlich sind (vgl. Kapitel 2.5.1 und 2.5.2).

Der Argumentationsweg zur Herleitung der Benchmarks, ihrer Vergleichskriterien sowie Bedingungen für das Vorliegen von Wissensvorsprüngen und -defiziten werden in Kapitel 2.5.3 zusammengefasst (vgl. Abbildung 2-4), auf den Aggregationsstufen Makro-, Meso- und Mikroebene

[311] Vgl. KARLÖF; ÖSTBLOM (1994, S. 110 f.).
[312] In Anlehnung an PERLITZ (1995, S. 135, 139).
[313] In Anlehnung an PERLITZ (1995, S. 106).
[314] In Anlehnung an KARLÖF; ÖSTBLOM (1994, S. 108). Auf Grund der Komplexität der relevanten Faktoren, den Schwierigkeiten bei der Differenzierung in abhängige und unabhängige Faktoren sowie Problemen bei der Auswahl geeigneter Analyse- und Bewertungsverfahren geht es in diesem Zusammenhang nicht darum, Faktoren empirisch nachprüfbarer Ursache-Wirkungs-Zusammenhänge, sondern ausschlaggebende Faktoren für ein internationales Wissensmanagement zu identifizieren. MÜLLER; KORNMEIER (1997, S. 79 f.) sprechen daher von „Einflussfaktoren der Internationalisierung".

systematisiert und für jede Betrachtungsebene Zielstellungen, Charakteristika und Vorgehen des Benchmarkings beschrieben (vgl. dazu Abbildung 2-5).

2.5.1 Entwicklung von Benchmarks auf Grundlage von Internationalisierungstheorien

Nach DÜLFER können die bisherigen Erklärungsansätze für die Internationalisierung von Unternehmen entsprechend der in nachfolgender Tabelle genannten Kategorien untergliedert werden.

Tabelle 2-1: Übersicht über wesentliche Erklärungsansätze der Internationalisierung

Theorie und Vertreter	Wichtige Erklärungsfaktoren
makroökonomische Ansätze: Gesamtwirtschaftliche Erklärungsansätze des internationalen Gütertausches	
komparative Kostenvorteile (Smith 1776, Ricardo 1817)	▪ relative Kostendifferenzen determinieren internationale Handelsströme
Theorie der Faktorproportionen (Heckscher-Ohlin-Theorem 1966 bzw. 1952; Samuelson, Stolper 1964)	▪ internationale Wettbewerbsvorteile auf Grund landesspezifischer Faktorausstattung (Produktpreisvorteile durch intensive Nutzung preiswerter Produktionsfaktoren, aber auch Relevanz der Aus- und Weiterbildung des Humankapitals, der Verfügbarkeit natürlicher Ressourcen)
Theorie der technologischen Lücke (Posner 1961)	▪ Entwicklung von Exporten durch im internationalen Maßstab zeitliche Vorsprünge in der technologischen Entwicklung
Lernkurventheorie (Arrow 1962, auch Posner 1961)	▪ Lerneffekte, die auf kumulativen Produktionsmengen und Technologievorteilen beruhen führen zu Exporten
Economies of Scale (Hufbauer 1970, Linnemann 1966)	▪ Exportchancen von Gütern mit Kostenvorteilen der Massenproduktion
Verfügbarkeitsansatz (Kravis 1956)	▪ Unterschiede in der natürlichen, entwicklung- und präferenzbedingten Rohstoff- bzw. Technologieausstattung
Theorie der geographischen Distanz (Johnson 1968, Isard 1965)	▪ Handelshindernisse auf Grund der geographischen Distanz sowie politischer und kultureller Unterschiede
Nachfragestruktur-Theorie (Lindner 1961)	▪ monopolistische Angebotsstruktur, Vorteile bei Beschaffung/Bearbeitung der Produktionsfaktoren, technologische Überlegenheit, gute Managementfähigkeiten und Economies-of-Scale-Effekte bestimmen aktuelle Bereiche des Außenhandels; Inlandsnachfrage und Wachstumsgrenze bestimmen potenzielle Bereiche des Außenhandels
Standort-Theorie (Linnemann 1966)	▪ Relevanz von Transportkosten, -zeiten, sozio-ökonomische Kenntnisse und Importrestriktionen
Theorie des intrasektoralen Handels (Levitt 1983)	▪ Relevanz der internationalen Angleichung von Angebots- und Nachfragestrukturen fördert Technologietransfer
mikroökonomische Ansätze: Erklärung grenzüberschreitender unternehmerischer Aktivitäten	
Produktlebenszykluskonzept (Hirsch 1967, Vernon 1966)	▪ kostenorientierte Verlagerung entsprechend der für einzelne Lebenszyklusphasen erforderlichen Standortfaktoren
klassische Kapital-Theorie (Aliber 1970, Schoppe 1991	▪ Direktinvestitionen infolge von internationalen Unterschieden interner Zinsfüße und Kapitalkosten
monopolistische Theorie der Direkt-Investitionen (Hymer; Kindleberger 1976)	▪ durch monopolistische Vorteile können bei einem internationalen Engagement Wettbewerbsnachteile im Gastland ausgeglichen werden
Lerntheorie der Internationalisierung (Johanson/Vahlne 1977)	▪ zunehmende Auslandstätigkeit auf Basis organisatorischer Lernprozesse des Unternehmens
Ressourcentransferorientierung (Fayerweather 1975)	▪ Unterschiede in der Ressourcenausstattung ▪ Umfang und Art der Ressourcenbindung
Diamant-Ansatz (Porter 1991)	▪ internationales Engagement der Branchen, die im Heimatland günstige Ausgangsbedingungen haben
eklektische Theorie der internationalen Produktion (Dunning 1980; ähnlich auch Tammann, Swedenborg und Clegg)	▪ Verknüpfung von firmenspezifischen Wettbewerbsvorteilen, Vorteilen der unternehmensinternen Verwertung von Wissen i. Vgl. zur marktbezogenen und Standortvorteilen des Gastlandes i. Vgl. zum Heimatland
oligopolistische Ansätze (Knickerbocker 1973, Zurawicki 1979, Graham 1978)	▪ Follow-the-leader-Verhalten ▪ ausländische Direktinvestitionen als Gegenmaßnahme zu inländischen Direktinvestitionen (Kreuzinvestitionsstrategie)
Technologieverwertung/-austausch (Blair 1976, Schulte 1971, Lovell 1968; ähnlich auch Mason; Miller; Weigel 1975, Laffargue 1971, Behrmann 1962)	▪ Technologieangebot im Ausland (z. B. auf Grund von Verwertungsmöglichkeiten im Inland)

Theorie und Vertreter	**Wichtige Erklärungsfaktoren**
institutionenökonomische Ansätze: Erklärung der Entstehung von Unternehmen durch Internationalisierungsvorteile	
Vorteile der Internalisierung von Marktprozessen (Coase 1937 und anknüpfend Williamson 1975)	▪ Vorteile der Verwertung von Wissen innerhalb eines Unternehmens statt der Verwertung auf dem Markt auf Grund versagender Informationsmärkte, Gefahren durch unautorisierte Wissensverbreitung, Entwicklung von Lizenznehmern zu Konkurrenten, Kosten der marktbezogenen Verwertung
Theorie der multinationalen Unternehmung (Buckley; Casson 1976)	
effizienter unternehmensinterner Transfer von Technologien (Magee 1977)	
verhaltensorientiert: Erklärungsansätze auf Basis von Entscheidungen Einzelner	
persönliche Managerziele (Stopford; Wells 1972)	▪ z. B. Prestige
(Rugman 1979, Prachowny 1972, Stevens 1972)	▪ Portfolioüberlegungen, Zinsstreben und Risikoeinschätzungen
(Aliber 1971)	▪ unterschiedliche Bewertung von Währungen und Währungsrisiken
Verhaltensannahmen über Führungskräfte (Robock; Simmonds; Zwick 1977, Casson 1979)	▪ Nutzung der optimalen Ressourcenallokation im internationalen Kontext zur Erzielung individueller Einkommens- und Sicherheitsziele
(Ragazzi 1973)	▪ Renditedifferenzen und Unvollkommenheiten der Wertpapiermärkte
Imperialismustheorie (Galtung 1972, Wolff 1970)	▪ Macht- und Expansionsstreben (Kontroll- und Beherrschermotiv) zur Absicherung von Rohstoffquellen und Absatzmärkten
Behavioristische Theorie (Aharoni 1966)	▪ Entwicklung von internationalen Tätigkeiten auf Basis externer Vorschläge, Bedrohung von Auslandsmärkten, Mitläufer-Effekten, persönlicher Motive oder zufälliger Kommunikation
Empirisch ermittelte Einstellungen von Unternehmensleitern zu Auslandsaktivitäten (i. d. R. absatzorientiert)	
Markterweiterung (Robinson-Studie 1961)	▪ z. B. Aussicht auf höhere Rendite; Erschließung neuer Märkte; Erhaltung von Marktanteilen; Erzielen eines Konkurrenzvorsprunges; Schaffung einer Exportbasis u. a.
Output- und inputorientiert, politisch-rechtliche Umwelteinflüsse, langfristige Wettbewerbsaspekte (Behrmann 1962)	▪ z. B. höhere Gewinnerwartungen; wachsende Auslandsnachfrage/Märkte; Nationalismus, ausländische Restriktionen; Rohstoffsicherung; geringe Produktionskosten
HWWA-Studie 1969, IHK Koblenz-Studie 1977	▪ z. B. Sicherung der Marktstellung; Erschließung neuer Märkte; steuerliche und finanzielle Vergünstigungen; Good Will
IFO-Studie 1979	▪ z. B. Lohn- und Lohnnebenkosten; Absatzsicherung; Investitionsförderung durch Gastgeberländer; Umgehung von Importrisiken
auf Entwicklungsländer bezogene Motivliste (Pausenberger-Studie 1980, IW-DIHT-Studie 1990)	▪ z. B. Markteroberung, Wachstumschancen; Marktsicherung gegenüber Konkurrenten oder vor Importrestriktionen; Stabilität des sozialen und politischen Umfeldes; Förderung des Absatzes deutscher Produkte
Ermittlung von Haupt- und Nebenmotiven (DIHT-Studie 1981; ähnlich auch Fujita-Studie)	▪ z. B. Ausdehnung auf neue Märkte; Marktsicherung; Sicherung und Kontrolle des Vertriebes im Gastland; Schaffung einer Exportbasis für deutsche Produkte; Überwindung von Handels- und Exporthemmnissen
Internationalisierungsmotive von produktions-orientierten Dienstleistungen (Köhler 1991)	▪ z. B. Erschließung neuer Märkte; Internationalisierung bestehender Kunden sowie von Wettbewerbern; Imageverbesserungen gegenüber neuen Kunden; internationale Spezialisierung; Ausnutzung von Größeneffekten

Quelle: Eigene Zusammenstellung nach DÜLFER (1997, S. 103-118); SCHANZ (1995, S. 40-43, 125-141); PERLITZ (1995, S. 74-139); SIEDENBIEHL (1997, S. 9-23); MERTEN (1985, S. 255-288). Siehe ergänzend MACHARZINA (1982, S. 4-11).

KREIKEBAUM fasst zusammen, dass die Internationalisierungstheorien:

(a) historisch an die volkswirtschaftlichen Theorien zur Erklärung des *Außenhandels* (Smith, Ricardo, Heckscher-Ohlin) anknüpfen und über die Standorttheorien in die Internationalisierungstheorien eingegangen sind;

(b) die Theorie der *monopolistischen Vorteile* (Hymer, Kindleberger, Knickerbocker, Zurawicki, Graham, Hirsch, Vernon) sowie die *Theorie der Internalisierung* (Coase, Buckley, Casson) als Konzeptionen zur Erläuterung von Direktinvestitionen weitere wesentliche Grundlagen darstellen und

(c) die *eklektische Theorie* von Dunning ein integrativer Ansatz zur Verknüpfung von Elementen der unter (a) und (b) genannten Theorien ist.[315]

Entsprechend der Bedeutung dieser Ansätze werden die weiteren Ausführungen auf diese beschränkt. Da diese Theorieansätze in der Literatur ausführlich erläutert werden,[316] wird i. R. dieser Arbeit auf eine wiederholende Beschreibung der Theorien und ihrer Vertreter verzichtet und statt dessen eine Zusammenfassung grundsätzlicher Annahmen und Aussagen vorgenommen (vgl. dazu nachfolgende Tabelle 2-2).

Kernaussage der *monopolistischen Theorie* ist, dass ein internationales Engagement nur dann stattfindet, wenn durch unternehmensspezifische monopolistische Vorteile, die Wettbewerbsnachteile, die das Unternehmen zunächst beim Eintritt in einen ausländischen Markt hat, ausgeglichen werden. Die *Internalisierungstheorie* hebt darauf ab, dass bei einem internationalen Engagement auf Grund der Transaktionskosten die unternehmensinterne Verwertung von Ressourcen vorteilhafter ist, als die Verwertung über den Markt. Die *Standorttheorien* schließlich erklären das internationale Engagement auf Grund von internationalen Unterschieden in den Produktionsfaktoren. Während diese Theorieansätze also monokausale Erklärungen für die internationale Unternehmenstätigkeit geben, ist DUNNING zu einer multikausalen Betrachtungsweise übergegangen, in dem er internalisierungstheoretische, management-, organisations-, finanzierungs- und marketingorientierte Ansätzen miteinander verknüpft hat.[317] Nach DUNNING findet dann ein internationales Engagement statt, wenn zunächst monopolistische Vorteile, zusätzlich dazu Internationalisierungsvorteile und des Weiteren Standortvorteile des ausländischen Marktes vorliegen. Sein sog. *eklektisches Paradigma* bezweckt „... to offer a general framework for determining the extent and pattern of both foreign-owned production undertaken by a country's own enterprises and also that of domestic production owned by foreign enterprises."[318] und „... suggests that all forms of foreign production by all countries can be explained by reference to the above conditions."[319] Trotz der multikausalen Betrachtungsweise wird eingeschätzt, dass es DUNNING nicht gelungen ist, einen allgemeingültigen Erklärungsansatz der Internationalisierung zu entwickeln, da einerseits zwischen den Erklärungsfaktoren Redundanzen auftreten, andererseits wichtige Faktoren unberücksichtigt blieben (vgl. zusammenfassend Tabelle 2-2).

---

[315] Vgl. KREIKEBAUM (1998, S. 41-43).
[316] Vgl z. B. KREIKEBAUM (1998, S. 41-65); WELGE; HOLTBRÜGGE (1998, S. 74-79); PERLITZ (1995, S. 109-114, 129-134).
[317] Vgl. SCHANZ (1995, S. 125) und MACHARZINA; OESTERLE (1997, S. 16). Siehe auch DUNNING (1993, S. 85).
[318] DUNNING (1993, S. 76).
[319] DUNNING (1993, S. 80).

Tabelle 2-2: Charakteristika des industrieökonomischen, internalisierungstheoretischen und standortbezogenen Ansatzes zur Erklärung von Internationalisierung

Annahmen	**Hauptaussage**	**Kritiken bzw. Ergänzungen**	***Erklärung von***
	Theorie des monopolistischen Vorteils		
▪ Unvollkommenheiten auf den Produkt- und Faktormärkten, Markteintrittsbarrieren, Produktdifferenzierungen u. a. ▪ Existenz monopolistischer Vorteile (z. B. Zugriff auf patentierte Produktionsverfahren oder Produkte, bessere Technologien, Produktdifferenzierungen, besserer Zugang zu Kapitalmärkten, Management-Know-How, Ausnutzung staatlicher Marktzutritts- bzw. -austrittsregelungen) ▪ Auslandsengagement als beste Option für die Abschöpfung von Monopolrenten	▪ Kompensation von Wettbewerbsnachteilen auf den Auslandsmärkten (erhöhtes Risiko auf Grund anderer politisch-rechtlicher, wirtschaftlicher, sozialer und kultureller Rahmenbedingungen, Sprachbarrieren, fehlende Marktkenntnisse) durch monopolistische Wettbewerbsvorteile (siehe dazu links) ▪ dadurch: Ausschöpfung monopolistischer Gewinne auf dem Auslandsmarkt	▪ Erweiterung der Vorteilsbetrachtungen um Wissensvorsprung	▪ Direktinvestitionen wie z. B. Export, Lizenzverträge oder andere Kapitalbewegungen
	Internalisierungstheorie		
▪ transaktionale Marktunvollkommenheiten (z. B. versagende Informationsmärkte, Gefahren durch unautorisierte Wissensverbreitung, Entwicklung von Lizenznehmern zu Konkurrenten, Kosten der marktbezogenen Verwertung) ▪ Unternehmen als effiziensstrebende Institution ▪ fundamentale Bedeutung der Transaktionskosten für internationales Engagement ▪ Existenz potenzieller Internalisierungsvorteile ▪ Kosten der internen Koordination sind geringer als die Kosten über den Markt (extern)	▪ Optimierung der Transaktionskosten durch Internalisierung (v. a. immaterieller) Wertschöpfungsaktivitäten, da unternehmensinterne Koordination/Verwertung kostengünstiger als Koordination/Verwertung über den Markt	▪ Hinweise auf Relevanz von Goodwill, Marktmacht, Economies-of-Scale-, Synergie- und Lerneffekten	▪ vertikale (Zulieferer, Abnehmer) oder horizontale (Tochterunternehmen) Integrationen
	Außenhandelstheorien		
▪ international unterschiedliche Faktorausstattung bzw. Faktorkosten ▪ Immobilität der Produktionsfaktoren	▪ Ausnutzung komparativer Standort- bzw. Kostenvorteile z. B. bezogen auf Personal, Technologien, Produktionsfaktoren	▪ auf Grund gesamtwirtschaftlicher Perspektive geringer Erklärungswert für einzelne Unternehmen	▪ Exporten

Annahmen	Hauptaussage	Kritiken bzw. Ergänzungen	*Erklärung von*
	Eklektische Theorie		
▪ s. o. wobei die Annahmen gleichermaßen zu berücksichtigen sind (multikausalen Betrachtungsweise)	internationales Engagement erfordert folgende Voraussetzungen (DUNNING 1993, S. 79): ▪ *monopolistische Vorteile*, d. h. „... ownership-specific (O) advantages ... largely take the form of the privileged possession of intangible assets as well as those which arise as a result of the common governance of cross-border value-added activities. ... " ▪ zusätzlich dazu: *Internalisierungsvorteile*, d. h. „Assuming condition (1) is satisfied, the extent to which the enterprise perceives it to be in its best interest to add value to its O advantages rather than to sell them, or their right of use, to foreign firms. These advantages are called market internalization (I) advantages." ▪ zusätzlich dazu: *Standortvorteile des ausländischen Marktes*, d. h. „Assuming conditions (1) and (2) are satisfied, the extent to which the global interests of the enterprise are served by creating, or utilizing its O advantages in a foreign location. The distribution of these resources and capabilities is assumed to be uneven and, hence, depending on their distribution, will confer an L (location – Anm. d. Verf.) advantage on the countries possessing them over those who do not." ▪ O-Vorteile beschreiben, *warum* ein internationales Engagement durchgeführt wird, I-Vorteile *wie* es durchgeführt wird und L-Vorteile *wo* es durchgeführt wird	▪ kein allgemeingültiger Erklärungsansatz der Internationalisierung, da durch Verknüpfung unterschiedlicher Ansätze Redundanzen bei Erklärungsfaktoren, obwohl relevante Variablen zunächst unberücksichtigt blieben ▪ Erweiterung der Theorie durch DUNNING 1988 um Entscheidungsmotive, Faktorausstattungen, Strukturvariablen oder durch Berücksichtigung des Handels	▪ Direktinvestitionen und darauf aufbauende Internationalisierungstendenzen

Quelle: Zusammenstellung nach SCHANZ (1995, S. 127) sowie KREIKEBAUM (1998, S. 41-65); MÜLLER-STEWENS; LECHNER (1997, S. 238-240); PERLITZ (1995, S. 79-106, 109-113, 129-133); WELGE; HOLTBRÜGGE (1998, S. 59-91); DUNNING (1979, S. 269-295), (1988, S. 25-33), (1993, S. 76-82); MACHARZINA; OESTERLE (1997, S. 16).

Aus dem industrieökonomischen, internalisierungstheoretischen und standortbezogenen Ansatz zur Erklärung von Internationalisierungstendenzen und unter Berücksichtigung der Aussagen der Eklektischen Theorie werden nun in den Kapiteln 2.5.1.1 bis 2.5.1.3 Erklärungsfaktoren des internationalen Managements extrahiert, diesen Bestimmungsfaktoren für das internationale Management von umweltorientiertem Wissen zugeordnet sowie Benchmarks und Vergleichskriterien zur Untersuchung des umweltorientierten Wissens definiert und auf dieser Basis Aussagen zu Wissensvorsprüngen sowie -defiziten abgeleitet.

2.5.1.1 Theorie der monopolistischen Vorteile

Nach der Monopol-Theorie bestehen auf Grund von Marktunvollkommenheiten unternehmensspezifische Wettbewerbsvorteile, durch die unternehmensspezifische Wettbewerbsnachteile auf dem Auslandsmarkt ausgeglichen werden können.[320] Typische Erklärungsfaktoren für die Entstehung der unternehmensspezifischen Wettbewerbsvorteile stellen z. B. Kapazitäts-, Ressourcen-, Kapital-, Produkt-, Prozess-, Technologie- und Managementvorteile dar.[321] Durch mehrere Autoren (JOHANSON, TEECE, CAVES) wurde der technologische oder managementbezogene *Wissensvorsprung* als wesentlicher Erklärungsfaktor für die Entstehung von monopolistischen Vorteilen eingebracht.[322] DUNNING unterscheidet hinsichtlich der „ownership-specific-advantages" Eigentumsrechte und/oder die immaterielle Ressourcenstruktur sowie Vorteile einer gemeinsamen Unternehmensleitung auf Grund komplementärer Ressourcen- bzw. Vermögensgegenstände (Vorteile von Zweigwerken etablierter Firmen gegenüber neuen Firmen oder von multinationalen Unternehmen) (EF).[323] Für die hier betrachtete Themenstellung ist die Frage interessant, ob und welche unternehmensspezifischen monopolistischen Vorteile sich bezogen auf das umweltorientierte Wissen entwickelt haben, die für ein internationales Wissensmanagement nutzbar sind.[324] Hier ist also vertieft zu untersuchen, *ob es Wissens-Transferpotenziale auf Grund von Unterschieden in der Praxis der umweltorientierten Unternehmensführung im internationalen Vergleich gibt* (BF).

Als Praxis der umweltorientierten Unternehmensführung wird das explizierte implizite Wissen (Erfahrungswissen) definiert, welches bei der *Umsetzung* von zertifizierten/validierten Umweltmanagementsystemen (z. B. EMAS-VO, ISO 14001 oder andere), d. h. bei der Internalisierung expliziten Wissens, in den Unternehmen erhoben wurde (BM). Als Vergleichskriterien dienen normenbezogene Anforderungen bezüglich der Elemente eines Umweltmanagementsystems, die mit dem tatsächlichen Umsetzungsstand verglichen werden (VK).[325] Voraussetzung dafür ist, dass das implizite Wissen über Kategorien, Kennzahlen oder Messgrößen explizierbar gemacht wurde.[326] In Abhängigkeit davon ist eine qualitative oder quantitative Betrachtungsweise möglich.

---

[320] Vgl. WELGE; HOLTBRÜGGE (1998, S. 74).
[321] Nach Realisierung des internationalen Engagements auch Standortvorteile. Vgl. PERLITZ (1995, S. 112).
[322] Vgl. PERLITZ (1995, S. 112).
[323] Vgl. zu allen von DUNNING genannten monopolistischen Vorteilen DUNNING (1993, S. 81).
[324] In Anlehnung an KREIKEBAUM (1998, S. 65 f.).
[325] Vgl. GOLDMANN; SCHELLENS (1995, S. 39); GÜNTHER; KOTTMANN (1998, S. 83) oder BARTOLOMEO; RANGHIERI (1998, S. 2), die diesen Vergleichsmaßstab allerdings für das unternehmensinterne Benchmarking definierten.
[326] Vgl. ULRICH (1998, S. 62).

Die qualitative Bewertung erfolgt in Anlehnung an das „Environmental Self-Assessment Program“ der GLOBAL ENVIRONMENTAL MANAGEMENT INITIATIVE (GEMI).[327] Die GEMI hat unter Berücksichtigung der 16 Prinzipien für umweltbewusstes Management der ICC Business Charter for Sustainable Development Richtlinien entwickelt, mit deren Hilfe die Unternehmen ihre Umweltschutzleistung insbesondere hinsichtlich der Managementpraktiken evaluieren können.[328] Auf dieser Grundlage sowie in Anlehnung an das übliche checklistenbasierte Vorgehen zur Überprüfung des Implementierungsgrades eines Umweltmanagementsystems erfolgt die Bewertung qualitativer Informationen nach folgendem Schema: Wissensvorsprünge eines Partners werden festgestellt, wenn das Element vollständig umgesetzt wird, Wissensdefizite des Partners sind dagegen für die Elemente vorhanden, die unzureichend umgesetzt werden oder sich erst in der Planung befindet (VoDe).[329] Die notwendigen Informationen sind z. B. aus empirischen Erhebungen zu gewinnen.[330]

Die quantitative Betrachtungsweise erfolgt auf Basis von Kennzahlen, die i. R. des Ökocontrollings als Umweltmanagementkennzahlen bezeichnet und üblicherweise durch die Unternehmen selbst gebildet werden. Sie umfassen systembewertende Kennzahlen (Systemumsetzung, Recht und Beschwerden, Umweltkosten, Nutzen) und bereichsbewertende Kennzahlen (Schulung/Personal, Sicherheit/Gesundheit, Beschaffung, externe Kommunikation).[331] Die Kennzahlen der Benchmarking-Partner werden direkt miteinander verglichen und in eine Reihenfolge gebracht. Wissensvorsprünge weist der Partner mit der besten Kennzahl, Wissensdefizite derjenige mit der schlechtesten Kennzahl auf (VoDe).

2.5.1.2 Internalisierungstheorie

I. R. der Internalisierungstheorie wird darauf abgehoben, dass bei einem internationalen Engagement die unternehmensinterne Allokation unternehmensspezifischer Wettbewerbsvorteile auf

---

[327] Vgl. GLOBAL ENVIRONMENTAL MANAGEMENT INITIATIVE (1994).

[328] Vgl. BARTOLOMEO; RANGHIERI (1998, S. 2). Dazu wurden die 16 Prinzipien in Unterelemente gegliedert und für jedes Element vier Entwicklungsstufen definiert. Das Unternehmen bewertet seine Aktivitäten auf der Skala 1-4 für jedes Element in Abhängigkeit folgender Kriterien:
- Stufe 1: Übereinstimmung mit den umweltrechtlichen Anforderungen und sofortige Reaktion auf Probleme;
- Stufe 2: Umsetzung von Stufe 1 und formale Entwicklung und Einführung eines Umweltmanagementsystems;
- Stufe 3: Umsetzung Stufe 1 und 2 und Integration des Umweltmanagements in grundsätzlichen Unternehmensbereiche;
- Stufe 4: Umsetzung von Stufe 1, 2 und 3 sowie kontinuierliche Verbesserung im Sinne eines Total Quality Approaches.

Bei der Bewertung können auch Kommapunkte vergeben werden. Nach der Punktvergabe wird das Element in Abhängigkeit seiner Bedeutung zu den anderen Elementen auf einer A-B-C-Skala nach folgenden Kriterien gewichtet:
- A = größte Bedeutung und entspricht 3 Punkten;
- B = mittlere Bedeutung und entspricht 2 Punkten;
- C = geringste Bedeutung und entspricht 1 Punkt.

Die Punktvergabe und Gewichtung ist mit quantitativen und/oder qualitativen Informationen zu begründen. Auf Basis des Produktes der gewichteten Punkte jedes Elements und der Summe aller Produkte eines Prinzips dividiert durch die Summe der Gewichte kann der gegenwärtige Umsetzungsstand des Prinzips bewertet werden (sog. Weighted Average Principle Score). Auf dieser Basis können Bereiche mit großem Handlungsbedarf identifiziert werden, was Voraussetzung dafür ist, Ziele, Zeitpläne und konkrete Maßnahmen festzulegen. Vgl. GLOBAL ENVIRONMENTAL MANAGEMENT INITIATIVE (1994, S. 7-13). Vgl. ausführlich zu den Prinzipien, ebenda, S. 3 f. und den Checklisten für eine Bewertung der 16 Prinzipien mit Unterelementen ebenda, S. 18-109.

[329] In Anlehnung an GLOBAL ENVIRONMENTAL MANAGEMENT INITIATIVE (1996, S. 5 f.) und BARTOLOMEO; RANGHIERI (1998, S. 3).

[330] In Anlehnung an BARTOLOMEO; RANGHIERI (1998, S. 8) und ULRICH (1998, S. 63).

[331] Vgl. ausführlich zu Arten dieser Kennzahlen BMU; UBA (HRSG.) (1997, S. 31-38).

Grund geringerer Transaktionskosten effizienter ist, als die Allokation über den Markt.[332] Die Transaktionskosten stellen bei diesem Ansatz den wichtigsten Erklärungsfaktor dar.[333] DUNNIG zählt zu den „internalization incentive advantages" Vorteile, durch die es möglich ist, das Versagen von Märkten auszunutzen oder zu umgehen (z. B. unterschiedliche Rechtssprechung).[334] Dabei ist von weiterer Bedeutung, ob die Voraussetzungen für eine unternehmensinterne Organisation der Transaktion gegeben sind. Dies spielt gerade für solche Märkte eine Rolle, auf denen Marktversagen zu beobachten ist.[335] KREIKEBAUM führt aus, dass das Versagen auf den Märkten von Wissen ein Anreiz für die horizontale Integration von Unternehmen darstellt und für die Organisationen vorteilhaft ist, in denen der Wissenstransfer auf der Basis von niedrigen komparativen Kosten durchgeführt werden kann und vor Diffusion geschützt ist. Er arbeitet daher für die Know-How-Märkte eine große Attraktivität zur Internalisierung heraus (EF).[336] Übertragen auf die Zielstellungen dieser Arbeit steht nicht die Analyse der Effizienz der internen Verwertung von umweltorientiertem Wissen im Vergleich zur externen Verwertung im Mittelpunkt der Betrachtung. Vielmehr ist zu untersuchen, ob im internationalen Maßstab Voraussetzungen für ein internationales Management von umweltorientiertem Wissen bestehen. Bei Bezug dieses Ansatzes auf den internationalen Wissenstransfer sind hier *Ansatzpunkte für eine horizontale oder vertikale Verwertung auf Basis von Kooperationspotenzialen zu untersuchen* (BF). Da die Internalisierungstheorie auf die Verwertung von Wissen innerhalb eines Unternehmens abhebt, erfolgt eine verstärkte Berücksichtigung horizontaler Kooperationspotenziale.[337]

Um diesbezügliche Ansatzpunkte zu konkretisieren, werden zunächst auf Basis der *internationalen Branchenstruktur* die grundsätzlichen Kooperationspotenziale bestimmt (BM). Als Vergleichskriterium wird die ökonomische Bedeutung der Branche definiert, um ökonomisch maßgebliche von unmaßgeblichen Branchen zu unterscheiden. Die Bestimmung der ökonomischen Maßgeblichkeit, d. h. die Abgrenzung der Branchen, wird anhand betriebswirtschaftlicher Indikatoren, wie z. B. Beschäftigung, Umsatz oder Arbeitsproduktivität erfolgen (VK). Grundsätzliche Wissenstransfer-Potenziale ergeben sich bei einer ähnlichen Branchenstruktur, d. h. für Partner, die durch eine ausreichende Übereinstimmung der Branchenstrukturen gekennzeichnet sind.[338]

Das Kriterium der ökonomischen Maßgeblichkeit wird unter der Annahme gewählt, dass mit der Größe des Unternehmens das umwelttechnische und -managementsystembezogene Wissen steigt. Das *umwelttechnische Wissen* wird über den prozentualen Anteil der Umweltschutzinvestitionen an den Gesamtinvestitionen gemessen (BM). Dies ist gleichzeitig ein Indikator zur Bestimmung der Umweltintensität einer Branche.[339] Als Vergleichskriterium dient die Höhe des prozentualen

[332] Vgl. KREIKEBAUM (1998, S. 67).
[333] Vgl. MÜLLER-STEWENS; LECHNER (1997, S. 239).
[334] Vgl. für alle von DUNNING genannten Internalisierungsvorteile DUNNING (1993, S. 81).
[335] Vgl. PERLITZ (1995, S. 130).
[336] Vgl. KREIKEBAUM (1998, S. 60 f.).
[337] Eine ausschließliche Betrachtung der unternehmensinternen Verwertungsmöglichkeit entspricht nicht der in Kapitel 1.1 dargestellten Definition der grenzüberschreitenden Tätigkeit und den damit verbundenen unterschiedlichen Eintrittsstrategien in ausländische Märkte (Export, ausländische Direktinvestitionen, Lizenzvergaben, Aufbau von Joint Ventures oder ausländischen Tochtergesellschaften). Aus diesem Grund wird der Betrachtungshorizont bezogen auf das Kriterium „unternehmensinterne Allokation" auf grundsätzliche horizontale grenzüberschreitende Kooperationspotenziale ausgedehnt.
[338] In Anlehnung an KRAMER; BRAUWEILER; LEHMANN (2000).
[339] Vgl. HORBACH (1996, S. 11).

Anteils, nach der die Branchen in sehr umweltintensiv, umweltintensiv und nicht umweltintensiv eingeteilt werden (VK). Dazu werden die Kennzahlen der Branchen der Partner direkt miteinander verglichen und in eine Reihenfolge gebracht. Die erforderlichen Daten sind amtlichen Statistiken entnehmbar. Wissensvorsprünge im Bereich Umwelttechnik werden für ökonomisch maßgebliche und nicht umweltintensive Branchen definiert, da sie über die Umsetzung umwelttechnischen Wissens eine Verbesserung der Umweltbelastung erzielen konnten; Wissensdefizite für ökonomisch maßgebliche und (sehr) umweltintensive Branchen, da sie entsprechend durch einen hohen Investitionsbedarf gekennzeichnet sind.

Das *umweltmanagementsystembezogene Wissen* wird über die branchenbezogene Zertifizierungs-/Validierungsintensität analysiert (BM). Hierzu wird der Implementierungsgrad zertifizierter/validierter Umweltmanagementsysteme in Abhängigkeit der Gesamtzahl der Unternehmen einer Branchen untersucht und die Branchen entsprechend ihrer Zertifizierungs-/Validierungsintensität in sehr und nicht zertifizierungs-/validierungsintensive Branchen eingeteilt (VK). Die hierfür erforderlichen Daten sind von entsprechenden Verbänden zu erfragen bzw. aus amtlichen Statistiken entnehmbar. Wissensvorsprünge werden für den Partner festgestellt, dessen ökonomisch maßgebliche Branchen eine hohe Zertifizierungs-/Validierungsintensität aufweisen, Defizite dagegen bei den Partnern, deren ökonomisch maßgebliche Branchen nicht zertifizierungs-/validierungsintensiv sind (VoDe). Dazu werden die Kennzahlen der Branchen miteinander verglichen und in eine Reihenfolge gebracht.

2.5.1.3 Außenhandelstheorie

Die Außenhandelstheorien erklären das internationale Engagement auf Grund von länderspezifischen Kostenvorteilen.[340] Zu den Erklärungsfaktoren der jeweiligen Spezifika des ausländischen Standortes zählen einerseits internationale Wettbewerbsvorteile durch Verfügbarkeiten (z. B. überlegene Technologien oder Managementtechniken, überlegene oder knappe Ressourcen, Marktvorteile) sowie andererseits Wettbewerbsnachteile infolge der räumlichen Entfernung (z. B. Transportkosten- bzw. -zeitnachteile, fehlende Kenntnisse des ausländischen Marktes).[341] DUNNING zählt zu den „location-specific variables" solche, durch die das Heimat- *oder* das Gastland zu bevorzugen sind (z. B. natürliches Ressourcenvorkommen, Preise, Produktivität, Qualität) (EF).[342] I. R. dieser Arbeit ist zu prüfen, welche Standortspezifika das internationale Management von umweltorientiertem Wissen vorteilhaft oder nachteilig beeinflussen. Zu berücksichtigen sind dabei *standortspezifische Rahmenbedingungen, die den Transfer von umweltorientiertem Wissen erfordern* (BF). Es sind somit grundsätzliche makroökonomische Überlegungen zu Standortvor- bzw. -nachteilen anzustellen, die ausgehend von den *landesspezifischen Umweltproblemen,* den gegenwärtigen und zukünftigen Umsetzungsstand von *Umwelttechnik (durchgeführte Umweltschutzinvestitionen bzw. Marktpotenzial für Umweltschutz)* und *Umweltmanagementsystemen (Umweltmanagementkonzeptionen und ihr Implementierungsgrad)* die Identifizierung von Wissensvorsprüngen und -defiziten ermöglichen. Auf dieser Basis können mehrere Benchmarks defi-

[340] Vgl. WELGE; HOLTBRÜGGE (1998, S. 62).
[341] Vgl. PERLITZ (1995, S. 104 f.).
[342] Vgl. für alle von DUNNING genannten Standortvorteile DUNNING (1993, S. 81).

niert werden, die in Anlehnung an die ISO 14031 in Indikatoren zur Beschreibung des Umweltzustandes sowie der Umweltleistung eingeteilt werden.

Der Umweltzustandsindikator wird nach der ISO 14001 als „Spezifische Größe, die die Informationen über den lokalen, regionalen, nationalen oder globalen Zustand der Umwelt darstellt“[343] definiert und dementsprechend i. d. R. durch lokale, regionale, nationale oder internationale Organisationen, Behörden oder andere Institutionen gebildet. Zu typischen Umweltzustandsindikatoren zählen daher Informationen über Luft-, Gewässerqualitäten, Klimaveränderungen, Schadstoffkonzentrationen u. ä.[344] Zur Gewährleistung der Operationalisierbarkeit hinsichtlich der hier verfolgten Fragestellungen werden als Umweltzustandsindikatoren i. R. dieser Arbeit Kennzahlen definiert, die die Umweltbelastung der Umweltmedien durch Entnahme von Inputs (z. B. Rohstoffe, Energie, Wasser) oder Abgabe von umweltschädlichen Outputs (z. B. Abfall, Emissionen, Abwasser) beschreiben (BM).[345] Um internationale Vergleiche ermöglichen zu können, müssen relative Kennzahlen, z. B. bezogen auf die Fläche, die Einwohner oder das Bruttoinlandsprodukt, gebildet werden (VK). Auch diese Kennzahlen werden direkt miteinander verglichen und in eine Reihenfolge gebracht. Wissensvorsprünge besitzt der Partner mit der besten Kennzahl, da davon ausgegangen wird, dass bei der Verringerung der Umweltprobleme Erfahrungen zum Umweltschutz und -management erworben wurden. Wissensdefizite besitzt der Partner mit der schlechtesten Kennzahl (VoDe).

Die Umweltleistungskennzahl wird nach der ISO 14031 als „Spezifische Größe, die Informationen über die Umweltleistung einer Organisation darstellt“[346] definiert. Zur Umweltleistung zählen Ergebnisse, die aus einer umweltorientierten Unternehmensführung resultieren - sie werden i. d. R. nach Management- und operative Leistungskennzahlen differenziert.[347] I. R. dieser Arbeit werden als Umweltleistungsindikatoren die realisierten/geplanten Umweltschutzinvestitionen sowie die eingeführten/geplanten Umweltmanagementsysteme definiert (BM). Das bedeutet, dass die Umweltleistungsindikatoren einen ex-post- oder einen ex-ante-Bezug haben. Vergleichskriterien stellen Höhe sowie Bereiche der realisierten/geplanten Umweltschutzinvestitionen sowie Anzahl der eingeführten/geplanten Umweltmanagementsysteme dar. Um internationale Vergleiche zu ermöglichen, sind auch hier relative Kennzahlen, z. B. bezogen auf die Gesamtinvestitionen, das Bruttoinlandsprodukt oder die Anzahl der Beschäftigten, zu bilden (VK). Wieder werden die Kennzahlen der Partner miteinander verglichen und in eine Reihenfolge gebracht. Wissensvorsprünge bestehen bei dem Partner mit der besten, Defizite bei dem Partner mit der schlechtesten Kennzahl (VoDe). Die notwendigen Daten sind sowohl bei den Umweltzustands- als auch bei den Umweltleistungsindikatoren amtlichen Statistiken oder anderen Publikationen zu entnehmen. Es soll schon an dieser Stelle darauf hingewiesen werden, dass über die in diesem Rahmen für den *Einführungsgrad* von Umweltmanagementsystemen abzuleitenden Wissensvorsprünge und -defizite nicht automatisch auf Wissensvorsprünge und -defizite bei der prozessbezogenen *Umsetzung* der Normanforderungen geschlossen wird. Um dieses Wissen zu untersuchen wurde in Kapitel 2.5.1.1 der Benchmark des explizierten impliziten Wissens definiert.

343 EUROPÄISCHES KOMITEE FÜR NORMUNG (1999, S. 4).
344 Vgl. EUROPÄISCHES KOMITEE FÜR NORMUNG (1999, S. 36).
345 In Anlehnung an GOLDMANN; SCHELLENS (1995, S. 19).
346 Vgl. EUROPÄISCHES KOMITEE FÜR NORMUNG (1999, S. 5).
347 Vgl. EUROPÄISCHES KOMITEE FÜR NORMUNG (1999, S. 4 f., 14 f.).

2.5.2 *Erarbeitung von Benchmarks auf Basis von Theorien der Multinationalen Unternehmung*

WELGE; HOLTBRÜGGE nennen in Ergänzung zu den Internationalisierungstheorien die noch relativ „jungen" Theorien der *Multinationalen* Unternehmung. Diese Ansätze untersuchen Erklärungsfaktoren für die interdependente weltweite und nicht ausschließlich binational ausgerichtete internationale Tätigkeit.[348] Sie heben dabei hervor, dass gerade in diesen Theorien „... dem Wissensmanagement eine zentrale Bedeutung zur Erzielung länderübergreifender Wettbewerbsvorteile eingeräumt"[349] wird. Auch hier wird auf eine ausführliche Darstellung der Theorien und ihrer Vertreter verzichtet und nur grundsätzliche Arten und Kennzeichen der Theorieansätze zusammengefasst (vgl. Tabelle 2-3).

Tabelle 2-3: Erklärungsansätze von Theorien der Multinationalen Unternehmung

Theorie und Vertreter	wichtige Erklärungsfaktoren
ressourcentransferorientierte Theorie (Fayerweather 1975)	▪ Relevanz der weltweiten Standardisierung der Management-Instrumente
Theorie des globalen Wettbewerbs (Porter 1989)	▪ Ausprägung von Standardisierung und lokaler Anpassung der Management-Instrumente in Abhängigkeit der Branche
ressourcenorientierte Theorie der Multinationalen Unternehmung (Wernerfeld 1984, Prahalad; Hamel 1990, Bamberger; Wrona 1996)	▪ Bedeutung von Aufbau und Nutzung unternehmensinterner Ressourcen und (Kern)Kompetenzen im Sinne einer Bündelung materieller und immaterieller Ressourcen (sog. intangible assets)
Theorie der operationalen Flexibilität (Kogut 1989)	▪ Erhöhung der operationalen Flexibilität durch netzwerkartig aufgebaute multinationale Unternehmen und der Fähigkeit organisatorisches Wissen weltweit zu generieren, zu übertragen und zu nutzen
postmoderne Theorie des internationalen Managements (Holtbrügge 1996)	▪ Wettbewerbsvorteile durch simultane Verfolgung unterschiedlicher strategischer Ausrichtungen in verschiedenen Unternehmensbereichen, Geschäftsfeldern, Regionen, Internationalisierungsstadien, die folgende Faktoren berücksichtigen: Anpassung an den zunehmend globalen Wettbewerb (Aufhebung des Raumes), Anpassung an Beschleunigung, Diskontinuität, Instabilität und Simultanität von Ereignissen (Verdichtung der Zeit) sowie Anpassung der Unternehmensstrategie an internationale Subkulturen (Individualisierung von Referenzen)

Quelle: WELGE; HOLTBRÜGGE (1998, S. 81-91) sowie WELGE; HOLTBRÜGGE (2000, S. 764).

Auf Grund des hohen Abstraktionsgrades der Theorie der operationalen Flexibilität und der postmodernen Theorie des internationalen Managements[350] bleiben diese bei den weiteren Betrachtungen unberücksichtigt. Auf Basis der übrigen drei Ansätze werden zwei Aspekte für die hier betrachtete Themenstellung hervorgehoben.

2.5.2.1 *Ressourcentransferorientierte Theorie*

Nach der ressourcentransferorientierten Theorie sind Lern-, Kostendegressions- und Ausstrahlungseffekte bei einem internationalen Engagement dann besonders hoch, wenn die Manage-

[348] Vgl. WELGE; HOLTBRÜGGE (1998, S. 81).
[349] WELGE; HOLTBRÜGGE (2000, S. 764).
[350] Vgl. WELGE; HOLTBRÜGGE (1998, S. 90).

mentinstrumente weltweit standardisierbar sind (EF).[351] Auch das Management von umweltorientiertem Wissen setzt die Unifizierbarkeit der *Managementinstrumente einer umweltorientierten Unternehmensführung* im Sinne einer internationalen Anwendbarkeit voraus. Auf Grund ihres ganzheitlichen Charakters werden hierzu im Weiteren ausschließlich die Umweltmanagementsysteme berücksichtigt.[352] Es ist somit zu untersuchen, *ob die Umweltmanagementsystemkonzeptionen international standardisiert oder* (z. B. infolge von landesspezifischen Rechtsregelungen, Markt- und Organisationsstrukturen) *national differenziert vorliegen*, um daraus Wissenstransfer-Potenziale abzuleiten (BF).[353] Hierzu ist der Standardisierungsgrad des *expliziten Wissens* zu den Umweltmanagementsystemen zu untersuchen (BM). Als Vergleichskriterium dienen die jeweiligen landesspezifischen Regelungen zur Einbindung des Wissens in das nationale Normen- oder Rechtssystems und die entwickelten Organisationsstrukturen und Verfahrensabläufe zur Umsetzung der Normen, die i. R. einer qualitativen Betrachtung miteinander verglichen werden (VK). Wissensvorsprünge besitzt der Partner, bei dem explizites Wissen zu Umweltmanagementsystemen vorliegt, welches bei anderen Partnern noch nicht standardisiert wurde. Diese Partner sind durch Wissensdefizite gekennzeichnet (VoDe).[354] Die notwendigen Informationen sind aus der Literatur oder anderen Medien, auf denen explizites Wissen gespeichert ist, zu entnehmen.[355]

Ist das explizite Wissen zu den Umweltmanagementsystemen bei den Partnern gleichermaßen ausgeprägt, sind Wissensvorsprünge bzw. -defizite in Abhängigkeit des nationalen Einführungsgrades, d. h., bezogen auf die Anzahl und Entwicklung der implementierten Umweltmanagementsysteme zu untersuchen (BF). Vgl. dazu die Aussagen zu den in Kapitel 2.5.1.3 definierten Leistungsindikatoren Umweltmanagementsysteme.

2.5.2.2 Ressourcenorientierte Theorie

Der zweite Aspekt ist aus der ressourcenorientierten Theorie abzuleiten, die davon ausgeht, dass Unternehmen auf Grund ihrer „... einzigartigen materiellen und immateriellen Ressourcen und Kompetenzen ... spezifische, nichtimitierbare Ressourcenkombinationen (entwickeln), die am Markt zu dauerhaften Wettbewerbsvorteilen führen."[356] Den immateriellen Ressourcen (v. a. dem impliziten Wissen) wird dabei eine besondere Bedeutung für das internationale Wissensmanagement zugemessen (EF),[357] da multinationale Unternehmen fähig sind, „... diese intangiblen Ressourcen in unterschiedlichen nationalen Umwelten dezentral zu entwickeln, neu zu kombinieren und dadurch weltweite organisatorische Lernprozesse zu fördern."[358] In Bezug auf die Themenstellung dieser Arbeit ist interessant, ob die nationale Bündelung materieller und immaterieller Ressourcen zu spezifisch-umweltorientiertem Wissen geführt hat und dies für einen internationalen Wissenstransfer nutzbar ist. Untersuchungsschwerpunkte könnten in diesem Zusammenhang - ähnlich wie auf Basis der Monopol-Theorie - in Wis-

---

[351] Vgl. WELGE; HOLTBRÜGGE (1998, S. 82). PORTER weist in diesem Zusammenhang i. R. der Theorie des globalen Wettbewerbs auf die Abhängigkeit der Standardisierbarkeit von der jeweiligen Branche hin. Vgl. ebenda, S. 83.

[352] Weitere Instrumentarien wären z. B. Öko-Audits, Öko-Controlling, Öko-Bilanzierung oder Umweltkostenrechnung.

[353] In Anlehnung an WELGE; HOLTBRÜGGE (1998, S. 82).

[354] In Anlehnung an die Ausführungen zum kompetitiven Benchmarking von BARTOLOMEO; RANGHIERI (1998, S. 2) und in Anlehnung an GLOBAL ENVIRONMENTAL MANAGEMENT INITIATIVE (1994, S. 87).

[355] In Anlehnung an BARTOLOMEO; RANGHIERI (1998, S. 3).

[356] MÜLLER-STEWENS; LECHNER (1997, S. 239).

[357] In Anlehnung an WELGE; HOLTBRÜGGE (1998, S. 86).

[358] WELGE; HOLTBRÜGGE (2000, S. 764).

senstransfer-Potenzialen auf Grund von *Unterschieden in der Praxis der umweltorientierten Unternehmensführung im internationalen Vergleich* bestehen (BF) (vgl. für weitere Aussagen dazu Kapitel 2.5.1.1).

Die auf Basis der Bestimmungsfaktoren des internationalen Managements und der Erklärungsfaktoren eines internationalen Wissenstransfers abgeleiteten Benchmarks werden im Folgenden zusammengefasst und systematisiert.

2.5.3 Strukturierung der Benchmarks auf der makro-, meso- und mikroökonomischen Aggregationsebene

I. R. der Managementtheorie werden die dort betrachteten strategischen Erfolgsfaktoren üblicherweise in umfeldbezogene (nicht oder nur teilweise durch das Unternehmen beeinflussbar, wie z. B. Marktattraktivität, Kunden- und Lieferantenstärke) und unternehmensbezogene (direkt durch das Unternehmen beeinflussbar, wie z. B. Finanzkraft, Unternehmensstruktur) Einflussfaktoren unterschieden.[359] In Anlehnung daran werden die Erklärungsfaktoren eines internationalen Managements, z. B. bei PERLITZ,[360] DÜLFER,[361] MÜLLER-STEWENS; LECHNER[362] oder MÜLLER; KORNMEIER,[363] differenziert. I. R. dieser Arbeit wird in Anlehnung an SPENDOLINI ein anderes Vorgehen verfolgt. Er unterscheidet in Abhängigkeit der Messbarkeit bzw. Messcharakteristika drei Ebenen von Benchmarks:

1. Ebene: Allgemeine Untersuchungsgegenstände, d. h., die Informationen auf dieser Ebene sind grundsätzlicher Art;
2. Ebene: Spezifizierung der allgemeinen Untersuchungsgegenstände in weiterhin aggregierter Form, d. h., die Informationen auf dieser Ebene sind differenzierterer Art;
3. Ebene: Konkretisierung z. B. von Aktivitäten, d. h., die Informationen auf dieser Ebene basieren auf detaillierten Prozessen.[364]

---

[359] Vgl. FISCHER (2000, S. 74).

[360] PERLITZ (1995, S. 135-139) gliedert in *Faktoren der Unternehmenssituation* (z. B. Personal, Beschaffung, Standort, Kosten, Produktion, Kapital, Technologie) und *Umweltfaktoren* (z. B. politische Risiken, rechtliche Situation, Wirtschafts- und Finanzpolitik, Importrestriktionen, Marktgröße und -wachstum, Faktorausstattung, technologischer Standard).

[361] DÜLFER (1997, S. 14 f.) gliedert in *interne Voraussetzungen* (z. B. ausreichende organisatorische, führungsmäßige und personelle Kapazitätsreserven, Kenntnis des ausländischen Operationsfeldes, finanzielle Kapazitäten zur Vorfinanzierung der grenzüberschreitenden Operation) und *externe Voraussetzungen* (z. B. keine Beschränkung von Im- und Export über die Grenze, Konvertibilität der Binnenwährung, logistische Voraussetzungen der grenzüberschreitenden Transaktionen).

[362] MÜLLER-STEWENS; LECHNER (1997, S. 240-245) differenzieren in *gastlandbezogene Faktoren* (nationales Umfeld, z. B. wirtschaftspolitisches, kulturelles, soziales, ökologisches Risiko bzw. Branchenstruktur, z. B. Ressourcen-, Produkt-, Markt-, Wettbewerbsunsicherheit) und *unternehmensindividuelle Einflussfaktoren* (strategische Einflussfaktoren, z. B. Motive der Internationalisierung, Internationalisierungsstrategien oder harte Einflussfaktoren, z. B. Größe, Produkteigenschaften, Ressourcenausstattung sowie weiche Einflussfaktoren, z. B. Marktwissen, soziokulturelle Distanz, Kompetenzart).

[363] MÜLLER; KORNMEIER (1997, S. 80-83) differenzieren in *unternehmensspezifische Faktoren* (z. B. strategische Ausrichtung, Kapital- und Humanressourcen) und *inlandsmarktspezifische Faktoren* (z. B. Marktvolumen/-potenzial, Produktionskosten, Qualifikation des Humankapitals, technologisches Niveau) sowie *auslandsmarktspezifische Faktoren* (z. B. Marktvolumen/-potenzial, Produktionskosten, Qualifikation des Humankapitals, technologisches Niveau, Distanz).

[364] In Anlehnung an SPENDOLINI (1992, S. 74, 167).

Dieser Idee folgend wird unter Rückgriff auf die übliche Gliederung der Volkswirtschaft eine Differenzierung nach der makro-, meso- und mikroökonomischen Aggregationsebene gewählt.[365] Die Benchmarks werden in Abhängigkeit ihres *Abstraktionsgrades* wie folgt diesen Ebenen zugeordnet:

1. Die *Makroebene* umfasst grundsätzliche Benchmarks auf der Ebene der gesamten Volkswirtschaft. D. h., zu dieser Ebene gehören die Benchmarks, welche auf Basis der Standortspezifika (vgl. Kapitel 2.5.1.3) sowie aus der Theorie der Standardisierbarkeit des umweltorientierten Wissens (vgl. Kapitel 2.5.2.1) abgeleitet wurden.
2. Die *Mesoebene* umfasst aggregierte Benchmarks auf der Ebene der Wirtschaftsbranchen. Dieser Ebene werden die Benchmarks zugeordnet, welche auf Basis der Internalisierungsvorteile erarbeitet wurden (vgl. Kapitel 2.5.1.2).
3. Die *Mikroebene* umfasst konkretisierte Benchmarks auf der Ebene der Unternehmen, d. h. zu dieser Ebene gehört der Benchmark, welcher auf Basis der monopolistischen Vorteile (vgl. Kapitel 2.5.1.1) erarbeitet wurde, der - wie dargestellt wurde - identisch gesetzt wurde mit demjenigen, welcher aus den unternehmensspezifischen Ressourcenbündel abgeleitet wurde (vgl. Kapitel 2.5.2.2).

In der nachfolgenden Abbildung 2-4 wird - strukturiert nach der Makro-, Meso- und Mikroebene der Argumentationsweg zur Ableitung der Benchmarks zusammengefasst. Dazu werden die Erklärungsfaktoren des internationalen Managements, die Bestimmungsfaktoren des internationalen Wissensmanagements, die Benchmarks zur Untersuchung des umweltorientierten Wissens, ihre Vergleichskriterien und Kritierien für die Definition von Wissensvorsprüngen bzw. -defiziten benannt (vgl. zu den drei letztgenannten Bereichen die fett markierten Kästchen in der nachfolgenden Abbildung 2-4).

Kennzeichnend für die i. R. dieser Arbeit durchzuführende Benchmarking-Analyse ist, dass sie *nicht* innerhalb einer Betrachtungsebene *auf ausgewählte Benchmarks* oder *auf die Benchmarks einer Betrachtungsebene* eingegrenzt wird. Vielmehr werden dem exploratorischen Charakter dieser Arbeit folgend, alle definierten Benchmarks in die Benchmarking-Analyse einbezogen, um differenzierte Arten des umweltorientierten Wissens sowie seine Ausprägungen auf unterschiedlichen Aggregationsebenen zu berücksichtigen.

[365] Vgl. dazu PETERS (1996, S. 27) oder MEIBNER; FASSING (1989, S. 3 f.).

Abbildung 2-4: Argumentationsweg zur Ableitung und Bewertung der Benchmarks, systematisiert nach Makro-, Meso- und Mikroebene

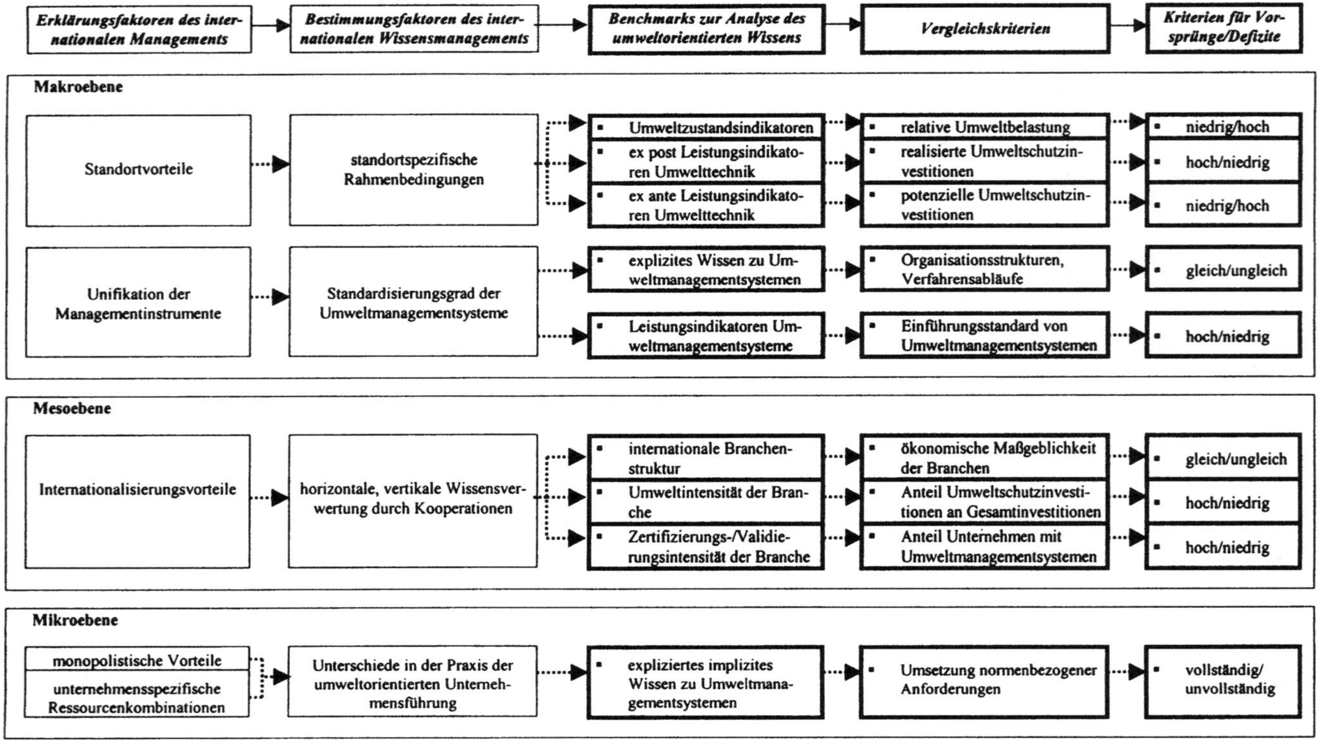

Quelle: Eigene Darstellung.

2.6 Konkretisierung des Mess-, Vergleichs- und Gestaltungsaspektes für die Benchmarking-Analysen auf der makro-, meso- und mikroökonomischen Ebene

Auf Grundlage der Systematisierung der Benchmarks auf unterschiedlichen Aggregationsebenen werden abschließend die Zielstellungen des Mess-, Vergleichs- und Gestaltungsaspekt der Benchmarking-Analyse (vgl. dazu Kapitel 2.2) für das makro-, meso- und mikroökonomischen Benchmarkings definiert und die Zusammenhänge zwischen den Ebenen beschrieben. Für die drei Ebenen erfolgt in Anlehnung an ADAM eine Unterscheidung zwischen strategischem, taktischem und operativem Benchmarking.[366]

Dem *makroökonomischen Benchmarking* (vgl. dazu den linken Kasten in der nachfolgenden Abbildung 2-5) wird ein strategischer Charakter zugeordnet, da auf Basis des Benchmarks Umweltzustandsindikatoren die *Rahmenbedingungen* und über die Benchmarks ex post/ex ante Leistungsindikatoren Umweltschutz, explizites Wissen und ex post Leistungsindikatoren Umweltmanagementsysteme *Art und Umfang* des umweltorientierten Wissens untersucht werden (Messaspekt). D. h., über die quantitativen und qualitativen Vergleiche werden *grundsätzliche Aussagen zu Vorsprüngen und Defiziten des umweltorientierten Wissens* der Benchmarking-Partner bestimmt (Vergleichsaspekt). Auf Basis der Diskussion von Kriterien, durch welche die Wissensvorsprünge bzw. -defizite Marktrelevanz erhalten werden *Ansatzpunkte für die Beibehaltung, Neuausrichtung oder Neukombination des umweltorientierten Wissens* der Benchmarking-Partner durch einen internationalen Wissenstransfer ermittelt (Gestaltungsaspekt).[367] In diesem Zusammenhang wird auch geprüft, ob und welche Zusammenhänge zwischen den auf der Makroebene definierten Benchmarks bestehen (vgl. die gestrichelten Pfeile im linken Kasten in Abbildung 2-5).

Die über das makroökonomische Benchmarking identifizierte konzeptionelle Wissensbasis stellt den Rahmen für das Benchmarking auf den niedrigeren Aggregationsstufen dar. So wird durch das *mesoökonomische Benchmarking* (vgl. den mittleren Kasten in Abbildung 2-5) über die Benchmarks Umwelt- und Zertifizierungsintensität die *branchenbezogene Umsetzung des* auf der Makroebene *identifizierten Wissens* analysiert (Messaspekt). Es hat damit *taktischen Charakter.* Über quantitative und qualitative Vergleiche wird eine *Konkretisierung der Wissensvorsprünge und -defizite für die ökonomisch maßgeblichen Branchen* der Benchmarking-Partner vorgenommen (Vergleichsaspekt). Über die Ermittlung von Kriterien, durch welche die Wissensvorsprünge und -defizite Marktrelevanz erhalten, werden *Ansatzpunkte für eine branchenbezogene Wissensentwicklung* durch einen internationalen Wissenstransfer erarbeitet (Gestaltungsaspekt).[368] In diesem Zusammenhang wird auch geprüft, in wie weit durch das mesoökonomische Benchmarking die Ergebnisse des Benchmarkings auf der makroökonomischen Ebene bestätigt, ergänzt oder differenziert werden können.

Durch das *mikroökonomische Benchmarking* (vgl. den rechten Kasten in Abbildung 2-5) wird über den Benchmark expliziertes implizites Wissen die *unternehmens- und prozessbezogene Um-*

[366] In Anlehnung an ADAM (1996, S. 314-318).
[367] In Anlehnung an AMELINGMEYER (2000, S. 35, 50, 180) und TUCHER VON SIMMELSDORF (2000, S. 90, 102).
[368] In Anlehnung an AMELINGMEYER (2000, S. 35, 50, 180) und TUCHER VON SIMMELSDORF (2000, S. 90, 102).

setzung des umweltorientierten Wissens untersucht (Messaspekt). Das mikroökonomische Benchmarking hat dadurch *operativen Charakter*. Über quantitative und qualitative Vergleiche wird *in Bezug auf die in den Unternehmen ablaufenden Verfahren bei der Internalisierung des Wissens eine weitere Konkretisierung der Wissensvorsprünge und -defizite* vorgenommen (Vergleichsaspekt). Auch hier werden über die Ermittlung von Kriterien, durch welche die Wissensvorsprünge und -defizite Marktrelevanz erhalten, *Ansatzpunkte für die Anpassung, Weiterentwicklung und Verbesserung der Prozesse und ihrer Ergebnisse* durch einen internationalen Wissenstransfer abgeleitet (Gestaltungsaspekt). Des Weiteren wird auch auf dieser Aggregationsebene geprüft, ob die Ergebnisse des meso- und makroökonomischem Benchmarkings bestätigt, ergänzt oder differenziert werden können.

Das meso- und mikroökonomische Benchmarking führt somit zu einer Konkretisierung der i. R. des makroökonomischen Benchmarkings erarbeiteten Wissensvorsprünge und -defizite auf Branchen- und Prozessebene (vgl. die gestrichelten Pfeile unter den Kästen in Abbildung 2-5). Somit wird zwar der Idee der eklektischen Theorie von DUNNING gefolgt und die durch die Analyse der Benchmarks auf makro-, meso- und mikroökonomischen Ebene erzielten Ergebnisse im Zusammenhang betrachtet. Die Aggregation der Benchmarks zu einem Benchmark-System im Sinne eines Kennzahlensystems (vergleichbar mit betriebswirtschaftlichen Kennzahlensystemen wie dem ROI),[369] wird i. R. dieser Arbeit nicht angestrebt. Entsprechend den dargestellten Zielstellungen des makro-, meso- und mikroökonomischen Benchmarkings wird ersichtlich, dass die Benchmarking-Analysen die notwendigen Informationen zur *Bewertung und Entwicklung* der konzeptionellen Basis des umweltorientierten Wissens im internationalen Maßstab erbringt. D. h., auf Basis der *detaillierten Analyse des Wissens* und der *schlüssigen Definition von Wissensvorsprüngen und -defiziten* werden begründet *Bereiche für einen zielgerichteten internationalen Wissenstransfer* aufgezeigt. Für die Initiierung des Wissenstransfers sind über den Rahmen dieser Arbeit hinausgehende Forschungen in folgender Form erforderlich: I. R. dieser Arbeit wurde die Annahme getroffen, dass der Partner mit Wissensvorsprüngen den Richtwert für Leistungssteigerungen des Partners mit Wissensdefiziten darstellt (vgl. Kapitel 2.2.4). Eine Konkretisierung der erforderlichen Leistungssteigerungen und damit der Empfehlungen im Sinne eines Maßnahmenplanes kann über Modellrechungen, die die Entwicklungsnotwendigkeiten in Abhängigkeit des Zeitverlaufes, der wirtschaftlichen Entwicklung, Veränderungen in den Rahmenbedingungen und der konzeptionellen Wissensbasis quantifizieren, umgesetzt werden.

Das Vorgehen und die Ergebnisse der Benchmarking-Analysen werden nach den gewählten Betrachtungsebenen in Kapitel 3 (Benchmarking-Analyse auf der Makroebene), Kapitel 4 (Benchmarking-Analyse auf der Mesoebene) und Kapitel 5 (Benchmarking-Analyse auf der Mikroebene) dargestellt.

---

[369] Siehe zum ROI z. B. LUDWIG (1996, S. 126). Zielstellung war es damit auch nicht, die Verknüpfungen und Überschneidungen der aus den Internationalisierungstheorien abgeleiteten Benchmarks über Kausalrelationen abzubilden.

Abbildung 2-5: Zielstellungen und Vorgehen der Benchmarking-Analysen auf der makro-, meso- und mikroökonomischen Ebene

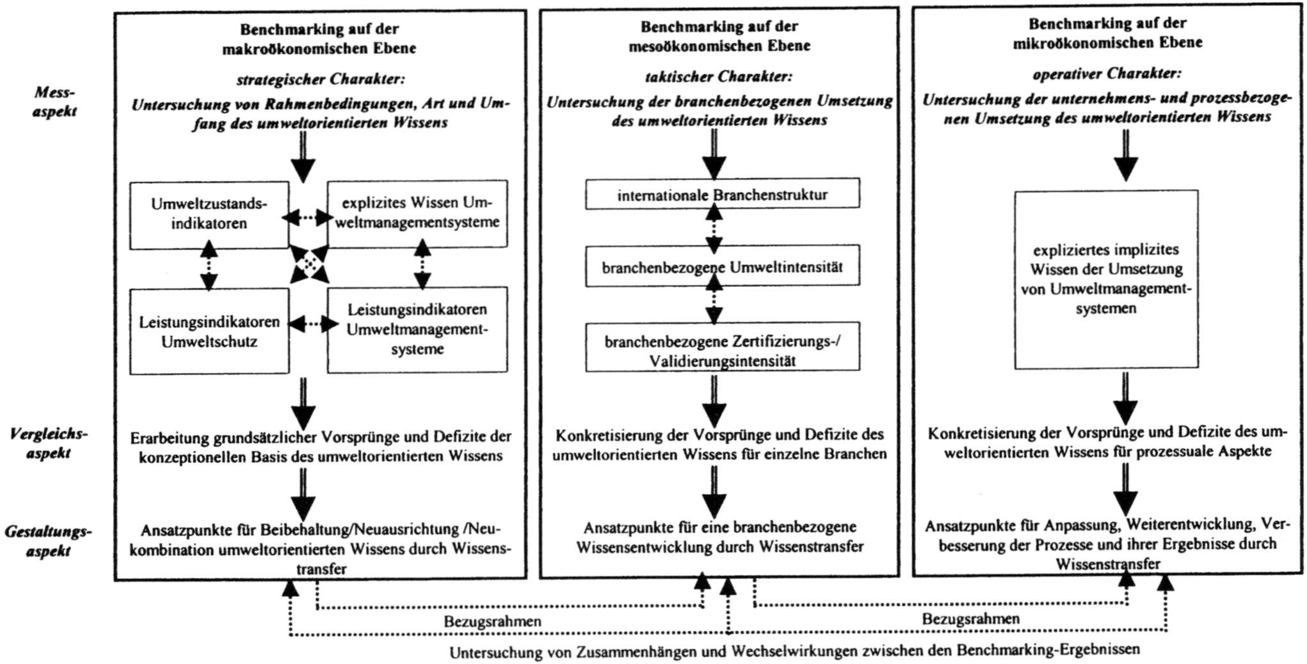

Anmerkung: ······▶ Zusammenhänge, Wechselwirkungen, Rückkopplungen zwischen den Benchmarking-Ergebnissen; ══▶ Ablauf des Benchmarkings.

Quelle: Eigene Darstellung.

3. Benchmarking-Analyse des umweltorientierten Wissens Deutschlands, Polens und Tschechiens auf der makroökonomischen Ebene

In Abhängigkeit der definierten Untersuchungsebenen (vgl. Kapitel 2.5.3) werden in den Kapiteln 3, 4 und 5 die Benchmarking-Analysen durchgeführt. Diese werden nach den auf der jeweiligen Betrachtungsebene definierten Benchmarks gegliedert (vgl. dazu Abbildung 2-4). Die Untersuchungen und Bewertungen der Benchmarks in den Kapiteln 3, 4 und 5 sind zum Zwecke der Übersichtlichkeit durch nachfolgende einheitliche Struktur gekennzeichnet:[370]

1. *Darstellung der quantitativen oder qualitativen Informationsgrundlagen sowie der Vergleichbarkeit des Datenmaterials:* Hier wird darauf eingegangen, welche Datenbasis für die Datenerhebung genutzt wurde und welche Einschränkungen es für die Vergleichbarkeit gibt. In diesem Zusammenhang werden die quantitativen oder qualitativen Vergleichskriterien konkretisiert anhand derer die Benchmarking-Bewertung stattfindet. Die empirischen Daten der Kapitel 3, 4 und 5 entsprechen dem Stand Dezember 2001, d. h., Daten die zu einem späteren Zeitpunkt verfügbar waren, wurden i. R. der Analyse nicht berücksichtigt.[371]
2. *Datenbeschreibung:* Auf Basis der Kriterien wird anhand der vorhandenen Daten die Istsituation zum umweltorientierten Wissen der jeweiligen Benchmarking-Partner dargestellt und - sofern möglich - eine Dynamisierung in die Zukunft vorgenommen (entspricht dem Messaspekt aus Kapitel 2.2). Damit werden die Ausprägungen der Benchmarks bezogen auf die Vergleichskriterien in der Reihenfolge Deutschland, Polen, Tschechien geprüft.
3. *Erarbeitung von Vorsprüngen und Defiziten:* Die untersuchten Benchmarking-Partner werden entweder auf Basis eines direkten Kennzahlenvergleiches (quantitativ) oder auf Basis der Ausprägungen qualitativer Kriterien in eine Reihenfolge gebracht (entspricht dem Vergleichsaspekt aus Kapitel 2.2). Der Partner mit der besten Kennzahl/zielführendsten Kriterienausprägung weist Wissensvorsprünge, Partner mit schlechteren Kennzahlen/nicht zielführenden Kriterienausprägungen weisen Wissensdefizite auf. Für jeden Benchmark und Benchmarking-Partner werden zusammenfassend Thesen zu Wissensvorsprüngen bzw. -defiziten definiert und diese durch einen Rahmen markiert hervorgehoben. Abschließend werden i. R. der in Kapitel 2.2 und Abbildung 2-2 vorgenommenen Einschränkungen Kriterien der Marktrelevanz der Wissensvorsprünge und -defizite diskutiert. Die benchmarkbezogenen Kriteriendiskussionen werden jeweils am Ende der Kapitel 3, 4 und 5 zusammengeführt und auf dieser Basis Ansatzpunkte für die Entwicklung des umweltorientierten Wissens auf der Makro-, Meso- und Mikroebene abgeleitet.

Mit dem makroökonomischen Benchmarking wird die Zielstellung verfolgt (vgl. dazu Abbildung 2-5), *Rahmenbedingungen, Art und Umfang* des umweltorientierten Wissens der Benchmarking-Partner zu untersuchten (Messaspekt), *grundsätzliche Vorsprünge und -defizite des umweltorientierten Wissens* der Partner zu bestimmen (Vergleichsaspekt) und *Ansatzpunkte für die Beibehal-*

---

[370] Die nachfolgenden Ausführungen erfolgen in Anlehnung an PIESKE (1997, S. 227-243); SABISCH (1997, S. 8 f.) sowie SPENDOLINI (1992, S. 176).

[371] Aus diesem Grund erfolgen monetäre Angaben in DM und nicht in €.

tung, Neuausrichtung oder Neukombination des umweltorientierten Wissens der Benchmarking-Partner zu diskutieren (Gestaltungsaspekt). Entsprechend den der makroökonomischen Ebene zugeordneten Benchmarks (vgl. Abbildung 2-4) erfolgt in Kapitel 3 eine Strukturierung der Benchmarking-Analyse nach den Umweltzustandsindikatoren, den ex post und ex ante Leistungsindikatoren Umweltschutz, dem expliziten Wissen und den ex post Leistungsindikatoren Umweltmanagementsysteme.

Bezüglich der Untersuchung der Umweltzustandsindikatoren wird auf Grund der Komplexität nutzbarer Kennzahlen keine vollständige, sondern eine beispielhafte Darstellung der Luftemissionen, des Wasser-Abwasser-Bereiches sowie der Abfallwirtschaft vorgenommen. Am Beispiel absoluter und relativer Kennzahlen werden für die jeweiligen Benchmarking-Partner die Umweltprobleme, ihre Entwicklungstendenzen und der Bedarf für eine Harmonisierung der Umweltzustandsindikatoren im internationalen Maßstab aufgezeigt. Abschließend werden Thesen zu Wissensvorsprüngen bzw. -defiziten zur Veränderung dieser Indikatoren unter Berücksichtigung der Wirtschaftskraft der einzelnen Partner aufgestellt und Kriterien ihrer Marktrelevanz diskutiert (vgl. Kapitel 3.1).

Die Wissensvorsprünge und -defizite werden durch die Untersuchungen der Leistungsindikatoren Umweltschutz konkretisiert. Zunächst erfolgt eine Analyse der ex post Indikatoren, d. h. Höhe und Bereiche realisierter Umweltschutzinvestitionen. Unter Berücksichtigung der Ergebnisse aus Kapitel 3.1 wird bewertet, ob die bisher realisierten Umweltschutzinvestitionen ausreichen, um eine Harmonisierung des Umweltzustandes zu erreichen oder ob ein weiterer Investitionsbedarf erforderlich ist. Um diesen zu konkretisieren, werden ex ante Indikatoren, d. h. Höhe und Bereiche des Marktpotenzials für Umweltschutzinvestitionen, untersucht. Durch Bewertung der Investitionsnotwendigkeiten sowie unter Berücksichtigung der - entsprechend der einheimischen Umwelttechnikindustrie vorhandenen - Investitionsfähigkeiten werden für die Benchmarking-Partner Wissensvorsprünge bzw. -defizite abgeleitet und ihre Marktrelevanz untersucht (vgl. Kapitel 3.2).

Danach wird das explizite Wissen Deutschlands, Polens und Tschechiens zu Umweltmanagementsystemen analysiert. In die Betrachtung einbezogen werden die ISO 14001, die EMAS-VO sowie das Cleaner Production Concept. Es wird geprüft, ob das Wissen zu diesen Konzepten international einheitlich vorliegt. Dazu wird auf Entwicklung, Anforderungen und den internationalen Standardisierungsgrad eingegangen. Weiterhin wird über die ex post Leistungsindikatoren Umweltmanagementsysteme der Implementierungsgrad der Konzeptionen in Deutschland, Polen und Tschechien geprüft. Abschließend erfolgt gemeinsam für die Benchmarks explizites Wissen und Leistungsindikatoren die Ableitung von Wissensvorsprüngen und -defiziten sowie die Diskussion ihrer Marktrelevanz (vgl. Kapitel 3.3).

Damit ist i. R. des makroökonomischen Benchmarkings der deskriptive Teil zur Beschreibung der Wissensstrukturen und Kompetenzverteilung (vgl. Abbildung 2-3) abgeschlossen. In Kapitel 3.4 wird zum normativen Teil übergegangen. Durch vergleichende Bewertung der diskutierten Kriterien der Anwendungs- und Durchsetzungskompetenzen der Wissensvorsprünge und -defizite werden Ansatzpunkte für die Beibehaltung, Neuausrichtung oder Neukombination der untersuchten Verfahren bzw. Konzepte durch einen internationalen Wissenstransfer abgeleitet.

3.1 Benchmarking der Rahmenbedingungen des Wissens auf Basis von Umweltzustandsindikatoren

Umweltzustandsindikatoren wurden in Kapitel 2.5.1.3 als relative Kennzahlen zur Beschreibung des lokalen, regionalen, nationalen oder globalen Zustandes der Umwelt definiert. Sie können sich auf alle die Bereiche beziehen, in denen eine Wechselwirkung zwischen Mensch und Umwelt stattfindet (vgl. dazu Kapitel 1.2). I. R. dieser Arbeit wird eine beispielhafte Untersuchung wichtiger Umweltzustandsindikatoren aus den Bereichen Luftemissionen, Wasser/Abwasser, Abfall durchgeführt.[372] Diese Bereiche wurden ausgewählt, da sie auch von der Europäischen Kommission für die Angleichung des Umweltzustandes als prioritäre Bereiche Polens und Tschechiens mit einem hohen Handlungsbedarf eingeschätzt wurden.[373] Die Datengrundlage dieses Kapitels stellen sekundärstatistische Daten der jeweiligen statistischen Ämter oder der OECD dar.[374] Die Aktualitäten und Vollständigkeit der Daten sowie ihre Vergleichbarkeit hängen gerade bei einer internationalen Betrachtung von der Verfügbarkeit homogener Daten ab. Da Datenzeitreihen internationaler Vergleiche für Emissionen, Wasser/Abwasser und Abfall lückenhaft bzw. für unterschiedliche Bezugsjahre vorliegen,[375] werden v. a. nationale statistische Jahrbücher für die Analyse herangezogen. Da die polnische und tschechische Umweltstatistik hinsichtlich ihrer Erfassungs- und Auswertungsmethodik erst seit 1999 bzw. 1998 EU-Richtlinien entspricht, ergeben sich Unterschiede bei der Art, Differenzierung und Zusammenstellung der erfassten Daten. Auf unterschiedliche statistische Erhebungsmethoden und -zeiträume, die Inhomogenitäten im Datenbestand bedingen, wird nachfolgend jeweils hingewiesen.

Hinsichtlich der Luftemissionen werden üblicherweise diejenigen zur Beschreibung der Umweltbelastung herangezogen, die aus der Verbrennung fossiler Energieträger resultieren und dadurch einen wesentlichen Einfluss auf die Entwicklung der grenzüberschreitenden Umweltprobleme haben.[376] Häufig dargestellte Luftschadstoffe sind auf Grund ihrer Bedeutung Schwefeldioxid, Stickstoffdioxid, Kohlenmonoxid sowie das Treibhausgas Kohlendioxid.[377] In Kapitel 3.1.1 werden Höhe und Entwicklung dieser Emissionen absolut sowie bezogen auf die Wirtschaftskraft, Einwohner und Fläche im deutsch-polnisch-tschechischen Maßstab untersucht und mit dem EU- bzw. OECD-Europa-Durchschnitt verglichen. Zu beachten ist, dass Angaben für die Kohlenmonoxidemissionen in Polen erst ab dem Jahr 1995 verfügbar sind.

Bezogen auf den Bereich Wasser/Abwasser sind die Mengen des verbrauchten Wassers und zurückgeführten Abwassers interessant, die in Kapitel 3.1.2 untersucht werden. Die verfügbaren Daten sind nicht vergleichbar, da z. B. in Deutschland Angaben für die Wasserentnahmen und das Abwasseraufkommen (letztes Berichtsjahr 1995), in Polen für den Wasserverbrauch und das Abwasseraufkommen sowie in Tschechien für die Trinkwasserproduktion und das Abwasserauf-

[372] In Anlehnung an HORBACH (1996, S. 9).
[373] Vgl. NILL; LÜNENBÜRGER; PETSCHOW (2000b, S. 10, 12).
[374] Vgl. eine Übersicht zu nach dem deutschen Statistikgesetz zu erhebenden Daten in den Bereichen Luftreinhaltung, Wasserwirtschaft und Abfallwirtschaft sowie Entwicklungstendenzen auf EU-Ebene in diesem Bereich BECKER (2001, S. 22 f.).
[375] Vgl. OECD (HRSG.) (1997) und (1999).
[376] Vgl. GOLDMANN; SCHELLENS (1995, S. 26).
[377] Vgl. CLAUSEN (1998, S. 52 f.).

kommen vorliegen (für Polen und Tschechien letztes Berichtsjahr 1999). In diesem Kapitel werden daher landesspezifische Tendenzen erarbeitet.

Hinsichtlich des Abfalls sind Menge, Arten und Herkunft sowie Entsorgung/Verwertung des Abfalls relevant (vgl. Kapitel 3.1.3).[378] Auch in diesem Bereich sind die verfügbaren Daten inhomogen. Für Deutschland liegen Daten für das Abfallaufkommen sowie der Abfälle zur Verwertung bzw. Beseitigung, gegliedert nach Abfallarten und Wirtschaftsbereichen für die Jahre 1990 und 1993 sowie vorläufige Ergebnisse für die Jahre 1996 und 1997 (letztes Berichtsjahr) vor. Dabei ist zu beachten, dass die Daten der Jahre 1996/97 auf Grund veränderter Erhebungsgrundlagen und -methoden nicht mit denen der Jahre 1990/93 vergleichbar sind und außerdem auf Grund ihrer Vorläufigkeit nur unvollständig vorliegen.[379] Für Polen ist eine Zeitreihenbetrachtung der Kommunal- und Industrieabfälle sowie der Behandlungsformen der Industrieabfälle für 1990-1999 verfügbar, wobei auch hier ab 1998 andere Abfallklassifikationen vorgenommen wurden. Für Tschechien sind Informationen über die Entstehung der Abfälle für den Zeitraum 1994-1999 sowie die Behandlung der Abfälle für die Jahre 1998-1999 vorhanden. Infolge der Inhomogenität der Daten sind auch hier landesspezifische Tendenzen zu erarbeiten. Ein internationaler Vergleich ist nur für die pro Kopf angefallene Menge von Siedlungsabfall möglich.

Abschließend erfolgt in Kapitel 3.1.4 eine thesengestützte Bewertung von Vorsprüngen und Defiziten Deutschlands, Polens und Tschechiens hinsichtlich des Wissens zur Verringerung der Umweltzustandsindikatoren unter Berücksichtigung der Wirtschaftskraft. In diesem Zusammenhang wird auch zwischen den Entwicklungstendenzen in den Alten und Neuen Bundesländern differenziert, wohingegen die Kennzahlenanalyse auch aus Gründen der Datenverfügbarkeit i. d. R. für Gesamtdeutschland erfolgt.[380] Abschließend werden Bedingungen diskutiert, unter denen die definierten Vorsprünge Angebots- und die Defizite Nachfragepotenzial besitzen.

3.1.1 Anpassungsreaktionen und -bedarf im Bereich der Luftemissionen

In der nachfolgenden Tabelle 3-1 werden für die ausgewählten Luftschadstoffe absolute und relative Kennzahlen zusammengefasst. Die absoluten Emissionen von Schwefeldioxiden, Stickoxiden und Kohlenoxiden sind in Deutschland, Polen und Tschechien seit 1990 gesunken. Besonders erwähnenswert ist, dass die Schwefeldioxidemissionen in Deutschland und Tschechien im Zeitraum 1990-1998 um ca. 76 % gesenkt wurden, während dieser Wert für Polen bei ca. 41 % lag. Gleichermaßen waren die Verringerungen der Stickstoffdioxidemissionen Polens für den o. g. Zeitraum mit ca. 23 % geringer als in Deutschland (ca. 34 %) und Tschechien (ca. 44 %). Eine i. Vgl. zu Deutschland höhere Emissionsverminderung konnte Tschechien auch bei den Kohlendioxidemissionen erzielen (ca. 24 %, Deutschland: ca. 13 %, Polen: 12 %). Bei den Senkungen der Kohlenmonoxidemissionen war für Deutschland eine fast 50 %ige, in Polen eine 5 %ige[381] und in Tschechien eine fast 14 %ige Verringerung charakteristisch.

[378] Vgl. GOLDMANN; SCHELLENS (1995, S. 35).
[379] Vgl. UMWELTBUNDESAMT (HRSG.) (2001, S. 59).
[380] So wurden die Luftemissionen z. B. nur bis Ende 1995 für die Neuen und Alten Bundesländer getrennt erfasst. Vgl. HENTRICH; KOMAR; VOSS; WEISHEIMER (2001, S. 15).
[381] Hier ist zu beachten, dass Daten erst ab dem Jahr 1995 verfügbar waren und die Werte daher nicht vergleichbar sind.

Bei Betrachtung der Emissions- und Produktionsentwicklung seit 1990 ist festzustellen, dass bei allen drei Benchmarking-Partnern eine Entkopplung der Emissionen vom Anstieg des Bruttoinlandproduktes erzielt wurde.[382] Nachdem in Polen und Tschechien die absoluten Schadstoffemissionen zunächst rezessionsbedingt, z. B. auf Grund von Betriebsschließungen, gesunken sind, setzte sich dieser Trend auch bei wachsender Produktion fort.[383] Ursachen hierfür stellen die Einführung additiver und integrierter Umweltschutzmaßnahmen, Umstrukturierungen der Gesamtwirtschaft sowie Energieträgersubstitutionen dar.[384] Unter der Annahme, dass im Zeitraum 1990-1998 in Deutschland durchschnittlich ein höheres Umweltschutzniveau als in Polen und Tschechien vorlag und unter Berücksichtigung der Anpassungserfordernisse Polens und Tschechiens i. R. der EU-Osterweiterung sind die erreichten Emissionsreduktionen Polens und Tschechiens trotzdem differenziert zu bewerten. In den Bereichen, in denen Tschechien i. Vgl. zu Deutschland höhere Entlastungen erzielen konnte (Stickstoffdioxid- und Kohlendioxidemissionen) wird von dynamischen Anpassungstendenzen gesprochen. Andererseits sind die erzielten absoluten Verringerungen der Schwefeldioxid- und Kohlenmonoxidemissionen Polens und Tschechiens, sowie der Stickstoffdioxid- und Kohlendioxidemissionen Polens als nicht ausreichend einzuschätzen, da sie unter dem Niveau Deutschlands lagen.[385]

Auf Grund der sinkenden Emissionsmenge ist auch für die spezifischen Kennzahlen grundsätzlich eine fallende Tendenz zu beobachten. Bei den Schwefel- und Stickstoffdioxidemissionen/Einwohner wies Deutschland 1990 und 1998 geringere Mengen auf, wobei alle drei Partner in diesem Zeitraum die Kennzahlen senkten. Die Schwefeldioxidemissionen/Fläche waren in Deutschland 1990 höher als in Polen, bis 1998 wurden sie in Deutschland auf Grund der erzielten absoluten Verringerungen unter das Niveau Polens gesenkt. Ähnliches betraf die Entwicklung der Kohlenmonoxidemissionen/Einwohner für Deutschland und Tschechien, die Deutschland zwar nicht unter, aber auf das Niveau Tschechiens reduzierte. Dies bestätigt die obige Aussage, dass die absoluten Schwefeldioxidverringerungen Polens sowie die absoluten Kohlenmonoxidemissionen Tschechiens als nicht ausreichend einzuschätzen sind. Andererseits war Deutschland 1990 i. Vgl. zu Polen durch höhere Stickstoffdioxidemissionen/Fläche, Kohlendioxidemissionen/Einwohner und Fläche und i. Vgl. zu Tschechien durch höhere Kohlenmonoxidemissionen/Fläche gekennzeichnet und hat diese bis 1998 trotz höherer absoluter Verringerungen der Emissionsmengen nicht unter bzw. nur auf das Niveau der Vergleichspartner gesenkt. Dies scheint der obigen Bewertung der zu geringen Senkungen der Emissionsmenge Polens und Tschechiens zu widersprechen. Es ist zu prüfen, ob diese Entwicklungstendenzen Deutschlands durch die Wiedervereinigung verursacht wurden und die spezifischen Luftemissionen der Neuen Länder erheblich über dem Niveau der Alten Länder lagen (vgl. dazu Tabelle 3-2). Bei der Bewertung des höheren Niveaus flächenspezifischer Kennzahlen ist zu berücksichtigen, dass 1998 die Einwohnerdichte Deutschlands (230 Einwohnern/qkm) deutlich über der Polens (120 Einwohner/qkm) und Tschechiens (131 Einwohner/qkm) lag, so dass Polen und Tschechien auch hier Nachholbedarf besitzt.

---

[382] Diese Entwicklung ist in Deutschland nicht nur für die Alten, sondern auch für die Neuen Bundesländer charakteristisch. Vgl. UMWELTBUNDESAMT; STATISTISCHES BUNDESAMT (1998, S. 8).

[383] Vgl. UMWELTBUNDESAMT (HRSG.) (1997, S. 130) sowie BFAI (HRSG.) (2000c, S. 6), (1998, S. 5).

[384] Vgl. HOMEYER; BÄR; CARIUS; DEIM (2001, S. 34).

[385] Hinzu kommen Anforderungen durch steigende verkehrsbedingte Luftverschmutzungen. Vgl. KÜHNE (1999, S. 1258).

Tabelle 3-1: Ausgewählte Emissionskennziffern Deutschlands 1990-1998

Indikatoren	Partner	1990	1991	1992	1993	1994	1995	1996	1997	1998	Veränderung 1998/90
Fläche in qkm	Deutschland	357.022	357.022	357.022	357.022	357.022	357.022	357.022	357.022	357.022	
	Polen	322.577	322.577	322.577	322.577	322.577	322.577	322.577	322.577	322.577	
	Tschechien	78.866	78.866	78.866	78.866	78.866	78.866	78.866	78.866	78.866	
Einwohner*	Deutschland	79.365.000	79.984.000	80.594.000	81.179.000	81.422.000	81.661.000	81.896.000	82.052.000	82.029.000	
	Polen	38.183.000	38.309.000	38.418.000	38.505.000	38.581.000	38.609.000	38.639.000	38.660.000	38.667.000	
	Tschechien	10.360.000	10.310.000	10.317.800	10.330.600	10.336.200	10.330.800	10.315.400	10.303.600	10.294.900	
BIP in jeweil. Preisen in Mrd. DM	Deutschland	k. A.**	2.938	3.155	3.235	3.394	3.523	3.586	3.667	3.748	
	Polen	95	127	132	142	150	182	216	250	280	
	Tschechien	52	42	47	58	67	75	87	91	98	
SO_2 (in Tonnen)	Deutschland	5.321.000	4.172.000	3.307.000	3.153.000	2.473.000	2.130.000	1.476.000	1.468.000	1.292.000	75,7
	Polen	3.210.000	2.995.000	2.820.000	2.725.000	2.605.000	2.376.000	2.368.000	2.181.00	1.897.00	40,9
	Tschechien	1.875.694	1.775.561	1.538.198	1.418.683	1.277.576	1.091.056	946.179	700.502	442.864	76,4
Tonnen/Einheit BIP	Deutschland	k. A.	1.420	1.048	975	729	605	412	400	345	
	Polen	33.681	23.600	21.408	19.175	17.332	13.050	11.938	8.731	6.766	
	Tschechien	35.965	41.831	33.028	24.520	19.160	14.631	10.856	7.674	4.518	
Tonnen/Einwohner	Deutschland	0,07	0,05	0,04	0,04	0,03	0,03	0,02	0,02	0,02	
	Polen	0,08	0,08	0,07	0,07	0,07	0,06	0,06	0,06	0,05	
	Tschechien	0,18	0,17	0,15	0,14	0,12	0,11	0,09	0,07	0,04	
Tonnen/qkm	Deutschland	14,90	11,69	9,26	8,83	6,93	5,97	4,13	4,11	3,62	
	Polen	9,95	9,28	8,74	8,45	8,08	7,37	7,34	6,76	5,88	
	Tschechien	23,78	22,51	19,50	17,99	16,20	13,83	12,00	8,88	5,62	
NO_2 (in Tonnen)	Deutschland	2.709.000	2.509.000	2.311.000	2.274.000	2.042.000	1.932.000	1.919.000	1.803.000	1.780.000	34,3
	Polen	1.280.000	1.205.000	1.130.000	1.120.000	1.105.000	1.120.000	1.154.000	1.115.000	991.000	22,6
	Tschechien	741.915	724.979	697.515	574.469	434.463	412.486	431.880	423.011	412.893	44,3
Tonnen/Einheit BIP	Deutschland	k. A.	854	732	703	602	548	535	492	475	
	Polen	13.431	9.495	8.578	7.881	7.352	6.152	5.330	4.464	3.535	
	Tschechien	14.226	17.080	14.977	9.929	6.516	5.531	4.955	4.634	4.212	
Tonnen/Einwohner	Deutschland	0,03	0,03	0,03	0,03	0,03	0,02	0,02	0,02	0,02	
	Polen	0,03	0,03	0,03	0,03	0,03	0,03	0,03	0,03	0,03	
	Tschechien	0,07	0,07	0,07	0,06	0,04	0,04	0,04	0,04	0,04	

Indikatoren	*Partner*	*1990*	*1991*	*1992*	*1993*	*1994*	*1995*	*1996*	*1997*	*1998*	*Veränderung 1998/90*
Tonnen/qkm	Deutschland	7,59	7,03	6,47	6,37	5,72	5,41	5,38	5,05	4,99	
	Polen	3,97	3,74	3,50	3,47	3,43	3,47	3,58	3,46	3,07	
	Tschechien	9,41	9,19	8,84	7,28	5,51	5,23	5,48	5,36	5,24	
CO_2 (in Tsd. Tonnen)	Deutschland	1.014.000	975.000	928.000	918.000	904.000	895.000	924.000	894.000	886.000	12,6
	Polen	384.000	388.000	363.000	372.000	348.000	348.926	373.200	362.300	338.095	12,0
	Tschechien	163.200	148.100	134.200	129.200	123.800	123.400	128.200	130.400	124.700	23,6
Tonnen/Einheit BIP	Deutschland	k. A.	331.858	294.118	283.736	266.321	254.045	257.669	243.823	236.380	
	Polen	4.029.168	3.057.402	2.755.716	2.617.680	2.315.305	1.916.470	1.723.802	1.450.429	1.205.913	
	Tschechien	3.129.246	3.489.139	2.881.524	2.233.060	1.856.660	1.654.797	1.470.909	1.428.511	1.272.213	
Tonnen/Einwohner	Deutschland	12,78	12,19	11,51	11,31	11,10	10,96	11,28	10,90	10,80	
	Polen	10,06	10,13	9,45	9,66	9,02	9,04	9,66	9,37	8,74	
	Tschechien	15,75	14,36	13,01	12,51	11,98	11,94	12,43	12,66	12,11	
Tonnen/qkm	Deutschland	2.840,16	2.730,92	2.599,28	2.571,27	2.532,06	2.506,85	2.588,08	2.504,05	2.481,64	
	Polen	1.190,41	1.202,81	1.125,31	1.153,21	1.078,81	1.081,68	1.156,93	1,123,14	1.048,11	
	Tschechien	2.069,33	1.877,87	1.701,62	1.638,22	1.569,75	1.564,68	1.625,54	1.653,44	1.581,16	
CO (in Tonnen)	Deutschland	10.916.000	9.046.000	8.522.000	7.379.000	7.237.000	6.928.000	6.710.000	6.374.000	5.425.000	49,7
	Polen	k. A.	k. A.	k. A.	k. A.	k. A.	4.547.000	4.837.000	4.700.000	4.302.000	5,4
	Tschechien	890.815	1.101.920	1.045.340	966.503	1.026.417	874.002	886.273	877.275	767.331	13,9
Tonnen/Einheit BIP	Deutschland	k. A.	3.079	2.701	2.281	2.132	1.967	1.871	1.738	1.447	
	Polen	k. A.	k. A.	k. A.	k. A.	k. A.	24.974	22.342	18.816	15.344	
	Tschechien	17.081	25.961	22.445	16.705	15.393	11.720	10.169	9.610	7.828	
Tonnen/Einwohner	Deutschland	0,14	0,11	0,11	0,09	0,09	0,08	0,08	0,08	0,07	
	Polen	k. A.	k. A.	k. A.	k. A.	k. A.	0,12	0,13	0,12	0,11	
	Tschechien	0,09	0,11	0,10	0,09	0,10	0,08	0,09	0,09	0,07	
Tonnen/qkm	Deutschland	30,58	25,34	23,87	20,67	20,27	19,40	18,79	17,85	15,20	
	Polen	k. A.	k. A.	k. A.	k. A.	k. A.	14,10	14,99	14,57	13,34	
	Tschechien	11,30	13,97	13,25	12,26	13,01	11,08	11,24	11,12	9,73	

* Jahresdurchschnitt; ** k. A. da Angaben zum BIP erst seit 1991 verfügbar.

Quelle: Eigene Berechnungen nach STATISTISCHES BUNDESAMT (1995, S. 45, 48, 635, 722, 723), (1997, S. 47, 725), (1998, S. 712), (1999a, S. 710 f.), (2000a, S. 45, 635, 698), (2000b, S. 298); CENTRAL STATISTICAL OFFICE (1996b, S. 30, 530), (1998b, S. 26, 508), (2000a, S. 201), (2000b, S. 24, 95, 97, 531); CZECH STATISTICAL OFFICE (1997b, S.56), (1998a, S. 19, 39, 105), (2000a, S. 19, 39, 125, 127).

Deutlicher wird der Nachholbedarf bei Betrachtung produktionsspezifischer Kennzahlen. Die Emissionen/BIP Deutschlands lagen 1991 bei allen Emissionsarten deutlich unter denen Polens und Tschechiens. Durch die erzielten absoluten Verringerungen hatten zwar alle drei Partner diese spezifischen Kennzahlen gesenkt, 1998 waren die Emissionen pro Einheit BIP i. Vgl. zu Deutschland für Schwefeldioxide in Polen ca. 20 mal, in Tschechien ca. 13 mal; für Stickoxide in Polen ca. 7 und in Tschechien ca. 9 mal; für Kohlendioxide in Polen und Tschechien ca. 5 mal sowie für Kohlenmonoxide in Polen ca. 11 mal und in Tschechien ca. 5 mal höher. Unter Berücksichtigung der positiven Entwicklungen der bevölkerungs- und flächenspezifischen Kennzahlen weisen die Unterschiede auf die deutlich geringere Wirtschaftskraft Polens (1998: ca. 7.200 DM erwirtschaftetes BIP/Einwohner) und Tschechiens (1998: ca. 9.500 DM erwirtschaftetes BIP/Einwohner) i. Vgl. zu Deutschland (1998: ca. 45.700 DM erwirtschaftetes BIP/Einwohner) hin. Auf Grund der zukünftig mit den Produktionszuwächsen in Polen und Tschechien zu erwartenden Emissionssteigerungen[386] ist zur Angleichung der wirtschaftsspezifischen Kennzahlen an das Niveau in Deutschland umfangreiches umwelttechnisches und -managementsystembezogenes Wissen erforderlich.

Aus Tabelle 3-2 ist ersichtlich, dass sowohl 1990 als auch 1995 die bevölkerungsspezifischen Kennzahlen der Alten Bundesländer unter denen der Neuen Länder lagen. Während die spezifischen Kohlenmonoxidemissionen in den Neuen Ländern 1990 fast doppelt so hoch wie in den Alten Ländern waren, konnten die Neuen Bundesländern bis zum Jahr 1995 - bei weiterer Verringerung dieser Kennzahl in den Alten Ländern - fast das westdeutsche Niveau erreichen. Eine ähnliche Dynamik betraf die spezifischen Schwefeldioxidemissionen, wobei der Wert für die Neuen Länder 1995 immer noch das 11fache des westdeutschen Wertes betrug. Das bedeutet, dass die vor Tabelle 3-1 beschriebenen Entwicklungstendenzen der absoluten und spezifischen Kohlenmonoxid- und Schwefeldioxidemissionen Deutschlands auch durch die in den Neuen Ländern erzielten Verringerungen zu begründen sind.[387] Die bevölkerungsspezifischen Kohlendioxid- und Stickoxidemissionen der Neuen Länder hatten sich 1995 deutlich an den westdeutschen Wert angenähert. Das ebenfalls oben beschriebene höhere Niveau der Stickstoffdioxidemissionen/Fläche sowie der Kohlendioxidemissionen/Einwohner und Fläche i. Vgl. zu Polen ist daher nicht mit einem höheren Emissionsaufkommen in den Neuen Bundesländern erklärbar.

Tabelle 3-2: Vergleich von Emissionen pro Kopf in den Alten und Neuen Bundesländern 1990 und 1995

	1990		**1995**	
	Alte Länder	***Neue Länder***	***Alte Länder***	***Neue Länder***
CO_2 in t	11,2	18,9	10,9	11,2
CO in kg	119,2	210,5	82,4	95,8
NO_x in kg	31,2	43,6	23,2	25,3
SO_2 in kg	13,9	272,1	8,9	99,4

Anmerkung: Unterschiede zu den Kennzahlen aus Tabelle 3-1 beruhen auf unterschiedlichen Datengrundlagen.
Vgl. HENTRICH; KOMAR; VOSS; WEISHEIMER (2001, S. 16).

386 Vgl. HOMEYER; BÄR; CARIUS; DEIM (2001, S. 30).
387 Vgl. ausführlicher für Schwefeldioxid UMWELTBUNDESAMT (HRSG.) (2001, S. 151).

Für weiterführende Bewertungen wird ein Vergleich mit ausgewählten EU- und OECD-Kennzahlen durchgeführt (vgl. Tabelle 3-3). Die bevölkerungsspezifischen Kennzahlen Deutschlands lagen bei allen Emissionsarten 1997 deutlich unter dem EU- bzw. OECD-Europa- sowie OECD-Durchschnitt. Gleiches betraf für Polen und Tschechien nur die spezifischen Kohlenmonoxidemissionen. Die bevölkerungsspezifischen Schwefeldioxidemissionen Polens und Tschechiens waren 1997 höher als alle anderen Vergleichsdurchschnitte. Die spezifischen Stickoxidemissionen Polens lagen 1997 zwar unter dem OECD-Europa-Durchschnitt, aber über dem EU-Durchschnitt, die Kennzahl Tschechiens lag auch hier über den anderen Vergleichswerten. Auch die produktionsspezifischen Kennzahlen Deutschlands lagen 1997 bei allen Emissionsarten unter, die Polens und Tschechiens über dem EU-, OECD-Europa- und OECD-Durchschnitt. Diese Bewertungen bestätigen die führende Rolle Deutschlands sowie - insbesondere unter Berücksichtigung des geplanten EU-Beitritts Polens und Tschechien - den Nachholbedarf beider Länder.

Tabelle 3-3: Ausgewählte Emissionskennziffern[(a)] 1995[(b)] und 1997[(c)]

	Emissionen/Kopf (kg/Kopf)						Emissionen pro Einheit BIP (kg/1000 US$) [(d)]					
	SO_x		NO_x		CO		SO_x		NO_x		CO	
	1995	1997	1995	1997	1995	1997	1995	1997	1995	1997	1995	1997
D	36,8	17,9	27,1	22,0	82,8	77,7	2,1	1,0	1,6	1,2	4,8	4,3
PL	67,6	61,3	29,0	29,9	42,0	k. A.	14,4	10,7	5,8	5,2	9,7	k. A.
CZ	105,6	68,0	39,9	41,1	84,6	85,1	12,2	6,4	4,6	3,8	9,8	8,0
EU-15	31,3	25,5	32,3	30,3	118,6	106,4	1,9	1,5	2,0	1,8	7,2	6,2
OECD Europa	35,2	29,8	29,1	28,2	100,7	96,3	2,5	2,0	2,1	1,9	7,3	6,6
OECD	40,1	39,2	39,7	40,6	148,8	136,8	2,4	2,3	2,4	2,4	9,0	7,9

Anmerkung: Bei Interpretation der OECD-Daten ist zu beachten, dass die Daten national erhoben wurden und die Datenerhebungsmethodiken, -grundlagen und -zeitpunkte von Land zu Land unterschiedlich sein können, dies aber aus den Daten nicht ersichtlich ist. Für detailliertere Informationen dazu sind daher die nationalen Quellen heranzuziehen.[388] Unterschiede zu Werten aus Tabelle 3-1 resultieren aus unterschiedlichen Datengrundlagen.
[(a)] antropogen verursachte Emissionen (Tschechien bei SO_x nur Angaben von SO_2); [(b)] Daten von 1995 oder die letztverfügbaren Daten; [(c)] Daten von 1997 oder die seit 1993 letztverfügbaren Daten (für Polen Daten von 1996)
[(d)] BIP in Preisen von 1991 und in Kaufkraftparitäten.
Quelle: OECD (Hrsg.) (1997, S. 17), (1999, S. 19).

Im Bereich der Luftemissionen sind auch zukünftig bei allen drei Benchmarking-Partnern Anpassungsreaktionen zur Verminderung der Emissionen zu erwarten, da sich auch Deutschland, Polen und Tschechien auf der Klimakonferenz in Kyoto zu Emissionssenkungen verpflichtet haben. Die Bundesregierung hat festgelegt, die Kohlendioxidemissionen bis zum Jahr 2005 i. Vgl. zu 1990 um 25 %; Schwefeldioxidemissionen bis zum Jahr 2000 auf 1.300 Tsd. Tonnen und bis zum Jahr 2005 auf 990 Tsd. Tonnen sowie andere klimabeeinflussende Emissionen zu senken.[389] Tschechien hat beschlossen, im Zeitraum von 2008 bis 2012 (Bezugsjahr 1990) die Emission von Kohlendioxid und anderen Treibhausgasen um 8 % zu verringern.[390] Zu diesem Ziel haben sich z.

[388] Vgl. OECD (HRSG.) (1997, S. 16) und (1999, S. 18).
[389] Vgl. UMWELTBUNDESAMT (HRSG.) (1997, S. 9). Vgl. UMWELTBUNDESAMT; STATISTISCHES BUNDESAMT (1998, S. 20-23) sowie ausführlich zu den Verringerungsverpflichtungen und dem aktuellen Umsetzungsstand UMWELTBUNDESAMT (HRSG.) (2001, S. 138-146).
[390] Vgl. BFAI (HRSG.) (1998, S. 10 f.).

B. auch die EU, die Schweiz, Bulgarien, Rumänien, die Slowakei, die baltischen Staaten, Liechtenstein, Monaco und Slowenien verpflichtet. Polen und Ungarn haben eine 6 %ige Verringerung beschlossen.[391] Unter Berücksichtigung der oben dargestellten Benchmarking-Ergebnisse sind für Polen und Tschechien weitere Verminderungen der produktionsspezifischen Emissionen erforderlich, wobei der Schwerpunkt auf den Schwefeldioxidemissionen (Polen und Tschechien), den Stickstoffdioxidemissionen (Tschechien) und den Kohlenmonoxidemissionen (Polen) liegt (z. B. durch Maßnahmen zur Kohleaufbereitung, Rauchgasentschwefelung, aber auch durch den verstärkten Einsatz alternativer Energien oder Substitution der Energieträger).[392]

3.1.2 Aktuelle Tendenzen und Erfordernisse im Bereich Wasser/Abwasser

In Deutschland wurde infolge sparsamerer Wasserverwendung sowohl in Haushalten als auch in den Unternehmen (z. B. durch integrierte Umweltschutztechnologien) die Wasserentnahme zwischen 1991 und 1995 um 15 % verringert (vgl. Tabelle 3-4). Der geringere Wasserverbrauch spiegelte sich in einem niedrigeren Abwasseraufkommen wider (Senkung um 5 %). Zur Steuerung des Abwasseraufkommens dienten auch die Abwassergrenzwerte für die Industrie sowie die Abwasserabgabe für die Einleitung schadstoffhaltiger Abwässer.[393]

Tabelle 3-4: Entwicklung von Wasserentnahme und Abwasseraufkommen in Deutschland

	1991	*1995*
Wasserentnahme in Mrd. m^3 (ohne Wärmekraftwerke für die öffentliche Versorgung)	17,5	14,8
Abwasseraufkommen in Mrd. m^3 (private Haushalte mit Anschluss an die öffentliche Kanalisation)	4,0	3,8
Abwasseraufkommen in Mrd. m^3 (Wärmekraftwerke, Bergbau und Verarbeitendes Gewerbe)	39,4	36,4

Quelle: UMWELTBUNDESAMT; STATISTISCHES BUNDESAMT (1998, S. 31 f.).

Da Polen zu den Ländern Europas mit geringen Wasservorräten gehört, wodurch potenziell das Problem des Wassermangels besteht, sind Verringerungs- und Investitionsbemühungen im Bereich Wasser/Abwasser hier von besonderer Bedeutung.[394] Infolge der Umstrukturierungsprozesse der Wirtschaft, Investitionen in das Wasserleitungsnetz und sparsamer Wasserverwendung sowohl von Unternehmen als auch Haushalten[395] ist in Polen im Zeitraum 1990-1999 der Wasserverbrauch um 21,4 % und das Abwasseraufkommen um 16,5 % gesunken (vgl. dazu Tabelle 3-5). Der Wasserverbrauch lag trotzdem noch deutlich über dem Niveau der OECD-Staaten.[396]

In der Zusammensetzung war ein leicht steigender Anteil des industriellen (1999: 83,3 %) und ein leicht sinkender Anteil des kommunalen Abwassers (1999: 16,7 %) zu beobachten. Das zu reini-

[391] Vgl. UMWELTBUNDESAMT; STATISTISCHES BUNDESAMT (1998, S. 19).
[392] Vgl. ausführlicher und differenzierter KAŹMIERCZYK (1997, S. 23-27) sowie ergänzend KRAMER; BRAUWEILER; URBANIEC (1999a, S. 227).
[393] Vgl. UMWELTBUNDESAMT (HRSG.) (2000, S. 4).
[394] Vgl. WELFENS (1993, S. 34 f.).
[395] Vgl. KRAMER; BRAUWEILER; URBANIEC (1999a, S. 230) und GAWLIK (2001, S. 83).
[396] Vgl. HOMEYER; BÄR; CARIUS; DEIM (2001, S. 26).

gende Abwasser war von 1990-1999 um 35 % gesunken, wobei der Anteil der (erhöht) biologischen Reinigung deutlich zugenommen hatte. Weiterhin war der Anteil des gereinigten Abwassers 1999 auf 85,9 % (1990: 67,4 %) gestiegen und des nicht gereinigten Abwassers auf 14,1 % (1990: 32,6 %) gefallen. Diese Tendenzen sind Ergebnis der erheblichen Investitionsbemühungen, so wurden z. B. im Zeitraum 1991-1995 1.653 Kläranlagen neu in Betrieb genommen.[397]

Tabelle 3-5: Wasserverbrauch, Abwasseraufkommen und -behandlung in Polen

	1980	*1990*	*1995*	*1996*	*1997*	*1998*	*1999*
Wasserverbrauch für die Volkswirtschaft in Hekto m^3	k. A.	13.590,2	11.697,8	11.619,8	11.452,8	11.014,5	10.684,5
davon Industrie in %	k. A.	69,9	71,4	73,1	73,2	73,7	72,9
Abwässer, abgeleitet in Oberflächenwasser, in Hekto m^3	***12.010,5***	***11.368,4***	***9.980,9***	***10.075,5***	***9.961,0***	***9.843,5****	***9.492,2****
davon in %:							
▪ *industrielles***	*80,5*	*79,6*	*81,4*	*82,6*	*83,0*	*83,2*	*83,3*
▪ *kommunales*	*19,5*	*20,4*	*18,6*	*17,4*	*17,0*	*16,8*	*16,7*
vor der Ableitung zu reinigendes Abwasser in Hekto m^3	***4.681,3***	***4.114,7***	***3.019,8***	***2.913,8***	***2.849,1***	***2.801,9***	***2.664,8***
davon in %:							
▪ *gereinigt*	*57,7*	*67,4*	*76,8*	*79,0*	*81,7*	*84,9*	*85,9*
mechanisch	37,9	35,5	30,4	31,0	32,0	33,1	31,9
chemisch	4,6	5,3	6,2	6,1	6,2	5,1	5,1
biologisch	15,2	26,6	37,5	37,6	35,9	35,0	34,5
erhöht biologisch***	k. A.	k. A.	2,7	4,3	7,6	11,7	14,4
▪ *nicht gereinigt*	*42,3*	*32,6*	*23,2*	*21,0*	*18,3*	*15,1*	*14,1*

* einschließlich das in den Boden abgeleitete Abwasser; ** inklusive Kühlwasser und verschmutztes Wasser aus dem Bergbau; *** vor 1995 wurde dieses Abwasser i. R. des biologisch gereinigten Abwassers ausgewiesen.
Quelle: CENTRAL STATISTICAL OFFICE (1997, S. 93), (2000a, S. 46, 148).

In Tschechien hatte sich - wie aus der nachfolgenden Tabelle 3-6 deutlich wird - im Zeitraum 1990-1999 die Trinkwasserproduktion um ca. 36 %, die Menge des eingeleiteten Abwassers um fast 38 % verringert. Dabei wurden auch die eingeleiteten Verunreinigungen reduziert.[398]

Tabelle 3-6: Trinkwasserproduktion und Abwassereinleitung in Tschechien

	1990	*1992*	*1994*	*1995*	*1996*	*1997*	*1998*	*1999*
Trinkwasserproduktion, verteilt über öffentliche Wassernetze in Mio. m^3 [399]	1.256	1.173	1.021	958	944	887	843	800
Menge eingeleiteten Abwassers in Mio. m^3	886	785,7	628,7	612,1	582,7	603,6	583,3	543,4

Quelle: Vgl. CZECH STATISTICAL OFFICE (1997b, S. 99 f.), (1998a, S. 158, 161), (2000a, S. 170, 173).

---

[397] Vgl. KRAMER; BRAUWEILER; URBANIEC (1999a, S. 230).

[398] Vgl. JOKLOVÁ (2000, S. 34).

[399] Im statistischen Jahrbuch wird die Trinkwasserproduktion in Mio. m^3, im Umweltjahrbuch (bei gleichlautenden Zahlen) in 1.000 m^3 angegeben. In Relation zur Abwassermenge ist für die Autorin die Angabe der Trinkwasserproduktion in Mio. m^3 realistisch. Vgl. CZECH STATISTICAL OFFICE (1997b, S. 99); (2000a, S. 170) oder (1998a, S. 158).

Hinsichtlich der Abwasserklärung sind im deutsch-polnisch-tschechischen Vergleich - auch bezogen auf den EU- bzw. OECD-Europa-Durchschnitt - deutliche Unterschiede festzustellen. Allerdings ist hier zu beachten, dass nicht grundsätzlich in allen Regionen der gleiche Anschlussgrad erforderlich, sondern dieser von der Siedlungsdichte und den Möglichkeiten der Nutzung dezentraler Kläranlagen abhängig ist.[400] Durch umfangreiche Umweltschutzinvestitionen im Bereich der Wasser-Abwasserwirtschaft wurde in Polen sowohl die Anzahl der Kläranlagen als auch ihre Tageskapazität und Qualität (zunehmend biologische Reinigungsstufen) verbessert.[401] Auch in Tschechien stellt(e) der Bau neuer bzw. die Modernisierung alter Abwasseranlagen einen Schwerpunkt der Umweltschutzinvestitionen dar.[402] Trotzdem lag der Anschlussgrad der polnischen, v. a. ländlichen, Bevölkerung 1998 deutlich unter dem EU, OECD-Europa und deutschem Niveau.[403] Der Anschlussgrad der tschechischen Bevölkerung erreichte 1998 das OECD-Europa-Niveau von 1997 (vgl. Tabelle 3-7). Im Vergleich dazu betrug der Anschlussgrad der ostdeutschen Bevölkerung an Kläranlagen 1989: 57 %, 1991: 60 % und 2000: 69 %.[404]

Tabelle 3-7: Anschluss der Bevölkerung an Kläranlagen in Deutschland, Polen und Tschechien 1980-1998

Land	***Anschlussgrad in %***						
	1980	***1985***	***1990***	***1995***	***1996***	***1997***	***1998***
Deutschland	*79,9*[(a)]	*84,7*[(b)]	*85,6*[(c)]	*89,0*	*k. A.*	*k. A.*	*k. A.*
Polen	*k. A.*	*k. A.*	*34,4*[(d)]	*41,5*	*43,0*	*46,6*	*49,5*
Tschechien	*43,7*	*47,5*	*50,3*	*56,0*	*58,0*	*59,2*	*62,0*
EU-15	52,0	61,0	68,0	k. A.	k. A.	73,0	k. A.
OECD Europa	46,0	53,0	61,0	k. A.	k. A.	62,0	k. A.
OECD	50,0	56,0	62,0	k. A.	k. A.	59,0	k. A.

[(a)] Daten von 1979 und nur für die Alten Bundesländer; [(b)] Daten von 1983 und nur für die Alten Bundesländer; [(c)] Daten von 1991; [(d)] Daten von 1992.

Quelle: OECD (Hrsg.) (1997, S. 74), (1999, S. 79); BFAI (HRSG.) (2000c, S. 6 f.); UMWELTBUNDESAMT; STATISTISCHES BUNDESAMT (1998, S. 32); CENTRAL STATISTICAL OFFICE (2000a, S. 498), (2000b, S. 611).

Das Benchmarking zeigte, dass für Polen und Tschechien erhebliche Verringerungen hinsichtlich der Wasserverwendung sowie v. a. des Abwasseraufkommens charakteristisch waren. Diese Ergebnisse sind allerdings unter Berücksichtigung der Wirtschaftskraft (vgl. Kapitel 3.1.1) sowie der technischen Ausstattung im internationalen Vergleich (z. B. Abwasserklärung) zu relativieren. Zur Angleichung dieser spezifischen Kennzahlen Polens und Tschechiens an das internationale Niveau sind - ebenfalls wieder unter Berücksichtigung erwarteter Produktions- und Konsumsteigerungen - auch in diesem Bereich weitere additive (z. B. Bau oder Modernisierung weiterer

[400] Vgl. HENTRICH; KOMAR; VOSS; WEISHEIMER (2001, S. 39).
[401] Vgl. BFAI (HRSG.) (2000c, S. 7).
[402] Vgl. BFAI (HRSG.) (1998, S. 5).
[403] So wird z. B. auch die Güte der Flussgewässer in Polen v. a. nach biologischen Kriterien immer noch als schlecht eingeschätzt (1997 waren nach biologischen Kriterien 84,5% der Flussabschnitte so stark verschmutzt, dass keine Zuordnung zu den drei Wassergüteklassen möglich war). Vgl. BFAI (HRSG.) (2000c, S. 6).
[404] Vgl. HENTRICH; KOMAR; VOSS; WEISHEIMER (2001, S. 18, 21).

Kläranlagen) und (produktions-)integrierte Umweltschutzinvestitionen (z. B. Kreislaufführung und Wiederverwendung industrieller Abwässer) erforderlich.[405]

3.1.3 Ergebnisse und Entwicklungsbedarf in der Abfallwirtschaft

Aus Tabelle 3-8 wird deutlich, dass in Deutschland bis 1993 Abfälle durch Bauschutt, Bodenaushub, Straßenaufbruch und Baustellen mit Abstand die größte Abfallart darstellten (ca. 42 % aller Abfälle). Es folgten Abfälle aus der Produktion (ca. 23 %) und Bergematerialien aus dem Bergbau (ca. 20 %). Dem zu Folge war das Produzierende Gewerbe der Haupt-Abfallverursacher (85 % der Gesamtabfallmenge) in Deutschland. Abfälle von privaten Haushalten, Kleingewerbe und Dienstleistungen verursachten ca. 12 % der Abfälle. Die Abfallmenge wurde im Zeitraum 1990-1993 um fast 11 % verringert.

Aus der Aufschlüsselung der Behandlungsart der angefallenen Abfälle nach Verwertung oder Beseitigung wird die starke Dominanz der Beseitigung der Abfälle deutlich, obwohl der Verwertungsanteil von 1993 zu 1990 für alle Abfallarten (mit Ausnahme der sonstigen Abfälle) gestiegen war. Während 1993 fast 59 % der Abfälle aus der Produktion verwertet wurden, wurden alle anderen Abfallarten zu 70-80 % beseitigt. Die Aufschlüsselung der Abfallbehandlungsarten nach Wirtschaftsbereichen zeigt, dass nur ca. 25 % aller im Produzierenden Gewerbe anfallenden Abfälle verwertet wurden.

Tabelle 3-8: Aufkommen und Entsorgung von Abfällen in Deutschland 1990 i. Vgl. zu 1993

	Abfallaufkommen in Mio. t		***davon in % Abfälle zur:***			
			Verwertung		***Beseitigung***	
nach Abfallarten:	***1990***	***1993***	***1990***	***1993***	***1990***	***1993***
▪ Hausmüll, hausmüllähnliche Gewerbeabfälle, Sperrmüll, Kehricht	50,2	43,5	13,6	29,9	86,4	70,1
▪ Bergematerial aus dem Bergbau	88,8	67,8	12,1	13,4	87,9	86,6
▪ Abfälle aus der Produktion	99,2	77,7	46,4	58,7	53,6	41,3
▪ Bauschutt, Bodenaushub, Straßenaufbruch, Baustellenabfälle	133,4	143,1	9,7	11,0	90,3	89,0
▪ sonstige	7,0	6,4	36,2	31,3	63,8	68,7
Summe:	***378,6***	***338,5***				

	Abfallaufkommen in Mio. t		***davon in % Abfälle zur:***			
			Verwertung		***Beseitigung***	
nach Wirtschaftsbereichen:	***1990***	***1993***	***1990***	***1993***	***1990***	***1993***
▪ Produzierendes Gewerbe	325,2	289,9	21,9	24,9	78,1	75,1
▪ Krankenhäuser	1,7	1,0	11,8	30,0	88,2	70,0
▪ Öffentliche Hand (Straßenreinigung, Kläranlagen)	5,6	5,2	14,3	17,3	85,7	82,7
▪ Private Haushalte, Kleingewerbe, Dienstleistungen	44,6	41,5	12,1	27,0	87,9	73,0
▪ Autowracks (aus allen Wirtschaftsbereichen)	1,5	0,9	100,0	100,0	0,0	0,0
Summe:	***378,6***	***338,5***				

Quelle: Eigene Berechnungen nach STATISTISCHES BUNDESAMT (1993a, S. 14, 15, 18, 19, 22, 23).

[405] Siehe differenzierter und ausführlicher KAŹMIERCZYK (1997, S. 23-27) sowie ergänzend KRAMER; BRAUWEILER; URBANIEC (1999a, S. 233).

Einschränkend, auch für spätere Bewertungen i. Vgl. zu Polen und Tschechien, ist zu berücksichtigen, dass über den gegenwärtigen Stand der Abfallwirtschaft in Deutschland auf Grund ausschließlich vorläufig aktualisierter und mit den o. g. nicht vergleichbaren Daten, nur bedingt Aussagen möglich sind. Die vorläufigen Schätzungen zeigten für das Jahr 1996 eine Gesamtabfallmenge von ca. 390 Mio. t und für das Jahr 1997 von ca. 387 Mio. t, was deutlich über den Werten aus den Jahren 1990 und 1993 liegt, aber aus den veränderten Erhebungsmethodiken resultieren kann (vgl. Tabelle 3-9). Daten über den Anteil der Abfälle zur Verwertung bzw. Beseitigung liegen noch nicht vor. Den größten Anteil besaßen auch hier Abfälle aus Bauschutt, Bodenaushub, Straßenaufbruch und Baustellenabfälle sowie die Abfälle aus der Produktion.[406]

Tabelle 3-9: Primärabfallaufkommen 1996 und 1997 in Deutschland

	Abfallaufkommen in Mio. t	
nach Abfallarten:	***1996***	***1997***
▪ Siedlungsabfälle (Hausmüll, hausmüllähnliche Gewerbeabfälle, Sperrmüll, Kehricht)	44	45
▪ Bergematerial aus dem Bergbau	54	58
▪ Abfälle aus dem Produzierenden Gewerbe und sonstige Abfälle	57	62
▪ Bauschutt, Bodenaushub, Straßenaufbruch, Baustellenabfälle	235	222
Insgesamt:	***390***	***387***

Summe der bei Produktions- und Verbrauchsprozessen entstandenen Abfälle.
Quelle: UMWELTBUNDESAMT (HRSG.) (2001, S. 60).

In Polen werden Kommunalabfälle[407] und Industrieabfälle[408] unterschieden.[409] Da bezogen auf die kommunalen Abfälle keine Angaben über die erzeugte, sondern nur über die deponierte Menge pro Jahr erhältlich sind, sind die Angaben der Kommunal- und Industrieabfälle nicht miteinander vergleichbar. Des Weiteren sind die Daten ab dem Jahr 1998 auf Grund neuer gesetzlicher Regelungen zur Abfallklassifikation nicht mit denen der Vorjahre vergleichbar. Unter Berücksichtigung dieser Einschränkungen sind aus den Angaben der Tabelle 3-10 folgende Entwicklungstendenzen erkennbar: Die Menge der pro Jahr deponierten Kommunalabfälle war 1997 gegenüber 1990 um 5,4 % gestiegen. Die Ursachen dafür liegen in der Übernahme westlicher Konsumgewohnheiten.[410] Problematisch ist, dass über 90 % der kommunalen Abfälle auf Grund unzureichender getrennter Wertstoffsammlung (unsortiert) deponiert wurden, teilweise sogar auf unkontrollierten oder ungesicherten Deponien.[411] Der industrielle Abfall stellte ca. 90 % der Gesamtabfälle dar[412] und war damit nur unwesentlich höher als der Abfallanteil des Produzierenden

[406] Vgl. UMWELTBUNDESAMT (HRSG.) (2001, S. 59 f.).
[407] Feste und flüssige Abfälle, die in Haushalten und öffentlichen Einrichtungen entstehen (Papier und Zellulose, organische Abfälle, mineralische Abfälle, Glas, Textilien, Kunststoffe, Metalle, Holz, inklusive Autowracks und Straßenabfälle aber exklusive gefährlicher Abfälle der Gesundheitsfürsorge- und Veterinäranstalten).
[408] Verschiedene Restbestände des Technologieprozesses, die durch wirtschaftliche Tätigkeiten entstehen (Flugasche und Schlacke aus Kraftwerken, Heizkraftwerken und Kesselräumen, Bergbauabfälle, Bauschutt, Phosphorgips und Klärschlämme aus Abwasserreinigung in der Phosphatdüngerindustrie, Restabfälle aus der Entschwefelung von Anlagen und sonstige).
[409] Vgl. für die nachfolgenden Ausführungen KRAMER; BRAUWEILER; URBANIEC (1999b, S. 247-254).
[410] Vgl. GAWLIK (2001, S. 85).
[411] Vgl. KRAMER; BRAUWEILER; URBANIEC (1999a, S. 232 f.); BFAI (HRSG.) (2000c, S. 8). HOMEYER; BÄR; CARIUS; DEIM (2001, S. 38) gaben sogar an, dass 99 % des gesammelten häuslichen Abfalls deponiert wird.
[412] Vgl. BFAI (HRSG.) (2000c, S. 8).

Gewerbes in Deutschland. Die Höhe der in Polen erzeugten Industrieabfälle war im Zeitraum 1990-1997 um 13,5 % gesunken. Von den erzeugten Industrieabfällen wurden 1997 ca. 56 % wirtschaftlich verwertet, d. h. intern oder extern recycelt. Im Vergleich dazu wurden 1993 in Deutschland 59 % der Industrieabfälle verwertet. Ein weiterhin großer Teil (44 %) der polnischen Industrieabfälle wurde deponiert und nur 0,2 % unschädlich gemacht, d. h. z. B. der Verbrennung zugeführt. Die im Betrachtungszeitraum 1991-1997 insgesamt auf dem Betriebsgelände gelagerten und später einer Verwertung oder Entsorgung zugeführten Abfälle erhöhten sich um ca. 23 %.

Tabelle 3-10: Entwicklung der Industrie- und Kommunalabfälle in Polen

Abfallarten	***1990***	***1991***	***1992***	***1993***	***1994***	***1995***	***1996***	***1997***	***1998***	***1999***
deponierte Kommunalabfälle/Jahr in Mio. t	11,09	10,64*	12,22**	10,64*	11,01*	11,35	11,62	12,18	12,28	12,80
erzeugte Industrieabfälle/a in Mio. t	143,9	128,3	121,8	120,5	120,9	122,7	124,5	124,5	133,1	126,3
davon in %:										
▪ verwertet[1]	53,5	51,1	52,8	53,6	54,3	54,5	55,8	64,3	68,9	72,8
▪ unschädlich gemacht[2]	0,2	0,4	0,3	0,3	0,4	0,2	0,2	0,2	36,7***	24,2***
▪ deponiert[3]	46,2	48,6	46,8	46,1	45,2	45,2	44,0	35,3	26,9	21,9
auf dem Betriebsgelände zum Jahresende angesammelte Industrieabfälle in Mio. t[4]	1.638	1.758	1.784	1.835	1.872	1.966	2.003	2.020	1.820	2.010

* ohne abgefahrene Abfälle durch kleine private Firmen; ** geschätzt; *** inklusive deponiertem Abfall.
[1] Abfälle, die in Betrieben zu eigenem (industriellem) Zweck (einschließlich energetischen und baulichen Zwecken) als Sekundärrohstoffe ganz oder teilweise, unmittelbar oder durch Umwandlung verzehrt bzw. verkauft oder kostenlos als sekundäre Rohstoffe weiter übertragen werden sowie Abfälle, die zu nicht industriellen Zwecken, insbesondere zur Bodengestaltung (Düngung oder Verbesserung des Bodens, Rekultivierungen von Tagebauen etc.) verwendet werden. [2] Physische, chemische bzw. biologische Umwandlung, um die Abfälle in einen Zustand zu überführen, wodurch sie keine Gefährdung für Menschenleben und -gesundheit sowie die Umwelt darstellen. [3] Abgefahrene Abfälle auf ober- und unterirdische Müllkippen, Halden, sedimentäre Teiche u. a. [4] Abfälle, die im Laufe des Jahres auf dem Betriebsgelände gesammelt werden und später einer anderen Verwendung oder der Entsorgung zugeführt werden.
Quelle: CENTRAL STATISTICAL OFFICE (2000a, S. 43).

Die Abfallmenge Tschechiens war im Zeitraum 1994-1999 sehr schwankend (vgl. Tabelle 3-11). Wenn trotzdem eine Entwicklungstendenz berechnet wird, so ist die Abfallmenge 1999 i. Vgl. zu 1994 um fast 26 % gesunken. Während 1994 noch 58,9 % der Abfälle durch das Produzierende Gewerbe erzeugt wurde, umfasste dessen Anteil 1999 nur noch 45,5 %. Dieser Anteil war deutlich niedriger als in Deutschland (85 %) und in Polen (ca. 90 %) und wird durch das Statistische Amt aus Betriebsschließungen und strukturellen Verschiebungen vom industriellen in den dienstleistenden Bereich i. R. des Transformationsprozesses erklärt. Verdoppelt hatten sich in diesem Zeitraum Abfälle aus der Land- und Forstwirtschaft; der kommunale Abfall hatte sich fast verdreifacht.

Tabelle 3-11: Entstehung der Abfälle nach Herkunft in Tschechien

	1994	1995	1996	1997	1998	1999*
Summe in 1.000 t	47.720	74.202	52.062	68.508	44.118	35.469
davon in %						
▪ Abfall aus der Land- und Forstwirtschaft	11,5	8,4	6,3	6,4	18,4	20,2
▪ Abfall aus Bergbau	0,4	3,2	0,3	2,8	1,4	6,6
▪ Industrieabfall	41,4	36,4	44,6	20,6	20,2	25,0
▪ Abfall aus der Energetik, ohne radioaktiven Abfall	17,4	14,3	19,8	19,4	23,6	13,9
▪ kommunaler Abfall	4,2	2,8	6,1	4,8	10,3	11,9
▪ sonstiger Abfall	25,1	34,9	22,9	46,0	26,1	22,4

*vorläufige Daten.

Quelle: Eigene Berechnungen nach CZECH STATISTICAL OFFICE (1996a, S. 75), (1997a, S. 83), (2000a, S. 91).

Bei der Abfallbehandlung (vgl. Tabelle 3-12) spielte die Überführung des Abfalls in andere Unternehmen, die diese verwerten, entsorgen oder beseitigen eine dominante Rolle. Dies nutzten alle die Unternehmen, die keine eigenen Anlagen zur Abfallbehandlung besaßen. Danach folgten biologische Abfallbehandlungsarten, die Beseitigung von Abfällen sowie die Wiederverwertung als Sekundärrohstoff im eigenen Unternehmen. Fast alle Abfälle zur Beseitigung wurden deponiert.

Tabelle 3-12: Abfallbehandlung in Tschechien 1998-1999[413]

		1998	1999
	Summe in 1.000 t	44.122	38.088
davon in %	▪ physikalisch-chemische Behandlung (z. B. Trennung, Recycling)	6,7	4,7
	▪ biologische Behandlung (z. B. Kompostierung)	18,0	19,1
	▪ Beseitigung	22,5	14,8
	davon in %: *Verbrennung*	0,8	1,7
	Deponierung	95,5	86,7
	▪ Lagerung	1,2	2,6
	▪ Überführung in andere Unternehmen	42,1	45,6
	▪ Wiederverwendung als Sekundärrohstoff	9,5	13,1
	▪ Export	0,0	0,1

Quelle: Eigene Berechnungen nach CZECH STATISTICAL OFFICE (2000a, S. 95).

Im internationalen Vergleich, der aber auf sehr inhomogenen Daten beruht (vgl. dazu Tabelle 3-13) war die Menge Siedlungsabfall/Kopf in Polen (1997) und Tschechien (1996) deutlich geringer als die Deutschlands (1993), aber auch der EU und OECD-Europa. Nach Angaben von HENTRICH; KOMAR; VOSS; WEISHEIMER betrug der einwohnerspezifische Siedlungsabfall 1990 für die Neuen Bundesländer 478 kg und für die Alten Länder ca. 358 kg.[414] D. h., dass die hohe spezifische Abfallkennzahl Deutschlands aus dem höheren spezifischen Abfallaufkommen der Neuen Länder resultierte. Die geringe spezifische Siedlungsabfallmenge Polens und Tschechiens ist aus dem geringen Produktionsniveau der Länder i. Vgl. zu Deutschland zu erklären (vgl. Tabelle 3-1). Unter der Annahme, dass mit der weiteren Steigerung der Wirtschaftsleistung

[413] Angaben früherer Jahre beziehen sich nur auf Sonder- und gefährliche Abfälle.
[414] Vgl. HENTRICH; KOMAR; VOSS; WEISHEIMER (2001, S. 28).

Polens und Tschechiens mit einem Anstieg des kommunalen Pro-Kopf-Abfalls zu rechnen ist,[415] besteht hier Handlungsbedarf im Sinne eines vorsorgenden Umweltschutzes und eines ganzheitlichen Umweltmanagements, dass nicht nur die innerbetrieblichen Stoffströme, sondern auch die der gesamten Wertschöpfungskette berücksichtigt.

*Tabelle 3-13: Siedlungsabfall im internationalen Vergleich**

	Siedlungsabfall in 1.000 t				*Abfall pro Kopf in kg/Kopf*			
	1980	*1985*	*1990*	*1997***	*1980*	*1985*	*1990*	*1997***
Deutschland	*k. A.*	*k. A.*	*k. A.*	*36.976*[(a)]	*k. A.*	*k. A.*	*k. A.*	*460*
Polen	*10.055*[(b)]	*11.087*[(b)]	*11.098*	*12.183*	*280*	*300*	*290*	*320*
Tschechien	*k. A.*	*2.600*[(c)]	*k. A.*	*3.200*[(d)]	*k. A.*	*250*	*k. A.*	*310*
EU-15	118.000	122.000	143.000	162.000	350	360	410	450
OECD Europa[(e)]	134.000	146.000	169.000	189.000	340	360	410	440
OECD[(f)]	352.000	382.000	459.000	488.000	410	440	500	500

* Siedlungsabfall ist Abfall, welcher durch oder im Auftrag der Gemeinden gesammelt wurde. Er umfasst auch Haushalts-, Gewerbe- und haushaltsähnlichen Abfall, welcher auf denselben Deponien entsorgt wird wie kommunal gesammelter Abfall; ** Daten von 1997 oder das letztverfügbare Jahr.
(a) Daten von 1993; (b) Daten umfassen auch flüssigen Abfall von Jauche-, Senkgruben und anderen Behältern;
(c) Daten von 1987; (d) Daten von 1996; (e) ohne Daten von Ostdeutschland, Tschechien, Ungarn, Polen; (f) ohne Daten von Ostdeutschland, Tschechien, Ungarn, Polen und Korea.
Quelle: OECD (1999, S. 164).

Trotz des inhomogenen Datenmaterials für den Bereich Abfall erlaubt das Benchmarking grundsätzliche Feststellungen. Im internationalen Maßstab war der geringe Anteil an Abfällen aus dem Produzierenden Gewerbe in Tschechien auffällig, obwohl die Wirtschaftsleistung (gemessen am BIP/Einwohner) 1998 höher war als in Polen (vgl. dazu Kapitel 3.1.1). Allerdings war das spezifische Industrieabfallaufkommen Polens und Tschechiens höher als der EU-Durchschnitt.[416] In Bezug auf den kommunalen Abfall ist in Polen die unzureichende Abfalltrennung und in Tschechien der Anstieg der erzeugten Menge problematisch, v. a. unter Berücksichtigung zu erwartender Produktions- und Konsumsteigerungen. Für Polen und Tschechien sind daher im Abfallbereich sowohl additive (z. B. (Aus-)Bau und Sicherung von Deponien) als auch integrierte Umweltschutzinvestitionen (z. B. materialsparende Technologien, Kreislaufführung), aber auch die Erhöhung des Umweltbewusstseins (z. B. Abfallvermeidung und -trennung) erforderlich.[417]

---

415 In den Neuen Ländern wurde von 1990 bis 1993 infolge veränderter Konsumverhalten eine Steigerung der Abfallmenge beobachtet, da Verringerungen des Abfalls des Produzierenden Gewerbes durch Zunahmen der Bau- und Siedlungsabfälle aufgehoben wurden. Vgl. HENTRICH; KOMAR; VOSS; WEISHEIMER (2001, S. 28). HOMEYER; BÄR; CARIUS; DEIM (2001, S. 41) stellen zusammenfassend für die mittel- und osteuropäischen Beitrittsländer dar: „... Eine Angleichung an das Aufkommensniveau der Mitgliedsstaaten würde einer Steigerung um 50 % im Vergleich zu 1995 entsprechen".
416 Vgl. dazu auch HOMEYER; BÄR; CARIUS; DEIM (2001, S. 37).
417 Vgl. differenzierter und ausführlicher KAŹMIERCZYK (1997, S. 23-27) sowie ergänzend KRAMER; BRAUWEILER; URBANIEC (1999a, S. 233).

3.1.4 Definition von Wissensvorsprüngen bzw. -defiziten unter Berücksichtigung der aktuellen und zu erwartenden Wirtschaftskraft

Während in den Alten Bundesländern Anfang der 90er Jahre nicht nur der additive, sondern auch der integrierte Umweltschutz zu einer der wichtigsten politischen Aufgaben gehörte, waren für die Neuen Bundesländer zu Beginn der Transformation erhebliche Umweltbelastungen charakteristisch. So waren für die ehemalige DDR im internationalen Vergleich hohe Schadstoffbelastungen durch Luftemissionen kennzeichnend. Im Abwasserbereich war der i. Vgl. zu den Alten Bundesländern geringere Anschlussgrad der Bevölkerung an Kläranlagen (1989: Alte Länder 90 %, Neue Länder 57 %) sowie die unzureichende Abwasserbehandlung (ca. 1/5 der kommunalen Abwässer wurde unbehandelt in Gewässer eingeleitet und ca. 95 % der industriellen Abwässer wurde nicht oder nicht ordnungsgemäß gereinigt) problematisch. Im Abfallbereich führten unkontrollierte und ungesicherte Müllablagerungen zu Grundwasser- und Bodenbelastungen. Die Ursachen lagen in einer unzureichenden technischen Ausstattung (z. B. fehlende mechanische und elektrische Filter oder Rauchgasentschwefelungsanlagen, Kläranlagen mit ausschließlich mechanischen Reinigungsstufen, in einem schadhaften Kanalisationssystem, unzureichend gesicherten Mülldeponien, fehlenden Umwelt- und Sicherheitsstandards der Verbrennungsanlagen), der fast ausschließlich auf schwefelhaltiger Braunkohle basierenden Strom- und Wärmeerzeugung und fehlenden ökonomischen Anreizen zur sparsamen Ressourcenverwendung.[418]

Auch Polen und Tschechien gehörten zum Zeitpunkt der wirtschaftlichen Umstrukturierungen zu den am meisten verschmutzten Ländern Europas,[419] deren Umweltprobleme ähnliche Ursachen hatten wie die in der ehemaligen DDR. Dazu zählten die jahrelangen Vernachlässigungen im investiven Bereich,[420] die Konzentration auf extensives Wirtschaftswachstum mit verbundener Dominanz einzelner industrieller Wirtschaftszweige, die sich in regional großen Industriegebieten konzentrierten (sog. „hot spots")[421] sowie die i. Vgl. hohe Energieintensität.[422] Dazu kam es auf Grund fehlender Marktpreise für Umweltgüter, der Subventionierung von unwirtschaftlichen Betrieben, fehlenden Anreizen für Innovationen und Kosteneinsparungen, mangelnder Kontrolle der Einhaltung bestehender Umweltrichtlinien sowie einem geringen Umweltbewusstsein zu einer ineffizienten Allokation der Umweltressourcen.[423]

---

[418] Vgl. HENTRICH; KOMAR; VOSS; WEISHEIMER (2001, S. 4, 10 f., 18, 25).

[419] Vgl. THE REGIONAL ENVIRONMENTAL CENTRE; CZECH ENVIRONMENTAL MANAGEMENT CENTRE (1998, S. 51) sowie BFAI (HRSG.) (2000c, S. 5).

[420] Das Investitionsdefizit führte auch hier zu einer veralteten Technik bzw. dem gänzlichen Fehlen notwendiger Filter- und Reinigungsvorrichtungen, wie z. B. Entschwefelungstechniken. Damit verbunden war ein hoher Verbrauch sowie hohe Ausfallraten der Produktion. Vgl. CLEMENS (1993, S. 163f.) sowie MICHAELOWA (1995, S. 59.)

[421] In fast allen osteuropäischen Ländern erfolgte eine Ausrichtung der Industriestruktur auf die Schwerindustrie (Chemie-, Metallurgie-, Energie- und Bergbauindustrie), die durch eine hohe Energie-, Ressourcen- und Umweltintensität gekennzeichnet war. Es wurde geschätzt, dass in Polen 11 % des Territoriums ökologisch gefährdet waren, in dem 35 % der Gesamtbevölkerung lebten (Kraków, die Danziger Bucht (Ostsee), Rybnik (Südpolen) sowie das Kupferbecken Legnica-Głogów (Zentralpolen)). Auf dem Gebiet der ehemaligen Tschechoslowakei befanden sich Problemgebiete in den Regionen bei Most (Nordböhmen), Sokolov, Prievidza und Hodonín (Südmähren). Dabei waren 58 % der Wälder in Böhmen und Mähren und 70 % der Flüsse von den Umweltproblemen betroffen. Vgl. WELFENS (1993, S. 26 f.).

[422] Vgl. MÖLLER (1997, S. 23 f.).

[423] Vgl. ausführlich zu systemimmanenten und systemübergreifenden Ursachen der Umweltverschmutzung in sozialistischen Planwirtschaften KÜHNE (1999, S. 1250-1255).

Infolge der systembedingten Umweltschäden ergab sich im Zuge der Transformation für die Neuen Bundesländer, Polen und Tschechien ein erheblicher Anpassungsbedarf zur Verringerung des Umweltverbrauchs (z. B. Wasser) sowie der Umweltbelastungen (z. B. Emissionen, Abwasser, Abfall).[424] DZIEGIELEWSKA formulierte: „The EU countries are mainly concerned with global environmental problems, such as decreasing greenhouse gas emissions, ozone-layer protection, acidification reduction, etc. The candidate countries, on the other hand, are primarily interested in solving the most pressing local environmental problems that usually include particulates and lead reduction, developing sewage treatment systems, or raising the quality of drinking water."[425] In den Neuen Bundesländern fand eine Angleichung an den westdeutschen Standard statt.[426] Das Benchmarking der Entwicklung der Emissionen, Wasserentnahme und Abwassermenge zeigte, dass auch die negativen Einwirkungen Polens und Tschechiens auf die Umwelt erheblich verringert wurden.[427] In Anlehnung an HENTRICH; KOMAR; VOSS; WEISHEIMER sind dafür folgende Ursachen zu nennen:[428] Zunächst führte die Transformation im industriellen Bereich nicht nur zu Produktionsrückgängen, sondern durch den Zusammenbruch ganzer Industriezweige auch zu Stilllegungen von Produktionsanlagen und Betrieben. In diesem Zusammenhang fand eine Umstrukturierung der Wirtschafts- und Branchenstruktur statt, wodurch umweltintensive Wirtschaftsbereiche bzw. Branchen an Bedeutung verloren (z. B. Landwirtschaft, Bergbau, Energieversorgung) und weniger umweltintensive Wirtschaftsbereiche bzw. Branchen an Bedeutung gewannen (z. B. Dienstleistungen).[429] Andererseits fanden auf Grund steigender Anforderungen umweltorientierter Anspruchsgruppen erhebliche umweltorientierte Anpassungen, Modernisierungen und Neuinvestitionen in den Betrieben statt (vgl. Kapitel 2.4.2). Auf Grundlage des Benchmarkings der Umweltzustandsindikatoren werden zusammenfassend folgende Thesen aufgestellt.

---

[424] Vgl. THE REGIONAL ENVIRONMENTAL CENTRE; CZECH ENVIRONMENTAL MANAGEMENT CENTRE (1998, S. 69) sowie KAŹMIERCZYK; REINFRIED (2000, S. 1).

[425] DZIEGIELEWSKA (2000, S. 2).

[426] Vgl. HENTRICH; KOMAR; VOSS; WEISHEIMER (2001, S. 39).

[427] Vgl. KRAMER; BRAUWEILER (1999, S. 207) oder KAŹMIERCZYK (1997, S. 13).
Die Ergebnisse des Phare-Projekts „Schwarzes Dreieck" zeigten für die Luftemissionen dieser Region von 1989 bis 1994 eine deutliche Verringerung der Schwefeldioxid-, Stickoxid- und Staubemissionen, die sich für die Emission von Schwefeldioxid und Partikeln bis zum Jahr 1997 fortsetzte, während die Werte der Stickoxidemissionen seit 1995 gleichbleibend oder leicht steigend waren (verkehrsbedingte Ursachen). Daraus folgte, dass die Jahresmittelwerte sowie die Tagesmittelwerte von Schwefeldioxid, Stickoxid, Kohlenmonoxid und Partikeln die für 1998 gültigen Grenzwerte der EU und WHO grundsätzlich nicht überschritten. Als Ursachen wurden Substitution der Braunkohle, Modernisierung, Stilllegung alter Anlagen, Umsetzung von Energieeinsparmaßnahmen in Großfeuerungsanlagen (Sachsen), Rauchgasentschwefelungsanlagen, Kesselumrüstung auf Wirbelschichtverfahren (Tschechien) und umfangreiche Modernisierung des Kraftwerkes Turow (Polen) angegeben. Vgl. ĆHMU, WIOŚ, LfUG, UBA (HRSG.) (1999, S. 47-93); ZIMMERMANN; BOTHMER (2000, S. 15-22).

[428] Vgl. HENTRICH; KOMAR; VOSS; WEISHEIMER (2001, S. 8-9). Die Autoren charakterisierten Ursachen für Umweltentlastungen nach der Transformation in den Neuen Bundesländern. Grundlegende Charakteristika sind infolge der vergleichbaren Ausgangssituation und Umstrukturierungen (Entwicklung des Wirtschaftssystems von der Plan- zur Marktwirtschaft) auch für Polen und Tschechien zutreffend.

[429] Vgl. dazu auch HOMEYER; CARIUS (2000, S. 341) und KÜHNE (1999, S. 1257). Siehe genauer zur Entwicklung der Wirtschaftsstruktur Deutschlands, Polens und Tschechiens Kapitel 4.1.

Thesen zu Wissensvorsprüngen bzw. -defiziten

Umweltzustandsindikatoren

1. Wissensvorsprünge werden aus drei Gründen Deutschland zugeordnet:

a) Deutschland wies im Kennzahlenvergleich zwischen den Benchmarking-Partnern, aber auch in Bezug auf den EU- und OECD-Europa-Durchschnitt *führende produktionsspezifische Umweltzustandsindikatoren* auf. Deutschland besitzt dadurch Erfahrungswissen beim produktionsintegrierten Umweltschutz.

b) Die Benchmarking-Analyse ergab in Teilbereichen einen *höheren technologischen Standard* Deutschlands, auch hier nicht nur i. Vgl. mit Polen und Tschechien, sondern auch bezogen auf den EU- bzw. OECD-Europa-Durchschnitt. Deutschland besitzt dadurch auch Erfahrungswissen im additiven Umweltschutz.

c) Über die kurzfristig erzielte Angleichung der ostdeutschen Umweltzustandsindikatoren an den westdeutschen Standard besitzt Deutschland *Erfahrungen bei der Umgestaltung* einer Region, die vergleichbare Ausgangsbedingungen hatte, wie die Partner Polen und Tschechien.

2. Im Umkehrschluss zu den Aussagen von 1 a) und b) werden Wissensdefizite Polen und Tschechien zugeordnet. Zwar hatten diese Benchmarking-Partner ihre absoluten Umweltbelastungen im Bereich Emissionen, Wasserverbrauch, Abwasser- und Abfallaufkommen deutlich gesenkt und eine Entkopplung der Entwicklung der Produktionsmenge von den umweltschädlichen Outputs erzielt. Trotzdem lag das *Niveau* ihrer *produktionsspezifischen Umweltbelastungskennzahlen* nicht nur deutlich *über dem Deutschlands*, sondern auch der EU oder OECD-Europa. Weiterhin wurde ein *geringerer technologischer Standard* festgestellt.

Über die Benchmarks Umweltzustandsindikatoren der Bereiche Emissionen, Wasser/Abwasser, Abfall wurden die Rahmenbedingungen des umweltorientierten Wissens untersucht. Die für Deutschland definierten Wissensvorsprünge bei der Verringerung der Umweltbelastungen weisen auf vorhandenes umwelttechnisches und umweltmanagementsystembezogenes Wissen hin. Die für Polen und Tschechien definierten Wissensdefizite implizierten, dass das vorhandene Wissen bisher nicht ausreichte, um vergleichbare Umweltstandards zu erzielen. Die nun folgende Diskussion von Kriterien zur Untersuchung der Marktrelevanz der Wissensvorsprünge und -defizite wird i. R. der in Kapitel 2.2 und Abbildung 2-2 vorgenommenen Eingrenzungen durchgeführt. Dazu werden den diskutierten Kriterien in Klammern die lfd. Nr. der Kriterien aus Abbildung 2-2 zugeordnet.

Die Wissensdefizite Polens und Tschechiens besitzen Nachfragepotenzial, da die weiteren Reduktionsnotwendigkeiten auf Grund der noch bestehenden Unterschiede in den produktionsspezifischen Umweltzustandsindikatoren (N 1), den Anforderungen für vergleichbare Umweltstandards infolge des geplanten Eintritts in die EU sowie auf Grund der Kyoto-Verpflichtungen (N 1) und unter Berücksichtigung zu erwartender Umweltbelastungen durch Produktions- sowie Konsumsteigerungen (N 1) sehr hoch sind.[430] Die Wissensvorsprünge Deutschlands besitzen Ange-

[430] An dieser Stelle wird darauf hingewiesen, dass die hier durchgeführte Bewertung der Wissensvorsprünge und -defizite unter Berücksichtigung der Wirtschaftskraft darüber hinausgehende Entwicklungen nicht ausschließt. So ist es auch möglich, →

botspotenzial, da nicht nur die produktionsspezifischen Kennzahlen im internationalen Vergleich führend (A 5) waren, sondern auch Erfahrungen bei der umweltfreundlichen Umgestaltung des Produktionsbereiches in den Neuen Bundesländern (A 5) vorliegen. Insbesondere für diese Wissensvorsprünge besteht Nachfragepotenzial der Benchmarking-Partner Polen und Tschechien (A 6). Entsprechend der Kyoto-Verpflichtungen werden auch in Deutschland zukünftig Anstrengungen unternommen, die Umweltzustandsindikatoren weiter zu verbessern (A 7).

Die hier getroffenen Bewertungen über vorhandenes bzw. fehlendes umweltorientiertes Wissen und seine potenzielle Marktrelevanz werden durch die Ergebnisse der ex post und ex ante Leistungsindikatoren Umweltschutz (vgl. Kapitel 3.2) sowie explizites Wissen und Leistungsindikatoren Umweltmanagementsysteme (vgl. Kapitel 3.3) weiter konkretisiert. I. R. des Benchmarkings der Umweltzustandsindikatoren wurde mehrfach erwähnt, dass die bisher erzielten Verbesserungen Ausdruck erheblicher Investitionsbemühungen sind. Durch das Benchmarking der ex post Leistungsindikatoren werden daher zunächst Höhe und Bereiche der getätigten Umweltschutzinvestitionen untersucht. Als Schlussfolgerung des Benchmarkings der Umweltzustandsindikatoren wurde darauf hingewiesen, dass zur weiteren Verbesserung des Umweltzustandes weitere Umweltschutzinvestitionen erforderlich sind. Durch das Benchmarkings der ex ante Leistungsindikatoren Umweltschutz wird eine Konkretisierung des entsprechenden Marktpotenzials angestrebt.

3.2 Benchmarking von ex post und ex ante Leistungsindikatoren zum umwelttechnischen Wissen

Ex post Leistungskennzahlen des Umweltschutzes wurden in Kapitel 2.5.1.3 als relative Kennzahlen über Höhe und Bereiche realisierter Umweltschutzinvestitionen definiert. Entsprechend der statistisch erfassten Umweltschutzinvestitionen in Deutschland,[431] Polen[432] und Tschechien[433]

dass Länder mit schwierigeren wirtschaftlichen Ausgangsbedingungen und einem hohen umweltorientierten Anpassungsdruck diesen Anforderungen durch eine hohe Innovationsfähigkeit gerecht werden, über die sie ihre Nachteile effizient ausgleichen. Beispielhaft sei hier die Arbeit von BRAUWEILER angeführt, der das Innovationsverhalten von Unternehmen in der sächsischen Peripherie untersuchte. Während in der Literatur zentralen Räumen i. Vgl. zu peripheren Räumen Innovationsvorteile zugerechnet werden, konnte BRAUWEILER nachweisen, dass Unternehmen der sächsischen Peripherie zwar durch ungünstigere Ausgangsbedingungen (geringer qualifiziertes Personal, ungünstigere Infrastruktur), aber durch ein mit Zentren vergleichbaren Innovationsoutput (Anzahl Patente) gekennzeichnet waren. Er begründete dies damit, dass Unternehmen aus peripheren Regionen anders innovieren. Vgl. BRAUWEILER (2002).

[431] Umweltschutzinvestitionen werden definiert als „Zugänge an Sachanlagen zum Schutz vor schädigenden Einflüssen, die bei der Produktionstätigkeit entstehen (produktionsbezogene Investitionen), sowie zur Herstellung von Erzeugnissen, die bei Verwendung oder Verbrauch eine geringe Umweltbelastung hervorrufen (produktbezogene Investitionen). Zu den produktbezogenen Investitionen zählen nur solche, die auf Grund gesetzlicher oder behördlicher Vorschriften bzw. Auflagen oder auf Grund von Selbstverpflichtungserklärungen gegenüber der Bundesregierung erfolgt sind. Die Umweltschutzinvestitionen umfassen den Wert der Bruttozugänge an erworbenen und für eigene Rechnung selbst erstellten (einschl. der noch im Bau befindlichen) Sachanlagen für Zwecke des Umweltschutzes. Kosten der Finanzierung, des Erwerbs von Beteiligungen, Wertpapieren usw., des Erwerbs von Konzessionen, Patenten, Lizenzen usw. sowie des Erwerbs von ganzen Unternehmen sind nicht enthalten." STATISTISCHES BUNDESAMT (2000a, S. 674).

[432] Umweltschutzinvestitionen beziehen sich auf finanzielle und sachliche Aufwendungen, deren Ziel die Schaffung von neuen Sachanlagen bzw. Verbesserungen (Umbau, Aufbau, Rekonstruktion, Adaption und Modernisierung) bestehender Anlagen oder Objekte ist und auch Aufwendungen für die Ausstattung dieser Investitionen umfassen. Vgl. CENTRAL STATISTICAL OFFICE (2001, S. 436).

[433] Umweltschutzinvestitionen umfassen Ausgaben für den Kauf von Sachanlagen oder Investitionen ohne Zahlungen durch Transfer oder Reallokation. Vgl. CZECH STATISTICAL OFFICE (2000a, S. 33).

ist erkennbar, dass hier *ausschließlich (Sach-)Anlageinvestitionen* berücksichtigt werden. In Bezug auf die nach dem Investitionsobjekt differenzierbaren Real- und Finanzinvestitionen[434] wird somit deutlich, dass:

a) die Finanzinvestitionen (z. B. zum Erwerb von Forderungs- oder Beteiligungstiteln) nicht und
b) von den Realinvestitionen nur die materiellen, nicht aber die immateriellen Investitionen (z. B. Investitionen in immaterielle Vermögensgegenstände (Konzessionen, Rechte, Lizenzen), die Organisation, das Personal, die Bildung, Forschung und Entwicklung oder Werbung)

berücksichtigt werden. D. h., dass die hier durchgeführte Analyse sich nur auf den Teilbereich der Umweltschutzinvestitionen in Sachanlagen bezieht. Für eine differenziertere Analyse des umweltorientierten Wissens in diesem Bereich, die auch die immateriellen Real- und nominalen Umweltschutzinvestitionen umfasst, besteht weiterführender Forschungsbedarf.

I. R. dieser Analyse wird die Höhe der Umweltschutzinvestitionen einerseits absolut sowie andererseits relativ, d. h. in Bezug auf die Wirtschaftskraft und die Gesamtinvestitionen, dargestellt. Die Investitionsbereiche werden durch Berechnung der prozentualen Verteilung der absoluten Investitionssumme berechnet (vgl. Kapitel 3.2.1).

Auch die Datengrundlage dieser Kennzahlen sind sekundärstatistische Daten der jeweiligen nationalen statistischen Jahrbücher. Da die auf nationaler Ebene erhobenen Daten durch Unterschiede in der Datengrundlage, in der Strukturierung der Bereiche der Umweltschutzinvestitionen sowie der Differenzierung zwischen additiven und integrierten Investitionen gekennzeichnet sind, sind internationale Vergleiche nur bedingt möglich. So werden die Umweltschutzinvestitionen nach Bereichen in Deutschland nur für das Produzierende Gewerbe, in Polen und Tschechien dagegen für die Gesamtwirtschaft ausgewiesen. Bei der Bildung von relativen Kennzahlen werden daher für Deutschland im Nenner Angaben für das Produzierende Gewerbe, für Polen und Tschechien für die Gesamtwirtschaft verwendet. Da die Wirtschaftskraft des Produzierenden Gewerbes in Deutschland nur als Bruttowertschöpfung ausgewiesen wird, i. d. R. aber ein Bezug der Umweltschutzinvestitionen auf das BIP (so auch für Polen und Tschechien) erfolgt, ergeben sich auch hier weitere Unterschiede im Nenner.[435] Zum anderen erfolgt bei allen drei Benchmarking-Partnern eine unterschiedliche Gliederung der Umweltschutzinvestitionen nach Bereichen. Während Investitionen für Luft, Wasser und Naturschutz bei allen Partnern ausgewiesen werden, erfolgt die Angabe von Umweltschutzinvestitionen für

- Lärmbekämpfung nur für Deutschland und Polen;
- Abfallwirtschaft nur für Deutschland und Tschechien;
- Bodensanierung nur für Deutschland und Polen (in Tschechien gemeinsam mit Grundwasserschutz und zusätzlich zum Wasserschutz) und
- Gesundheitsschutz nur für Tschechien.

Das letzte Berichtsjahr ist für Deutschland 1997, für Polen 1999 und für Tschechien 1998.

---

434 Vgl. für viele MATSCHKE (1993, S. 36-40).

435 Das Bruttoinlandsprodukt beschreibt die im Inland erzielte Produktionsleistung, während die Bruttowertschöpfung den Bruttoproduktionswert abzüglich der Vorleistungen darstellt. Dem zu Folge ergibt sich das Bruttoinlandsprodukt aus der Bruttowertschöpfung zuzüglich der Nettogütersteuern. Vgl. STATISTISCHES BUNDESAMT (2000a, S. 636).

Durch die oben dargestellte Definition der statistisch erfassten Umweltschutzinvestitionen werden grundsätzlich additive und integrierte Investitionen berücksichtig. Da integrierte Umweltschutzinvestitionen als Teil einer neuen Anlage/Technologie i. d. R. nicht isoliert erfassbar sind - im Gegensatz zu additiven Maßnahmen, die i. d. R. den Anlagen/Technologien separat nachgeschaltet werden - ergeben sich Probleme bei der Erfassung integrierter Umweltschutzinvestitionen. Aus diesem Grund ist es nach dem Umweltstatistikgesetz in Deutschland seit 1996 nicht mehr erforderlich, Investitionen in integrierte Umweltschutzmaßnahmen nachzuweisen. Dies bedeutet, dass bei den nachfolgenden statistischen Angaben und Bewertungen zu berücksichtigen ist, dass die Umweltschutzinvestitionen vor 1996 additive und integrierte, ab 1996 nur additive Maßnahmen umfassen.[436] Nach Auskunft der statistischen Ämter in Warschau und Prag werden in Polen und Tschechien keine Differenzierungen zwischen additiven und integrierten Umweltschutzinvestitionen durchgeführt, die Investitionen müssen aber einen deutlichen Bezug zum Umweltschutz aufweisen. Für diese beiden Benchmarking-Partner sind dadurch keine Aussagen über die Art der Investitionen möglich.

Als ex ante Leistungsindikatoren des Umweltschutzes wurden in Kapitel 2.5.1.3 Kennzahlen zu dem zukünftigen Marktpotenzial für Höhe und Bereiche von Umweltschutzinvestitionen definiert. Auch hier erfolgt eine Beschränkung auf (Sach-)Anlageinvestitionen. Unter Marktpotenzial wird in Anlehnung an das UMWELTBUNDESAMT der „... Umweltsanierungsbedarf eines Landes, das heißt ... Investitionsbedarf, der nötig ist, um ein bestimmtes Umweltschutzniveau zu erreichen“[437] verstanden. Unter Berücksichtigung der Kaufkraft ist gerade in den mittel- und osteuropäischen Staaten (aber nicht nur dort) das Marktpotenzial i. d. R. höher als das realisierte Marktvolumen, d. h. als die „... Menge an Umweltschutzgütern und Umweltschutzdienstleistungen, die unter Kostengesichtspunkten ... auf dem Umweltschutzmarkt in tatsächliche Nachfrage umgesetzt werden kann.“[438] Die erforderlichen Daten können nur aus entsprechenden Prognosen oder Studien entnommen werden, wobei sich die Verfügbaren hinsichtlich des Betrachtungszeitraumes, der Anzahl der betrachteten Länder oder Regionen, des Detaillierungsgrades von Investitionshöhen bzw. -bereichen sowie der Transparenz und Elemente der Daten- und Berechnungsgrundlagen unterscheiden. Da sich aus diesen Gründen die zum gegenwärtigen Zeitpunkt vorliegenden Studien in ihrem Informationsgehalt ergänzen, werden sie nachfolgend im Zusammenhang betrachtet. Den Ausgangspunkt stellen Studien mit regionalen Angaben dar, später folgen Studien mit länder- bzw. bereichsspezifischen Informationen. Entsprechend der Inhomogenität des Datenmaterials sind keine internationalen Vergleiche, sondern nur tendenzielle Aussagen möglich (vgl. Kapitel 3.2.2).

Die Thesen zu Wissensvorsprüngen und -defiziten der Benchmarking-Partner werden - unter Berücksichtigung des inhomogenen Datenmaterials - auf Basis der vergleichenden Bewertung der ex post und ex-ante Angaben zu Umweltschutzinvestitionen definiert. Bei der Bewertung berücksichtigt werden auch die durch die Umweltschutzinvestitionen bisher erworbenen Fähigkeiten zum Aufbau einer eigenständigen Umwelttechnikindustrie. Abschließend werden Kriterien der Marktrelevanz der Wissensvorsprünge und -defizite diskutiert (vgl. Kapitel 3.2.3).

---

[436] Auf EU-Ebene sollen die Voraussetzungen dafür geschaffen werden, zukünftig integrierte Umweltschutzinvestitionen zu erfassen. Vgl. BECKER (2001, S. 23).

[437] UMWELTBUNDESAMT (HRSG.) (1997, S. 69 f.).

[438] UMWELTBUNDESAMT (HRSG.) (1997, S. 69).

3.2.1 Beitrag realisierter Umweltschutzinvestitionen zur Harmonisierung der Umweltstandards

Im Zusammenhang mit den steigenden umweltpolitisch-rechtlichen Regelungen war in der Bundesrepublik Deutschland seit den 70er Jahren auch die Nachfrage nach Umwelttechnik gestiegen.[439] Aus Gründen der Zeitraumvergleichbarkeit werden im Weiteren nur Kennzahlen der 90er Jahre betrachtet. Die Angaben aus Tabelle 3-14 zeigen, dass in Deutschland im Zeitraum 1991-1994 die Höhe der absoluten Umweltschutzinvestitionen relativ stabil geblieben und ab dem Jahr 1995 deutlich gesunken ist. Dies führte dazu, dass die inflationsbereinigte durchschnittliche jährliche Wachstumsrate der Umweltschutzinvestitionen des Produzierenden Gewerbes in Deutschland -12,2 % betrug. Der Anteil an den Gesamtinvestitionen betrug im Zeitraum 1991-1995 zwischen 5 und fast 7 %, der an der Bruttowertschöpfung ca. 1 %. 1996 ist der Anteil der Umweltschutzinvestitionen an den Gesamtinvestitionen auf 4 % bzw. 1997 auf 3 % gesunken. Der Anteil an der Bruttowertschöpfung verringerte sich auf 0,6 % (1996) bzw. 0,4 % (1997). Die Verringerungen der Umweltschutzinvestitionen seit 1996 sind z. T. aus den veränderten statistischen Erhebungsmethoden, infolge derer seit 1996 Investitionen in den integrierten Umweltschutz statistisch nicht mehr erfasst werden, zu erklären. HAUFF; SOLBACH stellten in einer Untersuchung für das Verarbeitende Gewerbe fest, dass im Zeitraum 1975-1994 die integrierten Umweltschutztechnologien einen durchschnittlichen Anteil von 18 % an den Investitionen besaßen (Anteil der additiven Technologien 76,6 %, die restlichen Investitionen bezogen sich auf produktbezogene Maßnahmen).[440] Im Vergleich zu den negativen Wachstumsraten von -15,6 % (1994-1995), -32,6 % (1995-1996) und -29,6 % (1996-1997) können aus den veränderten statistischen Erhebungsmethodiken nur ein Teil der gesunkenen Investitionsausgaben erklärt werden. I. R. dieser Arbeit wird daher durch Aufschlüsselung der Investitionsdaten nach Alten und Neuen Bundesländern geprüft, ob die im Zeitraum 1991-1994 zunächst stabilen Investitionsausgaben von ca. 8-8,5 Mrd. DM jährlich auf dem verstärkten Investitionsbedarf der Neuen Bundesländer beruhten und sich auch dort nach Erzielung eines mit den Alten Ländern vergleichbaren umwelttechnischen Niveaus die Umweltschutzinvestitionen verringert hatten (vgl. Tabelle 3-15). Darüber hinaus haben grundsätzlich auch die nationalen umweltpolitischen und -rechtlichen Schwerpunktsetzungen Einfluss auf die Höhe der Umweltschutzinvestitionen.[441] Hier besteht weiterführender Forschungsbedarf im Sinne einer umfassenden Untersuchung möglicher Einflussfaktoren und ihrer Auswirkungen für die im Betrachtungszeitraum differenzierten jährlichen Zuwächse.

---

[439] Vgl. HAUFF; SOLBACH (1999, S. 67).
[440] Vgl. HAUFF; SOLBACH (1999, S. 73)
[441] In Anlehnung an KAŹMIERCZYK (1997, S. 23) oder URBANIEC; KRAMER (2000, S. 44).

belle 3-14: Struktur der Umweltschutzinvestitionen des Produzierenden Gewerbes in Deutschland 1991-1997

	Umweltschutzinvestitionen									Anteil in % an:	
	insgesamt	***Inflationsrate des Investitionsgüter produzierenden Gewerbes in %***	***inflationsbereinigte Veränderung zum Vorjahr in %***	in % für						***Gesamtinvestitionen***	***Bruttowertschöpfung***
ıhr	***in Mio. DM lfd. Preise***			***Abfallwirtschaft***	***Gewässerschutz***	***Lärmbekämpfung***	***Luftreinhaltung***	***Naturschutz und Landschaftspflege***	***Bodensanierung***	***des Produzierenden Gewerbes***	
91	8.066	2,9	k. A.*	12,1	32,9	4,5	50,5	k. A.	k. A.	5,3	1,0
92	8.808	2,7	8,2	10,6	35,7	4,1	49,5	k. A.	k. A.	5,6	1,0
93	8.553	1,6	-3,9	13,2	31,5	3,3	51,9	k. A.	k. A.	6,1	1,1
94	8.643	0,4	0,0	9,7	35,3	3,6	51,3	k. A.	k. A.	6,6	1,1
95	7.385	1,4	-15,6	10,4	38,8	4,4	46,4	k. A.	k. A.	5,5	0,9
96	5.081	1,1	-32,2	12,5	25,7	3,5	56,5	1,1	0,7	4,1	0,6
97	3.629	0,7	-29,6	14,1	34,1	5,2	44,7	1,4	0,6	3,0	0,4**

eine Angabe möglich, da die Umweltschutzinvestitionen 1990 nur für die Alten Bundesländer ausgewiesen werden.

i. Vgl. dazu betrug der Anteil der Gesamtinvestitionen an der Bruttowertschöpfung ca. 14 %.

ıelle: Eigene Berechnungen nach STATISTISCHES BUNDESAMT WIESBADEN (1994, S. 731), (1997, S. 628, 631, 712), (1998, S. 700), (1999a, S. 670, 698) und)00a, S. 599, 640, 677).

Wie aus Tabelle 3-14 ersichtlich ist, flossen die Investitionen zu ca. 50 % in die Luftreinhaltung, zu ca. 30 % in den Gewässerschutz und zu ca. 10 % in die Abfallwirtschaft. Diese Schwerpunktsetzung war eine Ursache für die in Kapitel 3.1.1 dargestellten Entlastungseffekte im Bereich der Luftemissionen, wenn gleich die bestehenden Umweltprobleme nicht ausschließlich durch die Umsetzung von Umweltschutzinvestitionen lösbar sind.[442] Entsprechend der Verringerungserklärungen sind auch zukünftig Umweltschutzinvestitionen in diesem Bereich zu erwarten. Unter Berücksichtigung der statistisch gesunkenen Ausgaben für Umweltschutzinvestitionen sind Verlagerungseffekte zu den integrierten Umweltschutzinvestitionen zu ermitteln.

Werden die Umweltschutzinvestitionen nach Alten und Neuen Bundesländern differenziert, so ist ersichtlich, dass sie absolut in den Alten Bundesländern seit 1991 gesunken, während die der Neuen Bundesländer bis zum Jahr 1994 gestiegen und erst seit 1995 gesunken sind (vgl. Tabelle 3-15). Diese Tendenzen lassen sich bei Betrachtung relativer Kennzahlen noch deutlicher beschreiben. So ist der Anteil der Umweltschutzinvestitionen an der Bruttowertschöpfung in den Alten Ländern kontinuierlich gesunken, während er sich in den Neuen Ländern von 1991 (1,7 %) bis 1994 (5,5 %) verdreifacht hatte. Zwar war die Kennzahl bis zum Jahr 1997 wieder auf ca. 1,1 % gefallen, dieser Anteil war aber trotzdem noch höher als der der Alten Bundesländer (1997: 0,3 %). Eine ähnliche Bewertung ist für die Entwicklung des Anteils der Umweltschutzinvestitionen an den Gesamtinvestitionen von Unternehmen mit Umweltschutzinvestitionen zu treffen.

Tabelle 3-15: Umweltschutzinvestitionen des Produzierenden Gewerbes der Alten und Neuen Länder 1991-1997

	1991	*1992*	*1993*	*1994*	*1995*	*1996*	*1997*
Umweltschutzinvestitionen							
▪ Alte Länder	6.327	6.056	5.013	4.239	3.545	3.471	2.596
▪ Neue Länder	1.105	2.477	3.174	4.062	3.525	1.609	944
Anteil Umweltschutzinvestitionen an der Bruttowertschöpfung (%)							
▪ Alte Länder	0,79	0,75	0,66	0,55	0,45	0,45	0,33
▪ Neue Länder	1,71	3,91	4,59	5,50	4,51	1,91	1,08
Umweltschutzanteil an den Gesamtinvestitionen von Betrieben mit Umweltschutzinvestitionen (%)							
▪ Alte Länder	5,2	5,1	5,1	4,7	3,8	3,5	2,8
▪ Neue Länder	6,6	10,4	11,8	14,5	12,3	5,8	3,4

Quelle: Vgl. HENTRICH; KOMAR; VOSS; WEISHEIMER (2001, S. 6) sowie eigene Berechnungen nach ebenda und ARBEITSKREIS VOLKSWIRTSCHAFTLICHE GESAMTRECHNUNG DER LÄNDER (2001) sowie STATISTISCHES BUNDESAMT (1999a, S. 677).

Die beschriebenen Entwicklungstendenzen werden folgendermaßen erklärt: In den Neuen Bundesländern waren durch die Gültigkeit des westdeutschen Umweltrechts auf Grund der Wiedervereinigung und der mittelfristigen Übernahme der EU-Richtlinien dynamische Anpassungsreaktionen erforderlich (vgl. Kapitel 2.4.1). Diese wurden z. T. durch spezielle deutsche bzw. europäische Förderprogramme finanziell unterstützt.[443] Die oben beschriebenen Entwicklungen sind somit Ausdruck dafür, dass in kurzer Zeit mit einem erheblichen Investitionsaufwand die erforderli-

[442] Entsprechend den umweltpolitisch und -rechtlichen Rahmenbedingungen zählen auch Maßnahmen zur Umweltbewusstseinserhöhung (d. h. Änderung der Konsumgewohnheiten), die auf einen geringeren oder effizienteren Verbrauch von Inputs oder auf Veränderungen der Produktprogrammgestaltung zielen, zu einem ganzheitlichen Lösungsansatz.

[443] Vgl. HENTRICH; KOMAR; VOSS; WEISHEIMER (2001, S. 5).

chen Umweltschutzstandards erreicht wurden.[444] Die stabile Höhe der in Tabelle 3-14 dargestellten absoluten Umweltschutzinvestitionen bis zum Jahr 1994 beruhte somit auf dem steigenden Anteil der Umweltschutzinvestitionen in den Neuen Ländern und lässt sich als Wiedervereinigungseffekt bezeichnen.

In Polen hatten sich die absoluten Umweltschutzinvestitionen von 1990 bis 1999 mit einem durchschnittlichen jährlichen Wachstum von 21, 8 % entwickelt (vgl. Tabelle 3-16).[445] Dabei ist zu beachten, dass bis zum Jahr 1998 die Umweltschutzausgaben gestiegen und sich im Jahr 1999 i. Vgl. zum Vorjahr um 10,1 % verringert hatten. Der Anteil der Umweltschutzinvestitionen an den Gesamtinvestitionen erhöhte sich von 3,6 % (1990) auf 6,8 % (1999), ihr Anteil am BIP von 0,7 % (1990) auf 1,4 % (1999). Der Anteil der Umweltschutzinvestitionen am BIP wird i. Vgl. zu westeuropäischen Staaten als deutlich höher eingeschätzt.[446] Um bis zum Jahr 2010 vergleichbare Umweltstandards wie Deutschland vorweisen zu können, sind weitere Erhöhungen bzw. die Stabilisierung der Umweltschutzinvestitionen auf dem beschriebenen Niveau erforderlich.[447]

Während bis 1994 der Schwerpunkt der Investitionen im Gewässerschutz lag, war dann eine überproportionale Steigerung der Investitionen für die Luftreinhaltung zu verzeichnen. Dies hing eng mit den Umstrukturierungen des Energiesektors zusammen. Auf Grund des 1998 verabschiedeten Abfallgesetzes ist auch in diesem Bereich mit Steigerungen der Umweltschutzinvestitionen zu rechnen.[448] Unter Berücksichtigung der bei weiteren Produktions- und Konsumsteigerungen in Kapitel 3.1.3 abgeleiteten Erfordernisse zur Senkung der pro-Kopf-Abfallmenge in Polen ist dies auch erforderlich. Daten dazu sind allerdings aus der nachfolgenden Tabelle nicht ersichtlich, da keine expliziten Angaben zu Umweltschutzinvestitionen im Bereich der Abfallwirtschaft vorlagen. Für die Investitionen in den Bodenschutz (die Angaben zum Abfallmanagement einschließen) sind differenzierte Entwicklungen erkennbar. Während zwischen 1990-1992 ca. 15-20 % der Investitionen für den Bodenschutz aufgewendet wurden, sank dieser Anteil bis 1999 auf ca. 8 %. 1999 verteilten sich die weiteren Umweltschutzinvestitionen zu ca. 47 % auf die Luft- und zu ca. 44 % auf die Wasserreinhaltung. Diese Schwerpunktsetzung bestätigt den in den Kapiteln 3.1.1 und 3.1.2 abgeleiteten Handlungsbedarf im Bereich der Luftemissionen sowie der Abwasserklärung. Die schon erzielten Verringerungen der Luftemissionen haben aber gezeigt, dass die bisherigen Umweltschutzinvestitionen in diesem Bereich nicht ausreichend waren, um die spezifischen (v. a. produktionsbezogenen) Kennzahlen dem internationalen Standard anzupassen.

---

[444] Vgl. HENTRICH; KOMAR; VOSS; WEISHEIMER (2001, S. 6).
[445] Die Klärung der schwankenden Wachstumsraten (vgl. Tabelle 3-16) stellt auch hier einen weiteren Forschungsbedarf dar.
[446] Vgl. NILL; LÜNENBÜRGER; PETSCHOW (2000a, S. 7).
[447] Vgl. BFAI (HRSG.) (2000c, S. 10).
[448] Vgl. JÁSKIEWICZ (1999, S. 17 f.).

Tabelle 3-16: Struktur der Umweltschutzinvestitionen in Polen 1990-1999

Jahr	Umweltschutzinvestitionen								Anteil in %:	
	insgesamt in Mio. Zl lfd. Preise	*Inflationsrate der Investitionsgüterpreise in %*	*inflationsbereinigte Veränderung zum Vorjahr in %*	in % für						
				Wasserwirtschaft	*Luftreinhaltung*	*Bodenschutz*	*Natur, Landschaft und biologische Vielfalt*	*Lärmschutz*	*an Gesamtinvestitionen*	*am BIP*
1990	415,2	k. A.	k. A.	48,3	30,5	20,8	0,2	0,1	3,6	0,7
1991	840,0	40,9	61,4	45,0	40,0	14,8	0,1	0,1	5,0	1,0
1992	1.197,1	34,5	8,0	47,0	35,9	16,9	0,1	0,1	5,9	1,0
1993	1.512,1	31,9	-5,6	51,4	39,0	9,4	0,1	0,2	6,1	1,0
1994	2.127,6	25,3	15,4	47,1	44,3	8,3	0,1	0,3	6,3	1,0
1995	3.170,9	25,4	23,6	36,6	53,4	9,5	0,2	0,3	6,7	1,0
1996	6.137,9	12,4	81,2	35,2	58,5	5,9	0,1	0,2	9,4	1,6
1997	7.263,2	12,2	6,1	41,1	51,6	7,0	0,0	0,3	8,1	1,6
1998	8.938,5	7,3	15,8	38,3	52,0	9,2*	0,1	0,4	8,0	1,6
1999	8.533,9	5,6	-10,1	44,1	47,4	8,2	0,1	0,2	6,8	1,4**

* Im Statistischen Jahrbuch 2000 wird unter dieser Kategorie „Waste management“ explizit ausgewiesen.

** Im Vergleich dazu betrug der Anteil der Gesamtinvestitionen am BIP ca. 20 %.

Quelle: Eigene Berechnungen nach CENTRAL STATISTICAL OFFICE (1996b, S. 44, 489, 510), (1998b, S. 35, 453, 508), (2000b, S. 33, 500) und BUNDESMINISTERIUM FÜR WIRTSCHAFT (HRSG.) (1996, S. 13) und (1997, S. 30) sowie BFAI (HRSG.) (2000b, S. 7).

Auch in Tschechien sind die Umweltschutzinvestitionen von 1990 bis 1997 deutlich gestiegen, während für 1998 eine sinkende Tendenz ersichtlich war. Das inflationsbereinigte durchschnittliche Wachstum der Umweltschutzinvestitionen betrug im Zeitraum 1990-1998 12,5 % (vgl. Tabelle 3-17) und war damit deutlich niedriger als in Polen. Der Anteil der Umweltschutzinvestitionen an den Gesamtinvestitionen war von 1992 bis 1998 von 8,4 % auf 5,9 % gesunken und ebenfalls niedriger als in Polen. Der Anteil am BIP ist dagegen von 1990 bis 1997 von 1,1 % auf 2,5 % gestiegen. 1998 war eine fallende Tendenz auf 2,0 % zu beobachten. Diese Kennzahl ist i. Vgl. zu Polen höher und kann auch im internationalen Maßstab als hoch eingeschätzt werden.[449] Dies zeigt, dass obwohl die Wachstumsrate der absoluten Ausgaben für Umweltschutz niedriger war als in Polen, bezogen auf die erzielte Wirtschaftsleistung in Tschechien mehr, bezogen auf die Investitionsausgaben weniger in den Umweltschutz investiert wurde. Wie die spezifischen Kennzahlen des Umweltzustandes Tschechiens i. Vgl. zu Deutschland oder der EU in den Kapiteln 3.1.1-3.1.3 gezeigt haben, sind zur Anpassung des Umweltstandards an das internationale Niveau auch in Tschechien in der Zukunft weitere Umweltschutzinvestitionen erforderlich.

Die Struktur der Ausgaben für Umweltschutzinvestitionen zeigte bis 1993 Schwerpunkte für den Bereich des Wasserschutzes, gefolgt von Ausgaben für den Luft- und Klimaschutz. Seit 1994 hat sich das Ausgabenverhältnis gewandelt, die Wasser-/Abwasserbehandlung ist durch die erfolgten Investitionen verbessert worden, primärer Investitionsbereich war nun der Luft- und Klimaschutz.[450] Somit wurden 1998 fast 60 % für den Luft- und Klimaschutz und ca. 25 % für den Wasserschutz investiert. Die Schwerpunktsetzung auf den Luft- und Klimaschutz spiegelte sich in den spezifischen Emissionskennzahlen wider, die in einigen Bereichen besser waren als in Polen (vgl. Kapitel 3.1.1). Auch in der Zukunft ist eine Schwerpunktsetzung auf den Bereich Luft- und Klimaschutz erforderlich. Die Investitionen für Abfallmanagement sind seit 1990 (18,1 %) bis 1998 (13,4 %) leicht gesunken, allerdings mit deutlichen Einbrüchen 1995-96 (8,6 % bzw. 9,1 %). Im Vergleich zu Polen sind die deutlich geringeren prozentualen Anteile für den Bodenschutz (1998: 1,6 %) auffällig. Dies ist daraus zu erklären, dass Investitionen in die Abfallwirtschaft gesondert ausgewiesen wurden.

[449] Vgl. HOMEYER; BÄR; CARIUS; DEIM (2001, S. 186).
[450] Siehe dazu auch HŘEBÍČEK (2000, S. 17-24).

Tabelle 3-17: Struktur der Umweltschutzinvestitionen in Tschechien 1988-1998

	Umweltschutzinvestitionen									Anteil in %:	
				in % für							
Jahr	***insgesamt in Mio. Kc lfd. Preise***	***Inflationsrate Industriegüterpreise in %***	***inflationsbereinigte Veränderung zum Vorjahr in %***	***Wasserschutz***	***Luft-/ Klimaschutz***	***Abfallmanagement***	***Landschaftsschutz***	***Gesundheitsschutz***	***Boden- u. Grundwasserschutz***	***an Gesamtinvestitionen***	***am BIP***
1988	2.970	k. A.	k. A.	61,5	19,7	18,8	k. A.	k. A.	k. A.	k. A.	k. A.
1989	3.602	k. A.	k. A.	63,0	19,2	17,7	k. A.	k. A.	k. A.	k. A.	k. A.
1990	6.048	k. A.	k. A.	54,0	27,9	18,1	k. A.	k. A.	k. A.	k. A.	1,1
1991	9.376	70,4	-15,4	49,3	34,0	15,2	1,5	k. A.	k. A.	k. A.	1,3
1992	16.954	9,9	70,9	42,6	33,9	18,4	0,4	4,6	k. A.	8,4	2,1
1993	19.890	13,1	4,2	43,8	39,6	14,5	0,5	1,5	k. A.	7,8	2,2
1994	28.272	5,3	36,8	38,4	47,7	11,1	0,6	2,3	k. A.	8,5	2,5
1995	32.252	7,6	6,5	31,8	55,5	8,6	1,2	3,0	k. A.	7,0	2,4
1996	37.911	4,8	12,7	28,7	56,6	9,1	1,7	1,5	2,3	6,5	2,4
1997	41.107	4,9	3,5	28,9	54,3	11,6	2,6	1,1	1,5	6,4	2,5
1998	35.160	4,9	-19,4	23,6	57,3	13,4	3,3	0,9	1,6	5,9	2,0*

* Im Vergleich dazu betrug der Anteil der Gesamtinvestitionen am BIP ca. 33 %.

Quelle: Eigene Berechnungen nach CZECH STATISTICAL OFFICE (2000a, S. 51, 370); (1998a, S. 48); (1996a, S. 45); BUNDESMINISTERIUM FÜR WIRTSCHAFT (HRSG.) (1996, S. 21) und (1997, S. 39) sowie BFAI (HRSG.) (2000b, S. 7, 16).

Die Entwicklung von Höhe und Bereichen der Umweltschutzinvestitionen sind im Zusammenhang mit den jeweiligen nationalen umweltpolitischen und -rechtlichen Schwerpunkten zur Verbesserung des Umweltzustandes zu sehen.[451] Auf Basis der Benchmarkinganalyse der ex post Umweltleistungskennzahlen werden folgende Schlussfolgerungen gezogen: Die mit der Wiedervereinigung gestiegenen umweltorientierten Rahmenbedingungen führten in den Neuen Bundesländern zu einer dynamischen, aber nur kurzfristigen Erhöhung der Umweltschutzinvestitionen, durch die der Umweltzustand erheblich verbessert werden konnte. Aus diesem Grund war daraufhin eine sinkende Tendenz der Umweltschutzinvestitionen zu beobachten. Der Anteil der additiven Umweltschutzinvestitionen betrug dabei ca. 2/3. Zu beachten ist, dass diese Bewertungen nur die durch das Produzierende Gewerbe getätigten Umweltschutzinvestitionen betreffen. Für Polen und Tschechien waren hohe jährliche Wachstumsraten der Umweltschutzinvestitionen sowie hohe Anteile dieser am BIP und den Gesamtinvestitionen kennzeichnend. Auf Grund fehlender Daten können keine Aussagen zu der Aufteilung der polnischen und tschechischen Umweltschutzinvestitionen auf additive oder integrierte Maßnahmen getroffen werden. Die Höhe der bisher realisierten Umweltschutzinvestitionen war Ausdruck des erheblichen Anpassungsbedarfes dieser Länder, um international vergleichbare Umweltstandards nachweisen zu können. Unter Berücksichtigung der Benchmarkingergebnisse zum Umweltzustand Polens und Tschechiens wurden die bisher getätigten Umweltschutzinvestitionen als nicht ausreichend eingeschätzt und daraus ein weiterer Investitionsbedarf v. a. in den Bereichen Luft- und Abfallwirtschaft abgeleitet. Durch die folgende Untersuchung der ex ante Leistungsindikatoren Umweltschutz wird diese Bewertung geprüft und erst danach Wissensvorsprünge bzw. -defizite der Benchmarkingpartner abgeleitet.

3.2.2 Differenzierung zukünftig erforderlicher Umweltschutzinvestitionen nach Umfang und Art

Das UMWELTBUNDESAMT hat verschiedene Studien über Wachstumspotenziale der internationalen Umweltschutzmärkte gegenübergestellt (vgl. Tabelle 3-18). Im Prognosezeitraum bis zum Jahr 2000 wurden für Deutschland je nach Studie jährliche Wachstumsraten zwischen 12 und 3 % angegeben. Unter Berücksichtigung der dargestellten sinkenden Entwicklungen der Umweltschutzinvestitionen des Produzierenden Gewerbes in Deutschland sind diese Angaben vorsichtig zu bewerten, insbesondere wenn für die mittel- und osteuropäischen Märkte gleiche oder sogar niedrigere Wachstumsraten prognostiziert werden (OECD, HKU, ETDC). Diese Angaben stehen im Widerspruch zu der bisher dynamischen Entwicklung der Umweltschutzinvestitionen in diesen Ländern, die zu jährlichen Wachstumsraten von durchschnittlich 21,8 % (Polen) bzw. 12,5 % (Tschechien) führten (vgl. Kapitel 3.2.1). So wird aus anderen Studien deutlich, dass dem mittel- und osteuropäischen Markt i. Vgl. zu dem japanischen oder US-amerikanischen Markt (die neben dem westeuropäischen Markt als wichtigste Zielregionen für Umweltschutztechnik und -dienstleistungen gelten)[452] ein ähnliches (z. B. OECD, HKU) bzw. höheres (z. B. ECOTEC, EBI) Wachstum prognostiziert wurde.

---

[451] Vgl. KAŹMIERCZYK (1997, S. 23) oder URBANIEC; KRAMER (2000, S. 44).
[452] Vgl. UMWELTBUNDESAMT (HRSG.) (1997, S. 77).

Tabelle 3-18: Durchschnittlich erwartete jährliche Wachstumsraten internationaler Umweltschutzmärkte bis zum Jahr 2000

Institution	***Deutschland***	***Westeuropa***	***Mittel-/ Osteuropa***	***Asien (ohne Japan)***	***Japan***	***USA***	***Lateinamerika***
OECD[a]	*3,0 %*[d]	3,8 %	*3,4 %*	5 bis 7 %	5,0 %	3,8 %	
ECOTEC Research and Consulting Ltd.[a]		7,1 %	*7,5 %*	11,6 %	4,9 %[e]	5,0 %[e]	10,9 %[e]
HKU Helmut-Kaiser-Unternehmensberatung	*6,1 %*	6,8 %	*5,1 %*	9,2 %		5,7 %	6,8 %
ETDC Environm. Technologies Development Corp.[a]	*12,0 %*	11,6 %	*5,3 %*		10,5 %	4,9 %	
BIPE Bureau d'Informations et de Previsions Economiques[b]	*3,6 %*	4,4 %					
EBI Enviromental Business International[a,c]			*11,6 %*	13,8 %	6,7 %	5,0 %	8,9 %

Anmerkungen: Die jährlichen Wachstumsraten beruhen, soweit nicht anders angegeben, auf Schätzungen für den Zeitraum 1990 bis 2000; [a)] geschätzt wurden die Umweltschutzgüter (Ausrüstung) und -dienstleistungen; [b)] BIPE schätzt für den Zeitraum 1993 bis 2000; [c)] EBI schätzt für den Zeitraum 1992 bis 1998; [d)] 1990 Alte Bundesländer, 2000 Deutschland gesamt; [e)] geschätzt auf Basis 1992 bis 2000.
Quelle: UMWELTBUNDESAMT (HRSG.) (1997, S. 72).

Die Angaben über das absolute Marktpotenzial für Umwelttechnik in Deutschland differieren je nach zu Grunde liegender Studie. Auf Basis des Bezugsjahres 1993 wird aus der Tabelle 3-19 deutlich, dass von einem Marktvolumen von ca. 50-60 Mrd. DM ausgegangen werden konnte.

Tabelle 3-19: Marktpotenzial bzw. -volumen für Umwelttechnik in Deutschland in Mrd. DM

Angabe	***Datenquelle***	***Bezugsjahr***	***Umsatzvolumen***
▪ Ausgaben des Produzierenden Gewerbes und des Staates	▪ Statistisches Bundesamt	1993	44
▪ Marktvolumen	▪ Helmut Kaiser Unternehmensberatung	1993	63
▪ Umsatz der Unternehmen der umwelttechnischen Industrie mit Umwelttechnik	▪ RWI/IWH	1993	55,5
▪ Umsatzvolumen Umweltschutz im privatwirtschaftlichen Bereich	▪ Ifo-Institut	1993	51,1
▪ Produktionsvolumen Umweltschutzgüter	▪ Statistisches Bundesamt	1992	35,7
▪ Markvolumen	▪ OECD	1990	27

Quelle: SCHITAG ERNST & YOUNG (1996, S. 22).

Die Studie der HELMUT KAISER UNTERNEHMENSBERATUNG (vgl. Tabelle 3-20) prognostizierte bis zum Jahr 2010 ein ständig steigendes Marktpotenzial für Umwelttechnik für die osteuropäischen Märkte, so auch für Polen und Tschechien. Schwerpunktbereiche stellen Wasser, Abwasser, Schlamm gefolgt von Abfall, Sonderabfall und Luftreinhaltung dar.

Tabelle 3-20: Marktpotenzial für Umwelttechnik in Osteuropa in Mrd. DM (nach HELMUT KAISER UNTERNEHMENSBERATUNG)

	1995	***2000***	***2005***	***2010***
Energieeinsparung	3,2	4,4	6,7	9,5
Lärmminderung	1,1	1,4	2,0	2,1
Luftreinhaltung	5,3	7,1	10,9	13,2
Abfall, Sonderabfall	9,0	12,8	19,1	21,8
Wasser, Abwasser, Schlamm	15,4	21,2	30,3	35,8
Gesamtvolumen	***34,0***	***47,0***	***69,0***	***82,5***
davon Polen	*5,0*	*7,3*	*11,1*	*k. A.*
davon Tschechien	*2,5*	*3,7*	*5,9*	*k. A.*

Quelle: O. V. (1997a, S. 18) sowie O. V. (1997b, S. 24).

Nach einer Prognose des INSTITUTS DER DEUTSCHEN WIRTSCHAFT KÖLN (vgl. Tabelle 3-21) lag der Schwerpunkt des Investitionsbedarfs in Polen und Tschechien ebenfalls im Bereich des Gewässerschutzes. Bei der Interpretation dieser Studie ist allerdings zu beachten, dass kein Prognosezeitraum angegeben wurde.

Tabelle 3-21: Investitionsbedarf für den Ausbau der Umweltschutz-Infrastruktur in Osteuropa in Mrd. DM (nach dem INSTITUT DER DEUTSCHEN WIRTSCHAFT)

	Luftreinhaltung	***Gewässerschutz***	***Abfallbeseitigung***	***Summe***
ehem. UdSSR	187	982	75	1.244
dar. Russland	103	513	39	655
ehem. CSFR	*11*	*54*	*4*	*69*
Bulgarien	6	56	2	64
Polen	*26*	*131*	*10*	*167*
Rumänien	16	80	6	102
Ungarn	7	37	3	47
Summe	253	1.340	100	1.693

Quelle: VOSS (1993, S. 153).

DZIEGIELEWSKA hat auf Basis einer Extrapolation den umweltorientierten Investitionsbedarf für Tschechien, Ungarn, Polen und Slowenien berechnet (vgl. Tabelle 3-22). Dabei betrachtete sie zwei Szenarien. In Szenario 1 werden die Länder 2005 in die EU aufgenommen. In diesem Fall haben die Länder die Möglichkeit, spezielle Vor- und Nach-Beitrittsfördergelder zu erhalten.[453] Nach Szenario 2 werden die Länder bis 2010 nicht in die EU aufgenommen, wobei zwei Unterszenarien differenziert werden. Szenario 2 a: Die Gründe für die Nichtaufnahme bestehen in der schlechten Wirtschaftsentwicklung der Länder und der nichterreichten Übereinstimmung mit den Anforderungen der EU. Für diesen Fall wird angenommen, dass die Länder vor dem Beitritt nicht mit speziellen Fördergeldern rechnen und auch nach dem Beitritt (2010 oder 2012) nur in geringem Umfang davon profitieren können. Nach Szenario 2 b erfüllen die Länder die Voraussetzungen für den EU-Beitritt, aber die EU ist noch nicht für die Erweiterung bereit. In diesem Fall ha-

[453] Vgl. für eine Übersicht über die finanziellen Instrumente der EU PHARE, ISPA, SAPARD und LIFE zur Unterstützung der Osterweiterung HOMEYER; BÄR; CARIUS; DEIM (2001, S. 87-96).

ben sie die Möglichkeit von Vor-Beitritts-Fördergeldern zu profitieren, erhalten aber keine Nach-Beitritts-Fördergelder.[454] Aus den Prognosen des Anteils der umweltorientierten Anpassungskosten am BIP wird deutlich, dass insbesondere bei kurzfristiger Aufnahme Polens und Tschechiens in die EU (Szenario 1) die Umweltschutzinvestitionen auf dem gegenwärtigen Niveau bleiben bzw. sich deutlich erhöhen (so betrug der Anteil der Umweltschutzinvestitionen am BIP in Polen 1999: 1,4 %, in Tschechien 1998: 2,0 %, vgl. Kapitel 3.2.1).[455] Je schneller also Polen und Tschechien in die EU aufgenommen werden, umso höher ist der Investitionsbedarf, da Anpassungen kurzfristig erfolgen müssen. Der Zeitpunkt des EU-Beitritts spielt damit auch eine Rolle für den Bedarf Polens und Tschechiens an umwelttechnischem Wissen.

Tabelle 3-22: Umweltorientierte Anpassungskosten Polens und Tschechiens (nach DZIEGIELEWSKA)

		Polen in % des BIP, jährlich	***Tschechien in % des BIP, jährlich***
Szenario 1	2005	1,64-3,17	1,65
Szenario 2 a	2010	0,90-1,74	0,86
	2010+2	0,75-1,45	0,76
Szenario 2 b	2005+3	1,11-2,16	1,05

Quelle: DZIEGIELEWSKA (2000, S. 21).

Hinsichtlich der Prognose des umweltorientierten Investitionsbedarfs lag DZIEGIELEWSKA mit ca. 44-85 Mrd. DM für Polen und ca. 14 Mrd. DM für Tschechien zwischen der IW-Studie (167 Mrd. DM für Polen, 69 Mrd. DM für Tschechien) und der HELMUT KAISER UNTERNEHMENSBERATUNGS-Studie (11,1 Mrd. DM für Polen bis 2005 und 5,9 Mrd. DM für Tschechien bis 2005). Die tschechische Regierung schätzte die für die Harmonisierung der Umweltstandards mit denen der EU erforderlichen Investitions- und Betriebskosten auch auf ca. 14 Mrd. DM, wovon ca. 9 Mrd. DM im Zeitraum 2000-2005 anfallen.[456] An diesen Beispielen wird die Spannbreite der Aussagen der verfügbaren Studien deutlich, die sich aus den jeweils unterschiedlichen Bezugszeiträumen und Datengrundlagen ergeben und keine Vergleichbarkeit ermöglichen. Weiterhin ist es schwierig, den Anteil der durch die Harmonisierung an die EU-Vorschriften erforderlichen Umweltschutzinvestitionen von den unabhängig davon getätigten Investitionen zu differenzieren.[457]

Grundsätzlich bestätigen die bisher dargestellten Studien den in Kapitel 3.2.1 aufgezeigten zukünftigen Investitionsbedarf, allerdings nicht für den Bereich Luft- und Klimaschutz sowie die Abfallwirtschaft, da der größte Schwerpunkt im Bereich der Wasserwirtschaft gesehen wird (vgl. Tabelle 3-23). Die geschätzten Höhen des Marktpotenzials sind unter Berücksichtigung der Größe des Binnenmarktes Deutschlands mit ca. 80 Mio. Einwohnern i. Vgl. zu Polen mit ca. 40 Mio. Einwohnern und Tschechien mit ca. 10 Mio. Einwohnern für Polen deutlich größer und für

[454] Vgl. ausführlich zur Untersuchungsmethode DZIEGIELEWSKA (2000, S. 2-6).
[455] Vgl. auch HOMEYER; BÄR; CARIUS; DEIM (2001, S. 186).
[456] Vgl. HOMEYER; BÄR; CARIUS; DEIM (2001, S. 185). In diesem Zusammenhang wäre es interessant zu untersuchen, ob der bisherige Anteil der Gesamtinvestitionen am Bruttoinlandsprodukt (vgl. Tabelle 3-16 und Tabelle 3-17) sinkt und somit der Anteil der Umweltschutzinvestitionen eine höhere Bedeutung erlangt.
[457] Vgl. DZIEGIELEWSKA (2000, S. 4).

Tschechien ungefähr vergleichbar hoch wie für Deutschland. Für eine Bewertung von Wissensvorsprüngen und -defiziten sind neben den grundsätzlichen quantitativen Schätzungen zu Investitionsbereichen detailliertere Informationen über Investitionsarten in den Bereichen interessant.

Tabelle 3-23: Umweltorientierter Investitionsbedarf Polens und Tschechiens (nach DZIEGIELEWSKA)

	Polen* in %	***Tschechien in %***
Wasser	48-55	58,66
Luft	23-34	25,26
Abfallmanagement	10-11	12,71
Genetic materials	andere: 2,6-3,3	1,50
Wald- und Landschaftsschutz		0,02
Horizontal		0,06
Lärm		1,77
Betrag in Mio. EURO in Preisen von 1998	***22.100-42.800***	***6.927,5***

* Angaben nach Berechnungen der WORLD BANK, die Spanne ergibt sich aus zwei unterschiedlichen Szenarien (die untere Grenze entspricht einem Minimum an zu erwartenden Kosten, die obere Grenze entspricht einem höheren Investitionsstandard).
Quelle: DZIEGIELEWSKA (2000, S. 11, 19).

Für Deutschland wurde eingeschätzt, dass zur Umsetzung der Anforderungen einer nachhaltigen Entwicklung auch in der Zukunft Investitionen im additiven und integrierten Umweltschutz notwendig sind. Investitionsschwerpunkte werden in den Neuen Bundesländern, z. B. in der Verringerung des Braunkohleanteils bei der Stromerzeugung, der Verbesserung des Anschlussgrades an die öffentliche Abwasserentsorgung sowie der kommunalen Abwasserbehandlung und der Umrüstung von Abfallbehandlungs- und -ablagerungsanlagen entsprechend dem Stand der Technik liegen.[458] Der Schwerpunkt soll grundsätzlich auf innovativen Umwelttechniken liegen, die eine doppelte Dividende (Kostensenkung durch Umweltvorsorge) erwarten lassen.[459] Hier besteht - wie schon kurz gezeigt wurde - Handlungsbedarf, da im Verarbeitenden Gewerbe zumindest bis 1994 additive Umweltschutztechniken dominierten. Zur Beförderung des integrierten Umweltschutzes schlagen HAUFF; SOLBACH die Weiterentwicklung umweltpolitischer Instrumente (z. B. Abgaben auf Produktionsinputs zur Beförderung der Inputsubstitution bzw. sparsameren Verwendung dieser) vor.[460]

Für Polen liegt von NILL; LÜNENBÜRGER; PETSCHOW eine quantitative Schätzung für unterschiedliche additive und integrierte Investitionsbereiche vor, die auf den (z. T. extrapolierten) Ergebnissen einer niederländischen und Weltbank-Studie basiert.[461] Sie unterschieden ein Mittelfristszenario (Bedarf 2001-2005 mit der Annahme, dass die *formale* Rechtsangleichung weitgehend abgeschlossen ist) mit einer Untergrenze (Variante A) und Obergrenze (Variante B) sowie ein Langfristszenario (bis zum Jahr 2010 mit der Annahme, dass die *materielle* Übernahme des EU-Rechts abgeschlossen ist). Weiterhin differenzierten sie den *importrelevanten* Anteil am

[458] Vgl. HENTRICH; KOMAR; VOSS; WEISHEIMER (2001, S. 17, 21, 27).
[459] Vgl. BUNDESMINISTERIUM FÜR BILDUNG UND FORSCHUNG (HRSG.) (2000, S. 98).
[460] Vgl. HAUFF; SOLBACH (1999, S. 83 f.).
[461] Vgl. NILL; LÜNENBÜRGER; PETSCHOW (2000b, S. 28-45).

Umweltschutzinvestitionsbedarf.[462] Aus dem Langfristszenario wird ersichtlich, dass Schwerpunkte für Investitionen im Bereich Wasser/Abwasser in der Kanalisation sowie der Trinkwasseraufbereitung, im Bereich Luft in der integrierten Vermeidung und Verminderung von Emissionen sowie im Bereich Abfall in der Deponiesanierung gesehen wurden. Dies entspricht den auf Basis des Benchmarkings der Umweltzustandsindikatoren gemachten Aussagen zur Notwendigkeit der Verringerung der produktions- und konsumspezifischen Umweltbelastungen aus Kapitel 3.1.4. Für die Bewertung von Wissenstransferpotenzialen ist besonders interessant, dass der importrelevante Investitionsbedarf zwischen 39 % (Variante A, mittelfristig), 43 % (Variante B, mittelfristig) und ca. 50 % (langfristig) betrug und damit deutlich geringer ist, als das insgesamt prognostizierte Marktpotenzial. Der Schwerpunkt des Importbedarfes liegt sowohl mittel- und langfristig im Investitionsbereich Luft (ca. 90 % der Investitionsbedarfes) und bestätigt den Wissensbedarf in diesem Bereich. Eine vergleichbare Studie für Tschechien ist nicht bekannt. Allerdings sollen nach Aussage der tschechischen Regierung zukünftige Investitionsschwerpunkte im Gewässerschutz (Abwasserbehandlung, Trinkwasserversorgung), in der Modernisierung von Industrieanlagen, der Abfallentsorgung und der Luftreinhaltung liegen.[463]

Tabelle 3-24: Differenzierung des Investitionsbedarfs in Polen in den Bereichen Wasser, Abfall, Luft in Mio. DM

		Mittelfristszenario				***Langfristszenario***	
Investitionsbereich		***Variante A Gesamtbedarf***	*davon importrelevant*	***Variante B Gesamtbedarf***	*davon importrelevant*	***Gesamtbedarf***	*davon importrelevant*
Wasser		**5.083**	*762*	**7.600**	***1.140***	**23.179**	*2.737*
davon:	Trinkwasser	108	*16*	108	*16*	5.697	*855*
	Abwasserbehandlung	1.709	*256*	2.036	*305*	3.039	*456*
	Kanalisation	3.266	*490*	5.457	*819*	9.505	*1.426*
	Nitrate	k. A.		k. A.		4.937	*0*
Abfall		**3.313**	***1.588***	**3.906**	***1.825***	**7.227**	***3.417***
davon:	Deponiesanierung	2.024	1.073	2.024	1.073	4.049	2.146
	Recycling/Kompostierung/ Kontrolle	1.205	482	1.797	719	3.010	1.204
	Sonderabfälle (Mittelfristszenario) bzw. gefährliche Abfälle (Langfristszenario)	84	34	84	34	168	67
Luft		**1.897**	*1.707*	**4.336**	***3.902***	**21.991**	***19.792***
davon:	Großfeuerungsanlagen	1.897	*1.707*	4.336	*3.902*	6.759	6.083
	integrierte Vermeidung und Verminderung	k. A.		k. A.		13.548	12.193
	Luftqualität	k. A.		k. A.		1.684	1.516
	Summe	**10.293**	*4.057*	**15.842**	***6.868***	**52.397**	***25.964***

Quelle: NILL; LÜNENBÜRGER; PETSCHOW (2000b, S. 34-42).

Aus dem Benchmarking der ex ante Leistungsindikatoren Umweltschutz wird deutlich, dass die Umwelttechnikmärkte[464] in Polen und Tschechien auch zukünftig als Wachstumsmärkte einge-

[462] Vgl. ausführlich zur Methodik NILL; LÜNENBÜRGER; PETSCHOW (2000b, S. 28-33).
[463] Vgl. HOMEYER; BÄR; CARIUS; DEIM (2001, S. 185 f.).
[464] In diesem Rahmen wird nicht auf die Abgrenzungsprobleme des Umwelttechnikmarktes (Umweltschutzindustrie als Quer-

→

schätzt werden. Die Prognosen sind aber nicht nur durch eine ungesicherte Datengrundlage (Konzentration auf ausgewählte Umweltbereiche und Nichtberücksichtigung z. B. von Kosten des Umweltmanagements oder des Aufbaus notwendiger Verwaltungsstrukturen), sondern auch durch fehlende Differenzierungen (z. B. bezogen auf verschiedene Szenarien der volkswirtschaftlichen Entwicklung oder bezogen auf die ohnehin getätigten Investitionen und den dadurch erzielten Stand der Technik sowie Unterscheidung additiver und integrierter Techniken) gekennzeichnet.[465] Wenngleich daher keine genauen Aussagen über das Marktpotenzial und das Marktvolumen möglich sind, wird jedoch auf Grund der vorliegenden Studien und unter Berücksichtigung der schon beschriebenen Anpassungserfordernisse der Umweltzustandsindikatoren davon ausgegangen, dass auch zukünftig ein Investitionsbedarf im Umweltschutzbereich auf dem beschriebenen Niveau (vgl. Tabelle 3-16 und Tabelle 3-17) besteht. Die Umsetzung des Marktpotenzials ist von der weiteren Entwicklung der relevanten volks- und betriebswirtschaftlichen Faktoren (z. B. Umweltpolitik und -recht, Umweltbewusstsein, Finanzierungskraft) Polens und Tschechiens[466] sowie den Investitionsfähigkeiten der drei Partner abhängig. Die Wissensvorsprünge und -defizite werden daher abschließend nicht nur auf Basis der Investitions*notwendigkeiten*, sondern auch der Investitions*fähigkeiten* der jeweiligen Benchmarking-Partner abgeleitet.

3.2.3 Festlegung von Wissensvorsprüngen bzw. -defiziten in Abhängigkeit von Investitionsfähig- und -notwendigkeiten

Die Analyse der ex post Umweltleistungskennzahlen zeigte für Deutschland, dass in den Neuen Bundesländern eine dynamische Anpassung an das westdeutsche Niveau erzielt werden konnte und der Investitionsbedarf eine sinkende Tendenz aufwies. Der Stand des Umweltschutzes wird in Deutschland im internationalen Vergleich als hoch eingeschätzt. Auf Grund des bisher erzielten umwelttechnischen Niveaus zählt Deutschland seit Jahren - sowohl bezogen auf die Welthandelsanteile als auch auf die Patentspezialisierung - neben Japan und den USA zu den ersten drei der weltweit führenden Umwelttechnikanbieter (vgl. Tabelle 3-25).[467]

In diesem Zusammenhang wird angegeben, dass sich in Deutschland über 5.000 i. d. R. mittelständische Anbieter von Umweltschutzdienstleistungen, Umweltschutztechnik sowie umweltfreundlichen Produkten entwickelt haben.[468] Diese Zahl beruht auf Schätzungen des IFO-Institutes, die von anderen Schätzungen oder Erhebungen, wie die nachfolgende Tabelle 3-26 zeigt, deutlich abweicht. Als Mindestwert kann die Angabe des STATISTISCHEN BUNDESAMTES mit ca. 1.300 Anbietern im Jahr 1992 gelten.

---

schnittsbranche, da Umwelttechnikanbieter verschiedenen Branchen wie z. B. dem Maschinenbau, der Elektrotechnik, der Metallverarbeitung und der Feinmechanik zugeordnet werden) und die Differenzierungsprobleme zwischen additiver und integrierter Umwelttechnik eingegangen. Vgl. für weiterführende Informationen HAUFF (1998, S. 78-83).

[465] Vgl. HOMEYER; CARIUS (2000, S. 353) sowie NILL; LÜNENBÜRGER; PETSCHOW (2000b, S. 22-24).

[466] Vgl. KRAMER; BRAUWEILER; URBANIEC (1999b, S. 243).

[467] Vgl. UMWELTBUNDESAMT (HRSG.) (1997, S. 8, 60, 66) und HAUFF (1998, S. 82). Das BUNDESMINISTERIUM FÜR BILDUNG UND FORSCHUNG zeigt den Zusammenhang zwischen zunehmenden Patentanmeldungen und hohen Welthandelsanteilen auf. Mit sinkenden Patentanmeldungen Anfang der 90er Jahre ist auch der Welthandelsanteil gesunken. Die v. a. seit 1996 wieder steigenden Patentanmeldungen lassen mit einem entsprechenden time-lag Zuwächse beim Welthandelsanteil erwarten. Vgl. BUNDESMINISTERIUM FÜR BILDUNG UND FORSCHUNG (HRSG.) (2000, S. 102).

[468] Vgl. UMWELTBUNDESAMT (HRSG.) (1997, S. 66).

Tabelle 3-25: Welthandelsanteile potenzieller Umweltschutzgüter 1991-1997 im internationalen Maßstab[469]

Land	*1989*	*1990*	*1991*	*1992*	*1993*	*1994*	*1995*	*1996*	*1997*
Frankreich	6,9	7,3	7,2	7,4	7,0	7,4	6,9	6,7	6,6
Großbritannien	7,9	7,9	7,3	7,0	6,6	7,0	7,0	7,3	7,5
Italien	9,1	9,3	9,2	9,2	10,0	9,3	9,3	9,8	9,0
Japan	11,8	10,2	11,3	11,3	12,5	13,3	13,8	12,8	12,3
USA	16,5	16,4	17,3	17,0	18,2	18,0	17,5	18,1	20,6
Deutschland	*20,2*	*20,1*	*19,5*	*20,0*	*17,7*	*17,6*	*18,0*	*17,6*	*16,5*

Quelle: UMWELTBUNDESAMT (HRSG.) (2001, S. 110 f.).

Tabelle 3-26: Anzahl deutscher Umwelttechnikanbieter

Datengrundlage	*Bezugsjahr*	*Anzahl*
Seibt-Anbieterverzeichnis	1994	8.600
Ifo-Institut (Schätzung)	1993	5.000
RWI/IWH	1993	2.500
Statistisches Bundesamt	1992	1.291

Quelle: SCHITAG ERNST & YOUNG (1996, S. 23).

Polen und Tschechien wiesen trotz der hohen relativen ex post Umweltleistungskennzahlen auch für die ex ante Schätzungen einen hohen Bedarf an Umweltschutzinvestitionen auf. Auf Basis der bisherigen Entwicklung wurde auch eine einheimische Umwelttechnikindustrie entwickelt. Infolge der historisch bedingten schwachen industriellen Basis gab es in Polen ca. 700 Umwelttechnik anbietende Unternehmen. Auf Basis der traditionell wettbewerbsfähigen Fertigungsindustrie hatte sich in Tschechien eine einheimische Umwelttechnikindustrie entwickelt, die ca. 500 umweltorientierte Produkte und Dienstleistungen anbietende Unternehmen umfasste. Diese Unterschiede hatten - wieder unter Berücksichtigung der Größe des Binnenmarktes - Auswirkungen auf den Importbedarf von Umwelttechnik: Während in Tschechien die Umwelttechnikimporte im Zeitraum 1993-1995 um jährlich durchschnittlich 25 % gestiegen sind, war für Polen ein jährliches durchschnittliches Wachstum von 80 % charakteristisch.[470] Das zeigt, dass der Bedarf an Umwelttechnik nur z. T. durch das einheimische Angebot gedeckt wurde.[471] Auf Grund des bestehenden Anpassungsbedarfes an die Umweltstandards der EU sowie des unzureichenden einheimischen Angebotes bestehen in Polen und Tschechien auch zukünftig gute Voraussetzungen für weitere Markteintritte ausländischer, z. B. deutscher, Unternehmen.[472] Diese haben neben österreichischen, amerikanischen und japanischen Unternehmen eine hohe Akzeptanz und einen umfangreichen Marktanteil.[473] Der Schwerpunkt bisheriger deutscher Exporte lag bei Wasser-/Abwassertechnologien und Mess-/Regeltechnik für Umweltschutzanlagen, während Patente in allen Umwelttechnikbereichen, also für Lärmschutz-, Luftreinhaltungs-, Recycling-, Wasserreinigungs-

---

[469] Schätzungen für 1994 zeigten, dass ca. 35-40 % potenzieller Umweltschutzgüter für den Umweltschutz eingesetzt werden.
[470] Vgl. BFAI (HRSG.) (1994, S. 2).
[471] In Anlehnung an KRAMER; BRAUWEILER (1999, S. 221).
[472] Vgl. BFAI (HRSG.) (1998, S. 11) und HORBACH (1996, S. 9).
[473] Vgl. KAŹMIERCZYK (1997, S. 31-33).

und Abfallbeseitigungstechnik bestehen.[474] Eine Umfrage von SCHITAG ERNST & YOUNG aus dem Jahr 1995 unter 255 Unternehmen der Umwelttechnikindustrie zeigte, dass die Bereiche Abfall, Luft und Boden bei den Umweltexporten unterrepräsentiert waren (vgl. Tabelle 3-27). Andererseits schätzten die Unternehmen den Export von Umweltdienstleistungen sowie von Technologien der Bereiche Wasser und Lärm als zukünftig wichtige Exportbereiche ein.[475]

Tabelle 3-27: Höhe der Umweltexporte deutscher Umwelttechnikanbieter nach Bereichen (1995)

Bereich	***Anteil an den Umweltexporten in %***
Umwelttechnik, davon:	73,8
▪ Abfall	4,8
▪ Luft	4,4
▪ Wasser	27,2
▪ Lärm	15,4
▪ Boden	0,5
▪ Energietechnik	7,0
▪ Mess-, Analyse-, Regeltechnik	14,5
Umweltdienstleistungen	8,5
umweltfreundliche Produkte	17,6
sonstiges	0,1

Quelle: SCHITAG ERNST & YOUNG (1996, S. 33).

Wenn Deutschland zukünftig eine führende Wettbewerbsposition im Bereich der Umwelttechnologien halten kann,[476] ist mit weiteren Internationalisierungstendenzen (Exporten), auch nach Polen und Tschechien, zu rechnen.[477] So wurde auf Basis der o. g. empirischen Erhebung auch deutlich, dass die Region Mittel- und Osteuropa die drittwichtigste Exportregion darstellte, für Unternehmen der Neuen Bundesländer die Wichtigste (vgl. Tabelle 3-28). Nach Meinung der befragten Unternehmen sind auch zukünftig die wichtigsten Zielregionen das EU-Ausland (westdeutsche Unternehmen) und Mittel- und Osteuropa (ostdeutsche Unternehmen).[478] Exportchancen ergeben sich v. a. für die den Umweltschutzanlagen zu Grunde liegenden Technologien und das dazugehörige Know-How, regional angepasste technologische Lösungen und integrierte Umweltschutztechnologien.[479] Weiterhin ist es erforderlich, i. R. des Technologietransfers nationale Unternehmen einzubeziehen und über den Know-how-Transfer Problemlösungskompentenzen zu entwickeln.[480] Dies ist notwendig, damit eigenes umwelttechnisches Wissen entwickelt wird und die Marktpräsenz deutscher (oder anderer ausländischer) Unternehmen nicht dazu führt, dass durch Übernahmen oder Verdrängungen einheimischer Umwelttechnikanbieter einheimisches Wissen an Bedeutung verliert. Hier ist es für weitere Forschungen interessant zu untersuchen, wie

[474] Vgl. UMWELTBUNDESAMT (HRSG.) (1997, S. 61, 67) und BUNDESMINISTERIUM FÜR BILDUNG UND FORSCHUNG (HRSG.) (2000, S. 103).
[475] Vgl. SCHITAG ERNST & YOUNG (1996, S. 38).
[476] HAUFF (1998, S. 83) forderte dazu eine stärkere Orientierung auf integrierte Umwelttechnologien und Systemtechniken.
[477] In Anlehnung an UMWELTBUNDESAMT (HRSG.) (1997, S. 68) und BRAUWEILER (2000, S. 11). Der internationale Transfer von Umwelttechnologien wird dabei durch Förderprogramme des BMU in Kooperation mit der Deutschen Ausgleichsbank oder aber durch EU-Projekte wie z. B. PHARE finanziell unterstützt. Vgl. KREIMEIER (2001, S. 17 f.).
[478] Vgl. SCHITAG ERNST & YOUNG (1996, S. 39).
[479] Vgl. UMWELTBUNDESAMT (HRSG.) (1997, S. 70-72).
[480] Vgl. BARKENTHIEN; KRAMER (2001, S. 275).

sich die Investitionen auf Basis der ausländischen Unterstützung nach Ländern und Bereichen zusammengesetzt haben, um auf dieser Basis weitere Ansatzpunkte für einen zielgerichteten Wissenstransfer zu definieren.

Tabelle 3-28: Zielregionen für Umweltexporte aus Deutschland

Zielregion	***Alte Bundesländer in %***	***Neue Bundesländer in %***	***Gesamt in %***
EU-Ausland	52,6	19,1	51,0
sonstiges Westeuropa	11,5	14,9	11,7
Mittel- und Osteuropa	*10,3*	*20,8*	*10,8*
ASEAN-Staaten	4,9	14,5	5,4
Nordamerika	4,9	7,8	5,0
Naher und mittlerer Osten	4,3	17,1	4,9
Afrika	2,8	0,1	2,6
Japan	2,4	1,3	2,4
China	2,3	1,4	2,3
Mittel- und Südamerika	2,1	2,9	2,2
Australien und Ozeanien	1,0	0	0,9
sonstige Länder	0,9	0	0,9

Quelle: SCHITAG ERNST & YOUNG (1996, S. 34).

Entsprechend den Ergebnissen der Benchmarking-Analyse der ex post und ex ante Leistungsindikatoren Umweltschutz werden folgende Thesen aufgestellt.

Thesen zu Wissensvorsprüngen bzw. -defiziten

Ex post und ex ante Leistungsindikatoren Umweltschutz

1. Wissensvorsprünge werden auch hier aus folgenden Gründen Deutschland zugeordnet:

a) Deutschland besitzt die notwendigen *Erfahrungen*, da langfristig durch die bisher realisierten Umweltschutzinvestitionen ein im internationalen Maßstab hoher Umweltschutzstandard erreicht und in diesem Zusammenhang mit einem erheblichen Investitionsaufwand kurzfristig der Umweltschutzstandard der Neuen Bundesländer verbessert wurde.

b) Deutschland besitzt die notwendigen *Voraussetzungen*, da eine quantitativ umfangreiche Umwelttechnikindustrie entwickelt wurde, die aus qualitativen Gründen international zu den Marktführern zählt.

2. Polen und Tschechien haben über die bisher dynamisch gewachsenen Umweltschutzinvestitionen, deren Anteil am BIP und den Gesamtinvestitionen i. Vgl. zu westeuropäischen Ländern als hoch eingeschätzt wurde, ebenfalls umwelttechnisches Wissen entwickelt. Trotzdem werden diesen Benchmarking-Partnern aus zwei Gründen Wissensdefizite zugeordnet:

a) *Qualitativ* (vgl. Umweltzustandsindikatoren) und *quantitativ* sind die bisher *realisierten Investitionen nicht ausreichend* gewesen, so dass auch in Zukunft mit einem vergleichbaren oder sogar steigenden Investitionsbedarf gerechnet wird.

b) Der hohe Bedarf *kann durch* die *einheimische Umwelttechnikindustrie quantitativ und qualitativ nicht gedeckt* werden.

Über die Analyse der ex post und ex ante Leistungsindikatoren Umweltschutz wurden Wissensvorsprünge und -defizite in Bezug auf die Umwelttechnik festgelegt und begründet. Im Weiteren werden Kriterien ihrer Marktrelevanz diskutiert (vgl. für die lfd. Nr. Abbildung 2-2). Die Wissensdefizite Polens und Tschechiens besitzen in Abhängigkeit des Eintrittstermins dieser Partner in die EU (N 1) und den damit zusammenhängenden nationalen umweltpolitisch-rechtlichen Schwerpunkten (N 1) Nachfragepotenzial. Die Wissensvorsprünge Deutschlands wurden bisher durch Polen und Tschechien nachgefragt (A 6). Das weitere Angebotspotenzial wird dadurch bestimmt, ob Deutschland seine führende Rolle als Umwelttechnikanbieter (A 5) aufrecht erhalten kann (A 7) und der Nachfrage nach regional angepassten Komplexlösungen (Technik- und Kompetenztransfer inklusive Finanzierungsmodelle) gerecht wird (A 6).

Im Folgenden wird eine Konkretisierung der Wissensvorsprünge und -defizite zum expliziten Wissen und den ex post Leistungsindikatoren der Umweltmanagementsysteme vorgenommen.

3.3 Benchmarking des expliziten Wissens und der Leistungsindikatoren zu Umweltmanagementsystemen

In Kapitel 2.5.2.1 wurde definiert, über den Standardisierungsgrad das explizite Wissens zu sowie über ex post Leistungsindikatoren den Einführungsgrad von Umweltmanagementsystemen zu untersuchen. Umweltmanagementsysteme geben einen allgemeingültigen Rahmen und Vorgehensablauf für die Einführung und Aufrechterhaltung von betrieblichen Strukturen beim Umgang mit unternehmensbezogenen Umweltwirkungen vor, welcher betriebsspezifisch angepasst und individuell umgesetzt werden kann.[481] I. R. dieser Arbeit werden zu diesen Konzeptionen gezählt (vgl. Kapitel 1.3 und 2.4.2) die:

- *Norm ISO 14001* für Umweltmanagementsysteme der International Organization for Standardization (ISO);
- Verordnung zur freiwilligen Beteiligung gewerblicher Unternehmen/Organisationen am Gemeinschaftssystem für Umweltmanagement und Umweltbetriebsprüfung (*EMAS I bzw. II*);
- Cleaner Production Concepts (*CPC*).

Die Untersuchung des *Standardisierungsgrades* des expliziten Wissens zu diesen Konzeptionen erfolgt auf Basis qualitativer Kriterien wie der Prüfung der Einbindung der Konzepte in die nationalen Normen/Gesetze sowie der Existenz der für die Anwendung der Konzepte erforderlichen Organisationsstrukturen und Verfahrensabläufe. Dafür ist es auch erforderlich, auf die Entwicklung der Konzeptionen sowie ihre inhaltlichen Charakteristika einzugehen. Diese Informationen sind außerdem notwendig, da i. R. des Benchmarkings auf der mikroökonomischen Ebene Wissensvorsprünge und -defizite bezogen auf die Umsetzung der konzeptionellen Anforderungen erarbeitet werden (vgl. Kapitel 5). Mess- und Vergleichskriterium für die Untersuchung des expliziten Wissens stellen Gültigkeit und Umfang der qualitativen Kriterien dar. Wissensvorsprünge besitzt ein Partner dann, wenn er explizites Wissen zu Konzeptionen hat, die bei anderen Partnern nicht standardisiert vorliegen. Defizite sind bei Partnern vorhanden, die durch fehlendes explizites

[481] Vgl. THIMME (1998, S. 268); DYLLICK (1999, S. 117) und ANNIGHÖFER (1993, S. 2).

Wissen gekennzeichnet sind. Datengrundlagen über Anforderungen und rechtlichen Status der Konzeptionen stellen offizielle Dokumente, in denen das explizite Wissen gespeichert ist, dar.

Mit Hilfe der ex post Leistungsindikatoren wird der *Einführungsgrad* der Umweltmanagementsysteme, d. h., des expliziten Wissens, untersucht. Dazu werden absolute (Anzahl der Zertifikate/Validierungen) und auf die Beschäftigten bzw. das BIP bezogene relative Kennzahlen gebildet. Die Kennzahlen werden in eine Reihenfolge gebracht und Wissensvorsprünge für den Partner mit der führenden, Wissensdefizite für den Partner mit der schlechtesten Kennzahl definiert. Das Wissen wird hier also bezogen auf den Einführungsgrad im Sinne *des Ausmaßes bzw. Umfangs* bewertet. Dieser liefert zwar erste Informationen über das implizite Wissen zu den o. g. Konzeptionen. Eine Bewertung der Vorsprünge und Defizite zum Wissen, welches bei der *Umsetzung der Normanforderungen, d. h. der Internalisierung des expliziten Wissens*, erworben wurde, wird erst in Kapitel 5 über das Benchmarking des explizierten impliziten Wissens durchgeführt.[482] Datengrundlage für die ex post Leistungsindikatoren stellen sekundärstatistische Daten dar, die bei den jeweiligen Zertifizierung- bzw. Validierungsorganisationen erhältlich sind (für ISO 14001: ISO; für EMAS-VO: DIHT; für CPC: nationale CP-Zentren). Die Datenverfügbarkeit variiert dabei zwischen der ISO 14001 (absolute Kennzahlen für 1995-2000; relativen Kennzahlen für 1996-1998), der EMAS-VO (absolute Kennzahlen 1996-2001, relative Kennzahlen für 1996 und 1998) und dem CPC (absolute Kennzahlen kumuliert bis zum Jahr 1997 bzw. 2000).

Im Folgenden werden in Kapitel 3.3.1 die Benchmarking-Ergebnisse zur ISO 14001, in Kapitel 3.3.2 die Ergebnisse zur EMAS-VO und in Kapitel 3.3.3 für das CPC dargestellt. Abschließend erfolgt in Kapitel 3.3.4 für jede Konzeption die Ableitung von Thesen zu Wissensvorsprüngen und -defiziten sowie die Diskussion ihrer Marktrelevanz.

3.3.1 Die internationale Norm ISO 14001

Aus inhaltlichen Gründen ist es plausibel, die Analyse des Standardisierungsgrades des expliziten Wissens zu Umweltmanagementkonzeptionen mit der ISO 14001 zu beginnen, obwohl diese zeitlich gesehen nach der EMAS I in Kraft getreten ist. Die hohe Vergleichbarkeit der Anforderungen der ISO 14001 und der EMAS I führte 1997 zu dem Entschluss der Europäischen Kommission, dass ein nach der ISO 14001 aufgebautes Managementsystem als konform zu den Anforderungen der EMAS I anerkannt wurde.[483] Da aus diesem Grund in der EMAS II die Vorgaben der ISO 14001 zum Umweltmanagementsystem vollständig übernommen wurden, stellt die ISO 14001 eine Basis der EMAS-VO dar,[484] so dass im Weiteren zunächst das explizite Wissen und

---

[482] Diese Unterscheidung wird vorgenommen, weil die formale Einführung eines (zertifizierten/validierten) Umweltmanagementsystems noch keine notwendige Voraussetzung für eine kontinuierliche Verbesserung des betrieblichen Umweltmanagements darstellen muss, es aber sein kann. Vergleichbar dazu wird auch in anderen Disziplinen, wie z. B. der Umweltanalytik, kritisch die Frage gestellt, ob der Akkreditierungsnachweis eine bessere Analysequalität bedingt. DE BIÈVRE hat i. R. mehrerer internationaler Ringanalysen (International Measurement Evaluation Programme (IMEP) diese Frage empirisch untersucht und z. B. i. R. der 6. Runde dieser Untersuchung (IMEP-6) bei der Analyse von 165 Versuchslaboren aus 29 Ländern nachgewiesen, dass es keinen Zusammenhang zwischen der Akkreditierung oder Anlehnung der Analyseverfahren an die Richtlinien der ISO 9000 und der Richtigkeit der Messergebnisse gibt. Vgl. VAN NEVEL; TAYLOR; ORNEMARK; MOODEY; HEUMANN; DE BIÈVRE (1998, S. 61-64).

[483] Siehe zur Entscheidung der Kommission zur Anerkennung der Zertifizierungsverfahren sowie zur Anerkennung der internationalen Norm ISO 14001:1996 und der Europäischen Norm EN ISO 14001:1996 DORN (1998, S. 335-338).

[484] Im Weiteren wird immer dann von EMAS-VO gesprochen, wenn das Regelwerk allgemein gemeint ist, ansonsten werden

→

die Leistungsindikatoren dieser Norm untersucht werden. Einleitend wird dazu in Kapitel 3.3.3.1 auf die Entwicklung der Norm und in Kapitel 3.3.3.2 auf ihre Anforderungen eingegangen. Auf dieser Basis werden in Kapitel 3.3.3.3 der Standardisierungs- und Einführungsgrad der ISO 14001 bei den Benchmarking-Partnern untersucht.

3.3.1.1 Entwicklung der Norm und Einbindung in die Normenreihe

Die Arbeiten der ISO an einem Normensystem für das Umweltmanagement begannen im Jahr 1993 mit der Gründung des technischen Ausschuss ISO/TC 207 „Umweltmanagement", der aus 6 Unterausschüssen bestand.[485] 1994 wurden erste Entwürfe der Normungsreihe vorgestellt, 1995 modifizierte Entwürfe als Vornormen verabschiedet und seit September 1996 besitzt die internationale Norm ISO 14001 „Umweltmanagementsysteme – Spezifikation mit Anleitung zur Anwendung", Gültigkeit.[486] Die ISO 14001 ist Bestandteil der so genannten ISO 14000er Reihe, die neben Standards zur Implementierung eines Umweltmanagementsystems auch Standards für unterstützende Umweltmanagementinstrumente umfasst.[487]

Tabelle 3-29: Normen im Rahmen der ISO 14000er Reihe

Themengebiet	Einzelnormen
Bewertung des Umweltmanagementsystems	▪ ISO 14001:1996 Environmental management system – Specification with guidance for use ▪ ISO 14004:1996 Environmental management systems – General guidelines on principles, systems and supporting techniques ▪ ISO 14010:1996 Guidelines for environmental auditing – General principles ▪ ISO 14011:1996 Guidelines for environmenal auditing – Audit procedures - Auditing of environmental management systems ▪ ISO 14012:1996 Guidelines for environmental auditing – Qualification criteria for environmental auditors
Bewertung von Produkten	▪ ISO 14020:1998 Environmental labels and declaration – General principles ▪ Labeling – Basic Principles for all Environmental Labeling ▪ ISO 14040:1997 Environmental management – Life cycle assessment – Principles and framework ▪ ISO 14041:1998 Environmental management – Life cycle assessment – Goal and scope definition and inventory analysis ▪ ISO Guide 64:1997 Guide for inclusion of environmental aspects in product standards
Begriffe und Definitionen	▪ ISO 14050:1998 Environmental management - Vocabulary

Quelle: INTERNATIONAL ORGANIZATION FOR STANDARDIZATION (1998, S. 2-3). Weitere Normen befinden sich in der Entwicklung als Working Draft, Committee Draft oder Draft International Standard.

Die Einzelnormen sind als unabhängige, selbständig anwendbare und sich gegenseitig unterstützende Standards zu verstehen, von denen die ISO 14001 insbesondere in der praktischen Anwendung eine zentrale Position einnimmt. I. R. eines Reviews wird die ISO 14001 seit Juni 2000 ü-

die spezifischeren Bezeichnungen EMAS I und EMAS II verwendet.

[485] Vgl. BAUMAST (1998, S. 49 f.). Gegenwärtig arbeiten Repräsentanten aus 55 Ländern im TC 207 mit, 16 Länder besitzen beobachtenden Status. Vgl. INTERNATIONAL ORGANIZATION FOR STANDARDIZATION (1998, S. 1).

[486] Vgl. POLTERMANN (1998, S. 287). Die Erarbeitung der Normen vollzieht sich in folgenden Schritten: Working Draft (WD), Arbeitsvorlage; Committee Draft (CD), Entwurfsvorschlag; Draft International Standard (DIS), Norm-Enwurf; Norm (z. B. ISO 14001:1996). Vgl. http://www.14001news.de (30.03.02).

[487] Vgl. POLTERMANN; BERRET (1998, S. 9) sowie CASCIO; WOODSIDE; MICHELL (1996, S. 31-35).

berarbeitet.[488] Ziel ist es, die Norm - unter Berücksichtigung der Erfahrungen bisheriger Nutzer (Unternehmen, Zertifizierungsorganisationen, Auditoren) - anwendungsfreundlicher zu gestalten. Dies bezieht sich im Wesentlichen nicht auf inhaltliche Änderungen der Norm, sondern auf die Gewährleistung sprachlicher Eindeutigkeit sowie einer besseren Kompatibilität zur prozessorientierten ISO 9001:2000.[489] Ein erster Revisionsentwurf sollte Mitte 2001 vorliegen, die Fertigstellung und Veröffentlichung der überarbeiteten ISO 14001 ist für das Jahr 2003 geplant.[490]

3.3.1.2 Anforderungen und Verfahrensablauf zur Zertifizierung

Die ISO 14001 ist eine privatwirtschaftlich erarbeitete Norm, die einerseits *weltweit* und andererseits für *Organisationen aller Branchen und Wirtschaftsbereiche* anwendbar ist. Die Anforderungen für die Einführung eines Umweltmanagementsystems lehnen sich an die Ablauffolge des herkömmlichen Managementprozesses plan-do-check-act (auch DEMING-Zyklus) an. Die Norm umfasst daher für die Einführung eines Umweltmanagementsystems die Schritte:

- Definition der betrieblichen Umweltpolitik;
- Planung;
- Einführung und Umsetzung;
- Überwachung und Korrekturmaßnahmen;
- Bewertung durch die oberste Leitung.[491]

Diese Schritte werden in der graphischen Darstellung üblicherweise in Form einer aufwärtsstrebenden Spirale dargestellt, um den kontinuierlichen Verbesserungsprozess bei regelmäßiger Umsetzung hervorzuheben.[492] In der nachfolgenden Abbildung 3-1 werden die inhaltliche Anforderungen und der Verfahrensablauf zur Einführung eines Umweltmanagementsystems nach der ISO 14001 im Überblick vereinfacht dargestellt. Das eingeführte Umweltmanagementsystem wird i. R. eines privatwirtschaftlichen Verhältnisses durch unterschiedliche Organisationen *zertifiziert*.[493] Das Unternehmen kann den Prüfumfang der Zertifizierungsorganisation eigenständig festlegen, d. h. er ist nicht an den Standort gebunden, vielmehr können einzelne Produktions- oder Betriebseinheiten oder auch zusammengefasste Standorte mit vergleichbaren Tätigkeiten zertifiziert werden. Für den Wiederholungszeitraum der Zertifizierung ist ein dreijähriger Rhythmus, für die internen Audits ist ein jährlicher Rhythmus üblich. Nach der Zertifizierung ist die Veröffentlichung der Umweltpolitik erforderlich, die weitere Öffentlichkeitsarbeit hängt ausschließlich vom Unternehmen selbst ab.[494]

---

[488] Vgl. BMU; UBA (HRSG.) (2002, S. 14).
[489] Vgl. O. V. (2000b, S. 2).
[490] Vgl. für weiterführende Informationen http://www.14001news.de (30.03.02) oder ausführlich in ČESKÉ EKOLOGICKÉ MANAŽERSKÉ CENTRUM; CENTRUM PREVENCE ZNEČIŠTĚNÍ (2000, S. 6-8).
[491] Vgl. INTERNATIONAL ORGANIZATION FOR STANDARDIZATION (1998); DYLLICK; HUMMEL (1995, S. 26 f.); WASMER (2001, S. 50) oder POLTERMANN; BERRET (1998, S. 16-19).
[492] Vgl. zum Schema DORN (1998, S. 22).
[493] Vgl. zu Zuständigkeiten für sowie Grundsätze/Ablauf der Akkreditierung POLTERMANN; BERRET (1998, S. 19-22).
[494] Vgl. HÜWELS (2000, S. 22) und POLTERMANN; BERRET (1998, S. 22, 37).

Abbildung 3-1: Anforderungen und Verfahrensablauf der ISO 14001

Erste Umweltprüfung (fakultativ, durch die Norm nicht explizit gefordert)
- Istzustandsbestimmung und Schwachstellenanalyse

↓

Einführung des Umweltmanagementsystems

Umweltpolitik (4.2)
- schriftliche Festlegung durch oberste Leitung in Angemessenheit hinsichtlich Art, Umfang und Umweltauswirkungen der Tätigkeiten, Produkte, Dienstleistungen
- Verpflichtung zur kontinuierlichen Verbesserung; Verhütung von Umweltbelastungen; Einhaltung Umweltgesetze
- Bekanntmachung der Öffentlichkeit und der Mitarbeiter, Implementierung und Aufrechterhaltung

Planung (4.3)

Umweltaspekte (4.3.1)
- Entwicklung eines Verfahrens zur Ermittlung der Umweltaspekte der Tätigkeiten, Produkte oder Dienstleistungen, die bedeutende Auswirkungen auf die Umwelt haben könnten und Berücksichtigung dieser bei Umweltzielen, periodische Aktualisierung

Gesetzliche und andere Forderungen (4.3.2)
- Entwicklung eines Verfahrens zur Ermittlung und Zugänglichmachung der gesetzlichen, behördlichen, unternehmensspezifischen Forderungen, Erstellung einer zweckmäßigen Übersicht

Zielsetzungen und Einzelziele (4.3.3)
- Festlegung unter Berücksichtigung der Umweltpolitik, gesetzlicher Forderungen, unternehmensinterner Umweltaspekte, technologischer Optionen, betrieblicher Möglichkeiten und Rahmenbedingungen sowie der Anspruchsgruppen für jede relevante Funktion/Ebene

Umweltmanagementprogramme (4.3.4)
- Festlegung der Verantwortlichkeiten, Mittel und Zeitrahmen für Zielerreichung jeder relevante Funktion/Ebene

Implementierung und Umsetzung (4.4)

Organisationsstruktur und Verantwortlichkeit (4.4.1)
- Festlegung und Dokumentation umweltbezogener Aufgaben, Verantwortlichkeiten, Befugnisse i. R. der Aufbauorganisation – unter Einbezug der obersten Leitung, Bereitstellung notwendiger Ressourcen und Mittel, Festlegung des Umweltbeauftragten

Schulung, Bewusstsein, Kompetenz (4.4.2)
- Ermittlung des Schulungsbedarfes, Sicherstellung der Schulungen für relevante Beschäftigte, Entwicklung eines Umweltbewusstseins für das Umweltmanagementsystem

Kommunikation (4.4.3)
- Entwicklung der internen Kommunikation zwischen verschiedenen Ebenen und Funktionen
- Berücksichtigung relevanter Mitteilungen von externen interessierten Kreisen, externe Kommunikation in Betracht ziehen

Dokumentation des Umweltmanagementsystems (4.4.4)
- Beschreibung der wesentlichen Elemente des Managementsystems und seiner Wechselwirkungen, Systemdokumentation

Lenkung der Dokumente (4.4.5)
- Entwicklung von Verfahren zur Gewährleistung der Auffindbarkeit, der Überarbeitung, Verfügbarkeit der Dokumente sowie des Nichtgebrauchs und der Kennzeichnung ungültiger Dokumente, periodische Aktualisierung

Ablauflenkung (4.4.6)
- Ermittlung von Abläufen/Tätigkeiten die Zusammenhang zu festgestellten bedeutenden Umweltaspekten haben, dokumentierte Verfahren zur Prozesslenkung, Prozessmerkmale in Verfahrensanweisungen
- Berücksichtigung umweltorientierter Anforderungen bei Beschaffung und Lieferanten

Notfallvorsorge und -maßnahmen (4.4.7)
- systematische Risikoanalyse, Erarbeitung von Plänen und Maßnahmen für mögliche Unfälle und Notfallsituationen

Kontroll- und Korrekturmaßnahmen (4.5)

Überwachung und Messung (4.5.1)
- Entwicklung von Verfahren zur regelmäßigen Überwachung und Messung umweltrelevanter Arbeitsabläufe und Tätigkeiten sowie der Aufzeichnung dieser Informationen, Kalibrierung und Wartung der Messgeräte

Abweichung, Korrektur- und Vorsorgemaßnahmen (4.5.2)
- Entwicklung von Verfahren zur Festlegung von Befugnissen für Abweichungsprüfung und Maßnahmenergreifung

Aufzeichnungen (4.5.3)
- Entwicklung von Verfahren für Kennzeichnung, Pflege und Beseitigung umweltbezogener Aufzeichnungen, inklusive über Schulungen und Ergebnisse von Umweltaudits/-bewertungen

Umweltmanagementsystem-Audit (4.5.4)
- Entwicklung von Verfahren und Programmen für regelmäßige Auditierung des Managementsystems, dabei Prüfung ob Umweltmanagementsystem Anforderungen für das Umweltmanagement und die Norm erfüllt und ordnungsgemäß implementiert und aufrechterhalten ist, Regelungen von Anwendungsbereich/Häufigkeit/Methoden/Verantwortlichkeiten

Bewertung durch die oberste Leitung (4.6)
- regelmäßige Bewertung des Umweltmanagementsystems durch die oberste Leitung
- Anpassungen i. S. kontinuierlicher Verbesserung in Abhängigkeit der Auditergebnisse

↓

Zertifizierung

Quelle: Eigene Darstellung nach EUROPÄISCHES KOMITEE FÜR NORMUNG (1996); POLTERMANN; BERRET (1998, S. 16-19); WASMER (2001, S. 51-54). Vgl. für detaillierte Erläuterungen DORN (1998, S. 21-35).

3.3.1.3 Erfolgte Standardisierung und dynamische Einführung der Norm

Zielstellung der ISO war es, eine international gültige Norm auszuarbeiten.[495] Während bei der Entwicklung der Normen nur ISO-Mitgliedsländer Mitspracherecht haben, sind die durch die ISO publizierten Normen, wie z. B. die ISO 14001, für alle Länder zugänglich.[496] So wurde die ISO 14001 durch das COMITEE EUROPEEN DE NORMALISATION (CEN) als Europäische Norm EN ISO 14001 angenommen und auf dieser Basis in einzelnen Ländern als nationale Norm eingeführt.[497] Dementsprechend wurde sie auch in Deutschland, Polen und Tschechien anerkannt, übersetzt und in das nationale Normensystem als DIN EN ISO 14001[498] bzw. PN EN ISO 14001[499] sowie ČSN EN ISO 14001[500] eingegliedert. In Deutschland etablierten sich unterschiedliche Zertifizierungsorganisationen, die durch die Trägergemeinschaft für Akkreditierung (TGA) zugelassen sind.[501] Auch in Polen und Tschechien existieren nationale Akkreditierungssysteme für Zertifizierer. In Polen wurden im Jahr 1998 die ersten beiden inländischen Zertifizierungsorganisationen beglaubigt.[502] Anfang des Jahres 2000 waren in Polen 13 Institute zur Zertifizierung nach PN-ISO 14001 berechtigt, wobei das POLISH CENTRE FOR TESTING AND CERTIFICATION bislang die größte Rolle spielte.[503] In Tschechien wurde im Sommer 1998 die erste tschechische Zertifizierungsorganisation vom CZECH ACCREDITATION INSTITUTE beglaubigt, gegenwärtig sind auf dem tschechischen Markt 7 nationale Zertifizierungsorganisationen tätig.[504] Bis zur Beglaubigung nationaler Organisationen wurden in Polen und Tschechien alle ISO 14001-Zertifizierungen durch ausländische Zertifizierungsorganisationen durchgeführt,[505] die neben den inländischen immer noch dort fungieren.

Der *Standardisierungsgrad* des expliziten Wissens zur ISO 14001 wird auf Basis dieser Ausführungen bei allen drei Benchmarking-Partnern als gleich eingeschätzt. Vor diesem Hintergrund wird im Weiteren über die ex post Leistungsindikatoren der *Einführungsgrad* des expliziten Wissen auf makroökonomischer Ebene in Deutschland, Polen und Tschechien untersucht.

---

[495] Vgl. POLTERMANN; BERRET (1998, S. 10).
[496] Vgl. PFLIEGNER (1997, S. 40).
[497] Dabei muss die CEN-Norm unverändert in das nationale Normenwerk aufgenommen werden, da die CEN-Normen für nationale Normungsorganisationen bindend sind. Vgl. JASCH (1997, S. 86).
[498] Auf Grund der Anerkennung der ISO 14001 nach Artikel 12 der EMAS-VO wird auf der nationalen Ebene i. d. R. auch der Begriff EN ISO 14001 verwendet. Vgl. DORN (1998, S. 62 f.).
[499] Vgl. THE REGIONAL ENVIRONMENTAL CENTRE; CZECH ENVIRONMENTAL MANAGEMENT CENTRE (1998, S. 12, 26) sowie GRUSZKA (1999, S. 195), die auch die grundsätzliche Struktur sowie Aufgaben des Polnischen Normungsausschusses sowie der Normierungskommission darstellt.
[500] Vgl. SUCHÁNEK (1997, S. 13) sowie ČERMÁK (1999, S. 2).
[501] Vgl. POLTERMANN; BERRET (1998, S. 20).
[502] Das waren das POLISH CENTRE FOR TESTING AND CERTIFICATION und das POLISH SHIP REGISTER. Vgl. THE REGIONAL ENVIRONMENTAL CENTRE; CZECH ENVIRONMENTAL MANAGEMENT CENTRE (1998, S. 48).
[503] Vgl. O. V. (2000c, S. 24).
[504] Dazu zählen PPRÜFANSTALT FÜR ELEKTROTECHNIK, INSTITUT FÜR PRÜFUNG UND ZERTIFIZIERUNG AG, TSCHECHISCHES SCHIFFS- UND INDUSTRIEREGISTER, TECHNISCHE PRÜFANSTALT FÜR BAUWESEN, STAVCERT Praha s.r.o., CERT-ACO s.r.o., VEREINIGUNG FÜR ZERTIFIZIERUNG DER QS-SYSTEME. Vgl. REMTOVÁ (2002, S. 297-299).
[505] Dazu zählen z. B. RW TÜV Essen, TÜV Rheinland, DET NORSKE VERITAS, BVQI Hamburg, LLOYDS REGISTER QUALITY ASSURANCE, STENUM Graz, KPMG Deutschland. Vgl. THE REGIONAL ENVIRONMENTAL CENTRE; CZECH ENVIRONMENTAL MANAGEMENT CENTRE (1998, S. 45-46).

In der nachfolgenden Tabelle 3-30 werden Kennzahlen zur Entwicklung der ISO 14001-Zertifikate weltweit sowie explizit für Deutschland, Polen und Tschechien dargestellt. Weltweit ist im Zeitraum 1995-2000 die absolute Anzahl der beteiligten Länder (Ausnahmen: Nordamerika, Australien/Neuseeland) sowie der Zertifikate (Ausnahme: Polen bezogen auf den Zeitraum 1999-2000) ständig gestiegen. Die höchsten Zuwachsraten i. Vgl. zum Vorjahr waren 1996 zu beobachten, was durch den Zeitpunkt der Gültigkeit der ISO 14001 erklärbar ist. Dem entsprechend sind auch die im internationalen Maßstab vergleichsweise geringen Zuwachsraten Europas 1998-2000 differenziert zu bewerten, da i. Vgl. zu allen anderen Regionen 1995 und 1996 hier eine deutlich höhere absolute Anzahl von Zertifikaten vergeben wurde.

In Polen und Tschechien wurden 1998 die ersten 8 bzw. 4 ISO 14001-Zertifikate vergeben. Ende 2000 waren 1.260 deutsche, 60 polnische und 116 tschechische Unternehmen nach der ISO 14001 zertifiziert. Unter den mittel- und osteuropäischen Ländern lag Polen nach Ungarn (2000: 164 Zertifikate) an dritter, Tschechien an zweiter Stelle. Bezogen auf den Einführungsgrad der ISO 14001 waren damit ein deutlicher Vorsprung deutscher Unternehmen sowie dynamische Anpassungsreaktionen Polens und Tschechiens zu erkennen. Als Ursachen für die unterschiedliche Einführung der Norm in einzelnen Länder werden z. B angesehen:[506]

- Art und Umfang der Umweltprobleme (vgl. Kapitel 3.1);
- Verhältnis ordnungsrechtlicher und marktwirtschaftlicher Instrumente i. R. von Umweltpolitik und -recht (vgl. Kapitel 2.4);
- die Höhe des Umweltbewusstseins und -verhaltens (die höheren umweltbezogenen Rahmenbedingungen und die zunehmende Sensibilisierung der polnischen und tschechischen Verbraucher erforderte eine offensive umweltorientierte Unternehmensführung - vgl. Kapitel 2.4.2);
- die Beförderung der Verbreitung von Umweltmanagementsysteme durch Informationen, Schulungen, finanzielle Unterstützung (z. B. Deregulierung, aber auch finanzielle Unterstützungen, z. B. der tschechischen Regierung, für Unternehmen zur Einführung eines Umweltmanagementsystems nach der ISO 14001[507]).

Die Verringerung der ISO 14001 Zertifikate in Polen von 72 (1999) auf 60 (2000) lässt darauf schließen, dass zuvor zertifizierte Unternehmen auf Grund ihres Umweltverhaltens das Zertifikat aberkannt wurde oder das durch die in Polen tätigen Zertifizierungsorganisationen unvollständige Daten an die ISO geliefert wurden (dies kann darauf beruhen, dass i. R. der ISO 14001 keine Pflicht zur Registrierung der durch unterschiedliche auf dem Markt agierende Zertifizierungsgesellschaft zertifizierten Unternehmen besteht).[508]

Nach aktuelleren Angaben des UBA betrug die Anzahl der ISO 14001 zertifizierten Unternehmen zum Januar 2002 in Deutschland 3.380, in Polen 294 und in Tschechien 197.[509] Auf Grund ihrer

---

[506] Vgl. STEGER (2000, S. 488 f.).

[507] Vgl. SUCHÁNEK (1997, S. 14); KRAJEWSKI (1999, S. 38) und BRAUWEILER; VANĚČEK; NOWAK; KRAMER (2000, S. 16). Dazu zählen ein maximaler Zuschuss von bis zu 120.000 CZK aus einem Förderprogramm für KMU mit maximal 250 Beschäftigten und die Bezuschussung durch den staatlichen Umweltfonds von maximal 50 % der Kosten, die mit der Einführung des Umweltmanagementsystems verbunden sind. Vgl. REMTOVÁ (2002, S. 301).

[508] Vgl. WICENEC (1998, S. 42).

[509] Die Daten sind beziehbar über reinhard.peglau@uba.de. Vgl. für aktuelle polnische Daten SURMACZ (2001).

Aktualität und Abweichung zu den Angaben der ISO werden diese Daten bei den weiteren Bewertungen ebenfalls, aber nicht ausschließlich berücksichtigt.

Tabelle 3-30: Entwicklung der ISO 14001-Zertifizierungen weltweit im Zeitraum 1995-2000

Land	Jahr					
Afrika/West Asien	**Dez 95**	**Dez 96**	**Dez 97**	**Dez 98**	**Dez 99**	**Dez 00**
▪ Anzahl Länder	1	6	10	15	21	25
▪ Anzahl Zertifikate	1	10	73	138	337	651
▪ Anteil in %	0,4	0,7	1,7	1,7	2,4	2,8
Zentral- und Südamerika						
▪ Anzahl Länder	2	4	5	12	14	18
▪ Anzahl Zertifikate	3	15	98	144	309	556
▪ Anteil in %	1,2	1,0	2,2	1,8	2,2	2,4
Nordamerika						
▪ Anzahl Länder	1	3	3	3	3	3
▪ Anzahl Zertifikate	1	43	117	434	975	1.676
▪ Anteil in %	0,4	2,9	2,6	5,5	6,9	7,3
Europa						
▪ Anzahl Länder	11	20	25	29	32	36
▪ Anzahl Zertifikate	226	948	2.626	4.254	7.365	11.021
▪ Anteil in %	87,9	63,6	59,2	53,9	52,2	48,1
Deutschland						
▪ *Anzahl Zertifikate*	*35*	*166*	*352*	*651*	*962*	*1.260*
▪ *Zuwachs zum Vorjahr in %*		*374,3*	*112,0*	*84,9*	*47,8*	*31,0*
▪ *Anteil in % (Europa)*	*15,5*	*17,5*	*13,4*	*15,3*	*13,1*	*11,4*
Polen						
▪ *Anzahl Zertifikate*			*8*	*15*	*72*	*60*
▪ *Zuwachs zum Vorjahr in %*				*87,5*	*380*	*-16,7*
▪ *Anteil in % (Europa)*			*0,3*	*0,4*	*1,0*	*0,5*
Tschechien						
▪ *Anzahl Zertifikate*			*4*	*42*	*60*	*116*
▪ *Zuwachs zum Vorjahr in %*				*950,0*	*42,9*	*93,3*
▪ *Anteil in % (Europa)*			*0,2*	*1,0*	*0,8*	*1,1*
Naher Osten						
▪ Anzahl Länder	3	10	10	11	12	14
▪ Anzahl Zertifikate	25	419	1.356	2.532	4.350	7.881
▪ Anteil in %	9,7	28,1	30,6	32,1	30,8	34,4
Australien/Neuseeland						
▪ Anzahl Länder	1	2	2	2	2	2
▪ Anzahl Zertifikate	1	56	163	385	770	1.112
▪ Anteil in %	0,4	3,8	3,7	4,9	5,5	4,9
Welt insgesamt						
▪ Anzahl beteiligter Länder	19	45	55	72	84	98
▪ Anzahl Zertifikate	257	1.491	4.433	7.887	14.106	22.897
▪ absoluter Zuwachs zum Vorjahr		1.234	2.942	3.454	6.219	8.791

Quelle: Zusammenstellung und eigene Berechnungen nach INTERNATIONAL ORGANIZATION FOR STANDARDIZATION (2001, S. 16-18).

Die absolute Anzahl zertifizierter Unternehmen sowie darauf beruhende Anteilskennzahlen ermöglichen keine allgemeingültige Aussage über den qualitativen Anwendungsstandard von Umweltmanagementsystemen. Eine andere Sichtweise ergibt sich, wenn die Anzahl zertifizierter Unternehmen auf volkswirtschaftliche oder betriebswirtschaftliche Grundkennziffern bezogen wird (vgl. dazu Tabelle 3-31).[510] Hier erfolgt zunächst eine Darstellung auf Basis der Daten der ISO, später auf Basis der Informationen des ISO-Speedometers.

Der europaweite Vergleich der Kennzahlen Erwerbstätige bzw. BIP/ISO 14001-Zertifikat zeigt,[511] dass Deutschland trotz der hohen absoluten Anzahl von Zertifikaten bei den relativen Kennzahlen in das Mittelfeld einzuordnen ist. Führende Länder sind Dänemark, Finnland, Schweden, Irland und die Niederlande. Deutschland hat aber beide Kennzahlen 1997 und 1998 i. Vgl. zum Vorjahr auf 55.000 Erwerbstätige/Zertifikat bzw. 3.303 Mio. US $/Zertifikat (Stand 1998) halbiert. Unter Berücksichtigung der weiteren Zunahme der absoluten Zertifikate in den Jahren 1999 und 2000 in Deutschland wird davon ausgegangen, dass sich diese Kennzahlen weiter verbessert haben. Polen hat seine Kennzahl Erwerbstätige/ISO 14001-Zertifikat von 1997 auf 1.078.000 Erwerbstätige/Zertifikat in 1998 ebenfalls halbiert. Trotzdem war sie immer noch fast 20mal höher als in Deutschland. Mit 10.572 Mio. US $/Zertifikat war die polnische Kennzahl 1998 ca. drei mal höher als die deutsche, Polen wies damit i. Vgl. zu allen anderen EU-Ländern nach Griechenland die schlechteste Kennzahl auf. Dynamische Entwicklungen waren in Tschechien zu beobachten. Beide Kennzahlen wurden von 1998 auf ein Zehntel des Niveaus von 1997 gesenkt. Mit 116.000 Erwerbstätigen/Zertifikat war diese Kennzahl 1998 zwar immer noch doppelt so hoch wie in Deutschland, aber erheblich geringer als in Polen. Mit 1.342 Mio. US $/Zertifikat wies Tschechien 1998 eine bessere Kennzahl als Deutschland und andere europäische Staaten auf.

[510] Vgl. KRAMER (1999, S. 153).

[511] Hier ist zu beachten, dass die Bildung relativer Kennzahlen nur bis zum Jahr 1998 möglich war, da für die Jahre 1999 und 2000 noch keine statistischen Daten zu den Erwerbstätigen und dem BIP für alle europäischen Länder vorlagen.

Tabelle 3-31: Entwicklung der ISO 14001-Zertifikate in EU-Ländern auf Basis relativer Kennzahlen im Zeitraum 1996-1998

	ISO 14001-Zertifikate			**Erwerbstätige in Tsd.**			**Erwerbstätige in Tsd./ISO 14001-Zertifikat**			**BIP in jeweil. Preisen und Wechselkursen in Mio. US $**			**BIP in Mio. US $/ISO 14001-Zertifikat**		
	1996	**1997**	**1998**	**1996**	**1997**	**1998**	**1996**	**1997**	**1998**	**1996**	**1997**	**1998**	**1996**	**1997**	**1998**
Belgien	8	37	73	3791	3838	3.857	474	104	53	269.080	243.940	249.710	33.635	6.593	3.421
Dänemark	96	270	314	2623	2675	2.679	27	10	9	183.100	168.720	174.350	1.907	625	555
Deutschland	166	352	651	35.634	35.299	35.537	215	100	55	2.383.090	2.114.410	2.150.480	14.356	6.007	3.303
Finnland	41	151	206	2064	2120	2.179	50	14	11	127.540	122.420	128.500	3.111	811	624
Frankreich	23	52	295	22.195	22.157	22.469	965	426	76	1.554.370	1.409.170	1.451.760	67.581	27.099	4.921
Griechenland	1	6	10	3868	3853	3.967	3.868	642	397	124.360	120.930	121.510	124.360	20.155	12.151
Großbritannien	322	644	921	26.177*	26.612*	26.883*	81	41	29	1.177.300*	1.316.040*	1.403.670*	3.656	2.044	1.524
Irland	8	82	96	1308	1373	1.496	164	17	16	72.330	78.560	85.020	9.041	958	886
Italien	27	103	123	20.013	20.032	20.357	741	194	166	1.228.870	1.159.430	1.185.190	45.514	11.257	9.636
Luxemburg	1	6	6	165	169	171	165	28	29	18.200	17.460	18.340	18.200	2.910	3.057
Niederlande	119	263	341	6.932	7.186	7.402	58	27	22	411.830	376.600	391.270	3.461	1.432	1.147
Norwegen	13	35	61	k. A.	k. A.	k. A.	-	-	-	158.152	153.362	145.892	12.166	4.382	2.392
Österreich	56	80	132	3.617	3.069	3.626	65	38	27	231.720	206.670	210.910	4.138	2.583	1.598
Polen	0	8	15	15.842	16.229	16.174	4.431	2.029	1.078	142.965	143.132	158.574	-	17.892	10.572
Portugal	1	7	15	4.431	4523	4.764	-	646	318	110.850	104.250	109.340	110.850	14.893	7.289
Schweden	25	194	304	3.988	3.917	3.946	160	20	13	261.910	237.480	237.760	10.476	1.224	782
Spanien	13	92	164	12.342	12.706	13.161	949	138	80	608.810	558.580	582.120	46.832	6.072	3.550
Tschechien	0	4	42	5.044	4.947	4.869	-	1.237	116	57.922	53.000	56.379	-	13.250	1.342
Summe:	920	2.386	3.769	170.034	170.771	173.599	185	72	46	9.122.399	8.584.154	8.860.775	9.916	3.598	2.351

* Angaben für Großbritannien und Nordirland.

Quelle: Eigene Berechnungen nach STATISTISCHES BUNDESAMT (1999b, S. 46); (2000b, S. 46, 337); CENTRAL STATISTICAL OFFICE (2000b, S. XXXIX); CZECH STATISTICAL OFFICE (2000b, S. 35) sowie INTERNATIONAL ORGANIZATION FOR STANDARDIZATION (2000, S. 16).

Eine Weiterschreibung der relativen Kennzahlen ist auf Basis der Informationen des sog. ISO 14001-Speedometers möglich, welches auf den o. g. Angaben des UBA aufbaut. In dem Speedometer werden die weltweit TOP 40 Länder bezogen auf die absolute Anzahl der Zertifikate (aktuelle Daten) sowie auf relative Kennzahlen zur Einwohnerzahl und der Wirtschaftsleistung (jeweils die letztverfügbaren Daten) pro Zertifikat ermittelt.[512] Für den hier verfolgten Untersuchungszweck werden nicht die einwohnerspezifischen Kennzahlen des Speedometers verwendet, sondern ein Bezug der aktuellen Zertifizierungen auf die Anzahl der Erwerbstätigen aus Tabelle 3-31 hergestellt. Aus den Angaben der nachfolgenden Tabelle 3-32 wird i. Vgl. zu den Kennzahlen aus Tabelle 3-31 deutlich, dass alle drei Benchmarking-Partner ihre spezifischen Kennzahlen deutlich verbesserten, eine Annäherung der tschechischen Kennzahlen an das Niveau Deutschlands erfolgte und die polnischen Kennzahlen doppelt so hoch wie die tschechischen waren.

Tabelle 3-32: Absolute und relative Kennzahlen zum Einführungsgrad der ISO 14001 in Deutschland, Polen und Tschechien (Stand Januar 2002)

	Anzahl Zertifikate	***BIP in Mio. USD/ISO 14001-Zertifikat***	***1.000 Erwerbstätige/ISO 14001-Zertifikat***
Deutschland	3.380	573	10
Polen	294	1.114	55
Tschechien	197	672	25

Quelle: http://www.inem.org (30.03.02) und eigene Berechnungen.

Das bei allen drei Benchmarking-Partnern standardisiert vorliegende explizite Wissen stellte eine notwendige Voraussetzung für die Implementierung der Norm dar. Die Benchmarking-Analyse zeigte anhand der Daten der ISO und des Speedometers, dass der Einführungsgrad des expliziten Wissens, bezogen auf produktions- und mitarbeiterspezifische Kennzahlen in Polen geringer war als Tschechien, während Deutschland eine führende Rolle einnahm. Auf Grund des erforderlichen Nachweises vergleichbarer Umweltmanagementsystemstandards besteht für Polen und Tschechien noch Nachholbedarf, sofern nicht durch die weiteren Analysen (vgl. Kapitel 3.3.2 und 3.3.3) gezeigt werden kann, dass die Partner diesen über andere Konzepte kompensieren.

I. R. des Benchmarkings auf der meso- und mikroökonomischen Ebene ist zu prüfen, ob weitere Ursachen für die dynamischen Entwicklungstendenzen sowie die unterschiedlichen Einführungsgrade der ISO 14001 in Deutschland, Polen und Tschechien benannt werden können (vgl. Kapitel 4 und 5). Für das mesoökonomische Benchmarking muss dabei auf die Daten der ISO zurückgegriffen werden, da sie die Zertifizierungen auch nach Branchen ausweist, während die (zwar aktuelleren) Daten des Speedometers (bzw. des UBA), nicht auf Branchenebene verfügbar sind. Dieses Vorgehen ist möglich, da es auf alle drei Benchmarking-Partner gleichermaßen angewendet wird und trotz der unterschiedlichen Aktualität der Daten keine grundsätzlichen Bewertungsunterschiede aufgetreten sind.

[512] Vgl. für die Ergebnisse des ISO 14001-Speedometer http://www.inem.org (30.03.02) und zur Methodik des Speedometers TÓTH (2001).

3.3.2 Die europäische EMAS-VO

Im Folgenden wird in Kapitel 3.3.2.1 auf Entwicklung und in Kapitel 3.3.2.2 auf Anforderungen der Verordnung (auch im Vergleich zur ISO 14001) eingegangen. Abschließend wird in Kapitel 3.3.2.3 ihr Standardisierungs- und Einführungsgrad bei den Benchmarking-Partnern geprüft.

3.3.2.1 Aufhebung der EMAS I durch die revidierte EMAS II

Am 29.6.1993 wurde die „Verordnung Nr. 1836/93 des Rates über die freiwillige Beteiligung gewerblicher Unternehmen an einem Gemeinschaftssystem für das Umweltmanagement und die Umweltbetriebsprüfung" (EG-Öko-Audit-VO) vom Rat der Europäischen Gemeinschaft verabschiedet.[513] Seit 1995 besaß diese Verordnung, die synonym auch als EWG-Verordnung, EG-Öko-Audit-VO, EMAS-VO oder neuerdings (und im Weiteren) als EMAS I[514] bezeichnet wird, in allen Mitgliedsländern der EG/EU Rechtskraft. Die Gültigkeit der EMAS-VO war zunächst für fünf Jahre geplant. Während dieses Zeitraumes sollten die Zweckmäßigkeit der Verordnung geprüft und notwendige Änderungen bzw. Anpassungen in eine revidierte Fassung (der sog. EMAS II) eingebracht werden. Für die Revision der EMAS I wurden hauptsächlich auf Basis der Analyse bisheriger praktischer Erfahrungen bei ihrer Umsetzung (auch i. Vgl. zur der ISO 14001) zahlreiche Vorschläge eingebracht.[515] Nach der politischen Einigung über den Text der EMAS II im Sommer 1999 sowie der Einigung über Detailregelungen der Verordnung durch die europäischen Umweltminister im Februar 2000 und dem Abschluss des Gesetzgebungsverfahrens Ende 2000, wurde die EMAS II schließlich am 25.4.2001 im Amtsblatt der Europäischen Gemeinschaften veröffentlicht und ist am 27.4.2001 ohne Übergangsfristen als „Verordnung (EG) 761/2001 des Europäischen Parlamentes und des Rates vom 19. März über die freiwillige Beteiligung von Organisationen an einem Gemeinschaftssystem für das Umweltmanagement und die Umweltbetriebsprüfung (EMAS)" in Kraft getreten.[516] Dadurch wurde die Gültigkeit der EMAS I aufgehoben, die bisher validierten Standorte verbleiben aber in der Registrierung und haben i. R. der folgenden Umweltbetriebsprüfung die Einhaltung der Anforderungen der EMAS II nachzuweisen.[517] Aus diesem Grund wird in dem nachfolgenden Kapitel auf die inhaltlichen Anforderungen der EMAS II - unter Berücksichtigung wesentlicher Unterschiede in den Rahmenbedingungen, Normanforderungen und der Verfahrenstechnik zur EMAS I sowie der ISO 14001 - eingegangen.[518]

---

[513] Vgl. AMTSBLATT DER EUROPÄISCHEN GEMEINSCHAFTEN Nr. L 168/1 (1993).

[514] Die Abkürzung EMAS (Environmental Management and Audit Scheme) hat sich im internationalen Sprachgebrauch eingebürgert und wurde daher offiziell in den Text der EMAS II (Artikel 1 Absatz 1) aufgenommen. Vgl. KIEL (2001, S. 41).

[515] Vgl. dazu BENTLAGE (1999, S. 96); WICENEC (1998, S. 67 f.); FREIMANN (1999, S. 139); SEIDEL; WEBER (1998, S. 22-27). Vgl. für konkrete Vorschläge auf Basis einer Befragung von 1.228 Unternehmen UMWELTBUNDESAMT (HRSG.) (1999, S. 50-53).

[516] Vgl. O. V. (2000a, S. 23). Auch die EMAS II sieht nach einer Fünfjahresfrist eine Überarbeitung der Verordnung anhand der i. R. der Umsetzung gewonnenen Erfahrungen vor. Vgl. AMTSBLATT DER EUROPÄISCHEN GEMEINSCHAFTEN NR. L 114 (2001, Artikel 15).

[517] Die Zulassungs- und Registrierungsstellen müssen ihre Verfahren nach Gültigkeit der EMAS II innerhalb von einem Jahr an die dann geltenden Anforderungen anpassen. Vgl. HUB (2000, S. 39, 41).

[518] Einerseits ist es in diesem Rahmen erforderlich, die Anforderungen der geltenden EMAS II darzustellen. Da sich das Benchmarking auf der mikroökonomischen Ebene aber nur auf das explizierte Erfahrungswissen zur EMAS I beziehen kann (vgl. dazu Kapitel 5.3), ist es in diesem Rahmen auch notwendig, die Anforderungen der EMAS I zu berücksichtigen.

3.3.2.2 *Leistungsanforderungen für eine Validierung nach der EMAS II*

Die EMAS-VO ist im Gegensatz zur ISO 14001 eine *hoheitliche Norm*, die zunächst ein Standard für die Einführung und Auditierung eines betrieblichen Umweltmanagementsystems für Unternehmen des *Produzierenden Gewerbes* (ISO 14001: ohne Branchenbeschränkungen) war, in deren Rahmen der *Standort* validiert (ISO 14001: Zertifizierung der Organisation) wurde. Schon im Verlauf der Fünfjahresfrist wurden zwei wesentliche Modifikationen vorgenommen, die zum einen den Teilnehmerkreis und zum anderen die Anerkennung der ISO 14001 betrafen. Artikel 14 der Verordnung ermöglichte es, dass sich neben produzierenden auch Unternehmen anderer Wirtschaftsbereiche versuchsweise an der EMAS-VO beteiligten. Da Unternehmen des Dienstleistungsbereiches von dieser Möglichkeit Gebrauch machten, wurde der Teilnehmerkreis in vielen Ländern durch die Erweiterungsverordnung zum Umweltauditgesetz ausgedehnt.[519] Des Weiteren wurde auf Grund vergleichbarer Anforderungen von EMAS-VO und ISO 14001 von der Kommission der Europäischen Union 1997 die Entscheidung zur Anerkennung der DIN ISO 14001 gemäß Artikel 12 der EMAS-VO getroffen. Dies bedeutete, dass ein nach der ISO 14001 aufgebautes Managementsystem als konform zur EMAS-VO anerkannt wurde.[520] Für eine Validierung eines nach der ISO 14001 zertifizierten Umweltmanagementsystems nach der EMAS-VO mussten zusätzlich Anpassungen erbracht werden, die in dem Brückendokument des europäischen Normungskomitees festgeschrieben wurden.[521]

Die Revision der Verordnung brachte für die EMAS II drei grundsätzliche Veränderungen:

1. Ausdehnung der Geltungsbereiches der EMAS II auf alle *Organisationen* mit Umweltauswirkungen, *unabhängig von der Branche* oder dem Wirtschaftsbereich, so dass es keine Teilnahmebeschränkungen mehr gibt. D. h., in der EMAS II wurde der Standortbegriff durch den - auch in der ISO 14001 üblichen - *Organisationsbegriff* ersetzt. So ist es jetzt auch nach der EMAS-VO möglich, das Umweltmanagementsystem auf die Betriebseinheiten zu beziehen, die für die Erstellung der betrieblichen Leistung in einem intensiven funktionalen (nicht unbedingt räumlichen) Zusammenhang stehen.[522] Hierbei ist aber zu beachten, dass die Grenze eines Mitgliedsstaates nicht überschritten werden darf und der Standort die kleinste betracht-

---

[519] Dazu zählten z. B. Großbritannien, Österreich oder Schweden. Die deutsche Erweiterungsverordnung (UAG-ErwV) ist am 9.2.1998 in Kraft getreten. Vgl. zu den dort genannten Wirtschaftsbereichen BENTLAGE (1999, S. 82-86).

[520] Siehe zur Entscheidung der Kommission zur Anerkennung der Zertifizierungsverfahren sowie zur Anerkennung der internationalen Norm ISO 14001:1996 und der Europäischen Norm EN ISO 14001:1996 DORN (1998, S. 335-338).

[521] Dies betraf den Bezug der Umweltpolitik auf die „Guten Managementpraktiken"; die Betrachtung der Auswirkungen der Umwelt; die Erstellung der Umwelterklärung. Vgl. DORN (1998, S. 64-71), wo auch verschiedene Wege zur Erlangung der EMAS-Registrierung und EN ISO 14001-Zertifizierung dargestellt sind. Vgl. ebenda für das Brückendokument S. 307-320.

[522] Vgl. PAPE (2001, S. 6). Der Einbezug neuer Branchen nach der Erweiterungsverordnung führte zu Schwierigkeiten hinsichtlich der Abgrenzung des Standortes (z. B. bei aus mehreren Standorten bestehenden Betriebsteilen wie bei filialisierenden Unternehmen) sowie bei der Einbeziehung von Produkten dienstleistender Branchen. Dies hatte folgende Gründe: a) die Tätigkeiten sind mobil (z. B. Verkehrsbetriebe), b) die Tätigkeiten beziehen sich auf regelmäßig wechselnde Standorte (z. B. Entsorgungsunternehmen), c) die Tätigkeiten werden an Einzelstandorten durchgeführt, die z. T. hinsichtlich ihrer Entscheidungskompetenzen eine untergeordnete Rolle spielen (z. B. öffentliche Verwaltung auf Kreis- und Gemeindeebene) und d) die Umweltauswirkungen der Produkte sind bedeutender als die der Standorte (z. B. Banken und Versicherungen). Trotzdem wurde der Standortbegriff in der Erweiterungsverordnung zur EMAS I nicht geändert, sondern nur branchenspezifisch interpretiert. Vgl. BENTLAGE; RIEGER (1998, S. 223 f., 227); SIETZ (2000, S. 20) und THIMME (1998, S. 272).

bare Einheit darstellt.[523] Gleichermaßen wie die EMAS I ist auch die EMAS II regional beschränkt *nur in Ländern der EU gültig.*

2. In Erweiterung der Anerkennung der ISO 14001 wurde in der EMAS II auf eigene Regelungen zum Aufbau eines Umweltmanagementsystems verzichtet und die *Anforderungen der ISO 14001 im Anhang 1 wörtlich übernommen.*[524] Trotz dieser Integration wurden die für die EMAS-VO charakteristischen höheren Leistungsanforderungen nicht aufgegeben,[525] sondern detailliert. So geht die EMAS II in folgenden Anforderungen über die ISO 14001 hinaus:

- Berücksichtigung der direkten *und* indirekten Umweltaspekte;
- erweiterte Aussagen zum *legal compliance*;
- quantifizierter Nachweis der jährlichen Verbesserung der *Umweltleistung*;
- aktiver *Einbezug der Arbeitnehmer*;
- Information der Öffentlichkeit durch Erstellung einer *Umwelterklärung*;
- externe Kontrolle durch unabhängige *Umweltgutachter* und
- geforderte *Zusammenarbeit mit Behörden.*[526]

Die Leistungsforderungen werden in der Verordnung oftmals explizit aufgezählt, während in der ISO 14001 keine Spezifikationen vorgenommen werden.[527]

3. Vergabe eines *EMAS-Logos* für das geprüfte Umweltmanagementsystem oder die geprüften Umweltinformationen nach erfolgreicher Eintragung (i. R. der EMAS I hatte das Unternehmen eine Teilnahmeerklärung erhalten), das auch von Unternehmen genutzt werden kann, deren Standorte nach der EMAS I validiert worden sind. Durch das Zeichen soll der bisher zu geringen Öffentlichkeitswirkung der Umwelterklärung bzw. Teilnahmeerklärung entgegengewirkt und eine Verstärkung bisher fehlender Markteffekte erzielt werden.[528]

---

[523] In Ausnahmefällen kann die kleinste Einheit kleiner sein als der Standort, z. B. eine Subdivision mit eigener Funktion. Vgl. AMTSBLATT DER EUROPÄISCHEN GEMEINSCHAFTEN NR. L 114 (2001, Artikel 2 s).

[524] Dies hatte mehrere Effekte: Einerseits besitzt ein nach ISO 14001 zertifiziertes Unternehmen bei Einführung der EMAS-VO für den Bereich Umweltmanagementsysteme alle notwendigen Voraussetzungen. Andererseits erhält ein nach der EMAS-VO validiertes Unternehmen automatisch das ISO 14001-Zertifikat. Des Weiteren müssen durch diese Integration v. a. über Europa hinaus international tätige Unternehmen nicht mehr eine Entscheidung für oder gegen eine der beiden Normen fällen. Vgl. PAPE (2001, S. 6) und INSTITUT DER DEUTSCHEN WIRTSCHAFT (2001).

[525] Vgl. PAPE (2001, S. 6).

[526] Dagegen ist die ISO 14001 ein privatwirtschaftlich erarbeiteter Standard zur betriebsinternen Nutzung, für deren Bewertung des Erfüllungsgrades keine öffentlichen Kontrollen vorgesehen sind. Vgl. THIMME (1998, S. 269).

[527] Da sich z. T. detaillierte Einzelregelungen bzw. Neuerungen zur EMAS I ergeben, wurden Leitlinien zur Umwelterklärung, Begutachtungs- und Validierungshäufigkeit, Umweltaspekte, Standort/Organisation, EMAS-Logo, Mitarbeiterbeteiligung verabschiedet. Unterstützend dazu wurden Begriffe klarer definiert (wobei die Begriffe der ISO 14001 einen supplementären Charakter haben) und die Anhänge neu strukturiert. Im Zuge der Revision wurde somit auch die Verständlichkeit der Verordnung verbessert, da gerade bei der EMAS I die zu große Regelungstiefe und komplizierte Sprache kritisiert wurde. Vgl. POLTERMANN; BERRET (1998, S. 32) und GÜNTHER (1998, S. 17).

[528] Vgl. PAPE (2001, S. 7); WRUK (2001, S. 24); NISSEN; PAPE; VOLLMER; KREINER-CORDES (1998, S. 123). Das EMAS-Zeichen kann von eingetragenen Organisationen verwendet werden auf Umwelterklärungen, Briefköpfen, Unterlagen, in denen die Beteiligung an EMAS mitgeteilt wird, auf oder in der Werbung für Produkte, Tätigkeiten und Dienstleistungen (durch die aber jede Verwechslung mit Umwelt-Produktkennzeichnungen ausgeschlossen wird). Es darf nicht verwendet werden auf Produkten und deren Verpackungen, in Verbindung mit Vergleichen mit anderen Produkten, Tätigkeiten und Dienstleistungen. Vgl. AMTSBLATT DER EUROPÄISCHEN GEMEINSCHAFTEN NR. L 114 (2001, Artikel 8 Abs. 2).

In der nachfolgenden Abbildung 3-2 werden die Anforderungen und der Verfahrensablauf zur Einführung eines Umweltmanagementsystems nach der EMAS II dargestellt, für die - wie schon bei der EMAS I - eine interne und externe Phase unterschieden wird. Die gestrichelte Markierung zeigt die Einbindung der ISO 14001 in die Verordnung. Die jeweiligen Anforderungen dieser Norm werden hier nicht wiederholt (vgl. dazu Abbildung 3-1), sondern nur die darüber hinausgehenden höheren Leistungsanforderungen der EMAS II beschrieben.[529]

Nach der EMAS II ist in jährlichen Abständen die Aktualisierung der Umwelterklärung und die Validierung der aktualisierten Informationen durch den externen Umweltgutachter erforderlich.[530] Damit wurden kürzere Kontrollabstände als bei der EMAS I eingeführt, die aber mit den Anforderungen der ISO 14001 übereinstimmen.[531] Der Validierungszyklus aller Umweltaspekte sowie die Erstellung einer vollständigen Umwelterklärung umfasst - wie bei EMAS I - drei Jahre.[532]

[529] Auf die in der Literatur geführten Diskussionen zu Vor- und Nachteilen der EMAS-VO und ISO 14001, der Wirkungen von EMAS II und die Implikationen für Unternehmen wird an dieser Stelle nicht vertiefend eingegangen. Vgl. beispielhaft WRUK (2001, S. 24); WICHT (2000, S. 19-22) sowie zu Unterschieden zwischen beiden Standards BENTLAGE; RIEGER (1998, S. 227 f.); THIMME (1998, S. 269 f., 272, 280 f.); WICENEC (1998, S. 42, 45, 79); DYLLICK; HUMMEL (1995, S. 26 f.); DYLLICK (1997, S. 4); GÜNTHER (1998, S. 17).

[530] Muss nicht schriftlich, sondern kann auch über andere Medien, z. B. Internet vorliegen. Vgl. HUB (2000, S. 40).

[531] Vgl. WRUK (2001, S. 24). Für Unternehmen bis zu 50 Mitarbeitern sind Ausnahmen möglich. Vgl. PAPE (2001, S. 7).

[532] Vgl. PAPE (2001, S. 7).

Abbildung 3-2: Anforderungen und Verfahrensablauf der EMAS II

Interne Phase

Erste Umweltprüfung
- Erfassung aller umweltrelevanten Daten, Gesetze, Auflagen, Ermittlung und Bewertung wesentlicher Umweltaspekte
- Schwachstellenanalyse und Ermittlung des umweltbezogenen Handlungsbedarfes

(für ISO 14001-zertifizierte Unternehmen nicht verpflichtend, da Informationen in Dokumentation vorhanden)

Einführung eines Umweltmanagementsystems entsprechend der Anforderungen der ISO 14001 (vgl. Abbildung 3-1)

Umweltpolitik (4.2)

Planung (4.3)
- Entwicklung eines Verfahrens zur Berücksichtigung wesentlicher Auswirkungen der direkten (z. B. Abfälle oder Abwässer) *und* indirekten (z. B. bei produzierenden Unternehmen: Wirkungen von Produkten, bei Kreditinstitute: Wirkungen der Kreditvergabe, bei Kommunen: Wirkungen der Planungsentscheidungen oder bei Handelsunternehmen: Wirkungen auf das Produktsortiment) Umweltaspekte (vgl. Anhang VI der Verordnung);
- Entwicklung eines Verfahrens zur regelmäßigen Ermittlung aller relevanten Umweltvorschriften und deren Auswirkungen auf die Organisation sowie zum Nachweis der Einhaltung der Umweltvorschriften (Anhang I B 1. der Verordnung))

Implementierung und Durchführung (4.4)
- Integration der Arbeitnehmer (und auf Antrag auch Arbeitnehmervertreter) in den Prozess der kontinuierlichen Verbesserung der Umweltleistung durch geeignete Formen (z. B. betriebliches Vorschlagswesen, projektbezogene Gruppenarbeit, Umweltausschüsse) (Anhang I B 4 der Verordnung)
- Gewährleistung der externen Kommunikation mit der Öffentlichkeit und anderen interessierten Kreisen (z. B. lokale Gebietskörperschaften, Kunden) über die Umweltauswirkungen ihrer Tätigkeiten, Produkte und Dienstleistungen sowie die Anliegen der Öffentlichkeit und der anderen interessierten Kreise (Anhang I B 3. der Verordnung)

Kontroll- und Korrekturmaßnahmen (4.5)
- Entwicklung eines Verfahren zum quantifizierbaren Nachweis der jährlichen Verbesserung der Umweltleistung (Nachweis ist standortbezogen zu führen („local accountability"), während er bei der ISO 14001 managementsystembezogen zu führen ist) (Anhang I B 2. der Verordnung)

Bewertung durch die oberste Leitung (4.6)

interne Umweltbetriebsprüfungen
- Prüfung der Funktionsfähigkeit des Managementsystems (explizite Regelung durch Anhang II der Verordnung) im Sinne eines system, compliance und performance audits (demgegenüber werden bei der ISO 14001 nur system audits verlangt)

Erstellung der Umwelterklärung
- Inhalte: Beschreibung der Organisation, Umweltpolitik, Umweltaspekte, Umweltziele, Umweltleistung, Angaben zum Umweltgutachter
- Information der Öffentlichkeit und anderer interessierter Kreise über die Umweltauswirkungen und die Umweltleistungen sowie deren kontinuierliche Verbesserung (Anhang III der Verordnung regelt detailliert die erforderlichen Inhalte)

Externe Phase

Externe Umweltprüfung
- Prüfung der Einhaltung der Verordnungsanforderungen durch einen akkreditierten (staatlich zugelassenen und beaufsichtigten) Gutachter, der bei Übereinstimmung das Managementsystem und die Umwelterklärung für gültig erklärt

Registrierung
- durch zuständige IHK

Vergabe des EMAS-Logo
- entweder für ein validiertes Umweltmanagementsystem (geprüftes Umweltmanagement) oder für validierte Auszüge aus der Umwelterklärung (geprüfte Umweltinformation), dass i. R. der Öffentlichkeitsarbeit genutzt werden kann

Quelle: Eigene Darstellung nach AMTSBLATT DER EUROPÄISCHEN GEMEINSCHAFTEN NR. L 114 (2001) sowie PAPE (2001, S. 6 f.); KIEL (2001, S. 40-45); WICENEC (1998, S. 79).

3.3.2.3 International inhomogene Standardisierung und Implementierung der Verordnung

Zielstellung der Europäischen Kommission war es, mit der EMAS-VO einen für die EG/EU gültigen Standard zur Einführung von Umweltmanagementsystemen zu entwickeln. Im Gegensatz zur ISO 14001, die weltweit gültig ist, besitzt die EMAS-VO daher eine *regional beschränkte Gültigkeit*. Der hoheitliche Charakter der Verordnung gewährleistet, dass das explizite Wissen zu der Verordnung *in den EU-Ländern* standardisiert vorliegt. Dazu waren die Mitgliedsländer verpflichtet, die für die Umsetzung der EMAS-VO notwendigen Institutionen und Verfahrensregelungen auf nationaler Ebene zu schaffen. Zu diesen zählen in Deutschland:

- Die *Zulassung und Prüfung von unabhängigen Umweltgutachtern*, basierend auf dem Umweltauditgesetz (UAG, Erlass 1995), durchgeführt durch die Deutsche Akkreditierungs- und Zulassungsgesellschaft für Umweltgutachter (DAU, Gründung 1995).[533] Hier besteht ein deutlicher Unterschied zur ISO 14001, in deren Rahmen eine Zertifizierung mit Hilfe eines privatwirtschaftlichen Leistungsverhältnisses durchgeführt wird.
- Die *Einrichtung zuständiger Stellen*, die für die Überwachung der Eintragung erfolgreich validierter Organisationen (früher Standorte), das Führen des Organisations-/Standortregisters, die Verweigerung, Streichung oder Aussetzung der Eintragung und die Berücksichtigung der interessierten Kreise verantwortlich sind. In Deutschland wurden dafür die Industrie- und Handelskammern bzw. die Handwerkskammern ernannt,[534] über die dann die Registrierung erfolgt, wenn das Unternehmen die gültige Umwelterklärung übermittelt hat und Erkundigungen bei den für das Unternehmen zuständigen Behörden über die Einhaltung der relevanten Umweltvorschriften keine Widersprüche zu der Umwelterklärung ergeben. Diese Zusammenarbeit mit den Behörden wird nach der ISO 14001 nicht gefordert.[535] Die durch die Kammern im Register erfassten Unternehmen werden regelmäßig beim DIHT zu einem nationalen und durch die EU zu einem internationalen Register zusammengeführt.[536]

Infolge der Nichtmitgliedschaft in der EU ist die EMAS-VO in Polen und Tschechien nicht gültig. Mit dem Eintritt in die EU und der Übernahme der europäischen Umweltgesetzgebung (vgl. Kapitel 2.4.2) sind aber auch Polen und Tschechien verpflichtet, die Organisationsstrukturen für den Verfahrensablauf der EMAS-VO (Umweltgutachter, zuständige Stellen) zu etablieren.[537] In den Kandidatenländern wird dieser Harmonisierungsprozess z. B. durch Schulungen und Weiterbildungen von Behörden- oder Unternehmensvertretern unterstützt.[538]

Im Zuge der legislativen Harmonisierung der nationalen Umweltpolitik mit der der EU wurde daher 1998 in Tschechien der Beschluss Nr. 466 zum „Nationalen Programm für die Einführung eines Umweltmanagement- und Auditsystems" gefasst. Als institutionelle Rahmenbedingungen zur Umsetzung des *nationalen EMAS-Programms* fungieren seit 1998 bzw. 1999 der EMAS-Rat (vergleichbar mit den zuständigen Stellen in Deutschland), das Tschechische Institut für Akkre-

---

533 Vgl. THIMME (1998, S. 266).
534 Vgl. BFAI (HRSG.) (1996, S. 6-8).
535 Vgl. INSTITUT DER DEUTSCHEN WIRTSCHAFT (2001).
536 Vgl. POLTERMANN; BERRET (1998, S. 28).
537 In Anlehnung an NILL; LÜNENBÜRGER; PETSCHOW (2000b, S. 5 f.).
538 Vgl. http://www.europa.eu.int/comm/environment/emas (30.03.02).

ditierung (vergleichbar mit der DAU in Deutschland) und die EMAS-Agentur.[539] Die nach dem nationalen EMAS-Programm validierten Umwelterklärungen werden durch Brüssel anerkannt und in Form einer Konformitätsbescheinigung bestätigt.[540] Dadurch gehört Tschechien auf dem Gebiet der EMAS-Einführung zu den derzeit am besten vorbereiteten Kandidatenländern der EU.[541] Äquivalente Entwicklungstendenzen sind auch in Polen erforderlich, weshalb Polen hinsichtlich der Anpassung an die EU-Gesetzgebung für die EMAS-VO durch die EU-Kommission eine vorsorgliche Warnung ausgesprochen wurde. Im April 2000 wurde daher von der polnischen Regierung eine Kommission eingesetzt, die zur Aufgabe hatte, die politischen, legislativen und administrativen Voraussetzungen zur Übernahme der EMAS-VO zu schaffen. Dies mündete in einer Richtlinie für ein nationales EMAS-Programm sowie für die Etablierung eines polnischen Akkreditierungszentrums. In diesem Zusammenhang soll auch ein Pilotprojekt zur Einführung der EMAS-VO gestartet werden, in dessen Rahmen nicht nur die Zweckmäßigkeit der legislativen und administrativen Regelungen getestet, sondern auch das Interesse der polnischen Unternehmen an der Einführung der EMAS-VO geweckt werden soll. Auf Basis bisher vorliegender Informationen kann nicht eingeschätzt werden, dass das nationale EMAS-Programm in Polen realisiert wurde.[542]

Durch den hoheitlichen Charakter der EMAS-VO wird gewährleistet, dass das explizite Wissen und die notwendigen Organisationsstrukturen und Verfahrensabläufe etabliert werden. Die Benchmarking-Analyse zeigte, dass das erforderliche explizite Wissen in Deutschland und Tschechien dem entsprechend standardisiert vorlag, während dies in Polen noch nicht der Fall war. Durch den angestrebten Eintritt Polens in die EU ist es erforderlich, (frühzeitig) die Einbindung der EMAS-VO in das nationale Rechtssystem zu gewährleisten, so dass hier ein hoher Anpassungsbedarf besteht. Vor diesem Hintergrund wird im Weiteren über die ex post Leistungsindikatoren der Einführungsgrad der Verordnung untersucht, wobei die Analyse auf Deutschland und Tschechien beschränkt wird.

Die EMAS-VO wurde in der Praxis unterschiedlich aufgenommen. In Deutschland hatte sie - wie Tabelle 3-33 zeigt - bezogen auf die quantitative Anzahl registrierter Standorte von Anfang an einen hohen Stellenwert. So waren 1996 unter 1.269 registrierten Standorten 1.116 Deutsche. Am 31.3.2001 entfielen immer noch über 65 % der 3.119 EU-weit erfassten Validierungen auf deutsche Unternehmen. Den zweithöchsten Anteil besaßen Österreich mit 7,7 %, gefolgt von Schweden mit 5,6 %. In Tschechien waren Ende 1999 vier Standorte und Ende 2000 zehn Standorte

[539] Der EMAS-Rat stellt als Management- und Kontrollorgan die oberste Institution dar. Er besteht aus 20 Mitgliedern, die sich sowohl aus Ministerien und Institutionen, als auch aus Unternehmen und Nichtregierungsorganisationen zusammensetzen. Das Tschechische Institut für Akkreditierung ist für die Zulassung und Überwachung der Umweltgutachter und -prüfer verantwortlich. Die EMAS-Agentur fungiert als Sekretariat des EMAS-Rates und ist u. a. für den Kontakt zwischen Rat und Akkreditierungsinstitut, die Informationspolitik, die Registerführung, Dokumentationen der Standorte/Unternehmen, Gutachter und Prüfer verantwortlich. Vgl. ausführlicher REMTOVÁ (2002, S. 297-299).

[540] Vgl. SUCHÁNEK (1997, S. 13); PONERT (1998, S. 52 f.) sowie THE REGIONAL ENVIRONMENTAL CENTRE; CZECH ENVIRONMENTAL MANAGEMENT CENTRE (1998, S. 30).

[541] Vgl. MIKOLÁŠ (1999, S. 28).

[542] Vgl. HOMEYER; BÄR; CARIUS; DEIM (2001, S. 267) und HOMEYER; CARIUS (2000, S. 350) sowie http://europa.eu.int/comm/environment/emas (30.03.02).

nach dem nationalen EMAS-Programm validiert.[543] Wie in Deutschland gibt es auch in Tschechien finanzielle Zuschüsse, die die Verbreitung der EMAS-VO in der Praxis befördern sollen und als eine Ursache für die bisherigen 10 EMAS-Validierungen anzusehen sind.[544] Des Weiteren wurde die EMAS-VO von den tschechischen Unternehmen umgesetzt, deren (westeuropäische) Mutterunternehmen ein Umweltmanagementsystem nach der EMAS-VO eingeführt hatten und diese Norm auch für ihre ausländischen Tochterunternehmen vorgaben.[545] Für Polen sind keine Angaben über validierte Standorte/Organisationen vorhanden, auf Grund des fehlenden nationalen EMAS-Programms wird geschlussfolgert, dass auch die praktische Bedeutung der Verordnung gering ist. Der Abstand deutscher Unternehmen zu ist damit erheblich.[546]

Die Zuwachsraten der Validierungen (vgl. ebenfalls Tabelle 3-33) schwächten sich seit 1999 ab.[547] Hier ist zu berücksichtigen, dass ein Großteil der deutschen Unternehmen - entsprechend der Dreijahresfrist - vor der Entscheidung, eine Revalidierung durchzuführen stand oder steht.[548] Aus dem Vergleich mit der Anzahl von Unternehmen, die nach der ISO 14001 zertifiziert wurden, wird deutlich, dass bis Ende 2000 in allen Ländern mit Ausnahme Deutschlands und Österreichs die ISO 14001 bezogen auf die quantitative Anzahl einen deutlich höheren Stellenwert einnahm (vgl. Tabelle 3-33).[549] Nach aktuelleren Daten des UBA (Stand: Januar 2002) waren in Deutschland 3.380 Unternehmen ISO 14001-zertifiziert und 2.641 Unternehmen EMAS-validiert. Das heißt, dass gegenwärtig auch hier die EMAS-VO eine geringere Relevanz hat. In Tschechien spielte sie eine untergeordnete, in Polen kein Rolle. Dies ist zwar einerseits aus der Nichtmitgliedschaft Polens und Tschechiens in der EU zu erklären, andererseits wurden Ursachen für die geringe Akzeptanz in dem zunächst beschränkten Teilnehmerkreis und unpraktikablen Standortbezug, der eingeschränkten regionalen Gültigkeit, den höheren Leistungsanforderungen und dem höheren Öffentlichkeitsbezug der EMAS-VO gesehen. I. R. des mikroökonomischen Benchmarkings in Kapitel 5.3 ist zu untersuchen, ob diese Begründungen bestätigt werden können.

---

[543] Vgl. PRICEWATERHOUSE COOPERS PRAHA ET AL. (2000, S. 25). Zur Förderung der Einführung von Umweltmanagementsystemen nach der EMAS-VO wurde in Tschechien im Jahr 1999 das Phare-Projekt „Support to the introduction of environmental management and auditing system (EMAS)" gestartet, in dessen Rahmen einerseits Informationskampagnen, Schulungen und Beratungen durchgeführt sowie andererseits 13 Unternehmen für die Einführung und Validierung nach der EMAS-VO vorbereitet und branchenspezifische Handbücher entwickelt wurden. Vgl. MIKOLÁŠ (1999, S. 28 f.).

[544] Dazu zählen nach REMTOVÁ (2002, S. 299 f.):

- max. Zuschuss in Höhe von 200.000 CZK durch ein Förderprogramm (bis 2004) für KMU mit max. 250 Beschäftigten;
- Bezuschussung von max. 50 % der Einführungskosten durch den staatlichen Umweltfonds;
- die Befreiung der Unternehmen von der Registrierungsgebühr.

[545] Vgl. KRAMER; BRAUWEILER; GOŹDZIASZEK (1998, S. 189).

[546] Vgl. UMWELTBUNDESAMT (HRSG.) (1999, S. 13, 16).

[547] Vgl. HÜWELS (2000, S. 23).

[548] Vgl. PAPE (2001, S. 6).

[549] Vgl. FREIMANN (1999, S. 137) und UMWELTBUNDESAMT (HRSG.) (1999, S. 7, 17).

Tabelle 3-33: Entwicklung der EMAS-Registrierungen in EU-Ländern im Zeitraum 1996-2001

	31.12.96	31.12.98	31.12.99	31.12.00	31.03.01	Anteil in % 31.03.2001
Belgien	*2*	*9*	*9*	*9*	*9*	*0,3*
i. Vgl. ISO 14001-Zertifikate	8	73	74	130		
Dänemark	*15*	*83*	*116*	*151*	*160*	*4,9*
i. Vgl. ISO 14001-Zertifikate	96	314	430	580		
Deutschland	*1.116*	*1.578*	*2.007*	*2.124*	*2.140*	*65,6*
i. Vgl. ISO 14001-Zertifikate	**166**	**651**	**962**	**1.260**		
Finnland	*14*	*17*	*26*	*31*	*31*	*1,0*
i. Vgl. ISO 14001-Zertifikate	41	206	470	508		
Frankreich	*7*	*28*	*35*	*35*	*35*	*1,1*
i. Vgl. ISO 14001-Zertifikate	23	295	462	710		
Griechenland	*0*	*0*	*1*	*1*	*2*	*0,1*
i. Vgl. ISO 14001-Zertifikate	1	10	20	42		
Großbritannien	*15*	*59*	*72*	*77*	*77*	*2,4*
i. Vgl. ISO 14001-Zertifikate	322	921	1.492	2.534		
Irland	*2*	*6*	*6*	*7*	*8*	*0,2*
i. Vgl. ISO 14001-Zertifikate	8	96	115	163		
Italien	*0*	*13*	*24*	*34*	*41*	*1,3*
i. Vgl. ISO 14001-Zertifikate	27	123	243	521		
Luxemburg	*0*	*1*	*1*	*1*	*1*	*0,0*
i. Vgl. ISO 14001-Zertifikate	1	6	6	9		
Niederlande	*9*	*19*	*25*	*26*	*26*	*0,8*
i. Vgl. ISO 14001-Zertifikate	119	341	403	784		
Norwegen	*38*	*44*	*55*	*65*	*65*	*2,0*
i. Vgl. ISO 14001-Zertifikate	13	61	133	227		
Österreich	*35*	*141*	*202*	*252*	*251*	*7,7*
i. Vgl. ISO 14001-Zertifikate	56	132	156	203		
Portugal	*0*	*0*	*0*	*1*	*1*	*0,0*
i. Vgl. ISO 14001-Zertifikate	1	15	28	47		
Schweden	*15*	*124*	*157*	*183*	*184*	*5,6*
i. Vgl. ISO 14001-Zertifikate	25	304	851	1.370		
Spanien	*1*	*18*	*51*	*88*	*88*	*2,7*
i. Vgl. ISO 14001-Zertifikate	13	164	573	600		
Tschechien			*4*	*10*		
i. Vgl. ISO 14001-Zertifikate		**42**	**60**	**116**		
Summe:	*1.269*	*2.140*	*2.787*	*3.085*	*3.119*	
i. Vgl. ISO 14001-Zertifikate	948*	4.254*	7.365*	11.021*		

Anmerkung: Für EMAS-Registrierungen waren für 1997 für die ISO-14001-Zertifizierungen für 2001 keine Daten verfügbar. *Daten für ganz Europa.

Quelle: Zusammenstellung nach http://europa.eu.int/comm/environment/emas (30.03.02) und INTERNATIONAL ORGANIZATION FOR STANDARDIZATION (2001, S. 17).

Eine differenziertere Bewertung ist auch hier durch Bezug der Zahl der registrierten Standorte auf die Erwerbstätigen oder das BIP möglich. Die Kennzahlen Erwerbstätige bzw. BIP/EMAS-Registrierung der nachfolgenden Tabelle 3-34 (auf Grund der geringen Fallzahlen an EMAS-Validierungen wurde Tschechien in der dortigen statistischen Auswertung nicht berücksichtigt) bestätigen einerseits die führende Rolle Deutschlands. Andererseits relativieren sie den Abstand zu den anderen europäischen Ländern. So näherten sich die relativen Kennzahlen für das BIP/EMAS-Registrierung von Österreich, Schweden und Dänemark trotz einer erheblich geringeren Anzahl absoluter EMAS-Registrierungen deutlich der deutschen Kennzahl an. Das bedeutet, dass bezogen auf die Arbeits- und Wirtschaftsleistung der Abstand der Deutschen zu Unternehmen dieser Länder deutlich geringer zu bewerten ist, als bei der ausschließlichen Betrachtung der absoluten Kennzahlen.

Tabelle 3-34: Erwerbstätige und Bruttoinlandsprodukt (BIP) pro EMAS-Registrierung 1996 und 1998

	EMAS-Registrierungen		Erwerbstätige in Tsd.		Erwerbstätige in Tsd./EMAS-Registrierung		BIP in jeweil. Preisen und Wechselkursen in Mio. US $		BIP in Mio. US$/EMAS-Registrierung	
	1996	1998	1996	1998	1996	1998	1996	1998	1996	1998
Belgien	2	9	3.791	3.857	1.896	429	269.080	249.710	134.540	27.746
Dänemark	15	83	2.623	2.679	175	32	183.100	174.350	12.207	2.101
Deutschland	*1.116*	*1.578*	*35.634*	*35.537*	*32*	*23*	*2.383.090*	*2.150.480*	*2.135*	*1.363*
Finnland	14	17	2.064	2.179	147	128	127.540	128.500	9.110	7.559
Frankreich	7	28	22.195	22.469	3.171	802	1.554.370	1.451.760	222.053	51.849
Griechenland	0	0	3.868	3.967	-	-	124.360	121.510	-	-
Großbritannien	15	59	26.177*	26.883*	1.745	456	1.177.300*	1.403.670*	78.487	23.791
Irland	2	6	1.308	1.496	654	249	72.330	85.020	36.165	14.170
Italien	0	13	20.013	20.357	-	1.566	1.228.870	1.185.190	-	91.168
Luxemburg	0	1	165	171	-	171	18.200	18.340		18.340
Niederlande	9	19	6.932	7.402	770	390	411.830	391.270	45.759	20.593
Norwegen	38	44	k. A.	k. A.	-	-	158.152	145.892	4.162	3.316
Österreich	35	141	3.617	3.626	103	26	231.720	210.910	6.621	1.496
Portugal	0	0	4.431	4.764	-	-	110.850	109.340	-	-
Schweden	15	124	3.988	3.946	266	32	261.910	237.760	17.461	1.917
Spanien	1	18	12.342	13.161	12342	731	608.810	582.120	608.810	32.340
Summe:	**1.269**	**2.140**	**149.147**	**152.494**	**118**	**71**	**8.921.512**	**8.645.822**	**7.030**	**4.040**

* Angaben für Großbritannien und Nordirland.

Quelle: Eigene Berechnungen nach STATISTISCHES BUNDESAMT (1999b, S. 46); (2000b, S. 46, 337) sowie http://europa.eu.int/comm/environment/emas (30.03.02).

Auch der Vergleich dieser mit den relativen Kennzahlen bezüglich der ISO 14001 aus Tabelle 3-31 erfordert differenzierte Bewertungen. Beide Kennzahlen waren 1998 bezogen auf die EMAS-Registrierungen besser als die ISO 14001 bezogenen Kennzahlen (23.000 Erwerbstätige/EMAS-Registrierung i. Vgl. zu 55.000 Erwerbstätigen/ISO 14001-Zertifikat bzw. 1.363 Mio. US $/EMAS-Registrierung i. Vgl. zu 3.303 Mio. US $/ISO 14001-Zertifikat). Das zeigt, dass die EMAS-VO zu diesem Zeitpunkt bezogen auf die Arbeits- und Wirtschaftsleistung in deutschen Unternehmen einen höheren Stellenwert als die ISO 14001 hatte. Dafür waren folgende Gründe ausschlaggebend:

- Mit der EMAS-VO wird infolge ihrer hoheitlichen Einbindung, erforderlichen Validierung, Registrierung und Öffentlichkeitsarbeit zwar oftmals eine höhere Bürokratie, gleichzeitig aber auch eine *höhere Legitimität unter den Anspruchsgruppen* verbunden.[550]

[550] Vgl. DYLLICK; HUMMEL (1995, S. 26 f.).

- Speziell für Deutschland werden (i. Vgl. zu Frankreich, den Niederlanden und Großbritannien) weitere Vorteile in der *Bereitstellung von Informationen*, der *finanziellen Unterstützung* teilnehmender Unternehmen durch staatliche Institutionen sowie der geplanten *Deregulierung* gesehen.[551]

Sowohl die finanzielle Unterstützung als auch die geplante Deregulierung wird im Weiteren ausführlicher diskutiert. Die Einführung staatlicher Förderungen für Unternehmen zur Beteiligung an der Verordnung wurde explizit im Gesetzestext erwähnt.[552] Auch für die EMAS II ist ein umfangreiches Förderprogramm geplant und in der Verordnung festgeschrieben.[553] Die Beförderung des Bekanntheitsgrades und der Einführung eines Umweltmanagementsystems ist aus sachlichen Gründen (Entwicklung von Umweltbewusstsein und Realisierung von Umweltentlastungen) grundsätzlich positiv einzuschätzen. Wie die aktuellen Tendenzen zeigen, ist gegenwärtig die Anzahl ISO 14001-zertifizierter Unternehmen größer als die der EMAS-validierten Unternehmen, obwohl es für die Einführung der ISO 14001 keine staatliche Fördermöglichkeit gibt. Einerseits kann geschlussfolgert werden, dass die Effektivität und die Effizienz der EMAS-VO i. Vgl. zur ISO 14001 nicht befriedigend ist, andererseits müssen bei der Bewertung die höheren Leistungsanforderungen der EMAS-VO berücksichtigt werden. I. R. des Benchmarkings auf der mikroökonomischen Ebene ist daher zu prüfen, ob die höheren Leistungsanforderungen der EMAS-VO zu Schwierigkeiten bei der Umsetzung dieser Norm geführt haben (vgl. Kapitel 5.3).

Die Annahme und Umsetzung der EMAS II wird in Deutschland wesentlich davon abhängen, ob eine stärkere Verbindung der EMAS mit der Umweltpolitik, dem -recht und der -verwaltung zur Umsetzung von Deregulierungen auf breiter Ebene gelingt[554] (z. B. Erleichterungen bei Genehmigungsverfahren für validierte Unternehmen oder Vereinfachung der Berichtspflichten im Bereich Immissionsschutz, Wasser, Abfall) und ob sich in der Praxis tatsächlich Erleichterungen für validierte Unternehmen (z. B. bei der Kreditvergabe oder bei Versicherungsabschlüssen durch den Nachweis der Ergebnisse regelmäßig durchgeführter Audits) ergeben.[555]

Das Benchmarking der Leistungsindikatoren führte zu dem Ergebnis, dass nicht nur in Tschechien, sondern auch in Deutschland die EMAS-VO eine geringere praktische Bedeutung hatte als

---

[551] Vgl. WÄTZOLD; BÜLTMANN; EAMES; LULOFS; SCHUCHT (2001, S. 41). Nach dem Umweltpakt in Bayern 1995 und der Umweltallianz in Sachsen 1998 gibt es heutzutage in allen Bundesländern derartige Initiativen.

[552] So bestehen sowohl auf Bundes- als auch auf Landesebene finanzielle und immaterielle Fördermöglichkeiten, die v. a. KMU bei der Umsetzung der EMAS-VO unterstützen sollen. Vgl. UMWELTBUNDESAMT (1999, S. 48). Vgl. für Modellprojekte und deren Finanzierungsrahmen auf Landesebene PREHN; RICHTER; SCHWEDT; TIEBLER (1998, S. 12-14).

[553] So wurde auf Initiative des Umweltgutachterausschusses unter dem Motto „Wir setzten Zeichen" eine gemeinsam vom Bund, den Ländern, der deutschen Wirtschaft, den Gewerkschaften und der Umweltverbände getragene Kampagne zur Erhöhung des Bekanntheitsgrades der EMAS II sowie des EMAS-Zeichens gestartet. Vgl. PAPE (2001, S. 7).

[554] Auf Länderebene existieren Pilotprojekte zur Prüfung der Umsetzbarkeit von Deregulierungsmaßnahmen. Vgl. den Umweltpakt in Bayern, dem sich bis Ende des Jahres 1999 mehr als 1.000 Unternehmen angeschlossen hatten, von denen über 500 ein Umweltmanagementsystem nach der EMAS-VO implementierten. Durch die Bayrische Staatsregierung wurde ein Altlastensanierungsfond eingerichtet, Fördermittel für Umweltberatungen bereitgestellt sowie rechtliche Erleichterungen für EMAS-validierte Unternehmen durchgesetzt. Vgl. VOLK (2000, S. 21). Vgl. für die Umweltallianz in Sachsen SÄCHSISCHES STAATSMINISTERIUM FÜR UMWELT UND LANDESENTWICKLUNG (HRSG.) (1998a). Vgl. für weitere Informationen zum Thema Deregulierung ORTHMANN (1998, S. 131-142) sowie KAUPE (1998, S. 209 f.).

[555] Vgl. JANZEN (1998, S. 72). Eine vergleichende Untersuchung der validierten Unternehmen von SIETZ aus den Jahren 1997 und 1999 zeigte, dass im Jahr 1999 über 30 % der validierten Unternehmen durchschnittlich 24 % Ermäßigung auf die Umwelthaftpflichtversicherung erhalten hatten, während 1997 nur ca. 5 % der Unternehmen eine Ermäßigung von ca. 10 % erhielten. Vgl. SIETZ (2000, S. 20).

die ISO 14001. Trotzdem ist entsprechend der absoluten und relativen Kennzahlen einzuschätzen, dass Deutschland zusätzlich zur ISO 14001 umweltorientiertes Wissen entwickelt hat. Diese Entwicklung der Validierungen zeigten aber, dass der Validierungsdruck geringer ist, als der Druck zur Zertifizierung nach der ISO 14001. Durch das mikroökonomische Benchmarking in Kapitel 5.3 sind dafür die Ursachen zu untersuchen. Durch die Verabschiedung der EMAS II, bei der die Anforderungen für ein Umweltmanagementsystem aus der ISO 14001 übernommen wurden, besteht für polnische und tschechische Unternehmen auf Basis des impliziten Wissens zur ISO 14001 einerseits die Chance, durch Erfüllung zusätzlicher Leistungsanforderungen auch Erfahrungswissen zur EMAS-VO zu erwerben. Andererseits hängt der Nachholbedarf polnischer und tschechischer Unternehmen zur Ergänzung des umweltorientierten Wissens durch die Umsetzung der EMAS-VO von der zukünftigen Relevanz und Akzeptanz der Verordnung ab. Abschließend wird der Standardisierungs- und Einführungsgrad des CPC untersucht.

3.3.3 Die weltweit ausgerichteten Cleaner Production Concepts[556]

Anders als die ISO 14001 und die EMAS-VO stellt das CPC keine Norm für die Zertifizierung/Validierung eines Umweltmanagementsystems dar. Es wird trotzdem i. R. der Untersuchung des expliziten Wissens zu Umweltmanagementsystemen berücksichtigt, das es ein Konzept für eine offensive, integrierte Umweltstrategie darstellt, die sowohl auf operativer als auch strategischer und normativer Ebene umgesetzt werden muss und dadurch in ein Umweltmanagementsystem überführt und nach Kriterien der ISO 14001 oder EMAS-VO geprüft werden kann.[557] Im Weiteren wird in Kapitel 3.3.3.1 auf die Entwicklung des CPC und in Kapitel 3.3.3.2 auf seine Anforderungen - auch im Vergleich zu der ISO 14001 und der EMAS-VO - eingegangen. Auf dieser Basis werden in Kapitel 3.3.3.3 der Standardisierungs- und Einführungsgrad des CPC bei den Benchmarking-Partnern untersucht.

3.3.3.1 Verbreitung der Cleaner Production Idee über Cleaner Production Programme

Um die weltweite Umweltverschmutzung und Entstehung umweltschädlicher Outputs zu verringern wurde 1989 durch das United Nations Environmental Programme (UNEP) das „Cleaner Production Programme" gestartet.[558] Dieses wird durch das United Nations Environmental Programme Industry and Environment (UNEP IE) koordiniert und verfolgte die Aufgaben die:

- weltweite die Kenntnis über das CPC zu erhöhen und einen Konsens über die Cleaner Production(CP)-Idee zu entwickeln;
- Regierungen und Industrie bei der Umsetzung des CP-Programms zu unterstützen (z. B. durch die Förderung des Aufbaus nationaler CP-Zentren);
- Netzwerke, welche CP und umwelteffiziente Aktivitäten unterstützen, zu entwickeln;
- Trainings und Weiterbildungen durchzuführen;

[556] Vgl. für dieses Kapitel sofern nicht anders erwähnt BRAUWEILER, VANĚČEK, NOWAK, KRAMER (2000, S. 20-23).
[557] Vgl. NOWAK (2002, S. 312-314, 319).
[558] Vgl. HOO (1997, S. 49) und WORLD BUSINESS COUNCIL FOR SUSTAINABLE DEVELOPMENT (o. J., S. 3) sowie zu weiterführenden Informationen zur UNEP http://unepie.org/pc/cp (30.03.02).

- Einführung von CP-Pilotprojekten und den Transfer von CP-Technologien zu befördern.[559]

In diesem Zusammenhang wurde durch eine internationale Expertengruppe eine Definition des Begriffs CP entwickelt.[560] Danach wird unter CP eine „... continuous application of an integrated preventive environmental strategy to processes and products to reduce risks to humans and the environment."[561] verstanden. Die Entwicklung des CP-Ansatzes erfolgte auf Basis betrieblicher Abfallvermeidungskonzepte, die schon Anfang der 80er Jahre in den USA Anwendung fanden. Synonyme zu CP sind daher z. B. „waste minimization", „pollution prevention", „Eco-efficiency", „Win-Win-Strategie", „Clean Technologies" oder „Saubere Produktion".[562]

Durch eine Kooperation des UNEP mit der UNITED NATIONS INDUSTRIAL DEVELOPMENT ORGANIZATION (UNIDO) wurde im Jahre 1994 das UNIDO-UNEP-Programme for National Cleaner Production Centres (UNIDO-UNEP-NCPC) mit dem Ziel gestartet, die CPC in Entwicklungs- und Transformationsländern systematisch zu entwickeln. Das Programm bezog sich sowohl auf die Implementierung der CP-Idee in die nationale Umweltpolitik, als auch auf eine Anwendung in Unternehmen. I. R. dieses Programmes wurden in Zusammenarbeit mit lokalen Behörden seit Ende 1994 19 nationale CP-Zentren gegründet. Während der fünfjährigen Projektlaufzeit sollten insgesamt ca. 20 Entwicklungsländer beim Aufbau von CP-Zentren unterstützt werden.[563] Zur Umsetzung des CPC auf nationaler Ebene verfolgen die (regionalen) CP-Zentren die folgenden beiden Ansätze:[564]

a) Top-Down-Ansatz (in Zusammenarbeit mit den nationalen Behörden): Verbreitung der CP-Idee durch Bereitstellung von Informationsmaterialien; Schaffung der politischen Rahmenbedingungen für die Anwendung von CP.

b) Bottom-Up-Ansatz (in Zusammenarbeit mit der regionalen Industrie): Umsetzung von CP-Pilotprojekten in Unternehmen, Organisationen, Regionen; Durchführung von Weiterbildungen, Schulungen für Fachleute aus Unternehmen, Verwaltungen, Bildungseinrichtungen.[565]

---

[559] Vgl. HOO (1997, S. 49) und LUKEN (1996, S. 280). Eine weitere Institutionen zur Beförderung der CP-Idee ist auf internationaler Ebene das „International Cleaner Production Information Clearinghouse" (ICPIC); ein elektronisches online Informationssystem, welches bei der UNEP IE ansässig ist. Dort werden Daten von CP-Projekten in Form von Fallstudien, Kurzfassungen verfügbarer Publikationen oder Anschriften relevanter Organisationen gesammelt. Im Zwei-Jahres-Rhythmus finden außerdem „International High-Level-Seminar on Cleaner Production" statt. I. R. dieser Konferenzen wurden weitere Schritte der weltweiten Implementierung der CP-Idee und ihrer Unterstützung auf Regierungs- und Wirtschaftsebene diskutiert (Canterbury 1990, Paris 1992, Warschau 1994, Oxford 1996, Phoenix Park 1998, Montreal 2000, Prag 2002). Siehe dazu auch http://www.unepie.org/pc/cp (30.03.02). Auf europäischer Ebene wurde 1993 die non-profit und informell organisierte Organisation „European Roundtable on Cleaner Production" (ERCP) gegründet. Zielstellung der ERCP ist die Entwicklung und Verbreitung neuer CP-Initiativen bezogen auf Produkte, Prozesse oder Dienstleistungen zu unterstützen. Dazu finden jährliche Treffen statt. Vgl. für weiterführende Informationen: O. V. (1998, S. 273).

[560] Vgl. BAAS (1996, S. 212).

[561] LUKEN (1996, S. 280) und WORLD BUSINESS COUNCIL FOR SUSTAINABLE DEVELOPMENT (o. J., S. 3).

[562] Vgl. CZECH CLEANER PRODUCTION CENTRE (1998, S. 5).

[563] Vgl. VOLODIN (1997, S. 67) und LUKEN (1996, S. 282). Dazu zählen z. B.: Brasilien, China, Costa Rica, Tschechien, El Salvador, Guatemala, Ungarn, Indien, Kenia, Mexiko, Marokko, Mosambique, Nicaragua, Slowakei, Tanzania, Tunesien, Vietnam, Simbabwe und Äthiopien. Vgl. http://www.unepie.org/pc/cp (30.03.02). Weitere Nationale Cleaner Production Zentren sind geplant in Korea und Uganda sowie Sri Lanka, ein branchenspezifisches in Russland (Öl- und Gasindustrie) und Pakistan (Brennstoffindustrie), Cleaner Production Projekte sind geplant in Mazedonien und Usbekistan. Vgl. http://www.unido.org (30.03.02).

[564] Vgl. WORLD BUSINESS COUNCIL FOR SUSTAINABLE DEVELOPMENT (o. J., S. 12); VOLODIN (1997, S. 67).

[565] Siehe BAILEY; MAYES (1996, S. 231-253), die Ergebnisse von CP-Demonstrationsprojekten in Neuseeland, sowohl bezogen auf Ergebnisse des Top-Down- als auch des Bottom-Up-Ansatzes im Zeitraum 1992-1994 darstellen oder TAY (1996, S. 255-277), der das Wesen und die Ergebnisse von CP branchenspezifisch am Beispiel von Singapur darstellt.

3.3.3.2 *Integrierter Umweltschutz- und modularer Umweltmanagementsystemansatz der Cleaner Production Concepts*

Prinzipiell geht es bei dem CP-Ansatz um die Frage, wie die Effizienz eines Unternehmens durch vorsorgendes, integriertes umweltorientiertes Verhalten verbessert werden kann. Während nach einer „engen“ Definition Maßnahmen, die direkt an der Quelle der Umweltbelastung ansetzen (Einsparung/Substitution von Material oder Energie und integrierte Vermeidung der Entstehung umweltschädlicher Outputs) typische CP-Maßnahmen darstellen, schließt die „weite“ Definition auch Maßnahmen zur Wiederverwendung oder zum Recycling umweltschädlicher Outputs ein.[566] HOO definiert: „*Cleaner production means* the persistent use of industrial processes and products – designed from their inception to prevent the pollution of air, water and land – to reduce waste, to minimize risks to the environment and human health and to make efficient use of raw materials, such as energy and water.“[567] Aus Gründen der ökologischen Effektivität haben stets Vermeidungsmaßnahmen Vorrang vor Wiederverwendungs-/-verwertungsmaßnahmen.[568] CP-Maßnahmen zur Vermeidung/Verminderung der Umweltbelastung bzw. der Schonung natürlicher Ressourcen beziehen sich (vgl. Abbildung 3-3) auf den gesamten Produktlebenszyklus, wobei nicht nur Produkte, sondern auch Prozesse sowie das Managementsystem berücksichtigt werden.

Abbildung 3-3: Typische Cleaner Production Maßnahmen

Input	▪ Verbesserung der Materialintensität (effiziente Nutzung von Rohstoffen und Energie) ▪ Gewährleistung von Materialreinheit ▪ Substitution von umweltbelastenden, toxischen Inputs
↓ Prozess	▪ Prozessoptimierung (verbesserte technologische Anlagen, Optimierung des Arbeitsablaufes) ▪ Prozesswechsel (neue, inputsparende und emissionsarme technologische Anlagen) ▪ internes Recycling (Schließen von Kreisläufen) ▪ Maßnahmen des Umweltmanagements (Organisation, Schulung, Weiterbildung, Better housekeeping)
↓ Output	▪ Verminderung der Umweltbelastung des Produktes (Erhöhung der Lebensdauer oder auch Produktsubstitution) ▪ internes Recycling, interne Wiederverwendung/-verwertung

Traditionelle additive Umweltschutzmaßnahmen:
- Volumenreduzierung von Abprodukten (z. B. des Abfalls durch eine Schlammpresse)
- Verdünnungen zur Reduzierung der Gefährlichkeit bzw. Giftigkeit von Abprodukten (z. B. Abwässer)
- externes Recycling, externe Abfallaufbereitung oder -behandlung
- Verlagerung der Umweltbelastung auf andere Medien (z. B. durch Filter, Kläranlagen, Abfalldeponierung)

Quelle: Eigene Darstellung nach WORLD BUSINESS COUNCIL FOR SUSTAINABLE DEVELOPMENT (o. J., S. 3, 6); UNITED STATE ENVIRONMENTAL PROTECTION AGENCY (1992, S. 6-8); BAAS (1996, S. 214 f.); ROUSTAN; LAIGO; CAILLE; ROULPH (1996, S. 175); VOLODIN (1997, S. 67).

[566] Vgl. zu dieser Diskussion auch BAAS (1996, S. 215).
[567] HOO (1997, S. 50).
[568] In Anlehnung an KRAMER (1999, S. 154).

Entsprechend seiner Charakteristika wurde das CPC in die Agenda 21 (Kap. 30) als eine umweltverantwortliche Unternehmensführung aufgenommen und seit dem durch die COMMISSION FOR SUSTAINABLE DEVELOPMENT in ihren Empfehlungen berücksichtigt. In diesem Zusammenhang zu beachten, dass ein CP-Ansatz auch durch additive Maßnahmen ergänzt werden muss, da nicht alle Umweltbelastungen über integrierte Maßnahmen vermieden werden können.[569]

Das CPC kann im Unternehmen, Organisationen und Behörden[570] eigenständig oder durch Unterstützung der CP-Zentren implementiert werden. Diese führen sog. Cleaner Production Schulen durch, an denen ca. 20-30 Unternehmen teilnehmen. I. R. dieser Schulen werden Schulungen durchgeführt und auf dieser Basis CP-Pilotprojekte vorbereitet und realisiert.[571] Ein CP-Projekt besteht aus der systematischen Umsetzung folgender acht Projektschritte.[572]

1. Projektvorbereitung

I. R. der Projektvorbereitung wird das Unternehmen nach vorheriger Anmeldung (die die Beschreibungen des Organisations- und Produktionsprofil des Unternehmens sowie die Umweltpolitik des Unternehmens enthalten muss[573]) in eine sog. CP-Schule aufgenommen und dokumentiert durch Unterzeichnung der CP-Deklaration die Annahme der CP-Grundsätze und die Bereitschaft zur Umsetzung im Unternehmen. I. R. von Schulungen werden die teilnehmenden Unternehmen zunächst durch Vorlesungen und Gruppenübungen zu Fragestellungen des CPC durch Experten des CP-Zentrums ausgebildet.[574] Diese Projektphase dauert ca. 1-2 Monate. In ausgewählten Unternehmen findet im Weiteren die Planung und Umsetzung beispielhafter CP-Projekte entsprechend der nachfolgenden Schritte 2-8 statt.

2. Vorläufige Bewertung

Während der vorläufigen Bewertung werden die In- und Outputs des gesamten Unternehmens einer Analyse und Bewertung unterzogen. Dabei geht es darum, zunächst einen Überblick über die Stoff- und Energieströme des Unternehmens zu erhalten. Es werden die wichtigsten In- und Outputs und ihre Preise, die Effizienz der Input-Output-Verhältnisse, die Gefährlichkeit der In- und Outputs (z. B. für ein Jahr oder eine Produktionssaison) ermittelt.[575] Sofern die genauen Daten nicht vorliegen, können auch Schätzungen vorgenommen werden.

---

[569] Vgl. HOO (1997, S. 50) sowie CHRISTIANOVÁ; KRČMA (2002, S. 353).

[570] Vgl. CHRISTIANOVÁ; KRČMA (2002, S. 352).

[571] Vgl. NOWAK (2002, S. 319).

[572] Vgl. zu diesen UNITED STATES ENVIRONMENTAL PROTECTION AGENCY (1992, S. 12-64); NOWAK; WASILEWSKI; SZMAL (1996); NOWAK (1997); CZECH CLEANER PRODUCTION CENTRE (1998, S. 14-38).

[573] Die Umweltpolitik stellt den Rahmen für Ausrichtung, Maßnahmen, Ziele und Ergebnisse des betrieblichen Umweltschutzes dar. Sie ist eine öffentliche Verpflichtung des Unternehmens und ein Nachweis der Unterstützung durch die oberste Unternehmensleitung. Die Prinzipien der Business Charter for Sustainable Development können eine Basis für die Ausgestaltung der Umweltpolitik darstellen. Die Umweltpolitik ist den Mitarbeitern bekanntzumachen und zu veröffentlichen (z. B. i. R. der Jahresberichte). Vgl. CZECH CLEANER PRODUCTION CENTRE (1998, S. 15 f.). Siehe für zwei Beispiele einer entsprechenden Umweltpolitik UNITED STATES ENVIRONMENTAL PROTECTION AGENCY (1992, S. 15).

[574] Siehe ausführlich zur Rolle der Weiterbildung und Schulung i. R. des CPC JOERGENSEN (1996, S. 799-831).

[575] Vgl. zu für diese Phase geeigneten Checklisten für die Beschreibung von Unternehmen, Standort, Prozesse, Inputs, Produkte und Abfallströme beispielhaft UNITED STATE ENVIRONMENTAL PROTECTION AGENCY (1992, S. 73-79).

Auf Basis der Input-Output-Analyse sowie dem bestehenden Stand der Technik werden prioritäre Bereiche für die Verbesserung des betrieblichen Umweltschutzes bestimmt. Ausschlaggebende Kriterien sind dabei i. d. R. Anzahl und Gefährlichkeit umweltschädlicher Outputs sowie die Effizienz des Inputeinsatzes.[576] Die weiteren Schritte 3-8 beziehen sich auf die prioritären Bereiche.

3. Planung und Projektorganisation

In dieser Phase wird ein Führungs- und Arbeitsteam zusammengestellt und der Projektplan vorbereitet. Aufgabe des Führungsteams ist die Festlegung der Projektziele, des Projektplanes, der Verantwortlichkeiten, der Einbindung des CP-Projektes in andere Bereiche (Qualität, Sicherheit), aber auch die Bereitstellung finanzieller und kapazitiver Voraussetzungen, die Freigabe der Projektergebnisse sowie die Kontrolle der Projektumsetzung. Da dieses Team dafür verantwortlich ist, das CPC in die Unternehmensstrategie zu integrieren und seine Umsetzung zu befördern, gehören ihm i. d. R. Mitglieder der mittleren bzw. oberen Managementebene an, die für den ausgewählten Bereich sowie für damit verbundene Bereiche (z. B. Umweltschutz, Sicherheit, Qualität) Entscheidungsbefugnis besitzen.

Aufgabe des Arbeitsteams ist die Schaffung der technischen Voraussetzungen für die Projektumsetzung. Diesem Team gehören der Produktionsleiter und qualifizierte Arbeiter des ausgewählten Unternehmensbereiches bzw. -prozesses an. Der Leiter des Arbeitsteams ist gleichzeitig Mitglied des Führungsteams.

Der Projektplan beinhaltet die Festlegung quantitativer Ziele und Einzelziele, die Identifikation von Hemmnissen (ökonomischer, technischer, regulativer oder institutioneller Art) und die Festlegung eines Zeitplanes für das CP-Projekt.[577]

4. Detailanalyse

Durch eine detaillierte Analyse und Bewertung der Stoffströme und mit Hilfe von Kennziffernbildung wird die Umweltrelevanz der prioritären Bereiche konkretisiert. Dazu ist es zunächst erforderlich, alle In- und Outputs zu identifizieren und quantitativ zu bewerten, die relevanten Prozesse zu beschreiben (z. B. Überführung der Materialflüsse in ein Blockschema der Produktion) sowie eine vereinfachte bzw. erweiterte Input-Output-Bilanz aufzustellen.[578] Die Ermittlung der Daten kann sowohl durch manuelle Messungen, als auch auf Basis eines betrieblichen Informationssystems erfolgen. Auf dieser Basis kann angegeben werden, welche Umweltbelastung wo, warum und in welcher Höhe entsteht. Auf Basis der genaueren Erarbeitung der Gründe für die

[576] Die Effizienz des Inputeinsatzes wird durch Schätzung/Quantifizierung des ökonomischen Verlustes des Inputs ermittelt, der sich in Abhängigkeit des Eingangs des Inputs (in %) in das gewünschte Produkt ergibt. Beispiel: Bei einem Preis für Leder für die Schuhherstellung von 200.000 DM/a und einem Eingang von 75 % des Leders in die herzustellenden Schuhe ergibt sich ein finanzieller Verlust von 50.000 DM/a. Vgl. CZECH CLEANER PRODUCTION CENTRE (1998, S. 18).

[577] Vgl. detailliert zu den Anforderungen eines Projektplanes UNITED STATES ENVIRONMENTAL PROTECTION AGENCY (1992, S. 22). Vgl. für eine ausführliche Aufzählung möglicher Hemmnisse bei der Umsetzung von CP-Projekten (z. B. fehlende Motivation der Beschäftigten, fehlende Daten, fehlende Information über technologische Alternativen, fehlende Investitionsmittel, unzureichende Kommunikation u. a. m.) CZECH CLEANER PRODUCTION CENTRE (1998, S. 24 f.) sowie grundsätzlich dazu UNITED STATES ENVIRONMENTAL PROTECTION AGENCY (1992, S. 23 f.).

[578] Siehe Beispiele für Checklisten in UNITED STATES ENVIRONMENTAL PROTECTION AGENCY (1992, S. 83-116).

Entstehung der Umweltbelastung (in Abhängigkeit des Produktes, des Inputs, der Technologie, der Produktionsstätten oder der Prozesse) werden Ansätze für Verbesserungsvorschläge ermittelt.

5. Variantenvorschläge

Es erfolgen Variantenvorschläge zur Verbesserung der festgestellten Umweltbelastung in dem analysierten Bereich (z. B. i. R. eines Brainstormings von Mitarbeitern und Managern des Unternehmens sowie externer Experten) und eine Eingrenzung auf umsetzungsfähige Vorschläge.[579] Die Vorschläge können sich auf die Optimierung oder Umgestaltung bestehender Prozesse (z. B. Rückgewinnung, Wiederverwendung, Recycling von Abfallstoffen) sowie die Änderung der Prozesse (z. B. Substitution von Inputs oder Produkten) beziehen (vgl. Abbildung 3-3).[580] Nichtinvestive, organisatorische Maßnahmen können schon in dieser Projektphase umgesetzt werden.

6. Machbarkeitsanalyse

Die in der vorherigen Projektphase erarbeiteten Vorschläge werden einer ökonomischen (Investitionskosten, Kosten der Schulungen, Weiterbildung, Amortisationsdauer, Veränderung der Betriebskosten, finanzielle Einsparungen durch Senkung der Umweltbelastung), ökologischen (Senkung der Emissionen und Abfälle, Auswirkungen auf die Arbeitsbedingungen und die unternehmensnahe Umwelt, damit verbundene Umweltbelastungen) und technischen Machbarkeitsanalyse (Störung des Produktionsprozesses, Einfluss auf Produktqualität, Sicherheit, technische Anforderungen für die Inputs) unterzogen.[581] Dazu werden sie in folgende Gruppen eingeteilt:

a) kurzfristig umsetzbare (z. B. Organisationsveränderungen und andere nicht investive) Maßnahmen;
b) Maßnahmen mit einer kurzfristigen Amortisationsdauer;
c) Maßnahmen, die umfangreichere Investitionen erfordern sowie
d) abgelehnte Maßnahmen.

Die unter a) bis c) beschriebenen Maßnahmen werden anhand ausgewählter Kriterien evaluiert. Zu diesen zählen z. B. Material- bzw. Energieeffektivität, Senkung der Umweltbelastung, technische Machbarkeit, Auswirkungen auf die Umwelt bzw. die Arbeitsbedingungen, Produktqualität u. a. m. Zur Bewertung der Varianten können unterschiedliche Methoden angewendet werden, um schließlich Varianten zur Umsetzung vorzuschlagen. Diese reichen von der informellen subjektiven Bewertung über den paarweisen Vergleich bis hin zur Nutzwertanalyse.[582]

7. Realisierung

In der Realisierungsphase ist zunächst ein Vorschlag für einen Umsetzungsplan zu erarbeiten und zu genehmigen. Dieser enthält eine Beschreibung der angestrebten Maßnahmen, ihrer Effekte,

579 Vgl. für diesbezügliche Checklisten UNITED STATES ENVIRONMENTAL PROTECTION AGENCY (1992, S. 80 f.).
580 Vgl. ROUSTAN; LAIGO; CAILLE; ROULPH (1996, S. 176-179).
581 Vgl. CZECH CLEANER PRODUCTION CENTRE (1998, S. 33 f.) sowie ROUSTAN; LAIGO; CAILLE; ROULPH (1996, S. 179). Vgl. zur Machbarkeitsanalyse auch Kapitel 1.5.
582 Vgl. für die Nutzwertanalyse UNITED STATES ENVIRONMENTAL PROTECTION AGENCY (1992, S. 127).

einen Vorschlag zu deren Messung, die erforderlichen Einführungsschritte, Verantwortlichkeiten und einen Zeitplan.

Ist dies erfolgt, werden investitionsfreie, z. B. organisatorische Maßnahmen vor investiven Maßnahmen umgesetzt. Der Schwerpunkt liegt entsprechend der CP-Idee auf der Durchführung von integrierten Umweltschutzmaßnahmen, durch die umweltschädliche Outputs (Abfälle, Abwasser, Emissionen) verringert werden (vgl. dazu auch die in Abbildung 3-3 dargestellten Maßnahmen). Die Kosten der CP-Maßnahmen, die von den betriebsbezogenen organisatorischen und investiven Umstrukturierungen abhängig sind, können durch staatliche Unterstützungen gefördert werden (in Tschechien z. B. durch Darlehen aus dem Staatsfonds für Umweltschutz).

8. Auswertungsphase

I. R. der Auswertungsphase werden die erzielten ökonomischen Einsparungen ebenso erarbeitet wie die Wirkung der Maßnahme auf die Verminderung des ökologischen Risikos und der Verbesserung des Arbeitsumfeldes (Veränderung der Umweltbelastung, Umsatzentwicklung, Reduzierung des Rohstoffverbrauchs bei der Produktion).[583] Wenn es sich um ein CP-Pilotprojekt handelt, erfolgt eine öffentliche Verteidigung des CP-Projektes durch die unternehmerischen Projektgruppen mit den dokumentierten ökologischen und ökonomischen Effekten. Weiterhin ist ein Abschlussbericht zu erstellen, der Informationen über die Projektorganisation, die Projektorientierung (Präferenzbereich), die Ziele und den Zielerreichungsgrad, die Ergebnisse der Analysephase, eine Liste der geplanten Maßnahmen, die Evaluierung der implementierten Maßnahmen sowie grundsätzliche Erfahrungen und Empfehlungen enthält.

Die Umsetzung der Projektschritte 2-8 dauert in den Unternehmen durchschnittlich 5-7 Monate. Bei einer unternehmensinternen Weiterführung des CP-Projektes erfolgt der Ansatz bei Schritt 2, indem eine neue Priorität erarbeitet wird.[584]

Es wurde deutlich, dass i. R. der Umsetzung eines CP-Projektes verschiedene Instrumente zur Anwendung kommen. Zu den wichtigsten zählen: umweltorientierte Input-Output-Analyse, Life Cycle/Technology/Chemical/Waste Assessment, Umweltaudit, Energieaudit, Ecodesign.[585] Des Weiteren wurde gezeigt, dass die Umsetzung des CPC Veränderungen auf der operativen, strategischen und normativen Ebene erfordert. Der CP-Ansatz stellt damit eine Konzeption dar, welche einerseits i. R. des Umweltmanagementsystems eingesetzt und andererseits in ein Umweltmanagementsystem überführt und nach Kriterien der ISO 14001 oder EMAS-VO geprüft werden kann. Auf beide Aspekte wird im Weiteren eingegangen.

Zunächst wird in der nachfolgenden Abbildung 3-4 die grundsätzliche Verknüpfbarkeit zwischen dem CPC und einem Umweltmanagementsystem nach der ISO 14001/EMAS-VO dargestellt. Die

---

583 Siehe ausführlich zur ökonomischen Evaluation von Cleaner Production Projekten CZECH CLEANER PRODUCTION CENTRE (1998, S. 41 f.) sowie UNITED STATES ENVIRONMENTAL PROTECTION AGENCY (1992, S. 128-133).

584 Bei der Umsetzung können diese Schritte landesspezifische Besonderheiten auftreten.

585 Vgl. WORLD BUSINESS COUNCIL FOR SUSTAINABLE DEVELOPMENT (o. J., S. 6). Vgl. ausführlich zu diesen Instrumenten NOWAK (2002, S. 325 f.). Vgl. weiterführend zum Zusammenhang von CP und anderen Instrumenten einer umweltorientierten Unternehmensführung wie z. B. der Qualitätsverbesserung, der Betrachtung des Produktlebenszyklusses oder der Risikoanalyse MISRA (1996, S. 721-750).

gestrichelten Pfeile stellen die Anforderungen innerhalb eines Umweltmanagementsystems bzw. des CPC dar, die fett gedruckten Pfeile die Verknüpfungsmöglichkeiten von beiden Ansätzen. Es wird deutlich, dass sich beide Konzepte in der Form ergänzen, dass das CPC innerhalb des Umweltmanagementsystems als ein auf den integrierten Umweltschutz fokussiertes Instrument zur Verbesserung der Umweltleistung genutzt werden kann, während das Umweltmanagementsystem das CPC in eine übergeordnete Strategie einbettet.[586]

Dem entsprechend ist aus einem Vergleich der Anforderungen der ISO 14001 mit denen des CPC in Abbildung 3-5 ersichtlich, dass die Anforderungen eines Umweltmanagementsystems zwar über die des CPC hinausgehen; das CPC aber für die Bereiche Umweltaspekte, gesetzliche Forderungen, Ziele und Einzelziele, Programm, Schulung und Dokumentation wichtige Grundlagen legt (vgl. dazu die mit x markierten Felder in der Abbildung) auf deren Basis modular die Anforderungen der ISO 14001 entwickelbar sind.[587]

Unter Berücksichtigung dieser Entwicklungsmöglichkeiten wird im nachfolgenden Kapitel der Standardisierungs- und Einführungsgrad des CPC bei den Benchmarking-Partnern untersucht.

[586] Vgl. BRAUWEILER; VANĚČEK; NOWAK; KRAMER (2000, S. 22-24) CHRISTIANOVÁ; KRČMA (2002, S. 266) und RUSS (1997, S. 116).

[587] Vgl. ausführlich für einen Vergleich der Anforderungen beider Konzepte RUSS (1997, S. 110-115).

Abbildung 3-4: Grundsätzliche Verknüpfbarkeit von Umweltmanagementsystemen (UMS) und dem Cleaner Production Concept (CPC) - vereinfachte Darstellung

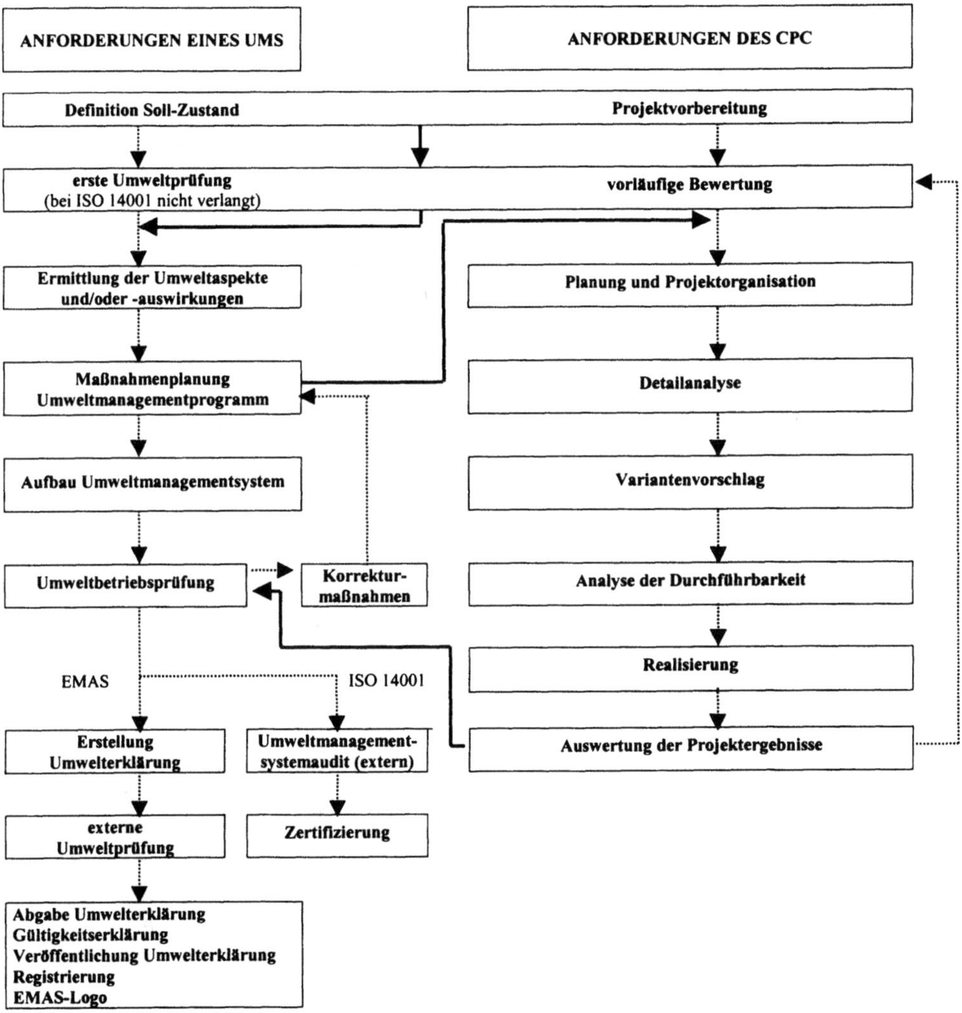

Quelle: BRAUWEILER; VANĚČEK; NOWAK; KRAMER (2000, S. 23).

Abbildung 3-5: Synergien zwischen dem CPC und einem Umweltmanagementsystem nach der ISO 14001

		Anforderungen der ISO 14001 (vgl. hierzu auch Abbildung 3-1)															
			Planung (4.2)				*Einführung und Umsetzung (4.4)*						*Überwachung/Korrektur (4.5)*				
		Umweltpolitik (4.1)	*Umweltaspekte*	*gesetzliche Forderung*	*Ziele und Einzelziele*	*Programm*	*Organisation*	*Schulung*	*Kommunikation*	*Dokumentation*	*Lenkung*	*Notfall*	*Überwachung/Messung*	*Korrekturmaßnahmen*	*Aufzeichnungen*	*UMS-Audit*	**Oberste Leitung (4.6)**
Anforderungen des CPC	*1. Projektvorbereitung*	x			x	x	x	x	x								
	2. vorläufige Bewertung		x	x								x					
	3. Planung und Projektorganisation					x	x	x									
	4. Detailanalyse		x	x								x					
	5. Variantenvorschläge		x	x	x	x		x	x								
	6. Machbarkeitsanalyse				x	x				x	x						
	7. Realisierung					x				x	x						
	8. Auswertungsphase									x			x	x	x	x	x

Anmerkung: [x] Bereiche mit Synergien zwischen beiden Ansätzen.
Quelle: Eigene Darstellung in Anlehnung an RUSS (1997, S. 112).

3.3.3.3 *Unterschiede in Standard und Umsetzung der Cleaner Production Concepts bei den Benchmarking-Partnern*

Das CPC ist grundsätzlich auf eine weltweite Verbreitung ausgerichtet. Zwar liegt das explizite Wissen bei der UNEP in Form allgemeiner oder branchenspezifischer Handbücher vor.[588] Der Standardisierungsgrad bei den Benchmarking-Partnern ist auch hier in Abhängigkeit erforderlicher Organisationsstrukturen und Verfahrensabläufe (CP-Zentren und -Schulen) zu bewerten.

In Westeuropa setzten sich CPC mit den beschriebenen Verfahrensabläufen und Organisationsstrukturen (vgl. Kapitel 3.3.3.2) insbesondere in den Niederlanden und Norwegen durch. In Anlehnung an die CP-Idee wurde 1993 durch die Stadt Graz die sog. ÖKOPROFIT-Initiative[589] gestartet, die ein Kooperationsmodell zwischen den lokalen Behörden/Institutionen (z. B. Umweltamt, Gewerbeaufsichtsamt, Wirtschaftsförderung, IHK, HWK, regionale Hochschulen, Beratungsunternehmen, Stadtwerke, Arbeitskreise der lokalen Agenda 21) und der regionalen Wirtschaft (ohne Branchenbeschränkungen)[590] darstellt. Unter ÖKOPROFIT „*ÖKO*logisches *PRO*jekt *F*ür *I*ntegrierte Umwelt*T*echnik" werden dabei durch Kommunen i. R. der lokalen Agenda 21 initiierte, vorsorgende Umweltschutzprojekte mit ökologischen, ökonomischen und sozialen Nutzeneffekten in regionalen Betrieben verstanden, über die ein Beitrag zu einer nachhaltigen Wirtschaftsentwicklung geleistet werden soll.[591] Über Lizenzvergabe wurde ÖKOPROFIT 1998 erstmals durch die Stadt München in Deutschland durchgeführt. Gegenwärtig beteiligen sich - auf Basis eigenen Engagements - ca. 40 Kommunen,[592] wobei München eine koordinierende Funktion einnimmt und die Projekte i. d. R. durch die B.A.U.M. Consult GmbH bzw. Arqum GmbH betreut werden.[593] ÖKOPROFIT setzt sich aus folgenden drei Modulen zusammen:[594]

1. *Modul: ÖKOPROFIT-Einsteigerprogramm* (ca. 10 Trainigsworkhops, ca. 4 Vor-Ort-Beratungen): Das Einsteigerprogramm stellt eine Kombination von gemeinsamen Schulungen der i. d. R. ca. 15 teilnehmenden Unternehmen und individuellen Vor-Ort-Beratungen dar. Die Schulungen finden zu den Themen Abfallvermeidung/-management, betriebliche Energieanalyse, Gefahrstoffe, Input-Output-Analysen/Stoffstromanalysen, umweltfreundliche Beschaffung, Arbeitssicherheit, Rechtsaspekte und Umweltcontrolling/-kennzahlen statt, während die Vor-Ort-Beratungen und die bereitgestellten Arbeitsmaterialien auf die Themen Be-

588 Vgl. UNEP; CP (HRSG.) (o. J., S. 79-84). Vgl. zur Umsetzung von CPC weltweit http://emcentre.com/cpglblstatus.

589 Ökoprofit® ist ein eingetragenes Warenzeichen der Landeshauptstadt Graz, für dessen Verbreitung und Lizenzvergabe das österreichische CP-Zentrum zuständig ist.

590 In der bisherigen Umsetzung waren auch branchenspezifische Schwerpunkte (z. B. auf medizinisch-soziale Einrichtungen) zu beobachten. Das Programm soll KMU zur umweltorientierten Unternehmensführung motivieren, wobei in der praktischen Umsetzung auch mittlere und große Unternehmen teilnehmen. Vgl. z. B. die Teilnehmer von ÖKOPROFIT Hannover in LANDESHAUPTSTADT HANNOVER (HRSG.) (2002, S. 6) oder Kempten in STADT KEMPTEN (o. J., S. 4).

591 Vgl. http://www.cpc.at (30.03.02).

592 Vgl. für eine Übersicht teilnehmender Kommunen nach den Kriterien: mehrere ÖKOPROFIT-Jahrgänge abgeschlossen; 1. ÖKOPROFIT-Jahrgang abgeschlossen; ÖKOPROFIT läuft und ÖKOPROFIT beschlossen LANDESHAUPTSTADT MÜNCHEN (HRSG.) (2000, S. 3).

593 Aus diesem Grund wird im Weiteren auf Informationsmaterialien der Stadt München zurückgegriffen. Vgl. LANDESHAUPTSTADT MÜNCHEN (HRSG.) (2000). Die Informationsmaterialien anderer Kommunen lehnen sich an diese an. Vgl. beispielhaft LANDESHAUPTSTADT HANNOVER (HRSG.) (2002); LANDKREIS KEHLHEIM (HRSG.) (2001) oder STADT MAINZ (HRSG.) (2001).

594 Vgl. http://www.graz.at/umwelt/uamt/oekoprofit (30.03.02) und LANDESHAUPTSTADT MÜNCHEN (HRSG.) (2000, S. 4-6).

triebsrundgang, Bestandsaufnahme, Maßnahmenvorschläge, Organisation und Umweltprogramm fokussieren. Die Teilnahme der Unternehmen am ÖKOPROFIT-Einsteigerprogramm wird i. d. R. über Förderprogramme der Bundesländer finanziell unterstützt.[595] Bei erfolgreicher Teilnahme wird das Unternehmen als „ÖKOPROFIT-Unternehmen" ausgezeichnet. Für die Vergabe der ÖKOPROFIT-Auszeichnung werden durch die Kommunen Richtlinien festgelegt, die (am Beispiel der Stadt München) folgende Anforderungen umfassen können:

- Definition der unternehmensspezifischen Umweltleitlinien;
- Dokumentation der betrieblichen Abläufe nach technischen, organisatorischen und rechtlichen Aspekten;
- Darlegung von Mengen und Kosten der betrieblichen Stoff- und Energieströme (und eines Abfallwirtschaftskonzeptes);
- Erarbeitung eines Umweltprogramms und Beginn der Umsetzung;
- Beteiligung der Mitarbeiter;
- Festlegung von Verantwortlichen für umweltrelevante Aufgaben;
- Einhaltung umweltrechtlicher Anforderungen.[596]

2. *Modul: ÖKOPROFIT-Klub* (ca. 3 Workshops und Erfahrungsaustauschrunden): Nach dem Abschluss des 1. Moduls können die Unternehmen am regionalen ÖKOPROFIT-Klub teilnehmen, der eine moderierte Fortführung des ÖKOPROFIT-Netzwerkes zum Zwecke des Informationsaustausches zwischen den ÖKOPROFIT-Unternehmen und zur Unterstützung der Unternehmen bei der Umsetzung einer kontinuierlichen Verbesserung darstellt. Dies betrifft einerseits die Weiterführung der i. R. des Einsteigerprogramms begonnenen Aktivitäten (z. B. Fortführung der Datenerhebung, Realisierung langfristiger Umweltschutzmaßnahmen, Erarbeitung weiterer Verbesserungsmaßnahmen, organisatorische Verankerung des Umweltschutzes), kann sich aber auch auf weitere Themenstellungen beziehen (z. B. Contracting, Arbeitsplatzevaluierung, nachhaltiger Verkehr, Mitarbeitermotivation).[597] Im Jahr 2000 wurde das Netzwerk ÖKOPROFIT Deutschland gegründet, das dem Erfahrungsaustausch aller ÖKOPROFIT-Kommunen dient.[598]
3. *Modul: vom ÖKOPROFIT zum Öko-Audit* (ca. 4 Trainigsworkshops, ca. 5 Vor-Ort-Beratungen): Über das abschließende Modul wird - auf Basis der Ergebnisse des Einsteigerprogramms - die Etablierung eines Umweltmanagementsystems angestrebt, welches nach EMAS II validiert oder ISO 14001 zertifiziert werden kann. Erforderlich dazu sind die Durchführung interner Audits, die Erarbeitung der Dokumentation, die Erstellung der Umwelterklärung und die Prüfung durch einen Umweltgutachter.

Aus den Ausführungen wird deutlich, dass das ÖKOPROFIT-Konzept der Philosophie des CPC (vgl. Kapitel 3.3.3.2) folgt. Wie aus dem Namen grundsätzlich und Modul 1 deutlich wird, fokussiert ÖKOPROFIT in erster Linie auf die systematische Umsetzung vorsorgender (i. d. R. tech-

[595] Siehe beispielhaft für die Fördersätze der Stadt Berlin, die die Teilnahme aus dem Umweltentlastungsprogramm finanziert http://www.oekoprofit-berlin.de (30.03.02).
[596] Vgl. http://www.graz.at/umwelt/uamt/oekoprofit (30.03.02).
[597] Vgl. http://erfurt.de/erfurt/dt/Pages/HA10/hh1412.htm(30.03.02).
[598] Vgl. LANDESHAUPTSTADT MÜNCHEN (HRSG.) (2000, S. 3). Geplant ist außerdem die Einrichtung einer Internetplattform unter www.oekoprofit.de.

nisch oder organisatorisch orientierter) Umweltschutzprojekte, ermöglicht aber dadurch sowie auf Basis der Module 2 und 3 die kontinuierliche Weiterentwickung der Umweltschutz- und -managementaktivitäten zu einem nach der ISO 14001 zertifizierbaren bzw. EMAS-VO validierbaren Umweltmanagementsystem.

In den mittel- und osteuropäischen Staaten wurde die Idee des CPC erstmals 1989 durch das UNEP-Seminar „Industrie und Umwelt" in Warschau bekannt gemacht. Polen wurde 1990 als erstes mittel- und osteuropäisches Land mit finanzieller Hilfe der norwegischen Regierung sowie des WORLD ENVIRONMENTAL CENTRE aus den USA bei der Etablierung eines Nationalen CP-Programms unterstützt. Gegenwärtig existieren in Polen 12 regionale CP-Zentren, die in dem Verein „POLISH CLEANER PRODUCTION SOCIETY" zusammenarbeiten. In Anlehnung an die dargestellten Entwicklungsmöglichkeiten des CPC vom Pilotprojekt bis zu Überführung in ein Umweltmanagementsystem (vgl. Kapitel 3.3.3.2) werden in Polen drei Stufen der Umsetzung des CPC in Unternehmen unterschieden, die aufeinander aufbauen:

1. Durchführung von Schulungen zu umweltfreundlichen Strategien und Politiken einschließlich zu Umweltmanagementsystemen;
2. Erarbeitung und Durchführung eines CP-Pilotprojektes;
3. Entwicklung eines Umweltmanagementsystems (sog. Cleaner Production Environmental Management System - im Weiteren CP-EMS).[599]

Für die Entwicklung eines CP-EMS auf Basis des CP-Pilotprojektes müssen durch die Unternehmen folgende Voraussetzungen geschaffen werden:

- Detaillierung der Umweltpolitik;
- Darstellung bisher durchgeführter Umweltschutzinvestitionen (d. h., der Investitionen, die vor und nach Einführung des CPC durchgeführt wurden, einschließlich ihrer Ergebnisse);
- Aufstellung eines Umweltprogramms mit CP-Maßnahmen sowie Kalkulation der zu erwartenden ökologisch-ökonomischen Effekte;
- Darstellung von CP-Umweltschutzinvestitionen, die aus finanziellen Gründen nicht realisiert wurden und Suche nach neuen Finanzmitteln.[600]

Nach erfolgreichem Abschluss der drei Stufen können sich die Unternehmen für die Erteilung eines CP-EMS-Zertifikats bewerben. Dieses Zertifikat dient als Zeichen für die freiwillige Einführung der CP-Strategie in das betriebliche Umweltmanagementsystem. Es berechtigt die Unternehmen das CP-Logo zu nutzen, vorzugsweise Umweltkredite zu erhalten und in das offizielle Register der CP-Unternehmen des UNEP CLEANER PRODUCTION NETWORK eingetragen zu werden.[601] Das CP-Zertifikat wird durch die CP-Zentren im Drei-Jahres-Rhythmus über ein Umweltaudit evaluiert, bei dem die Übereinstimmung der betrieblichen Strukturen mit den Anforderungen des CP-EMS geprüft sowie die durch die Umsetzung des Umweltprogramms erziel-

---

[599] Vgl. ausführlich zu den drei Stufen NOWAK (ED.) (2000, S. 25-48).

[600] Vgl. NOWAK (2002, S. 326 f.).

[601] Das Zertifikat wird vergeben durch FEDERATION OF ENGINEERING SOCIETIES; POLISH CENTRE FOR TESTING AND CERTIFICATION und GOVERNMENTAL TECHNOLOGY AGENCY. Vgl. für das CP-Zertifikat und die Eintragung in das CP-Register NOWAK (Ed.) (2000, S.38, 125).

ten ökologischen und ökonomischen Ergebnisse evaluiert werden. Im Falle einer positiven Verifikation verbleibt das Unternehmen im CP-Register und verpflichtet sich zur Herausgabe eines jährlichen Umweltberichtes, aus dem die kontinuierliche Anwendung des CPC ersichtlich ist.[602] Hier werden zwar Parallelen zum Vorgehen nach der EMAS-VO (vgl. dazu Kapitel 3.3.2.2) deutlich.[603] Da es sich aber einerseits um eine *nationale Vorgehensweise* handelt und andererseits die *inhaltlichen Anforderungen verschieden* sind, ist für die weiteren Ausführungen zu beachten, dass das CP-Zertifikat nicht mit dem ISO 14001-Zertifikat oder der EMAS-Validierung vergleichbar ist. Allerdings geht der CP-EMS-Ansatz über die ÖKOPROFIT-Philosophie hinaus und wird dementsprechend in Polen auch als „polnisches EMAS" bezeichnet. Das CP-EMS ist danach als zertifizierbarer spezifisch polnischer Umweltmanagementsystem-Ansatz zu verstehen, durch den die Unternehmen über ökonomische Anreize zu ökologischen Verbesserungen im Sinne eines integrierten und ganzheitlichen Ansatzes motiviert werden.[604]

Auf der Basis polnischer Ergebnisse und Erfahrung wurden ähnliche Programme in anderen mittel- und osteuropäischen Ländern, so auch in Tschechien, begonnen. Die Umsetzung des nationalen CP-Programms in Tschechien basierte ebenfalls auf einer finanziellen Unterstützung der norwegischen Regierung, des WORLD ENVIRONMENTAL CENTRE in den USA sowie der holländischen Regierung. Das erste tschechische CP-Zentrum wurde 1994 in Prag gegründet. Anfang des Jahres 2000 existierten 3 tschechische regionale CP-Zentren. Auch in Tschechien werden die o. g. drei Stufen der Umsetzung von CP in Unternehmen realisiert. Die dritte Stufe wird allerdings nicht mit der Zielstellung durchgeführt, ein Zertifikat für das CP-EMS zu vergeben, sondern - wie beim ÖKOPROFIT-Ansatz - die Unternehmen zu einer Zertifizierung nach der ISO 14001 oder Validierung nach der EMAS-VO zu führen.[605] Auch auf Basis der tschechischen Erfahrungen findet seit 1998 ein Wissens-Transfer in andere Länder statt.[606]

Entsprechend der bisherigen Ausführungen wird eingeschätzt, dass das explizite Wissens zum CPC bei den Benchmarking-Partnern Polen und Tschechien vorliegt, während Deutschland Wissen zum - der CP-Philosophie folgenden - ÖKOPROFIT-Konzept eingeführt hat. Während das CPC-Wissen in Polen und Tschechien über nationale Programme zentral gesteuert etabliert wurde, erfolgt(e) die Verbreitung des Wissens zum ÖKOPROFIT-Konzeptes dezentral über das Engagement einzelner Kommunen, so dass nicht von einer landesweiten Standardisierung gesprochen werden kann. Im Weiteren wird über absolute ex post Leistungsindikatoren der Einführungsgrad des CPC als integrierter Umweltschutz- und modularer Umweltmanagementsystemansatz untersucht. Hierbei ist zu beachten, dass grundsätzlich nur kumulierte und keine nach Jahren differenzierte Daten vorliegen.

602 Vgl. NOWAK (2002, S. 329).
603 Für weitere Informationen dazu vgl. NOWAK; WASILEWSKI; SZMAL (1996). Aus diesem Grund soll i. R. des nationalen EMAS-Programms die Verknüpfung von CPC und EMAS besonders berücksichtigt werden.
604 Vgl. ausführlich zur Entwicklung des CPC in Polen NOWAK (ED.) (2000, S. 8-24).
605 In Anlehnung an CHRISTIANOVÁ; KRČMA (2002, S. 367).
606 z. B. nach Kroatien, Usbekistan, Armenien und Russland. Vgl. http://www.cpc.cz (30.03.02).

Aus nachfolgender Tabelle 3-35 ist ersichtlich, dass - bedingt durch den bisher kurzen Einführungszeitraum - der Schwerpunkt bei der Umsetzung der ÖKOPROFIT-Aktivitäten auf dem ÖKOPROFIT-Einsteigerprogramm, d. h. auf integrierten Umweltschutzprojekten, lag und kaum Erfahrungen zur modularen Weiterentwicklung zu einem Umweltmanagementsystem vorliegen.

Tabelle 3-35: Umsetzungsstand der ÖKOPROFIT-Idee in deutschen Kommunen

Kommune (Projektzeitraum)	*Anzahl teilnehmender Unternehmen*		
	*ÖKOPROFIT-Einsteigerprogramm**	*ÖKOPROFIT-Klub*	*vom ÖKOPROFIT zum Öko-Audit*
München (1998/1999) und (2000)	41	21	2
2001	12		
Geretsried-Wolfratshausen (1998/1999)	14		
Kempten (1999/2000)	14		
Cottbus (2000)	20	18	
Hamburg (2000)	16		
Mainz (2000/2001)	18		
Erfurt (2000/2001)	23		
Esslingen (2000/2001)	16		
Kehlheim (2000/2001)	15		
Hannover (2000)	12	11	1
(2001)	14		
Hamm (2000/2001)	15		
Ritterhude (2000/2001)	9		
Wiesbaden (2000/2001)	9		
Fürstenfeldbruck (2000/2001)	8		
Ulm/Neu-Ulm (2001)	8		
Augsburg (2001)	15		
Münster (2001)	14		
Aachen (2001/2002)	11		
Minden-Lübecke (2001/2002)	10		
Ingolstadt (2001/2002)	14		
Straubing-Bogen (2001/2002)	11		
Dortmund 2000/2001	9		
2002	11		

* Anmerkung: Die Anzahl der Unternehmen bezieht sich auf Teilnehmer am ÖKOPROFIT-Einsteigerprogramm und ist nicht identisch mit der Anzahl ausgezeichneter ÖKOPROFIT-Betriebe. Weiterhin treten Mehrfachnennungen eines Unternehmens auf, wenn dieses sich mehrere Jahre am ÖKOPROFIT-Einsteigerprogramm beteiligt hat.

Quelle: Eigene Darstellung nach LANDESHAUPTSTADT MÜNCHEN (HRSG.) (2000, S. 4); ARBEITSKREIS WIRTSCHAFT LOKALE AGENDA 21 GERETSRIED+WOLFRATSHAUSEN (HRSG.) (o. J., S. 4); STADT MAINZ (HRSG.) (2001, S. 4); BBR UNTERNEHMENSBERATUNG GMBH (HRSG.) (o. J., S. 5); LANDESHAUPTSTADT ERFURT; STADTVERWALTUNG (HRSG.) (o. J., S. 5); STADT ESSLINGEN (HRSG.) (2001), S. 2); STADT KEMPTEN (HRSG.) (o. J., S. 6); LANDKREIS KEHLHEIM (HRSG.) (2001, S. 2); LANDESHAUPTSTADT HANNOVER (HRSG.) (2002, S. 6); KREIS AACHEN (HRSG.) (2002, S. 3); KREIS MINDEN-LÜBBECKE (HRSG.) (2002, S. 18); WIRTSCHAFTS- UND BESCHÄFTIGUNGSFÖRDERUNG DORTMUND (HRSG.) (o. J., S. 3); GEMEINDE RITTERHUDE (HRSG.) (o. J., S. 17); AGENDA-BÜRO DER STADT ULM (HRSG.) (2001, S. 5); STADTPLANUNGSAMT HAMM (HRSG.) (o. J., S. 3) sowie http://www.muenster.de/stadt/umweltamt/wu/oekoprofit.htm; http://www.agenda21wiesbaden.de/Oekoprofit.htm; http://www.baumgroup.de; http://www.hamburg.de/Behoerden/Umweltbehoerde/FachamtK; http://www-user.tu-cottbus.de; www.augsburg.de/Seiten/augsburg_d/umwelt/lokale_agenda_21/oekoprofit (alle Internetangaben zum 30.03.02).

In Polen wurden bis Ende 2000 38 CP-Schulen durchgeführt, an denen 950 Unternehmen teilgenommen haben, in deren Rahmen 653 CP-Pilotprojekte durchgeführt sowie 215 CP-Zertifikate vergeben wurden (vgl. dazu Tabelle 3-36). Unter Berücksichtigung der aktuellen Anzahl von 294 ISO 14001-Zertifizierungen (Tabelle 3-32) liegt der Schluss nahe, dass polnische Unternehmen über das offensive integrierte Umweltschutzkonzept des CPC kurzfristig die erforderlichen Anpassungen zur Verbesserung des Umweltzustandes vornehmen (CP-Pilotprojekte), Voraussetzungen für die Implementierung des CPC in das Managementsystem schaffen (CP-EMS) und auf dieser Basis mittelfristig den Ausbau des Umweltmanagementsystems entsprechend der Anforderungen der ISO 14001 (oder ggf. der EMAS II) anstreben. So wurde auch i. R. des GEMS Polen[607] eine hohe Korrelation zwischen den CP- und umweltmanagementaktiven Unternehmen festgestellt.[608] Eine Bestätigung dieser Zusammenhänge kann erst durch das weitere Benchmarkings vorgenommen werden, in dem i. R. des mesoökonomischen Benchmarkings Bereiche (vgl. Kapitel 4.3.2) und i. R. des mikroökonomischen Benchmarking Ursachen der „Überschwappeffekte" der CP- auf die ISO 14001-Zertifizierungen untersucht werden (vgl. Kapitel 5.4).

Tabelle 3-36: Absolute Kennzahlen zur Umsetzung des CPC in Polen (1991-2000) und Tschechien (1992-1997)

Ergebnisse des CPC	**Polen (1991-2000)**	**Tschechien (1992-1997)**
CP-Schulen	38	k. A.
teilgenommene Unternehmen	950	66
geschulte Mitarbeiter	1.900	217
durchgeführte CP-Pilotprojekte in Unternehmen	653	53
vergebene CP-EMS-Zertifikate	215	k. A.
erfolgreiche Verifikationen des CP-EMS-Zertifikats	54	k. A.

Quelle: Eigene Darstellung nach http://zeus.polsl.gliwice.pl/~polccp (30.03.02) und SZAFRANIEC (2002, S. 342) sowie http://www.cpc.cz (30.03.02).

Unter Berücksichtigung des geringeren Binnenmarktes sowie der vier bis 1997 vergebenen ISO 14001-Zertifikate konnte bis 1997 (keine aktuelleren Daten verfügbar) auch in Tschechien ein hoher Einführungsgrad des CPC erzielt werden. So hatten 66 Unternehmen an CP-Schulen teilgenommen, in deren Rahmen 53 CP-Pilotprojekte durchgeführt wurden, durch die kurzfristig eine Verbesserung des Umweltzustandes erreicht wurde (vgl. ebenfalls Tabelle 3-36).[609] Darüber hinaus stellten die implementierten CP-Strukturen auch hier die Basis für die Überführung der integrierten Umweltschutzstrategie in ein Umweltmanagementsystem dar. Dabei wurde in einem tschechischen Pilotunternehmen 1996 die gemeinsame Einführung eines Umweltmanagementsystemen nach der ISO 14001 und des CPC mit der Zielstellung durchgeführt, Gemeinsamkeiten, Unterschiede und Handlungsempfehlungen für eine effiziente kombinierte Einführung zu erarbeiten.[610]

---

607 Der GEMS (Global Environmental Management Survey) Polen wurde im Zeitraum 1999-2000 durch INEM Polska durchgeführt und stellte die erste umfassende Befragung von 350 polnischen Unternehmen des Verarbeitenden Gewerbes zum Umweltmanagement dar. Auf Grund der Branchen- und regionalen Verteilung sind die Ergebnisse repräsentativ. Vgl. PISKORSKI (2002, S. 229-233). Gleichermaßen wurde im Zeitraum 1998-1999 durch das CEMC ein GEMS Tschechien durchgeführt. Auch dieser stellte die erste umfassende Befragung von 304 tschechischen Unternehmen des Verarbeitenden Gewerbes zum Umweltmanagement dar, dessen Ergebnisse auf Grund der Branchen- und regionalen Verteilung ebenfalls repräsentativ sind. Vgl. HYBŠOVÁ (2002, S. 269, 271). Vgl. ausführlich für die GEMS-Methodik ebenda, S. 263-281.

608 Vgl. PISKORSKI (2002, S. 242).

609 Vgl. zu den Schritten und Ergebnissen des CPC in Tschechien http://www.cpc.cz (30.03.02). CPC wurden in Tschechien auch in Hochschulen, in Städten (Děčín, Moravská Třebová, Zlín) bzw. Regionen (Flussgebiet Svitava, Nordmähren und Schlesien) eingeführt. Die regionalen und städtischen Projekte wurden durch UNIDO finanziert und nach einem Beispiel des Grazer ÖKOPROFIT-Ansatzes durch die Firma STENUM GmbH, Graz sowie das CP-Zentrum in Prag durchgeführt. Vgl. http://www.cpc.cz (30.03.02).

610 Vgl. BRAUWEILER; VANĚČEK; NOWAK; KRAMER (2000, S. 22). Das Pilotprojekt zur Verknüpfung von CPC und UMS wurde am Beispiel des tschechischen Unternehmens Znovin Znojmo a. s. (Lebensmittel) durchgeführt, welches 1997 die Zertifizierung nach ISO 14001 erhalten hat. Vgl. http://www.cpc.cz (30.03.02). Vgl. zu diesem Fallbeispiel

→

Auf Basis des Benchmarkings der Leistungsindikatoren werden folgende Schlussfolgerungen gezogen: Über die entsprechenden Strukturen wurde das ÖKOPROFIT-Konzept in Deutschland und das CPC in Polen und Tschechien in der Praxis etabliert. Die über die Philosophie eines integrierten Umweltschutzes entwickelten Strukturen können bei allen Partnern grundsätzlich in ein Umweltmanagementsystem überführt werden. Diesbezügliche Ergebnisse waren in Form von CP-EMS-Zertifikaten allerdings nur für Polen messbar. In Anlehnung an das Vorgehen zur Untersuchung des Einführungsgrades der ISO 14001 und der EMAS-VO werden für weitere Bewertungen der CP-Einführung i. R. des mesoökonomischen und der CP-Umsetzung i. R. des mikroökonomischen Benchmarkings (vgl. Kapitel 4 und 5) nur Angaben zu den vergebenen CP-EMS-Zertifikaten berücksichtigt. Diese Einschränkung ist erforderlich, um auf das CPC im Sinne einer Umweltmanagementsystemstrategie und nicht als integriertes Umweltschutzkonzept einzugehen. Da in Deutschland und Tschechien der Ansatz genutzt wird, um ein Umweltmanagementsystem entsprechend der Anforderungen von ISO 14001 oder EMAS zu entwickeln, während in Polen das CP-EMS als nationaler Umweltmanagementsystemstandard etabliert wurde, werden Deutschland und Tschechien bei den weiteren Untersuchungen nicht mehr berücksichtigt. Aus diesem Grund wird für Polen auf eine Ergänzung der absoluten durch relative Kennzahlen zum Einführungsgrad des CPC verzichtet.

3.3.4 Bestimmung von Wissensvorsprüngen bzw. -defiziten im Zusammenhang mit Markterfordernissen

Als marktwirtschaftliche Instrumente zielen die dargestellten Umweltmanagementkonzeptionen auf die freiwillige und eigenverantwortliche Entwicklung der Voraussetzungen einer kontinuierlich zu verbessernden umweltorientierten Unternehmensführung.[611] Die Ausführungen zum Standardisierungsgrad des expliziten Wissens haben gezeigt, dass durch entsprechende Normen/Konzepte die Rahmenbedingungen für die Implementierung von Umweltmanagementsystemen auf nationaler oder internationaler Ebene harmonisiert wurden.[612] Wie aus den nachfolgenden Thesen hervorgeht, liegt das explizite Wissen zu den Umweltmanagementsystemen trotzdem nicht bei allen Partnern standardisiert vor.

Durch Verabschiedung der Normen kam es nicht nur zu einem Paradigmenwechsel seitens der Politik (ordnungsrechtliche Regulierungen versus marktwirtschaftliche Anreize), sondern auch in den Unternehmen (reaktives versus proaktives Umweltverhalten, Fremdbestimmung versus Selbstbestimmung).[613] Auf Basis des expliziten Wissen wurden somit betriebsspezifische Umweltmanagementsysteme entwickelt, über die durch die Schaffung formaler organisatorischer Strukturen und deren Zertifizierungen bzw. Validierungen der Nachweis (international) vergleichbarer Umweltmanagementsystemstandards - auch zum Zwecke der Differenzierung - möglich ist.[614] Über das Benchmarking der ex post Leistungskennzahlen wurde deutlich, dass seit Mitte

INTERNATIONAL NETWORK FOR ENVIRONMENTAL MANAGEMENT (1999, S. 37-43).

[611] In Anlehnung an DYLLICK (1999, S. 117) und FREIMANN (1999, S. 131).

[612] Vgl. HENN (1993, S. 36).

[613] Vgl. DYLLICK; HUMMEL (1995, S. 24) sowie in Bezug auf die EMAS-VO FREIMANN (1999, S. 133 f.).

[614] Vgl. FREIMANN (1999, S. 133) und DYLLICK (1999, S. 117). Vgl. für Beispiele zu betrieblichen Umweltmanagementkonzepte, die unabhängig von den Normengrundlagen Anwendung finden WINTER (1998, S. 211-222); NICKEL; →

der 90er Jahre bei allen drei Benchmarking-Partnern die Einführung von Umweltmanagementsystemen als Hilfsmittel zur systematischen Umsetzung der komplexen Anforderungen an eine umweltorientierte Unternehmensführung auf normativer, strategischer und operativer Ebene an Bedeutung gewannen.[615] Auf Grundlage des bei den Benchmarking-Partnern unterschiedlich verteilten expliziten Wissens, führte auch das Benchmarking der Leistungsindikatoren zu differenzierteren Bewertungen, aus denen deutlich wird, das die Bewertung des expliziten Wissens nicht die Bewertung der Leistungsindikatoren determiniert.

Auf Basis der Benchmarking-Analyse des expliziten Wissens und der Leistungsindikatoren Umweltmanagementsysteme werden nachfolgend Thesen zu Wissensvorsprüngen und -defiziten aufgestellt und auf dieser Basis Kriterien der Marktrelevanz der Vorsprünge und Defizite diskutiert (vgl. für die lfd. Nr. Abbildung 2-2).

Thesen zu Wissensvorsprüngen bzw. -defiziten

Explizites Wissen und Leistungsindikatoren zur ISO 14001

1. Da die ISO 14001 in Deutschland, Polen und Tschechien als nationale Norm eingeführt wurde und die erforderlichen Organisationsstrukturen etabliert wurden (Zertifizierungsorganisationen), werden den Benchmarking-Partnern für das *explizite Wissen* zur ISO 14001 Wissensparitäten zugeordnet.
2. Entsprechend der im internationalen Maßstab führenden *produktionsspezifischen Leistungsindikatoren* werden zum Einführungsgrad für Deutschland Wissensvorsprünge festgestellt.
3. Wenngleich Polen und Tschechien i. Vgl. zu anderen mittel- und osteuropäischen Ländern eine führende Rolle bei der Umsetzung der ISO 14001 einnehmen und sich die relativen Leistungskennzahlen denen Deutschlands annähern, werden für diese Partner aus folgenden Gründen Wissensdefizite definiert:

a) hoher *Abstand der absoluten Kennzahlen* zu Deutschland;

b) *für Polen hoher Abstand der relativen Kennzahlen* zu Deutschland und Tschechien;

c) *geringer Anteil* an den europaweit vergebenen Zertifikaten.

Die Entwicklung der ISO 14001-Zertifikate zeigte, dass ein Markterfordernis zum Nachweis zertifizierter Umweltmanagementsystemstrukturen besteht. Entsprechend der in Kapitel 1.1 dargestellten Internationalisierungstendenzen ist der Nachweis vergleichbarer Umweltmanagementsystemstandards über ein zertifiziertes Umweltmanagementsystem nach der ISO 14001 für deutsche (A 7), polnische und tschechische Unternehmen (A 6, N 1) gleichermaßen wichtig. Die Wissensdefizite der Leistungsindikatoren Polens und Tschechiens besitzen Nachfragepotenzial, wenn diese Unternehmen als exportierende, zuliefernde oder Tochterunternehmen einem Zertifizierungsdruck (N 1) ausgesetzt werden. Die Wissensvorsprünge Deutschlands haben bei Internatio-

RADTKE (1998, S. 223-232); BRAUN; OTTO (1998, S. 255-268) oder PRITSCH; VOLLMAR (1998, S. 282-297).

615 In diesem Zusammenhang ist allerdings zu beachten, dass dieses marktwirtschaftliche Instrument in das jeweilige nationale umweltpolitische und -rechtliche System eingebettet ist, welches auch ordnungsrechtliche bzw. andere marktwirtschaftliche Instrumente umfasst, die einerseits einen eigenständigen Einfluss auf die umweltorientierte Unternehmensführung haben und andererseits die Umsetzungsintensität der freiwilligen Instrumente beeinflussen.

nalisierungsbestrebungen (A 6) deutscher Unternehmen Angebotspotenzial, wenn z. B. in kooperierenden oder Tochterunternehmen vergleichbare Umweltmanagementsystemstandards eingeführt werden sollen. Denn ein nicht form- und zeitgerechter Nachweis dieser Standards kann die Chancen der Internationalisierung für Unternehmen einschränken.[616]

Thesen zu Wissensvorsprüngen bzw. -defiziten

Explizites Wissen und Leistungsindikatoren zur EMAS-VO

1. Durch die Einbindung der EMAS-VO in das nationale Rechtssystem in Deutschland (verpflichtend infolge der EU-Mitgliedschaft) und Tschechien (über die freiwillige Umsetzung des nationalen EMAS-Programms), sind bei beiden Partnern die erforderlichen Organisationsstrukturen und Verfahrensabläufe für die *Standardisierung des expliziten Wissens* vorhanden. Für sie werden daher paritätische Wissensvorsprünge definiert.
2. Da in Polen bisher *keine freiwillige Einbindung der EMAS-VO in das nationale Rechtssystem* vorgenommen wurde und somit auch die erforderlichen Strukturen und Abläufe nicht vorhanden sind, wird diesem Partner ein Wissensdefizit für das explizite Wissen zugeordnet.
3. Bezogen auf die *Leistungsindikatoren* wird Deutschland ein Wissensvorsprung bezogen auf den Einführungsgrad zugeordnet, da sowohl bezüglich der absoluten als auch relativen Kennzahlen die Implementierung in Tschechien (und den meisten Mitgliedern der EU) erheblich geringer war.
4. Für Polen und Tschechien werden auf Grund des hohen Abstandes zu Deutschland nichtparitätische Wissensdefizite definiert. Denn während für Tschechien i. Vgl. zu Deutschland *geringe absolute und relative Leistungskennzahlen* charakteristisch waren, konnte für Polen - infolge fehlenden expliziten Wissens - *keine praktische Umsetzung* nachgewiesen werden.

Die Wissensvorsprünge zum expliziten Wissen der EMAS-VO Deutschlands und/oder Tschechiens besitzen Angebots- bzw. die Wissensdefizite Polens Nachfragepotenzial, wenn Polen in die EU eintritt, da es dann verpflichtet ist, die Verordnung in das nationale Rechtssystem einzugliedern und die erforderlichen Strukturen zu schaffen (A 6, N 1). Auf Grund der hoheitlichen Einbindung der Verordnung ist die Aufrechterhaltung des expliziten Wissens zur EMAS-VO in Deutschland und Tschechien auch in der Zukunft erforderlich (A 7). Das Angebots- und Nachfragepotenzial der definierten Wissensvorsprünge und -defizite hinsichtlich der Leistungsindikatoren ist - unter Berücksichtigung der Tatsache, das die EMAS-VO in Deutschland und den anderen EU-Ländern eine der ISO 14001 untergeordnete Rolle spielte - im Zusammenhang mit der weiteren Rolle der EMAS-VO in Europa zu sehen. Das Angebotspotenzial der Wissensvorsprünge Deutschlands ist von der Akzeptanz der EMAS II abhängig. Ist diese geringer als bei der EMAS I, sinkt mit fallenden Leistungsindikatoren der Wissensvorsprung Deutschlands (A 5, A 7). Das Nachfragepotenzial Polens und Tschechiens ist davon abhängig, ob polnische und tschechische Unternehmen auch nach dem Eintritt in die EU im Schwerpunkt die ISO 14001 und nicht die EMAS-VO anwenden (N 1).

[616] In Anlehnung an PFLIEGNER (1997, S. 38).

Thesen zu Wissensvorsprüngen bzw. -defiziten ***Explizites Wissen und Leistungsindikatoren zum CPC***
1. Bezogen auf das explizite Wissen zum *CPC* werden für Deutschland Wissensdefizite definiert, da *keine* mit Polen und Tschechien vergleichbare landesweite Standardisierung der entpsrechenden *Organisationsstrukturen und Verfahrensabläufe* (hier bezogen auf das ÖKOPROFIT-Konzept) nachgewiesen werden konnten. 2. Im Umkehrschluss zu 1. werden für Polen und Tschechien auf Grund bestehender und *qualitativ vergleichbarer Strukturen* für das explizite Wissen paritätische Wissensvorsprünge definiert. 3. Obwohl alle Benchmarking-Partner die Philosophie des CP-Ansatzes umsetzen, werden für die Umweltleistungsindikatoren nur Polen Wissensvorsprünge zugeordnet, da: a) über die *CP-EMS-Zertifikate* die Entwicklung eines ganzheitlichen Umweltmanagementkonzeptes nachgewiesen wurde und b) die absoluten CP-Leistungskennzahlen einen *hohen Implementierungsstand* zeigten. 4. Für Tschechien und Deutschland werden nicht paritätische Wissensdefizite definiert, da kaum Erfahrungen zur modularen Weiterentwicklung des CPC zu einem zertifizierten/validierten Umweltmanagementsystem nachgewiesen werden konnten.

Auf Grund des hohen Entwicklungsniveaus des expliziten Wissens und der führenden Leistungsindikatoren zur ISO 14001 und EMAS-VO ist der Nachholbedarf Deutschlands zum CPC- (oder ÖKOPROFIT)-Wissen davon abhängig, welche Rolle das CPC und das CP-EMS-Zertifikat für deutsche Unternehmen als Vorbereitung für den Erwerb des ISO 14001-Zertifikats bzw. der EMAS-Validierung spielt (A 7, N 1). D. h., die Wissensvorsprünge Polens und Tschechiens zum expliziten Wissen und die Polens zu den Leistungsindikatoren besitzen Angebotspotenziale und die Wissensdefizite Deutschlands Nachfragepotenziale, wenn das CPC *nicht als substitutives, sondern komplementäres* Instrument/System für die Umsetzung der ISO 14001 bzw. EMAS-VO genutzt werden kann (A 6, N 1). Hier wird allerdings nochmals darauf hingewiesen, dass das CP-EMS-Zertifikat nicht mit dem ISO 14001-Zertifikat oder der EMAS-Validierung vergleichbar ist. Über das Benchmarking auf der meso- und mikroökonomischen Ebene (vgl. Kapitel 4 und 5) ist zu prüfen, welches Wissen in diesem Zusammenhang durch polnische Unternehmen entwickelt wurde und ob Wissensdefizite in deutschen Unternehmen bestehen, die durch die weitere Standardisierung des expliziten Wissens zum CPC bzw. die Etablierung von CP-EMS-Zertifikaten geschlossen werden können.

Über die Analyse der expliziten Wissens und der Leistungsindikatoren Umweltmanagementsysteme wurden Wissensvorsprünge und -defizite in Bezug auf Konzepte eines ganzheitlichen Umweltmanagements festgelegt und begründet. Damit ist i. R. des makroökonomischen Benchmarkings der *deskriptive Teil* zur Erklärung der vorhandenen Wissensstrukturen und der Verteilung der Wissenskompetenzen (vgl. dazu Abbildung 2-3) abgeschlossen. Im abschließenden Kapitel 3.4 wird nun auf *normative Aspekte* der Wissensanwendungs- und -durchsetzungskompetenz (vgl. dazu ebenfalls Abbildung 2-3) eingegangen.

3.4 Ansatzpunkte zur Beibehaltung, Neuausrichtung oder Neukombination des umweltorientierten Wissens

Im Folgenden werden über die vergleichende Bewertung der für die Benchmarking-Partner definierten Wissensvorsprünge und -defizite sowie der Kriterien ihrer Marktrelevanz Ansatzpunkte für die Beibehaltung, Neuausrichtung oder Neukombination des umweltorientierten Wissens vorgestellt (vgl. dazu Abbildung 2-5). Dazu werden zunächst die wichtigsten Schlussfolgerungen des makroökonomischen Benchmarkings wiederholend zusammengefasst. Aus der horizontalen Verfolgung der unteren Zeile der nachfolgenden Abbildung 3-6 ist ersichtlich, dass dazu die Benchmarks, die definierten Wissensvorsprünge und -defizite sowie ausgewählte Kriterien ihrer Marktrelevanz zählen. Jeweils vertikal dazu werden die entsprechenden Ergebnisse für Deutschland, Polen und Tschechien dargestellt. Die in unterschiedlicher Form markierten Pfeile zeigen für jeden Benchmarking-Partner Zusammenhänge zwischen den Analyse-Ergebnissen.

Abbildung 3-6: Zusammenfassung der Ergebnisse des makroökonomischen Benchmarkings und ihrer Zusammenhänge für Deutschland (D), Polen (PL) und Tschechien (CZ)

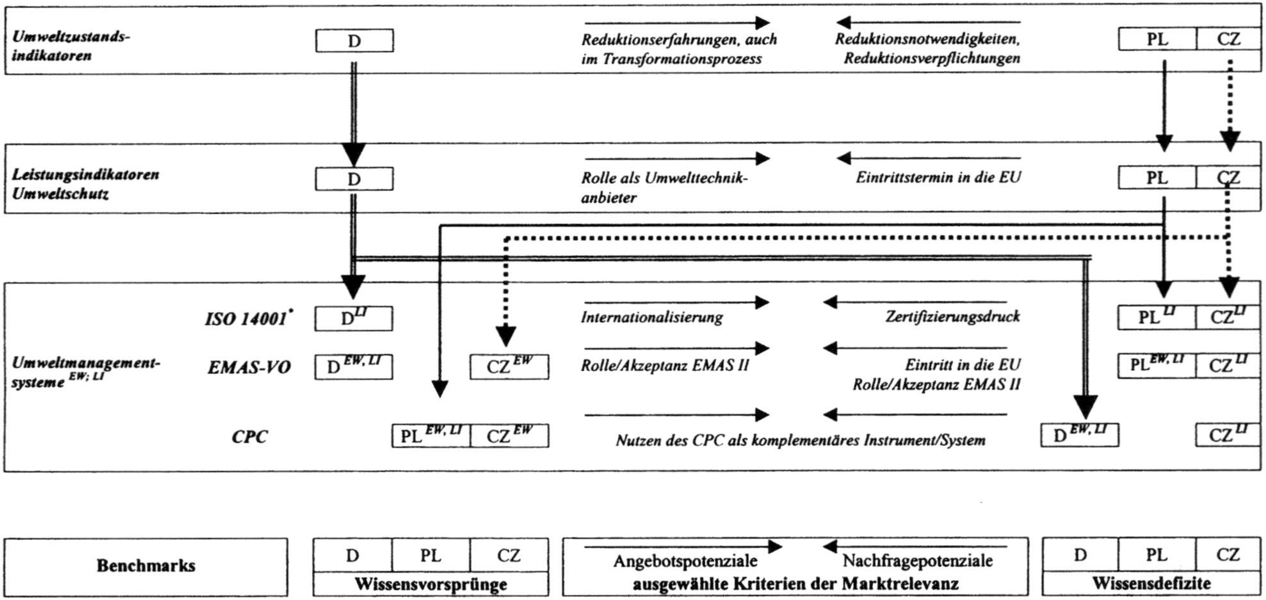

Anmerkung: EW: Explizites Wissen; LI: Leistungsindikatoren * Das explizite Wissen zur ISO 14001 wird nicht berücksichtigt, da für alle Partner Wissensparitäten festgestellt wurden.
Zusammenhänge zwischen den Benchmark-Bewertungen für Deutschland ⟹ Polen ⟶ Tschechien ······▶
Quelle: Eigene Darstellung.

Auf Basis der vergleichenden Betrachtung der i. R. des makroökonomischen Benchmarkings definierten Wissensvorsprünge und -defizite der Benchmarking-Partner, werden nachfolgende Zusammenhänge zwischen den Benchmarking-Ergebnissen festgestellt:

1. Für den Partner Deutschland, mit angebotsrelevanten Wissensvorsprüngen zum Benchmark Umweltzustandsindikatoren waren auch angebotsrelevante Wissensvorsprünge für die Leistungsindikatoren Umweltschutz charakteristisch. Weiterhin wurde explizites Wissens zu Umweltmanagementsystemen entwickelt, welches i. Vgl. mit allen Benchmarking-Partnern (ISO 14001) bzw. i. Vgl. zu Tschechien (EMAS-VO) als paritätischer Wissensvorsprung vorlag. Darüber hinaus waren angebotsrelevante Wissensvorsprünge der Leistungsindikatoren Umweltmanagementsysteme (ISO 14001, EMAS-VO) charakteristisch. Wissensdefizite bestanden lediglich im expliziten Wissen und den Leistungsindikatoren zu einem weiteren Umweltmanagementkonzept (CPC), wobei über das Benchmarking auf der meso- und mikroökonomischen Ebene noch zu prüfen ist, unter welchen Bedingungen dieses Wissensdefizit Nachfragerelevanz besitzt (vgl. dazu den fett markierten Doppelpfeil in der Abbildung 3-6).
2. Für die Benchmarking-Partner Polen und Tschechien, mit nachfragerelevanten Wissensdefiziten zum Benchmark Umweltzustandsindikatoren, waren auch nachfragerelevante Wissensdefizite für die Leistungsindikatoren Umweltschutz charakteristisch. Für das explizite Wissen der Umweltmanagementsysteme hatten i. Vgl. zu Deutschland beide Partner paritätisches Wissen zur ISO 14001 und Tschechien für die EMAS-VO entwickelt. Darüber hinaus waren für Polen und Tschechien Wissensvorsprünge zum expliziten Wissen und für Polen zu den Leistungsindikatoren in einem weiteren Konzept (CPC) charakteristisch. Nachfragerelevanz besteht im Zuge der EU-Osterweiterung in Polen für explizites Wissen (EMAS-VO) und aus Internationalisierungsgründen für Polen und Tschechien für die Leistungsindikatoren (ISO 14001). Weiterhin kann sich – entsprechend der dargestellten Voraussetzungen – für Polen und Tschechien Nachfragerelevanz für die Leistungsindikatoren zur EMAS-VO entwickeln. Die Marktrelevanz der Wissensvorsprünge zum expliziten Wissen Polens und Tschechiens bzw. der Leistungsindikatoren Polens bezüglich des CPC wurde nur für den Fall des komplementären Einsatzes des CP-Wissens i. R. zertifizierbarer/validierbarer Umweltmanagementsysteme festgestellt (vgl. für Polen den fett markierten Einfachpfeil und für Tschechien den gestrichelten Pfeil in der Abbildung 3-6).

Auf Basis des makroökonomischen Benchmarkings wird geschlussfolgert, dass Partner mit Wissensvorsprüngen bei Umweltzustandsindikatoren auch Wissensvorsprünge bei Leistungsindikatoren Umweltschutz, explizites Wissen Umweltmanagementsysteme und Leistungsindikatoren Umweltmanagementsysteme haben. Dies ist daraus zu erklären, dass eine führende Position des Benchmarks Umweltzustandsindikatoren nur durch ebenfalls führende Positionen der umwelttechnischen und umweltmanagementsystembezogenen Benchmarks erzielbar sind. Im Umkehrschluss heißt das, dass Wissensdefizite bei den Umweltzustandsindikatoren auf Wissensdefiziten bei Leistungsindikatoren Umweltschutz und Umweltmanagementsysteme basieren, obwohl keine Wissensdefizite beim expliziten Wissen Umweltmanagementsysteme vorliegen müssen. Die Ursache liegt darin, dass fehlendes Wissen bei der Umsetzung von Umwelttechnik und Umweltmanagementsystemen zu einer hohen Umweltbelastung führt und allein die Kenntnis von Konzepten zu Umweltmanagementsystemen nicht ausreichend ist, um Umweltzustandsindikatoren zu verbessern. Diese Zusammenhänge zwischen den Benchmarks konnten auf Basis des makroökonomischen Benchmarkings plausibel aufgezeigt werden. Für einen Nachweis der Auswirkungen getätigter Umweltschutzinvestitionen bzw. eingeführter Umweltmanagementsysteme auf die Verringerung der absoluten und relativen Umweltbelastungen in den Bereichen Emissionen, Wasser/Abwasser und Abfall besteht über diese Arbeit hinausgehender Forschungsbedarf.

Unter Berücksichtigung der diskutierten Kriterien der Marktrelevanz werden abschließend *Ansatzpunkte zur Beibehaltung, Neuausrichtung oder Neukombination der konzeptionellen Wissensbasis durch einen internationalen Wissenstransfer* beschrieben. Sie sind entsprechend der makroökonomischen Aggregationsebene als Politikimplikationen zu verstehen und werden in der nachfolgenden Tabelle 3-37 nach den untersuchten Benchmarks und Benchmarking-Partnern geordnet. Auf Grund der dargestellten Abhängigkeit der Bewertung des Benchmarks Umweltzustandsindikatoren von den Bewertungen der Benchmarks Leistungsindikatoren Umweltschutz und Umweltmanagementsysteme wird er dabei nicht explizit berücksichtigt. Unter Beachtung der für die Wissensvorsprünge und -defizite der anderen Benchmarks jeweils diskutierten Angebots- und Nachfragepotenziale werden:

- zur Weiterentwicklung der Leistungsindikatoren Umweltschutz und Umweltmanagementsysteme Potenziale für einen Wissenstransfer *von* Deutschland *nach* Polen und Tschechien erarbeitet;
- zum Aufbau expliziten Wissens zur EMAS-VO Wissenstransferpotenziale nicht nur *von* Deutschland, sondern auch *von* Tschechien *nach* Polen festgestellt und
- zur Untersuchung der komplementären Nutzung des CPC Potenziale für einen Wissenstransfer *von* Polen und Tschechien *nach* Deutschland ermittelt. D. h., dass sich das Wissenstransferpotenzial Polens und Tschechiens zunächst auf die Darstellung der Zweckmäßigkeit der landesweiten Etablierung der Organisations- und Verfahrensabläufe zum expliziten Wissen sowie der praktischen Anwendbarkeit des CP-EMS bezieht. Ist die Ergänzung des expliziten Wissens in Deutschland durch das CPC notwendig, ist in einem weiteren Schritt zu prüfen, ob die Etablierung des Wissens über einen Wissenstransfer von Polen und Tschechien zweckmäßig ist oder auf Basis der Erfahrungen zum ÖKOPROFIT-Konzept bzw. der bestehenden Wissensvorsprünge, z. B. zur ISO 14001 oder der EMAS-VO, eigenständig erfolgen kann.

Tabelle 3-37: Ansatzpunkte zur Entwicklung der konzeptionellen Wissensbasis durch einen internationalen Wissenstransfer auf makroökonomischer Ebene

Ansatzpunkte für den Benchmarking-Partner:		
Deutschland	***Polen***	***Tschechien***
Benchmark: Leistungsindikatoren Umweltschutz		
	Weiterentwicklung der *Problemlösungskompetenz der einheimischen Umwelttechnikindustrie* zur Gewährleistung einer verstärkten Umsetzung integrierter Umweltschutzinvestitionen (Verringerung der produktionsspezifischen Umweltbelastungskennzahlen in den Bereichen Luftreinhaltung, Abwasser und Abfall) und Weiterführung additiver Umweltschutzinvestitionen (Abwasser und Abfallwirtschaft) auf Basis eines Technologie- und Know-How-Transfers aus Deutschland z. B. durch: ▪ Kooperationsbörsen ▪ gemeinsame Projekt- und Anbietergemeinschaften ▪ Vertriebs-Joint-Ventures	
Benchmark: Explizites Wissen Umweltmanagementsysteme		
Prüfung von Notwendigkeit und Zweckmäßigkeit der landesweiten Standardisierung des expliziten Wissens durch Wissen zum CPC im Sinne eines komplementär nutzbaren Instruments/Systems auf Basis der Erfahrungen in Polen und Tschechien z. B. durch: ▪ Brainstorming ▪ Projektworkshops	*Standardisierung des expliziten Wissens zur EMAS-VO* durch Integration in das nationale Rechtssystem und Aufbau der erforderlichen Organisationsstrukturen und Verfahrensabläufe auf Basis der Erfahrungen in Deutschland oder in Tschechien z. B. durch: ▪ Beratung ▪ Twinning-Projekte	
Benchmark: Leistungsindikatoren Umweltmanagementsysteme		
	Weiterentwicklung des impliziten Wissens zur ISO 14001 auf Basis der Erfahrungen Deutschlands und Tschechiens durch Mentoring oder Coaching bei der: ▪ Durchführung von Pilotprojekten ▪ Ausbildung, Beratung und Schulung	

Quelle: Eigene Darstellung.

Durch die Benchmarking-Analyse auf der makroökonomischen Ebene wurde die konzeptionelle Basis des umweltorientierten Wissens detailliert untersucht sowie Wissensvorsprünge und -defizite schlüssig definiert. Auf dieser Basis wurden begründet Bereiche aufgezeigt, in denen ein internationaler Wissenstransfer zur Weiterentwicklung des umweltorientierten Wissens ansetzen kann. Für weiterführende Forschungen ergeben sich hier zwei Ansatzpunkte:

- Zwar stellt grundsätzlich der Partner mit den Wissensvorsprüngen den Maßstab für die erforderlichen Leistungssteigerungen der Partner mit Wissensdefiziten dar. Die Konkretisierung der tatsächlich erforderlichen Leistungssteigerung sind jedoch für einzelne Regionen der Benchmarking-Partner oder für einen speziellen Umwelttechnikbereich über Modellrechnungen zu spezifizieren, die in Abhängigkeit des Zeitverlaufes Anforderungen auf Grund von Produktions- und Konsumzuwächsen, weiteren Verschärfungen umweltpolitischer bzw. -rechtlicher Rahmenbedingungen oder der Entwicklung des Umweltbewusstseins berücksichtigen.
- Auf dieser Basis können die als Politikimplikationen vorgestellten Ansatzpunkte für einen internationalen Wissenstransfer durch die entsprechenden Entscheidungsträger in Form eines Maßnahmenplanes (wer tut was womit) konkretisiert werden.

Die Ergebnisse des makroökonomischen Benchmarkings legen die Rahmenbedingungen für das Benchmarking auf den unteren Aggregationsstufen fest. Innerhalb dieses Rahmens wird über das mesoökonomische Benchmarking (vgl. das folgende Kapitel 4) eine branchenbezogene und über das mikroökonomische Benchmarking (vgl. Kapitel 5) eine prozessbezogene Konkretisierung der Wissensvorsprünge und -defizite vorgenommen. Entsprechend der für diese Ebenen definierten Benchmarks (vgl. Kapitel 2.5.3) erfolgt i. R. des mesoökonomischen Benchmarkings eine Konzentration auf das umwelttechnische und -managementsystembezogene Wissen und i. R. des mikroökonomischen Benchmarkings auf das umweltmanagementsystembezogene Wissen.

4 Benchmarking-Analyse des umweltorientierten Wissens Deuschlands, Polens und Tschechiens auf der mesoökonomischen Ebene

Mit dem mesoökonomischen Benchmarking wird die Zielstellung verfolgt, die *branchenbezogene Umsetzung des* auf der Makroebene *identifizierten umweltorientierten Wissens* zu analysieren (Messaspekt), Wissensvorsprünge und -defizite für ökonomisch maßgebliche Branchen zu bestimmen (Vergleichsaspekt) und *Ansatzpunkte für eine branchenbezogene Wissensentwicklung* zu erarbeiten (Gestaltungsaspekt). In diesem Zusammenhang wird auch geprüft, ob die Ergebnisse des makroökonomischen Benchmarkings bestätigt, ergänzt oder differenziert werden können.

Um Ansatzpunkte für eine horizontale (aber auch vertikale) Wissensverwertung zu konkretisieren, werden zunächst auf Basis einer internationalen Branchenstrukturanalyse die grundsätzlichen Kooperationspotenziale bestimmt. Dazu wird eine den Zielstellungen dieser Arbeit angepasste Methodik entwickelt. In Abhängigkeit der betriebswirtschaftlichen Indikatoren Beschäftigung, Umsatz und Arbeitsproduktivität werden ökonomisch maßgebliche von weniger wichtigen Branchen unterschieden, Gemeinsamkeiten bzw. Unterschiede in der Branchenstruktur Deutschlands, Polens sowie Tschechiens dargestellt und Wissenstransferpotenziale zwischen den ökonomisch maßgeblichen Branchen definiert (vgl. Kapitel 4.1). Das Kriterium der ökonomischen Maßgeblichkeit wurde unter der Annahme gewählt, dass die Größe und Wettbewerbsfähigkeit einer Branche Einfluss auf die Entwicklung von umweltorientiertem Wissen hat (vgl. auch Kapitel 2.5.1.2).

In Kapitel 4.2 wird über den prozentualen Anteil der Umweltschutzinvestitionen an den Gesamtinvestitionen der jeweiligen Branche zunächst das umwelttechnische Wissen der Branchen analysiert. Dieser Indikator dient üblicherweise zur Bestimmung der Umweltintensität. Dem entsprechend werden die Branchen in Abhängigkeit ihres Anteils als sehr umweltintensiv, umweltintensiv und nicht umweltintensiv klassifiziert und für die ökonomisch maßgeblichen Branchen in Abhängigkeit ihrer Umweltintensität Thesen zu Wissensvorsprüngen und -defiziten aufgestellt. In diesem Zusammenhang wird auch geprüft, ob Vorsprünge beim umwelttechnischen Wissen mit der Maßgeblichkeit der Branchen zusammenhängen. Abschließend werden Kriterien der Marktrelevanz der branchenbezogenen Wissensvorsprünge und -defizite diskutiert.

Die Analyse des Branchenwissens zu Umweltmanagementsystemen erfolgt über die Untersuchung des branchenbezogenen Implementierungsgrades von Umweltmanagementsystemen nach der ISO 14001, der EMAS-VO und dem CPC. Dieser wird als Anteil zertifizierter/validierter Umweltmanagementsysteme an der Gesamtzahl der Unternehmen einer Branche gemessen und die Branchen entsprechend ihres Anteils in sehr bzw. nicht zertifizierungsintensiv kategorisiert. Für die Branchen werden in Abhängigkeit ihrer Zertifizierungsintensität Thesen zu Wissensvorsprüngen und -defiziten erarbeitet und hier geprüft, ob zwischen der Maßgeblichkeit der Branchen bzw. Umweltintensität Zusammenhänge bestehen. Abschließend werden Kriterien der Marktrelevanz der branchenbezogenen Wissensvorsprünge und -defizite diskutiert (vgl. Kapitel 4.3).

Damit ist i. R. des mesoökonomischen Benchmarkings der deskriptive Teil zur Beschreibung der Wissensstrukturen und Kompetenzverteilung auf Branchenebene (vgl. Abbildung 2-3) abgeschlossen. In Kapitel 4.4 wird zum normativen Teil übergegangen, in dem auf Basis der vergleichenden Bewertung der diskutierten Kriterien der Anwendungs- und Durchsetzungskompetenzen der Wissensvorsprünge und -defizite Ansatzpunkte für eine branchenbezogene Wissensentwicklungen durch einen internationalen Wissenstransfer beschrieben werden.

4.1 Ermittlung grundsätzlicher Wissenstransferpotenziale auf Basis der internationalen Branchenstruktur

In Kapitel 2.5.1.2 wurde definiert, dass zunächst auf Basis der internationalen Branchenstruktur grundsätzliche Kooperationspotenziale für eine horizontale Verwertung von Wissen untersucht werden. Aussagen über die internationale Branchenstruktur erfordern eine Branchenstrukturanalyse. Für die Benchmarking-Partner Deutschland, Polen, Tschechien existierten zwar vergleichende oder bewertende Wirtschaftsstrukturanalysen, diese genügten aber nur z. T. den Ansprüchen der hier geplanten Benchmarking-Analyse. Oftmals ging das verfügbare Material nicht über eine Analyse der Zusammensetzung der Wirtschaftsbereiche oder einzelner Branchen hinaus, selten wurde ein internationaler Vergleich hergestellt.[617] Aus diesem Grund war i. R. dieser Arbeit die Durchführung einer *eigenständigen*, dem Untersuchungszweck angepassten Analyse erforderlich. Die durchgeführte Strukturanalyse erfolgte nach dem Top-Down-Verfahren.[618] Auf Basis von Einzelindikatoren wurde zunächst die Abgrenzung des ökonomisch maßgeblichen Wirtschaftsbereiches vorgenommen (vgl. Kapitel 4.1.1). In diesem wurde auf Basis eines Indikatorensystems die Branchenstrukturanalyse durchgeführt, um ökonomisch maßgebliche von unmaßgeblichen Branchen abzugrenzen. Kooperationspotenziale wurden definiert für Partner, die durch eine Übereinstimmung der Branchenstrukturen gekennzeichnet waren (vgl. Kapitel 4.1.2).

4.1.1 Das Verarbeitende Gewerbe als ökonomisch maßgeblicher Wirtschaftsbereich aller Benchmarking-Partner

Die der nachfolgenden Abbildung 4-1 wird zunächst schematisch die Einordnung der Wirtschaftsbereiche in die Volkswirtschaft dargestellt. In Abhängigkeit des im internationalen Maßstab verfügbaren statistischen Materials wurde die Analyse der Entwicklung der Wirtschaftsbereiche und ihrer Anteile an der Gesamtwirtschaft anhand der Einzelindikatoren „Erwerbstätige" und „Bruttowertschöpfung" operationalisiert.[619] Ein Wirtschaftsbereich erfüllte dann das Kriterium der ökonomischen Maßgeblichkeit, wenn er sowohl bezogen auf die Beschäftigung als auch auf die Wertschöpfung den höchsten prozentualen Anteil an der Gesamtwirtschaft ausmachte.[620] Damit wird zwar ein Abgrenzungskriterium für den ökonomisch maßgeblichen Wirtschaftsbereich definiert, eine Grenzwertbestimmung in Form von Prozentangaben wurde jedoch auf Grund der

[617] Vgl. dazu KRAMER; BRAUWEILER; LEHMANN (2000, S. 222).
[618] In Anlehnung an EISENFÜHR; WEBER (1994, S. 54-65).
[619] Die Analyseverfahren zur Betrachtung regionaler Wirtschaftsstrukturen sind nicht normiert. So kann allgemein für die Analyse des Wirtschaftswachstums (und auch des Strukturwandels) einer Volkswirtschaft die Entwicklung der Indikatoren Erwerbstätige, Bruttoanlagevermögen, Bruttoanlageinvestitionen, Bruttowertschöpfung, Produktivität (Arbeits- und Kapitalproduktivität) oder Lohnentwicklung genutzt werden. Vgl. HARDES; KROL (1993, S. 187-191). Zur Nutzung der Indikatoren Bruttowertschöpfung und Erwerbstätige vgl. PETERS (1996, S. 42-47); MEIßNER; FASSING (1989, S. 107-112) oder SÄCHSISCHES STAATSMINISTERIUM FÜR WIRTSCHAFT UND ARBEIT (1996, S. 27-35).
[620] Durch diese traditionelle Form der strukturellen Betrachtung werden die tatsächlichen Anteile einzelner Wirtschaftsbereiche an der Gesamtwirtschaft nur zum Teil deutlich, da zwischen den einzelnen Wirtschaftsbereichen, insbesondere zwischen Industrie und Dienstleistungen, vielfältige Vorleistungs- und Lieferbeziehungen bestehen, die eine Abgrenzung der Wirtschaftsbereiche erschweren. Zum Zwecke einer eindeutigen Zuordnung der Wertschöpfungsanteile, sind Input-Output-Analysen erforderlich. Vgl. O. V. (1996, S. 4-5). Ein weiteres alternatives Vorgehen wäre die Berücksichtigung der jährlichen Wachstumsraten der Wirtschaftsbereiche, um so die Entwicklungsdynamik im Zeitverlauf zu charakterisieren und auf dieser Basis Wachstumsbereiche zu definieren.

inhomogenen Wirtschaftsstruktur der drei Benchmarking-Partner nicht vorgenommen. Die Analyse wurde für den Betrachtungszeitraum 1991-1999 durchgeführt (mit Ausnahme von Polen, da hier vergleichbare Daten nur für den Zeitraum 1992-1999 verfügbar waren). Die Gliederung der Wirtschaftsbereiche erfolgt bei allen drei Benchmarking-Partnern nach der europäischen Klassifikation NACE,[621] so dass internationale Vergleiche vorgenommen werden können. Da die Wirtschaftsstrukturanalyse nicht Schwerpunkt, sondern Ausgangspunkt der Untersuchungen zur regionalen Branchenstruktur ist (vgl. dazu Kapitel 4.1.2), werden ihre Ergebnisse nachfolgend ausschließlich komprimiert dargestellt.[622]

Abbildung 4-1: Einordnung der Wirtschaftsbereiche in die Volkswirtschaft

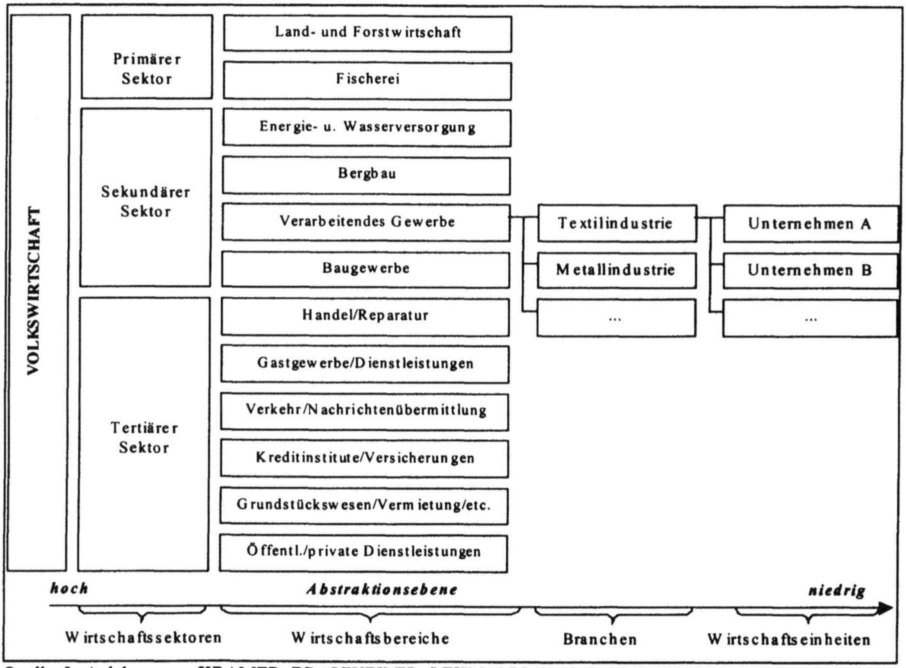

Quelle: In Anlehnung an KRAMER; BRAUWEILER; LEHMANN (2000, S. 224).

[621] Nomenclature des Activités dans la Communauté européenne (General Industrial Classification of Economic Activities within the European Communities), die nach Ablauf einer Übergangsfrist ab 1995 in allen Mitgliedsstaaten der Europäischen Union sowohl für die Erhebung als auch für die Darstellung der statistischen Daten anzuwenden war.

[622] Zu einer ausführlichen Darstellung von Analysemethodik und -ergebnissen der Wirtschaftsstrukturanalyse siehe KRAMER; BRAUWEILER; LEHMANN (2000, S. 224-234).

Die Entwicklung und der Anteil der Wirtschafts*sektoren* an der Beschäftigung bzw. der Bruttowertschöpfung (im Weiteren BWS) entsprachen bei allen drei Benchmarking-Partnern den Annahmen der Drei-Sektoren-Hypothese.[623] Dabei waren der primäre (Land- und Forstwirtschaft, Fischerei) und sekundäre (Bergbau, Verarbeitendes Gewerbe, Baugewerbe, Energie- und Wasserversorgung) Sektor durch Beschäftigungs- und Wertschöpfungsverluste gekennzeichnet, die durch Beschäftigungs- und Wertschöpfungszuwächse des tertiären Sektors (Dienstleistungen, Staat) bis zu einem bestimmten Maß ausgeglichen wurden, bis sich auch in diesem Sektor die Wachstumstendenzen abgeschwächt haben.[624]

Auf der Ebene der Wirtschafts*bereiche* werden diese Tendenzen differenzierter betrachtet. So besaß 1999 in Deutschland der Wirtschaftsbereich „sonstige Dienstleister" mit 29,8 % den höchsten Anteil an der Gesamtbeschäftigung, mit 21,4 % aber nur den dritthöchsten Anteil an der BWS. Diese Angaben relativieren sich, wenn man beachtet, dass sich dieser Wirtschaftsbereich aus der öffentlichen Verwaltung und sonstigen öffentlichen und privaten Dienstleistern zusammensetzte. Ökonomische Maßgeblichkeit war nicht gegeben, da dieser Wirtschaftsbereich nicht bezogen auf beide Indikatoren den größten Anteil hatte. Das Verarbeitende Gewerbe war mit 23,5 % bzw. 22,3 % durch den zweithöchsten Anteil sowohl an den Erwerbstätigen als auch an der Wertschöpfung charakterisiert. Den höchsten Anteil an der BWS besaß der Wirtschaftsbereich Grundstückswesen, Vermietung, Unternehmensdienstleister mit 25,4 %. Dessen Anteil an der Gesamtbeschäftigung betrug aber nur 7,5 %, so dass auch dieser Wirtschaftsbereich nicht das Kriterium der ökonomischen Maßgeblichkeit erfüllte. Daher wird für Deutschland das *Verarbeitende Gewerbe* als ökonomisch maßgeblicher Wirtschaftsbereich definiert.

In Polen hatte 1999 der Bereich Land- und Forstwirtschaft, Fischerei mit 27,6 % den deutlich höchsten - v. a. im internationalen Vergleich erheblichen - Anteil an der Gesamtbeschäftigung, durch den allerdings nur 3,9 % der BWS erarbeitet wurden. Dieser Bereich war daher nicht als ökonomisch maßgeblich einzuschätzen. Das Verarbeitende Gewerbe besaß mit 18,6 % den zweithöchsten Anteil an der Beschäftigung und mit 21,8 % den höchsten Anteil an der BWS, so dass es als ökonomisch maßgeblicher Wirtschaftsbereich definiert wird.

In Tschechien war das Verarbeitende Gewerbe 1999 mit 30,0 % und 26,3 % durch den deutlich höchsten Anteil an der Beschäftigung und der BWS charakterisiert und ist damit der ökonomisch maßgebliche Wirtschaftsbereich. Das zeigt, dass das Verarbeitende Gewerbe eine grundlegende Bedeutung für die wirtschaftliche Entwicklung spielte und durch eine maßgebliche Rolle hinsichtlich der Beschäftigung und der BWS gekennzeichnet war.[625] Das Verarbeitende Gewerbe wird daher für alle Benchmarking-Partner als (hinsichtlich der Beschäftigung und der BWS) maßgeblicher Wirtschaftsbereich definiert.

In den nachfolgenden drei Abbildungen werden für Deutschland, Polen und Tschechien die Zusammensetzung und Entwicklung der Wirtschaftsbereiche zusammengefasst. Aufbauend darauf werden in der Tabelle 4-1 die sektoralen Zusammensetzungen der Wirtschaft Deutschlands, Polens und Tschechiens gezeigt.

---

[623] Vgl. zu weiterführenden Informationen zur Drei-Sektoren-Hypothese MEIßNER; FASSING (1989, S. 107-131); PETERS (1996, S. 38-47) oder BRÖSSE (1996, S. 24 f.).

[624] Siehe ausführlich für Deutschland, Polen und Tschechien KRAMER; BRAUWEILER; LEHMANN (2000, S. 226-229).

[625] Vgl. für diese Argumentation BRÖSSE (1996, S. 17-21).

Abbildung 4-2: Zusammensetzung und Entwicklung der Wirtschaftsbereiche Deutschlands 1991 und 1999[626]

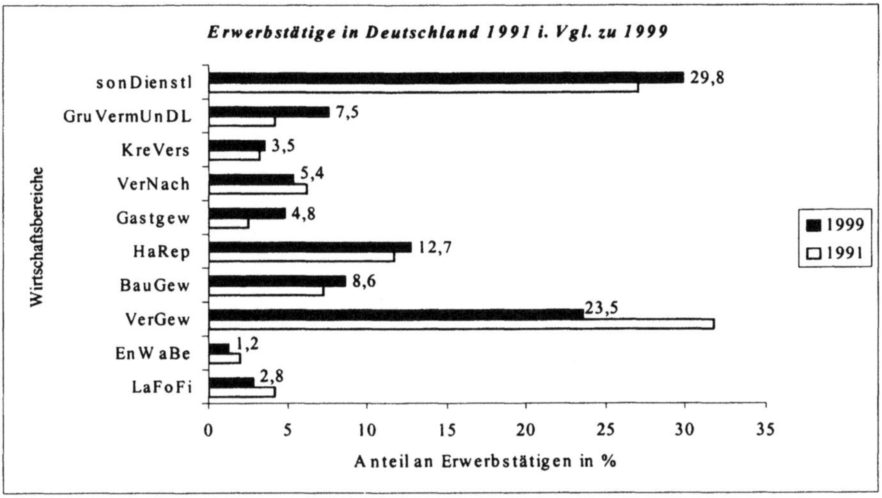

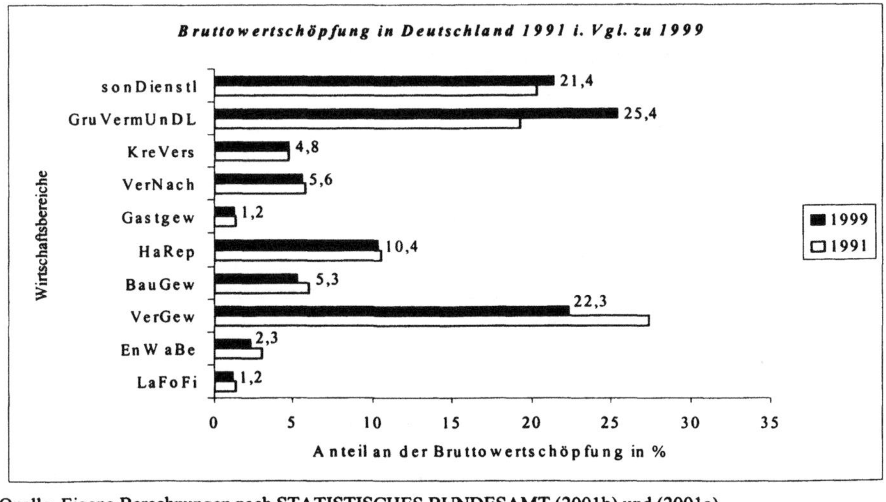

Quelle: Eigene Berechnungen nach STATISTISCHES BUNDESAMT (2001b) und (2001a).

[626] **LaFoFi** Land- und Forstwirtschaft, Fischerei; **EnWaBe** Energie- und Wasserversorgung, Bergbau; **VerGe** Verarbeitendes Gewerbe; **BauGew** Baugewerbe; **HaRep** Handel und Reparatur; **GastGew** Gastgewerbe; **VerNach** Verkehr und Nachrichtenübermittlung; **KreVers** Kreditinstitute und Versicherungsgewerbe; **GruVermUnDL** Grundstückswesen, Vermietung, Unternehmensdienstleister; **sonDienstl** sonstige Dienstleister.

Abbildung 4-3: Zusammensetzung und Entwicklung der Wirtschaftsbereiche Polens 1992 und 1999[627]

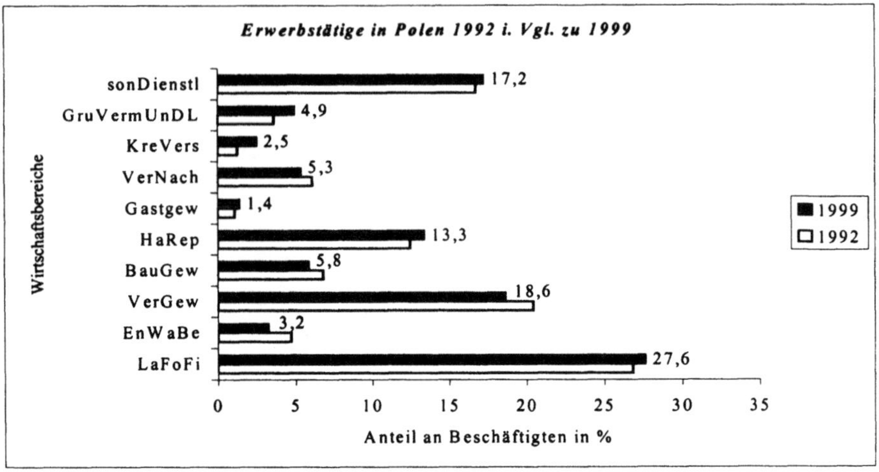

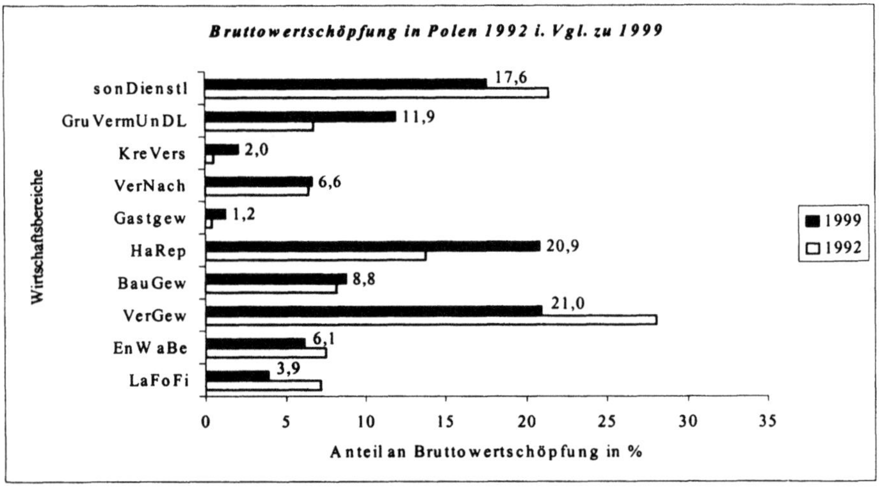

Quelle: Eigene Berechnungen nach CENTRAL STATISTICAL OFFICE (1996b, S. 123, 533), (1998b, S. 124 f., 512 f.), (2000b, S. 132 f., 531).

627 **LaFoFi** Land- und Forstwirtschaft, Fischerei; **EnWaBe** Energie- und Wasserversorgung, Bergbau; **VerGe** Verarbeitendes Gewerbe; **BauGew** Baugewerbe; **HaRep** Handel und Reparatur; **GastGew** Gastgewerbe; **VerNach** Verkehr und Nachrichtenübermittlung; **KreVers** Kreditinstitute und Versicherungsgewerbe; **GruVermUnDL** Grundstückswesen, Vermietung, Unternehmensdienstleister; **sonDienstl** sonstige Dienstleister.

Abbildung 4-4: Zusammensetzung und Entwicklung der Wirtschaftsbereiche Tschechiens 1991 und 1999[628]

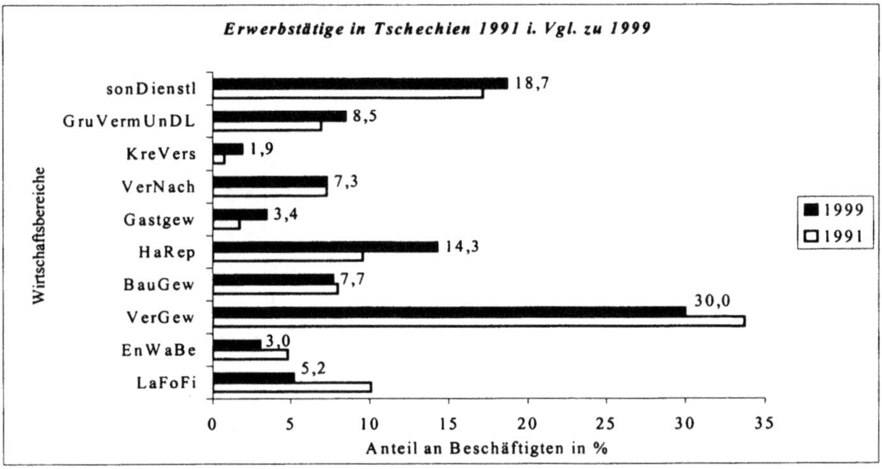

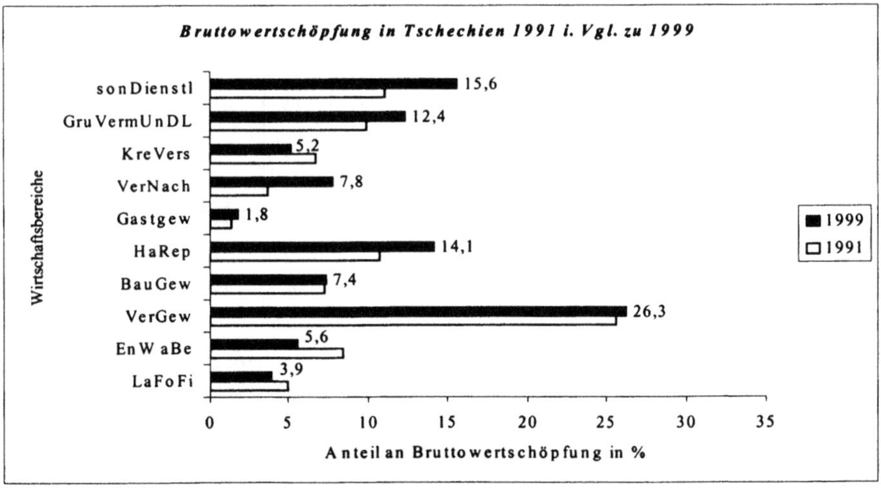

Quelle: Eigene Berechnungen nach CZECH STATISTICAL OFFICE (1995, S. 229), (1997b, S. 259), (2000b, S. 317), (2001).

[628] **LaFoFi** Land- und Forstwirtschaft, Fischerei; **EnWaBe** Energie- und Wasserversorgung, Bergbau; **VerGe** Verarbeitendes Gewerbe; **BauGew** Baugewerbe; **HaRep** Handel und Reparatur; **GastGew** Gastgewerbe; **VerNach** Verkehr und Nachrichtenübermittlung; **KreVers** Kreditinstitute und Versicherungsgewerbe; **GruVermUnDL** Grundstückswesen, Vermietung, Unternehmensdienstleister; **sonDienstl** sonstige Dienstleister.

Tabelle 4-1: Sektorale Zusammensetzung der deutschen, polnischen und tschechischen Volkswirtschaften im Zeitraum 1991-1999

Region	Jahre								
	1991	**1992**	**1993**	**1994**	**1995**	**1996**	**1997**	**1998**	**1999**
	Erwerbstätige in %								
Deutschland									
primärer Sektor	4,2	3,7	3,4	3,3	3,2	3,0	2,9	2,9	2,8
sekundärer Sektor	41,0	39,7	38,8	37,8	35,9	35,0	34,3	33,8	33,4
tertiärer Sektor	54,8	56,6	57,7	58,9	60,9	62,0	62,8	63,3	63,8
Polen									
primärer Sektor	k. A.	26,8	26,7	27,2	27,8	28,2	27,5	27,4	27,6
sekundärer Sektor	k. A.	31,9	30,6	30,6	30,1	29,9	29,5	28,8	27,7
tertiärer Sektor	k. A.	41,2	42,7	42,2	42,1	41,9	43,0	43,8	44,7
Tschechien									
primärer Sektor	10,1	8,7	6,8	8,6	6,3	6,0	5,7	5,5	5,2
sekundärer Sektor	46,5	44,8	44,3	52,0	41,5	41,0	41,3	41,2	40,7
tertiärer Sektor	43,4	46,6	48,8	39,4	52,3	53,0	53,0	53,2	54,1
	Bruttowertschöpfung in %								
Deutschland									
primärer Sektor	1,4	1,3	1,3	1,3	1,3	1,3	1,3	1,2	1,2
sekundärer Sektor	36,5	35,3	33,2	32,9	32,2	31,4	30,9	30,6	29,9
tertiärer Sektor	62,1	63,4	65,5	65,8	66,5	67,3	67,8	68,2	68,9
Polen									
primärer Sektor	k. A.	7,1	7,2	7,1	6,9	6,4	5,5	4,8	3,9
sekundärer Sektor	k. A.	43,6	42,7	42,6	38,9	37,5	37,3	36,3	35,8
tertiärer Sektor	k. A.	49,3	50,0	50,3	54,1	56,1	57,2	59,0	60,2
Tschechien									
primärer Sektor	5,0	4,6	5,3	4,9	4,7	4,8	4,4	4,2	3,9
sekundärer Sektor	41,3	46,3	41,1	40,9	41,9	44,0	42,1	39,4	39,2
tertiärer Sektor	43,5	49,1	53,6	54,1	53,4	51,1	53,4	56,5	56,8

Quelle: Eigene Berechnungen nach STATISTISCHES BUNDESAMT (2001b) und (2001a); CENTRAL STATISTICAL OFFICE (1996b, S. 123, 533), (1998b, S. 124 f., 512 f.), (2000b, S. 132 f., 531); CZECH STATISTICAL OFFICE (1995, S. 229), (1997b, S. 259), (2000b, S. 317), (2001).

Die weitere Analyse wird im definierten maßgeblichen Wirtschaftsbereich (Verarbeitendes Gewerbe) auf Betrachtungsebene der Branche mit dem Ziel fortgesetzt, die ökonomisch maßgeblichen von den ökonomisch unmaßgeblichen Branchen abzugrenzen.

4.1.2 Festlegung ökonomisch maßgeblicher Branchen des Verarbeitenden Gewerbes in Abhängigkeit von Beschäftigung, Umsatz und Arbeitsproduktivität

Im Folgenden wird erst auf die methodischen Grundlagen und das Datenmaterial eingegangen (vgl. Kapitel 4.1.2.1), bevor die Ergebnisse der Analyse dargestellt werden (vgl. Kapitel 4.1.2.2).

4.1.2.1 Methodische Vorgehen zur Normierung und Abgrenzung der Branchen

Die Branchenstrukturanalyse erfolgte nicht wie die Analyse der Wirtschaftsbereiche durch gemeinsame Betrachtung von Einzelindikatoren, sondern auf Basis eines Indikatorensystems. In Abhängigkeit vom international verfügbaren Datenmaterial wurde die ökonomische Maßgeblichkeit einer Branche in Anlehnung und Erweiterung des § 267 HGB anhand ihrer Bedeutung:

- für den regionalen Arbeitsmarkt (*Beschäftigung*);
- hinsichtlich des regional erwirtschafteten Produktionswertes (*Umsatz*) sowie
- bezogen auf ihre Wettbewerbsfähigkeit (*Arbeitsproduktivität*) definiert.[629]

Die „Arbeitsproduktivität" wurde dabei durch Bezug der Outputkennziffer „Umsatz" auf die Inputkennziffer „Beschäftigung" berechnet und stellt somit eine von diesen beiden Indikatoren abhängige Kennzahl dar.[630] Die ökonomische Bedeutung einer Branche in einer Region wurde also durch drei sich ergänzende und gleichermaßen zu berücksichtigende Indikatoren definiert.[631] Bei Verwendung eines Indikatorensystems ergaben sich an das Analyseverfahren auf Grund der unterschiedlichen Dimensionen der Indikatoren differenzierte Anforderungen. Die Analyse regionaler Branchenstrukturen auf Basis eines Indikatorensystems, welches durch Indikatoren unterschiedlicher Einheiten (Personen, DM bzw. DM/Personen) gekennzeichnet ist, erforderte zu-

---

[629] Nach § 267 HGB werden Kapitalgesellschaften anhand der Höhe der Bilanzsumme, des Umsatzes bzw. der Anzahl der Arbeitskräfte klassifiziert. Vgl. HANDELSGESETZBUCH (1995).

[630] Die Bedeutung einer Branche für den regionalen Arbeitsmarkt wird üblicherweise mit Hilfe des Indikators „Beschäftigung" quantifiziert. Wird aber nur dieser Indikator einer Bewertung der Wirtschaftsstrukturen zugrunde gelegt, werden auf Grund ihres hohen Beschäftigungsanteils arbeitsintensive Branchen regelmäßig höher bewertet. Diese Tendenz kann durch die gleichzeitige Berücksichtigung des Produktionswertes einer Branche relativiert werden, da somit auch die Wirtschaftskraft der Branche in die Betrachtung einbezogen wird. Diese wird am deutlichsten durch die (Brutto-)Wertschöpfung ausgedrückt. Da dieser Indikator im internationalen Maßstab nicht auf Branchenebene verfügbar war, wurde auf die Hilfsgröße „Umsatz" zurückgegriffen. Hinsichtlich der Aussagefähigkeit dieses Indikators ist zu beachten, dass der Umsatz neben der Wertschöpfung auch die Vorleistungen umfasst, so dass die Höhe der Eigenproduktionen und Bestandsveränderungen nicht konkret ausgewiesen werden. Ein hoher Gewinn- bzw. Vorleistungsanteil verzerrt daher den reinen Produktionswert.
Die Wettbewerbsfähigkeit der Branche wurde als Verhältnis der erstellten Leistung zu der eingesetzten Arbeit als betriebliche „Arbeitsproduktivität" in das Indikatorensystem einbezogen. So genannte „echte" Produktivitätskennzahlen werden durch die mengenmäßige Gegenüberstellung von Aufwand und Ertrag berechnet. Um Vergleiche oder Additionen von Teilproduktivitäten zu ermöglichen, werden die Einsatz- und Ausbringungsmengen bewertet. Hierbei ist zu beachten, dass die Bewertung durch veränderliche Preise die Höhe der eigentlichen Produktivität verzerrt. Bezogen auf die Arbeitsproduktivität stellt das Verhältnis zwischen Produktionswert und Arbeitseinsatz in Stunden oder Personen eine übliche Kennziffer dar. Entsprechend der im internationalen Maßstab verfügbaren statistischen Daten wurde die „Arbeitsproduktivität" als Pro-Kopf-Umsatz ermittelt. Dies ist eine übliche Kennziffer für die Produktivität im internationalen Maßstab, durch die die Effizienz der Kombination der eingesetzten Produktionsfaktoren, die ausgeschöpfte Kapazität und Organisation der Unternehmen der jeweiligen Branche berücksichtigt werden kann. Neben der schon dargestellten Abhängigkeit der „Arbeitsproduktivität" von der „Beschäftigung" und dem „Umsatz" ist außerdem zu beachten, dass durch die „Arbeitsproduktivität" nur eine Teilproduktivität betrachtet wird, deren Aussage durch Gegenüberstellung mit der Kapitalproduktivität oder Betriebsmittelproduktivität konkretisiert werden kann. Auch hierzu waren im internationalen Maßstab keine vergleichbaren Daten verfügbar.
I. R. der Analyse wurde nicht geprüft, welche Unterschiede sich in den Ergebnissen der Branchenstrukturanalyse durch Nutzung eines Einzelindikators statt eines Indikatorensystems ergeben hätten.
Vgl. grundsätzlich zu den Kennziffern LUGER (1991, S. 54-56); TLACH (1992, S. 270); SCHOTT (1991, S. 27, 63); WOLL (HRSG.) (1991, S. 377) und GROLL (1991, S. 84-90).

[631] Auch hier stellen alternative Ansätze zur Erarbeitung der wirtschaftlichen Bedeutung von Branchen im Zeitverlauf die Nutzung von Zuwachsraten sowie detaillierte Input-Output-Rechnungen, die die Vorleistungsverflechtungen zwischen Wirtschaftsbereichen und Branchen berücksichtigen, dar. Die gleichgewichtige Bedeutung der Indikatoren „Beschäftigung", „Umsatz" und „Arbeitspoduktivität" i. R. des Indikatorensystems ist eine grundlegende Annahme der durchgeführten Analyse. Die Bedeutung dieser Einzelfaktoren kann innerhalb des Indikatorensystems durch die Nutzung von begründeten Gewichten variiert werden. Dieses Vorgehen wurde hier nicht verfolgt.

nächst eine *Normierung der Ausgangsdaten* auf einheitsunabhängigen bzw. einheitsgleichen Skalen,[632] um die Einzelindikatoren „Beschäftigung", „Umsatz" und „Arbeitsproduktivität" untereinander und innerhalb eines bestimmten Zeitraumes vergleichbar und bewertbar (im Sinne einer Rangordnung) zu machen. Der sich bei dieser Transformation ergebende Wert wird im Weiteren als *Normierungskoeffizient* bezeichnet und sollte folgende Kriterien erfüllen:

- Normierung der jeweiligen Indikatoren auf einen *einheitlichen, aussagefähigen Wertebereich* (z. B. auf einen Bereich von 0 bis 1 oder 0 bis 100); dadurch
- Gewährleistung der *Vergleichbarkeit der Branchen* sowohl vertikal (d. h. bezogen auf einen Indikator) als auch horizontal (d. h. bezogen auf unterschiedliche Indikatoren);
- exakte *Abbildung der Vorsprünge* einer Branche gegenüber anderen Branche zur Ableitung von *Aussagen über die Bedeutung* der Branche bezogen auf den betrachteten Indikator.

Durch die deskriptive Statistik standen alternative Normierungsverfahren (auch: Verfahren zur Bildung von Rangwerten) zur Verfügung, die darauf zu prüfen waren, inwieweit sie den dargestellten Anforderungen an den Normierungskoeffizienten entsprachen. Dazu zählten das *Auszählen*, die Bildung von *Gliederungszahlen*, die Schätzung von *Anteilswerten* und die Normierung durch *Bezugsgrößen*. Entsprechend der Anforderungen an den Normierungskoeffizienten einerseits sowie infolge des verfügbaren Datenmaterials andererseits waren sowohl das Verfahren des *Auszählens*[633] als auch der *Schätzung von Anteilswerten*[634] für den Analysezweck nicht anwendbar.[635] Die Verfahren der *Bildung von Gliederungszahlen*[636] sowie der *Normierung auf Basis von Bezugsgrößen*[637] waren sowohl bezogen auf die Anforderungen des Normierungskoeffizienten als auch entsprechend des verfügbaren statistischen Materials nutzbar und wurden alternativ für die Normierung genutzt. Zu beachten ist in diesem Zusammenhang, dass die Bildung der Gliederungszahlen (prozentuale Anteile) nur für die Indikatoren „Beschäftigung" und „Umsatz" erfolgen konnte, da für den Indikator „Arbeitsproduktivität" keine sinnvolle Summenbildung möglich ist. Die Normierung auf Basis geeigneter Bezugsgrößen konnte dagegen für alle Indikatoren Anwendung finden. Die Entscheidung für diese Normierungsverfahren beeinflusste daher die methodischen Möglichkeiten zur *Abgrenzung ökonomisch maßgeblicher Branchen*. Bei der Normierung mit Hilfe der Bildung von Gliederungszahlen wurde eine Abgrenzung der ökonomisch maßgeblichen von den unmaßgeblichen Branchen auf Basis der Portfolio-Analyse vorgenommen. Bei der Normierung auf Basis von Bezugsgrößen wurden die Branchenabgrenzungen unter Zuhilfenahme der ABC-Analyse durchgeführt. Das methodische Vorgehen der Normierung und Branchenabgrenzung wird im Folgenden im Überblick vorgestellt und in Abbildung 4-5 zusammengefasst.[638]

---

[632] Vgl. SCHWARZE (1988, S. 36).

[633] Vergabe absoluter Ränge sowohl durch manuelles Auszählen als auch auf Basis von statistischen Computerprogrammen. Vgl. VOGEL (1992, S. 8 f.) sowie BOSCH (1996, S. 81 f.) und DIEHL; STAUFENBIEHL (1997, S. 75-77).

[634] Anteilsschätzungen durch Berechnung kumulierter Anteile aus dem betreffenden Rangplatz r und der Anzahl der Fälle n, Voraussetzung: Normalverteilung der jeweiligen Indikatoren. Vgl. BÜHL; ZÖFEL (1996, S. 179).

[635] Bei Anwendung beider Verfahren würde es durch die ordinale Skalierung der Daten zu einer unzureichenden Abbildung von Vorsprüngen in der wirtschaftlichen Bedeutung der Branchen kommen, da zwischen den Normierungskoeffizienten gleiche Abstände gebildet werden würden. Weiterhin erfüllt das statistische Material nicht die Anforderungen einer Normalverteilung, die bei der Schätzung von Anteilswerten vorliegen muss.

[636] Berechnung prozentualer Anteile, Voraussetzung: sinnvolle Summe der Indikatoren. Vgl. VOGEL (1992, S. 31).

[637] Bezugsgrößen können sowohl Mittelwerte als auch Abweichungen oder Verhältnisgrößen auf Basis von Differenzen bzw. der Spannweite sein. Vgl. dazu BAMBERG; BAUR (1996, S. 21-23) sowie SCHWARZE (1988, S. 95).

[638] Vgl. für eine ausführliche Darstellung KRAMER; BRAUWEILER; LEHMANN (2000, S. 239-243, 246-249).

4.1.2.1.1 Zweidimensionale Betrachtungsweise auf Basis der Portfolio-Analyse

Die Normierung der Einzelkoeffizienten durch Bildung von Gliederungszahlen war aus Gründen der mangelnden Summenbildungsmöglichkeit für die „Arbeitsproduktivität" nur für „Beschäftigung" und „Umsatz" möglich. Die für jedes Betrachtungsjahr gebildeten Normierungskoeffizienten der „Beschäftigung" und des „Umsatzes" jeder Branche wurden durch die Bildung eines arithmetischen Mittelwertes[639] zu einem *Anteilskoeffizienten* zusammengefasst. Dieser stellte den durchschnittlichen Anteil der Branche an der „Beschäftigung" und dem „Umsatz" im jeweiligen Betrachtungsjahr dar. Ihm stand die „Arbeitsproduktivität" der Branche im jeweiligen Jahr als Absolutzahl gegenüber. Die jährlichen Anteilskoeffizienten der Branchen des Betrachtungszeitraumes wurden zu einem arithmetischen Mittelwert dieses Zeitraumes zusammengefasst. Gleichermaßen wurde aus den absoluten Arbeitsproduktivitäten der Jahre über den arithmetischen Mittelwert die durchschnittliche Arbeitsproduktivität des Zeitraumes berechnet.

Da die „Arbeitsproduktivität" eine abhängige Kennziffer darstellt, die die Verknüpfung zwischen „Beschäftigung" und „Umsatz" widerspiegelt, war für die Abgrenzung ökonomisch maßgeblicher von den unmaßgeblichen Branchen eine Gegenüberstellung beider Indikatoren von Interesse. Die ökonomische Bedeutung der Branchen wurde bei dieser zweidimensionalen Betrachtung nach der *Portfolio-Analyse* abgestuft, bei der durch Gegenüberstellung von zwei Basisgrößen und ihre Einteilung in *hoch* und *niedrig* eine Vierfeldermatrix und für jedes Feld Normcharakteristika entwickelt wurden.[640] I. R. der Branchenstrukturanalyse wurden auf der y-Achse der Portfolio-Matrix die durchschnittliche Arbeitsproduktivitäten des Betrachtungszeitraumes, auf der x-Achse durchschnittlichen Anteilskoeffizienten des Betrachtungszeitraumes der Branche abgetragen und durch geeignete Trennwerte vier Portfoliofelder abgegrenzt. Die äußere Begrenzung stellte der jeweils höchste Wert der durchschnittlichen Arbeitsproduktivität bzw. des durchschnittlichen Anteilskoeffizienten dar. Als mittlere Trennlinie zwischen den Feldern wurde der Mittelwert der jeweiligen durchschnittlichen Arbeitsproduktivitäten und Anteilskoeffizienten genutzt (vgl. Abbildung 4-5).

4.1.2.1.2 Anwendung der ABC-Analyse im Rahmen einer eindimensionalen Betrachtung

Bei Anwendung der Normierung durch Bezugsgrößen war im Gegensatz zur Normierung auf Basis von Gliederungszahlen die Berechnung eines Normierungskoeffizienten für jeden Indikator möglich. Als Bezugsgrößen waren grundsätzlich der Mittelwert der Merkmalsausprägungen, ein Abweichungsmaß, die Spannweite sowie Differenzen nutzbar; i. R. dieser Analyse wurden Diffe-

[639] Sowohl für diese als auch für folgende Mittelwertbildungen wurde das arithmetische Mittel verwendet. Vgl. dazu sowie zur Abgrenzung des arithmetischen Mittelwertes von anderen Mittelwerten SCHWARZE (1988, S. 72-86).

[640] Die Portfolio-Analyse dient ursprünglich der Planung und Auswahl von Wertpapieranlagen zur Gewährleistung einer optimalen Vermögensstruktur, bei der Risiken minimiert und Erträge optimiert werden. Vgl. WOLL (HRSG.) (1991, S. 570). Auf Unternehmen bezogen wird die Portfolio-Analyse dazu genutzt, Normstrategien für eine optimale Geschäftsstruktur (z. B. in Abhängigkeit von Marktanteil und Marktwachstum) zu entwickeln. Vgl. WÖHE (1990, S. 144). I. R. dieser Arbeit wurde die Portfolio-Analyse (ebenso wie die ABC-Analyse) mit dem Ziel durchgeführt, ökonomisch maßgebliche Branchen zu identifizieren. Es war nicht Ziel der Untersuchung, Normstrategien für eine Optimierung des Portfolios bzw. der ABC-Gruppen (d. h. der Entwicklung der jeweiligen Branchen) zu erarbeiten.

renzen als Bezugsgrößen gewählt, da durch dieses Vorgehen die eingangs beschriebenen Eigenschaften des Normierungskoeffizienten gewährleistet werden konnten.[641]

Die über Differenzen für das betrachtete Jahr gebildeten Normierungskoeffizienten der „Beschäftigung", des „Umsatzes" und der „Arbeitsproduktivität" jeder Branche wurden durch die Bildung eines arithmetischen Mittelwertes zu einem *Branchennormierungskoeffizienten* zusammengefasst. Dieser stellte die Bedeutung der Branche bezüglich „Beschäftigung", „Umsatz" und „Arbeitsproduktivität" im jeweiligen Betrachtungsjahr dar. Je näher dieser Koeffizient an den Wert 1 heranreichte, um so höher war die Bedeutung der Branche. Die jährlichen Branchennormierungskoeffizienten eines Betrachtungszeitraumes wurden zu einem arithmetischen Mittelwert zusammengefasst, der *Branchenmittelwert* genannt wurde.

Durch das bisherige Vorgehen wurde aus den Normierungskoeffizienten der drei Indikatoren im betrachteten Zeitraum ein eindimensionaler Branchenmittelwert berechnet. Es war zweckmäßig, die ökonomische Bedeutung einer Branche bei eindimensionaler Betrachtungsweise mit Hilfe der *ABC-Analyse*, die ein Verfahren zur Schwerpunktermittlung nach einem Mengen-Wert-Verhältnis darstellt,[642] abzugrenzen. I. R. dieser Analyse wurde für den A-Bereich ein 80 %iger Wert- und ein 20 %iger Mengenanteil, für den B-Bereich ein 15 %iger Wertanteil und ein 30 %iger Mengenanteil sowie für den C-Bereich ein 5 %iger Wertanteil und 50 %iger Mengenanteil angenommen.[643] Der eindimensionale Branchenmittelwert wurde als Wertkennziffer und die Anzahl der jeweiligen Branchen als Mengenkennziffer definiert und die Branchen zunächst anhand ihrer Wertkennziffern, bei der Größten beginnend, sortiert und die sortierten Wertkennziffern kumuliert. Danach wurden die Branchen den Bereichen zugeordnet. Zum A-Bereich zählten alle die Branchen, deren Wertkennziffern sich bis zu dem Wert 0,8 (entspricht 80 %) kumulierten. Diese Branchen wurden als A-Branchen bezeichnet. Diejenigen Branchen, deren Wertkennziffern sich von dem Wert 0,8 bis zu einem Wert von 0,95 kumulierten (entspricht 15 %) wurden als B-Branchen (B-Bereich), alle die Branchen, die sich von dem Wert 0,95 bis zu einem Wert auf 1 kumulierten (die restlichen 5 %) als C-Branchen (C-Bereich) bezeichnet. Die Mengenanteile ergaben sich entsprechend der jeweiligen Anzahl der Branchen in den Bereichen. Die Branchen gruppierten sich dabei auf einer bis zum Wert 1 ansteigenden Linie (vgl. Abbildung 4-5).

Die Ergebnisse der Portfolio-Analyse wurden durch die Ergebnisse der ABC-Analyse evaluiert und zu einer Gesamtaussage zusammengefasst (vgl. dazu Kapitel 4.1.2.2). Das beschriebene methodische Vorgehen der Wirtschafts- und Branchenstrukturanalyse wird in der nachfolgenden Abbildung zusammengefasst.

---

[641] Weder durch Nutzung des Mittelwertes noch durch Nutzung der Standardabweichung als Bezugsgrößen erfüllt der Normierungskoeffizient die an ihn gestellten Kriterien. Bei Nutzung des Mittelwertes würden auch negative Normierungskoeffizienten errechnet werden. Durch Verwendung der Standardabweichung würden Branchen, deren Merkmalsausprägungen vom Mittelwert gleichermaßen nach „oben" bzw. „unten" abweichen, infolge der Quadrierung gleichbewertet werden, so dass der Normierungskoeffizient nicht interpretierbar wäre. Durch Nutzung der Spannweite als Bezugsgröße kann auf Grund der Tatsache, dass dadurch im Nenner ein konstanter Faktor berücksichtigt wird, die wichtige Eigenschaft des Normierungskoeffizienten der Summenbildung auf 1 nicht gewährleistet werden.

[642] Die ABC-Analyse stammt aus der Materialbeschaffung und -bereitstellung und dient der Beschaffungsoptimierung durch Differenzierung des Materialbereitstellungsaufwandes entsprechend des Wertanteils des verbrauchten Materials. Dieses wird nach seinen Mengen- und Wertanteilen in A-, B- oder C-Klassen eingeteilt. Vgl. BRAMSEMANN (1990, S. 177).

[643] In Anlehnung an BRAMSEMANN (1990, S. 321).

Abbildung 4-5: Einordnung und Methodik der Branchenstrukturanalyse

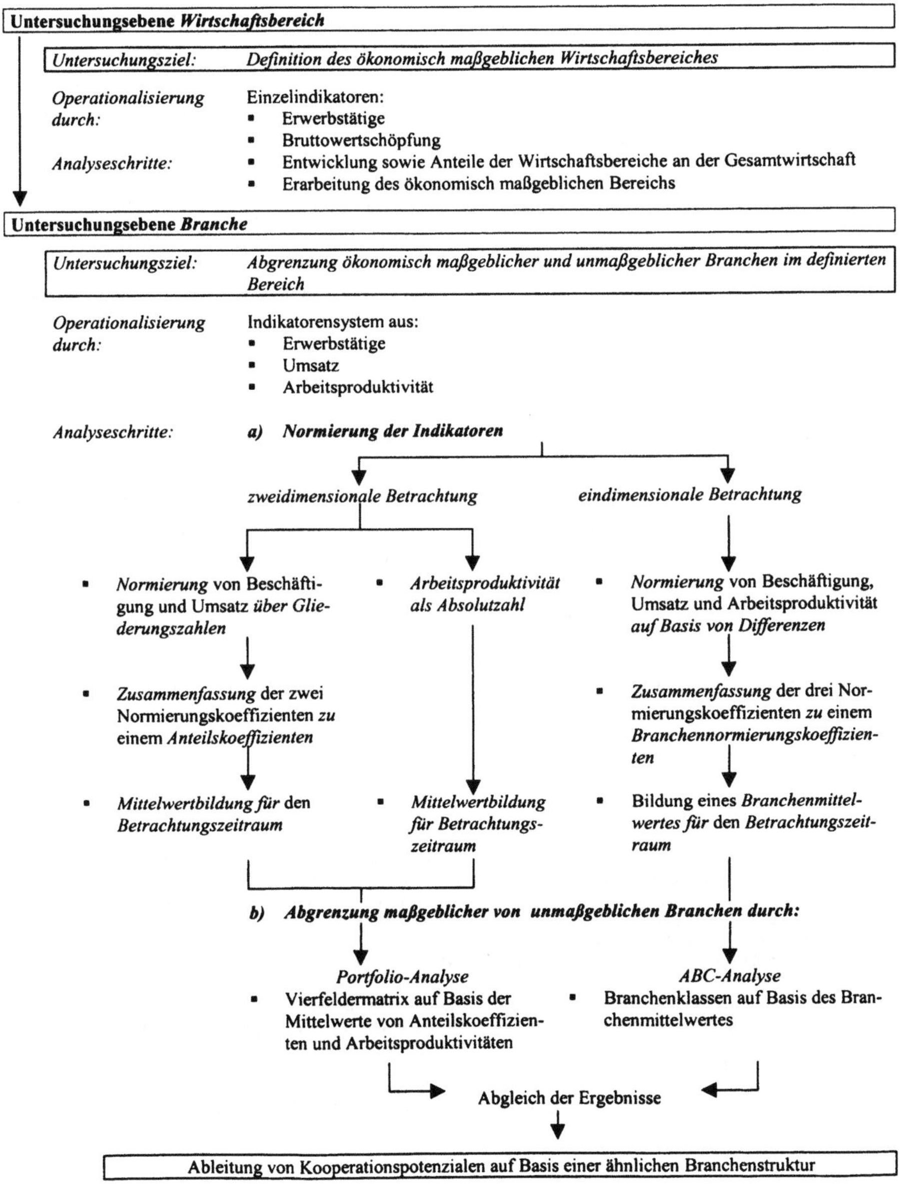

Quelle: In Anlehnung an KRAMER; BRAUWEILER; LEHMANN (2000, S. 256).

Auf Grund des zur „Beschäftigung" und dem „Umsatz" inhomogenen international verfügbaren statistischen Datenmaterials bestand bei der Branchenstrukturanalyse ein Berichtskreis- und Zeitraumproblem. Bei allen drei Benchmarking-Partnern unterschied sich der Berichtskreis der statistischen Ämter, d. h. die Art der berücksichtigten Unternehmen. Weiterhin wurden bei allen Partnern die statistischen Branchenkategorisierungen während des Betrachtungszeitraums 1991-1999 durch die jeweiligen statistischen Ämter zu unterschiedlichen Zeitpunkten der NACE-Klassifikation angepasst. Daraus folgte für:

- Deutschland: Statistische Daten waren für die *Beschäftigten*[644] und den *Umsatz*[645] verfügbar, dabei wurden Unternehmen *ab 20 Beschäftigten* berücksichtigt. Die Daten wurden bis 1994 nach der sog. SYPRO erfasst.[646] Diese Klassifikation unterteilte das Verarbeitende Gewerbe in 39 Branchen. Für die durchzuführende Branchenstrukturanalyse wurden diese Branchen in 15 Branchenklassen subsumiert. Diese entsprechen formal den Branchenklassen der ab 1995 in Kraft getretenen WZ 93,[647] welche sich an der europäischen Klassifikation NACE orientiert, 14 Branchenklassen umfasst und die bisherige Klassifikation nach SYPRO ersetzt.[648] Da aber mit Änderung der Klassifikationen auch Differenzierungen in der Branchenzuordnung erfolgten, waren für Deutschland Teilzeitraumanalysen der Portfolio- und ABC-Analysen für die Jahre 1991-1994 und 1995-1999 und der Abgleich der Ergebnisse erforderlich.
- Polen: Statistische Daten waren für die *Beschäftigten*[649] und die *verkaufte Produktion*[650] vorhanden, wobei Unternehmen *ab 50 Beschäftigten* berücksichtigt wurden. Die Erfassung erfolgte für die Jahre 1992-1999 nach der sog. Europäischen Tätigkeitsklassifikation, die der NACE entspricht und 14 Branchenklassen umfasst. Ausschließlich die Daten des Jahres 1991 wurden nach der polnischen Klassifikation KGN (Klassifikacja Gospodarki Narodowej) erfasst und auf Grund ihrer Nichtvergleichbarkeit nicht berücksichtigt. Für Polen wurde daher die Portfolio- und ABC-Analyse für den Betrachtungszeitraum 1992-1999 durchgeführt.
- Tschechien: Statistische Daten waren für die *Beschäftigten*[651] und den *Umsatz*[652] vorhanden, die im Zeitraum 1991-1999 gemäß NACE-Klassifikation erfasst wurden. Der Berichtskreis

---

[644] umfassen: Tätige Inhaber/-innen, tätige Mitarbeiter/-innen und mithelfende Familienangehörige sowie alle Personen (einschließlich Auszubildender, aber ohne Heimarbeiter/-innen) die in einem arbeitsrechtlichen Verhältnis zum Unternehmen/Betrieb stehen oder von Unternehmen/Betrieben gegen Entgelt zur Arbeitsleistung überlassen wurden. Vgl. STATISTISCHES BUNDESAMT (1995, S. 192).

[645] umfasst: Erlöse aus eigenen Erzeugnissen und industriellen/handwerklichen Dienstleistungen, Erlöse aus dem Verkauf von Handelsware und aus sonstigen nichtindustriellen/nichthandwerklichen Tätigkeiten. Als Umsatz gilt ... der Gesamtbetrag (ohne Umsatzsteuer) der abgerechneten Lieferungen und Leistungen an Dritte, einschl. darin enthaltener Verbrauchsteuern und Fracht, Porto und Verpackung ... Vgl. STATISTISCHES BUNDESAMT (1995, S. 192).

[646] Vgl. zur SYPRO STATISTISCHES BUNDESAMT (HRSG.) (1979).

[647] Vgl. zur WZ 93 STATISTISCHES BUNDESAMT (HRSG.) (1993). Vgl. für die Branchenkategorisierungen nach SYPRO und WZ 93 Anhang 2.

[648] Vgl. für eine Gegenüberstellung der Branchenklassifikationen nach NACE und WZ 93 Anhang 3.

[649] umfassen: Personen, die auf Grund eines Arbeitsvertrages oder infolge von Berufungen, Auswahlen oder Ernennungen beschäftigt sind sowie Personen die in Betrieben in Form von organisierten Arbeitsgruppen arbeiten. Vgl. CENTRAL STATISTICAL OFFICE (1996b, S. 115 f.).

[650] umfasst den Wert der verkauften Fertigerzeugnisse, der Halberzeugnisse und der eigenen Produktion, entgeltlichen Arbeiten und Dienstleistungen (industriell als auch nichtindustriell) sowie das Entgelt von Handelsagenten. Vgl. CENTRAL STATISTICAL OFFICE (1996, S. 385).

[651] Umfassen alle Kategorien von Dauer-, Saison- und vorübergehenden Mitarbeitern, die mit dem Unternehmen im Arbeitsverhältnis stehen. Vgl. CZECH STATISTICAL OFFICE (1997b, S. 370).

[652] Bis 1994 als „Sales" bezeichnet, umfasst: Den Wert der verkauften Waren, Dienstleistungen und Handelswaren die für das In- und Ausland bestimmt sind. Vgl. CZECH STATISTICAL OFFICE (1995, S. 325). Ab 1995 als „Gross output" be-

→

der statistischen Ämter bezog sich bis 1995 auf Unternehmen *ab 25*, seit 1996 auf Unternehmen *ab 100 Beschäftigten*. Aus diesem Grund wurden für Tschechien für die Teilzeiträume 1991-1995 und 1996-1999 die Portfolio- und ABC-Analyse durchgeführt und die Ergebnisse miteinander abgeglichen.

Bei Bewertung der Ergebnisse der Branchenstrukturanalysen ist zu beachten, dass auf Grund der Änderungen der statistischen Erhebungsmethodiken national die Daten der Teilzeiträume Deutschlands und Tschechiens sowie international infolge der unterschiedlichen Berichtskreise die Daten Deutschlands, Polens und Tschechiens nicht miteinander vergleichbar sind, sondern nur Trendaussagen abgeleitet werden können. Dem methodischen Vorgehen folgend werden zunächst die Ergebnisse der Portfolio- und ABC-Analyse vorgestellt und auf dieser Basis eine Gesamtaussage zur internationalen Branchenstruktur abgeleitet.

4.1.2.2 Kooperationspotenziale zwischen den ökonomisch maßgeblichen Branchen des deutschen, polnischen und tschechischen Verarbeitenden Gewerbes

Auf Grund der angesprochenen Nichtvergleichbarkeit der Daten werden aus der nachfolgenden Abbildung 4-6 nicht die *direkten Positionen* der Branchen in dem Portfolio, sondern nur ihre *Zuordnung* in das Portfoliofeld deutlich.[653] Je nach Position in den Feldern wurden die Branchen folgendermaßen differenziert:

- *Feld 1* umfasst *wettbewerbsstarke Branchen*, da diese Branchen durch eine hohe durchschnittliche Arbeitsproduktivität, aber durch einen niedrigen durchschnittlichen Anteil an der Gesamtbeschäftigung und dem Gesamtumsatz gekennzeichnet waren.
- *Feld 2* umfasst *führende Branchen*, da diese Branchen sowohl durch eine hohe Arbeitsproduktivität als auch durch einen hohen durchschnittlichen Anteil an der Gesamtbeschäftigung und dem Gesamtumsatz charakterisiert waren.
- *Feld 3* umfasst *unbedeutende Branchen*, da sowohl der durchschnittliche Anteil an der Gesamtbeschäftigung und dem Gesamtumsatz als auch die durchschnittliche Arbeitsproduktivität sehr gering war.
- *Feld 4* umfasst *arbeits- und umsatzintensive Branchen*, da sie durch einen hohen durchschnittlichen Anteil an der Gesamtbeschäftigung und dem Gesamtumsatz, aber durch eine geringe Arbeitsproduktivität gekennzeichnet waren. Diese Branchen wiesen somit eine Wettbewerbsschwäche auf, da ihr Output/Input-Verhältnis (Produktivität) noch sehr gering war.

---

zeichnet, umfasst den Output aus gewerblichen und nichtgewerblichen Produkten, Gütern und Dienstleistungen, produziert durch inländische Produzenten. Es beinhaltet auch nicht verkauftes Output. Das Output ist gleich mit der Summe der Umsätze eigener Produkte und Dienstleistungen, Umsätze von Gütern, Produkten, Arbeit und Dienstleistungen, die anderen Einrichtungen gegenüber erbracht wurden und Lagerbestandsveränderungen der eigenen Produktion - abzüglich der Kosten gemäß dem Umsatzkostenverfahren. Vgl. CZECH STATISTICAL OFFICE (1997b, S. 371).

[653] Vgl. zu Einzelergebnissen der Portfolio-Analysen Anhang 4. Obwohl - wie aus Anhang 4 deutlich wird - die Portfoliogrenzen im internationalen Vergleich erheblich variierten, wurde auf eine Vereinheitlichung der Portfoliogrenzen zwischen den jeweiligen Betrachtungszeiträumen und -partnern verzichtet, da es nicht Ziel der Analyse war, einen internationalen Vergleich herzustellen, sondern die jeweils maßgeblichen Branchen der Partner zu bestimmen. Die Portfolio-Analyse wurde für jeden Betrachtungszeitraum der Partner durchgeführt, um Differenzen und Unterschiede aufzuzeigen.

Abbildung 4-6: Ergebnisse der Branchenstrukturanalyse auf Basis der Portfolio-Analyse für Deutschland, Polen und Tschechien[654]

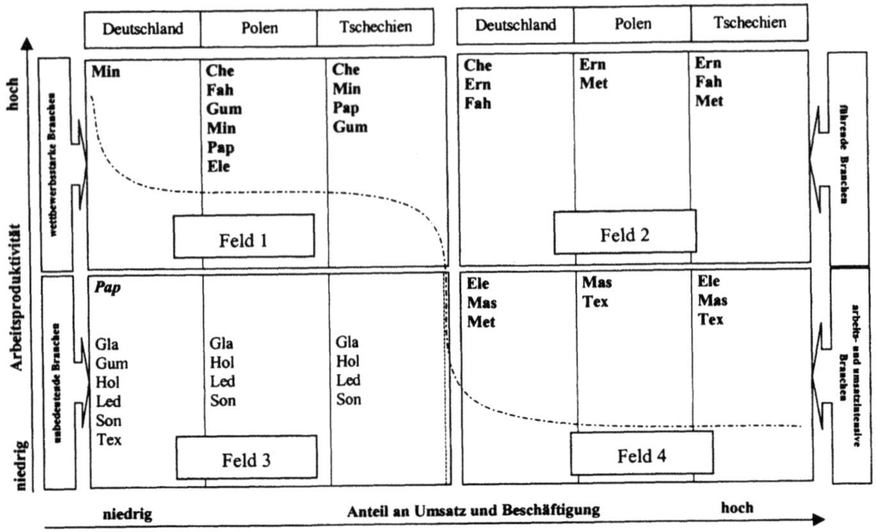

Anmerkung: Die Branchensortierung innerhalb der Felder erfolgte alphabetisch.
Quelle: Eigene Berechnungen nach STATISTISCHES BUNDESAMT WIESBADEN (1993b, S. 214 f.), (1995, S. 202 f.), (1996, S. 202), (1999, S. 195), (2000a, S. 185), (2000b, S. 298); CENTRAL STATISTICAL OFFICE (1996b, S. 22 f., 387), (1998b, S. 124 f., 362), (2000b, S. 132 f., 369); CZECH STATISTICAL OFFICE (1993, S. 227-236), (1995, S. 335 f.), (1996b, S. 371-385), (1997b, S. 374, 383), (1998b, S. 406, 411), (1999, S. 398, 403), (2000b, S. 459, 464) sowie in Anlehnung an KRAMER; BRAUWEILER; LEHMANN (2000, S. 245).

Eine eindeutige Zuordnung der Branchen zu den einzelnen Feldern ist dann möglich, wenn „Beschäftigung", „Umsatz" und „Arbeitsproduktivität" im Betrachtungszeitraum nicht stark schwanken. Andernfalls werden Branchen auf den Feldschnittlinien positioniert. I. R. dieser Analyse betraf dies die deutsche Papierindustrie (stetig geringe Beschäftigungs- und Umsatzanteile, aber schwankende Arbeitsproduktivität). Sie konnten daher noch nicht eindeutig als wettbewerbsstarke oder unbedeutende Branchen klassifiziert werden und wurde an den oberen Rand des Feldes 3 eingeordnet (vgl. Abbildung 4-6).

Entsprechend der Zielstellungen der Branchenstrukturanalyse wurden idealtypisch Branchen aus Feld 2 als *ökonomisch maßgebliche Branchen* bezeichnet. Branchen aus Feld 1 und 4 besaßen aber ebenfalls eine wichtige regionale Bedeutung und wurden i. R. der Portfolio-Analyse auch zu

[654] **Che** Chemische Industrie; **Ele** Herstellung v. Büromaschinen, DV-Geräten u. -einrichtungen, Elektrotechnik, Feinmechanik, Optik; **Ern** Ernährungsgewerbe u. Tabakverarbeitung; **Fah** Fahrzeugbau; **Gla** Glasgewerbe, Keramik, Verarbeitung v. Steinen u. Erden; **Gum** Herstellung v. Gummi- u. Kunststoffwaren; **Hol** Holzbe- u. -verarbeitung; **Led** Ledergewerbe; **Mas** Maschinenbau; **Met** Metallerzeugung u. -bearbeitung, Herstellung v. Metallerzeugnissen; **Min** Kokerei, Mineralölverarbeitung, Herstellung u. Verarbeitung v. Spalt- u. Brutstoffen; **Pap** Papier-, Verlags- u. Druckgewerbe, **Son** Recycling, Herstellung v. Möbeln, Schmuck, Musikinstrumenten, Sportgeräten, Spielwaren **Tex** Textil- u. Bekleidungsgewerbe.

den ökonomisch maßgeblichen Branchen gezählt (fettgedruckte Branchen in der Abbildung 4-6). Insbesondere für diese Branchen war ein Abgleich durch die ABC-Analyse notwendig. Als *ökonomisch unmaßgebliche Branchen* wurden Branchen aus Feld 3 definiert (nicht fett und nicht kursiv markierte Branchen). *Indifferente Branchen* wurden fett und kursiv markiert und befinden sich am oberen Rand von Feld 3. Es wird deutlich, dass die regionalen Branchenstrukturen nicht durch eine einzelne Branche, sondern in Deutschland durch 7 und Polen/Tschechien durch jeweils 10 *maßgebliche Branchen* (fett hervorgehoben) gekennzeichnet waren.

Ähnlich wie bei der Portfolio-Analyse werden auch die Ergebnisse der ABC-Analyse in der nachfolgenden Abbildung 4-7 auf einer bis zum Wert 1 ansteigenden Linie schematisch dargestellt, so dass zwar die *Branchenzuordnungen zu den A-, B- oder C-Bereichen*, nicht aber ihre konkreten Positionen auf der Linie deutlich werden.[655] Je nach Position der Branchen in den Bereichen wurden die Branchen folgendermaßen differenziert:

- *A-Branchen* waren alle die Branchen, deren Branchenmittelwert sich bis zu einem Wertanteil von 0,8 kumulierte. Diese Branchen hatten einen vergleichsweise hohen Anteil an der Beschäftigung, dem Umsatz und der Arbeitsproduktivität. Sie waren als *ökonomisch maßgebliche Branchen* abzugrenzen und sind in der graphischen Darstellung fett gedruckt.
- *B-Branchen* waren alle die Branchen, deren Branchenmittelwerte sich zwischen den kumulierten 0,8 und 0,95 Wertanteil befand. Ihr Anteil an der Beschäftigung, dem Umsatz und der Arbeitsproduktivität war als *indifferent* zu bewerten (fett und kursiv gedruckt).
- *C-Branchen* waren alle die Branchen, deren Branchenmittelwerte sich zwischen 0,95 und 1 Wertanteil kumulierten. Sie waren durch einen sehr geringen Anteil an der Beschäftigung, dem Umsatz und der Arbeitsproduktivität gekennzeichnet und wurden als *unmaßgebliche Branchen* abgegrenzt.

Auch durch die ABC-Analyse wird deutlich, dass die regionalen Branchenstrukturen nicht durch eine einzelne Branche dominiert, sondern in Deutschland und Tschechien durch 6 sowie in Polen durch 8 maßgebliche Branchen (in der Abbildung 4-7 fett hervorgehoben) gekennzeichnet sind.

[655] Vgl. für die Einzelergebnisse der ABC-Analysen Anhang 5.

Abbildung 4-7: Ergebnisse der Branchenstrukturanalyse auf Basis der ABC-Analyse für Deutschland, Polen und Tschechien[656]

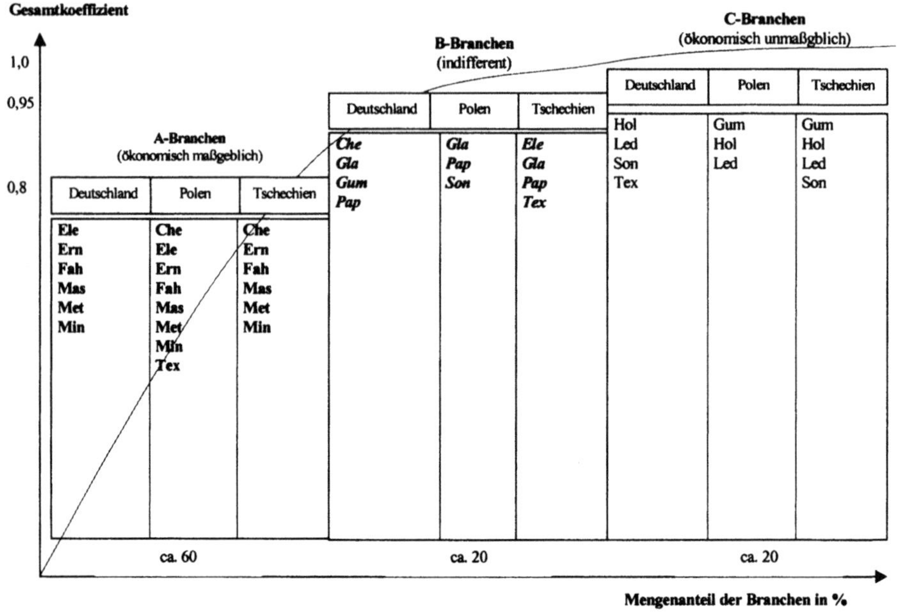

Anmerkung: Die Branchensortierung innerhalb der Felder erfolgte alphabetisch.
Quelle: Eigene Berechnungen nach STATISTISCHES BUNDESAMT WIESBADEN (1993b, S. 214 f.), (1995, S. 202 f.), (1996, S. 202), (1999, S. 195), (2000a, S. 185), (2000b, S. 298); CENTRAL STATISTICAL OFFICE (1996b, S. 22 f., 387), (1998b, S. 124 f., 362), (2000b, S. 132 f., 369); CZECH STATISTICAL OFFICE (1993, S. 227-236), (1995, S. 335 f.), (1996b, S. 371-385), (1997b, S. 374, 383), (1998b, S. 406, 411), (1999, S. 398, 403), (2000b, S. 459, 464) sowie in Anlehnung an KRAMER; BRAUWEILER; LEHMANN (2000, S. 251).

Auf Basis der Ergebnisse der Portfolio-Analyse und ihrer Evaluation durch die Ergebnisse der ABC-Analyse wurde eine zusammenfassende Abgrenzung ökonomisch maßgeblicher von unmaßgeblichen Branchen vorgenommen (vgl. nachfolgende Abbildung 4-8). Einzelne Branchen, die auf Grund ihrer indifferenten Position in der Portfolio- und/oder ABC-Analyse nicht eindeutig zugeordnet werden konnten, wurden zwischen beiden Gruppen an den Feldergrenzen positioniert (fett und kursiv gedruckt). Dazu zählten i. d. R. Branchen, die sich bei der Portfolio-Analyse an

[656] **Che** Chemische Industrie; **Ele** Herstellung v. Büromaschinen, DV-Geräten u. -einrichtungen, Elektrotechnik, Feinmechanik, Optik; **Ern** Ernährungsgewerbe u. Tabakverarbeitung; **Fah** Fahrzeugbau; **Gla** Glasgewerbe, Keramik, Verarbeitung v. Steinen u. Erden; **Gum** Herstellung v. Gummi- u. Kunststoffwaren; **Hol** Holzbe- u. -verarbeitung; **Led** Ledergewerbe; **Mas** Maschinenbau; **Met** Metallerzeugung u. -bearbeitung, Herstellung v. Metallerzeugnissen; **Min** Kokerei, Mineralölverarbeitung, Herstellung u. Verarbeitung v. Spalt- u. Brutstoffen; **Pap** Papier-, Verlags- u. Druckgewerbe, **Son** Recycling, Herstellung v. Möbeln, Schmuck, Musikinstrumenten, Sportgeräten, Spielwaren **Tex** Textil- u. Bekleidungsgewerbe.

den Feldergrenzen bzw. bei der ABC-Analyse im B-Bereich befanden. Für alle Benchmarking-Partner ist ein höherer Anteil ökonomisch maßgeblicher als unmaßgeblicher Branchen erkennbar.

Abbildung 4-8: Ökonomisch maßgebliche und unmaßgebliche Branchen des Verarbeitenden Gewerbes in Deutschland, Polen und Tschechien[657]

	Deutschland	**Polen**	**Tschechien**
maßgebliche Branchen	**Che** **Ern** **Ele** **Fah** **Mas** **Met** **Min**	**Che** **Ele** **Ern** **Fah** **Mas** **Met** **Min** **Tex**	**Che** **Ele** **Ern** **Fah** **Mas** **Met** **Min** **Tex**
indifferente Branchen	***Pap***	***Gum*** ***Pap***	***Pap***
unmaßgebliche Branchen	Gla Gum Hol Led Son Tex	Gla Hol Led Son	Gla Gum Hol Led Son

hoch — Beschäftigung, Umsatz und Arbeitsproduktivität — niedrig

Anmerkung: Die Branchensortierung innerhalb der Felder erfolgte alphabetisch.
Quelle: Eigene Darstellung in Anlehnung an KRAMER; BRAUWEILER; LEHMANN (2000, S. 252).

Die maßgeblichen Branchen Deutschlands, Polens und Tschechiens wiesen große Ähnlichkeiten auf (sieben identische Branchen). In nur einem Fall waren die maßgeblichen Branchen binational zwischen Polen und Tschechien (Textil- und Bekleidungsindustrie) vorhanden (vgl. Tabelle 4-2). Die Gemeinsamkeiten der Branchenstrukturen Deutschlands, Polens und Tschechiens stellen einen guten Ausgangspunkt für ein internationales Wissensmanagement dar. Die Zusammenarbeit kann sich dabei auf typische betriebswirtschaftliche Bereiche (z. B. Rechnungswesen, Controlling, Marketing), aber auch auf die Umsetzung einer offensiven umweltorientierten Unternehmensführung beziehen.[658]

[657] **Che** Chemische Industrie; **Ele** Herstellung v. Büromaschinen, DV-Geräten u. -einrichtungen, Elektrotechnik, Feinmechanik, Optik; **Ern** Ernährungsgewerbe u. Tabakverarbeitung; **Fah** Fahrzeugbau; **Gla** Glasgewerbe, Keramik, Verarbeitung v. Steinen u. Erden; **Gum** Herstellung v. Gummi- u. Kunststoffwaren; **Hol** Holzbe- u. -verarbeitung; **Led** Ledergewerbe; **Mas** Maschinenbau; **Met** Metallerzeugung u. -bearbeitung, Herstellung v. Metallerzeugnissen; **Min** Kokerei, Mineralölverarbeitung, Herstellung u. Verarbeitung v. Spalt- u. Brutstoffen; **Pap** Papier-, Verlags- u. Druckgewerbe, **Son** Recycling, Herstellung v. Möbeln, Schmuck, Musikinstrumenten, Sportgeräten, Spielwaren **Tex** Textil- u. Bekleidungsgewerbe.
[658] Vgl. KRAMER; BRAUWEILER; VANĚČEK; HYRŠLOVÁ; OBRŠALOVÁ (1998, S. 215).

Tabelle 4-2: Ansatzpunkte der regionalen Zusammenarbeit auf Basis ökonomisch maßgeblicher Branchen des Verarbeitenden Gewerbes[659]

Branche	Deutschland	Polen	Tschechien
Che	x	x	x
Ele	x	x	x
Ern	x	x	x
Fah	x	x	x
Mas	x	x	x
Met	x	x	x
Min	x	x	x
Tex		x	x

Quelle: Eigene Darstellung in Anlehnung an KRAMER; BRAUWEILER; LEHMANN (2000, S. 253).

Für die i. R. dieser Arbeit definierten ökonomisch maßgeblichen Branchen wird im Folgenden geprüft, ob mit der Größe (gemessen an Beschäftigung und Umsatz) und Wettbewerbsfähigkeit (gemessen an der Arbeitsproduktivität) einer Branche das umwelttechnische (vgl. Kapitel 4.2) und/oder -managementsystembezogene (vgl. Kapitel 4.3) Wissen steigt, um auf dieser Basis Ansatzpunkte für einen internationalen Wissenstransfer abzuleiten. Ein gezielter Wissenstransfer auf Branchenebene würde sich in den ökonomisch maßgeblichen Branchen auf Grund ihrer hohen Bedeutung für den Arbeitsmarkt bzw. die Produktion insgesamt effektiver auswirken als in Branchen, die nur eine geringe wirtschaftliche Rolle spielen.[660] Ansatzpunkte für einen Wissens- und Umwelttechniktransfer ergeben sich natürlich auch für nicht maßgebliche, aber durch Wissensdefizite gekennzeichnete Branchen. Die gesamtwirtschaftliche Effizienz ist aber auf Grund der geringen Bedeutung dieser Branchen geringer.

4.2 Benchmarking des umwelttechnischen Wissens der ökonomisch maßgeblichen Branchen

In Kapitel 2.5.1.2 wurde definiert, das umwelttechnische Wissen einer Branche anhand ihres prozentualen Anteils der Umweltschutzinvestitionen an den Gesamtinvestitionen zu messen. Über diesen Indikator wird üblicherweise die Umweltintensität der Branchen des Verarbeitenden Gewerbes bestimmt, wobei dieses methodische Vorgehen auch auf die Bewertung der Branchen des Verarbeitenden Gewerbes in Polen und Tschechien anwendbar ist.[661] Danach ist eine Branche:

- sehr umweltintensiv bei einem Anteil der Umweltschutzinvestitionen an den Gesamtinvestitionen von > 10 %;
- umweltintensiv bei einem Anteil zwischen > 5 und < 10 % sowie
- nicht umweltintensiv bei einem Anteil von < 5 %.[662]

---

[659] **Che** Chemische Industrie; **Ele** Herstellung v. Büromaschinen, DV-Geräten u. -einrichtungen, Elektrotechnik, Feinmechanik, Optik; **Ern** Ernährungsgewerbe u. Tabakverarbeitung; **Fah** Fahrzeugbau; **Mas** Maschinenbau; **Met** Metallerzeugung u. -bearbeitung, Herstellung v. Metallerzeugnissen; **Min** Kokerei, Mineralölverarbeitung, Herstellung u. Verarbeitung v. Spalt- u. Brutstoffen; **Tex** Textil- u. Bekleidungsgewerbe.

[660] Siehe beispielhaft für die Branche Mineralölwirtschaft KRAMER; BRAUWEILER; WASIAK; KLONZ (1998, S. 201-214) bzw. für die Lebensmittelbranche KRAMER; BRAUWEILER; GOŹDZIASZEK (1998, S. 187-200).

[661] Vgl. HORBACH (1996, S. 11) oder HAUFF; SOLBACH (1999, S. 72).

[662] Vgl. HORBACH (1996, S. 12).

Zur Bestimmung der durchschnittlichen Umweltintensität einer Branche wird in Anlehnung an das methodische Vorgehen bei der Branchenstrukturanalyse (vgl. Kapitel 4.1.2.1, insbesondere Abbildung 4-5) folgendermaßen vorgegangen: Zunächst wird für jeden Benchmarking-Partner und jedes Betrachtungsjahr der Anteil der Umweltschutzinvestitionen an den Gesamtinvestitionen pro Branche (Anteilskoeffizient) berechnet. Die jährlichen Anteilskoeffizienten der Branchen werden zu einem arithmetischen Mittelwert zusammengefasst, der die durchschnittliche Umweltintensität der Branche im Betrachtungszeitraum darstellt. Danach werden die Branchen entsprechend oben dargestellter Grenzwerte klassifiziert und die Umweltintensitäten der ökonomisch maßgeblichen Branchen diskutiert (vgl. Kapitel 4.2.1).

Abschließend werden die Untersuchungsergebnisse der Benchmarking-Partner zusammengeführt und das Wissen der ökonomisch maßgeblichen Branchen in Abhängigkeit ihrer Umweltintensität bewertet (vgl. Kapitel 4.2.2). Die Aufstellung von Thesen zu Wissensvorsprüngen und -defiziten erfolgt unter Berücksichtigung des Gesetzes des abnehmenden Grenznutzens, wonach mit einer kontinuierlichen Verbesserung ein abnehmender Grenznutzen und steigende Grenzkosten verbunden sind.[663] Dieser Auffassung folgend ist eine niedrige Umweltintensität Ausdruck dafür, dass durch die Akkumulation von ausreichendem Wissen diese Branche ein hohes Umweltschutzniveau erreicht hat und durch jede zusätzliche Einheit Umweltschutzinvestitionen kein überproportionaler Grenznutzen (d. h. Verringerung der Umweltbelastung) mehr erzielt werden kann, da über die Umweltschutzinvestitionen in den Vorjahren die zunehmenden Grenznutzen ausgeschöpft wurden. Dem zu Folge werden für eine nicht umweltintensive ökonomisch maßgebliche Branche eines Benchmarking-Partners Wissensvorsprünge definiert, wenn für diese Branche *über den Betrachtungszeitraum* eine Verringerung der Umweltintensität charakteristisch war oder (bei stetig geringer Umweltintensität im Betrachtungszeitraum) die *selbe Branche bei den anderen Benchmarking-Partnern* als (sehr) *umweltintensiv* eingeschätzt wird (die letztgenannte Bewertung erfolgt unter der Annahmen, dass die Umweltbelastungen einer Branche im internationalen Maßstab vergleichbar sind). Gleichermaßen ist eine hohe Umweltintensität Kennzeichen dafür, dass durch weitere Umweltschutzinvestitionen noch steigende Grenznutzen und somit hohe Umweltentlastungen erzielbar sind. D. h., dass der hohe Anteil Umweltschutzinvestitionen an den Gesamtinvestitionen der (sehr) umweltintensiven Branchen zwar Ausdruck von vorhandenem, aber noch nicht ausreichendem Wissen ist, so dass diesen Branchen infolge eines noch bestehenden Nachholbedarfs Wissensdefizite zugeordnet werden (vgl. Kapitel 4.2.2).

Die Annahmen sind plausibel, da die umweltpolitischen und -rechtlichen Rahmenbedingungen von Unternehmen mit erheblichen Auswirkungen auf die Umwelt bestimmte Umweltschutzinvestitionen erfordern (z. B. BImschG). Es ist aber zu beachten, dass die Höhe der Umweltschutzinvestitionen standort- und unternehmensabhängig sind und daher z. B.:

a) von der finanziellen Situation, aber auch dem Privatisierungsstand (in Polen und Tschechien) beeinflusst werden;

b) durch die Nutzung von speziellen Fördermöglichkeiten verzerrt werden kann;

[663] WILLKE weist darauf hin, dass dieses Gesetz nicht für Wissen an sich gilt, d. h. mit zunehmenden Wissen z. B. einer Person oder Organisation erhöht sich deren Grenznutzen. Vgl. WILLKE (1998, S. 61).

c) sich zwischen Deutschland, Polen und Tschechien auf Grund der unterschiedlich gewachsenen bzw. sich entwickelnden umweltpolitischen und -rechtlichen Rahmenbedingungen (vgl. Kapitel 2.4) unterscheiden oder;

d) Unsicherheiten, z. B. über Gesetzesänderungen, zu einem Aufschieben von Umweltschutzinvestitionen führen können.[664]

Unter Berücksichtigung dieser Einschränkungen wird i. R. dieser Arbeit diesem methodischen Vorgehen gefolgt, wenngleich auch andere Vorgehensweisen möglich sind.[665]

Für die Berechnung der Umweltintensität der Branchen wurde auf sekundärstatistisches Material der jeweiligen nationalen statistischen Jahrbücher zurückgegriffen, welches auch hier sehr inhomogen war. Während für Deutschland Daten für den Zeitraum 1991-1997 vorlagen (Daten vorhergehender Jahre bezogen sich nur auf die Alten Bundesländer und werden daher nicht berücksichtigt), waren für Polen Daten für den Zeitraum 1995-1999; für Tschechien Daten für den Zeitraum 1994-1998 verfügbar. Auf Grund des Wechsels der Erhebungsmethodiken waren für Deutschland - ebenso wie i. R. der ökonomischen Branchenstrukturanalyse - Teilzeitraumbetrachtungen für die Jahre 1991-1994 und 1995-1997 erforderlich. Um Gegenüberstellungen der Ergebnisse zu ermöglichen, wurden die Skalierungen in den Abbildungen zur Umweltintensität der deutschen, polnischen und tschechischen Branchen vereinheitlicht (vgl. Abbildung 4-9 bis Abbildung 4-11). In Anlehnung an die Ausführungen in Kapitel 3.2 ist auch hier zu beachten, dass die Umweltschutzinvestitionen nur Sachinvestitionen umfassen, wobei in Deutschland seit 1996 nur additive Umweltschutzinvestitionen berücksichtigt, während für Polen und Tschechien keine Differenzierungen zwischen additiven und integrierten Umweltschutzinvestitionen vorgenommen werden.[666]

4.2.1 Entwicklung und Stand der Umweltintensitäten deutscher, polnischer und tschechischer Branchen

Aus der nachfolgenden Abbildung 4-9 ist ersichtlich, dass in Deutschland für beide Betrachtungszeiträume nur die Mineralölverarbeitung zu den *sehr umweltintensiven Branchen* zählte (14,1 % im Zeitraum 1995-1997; 20,5 % im Zeitraum 1991-1994). Aus den jährlichen Anteilskoeffizienten in Tabelle 4-3 wird deutlich, dass die Umweltintensität dieser Branche bis 1994 erheblich gestiegen und seit 1996 deutlich gesunken ist (1997: 11,9 %). Zu den *umweltintensiven Branchen* zählten die Chemieindustrie (8,1 % im Zeitraum 1995-1997; 13,2 % im Zeitraum 1991-1994) sowie die Holzbe- und -verarbeitung (5,9 % im Zeitraum 1995-1997; 5,1 % im Zeitraum 1991-1994). Allerdings war für die Chemieindustrie für beide Betrachtungszeiträume eine kontinuierli-

[664] Vgl. hierzu NICODEMUS (1998, S. 157).

[665] D. h. in Anlehnung an die in Kapitel 4.1.2.1 dargestellte Methodik der ökonomischen Branchenstrukturanalyse kann auch eine ökologische Branchenstrukturanalyse durchgeführt werden. Hierzu sind für die Branchen z. B. Kennzahlen zum Verbrauch ausgewählter Inputs (z. B. Wasser-, Energie) oder der Abgabe ausgewählter Outputs (z. B. Emissionen, Abfall, Abwasser) zu erheben und auf wirtschaftliche Kenndaten, wie z. B. die Beschäftigung, den Umsatz oder die Arbeitsproduktivität, zu beziehen. Ähnlich wie bei der ökonomischen Branchenstrukturanalyse könnten über eine Normierung die Branchen in eine Reihenfolge sowie über die Portfolio- oder ABC-Analyse in Abhängigkeit der Umweltintensität klassifiziert werden. Da allerdings auf Branchenebene zum Zeitpunkt der Analyse keine ausreichenden und vergleichbaren Umweltdaten vorhanden waren, wurde auf dieses Vorgehen hier verzichtet, der Ansatz aber für weitere Forschungen benannt.

[666] Vgl. zur Definition der Umweltschutzinvestitionen Kapitel 3.2.

che Verringerung der Umweltintensität zu beobachten. Der relativ hohe Anteil Umweltschutzinvestitionen an den Gesamtinvestitionen der Holzindustrie lässt sich aus zwei Ausreißern erklären (1994: 9,6 %; 1996: 9,4 %), während die Anteile der anderen Jahre deutlich darunter lagen. Alle anderen Branchen gehörten im Betrachtungszeitraum 1995-1997 zu den wenig umweltintensiven Branchen (im Betrachtungszeitraum 1991-1994 zählten die Branchen Metallindustrie mit durchschnittlich 6,0 % sowie das Glas- und Keramikgewerbe mit durchschnittlich 5,2 % zu den umweltintensiven Branchen).

Abbildung 4-9: Durchschnittliche Umweltintensität der Branchen des Verarbeitenden Gewerbes 1991-1994 und 1995-1997 in Deutschland[667]

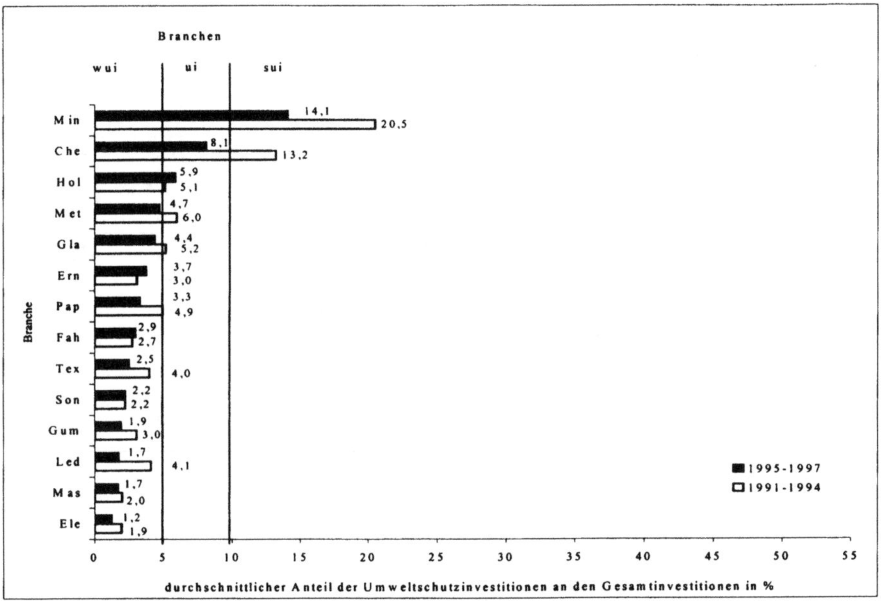

Anmerkung: wui: wenig umweltintensiv, ui: umweltintensiv, sui: sehr umweltintensiv.
Quelle: Eigene Berechnungen nach STATISTISCHES BUNDESAMT (1994, S. 731), (1995, S. 704), (1996, S. 687), (1997, S. 712), (1998, S. 700), (1999, S. 698), (2000a, S. 677).

Zur Bewertung der Umweltintensität *ökonomisch maßgeblicher Branchen* Deutschlands (vgl. Abbildung 4-9 und Tabelle 4-3) wird festgestellt, dass vier dieser (Elektroindustrie, Maschinenbau, Fahrzeugbau, Ernährungsindustrie) zu den wenig umweltintensiven Branchen zählten. Aus-

[667] **Che** Chemische Industrie; **Ele** Herstellung v. Büromaschinen, DV-Geräten u. -einrichtungen, Elektrotechnik, Feinmechanik, Optik; **Ern** Ernährungsgewerbe u. Tabakverarbeitung; **Fah** Fahrzeugbau; **Gla** Glasgewerbe, Keramik, Verarbeitung v. Steinen u. Erden; **Gum** Herstellung v. Gummi- u. Kunststoffwaren; **Hol** Holzbe- u. -verarbeitung; **Led** Ledergewerbe; **Mas** Maschinenbau; **Met** Metallerzeugung u. -bearbeitung, Herstellung v. Metallerzeugnissen; **Min** Kokerei, Mineralölverarbeitung, Herstellung u. Verarbeitung v. Spalt- u. Brutstoffen; **Pap** Papier-, Verlags- u. Druckgewerbe; **Son** Recycling, Herstellung v. Möbeln, Schmuck, Musikinstrumenten, Sportgeräten, Spielwaren **Tex** Textil- u. Bekleidungsgewerbe.

schließlich die Metallindustrie stellte bis 1995 eine umweltintensive und die Chemieindustrie bis 1994 eine sehr, danach eine umweltintensive Branche dar. Die Mineralölindustrie war, wie oben schon gezeigt, eine sehr umweltintensive Branche, allerdings mit stark fallender Tendenz. In Deutschland zählten damit die ökonomisch maßgeblichen *nicht* zu den (sehr) umweltintensiven Branchen, wobei grundsätzlich kaum umweltintensive Branchen vorhanden waren.

Tabelle 4-3: Entwicklung der Umweltintensität der Branchen des Verarbeitenden Gewerbes in Deutschland 1991-1997[668]

Branche	1991	1992	1993	1994	Branche	1995	1996	1997
Anteil der Umweltschutzinvestitionen an den Gesamtinvestitionen in %								
Ele	***1,6***	***1,6***	***2,3***	***2,2***	***Ele***	***1,4***	***1,5***	***0,8***
Mas	***1,7***	***2,4***	***2,1***	***1,7***	***Mas***	***1,9***	***1,8***	***1,4***
Led	5,0	3,7	5,6	2,0	Led	1,4	1,5	2,3
Gum	3,5	3,3	2,4	2,8	Gum	2,1	2,1	1,5
Son	2,3	2,4	2,4	1,7	Son	2,7	1,9	2,0
Tex	3,3	3,2	5,6	3,8	Tex	3,0	2,3	2,1
Fah	***2,9***	***2,6***	***2,6***	***2,8***	***Fah***	***2,8***	***4,3***	***1,7***
Pap	4,8	4,7	6,1	4,2	Pap	3,3	3,8	2,6
Ern	***2,5***	***2,6***	***3,3***	***3,7***	***Ern***	***4,4***	***3,4***	***3,4***
Gla	5,1	5,0	5,0	5,5	Gla	4,4	4,5	4,2
Met	***5,7***	***5,6***	***5,4***	***7,1***	***Met***	***5,6***	***4,6***	***3,9***
Hol	5,2	0,9	4,7	9,6	Hol	5,8	9,4	2,4
Che	***15,5***	***13,8***	***13,0***	***10,7***	***Che***	***9,2***	***8,4***	***6,6***
Min	***12,7***	***12,3***	***22,0***	***35,0***	***Min***	***17,8***	***12,5***	***11,9***
Verarbeitendes Gewerbe	***5,1***	***4,6***	***5,9***	***6,6***	***Verarbeitendes Gewerbe***	***4,7***	***4,4***	***3,4***

Anmerkung: Die ökonomisch maßgeblichen Branchen wurden fett und kursiv markiert.
Quelle: Eigene Berechnungen nach STATISTISCHES BUNDESAMT (1994, S. 731), (1995, S. 704), (1996, S. 687), (1997, S. 712), (1998, S. 700), (1999, S. 698), (2000a, S. 677).

Anhand der statistischen Daten wird zusammenfassend eingeschätzt, dass im Durchschnitt die Umweltintensität der Branchen des deutschen Verarbeitenden Gewerbes im Zeitraum 1991-1994 gestiegen (1994: 6,6 %), während sie im Zeitraum 1995-1997 (1997: 3,3 %) gefallen war. Dies resultiert aus und entspricht den Ergebnissen des Benchmarkings auf der makroökonomischen Ebene. Dort wurde einerseits festgestellt, dass ein Teil der Verringerungen auf Grund der veränderten statistischen Erhebungsmethodiken zu erklären ist. Anderseits wurde gezeigt, dass die Umweltschutzinvestitionen zunächst auf Grund der Wiedervereinigung gestiegen und seit 1995 gesunken sind (vgl. Kapitel 3.2.1). Unter Berücksichtigung dieser Ergebnisse lässt dies auch auf

[668] **Che** Chemische Industrie; **Ele** Herstellung v. Büromaschinen, DV-Geräten u. -einrichtungen, Elektrotechnik, Feinmechanik, Optik; **Ern** Ernährungsgewerbe u. Tabakverarbeitung; **Fah** Fahrzeugbau; **Gla** Glasgewerbe, Keramik, Verarbeitung v. Steinen u. Erden; **Gum** Herstellung v. Gummi- u. Kunststoffwaren; **Hol** Holzbe- u. -verarbeitung; **Led** Ledergewerbe; **Mas** Maschinenbau; **Met** Metallerzeugung u. -bearbeitung, Herstellung v. Metallerzeugnissen; **Min** Kokerei, Mineralölverarbeitung, Herstellung u. Verarbeitung v. Spalt- u. Brutstoffen; **Pap** Papier-, Verlags- u. Druckgewerbe; **Son** Recycling, Herstellung v. Möbeln, Schmuck, Musikinstrumenten, Sportgeräten, Spielwaren **Tex** Textil- u. Bekleidungsgewerbe.

Branchenebene den Schluss zu, dass in Deutschland auf Grund der bis 1994 durchgeführten Umweltschutzinvestitionen in den meisten Branchen das notwendige Umweltschutzniveau bezüglich additiver Umweltschutzmaßnahmen erreicht wurde und seit dem Jahr 1995 nur ergänzende additive bzw. im Schwerpunkt integrierte Investitionen (statistisch nicht erfasst) getätigt wurden.[669]

In Polen zählten im Betrachtungszeitraum 1995-1999 die Branchen Mineralölverarbeitung, Metallindustrie und Chemieindustrie zu den *sehr umweltintensiven Branchen* (vgl. dazu die folgende Abbildung 4-10). Während der Anteil der Umweltschutzinvestitionen an den Gesamtinvestitionen der Mineralölverarbeitung von 1995 zu 1996 zunächst um mehr als das doppelte auf ca. 66 % stieg, ist er bis 1999 auf ca. 56 % gesunken (vgl. Tabelle 4-4). Im internationalen Maßstab war dies der deutlich höchste Anteil einer Branche. Die Umweltschutzinvestitionen der Metallindustrie waren im Zeitraum 1995-1998 bis auf 23 % gestiegen und 1999 auf ca. 12 % gefallen. Die Chemieindustrie war bis 1997 durch eine steigende Umweltintensität charakterisiert, 1998 und 1999 hatte sich diese auf ca. 7 % verringert. Die Glasindustrie zählte in Polen im Zeitraum 1995-1999 mit einem durchschnittlichen Anteil der Umweltschutzinvestitionen an den Gesamtinvestitionen von ca. 7 % zu den *umweltintensiven Branchen*. Die übrigen Branchen sind als *wenig umweltintensiv* zu bezeichnen. Die Umweltintensität des Verarbeitenden Gewerbes war über den Betrachtungszeitraum mit fast 9 % ca. doppelt so hoch wie in Deutschland. Dies lässt sich aber aus dem überdurchschnittlichen Anteil der Mineralölindustrie erklären. Ohne Berücksichtigung dieser Branche sinkt der Wert auf 5,3 %. Er lag damit immer noch über dem Niveau Deutschlands, was darauf hinweist, dass die Branchen des Verarbeitenden Gewerbes in Polen durch einen größeren Bedarf an Umweltschutzinvestitionen als in Deutschland gekennzeichnet waren.[670] Der Schwerpunkt der Investitionen lag in den Jahren 1996 und 1998. Dies entspricht auch den Ergebnissen des Benchmarkings auf der makroökonomischen Ebene, wo hinsichtlich der Umweltschutzinvestitionen bis 1998 ein Wachstum festgestellt wurde (vgl. Kapitel 3.2.1).

[669] Vgl. ähnlich BRAUWEILER; KRAMER (2001, S. 48 f.).
[670] Vgl. ähnlich BRAUWEILER; KRAMER (2001, S. 48 f.).

Abbildung 4-10: Durchschnittliche Umweltintensität der Branchen des Verarbeitenden Gewerbes 1995-1999 in Polen[671]

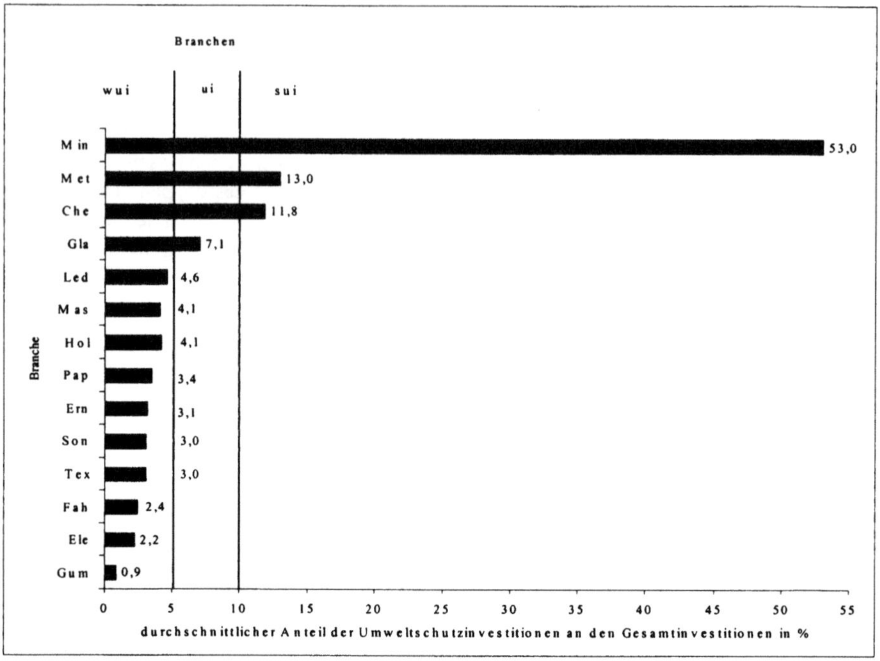

Anmerkung: wui: wenig umweltintensiv, ui: umweltintensiv, sui: sehr umweltintensiv.
Quelle: Eigene Berechnungen nach CENTRAL STATISTICAL OFFICE (1996a, S. 373-375), (1997, S. 413-415), (1998a, S. 449-451), (1998b, S. 485-486), (1999, S. 393-395), (2000a, S. 460-462), (2000b, S. 502-503).

Bezüglich der Bewertung der Umweltintensität *der ökonomisch maßgeblichen Branchen* ist festzustellen, dass fünf Branchen (Maschinenbau, Ernährungsgewerbe, Textilindustrie, Fahrzeugbau und Elektroindustrie) zu den wenig umweltintensiven und drei Branchen (Chemieindustrie, Metallindustrie und Mineralölverarbeitung) zu den sehr umweltintensiven zählten. Somit stellten im Gegensatz zu Deutschland eine größere Anzahl der ökonomisch maßgeblichen Branchen Polens stark umweltintensive Branchen dar (vgl. Abbildung 4-10 und Tabelle 4-4).

[671] **Che** Chemische Industrie; **Ele** Herstellung v. Büromaschinen, DV-Geräten u. -einrichtungen, Elektrotechnik, Feinmechanik, Optik; **Ern** Ernährungsgewerbe u. Tabakverarbeitung; **Fah** Fahrzeugbau; **Gla** Glasgewerbe, Keramik, Verarbeitung v. Steinen u. Erden; **Gum** Herstellung v. Gummi- u. Kunststoffwaren; **Hol** Holzbe- u. -verarbeitung; **Led** Ledergewerbe; **Mas** Maschinenbau; **Met** Metallerzeugung u. -bearbeitung, Herstellung v. Metallerzeugnissen; **Min** Kokerei, Mineralölverarbeitung, Herstellung u. Verarbeitung v. Spalt- u. Brutstoffen; **Pap** Papier-, Verlags- u. Druckgewerbe; **Son** Recycling, Herstellung v. Möbeln, Schmuck, Musikinstrumenten, Sportgeräten, Spielwaren **Tex** Textil- u. Bekleidungsgewerbe.

Tabelle 4-4: Entwicklung der Umweltintensität der Branchen des Verarbeitenden Gewerbes in Polen 1995-1999[672]

Branche	1995	1996	1997	1998	1999
	Anteil der Umweltschutzinvestitionen an den Gesamtinvestitionen in %				
Gum	0,8	0,9	1,3	0,6	0,8
Ele	***1,5***	***3,0***	***1,8***	***3,1***	***1,6***
Fah	***3,9***	***3,7***	***1,7***	***1,8***	***1,0***
Tex	***1,7***	***3,0***	***2,4***	***1,7***	***6,0***
Son	1,8	4,0	2,6	4,9	1,8
Ern	***2,1***	***3,3***	***4,1***	***3,9***	***2,1***
Pap	4,3	3,6	3,0	3,7	2,5
Hol	1,0	10,9	2,2	3,3	3,4
Mas	***7,8***	***4,3***	***2,3***	***2,8***	***3,2***
Led	3,9	5,2	4,2	5,0	4,5
Gla	6,4	4,9	5,7	10,1	8,4
Che	***11,8***	***15,0***	***18,6***	***6,7***	***6,9***
Met	***8,2***	***8,5***	***13,5***	***23,0***	***11,7***
Min	***28,6***	***66,3***	***57,2***	***57,4***	***55,6***
Verarbeitendes Gewerbe	***6,1***	***10,0***	***9,2***	***10,2***	***8,0***

Anmerkung: Die ökonomisch maßgeblichen Branchen wurden fett und kursiv markiert.
Quelle: Eigene Berechnungen nach CENTRAL STATISTICAL OFFICE (1996a, S. 373 - 375), (1997, S. 413-415), (1998a, S. 449-451), (1998b, S. 485-486), (1999, S. 393-395), (2000a, S. 460-462), (2000b, S. 502-503).

Wie aus Abbildung 4-11 ersichtlich ist, stellten auch in Tschechien die Mineralölindustrie mit durchschnittlich ca. 28 % und die Chemieindustrie mit durchschnittlich ca. 25 % *sehr umweltintensive Branchen* dar, weiterhin zählten dazu mit jeweils ca. 10 % die Papier- und Metallindustrie. Tschechien wies daher mit 4 Branchen die höchste Anzahl sehr umweltintensiver Branchen auf. Einschränkend ist hier zu berücksichtigen, dass die jährliche Umweltintensität der beiden letzt genannten Branchen erheblich schwankte (vgl. Tabelle 4-5), so dass eine eindeutige Bewertung dieser Branchen erschwert wird. Zu den *umweltintensiven Branchen* zählten die Lederindustrie, die Sonstigen sowie das Glas- und Keramikgewerbe mit durchschnittlich ca. 8 bzw. 6 %, wobei auch bei diesen Branchen der Durchschnitt durch besonders hohe Umweltintensitäten einzelner Jahre beeinflusst wurde (vgl. Tabelle 4-5). Alle übrigen Branchen zählten zu den wenig umweltintensiven Branchen, ohne besondere Auffälligkeiten i. Vgl. zu Deutschland und Polen. Die Umweltintensität des Verarbeitenden Gewerbes insgesamt war im Betrachtungszeitraum 1994-1998 schwankend, so dass keine einheitliche Tendenz feststellbar ist. Mit durchschnittlich 6,7 % war sie höher als in Deutschland, aber niedriger als in Polen, sofern die polnische Mineral-

[672] **Che** Chemische Industrie; **Ele** Herstellung v. Büromaschinen, DV-Geräten u. -einrichtungen, Elektrotechnik, Feinmechanik, Optik; **Ern** Ernährungsgewerbe u. Tabakverarbeitung; **Fah** Fahrzeugbau; **Gla** Glasgewerbe, Keramik, Verarbeitung v. Steinen u. Erden; **Gum** Herstellung v. Gummi- u. Kunststoffwaren; **Hol** Holzbe- u. -verarbeitung; **Led** Ledergewerbe; **Mas** Maschinenbau; **Met** Metallerzeugung u. -bearbeitung, Herstellung v. Metallerzeugnissen; **Min** Kokerei, Mineralölverarbeitung, Herstellung u. Verarbeitung v. Spalt- u. Brutstoffen; **Pap** Papier-, Verlags- u. Druckgewerbe; **Son** Recycling, Herstellung v. Möbeln, Schmuck, Musikinstrumenten, Sportgeräten, Spielwaren **Tex** Textil- u. Bekleidungsgewerbe.

ölbranche berücksichtigt wird. Dies weist - wie für Polen - auf einen hohen Investitionsbedarf hin, der schon i. R. des makroökonomischen Benchmarkings festgestellt wurde (vgl. Kapitel 3.2.1).[673] Der Schwerpunkt der Investitionen lag in den Jahren 1994, 1996 mit jeweils über 7 %.

Abbildung 4-11: Durchschnittliche Umweltintensität der Branchen des Verarbeitenden Gewerbes 1994-1998 in Tschechien[674]

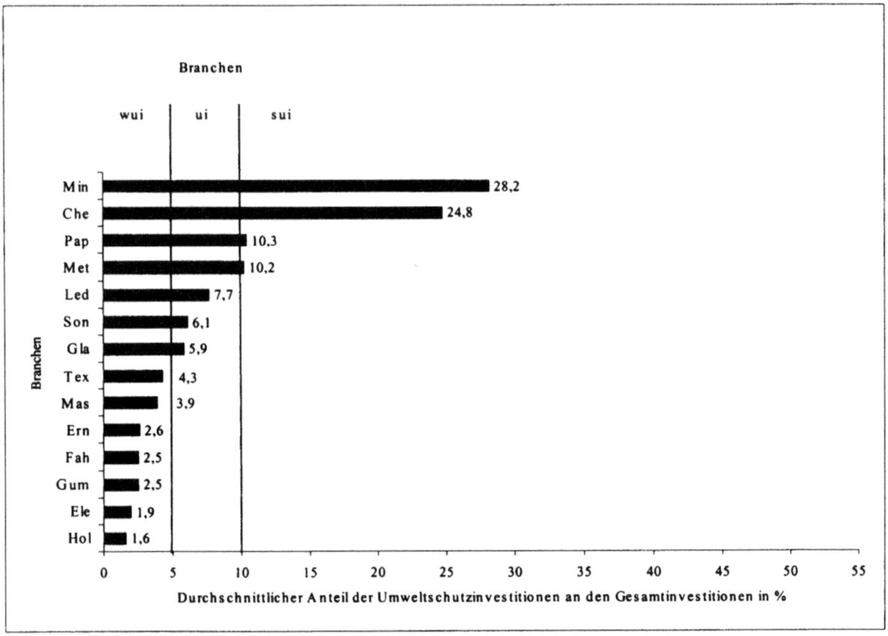

Anmerkung: wui: wenig umweltintensiv, ui: umweltintensiv, sui: sehr umweltintensiv.
Quelle: Eigene Berechnungen nach CZECH STATISTICAL OFFICE (1996a, S. 268-270), (1997a, S. 323 f.), (1998a, S. 49, 345 f.), (1999, S. 343 f.), (2000a, S. 49 f., 372 f.).

Bei der Bewertung der Umweltintensität der *ökonomisch maßgeblichen Branchen* Tschechiens wird deutlich, dass vier dieser Branchen (Textilindustrie, Maschinenbau, Ernährungsgewerbe, Fahrzeugbau) nicht umweltintensive Branchen waren, während - wie in Polen - drei Branchen

---

673 Vgl. ähnlich BRAUWEILER; KRAMER (2001, S. 48 f.).

674 **Che** Chemische Industrie; **Ele** Herstellung v. Büromaschinen, DV-Geräten u. -einrichtungen, Elektrotechnik, Feinmechanik, Optik; **Ern** Ernährungsgewerbe u. Tabakverarbeitung (dabei für die Jahre 1994-1998 keine Angaben zu Umweltschutzinvestitionen der Tabakverarbeitung); **Fah** Fahrzeugbau; **Gla** Glasgewerbe, Keramik, Verarbeitung v. Steinen u. Erden; **Gum** Herstellung v. Gummi- u. Kunststoffwaren; **Hol** Holzbe- u. -verarbeitung; **Led** Ledergewerbe; **Mas** Maschinenbau; **Met** Metallerzeugung u. -bearbeitung, Herstellung v. Metallerzeugnissen; **Min** Kokerei, Mineralölverarbeitung, Herstellung u. Verarbeitung v. Spalt- u. Brutstoffen; **Pap** Papier-, Verlags- u. Druckgewerbe (dabei für die Jahre 1995-1998 keine Angaben für Umweltschutzinvestitionen des Verlags- und Druckgewerbe), **Son** Recycling, Herstellung v. Möbeln, Schmuck, Musikinstrumenten, Sportgeräten, Spielwaren **Tex** Textil- u. Bekleidungsgewerbe.

(Mineralölindustrie, Chemieindustrie und Metallindustrie) zu den sehr umweltintensiven Branchen zählten (vgl. Abbildung 4-11 und Tabelle 4-5).

Tabelle 4-5: Entwicklung der Umweltintensität der Branchen des Verarbeitenden Gewerbes in Tschechien 1994-1998[675]

Branche	1994	1995	1996	1997	1998
	Anteil der Umweltschutzinvestitionen an den Gesamtinvestitionen in %				
Hol	1,6	1,7	1,6	2,0	1,1
Ele	***1,0***	***3,2***	***2,5***	***1,7***	***1,4***
Gum	3,7	2,8	2,6	2,0	1,5
Fah	***5,3***	***2,6***	***1,0***	***1,4***	***2,2***
Ern	***2,9***	***2,5***	***2,3***	***3,4***	***1,6***
Mas	***4,7***	***4,6***	***4,1***	***3,6***	***2,6***
Tex	***5,4***	***3,2***	***4,1***	***6,2***	***2,5***
Gla	10,3	6,6	3,8	3,5	5,2
Son	9,5	4,7	6,2	4,5	5,8
Led	16,1	5,1	4,2	11,7	1,5
Met	***3,8***	***9,0***	***22,8***	***5,9***	***9,6***
Pap	8,7	7,9	15,2	7,9	12,1
Che	***20,1***	***12,9***	***26,5***	***34,8***	***29,6***
Min	***50,3***	***16,5***	***23,9***	***k. A.***	***22,0***
Verarbeitendes Gewerbe	***7,9***	***5,9***	***7,3***	***5,9***	***6,5***

Anmerkung: Die ökonomisch maßgeblichen Branchen wurden fett und kursiv markiert.
Quelle: Eigene Berechnungen nach CZECH STATISTICAL OFFICE (1996a, S. 268-270), (1997a, S. 323 f.), (1998a, S. 49, 345 f.), (1999, S. 343 f.), (2000a, S. 49 f., 372 f.).

Zusammenfassend werden auf Basis des Benchmarkings der Umweltintensitäten der Branchen des Verarbeitenden Gewerbes zwei Feststellungen getroffen: Für die Benchmarking-Partner Polen und Tschechien waren i. Vgl. zu Deutschland einerseits die *durchschnittlich höhere Umweltintensität* der Branchen auffällig. Sie bestätigt den auf der makroökonomischen Ebene aus den Umweltzustandindikatoren (vgl. Kapitel 3.1.4) und den ex post Leistungsindikatoren Umweltschutz (vgl. Kapitel 3.2.1) abgeleiteten hohen Investitionsbedarf. Entsprechend der Ergebnisse zu den ex ante Leistungsindikatoren Umweltschutz (vgl. Kapitel 3.2.2) wird auch in der Zukunft die Umweltintensität der Branchen Polens und Tschechiens höher sein als in Deutschland.[676] In diesem Zusammenhang ist zu beachten, dass statistisch keine Differenzierungen zwischen additiven und integrierten Umweltschutzinvestitionen vorgenommen wurden. I. R. des GEMS Polen wurde al-

[675] **Che** Chemische Industrie; **Ele** Herstellung v. Büromaschinen, DV-Geräten u. -einrichtungen, Elektrotechnik, Feinmechanik, Optik; **Ern** Ernährungsgewerbe u. Tabakverarbeitung; **Fah** Fahrzeugbau; **Gla** Glasgewerbe, Keramik, Verarbeitung v. Steinen u. Erden; **Gum** Herstellung v. Gummi- u. Kunststoffwaren; **Hol** Holzbe- u. -verarbeitung; **Led** Ledergewerbe; **Mas** Maschinenbau; **Met** Metallerzeugung u. -bearbeitung, Herstellung v. Metallerzeugnissen; **Min** Kokerei, Mineralölverarbeitung, Herstellung u. Verarbeitung v. Spalt- u. Brutstoffen; **Pap** Papier-, Verlags- u. Druckgewerbe; **Son** Recycling, Herstellung v. Möbeln, Schmuck, Musikinstrumenten, Sportgeräten, Spielwaren **Tex** Textil- u. Bekleidungsgewerbe.
[676] In Anlehnung an BRAUWEILER; KRAMER (2001, S. 48).

lerdings festgestellt, dass die Umweltverbesserungen vorwiegend über additive Umweltschutzinvestitionen erzielt wurden und diese für polnische Unternehmen den Schwerpunkt der Aktivitäten i. R. einer umweltorientierten Unternehmensführung darstellten.[677] In Bezug auf die hier berechnete Umweltintensität bedeutet dies, dass v. a. der additive Investitionsbedarf erheblich war.

Andererseits waren für die jährlichen Umweltintensitäten der polnischen und tschechischen Branchen keine einheitliche, sondern ***abwechselnd eine steigende oder sinkende Tendenz*** mit z. T. erheblichen Schwankungen charakteristisch. Dies impliziert eine unkontinuierliche Umsetzung der Umweltschutzanforderungen durch die Unternehmen. Mögliche Einflussfaktoren darauf sind:

- Die umweltpolitischen und -rechtlichen Anforderungen an die Unternehmen zur Umsetzung des Umwelt-aquis-communautaire steigen nicht kontinuierliche (siehe Kapitel 2.4.2 für den Umsetzungsstand des acquis und diesbezügliche Defizite).
- Die Unternehmen setzen die umweltpolitischen und -rechtlichen Anforderungen nicht kontinuierlich offensiv um, sondern in Abhängigkeit finanzieller Möglichkeiten der Eigenfinanzierung bzw. über Förderprogramme, staatlicher Kontrollen oder wirtschaftlicher Notwendigkeiten (z. B. auf Grund des nationalen oder internationalen Wettbewerbs).

Hier besteht ein weiterführender Forschungsbedarf zur Quantifizierung und Evaluierung dieser Zusammenhänge.[678]

4.2.2 Definition von Wissensvorsprüngen bzw. -defiziten in Abhängigkeit der branchenbezogenen Umweltintensität

In der nachfolgenden Abbildung 4-12 werden für die Branchen ihre Kategorisierungen nach der Branchenstrukturanalyse (vgl. Kapitel 4.1.2.2) sowie die Umweltintensitäten zusammengefasst.

---

677 Vgl. PISKORSKI (2002, S. 241).

678 Hier wären tiefergehende Untersuchungen interessant, die z. B. neben den o. g. Ursachen auch den Einfluss volkswirtschaftlicher Rahmenbedingungen (z. B. die Entwicklung der terms of trade in Abhängigkeit des Zinsniveaus und Wechselkursverhältnisses) berücksichtigen.

Abbildung 4-12: Umweltintensitäten der Branchen des Verarbeitenden Gewerbes Deutschlands (D), Polens (PL) und Tschechiens (CZ) im Vergleich

	Bewertung der Branche					
	Ökonomisch			**Umweltintensität**		
	maßgeblich	***indifferent***	***unmaßgeblich***	***sehr umwelt-intensiv***	***umwelt-intensiv***	***nicht umwelt-intensiv***
Che	***D PL CZ***			***PL CZ***	***D***	
Ele	***D PL CZ***					***D PL CZ***
Ern	***D PL CZ***					***D PL CZ***
Fah	***D PL CZ***					***D PL CZ***
Gla			D PL CZ		PL CZ	D
Gum		PL	D CZ			D PL CZ
Hol			D PL CZ		D	PL CZ
Led			D PL CZ		CZ	D PL
Mas	***D PL CZ***					***D PL CZ***
Met	***D PL CZ***			***PL CZ***		***D***
Min	***D PL CZ***			***D PL CZ***		
Pap		D PL CZ		CZ		D PL
Son			D PL CZ		CZ	D PL
Tex	***PL CZ***		*D*			***PL CZ***

Anmerkung: Die ökonomisch maßgeblichen Branchen wurden fett und kursiv markiert.
Quelle: Eigene Darstellung.

Zunächst wird der Zusammenhang zwischen ökonomischer Maßgeblichkeit und Umweltintensität bewertet und auf dieser Basis Thesen zu Vorsprüngen und Defiziten des umwelttechnischen Wissens der Branchen abgeleitet. Es werden folgende Schlussfolgerungen gezogen:

1. Fünf ökonomisch maßgebliche Branchen, d. h., die Mehrzahl, zählten nicht zu den umweltintensiven Branchen (Elektroindustrie, Ernährungsgewerbe, Fahrzeugbau, Maschinenbau, Textilindustrie).[679] Diese Branchen waren im Betrachtungszeitraum kontinuierlich durch eine geringe Umweltintensität gekennzeichnet, d. h. - entsprechend dem hier definierten methodischen Vorgehen - dass für diese Branchen keine Aussagen zu Vorsprüngen bzw. Defiziten des umwelttechnischen Wissens zu treffen sind. Auf Grund der vorliegenden statistischen Daten ist nicht nachprüfbar, ob diese Branchen ihr wirtschaftliches Potenzial nutzten, um integrierten Umweltschutz zu betreiben. Auch hierzu besteht weitergehender Forschungsbedarf.
2. Jeweils die gleichen drei ökonomisch maßgeblichen Branchen zählten in Polen und Tschechien zu den *sehr umweltintensiven* Branchen (Chemie-, Metall- und Mineralölindustrie).[680] Die erstgenannte stellte in Deutschland eine *umweltintensive* Branche dar. D. h., dass in Polen und Tschechien eine höhere Anzahl ökonomisch maßgeblicher Branchen eine höhere Umweltintensität besaßen. Dies zeigt:

a) Dass diese Branchen ihre wirtschaftlichen Potenziale nutzen, um Umweltschutzziele zu verfolgen. In diesem Zusammenhang ist es für weitergehende Forschungen interessant zu prüfen, ob die Umweltschutzinvestitionen eigen- oder über Förderprogramme fremdfinanziert wurden. D. h., werden die Beschäftigungs-, Umsatz- und Produktivitätsvorteile durch diese Branchen genutzt, um Umweltschutzinvestitionen zu fördern oder wird die Verringerung der Umweltbelastungen über Zuschüsse realisiert. Dies ist auch auf Grund der Tatsache interessant, dass die Glas- und Keramikindustrie (Polen, Tschechien), die Holzindustrie (Deutschland), die Leder-, Papier- und sonstige Industrie (Tschechien) zu den (sehr) umweltintensiven Branchen zählten, obwohl sie keine ökonomische Maßgeblichkeit besaßen. In diesem Zusammenhang wäre z. B. auch zu prüfen, ob eine Verlagerung umweltintensiver Tätigkeiten, z. B. von Deutschland nach Polen und Tschechien, stattgefunden hat.

b) Dass diese Branchen trotz des ökonomischen Potenzials die Umweltbelastungen noch nicht ausreichend verringerten, da immer noch erhebliche Umweltschutzinvestitionen erforderlich waren. Der Schluss, dass diese Branchen entsprechend ihrer Maßgeblichkeit zum Zwecke des Wachstums investierten, ist unter der Annahme, dass im Zuge von Erweiterungsinvestitionen statistisch schwer erfassbare integrierte Technologien eingesetzt werden, zumindest für die deutschen Branchen nicht plausibel.

Entsprechend der Ergebnisse des Benchmarkings der branchenbezogenen Umweltintensität werden für die ökonomisch maßgeblichen Branchen folgende Thesen zu Wissensvorsprüngen und -defiziten aufgestellt.

---

[679] Die Textilindustrie besaß nur in Polen und Tschechien ökonomische Maßgeblichkeit.

[680] Vgl. dazu auch für Tschechien HYBŠOVÁ (2002, S. 279) und für Polen PISKORSKI (2002, S. 240).

Thesen zu Wissensvorsprüngen bzw. -defiziten

Umwelttechnisches Wissen ökonomisch maßgeblicher Branchen

1. Für die *Elektroindustrie, das Ernährungsgewerbe, den Fahrzeugbau und Maschinenbau* Deutschlands, Polens und Tschechiens sowie *die Textilindustrie* Polens und Tschechiens werden keine Aussagen zu Vorsprüngen bzw. Defiziten im umwelttechnischen Wissen getroffen. Zwar erfüllen die Branchen das Kriterium der Nichtumweltintensität, die Ansammlung von Wissen war i. R. der Analyse infolge der im Betrachtungszeitraum stetig geringen Anteilskoeffizienten nicht nachweisbar.
2. Für die *deutsche, polnische und tschechische Chemieindustrie* werden entsprechend ihrer Umweltintensität Wissensdefizite definiert. Diese liegen auf Grund der Unterschiede in den Anteilskoeffizienten nicht paritätisch, sondern in folgender Reihenfolge vor:

a) Die größten Wissensdefizite besitzt die *tschechische Chemieindustrie*, da ihre Umweltintensität im Betrachtungszeitraum gestiegen ist und sie i. Vgl. zu den anderen Benchmarking-Partnern den höchsten durchschnittlichen Anteilskoeffizienten aufwies.

b) Es folgt die *polnische Chemieindustrie*, deren Umweltintensität im Betrachtungszeitraum zwar gesunken ist, sie aber immer noch zu den sehr umweltintensiven Branchen zählt.

c) Die geringsten Defizite besaß die *deutsche Chemieindustrie*, da sie sich im Betrachtungszeitraum von einer sehr umweltintensiven zu einer umweltintensiven Branche entwickelte.

3. Der *deutschen Metallindustrie* werden Wissensvorsprünge zugeordnet, da sie sich im Betrachtungszeitraum von einer umweltintensiven zu einer nichtumweltintensiven Branche entwickelte. Entsprechend ihrer hohen Umweltintensität besitzt die *polnische* und *tschechische Metallindustrie* Wissensdefizite.
4. Der *Mineralölindustrie* werden Wissensdefizite - in Abhängigkeit der Höhe der durchschnittlichen Umweltintensität - in der Reihenfolge Polen, Tschechien, Deutschland zugeordnet.

Über den Benchmark Umweltintensität wurde das umwelttechnische Wissen der ökonomisch maßgeblichen Branchen analysiert und Wissensvorsprünge bzw. -defizite auf Branchenebene konkretisiert. Im Weiteren wird untersucht, ob dadurch die Ergebnisse des makroökonomischen Benchmarkings der Leistungsindikatoren Umweltschutz (vgl. Kapitel 3.2.3) bestätigt, ergänzt oder differenziert werden können. I. R. des makroökonomischen Benchmarkings wurden bezüglich der Leistungsindikatoren Umweltschutz Deutschland Wissensvorsprünge, Polen und Tschechien Wissensdefizite zugeordnet. Das mesoökonomische Benchmarking der Umweltintensität zeigte, dass diese Bewertung *nicht auf alle ökonomisch maßgeblichen Branchen* Deutschlands *übertragbar* ist, da nur der Metallindustrie ein Wissensvorsprung, der Chemieindustrie dagegen ein Wissensdefizit zugeordnet wurde und für alle anderen maßgeblichen Branchen keine Feststellungen getroffen werden konnten. Dadurch, dass für keine der polnischen und tschechischen Branchen ein Wissensvorsprung definiert wurde, folgen die Ergebnisse des mesoökonomischen Benchmarkings zwar denen auf der Makroebene. Allerdings nicht für alle Branchen, da auch hier für die restlichen maßgeblichen Branchen keine Feststellungen getroffen wurden.

Die nun folgende Diskussion der Marktrelevanz der Wissensvorsprünge und -defizite der ökonomisch maßgeblichen Branchen wird daher unter Berücksichtigung und Ergänzung der auf der makroökonomischen Ebene erarbeiteten Potenzialfaktoren (vgl. dazu ebenfalls Kapitel 3.2.3) durchgeführt und den diskutierten Kriterien die lfd. Nr. aus Abbildung 2-2 zugeordnet.

Der hohe Anteil Umweltschutzinvestitionen an den Gesamtinvestitionen der *Chemie- und Mineralölindustrie* ist Ausdruck der Betroffenheit dieser Branchen von Forderungen verschiedener Anspruchsgruppen (vgl. dazu Kapitel 2.4). Diese Wissensdefizite besitzen Nachfragepotenzial, wenn die Anforderungen konstant bleiben bzw. steigen. Dazu zählen z. B. umweltpolitische und -rechtliche Rahmenbedingungen (N 1), die in Deutschland ein hohes Niveau erreicht haben, in Polen und Tschechien im Zuge der Vorbereitungen zum EU-Beitritt an den Umwelt-aquis weiter angepasst werden. Eine weitere wichtige Rolle spielt die gerade für diese Branchen hohe Verbrauchersensibilisierung (N 1).[681] Denn insbesondere für die polnische und tschechische Chemie- und Mineralölindustrie ist mit einer steigenden Nachfrage (z. B. infolge der zunehmenden Motorisierung nach Kunst- und Treibstoffen) zu rechnen. Bei der Ausschöpfung der Wachstumspotenziale bestehen Chancen umweltorientierte Anforderungen zu berücksichtigen (N 1).

Unter der Voraussetzung, dass keine Verlagerung umweltintensiver Produktionen von Deutschland nach Polen und Tschechien stattgefunden hat, besitzen die Wissensdefizite der *polnischen und tschechischen Metallindustrie* z. B. dann Nachfragepotenziale, wenn über einen horizontalen Investitionsdruck (N 1) von Kooperationspartnern, z. B. der nichtumweltintensiven deutschen Metallindustrie, ein vergleichbares Umweltschutzniveau gefordert wird. Dies ist z. B. für die tschechische Metallindustrie plausibel, die auf Grund ihrer Spezialisierung durch enge wirtschaftliche Verflechtungen mit Westeuropa gekennzeichnet ist.[682] Die Wissensvorsprünge der *deutschen Metallindustrie* besitzen in diesem Fall Angebotspotenziale, da branchenspezifisches Wissen zur Verringerung der Umweltintensität erworben wurde (A 6, A 5).

Die aus der Untersuchung der Marktrelevanz abzuleitenden Ansatzpunkte für eine branchenbezogene Wissensentwicklung werden abschließend in Kapitel 4.4 dargestellt. Zuvor wird in Kapitel 4.3 auf das Branchenwissen zu Umweltmanagementsystemen eingegangen.

4.3 Benchmarking des Wissens ökonomisch maßgeblicher Branchen zu Umweltmanagementsystemen

In Kapitel 2.4.1.2 wurde festgelegt, das umweltmanagementsystembezogene Wissen einer Branche anhand ihres prozentualen Anteils zertifizierter/validierter Umweltmanagementsysteme an der Gesamtzahl der Unternehmen zu messen. Dieser Indikator wird im Weiteren als *Zertifizierungs-/Validierungsintensität* bezeichnet, für dessen Berechnungen folgende Annahmen für Nenner und Zähler getroffen wurden: Im *Nenner* stellt die Summe der Unternehmen einer Branche die Grundgesamtheit zertifizierbarer/validierbarer Unternehmen dar.[683] Für die Angaben im *Zäh-*

[681] Vgl. KRAMER; BRAUWEILER; VANĚČEK; HYRŠLOVÁ; OBRŠALOVÁ (1998, S. 215).
[682] Vgl. EU-KOMISSION (1997b, S. 85).
[683] Das Vorgehen erfolgt in Anlehnung an WÄTZOLD; BÜLTMANN; EAMES; LULOFS; SCHUCHT (2001, S. 40). In Kapitel 3.3.1.2 wurde dargestellt, dass sich die Summe der Unternehmen einer Branche von der möglichen Anzahl der Zertifikate/Validierungen der Branche unterscheidet, da das Unternehmen den Prüfumfang für die Zertifizierung selbständig festlegen kann, d. h. es können einzelne Produktions- und Betriebseinheiten, aber auch zusammengefasste Standorte mit

→

ler war zu beachten, dass die Anzahl zertifizierter/validierter Unternehmen einer Branche zum Stand 2000 kumuliert aus den Vorjahren ausgewiesen wird. Somit war die Bildung jährlicher Anteilskoeffizienten nicht sinnvoll, sondern es erforderlich, eine Kenngröße zu bilden, die im Zähler die kumulierte Anzahl Zertifikate/Validierungen der Branche und im Nenner die durchschnittliche Anzahl der Unternehmen des Zeitraumes enthält, in dem diese erlangt wurden.[684]

Den Ergebnissen des Benchmarkings auf der makroökonomischen Ebene zum expliziten Wissen und den Leistungsindikatoren zu Umweltmanagementsystemen folgend, werden die Untersuchungen der Wissensstrukturen zu Umweltmanagementsysteme auf Branchenebene für die:

- ISO 14001 auf Deutschland, Polen und Tschechien (entsprechend Kapitel 3.3.1.3);
- EMAS-VO auf Deutschland (Tschechien wird auf Grund der geringen Fallzahl von 10 Validierungen nicht berücksichtigt - vgl. Kapitel 3.3.2.3) und
- CPC auf Polen (vgl. Kapitel 3.3.3.3)

konzentriert. Wenngleich zwar dadurch für die EMAS-VO und das CPC nur nationale Betrachtungsweisen möglich waren, wurde auf sie nicht verzichtet, sondern die Untersuchung unter dem Blickwinkel der Bestimmung ergänzender Wissensvorsprünge oder -defizite durchgeführt. Wie i. R. des makroökonomischen Benchmarkings wird auch auf der mesoökonomischen Ebene das Wissen bezogen auf den *quantitativen Einführungsgrad* bewertet. Dadurch wird der Umfang des impliziten Wissens *für die jeweiligen Branchen konkretisiert.* Es wird aber auch hier darauf hingewiesen, dass die Bewertung der Wissensvorsprünge und -defizite, welche bezüglich der *Umsetzung* der Normanforderungen erworben wurden, erst in Kapitel 5 über das Benchmarking des explizierten impliziten Wissens erfolgt.

Die Definition von Wissensvorsprüngen und -defiziten wird in Abhängigkeit der Zertifizierungs-/ Validierungsintensität vorgenommen. Anders als bei der Bewertung der Umweltintensität ist für die Abgrenzung der Zertifizierungs-/ Validierungsintensität kein international gültiger Trennwert bekannt. Es wird daher aus den Zertifizierungs-/Validierungsintensitäten der Branchen für jeden Benchmarking-Partner über das arithmetische Mittel die durchschnittliche Branchenzertifizierungs-/-validierungsintensität berechnet und die Intensitäten der einzelnen Branchen an diesem Wert gemessen. Branchen die über diesem Grenzwert liegen werden als *sehr zertifizierungs-/ validierungsintensiv*, Branchen die unter dem Grenzwert liegen als *nicht zertifizierungs-/validierungsintensiv* definiert. Wissensvorsprünge weisen sehr zertifizierungs-/validierungsintensive ökonomisch maßgebliche Branchen auf, da sie über die Zertifizierung/Validierung entsprechen-

vergleichbaren Tätigkeiten zertifiziert werden. Deshalb gehen BMU; UBA davon aus, dass zwischen den zertifizierten Organisationen, ausgegebenen Zertifikaten und den zertifizierten Standorten ein Zusammenhang von 1:1,5:1,5 besteht. D. h., die Ende des Jahres 2000 in Deutschland 1.500 ISO-14001-zertifizierten Organisationen hielten 2.300 ISO Zertifikate und entsprachen 3.450 zertifizierten Standorten. Vgl. BMU; UBA (HRSG.) (2002, S. 23 f.). Da es sich hierbei nur um einen „vermuteten" Zusammenhang handelt, wird diesem Vorgehen i. R. dieser Arbeit nicht gefolgt.

[684] Da statistische Daten zur Gesamtzahl der Unternehmen einer Branche nur bis zum Jahr 1999 vorlagen, war es notwendig, die Gesamtzahl der Unternehmen einer Branche für das Jahr 2000 zu generieren. Unter der Annahme, dass relativ stabile wirtschaftliche Branchenstrukturen bestehen und keine überdurchschnittlichen Wachstumsprozesse stattfinden, wurde auf Basis der bekannten Anzahl der Unternehmen pro Branche über eine lineare Regression die Anzahl der Unternehmen für das Jahr 2000 bestimmt und die durchschnittliche Anzahl der Unternehmen im Betrachtungszeitraum über den arithmetischen Mittelwert berechnet. Hier ist zu beachten, dass sich die Grundgesamtheit Unternehmen einer Branche infolge unterschiedlicher statistischer Erhebungsmethoden unterscheidet, da in Deutschland Unternehmen ab 20 und in Tschechien Unternehmen ab 100 Beschäftigten berücksichtigt, während in Polen alle Unternehmen (so auch Einzelunternehmen) erfasst werden.

des Erfahrungswissen nachweisen. Wissensdefizite werden im Umkehrschluss nicht zertifizierungs-/validierungsintensiven ökonomisch maßgeblichen Branchen zugeordnet. Für die Definition der Wissensvorsprünge und -defizite zur ISO 14001 werden die einzelnen Zertifizierungsintensitäten der deutschen, polnischen und tschechischen Branchen an der im internationalen Vergleich höchsten durchschnittlichen Branchenzertifizierungsintensität gemessen. I. R. der nationalen Betrachtungsweisen zur EMAS-VO und dem CPC werden die jeweils nationalen durchschnittlichen Validierungs- bzw. Zertifizierungsintensitäten als Grenzwerte genutzt.

Für die Berechnungen der Zertifizierungsintensitäten wurde auf sekundärstatistisches Material der jeweiligen nationalen statistischen Jahrbücher sowie entsprechender Verbände (ISO, DIHT; CP-Zentren) zurückgegriffen. Die zugrundeliegenden Daten weisen folgende Besonderheiten auf: Die Erfassung nach der ISO 14001 zertifizierten Branchen erfolgt nach dem Branchencode der „European Accreditation of Certification“ (EAC-Code), die nach der EMAS-VO validierten nach dem NACE-Code.[685] Diese unterscheiden sich dadurch, dass der NACE-Code eine differenziertere Brancheneinteilung vornimmt.[686] I. R. dieser Arbeit wurde durch Zusammenfassung von Branchenklassen des NACE-Codes entsprechend der Aufteilung des EAC-Codes eine Vergleichbarkeit beider Systematisierungen hergestellt.

Daten zur Anzahl zertifizierter Unternehmen nach Branchen werden zwar durch die ISO zur Verfügung gestellt,[687] beruhten aber zum Zeitpunkt der Analyse auf dem Stand Ende 2000. Andere, den Erfordernisse der hier durchzuführenden Analysen entsprechenden Daten, waren auch bei nationalen Stellen nicht erhältlich, da entweder keine Branchenaufschlüsselung erfolgte[688] oder keine aktuelleren Daten vorlagen.[689] Aus diesem Grund wird für die folgende Benchmarking-Analyse auf die ISO-Daten zurückgegriffen. Wie schon in Kapitel 3.3.1.3 dargestellt, ist dieses Vorgehen möglich, da es auf alle drei Benchmarking-Partner gleichermaßen angewendet wird und trotz der unterschiedlichen Aktualität der Daten der ISO und des ISO 14001-Speedometers keine grundsätzlichen Bewertungsunterschiede hinsichtlich der Wissensvorsprünge und -defizite aufgetreten sind. Allerdings ist zu beachten, dass zum Stand Dezember 2000 durch die ISO in Deutschland 876 (kumuliert für den Zeitraum 1995-2000), in Polen 42 und in Tschechien 116 (jeweils kumuliert für den Zeitraum 1997-2000) Zertifizierungen nach ihren Branchen kategorisiert waren. Die Abweichungen zu den länderbezogenen Zertifizierungen zum Stand 2000 (Deutschland 1.260 und Polen 60 – vgl. Kapitel 3.3.1.3) sind daraus zu erklären, dass nicht für alle zertifizierten Unternehmen Angaben zu ihrer Branchenklassifikation vorhanden waren, so dass bestimmte Branchenklassen keine Belegung aufwiesen. Im Verarbeitenden Gewerbe betraf dies nach dem EAC-Code in Deutschland die Branchen Nr. 11, 20, 21; in Polen Nr. 3, 4, 5, 6, 8, 9, 10, 11, 13, 16, 20, 21, 24 und in Tschechien Nr. 5, 6, 8, 9, 10, 11, 16, 20, 21, so dass sich die

[685] Vgl. http://www.14001news.de (30.03.02).
[686] So werden nach NACE-Code z. B. das Textil- und Bekleidungsgewerbe separat in den Nr. 17 bzw. 18 erfasst, während der EAC-Code beide Branchen in der Nr. 4 zusammenfasst. Ähnliches betrifft das Ernährungsgewerbe und die Tabakverarbeitung. Vgl. für eine Gegenüberstellung beider Codes Anhang 6.
[687] Vgl. INTERNATIONAL ORGANIZATION FOR STANDARDIZATION (2001-CD-Version).
[688] Vgl. reinhard.peglau@uba.de (Deutschland) und http://www.inem.pl (30.03.02) für Polen oder das ISO-14001 Speedometer unter http://www.inem.org (30.03.02).
[689] Vgl. http://www.cemc.cz (30.03.02) für Tschechien.

Anzahl berücksichtigbarer ISO 14001-Zertifikate in Branchen des Verarbeitenden Gewerbes in Deutschland auf 710, in Polen auf 40 und in Tschechien auf 90 reduzierte.[690] Die Informationen zum branchenbezogenen Umsetzungsstand der ISO 14001 und der auf dieser Basis abzuleitenden Wissensvorsprünge und -defizite sind daher als Trendaussagen zu interpretieren.[691]

Für die EMAS-VO waren zum Stand Ende 2000 2.228 deutsche Validierungen nach ihren Branchen kategorisiert (kumuliert für den Zeitraum 1996-2000). Die Abweichungen zu den Angaben des makroökonomischen Benchmarkings (2.124 Validierungen zum Ende 2000 vgl. Kapitel 3.3.2.3) sind aus unterschiedlichen Datengrundlagen zu erklären (auf der makroökonomischen Ebene von der EU, auf der mesoökonomischen Ebene vom DIHT, der die jeweils aktuelleren Informationen hat).

Zum Stand Ende 2000 waren 215-CP-EMS-Zertifikate nach ihren Branchen kategorisiert, davon 178 für Branchen des Verarbeitenden Gewerbes (kumuliert für den Zeitraum 1996-2000).

Im Folgenden werden die Benchmarking-Ergebnisse gegliedert nach Benchmarking-Partnern dargestellt. Dazu wird zunächst auf die ISO 14001-Zertifizierungs- und EMAS-Validierungsintensitäten der Branchen des deutschen Verarbeitenden Gewerbes (vgl. Kapitel 4.3.1), danach auf die ISO 14001- und CP-EMS-Zertifizierungsintensitäten der Branchen des polnischen Verarbeitenden Gewerbes (vgl. Kapitel 4.3.2) und abschließend auf die ISO 14001-Zertifizierungsintensitäten der Branchen des tschechischen Verarbeitenden Gewerbes (Kapitel 4.3.3) eingegangen. Abschließend werden die Untersuchungsergebnisse der Benchmarking-Partner zusammengeführt und in Abhängigkeit der Zertifizierungs-/Validierungsintensitäten Thesen zu Wissensvorsprüngen und -defiziten ökonomisch maßgeblicher Branchen aufgestellt (vgl. Kapitel 4.3.4).

4.3.1 ISO 14001-Zertifizierungs- und EMAS-Validierungsintensität der deutschen Branchen

Die durchschnittliche Branchenzertifizierungsintensität betrug in Deutschland 2,3 % (vgl. dazu Abbildung 4-13), in Polen 0,1 % (vgl. dazu Abbildung 4-15) und in Tschechien 1,8 % (vgl. dazu Abbildung 4-17). Diese Reihenfolge bestätigt die Ergebnisse des Benchmarkings der Leistungsindikatoren Umweltmanagementsysteme auf der makroökonomischen Ebene, wo Deutschland Wissensvorsprünge sowie Polen und Tschechien nichtparitätische Wissensdefizite zugeordnet wurden (vgl. Kapitel 3.3.4). Somit dient die durchschnittliche Zertifizierungsintensität der deutschen Branchen von 2,3 % im Weiteren als Grenzwert, um für alle Benchmarking-Partner sehr zertifizierungsintensive von nicht zertifizierungsintensiven Branchen bezüglich der ISO 14001 zu unterscheiden. Um Gegenüberstellungen der Ergebnisse zu ermöglichen, wurden auch hier die Skalierungen in den Abbildungen zu den Zertifizierungsintensitäten vereinheitlicht (vgl. Abbildung 4-13, Abbildung 4-15 und Abbildung 4-17). Der von der geringen Datengrundlage abhängige niedrige durchschnittliche Branchenzertifizierungskoeffizient Polens führt dazu, dass

[690] Die Nutzung der in der vorherigen Fußnote genannten nationalen polnischen und tschechischen Register erbrachte keinen zusätzlichen Informationsgewinn, da sich die Summe verfügbarer Daten nur geringfügig unterschied (Polen 46, Tschechien 112 Zertifizierungen zum Dezember 2000).

[691] Vgl. INTERNATIONAL ORGANIZATION FOR STANDARDIZATION (2001-CD-Version, Introduction). Aktuelle Daten werden unter http://www.iso.ch als "The ISO Survey of ISO 9000 and ISO 14000 Certificates, Eleventh Cycle: up to and including 31. December 2001" zur Verfügung gestellt, so dass i. R. weiterführender Forschungen die Untersuchungen aktualisiert werden können.

alle polnische Branchen als nicht zertifizierungsintensiv einzustufen sind. Aus diesem Grund wird vergleichsweise für Polen (sowie auch für Tschechien) die Klassifikation der Branchen anhand der nationalen durchschnittlichen Branchenzertifizierungskoeffizienten (0,1 % bzw. 1,8 %) durchgeführt, um auf dieser Basis besonders zertifizierungsintensive Branchen zu definieren.

Bezogen auf die ISO 14001 stellten in Deutschland die Mineralölindustrie (9 %), Chemieindustrie (8 %) sowie mit Abstand zu den erstgenannten die Elektroindustrie (2,7 %) *sehr zertifizierungsintensive* Branchen dar (vgl. Abbildung 4-13). Alle anderen Branchen lagen unter dem Branchendurchschnitt. Die sehr zertifizierungsintensiven Branchen zählten zwar *alle zu den ökonomisch maßgeblichen*, aber nicht alle der insgesamt sieben ökonomisch maßgeblichen Branchen waren sehr zertifizierungsintensiv. Außer der Holzindustrie gehörten die anderen (sehr) umweltintensiven Branchen (Mineralöl-, Chemieindustrie) zu den sehr zertifizierungsintensiven Branchen.

Abbildung 4-13: ISO 14001-Zertifizierungsintensität der deutschen Branchen des Verarbeitenden Gewerbes 1995-2000[692]

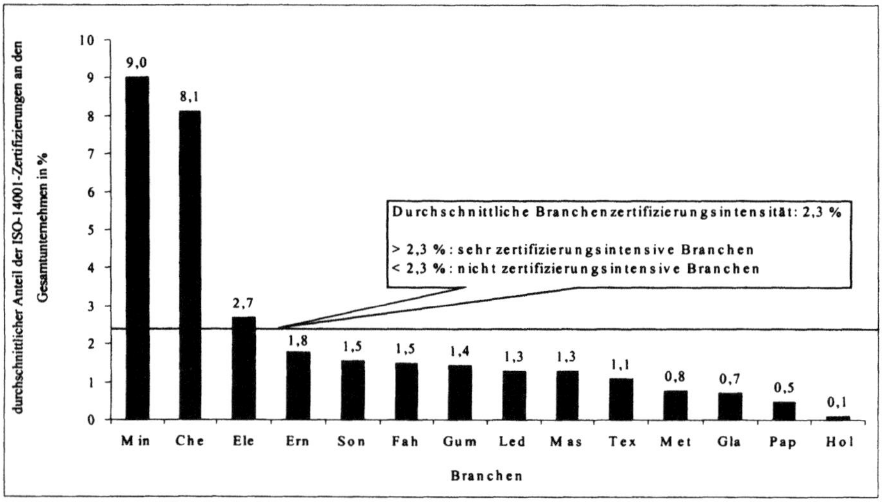

Quelle: Eigene Berechnungen nach INTERNATIONAL ORGANIZATION FOR STANDARDIZATION (2001-CD-Version, Industrial Sectors) und STATISTISCHES BUNDESAMT (1996, S. 202), (1999, S. 195) sowie (2000a, S. 185).

692 **Che** Chemische Industrie; **Ele** Herstellung v. Büromaschinen, DV-Geräten u. -einrichtungen, Elektrotechnik, Feinmechanik, Optik; **Ern** Ernährungsgewerbe u. Tabakverarbeitung (dabei für die Jahre 1994-1998 keine Angaben zu Umweltschutzinvestitionen der Tabakverarbeitung); **Fah** Fahrzeugbau; **Gla** Glasgewerbe, Keramik, Verarbeitung v. Steinen u. Erden; **Gum** Herstellung v. Gummi- u. Kunststoffwaren; **Hol** Holzbe- u. -verarbeitung; **Led** Ledergewerbe; **Mas** Maschinenbau; **Met** Metallerzeugung u. -bearbeitung, Herstellung v. Metallerzeugnissen; **Min** Kokerei, Mineralölverarbeitung, Herstellung u. Verarbeitung v. Spalt- u. Brutstoffen; **Pap** Papier-, Verlags- u. Druckgewerbe (dabei für die Jahre 1995-1998 keine Angaben für Umweltschutzinvestitionen des Verlags- und Druckgewerbe), **Son** Recycling, Herstellung v. Möbeln, Schmuck, Musikinstrumenten, Sportgeräten, Spielwaren **Tex** Textil- u. Bekleidungsgewerbe.

Die durchschnittliche EMAS-Validierungsintensität deutscher Branchen betrug 6,6 % und war - in Bestätigung der Ergebnisse des makroökonomischen Benchmarkings aus Kapitel 3.3.4 - fast dreimal höher als die durchschnittliche Zertifizierungsintensität der ISO 14001 (vgl. Abbildung 4-14). Neben der (ökonomisch maßgeblichen und (sehr) umweltintensiven) Mineralöl- und Chemieindustrie zählten der (ebenfalls ökonomisch maßgebliche) Fahrzeugbau und die sonstigen Industrien mit deutlichem Abstand zu den anderen Branchen zu den *sehr validierungsintensiven* Branchen. Das zeigt, dass sich bezüglich der Beteiligung ökonomisch maßgeblicher und (sehr) umweltintensiver Branchen i. Vgl. zur ISO 14001 keine veränderten Bewertungen ergeben.

Abbildung 4-14: EMAS-Validierungsintensität der deutschen Branchen des Verarbeitenden Gewerbes 1996-2000[693]

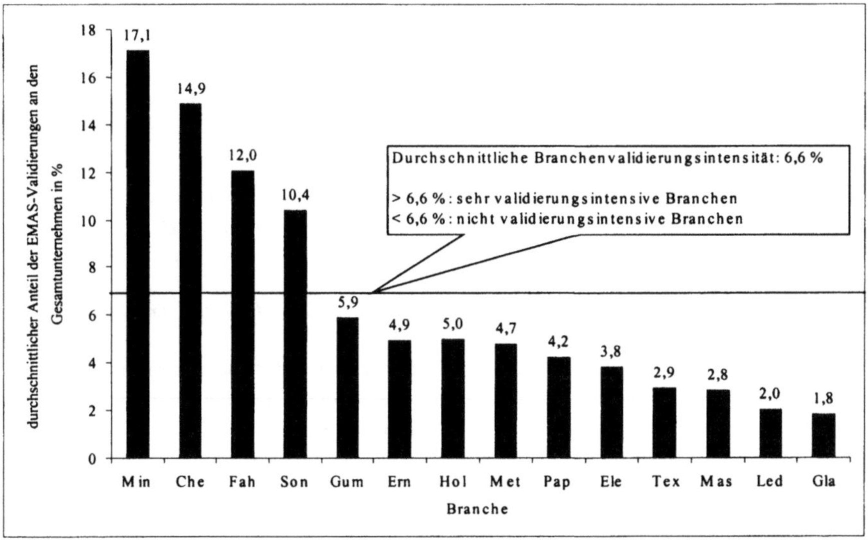

Anmerkung: Soweit an einem Standort Tätigkeiten verrichtet werden, die mehr als einer Abteilung des NACE zugeordnet werden, wurde der Standort in allen berührten Abteilungen gezählt.
Quelle: Eigene Berechnungen auf Basis von Angaben des DIHT (25. April 2001) sowie STATISTISCHES BUNDESAMT WIESBADEN (1996, S. 202), (1999, S. 195), (2000a, S. 185).

[693] **Che** Chemische Industrie; **Ele** Herstellung v. Büromaschinen, DV-Geräten u. -einrichtungen, Elektrotechnik, Feinmechanik, Optik; **Ern** Ernährungsgewerbe u. Tabakverarbeitung (dabei für die Jahre 1994-1998 keine Angaben zu Umweltschutzinvestitionen der Tabakverarbeitung); **Fah** Fahrzeugbau; **Gla** Glasgewerbe, Keramik, Verarbeitung v. Steinen u. Erden; **Gum** Herstellung v. Gummi- u. Kunststoffwaren; **Hol** Holzbe- u. -verarbeitung; **Led** Ledergewerbe; **Mas** Maschinenbau; **Met** Metallerzeugung u. -bearbeitung, Herstellung v. Metallerzeugnissen; **Min** Kokerei, Mineralölverarbeitung, Herstellung u. Verarbeitung v. Spalt- u. Brutstoffen; **Pap** Papier-, Verlags- u. Druckgewerbe (dabei für die Jahre 1995-1998 keine Angaben für Umweltschutzinvestitionen des Verlags- und Druckgewerbe), **Son** Recycling, Herstellung v. Möbeln, Schmuck, Musikinstrumenten, Sportgeräten, Spielwaren **Tex** Textil- u. Bekleidungsgewerbe.

Auf Basis der vergleichenden Betrachtung von Zertifizierungs- und Validierungsintensitäten werden für die Beteiligung der Branchen folgende Schlussfolgerungen gezogen:

- Die Mineralöl- und Chemieindustrie hatten sowohl zur ISO 14001 als auch zur EMAS-VO umweltorientiertes Wissen akkumuliert und somit beide Managementkonzeptionen miteinander verbunden. Dies weist darauf hin, dass diese Branchen durch einen - regional nicht beschränkten - hohen Wettbewerbsdruck gekennzeichnet waren.
- Am Beispiel der Elektroindustrie, die zu den *nicht* validierungsintensiven, aber *sehr* zertifizierungsintensiven Branchen zählte wird deutlich, dass die Beteiligung einzelner Branchen an der EMAS-VO und der ISO 14001 auch unterschiedlich stark ausgeprägt war (hierbei ist aber zu berücksichtigen, dass mit 3,8 % die Validierungsintensität der Elektroindustrie trotzdem über der Zertifizierungsintensität von 2,7 % lag). Dies führt zu dem Schluss, dass diese Branche v. a. durch einen über Europa hinausgehenden Wettbewerbsdruck gekennzeichnet war.
- Die ökonomisch maßgeblichen Branchen nutzten, sofern sie (sehr) umweltintensiv waren, ihre wirtschaftlichen Potenziale, um das erforderliche Umweltschutzengagement durch ein Umweltmanagementsystem zu ergänzen. Umgekehrt hat sich gezeigt, dass der überwiegende Teil der Branchen seine ökonomische Maßgeblichkeit nicht nutzte, um überdurchschnittliche Zertifizierungs- oder Validierungsintensitäten zu entwickeln.

I. R. des mikroökonomischen Benchmarkings ist zu prüfen, ob die Ursachen für die unterschiedlichen Branchenbeteiligungen an der ISO 14001 und EMAS-VO erarbeitet werden können (vgl. Kapitel 5.2.1 und 5.3.1).

4.3.2 Zertifizierungsintensität der polnischen Branchen zur ISO 14001 und zum CP-EMS

Wie schon erläutert, wies in Polen - gemessen an der deutschen durchschnittlichen Branchenzertifizierungsintensität - keine Branche eine überdurchschnittliche Beteiligung an der ISO 14001 auf. Dadurch wird auf Branchenebene zwar der Nachholbedarf Polens zum Nachweis vergleichbarer Umweltmanagementsystemstrukturen unterstrichen (vgl. auch Kapitel 3.3.4), er ist aber infolge der geringen Datengrundlage nicht spezifizierbar.

Deshalb werden die Daten in Abhängigkeit der *nationalen* durchschnittlichen Branchenzertifizierungsintensität von 0,1 % interpretiert (vgl. dazu Abbildung 4-15). Danach zählten der Maschinenbau (0,45 %), der Fahrzeugbau (0,35 %) und die Elektroindustrie (0,29 %), gefolgt von der Chemieindustrie (0,16 %), der sonstigen Industrie (0,12 %) sowie der Gummiindustrie (0,11 %) zu den *sehr zertifizierungsintensiven* Branchen. Von diesen war nur die Chemieindustrie eine *sehr umweltintensive* Branche. Besonders auffällig ist hier die Mineralölindustrie, die sich bis Ende 2000 gar nicht an der ISO 14001 beteiligte. Durch das Benchmarking auf der mikroökonomischen Ebene ist zu prüfen, ob grundsätzliche Ursachen für die geringe Beteiligung einzelner Branchen an der ISO 14001 erarbeitet werden können (vgl. Kapitel 5.2.2). Von den sechs sehr zertifizierungsintensiven Branchen zählten vier (von acht) zu den *ökonomisch Maßgeblichen* (Maschinenbau, Fahrzeugbau, Elektroindustrie, Chemieindustrie).

Abbildung 4-15: ISO 14001-Zertifizierungsintensität der polnischen Branchen des Verarbeitenden Gewerbes 1997-2000[694]

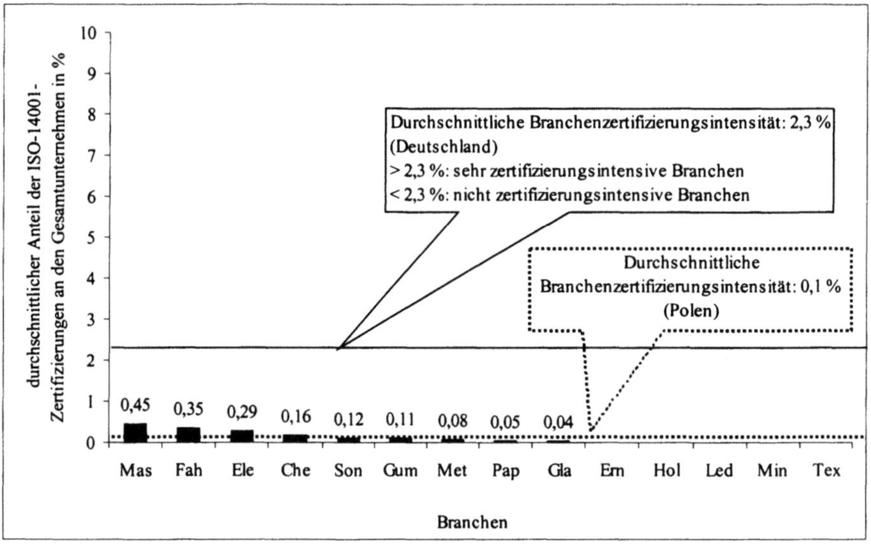

Quelle: Eigene Berechnungen nach INTERNATIONAL ORGANIZATION FOR STANDARDIZATION (2001-CD-Version, Industrial Sectors) und CENTRAL STATISTICAL OFFICE (1998b, S. 536-540) sowie (2000b, S. 562-566).

Aus der nachfolgenden Abbildung 4-16 ist ersichtlich, dass Ende 2000 die durchschnittliche Zertifizierungsintensität polnischer Branchen für das CP-EMS mit fast 1 % deutlich höher war, als die für die ISO 14001. Damit wird die auf der makroökonomischen Ebene ermittelte hohe Bedeutung des CPC (vgl. dazu Kapitel 3.3.3.3) auch für die Branchen des Verarbeitenden Gewerbes bestätigt. Gemessen am o. g. Durchschnitt zählten vier Branchen (Mineralölindustrie, Chemieindustrie, Fahrzeugbau, Metallindustrie) zu den *sehr zertifizierungsintensiven* Branchen. Diese gehörten *alle zu den ökonomisch maßgeblichen und* mit Ausnahme des Fahrzeugbaus auch *zu den sehr umweltintensiven* Branchen.

[694] **Che** Chemische Industrie; **Ele** Herstellung v. Büromaschinen, DV-Geräten u. -einrichtungen, Elektrotechnik, Feinmechanik, Optik; **Ern** Ernährungsgewerbe u. Tabakverarbeitung (dabei für die Jahre 1994-1998 keine Angaben zu Umweltschutzinvestitionen der Tabakverarbeitung); **Fah** Fahrzeugbau; **Gla** Glasgewerbe, Keramik, Verarbeitung v. Steinen u. Erden; **Gum** Herstellung v. Gummi- u. Kunststoffwaren; **Hol** Holzbe- u. -verarbeitung; **Led** Ledergewerbe; **Mas** Maschinenbau; **Met** Metallerzeugung u. -bearbeitung, Herstellung v. Metallerzeugnissen; **Min** Kokerei, Mineralölverarbeitung, Herstellung u. Verarbeitung v. Spalt- u. Brutstoffen; **Pap** Papier-, Verlags- u. Druckgewerbe (dabei für die Jahre 1995-1998 keine Angaben für Umweltschutzinvestitionen des Verlags- und Druckgewerbe), **Son** Recycling, Herstellung v. Möbeln, Schmuck, Musikinstrumenten, Sportgeräten, Spielwaren **Tex** Textil- u. Bekleidungsgewerbe.

Abbildung 4-16: CP-EMS-Zertifizierungsintensität der polnischen Branchen des Verarbeitenden Gewerbes 1996-2000[695]

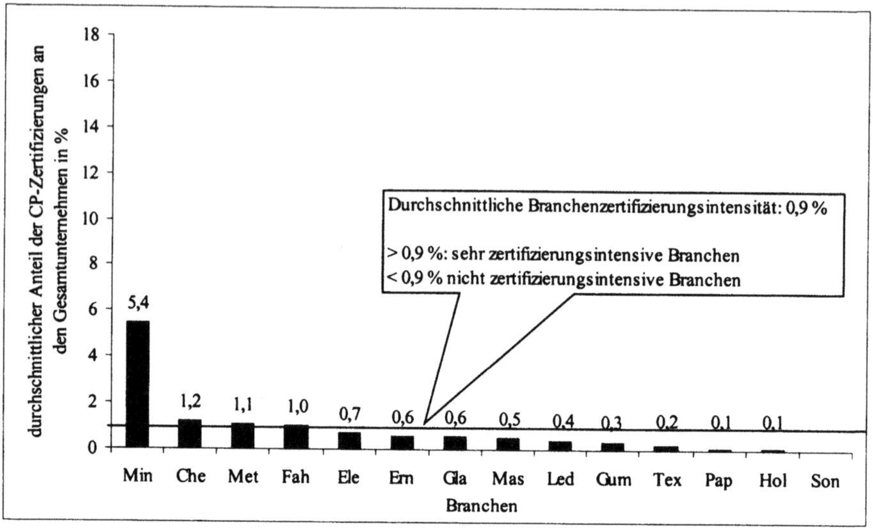

Quelle: Eigene Berechnungen nach http://zeus.polsl.gliwice.pl/~polccp (30.03.02) sowie CENTRAL STATISTICAL OFFICE (1997, S. 540-542), (1998b, S. 536-540) sowie (2000b, S. 562-566).

Über die vergleichende Bewertung der ISO 14001- und CP-EMS-Zertifizierungsintensitäten werden für die polnischen Branchen folgende Schlussfolgerungen gezogen:

- Die Beteiligung der Branchen an den o. g. Konzepten variierte deutlich. Es werden zwei Tendenzen festgestellt:

a) Für Unternehmen der Branchen Maschinenbau, Fahrzeugbau und Elektroindustrie, welche sich (gemessen am nationalen Branchenmittelwert) überdurchschnittlich an der ISO 14001 beteiligten, war charakteristisch, dass sie Tochter- oder Zulieferunternehmen ausländischer Unternehmen darstellten und somit einem internationalen Zertifizierungsdruck ausgesetzt waren, der sich nach erfolgter Zertifizierung zu einem nationalen Zertifizierungsdruck entwickelte.[696] Aus den fett markierten Unternehmen der o. g. Branchen in Anhang 7 wird außerdem deutlich, dass sie i. d. R. zu den Großunternehmen zählten und dadurch entweder eigen-

695 **Che** Chemische Industrie; **Ele** Herstellung v. Büromaschinen, DV-Geräten u. -einrichtungen, Elektrotechnik, Feinmechanik, Optik; **Ern** Ernährungsgewerbe u. Tabakverarbeitung (dabei für die Jahre 1994-1998 keine Angaben zu Umweltschutzinvestitionen der Tabakverarbeitung); **Fah** Fahrzeugbau; **Gla** Glasgewerbe, Keramik, Verarbeitung v. Steinen u. Erden; **Gum** Herstellung v. Gummi- u. Kunststoffwaren; **Hol** Holzbe- u. -verarbeitung; **Led** Ledergewerbe; **Mas** Maschinenbau; **Met** Metallerzeugung u. -bearbeitung, Herstellung v. Metallerzeugnissen; **Min** Kokerei, Mineralölverarbeitung, Herstellung u. Verarbeitung v. Spalt- u. Brutstoffen; **Pap** Papier-, Verlags- u. Druckgewerbe (dabei für die Jahre 1995-1998 keine Angaben für Umweltschutzinvestitionen des Verlags- und Druckgewerbe), **Son** Recycling, Herstellung v. Möbeln, Schmuck, Musikinstrumenten, Sportgeräten, Spielwaren **Tex** Textil- u. Bekleidungsgewerbe.

696 Vgl. dazu in Anhang 7 die fett gedruckten Unternehmen.

ständig oder über die Muttergesellschaften die notwendigen personellen und finanziellen Voraussetzungen (bzw. Kapazitäten) für die Umsetzung der Anforderungen der ISO 14001 besaßen.[697] Die Branchen Maschinenbau, Fahrzeugbau und Elektroindustrie stellten alle nicht umweltintensive Branchen dar.

b) Im Gegensatz dazu zählten im Schwerpunkt die CP-EMS-zertifizierungsintensiven Branchen (Mineralöl-, Chemie-, Metallindustrie) zu den sehr umweltintensiven Branchen. Dies zeigt, dass die auf der makroökonomischen Ebene beschriebene Zielstellung, über den CP-Ansatz kurzfristig die betrieblichen Umweltbelastungen zu verringern (vgl. Kapitel 3.3.3.2) auf der Branchenebene Anwendung gefunden hat. Befördert wird dies durch CP-Branchenleitfäden.[698] Daraus ist auch die unterschiedliche Beteiligung der Mineralölindustrie an beiden Konzeptionen zu erklären, die bezüglich des CPC die führende Rolle eingenommen hat und sich bis Ende 2000 nicht an der ISO 14001 beteiligte. Die Ergebnisse zeigen aber auch, dass die umweltintensiven Branchen ihr Umweltschutzkonzept bisher zwar in ein CP-Managementsystem überführt, nicht aber nach einem internationalen Standard zertifiziert hatten. Diese Bewertung ist auch auf die ökonomisch maßgeblichen Branchen zu übertragen. D. h., fast alle ökonomisch maßgeblichen Branchen nutzten ihre wirtschaftlichen Potenziale, um sich am CPC zu beteiligen. Der überwiegende Teil dieser Branchen nutzte seine ökonomische Maßgeblichkeit nicht, um überdurchschnittliche ISO 14001-Zertifizierungsintensitäten zu entwickeln.

- Die unterschiedlichen ISO 14001- und CP-EMS-Zertifizierungsintensitäten lassen auf der Branchenebene nicht den Schluss zu, dass umfangreiche Überschwappeffekte von einem CP-Managementsystem zur ISO 14001 (vgl. dazu ebenfalls Kapitel 3.3.3.2) aufgetreten sind. Zwar setzten sowohl die Chemieindustrie, der Fahrzeugbau sowie die Elektroindustrie beide Konzeptionen um. Die ISO 14001-Zertifizierungsintensität war aber bei allen Branchen geringer als bezogen auf das CP-EMS. Die Überschwappeffekte sind daher i. R. weiterführender Forschungen auf Basis einer größeren Stichprobe weiter zu untersuchen.[699]

I. R. des mikroökonomischen Benchmarkings ist zu prüfen, ob die Ursachen für die unterschiedlichen Branchenbeteiligungen an der ISO 14001 und dem CP-EMS konkretisiert werden können (vgl. Kapitel 5.2.1 und 5.3.1).

4.3.3 ISO 14001-Zertifizierungsintensität tschechischer Branchen

Anders als in Polen näherte sich die durchschnittliche Zertifizierungsintensität der Branchen des tschechischen Verarbeitenden Gewerbes mit 1,8 % dem deutschen Wert (2,3 %) an. Im Weiteren werden an diesem Grenzwert die Zertifizierungsintensitäten der tschechischen Branchen bewertet (wobei aus Abbildung 4-17 deutlich wird, dass die Nutzung des tschechischen Durchschnittswertes zu keinen anderen Aussagen führen würde).

---

[697] Vgl. MATUSZAK-FLEJSZMAN (2001, S. 204).

[698] Diese gibt es nicht nur für Branchen des Verarbeitenden Gewerbes, sondern auch für den Dienstleistungsbereich. Siehe dazu ausführlicher http://www.unepie.org (30.03.02).

[699] Aktuelle Daten zur ISO werden unter http://www.iso.ch als "The ISO Survey of ISO 9000 and ISO 14000 Certificates, Eleventh Cycle: up to and including 31. December 2001" zur Verfügung gestellt, so dass i. R. weiterführender Forschungen die Untersuchungen aktualisiert werden können.

Abbildung 4-17: ISO 14001-Zertifizierungsintensität der tschechischen Branchen des Verarbeitenden Gewerbes 1997-2000[700]

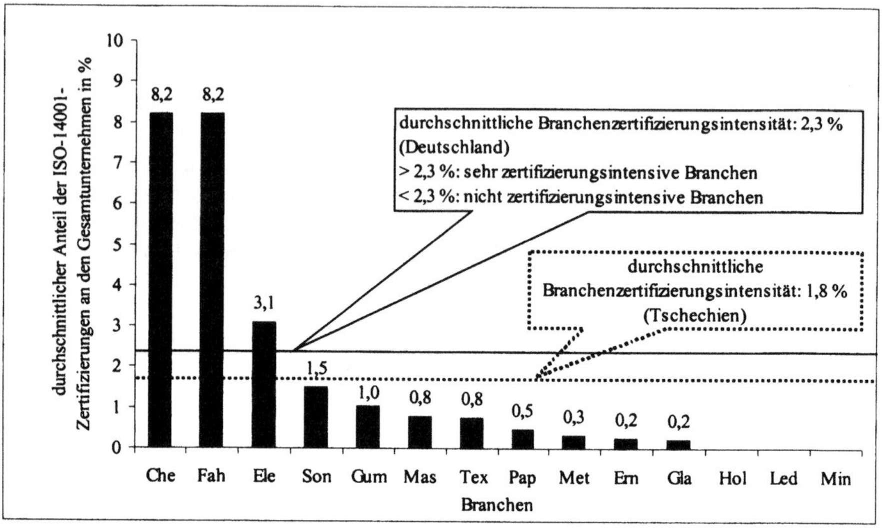

Quelle: Eigene Berechnungen nach INTERNATIONAL ORGANIZATION FOR STANDARDIZATION (2001-CD-Version, Industrial Sectors) und CZECH STATISTICAL OFFICE (1998b, S. 406), (1999, S. 398) sowie (2000b, S. 459).

Mit deutlichem Abstand zählten die Chemieindustrie und der Fahrzeugbau (jeweils 8,2 %) sowie die Elektroindustrie (3,1) %) zu den *sehr zertifizierungsintensiven* Branchen (siehe Abbildung 4-17). Im Vergleich zu den Zertifizierungsintensitäten einzelner deutscher Branchen (vgl. Abbildung 4-13) wird deutlich, dass das Niveau der deutschen und tschechischen Chemieindustrie vergleichbar war, während die tschechische Elektroindustrie eine geringfügig und der tschechische Fahrzeugbau eine deutlich höhere Zertifizierungsintensität als die entsprechenden deutschen Branchen (2,7 bzw. 1,5 %) aufwies. Die tschechische Mineralölindustrie beteiligte sich - ebenso wie die polnische Mineralölindustrie - bis Ende 2000 nicht an der ISO 14001.

Wie für Polen war auch für Tschechien charakteristisch, dass sich nur die *sehr umweltintensive* Chemieindustrie überdurchschnittlich an der ISO 14001 beteiligte, wobei zu beachten ist, dass das tschechische Verarbeitende Gewerbe insgesamt durch sieben (sehr) umweltintensive Branchen gekennzeichnet war (vgl. dazu Abbildung 4-10). Von *ökonomisch maßgeblichen Branchen*

[700] **Che** Chemische Industrie; **Ele** Herstellung v. Büromaschinen, DV-Geräten u. -einrichtungen, Elektrotechnik, Feinmechanik, Optik; **Ern** Ernährungsgewerbe u. Tabakverarbeitung (dabei für die Jahre 1994-1998 keine Angaben zu Umweltschutzinvestitionen der Tabakverarbeitung); **Fah** Fahrzeugbau; **Gla** Glasgewerbe, Keramik, Verarbeitung v. Steinen u. Erden; **Gum** Herstellung v. Gummi- u. Kunststoffwaren; **Hol** Holzbe- u. -verarbeitung; **Led** Ledergewerbe; **Mas** Maschinenbau; **Met** Metallerzeugung u. -bearbeitung, Herstellung v. Metallerzeugnissen; **Min** Kokerei, Mineralölverarbeitung, Herstellung u. Verarbeitung v. Spalt- u. Brutstoffen; **Pap** Papier-, Verlags- u. Druckgewerbe (dabei für die Jahre 1995-1998 keine Angaben für Umweltschutzinvestitionen des Verlags- und Druckgewerbe), **Son** Recycling, Herstellung v. Möbeln, Schmuck, Musikinstrumenten, Sportgeräten, Spielwaren **Tex** Textil- u. Bekleidungsgewerbe.

zählten drei (von acht) zu den sehr zertifizierungsintensiven Branchen (Chemieindustrie, Fahrzeugbau, Elektroindustrie).

Unter Berücksichtigung der Benchmarking-Ergebnisse für die deutschen und polnischen Branchen werden folgende Schlussfolgerungen gezogen:

- Die höhere Zertifizierungsintensität des tschechischen Fahrzeugbaus und der Elektroindustrie i. Vgl. zu diesen Branchen in Deutschland weist auf einen hohen Wettbewerbsdruck hin. Dieser ist - ähnlich wie für einzelne polnische Branchen - daraus zu erklären, dass, nachdem tschechische Tochterunternehmen ausländischer Unternehmen nach der ISO 14001 zertifiziert wurden, ein nationaler Zertifizierungsdruck entstanden ist.[701] Bezogen auf den Abstand der deutschen Branchen, welche eine geringere ISO 14001-Zertifizierungsintensität als die tschechischen Branchen aufwiesen, ist zu beachten, dass die EMAS-Validierungsintensität dieser deutschen Branchen höher ausgeprägt war, als die ISO 14001-Zertifizierungsintensität der tschechischen Branchen. Weiterhin ist auch aus den fett markierten Unternehmen der o. g. Branchen in Anhang 8 erkennbar, dass sie i. d. R. zu den Großunternehmen zählten und dadurch entweder eigenständig oder über die Muttergesellschaften die notwendigen personellen und finanziellen Voraussetzungen (bzw. Kapazitäten) für die Umsetzung der Anforderungen der ISO 14001 besaßen.[702]
- Mit Ausnahme der Chemieindustrie wies keine der (sehr) umweltintensiven Branchen eine überdurchschnittliche Zertifizierungsintensität auf. Unter Berücksichtigung des Verhaltens polnischer (sehr) umweltintensiver Branchen (vgl. Kapitel 4.3.2) kann zwar vermutet werden, dass auch diese Branchen den CP-Ansatz nutzen, um ihre Umweltbelastungen zu verringern. Auf Grund fehlender Daten ist über diesen Zusammenhang aber keine abschließende Bewertung möglich. Gleichermaßen kann nicht evaluiert werden, ob die ISO 14001-zertifizierungsintensiven Branchen auch am CPC teilgenommen und somit ihr Umweltschutzkonzept modulartig erweitert haben. Zur Ergründung dieser Zusammenhänge besteht weitgehender Forschungsbedarf.
- Auch für den größten Teil der tschechischen ökonomisch maßgeblichen Branchen war charakteristisch, dass sie ihre ökonomischen Potenziale nicht nutzten, um eine überdurchschnittliche Zertifizierungsintensität zu entwickeln.

Für Tschechien ist ebenfalls über das mikroökonomische Benchmarking zu prüfen, ob weitere Ursachen für die oben beschriebenen Tendenzen zu benennen sind (vgl. dazu Kapitel 5.4.1).

4.3.4 Festlegung von Wissensvorsprüngen bzw. -defiziten unter Berücksichtigung der branchenbezogenen Zertifizierungs- und Validierungsintensität

In der nachfolgenden Abbildung 4-18 werden in Ergänzung zur zusammenfassenden Abbildung 4-12 den Branchen die ökonomischen Bewertungen aus Kapitel 4.1.2.2, die Umweltintensitäten aus Kapitel 4.2.1 und die hier ermittelten Zertifizierungsintensitäten zugeordnet.

---

[701] Vgl. dazu die fett markierten Unternehmen in Anhang 8.

[702] Vgl. THE REGIONAL ENVIRONMENTAL CENTRE; CZECH ENVIRONMENTAL MANAGEMENT CENTRE (HRSG.) (1998, S. 48).

Abbildung 4-18: Zertifizierungs- und Validierungsintensitäten der Branchen des Verarbeitenden Gewerbes in Deutschland (D), Polen (PL) und Tschechien (CZ) im Vergleich

	Bewertung der Branche								
	Ökonomisch			**Umweltintensität**			**Zertifizierungsintensität** *ISO 14001(I), EMAS-VO(E), CP-EMS(C)*		
	maß-geblich	***in-different***	***unmaß-geblich***	***sehr intensiv***	***intensiv***	***nicht intensiv***	***sehr intensiv***		***nicht intensiv***
Che	***D*** ***PL*** ***CZ***			 ***PL*** ***CZ***	***D***		$D^{I,E}$ PL^{C} CZ^{I}	←	PL^{I}
Ele	***D*** ***PL*** ***CZ***					***D*** ***PL*** ***CZ***	D^{I} CZ^{I}	←	D^{E} $PL^{I,C}$
Ern	***D*** ***PL*** ***CZ***					***D*** ***PL*** ***CZ***			$D^{I,E}$ $PL^{I,C}$ CZ^{I}
Fah	***D*** ***PL*** ***CZ***					***D*** ***PL*** ***CZ***	D^{E} PL^{C} CZ^{I}	←	D^{I} PL^{I}
Gla			D PL CZ		 PL CZ	D			$D^{I,E}$ $PL^{I,C}$ CZ^{I}
Gum		 PL	D CZ			D PL CZ		←	$D^{I,E}$ $PL^{I,C}$ CZ^{I}
Hol			D PL CZ		D	 PL CZ			$D^{I,E}$ $PL^{I,C}$ CZ^{I}
Led			D PL CZ		 CZ	D PL			$D^{I,E}$ $PL^{I,C}$ CZ^{I}
Mas	***D*** ***PL*** ***CZ***					***D*** ***PL*** ***CZ***		←	$D^{I,E}$ $PL^{I,C}$ CZ^{I}
Met	***D*** ***PL*** ***CZ***			 ***PL*** ***CZ***		***D***	 PL^{C}		$D^{I,E}$ PL^{I} CZ^{I}
Min	***D*** ***PL*** ***CZ***			***D*** ***PL*** ***CZ***			$D^{I,E}$ PL^{C}		 PL^{I} CZ^{I}
Pap		D PL CZ		 CZ		D PL			$D^{I,E}$ $PL^{I,C}$ CZ
Son			D PL CZ		 CZ	D PL	D^{E}	←	D^{E} $PL^{I,C}$ CZ^{I}
Tex	 ***PL*** ***CZ***		*D*			 ***PL*** ***CZ***			 $PL^{I,C}$ CZ^{I}

Anmerkung: Die ökonomisch maßgeblichen Branchen wurden fett und kursiv markiert. Die Pfeile zeigen, welche polnischen Branchen bezogen auf die nationale durchschnittliche Branchenzertifizierungsintensität als sehr ISO 14001-zertifizierungsintensive Branchen eingeordnet wurden.

Quelle: Eigene Darstellung.

Im Weiteren wird zunächst auf die Zusammenhänge zwischen Zertifizierungsintensität, ökonomischer Maßgeblichkeit und Umweltintensität eingegangen und abschließend Thesen zu Vorsprüngen und Defiziten des umweltmanagementsystembezogenen Wissens der Branchen aufgestellt.

Bezüglich des Zusammenhanges zwischen der ökonomischen Maßgeblichkeit und der Zertifizierungsintensität werden folgende Schlussfolgerungen gezogen:

1. Unabhängig von der Konzeption und für deutsche, polnische und tschechische Branchen gleichermaßen war charakteristisch, dass Wissen zu Umweltmanagementsystemen von ökonomisch maßgeblichen Branchen entwickelt wurde. D. h., dass mit zunehmender Größe und Wettbewerbsfähigkeit das Interesse an der Wissensentwicklung steigt.[703]
2. Die Feststellung unter 1.) war nur für ca. die Hälfte aller ökonomisch maßgeblichen Branchen charakteristisch, während die anderen (polnische Elektroindustrie, deutsche, polnische und tschechische Ernährungsindustrie, Maschinenbau und polnische, tschechische Textilindustrie, deutsche und tschechische Metallindustrie sowie tschechische Mineralölindustrie) trotz wirtschaftlicher Potenziale kein Wissen zu Umweltmanagementsystemen entwickelten. Hier ist zu prüfen, ob Unternehmen dieser ökonomischen maßgeblichen Branchen klein- bzw. mittelständisch strukturiert waren, da für diese Unternehmensgruppe Untersuchungen vorliegen, nach denen sie Schwierigkeiten beim Aufbau von Wissen zu Umweltmanagementsystemen haben.[704]
3. Für ökonomisch unmaßgebliche Branchen war nicht charakteristisch, dass sie eine Zertifizierung oder Validierung nutzten, um eine umweltorientierte Differenzierungsstrategie zu entwickeln (Ausnahme: die deutsche sonstige Industrie in Bezug auf die EMAS-VO).

Der Zusammenhang zwischen Zertifizierungs- und Umweltintensität der ökonomisch maßgeblichen Branchen wird folgendermaßen bewertet:

1. Für deutsche und polnische umweltintensive Branchen war charakteristisch, dass das umwelttechnische (aber noch nicht ausreichend vorhandene) Wissen durch umweltmanagementsystembezogenes Wissen erweitert wurde. Während die deutschen Branchen (Chemie- und Mineralölindustrie) sowohl die ISO 14001 als auch die EMAS-VO berücksichtigten, konzentrierten sich die polnischen Branchen auf das CP-EMS.
2. Das Benchmarking der tschechischen Branchen beschränkte sich auf die ISO 14001. Im internationalen Vergleich war auffällig, dass nur eine umweltintensive Branche (d. h. mit Wissensdefiziten zur Umwelttechnik) Wissen zu o. g. Umweltmanagementkonzept entwickelte.

Zusammenfassend wird geschlussfolgert, dass eine hohe branchenbezogene Umweltintensität (Wissensdefizit zur Umwelttechnik) nicht immer zu einer hohen branchenbezogenen Zertifizierungsintensität (Wissensvorsprung zu Umweltmanagementsystemen) führt.[705]

[703] Vgl. BRAUWEILER; VANĚČEK; NOWAK; KRAMER (2000, S. 20).

[704] Vgl. für Deutschland JÄGER; WELLHAUSEN; BIRKE; SCHWARZ (1998, S. 11), wobei Ausnahmen für Unternehmen mit Differenzierungsstrategien auf ökologische Marktsegmente festgestellt wurden; für Polen PISKORSKI (2002, S. 241) und für Tschechien HYBŠOVÁ (2002, S. 279). I. R. des GEMS Tschechien wurden festgestellt, dass Großunternehmen jeweils in den dort gebildeten Unternehmensgruppen „Institutionen-orientierte Unternehmen", „technologisch-orientierte Unternehmen"; „produkt-orientierte Unternehmen" und „führende Unternehmen in allen Umweltbereichen" vertreten waren, während kleine und mittlere Unternehmen im Schwerpunkt der Gruppe „Unternehmen ohne deutliche Umweltorientierung" angehörten. Vgl. HYBŠOVÁ (2002, S. 291).

[705] Vgl. ebenfalls HYBŠOVÁ (2002, S. 279).

Für das Wissen der ökonomisch maßgeblichen Branchen zu Umweltmanagementsystemen werden folgende Thesen aufgestellt.

Thesen zu Wissensvorsprüngen bzw. -defiziten ***Umweltmanagementsysteme in ökonomisch maßgeblichen Branchen***
1. Der deutschen, polnischen und tschechischen *Ernährungsindustrie*, dem *Maschinenbau* und der polnischen, tschechischen *Textilindustrie* werden Wissensdefizite zugeordnet, da diese Branchen zu keinem Umweltmanagementkonzept durch eine überdurchschnittliche Zertifizierungsintensität gekennzeichnet waren. Zu beachten ist, dass der polnische Maschinenbau gemessen am nationalen Branchendurchschnitt erstes Erfahrungswissen zur ISO 14001 entwickelte. 2. Infolge jeweils überdurchschnittlicher Zertifizierungs- und Validierungsintensitäten werden für die *deutsche Chemie- und Mineralölindustrie* für die ISO 14001 und EMAS-VO Wissensvorsprünge definiert. 3. Dem *deutschen Fahrzeugbau* wird auf Grund seiner hohen Validierungsintensität ein Wissensvorsprung für die EMAS-VO zugeordnet. Sein fehlendes Wissen zur ISO 14001 entspricht einem Wissensdefizit. 4. Auf Grund der überdurchschnittlichen Zertifizierungsintensitäten werden für nachfolgende Branchen Wissensvorsprünge für die ISO 14001 definiert (das fehlende Wissen zur EMAS-VO wird für die deutsche Branche als Wissensdefizit bewertet): a) *Deutschland: Elektroindustrie*; b) *Tschechien: Chemieindustrie, Elektroindustrie, Fahrzeugbau.* 5. Den überdurchschnittlichen Zertifizierungsintensitäten entsprechend werden für folgende polnische Branchen Wissensvorsprünge zum CP-EMS definiert (für diese Branchen sind gleichzeitig Wissensdefizite für die ISO 14001 charakteristisch): *Chemieindustrie, Fahrzeugbau, Metallindustrie, Mineralölindustrie* (auch hier ist zu beachten, dass die erstgenannten Branchen bezogen auf den nationalen Branchendurchschnitt sehr zertifizierungsintensiv waren). 6. Da die *tschechische Mineralölindustrie* sich an keiner Konzeption beteiligte und dadurch einen großen Abstand bezüglich der Zertifizierungsintensität i. Vgl. zur deutschen Mineralölindustrie aufwies, werden ihr Wissensdefizite zur ISO 14001 zugeordnet.

Über den Benchmark Zertifizierungsintensität wurde das umweltmanagementsystembezogene Wissen der ökonomisch maßgeblichen Branchen untersucht und Wissensvorsprünge bzw. -defizite auf Branchenebene konkretisiert. Die Ergebnisse des makroökonomischen Benchmarkings zu Leistungsindikatoren Umweltmanagementsysteme (vgl. Kapitel 3.3.3) wurden bestätigt, da:

- die durchschnittliche Branchenzertifizierungsintensität zur ISO 14001 des deutschen Verarbeitenden Gewerbes am höchsten war; trotzdem einzelne tschechische Branchen eine höhere Zertifizierungsintensität als deutsche Branchen aufwiesen;
- in Deutschland der durchschnittliche Branchenvalidierungskoeffizient der EMAS-VO um ein mehrfaches den durchschnittlichen Branchenzertifizierungskoeffizienten überstieg und für alle Branchen die Validierungsintensitäten höher als die Zertifizierungsintensitäten waren;

- die hohe Bedeutung des CPC auch auf Branchenebene gezeigt wurde, weil für alle Branchen (mit Ausnahme der sonstigen Industrien) die CP-EMS-Zertifizierungsintensität höher war als die ISO 14001-Zertifizierungsintensität – dadurch aber keine validen Aussagen zu Überschwappeffekten der CP-Zertifizierung auf die ISO 14001-Zertifizierung möglich waren und
- die Rolle des CPC für die Verringerung der betrieblichen Umweltbelastungen infolge der verstärkten Anwendung durch (sehr) umweltintensive Branchen unterstrichen wurde.

Grundsätzlich sind daher die auf der makroökonomischen Ebene erarbeiteten Kriterien für die Marktrelevanz (vgl. dazu Kapitel 3.3.3) auch für die auf der mesoökonomischen Ebene erarbeiteten Wissensvorsprünge und -defizite relevant und werden durch die folgende Diskussion, unter welchen Voraussetzungen die Wissensvorsprünge und -defizite der ökonomisch maßgeblichen Branchen Marktrelevanz erhalten ergänzt (vgl. zu den Kriterien und lfd. Nr. Abbildung 2-2).

Die für die ISO 14001 bzw. EMAS-VO definierten Wissensdefizite der deutschen, polnischen und tschechischen Metallindustrie, der Ernährungsindustrie, des Maschinenbaus und der polnischen, tschechischen Textilindustrie besitzen z. B. dann Nachfragepotenzial, wenn diese Branchen über eine Zertifizierung/Validierung eine Differenzierungsstrategie (N 1) entwickeln wollen/müssen. Für die Metallindustrie sind dabei Möglichkeiten für die gemeinsame Entwicklung von umwelttechnischem und umweltmanagementsystembezogenem Wissen zu prüfen. Für die Ernährungsindustrie, die i. d. R. auf regionale Märkte ausgerichtet ist, ist dies abhängig von der jeweiligen Konkurrenzsituation. Sowohl für den deutschen als auch für den polnischen und tschechischen Maschinenbau sind entsprechende Entwicklungstendenzen zu erwarten, da diese Branchen durch eine hohe Exportorientierung gekennzeichnet sind. Für die deutsche Textilindustrie waren auf Grund des hohen Anteils arbeitsintensiver Tätigkeiten, Outsourcings bzw. Auslagerungen in Länder mit Lohnkostenvorteilen charakteristisch[706] (was auch dazu führte, dass diese Branche eine ökonomisch unmaßgebliche Branche in Deutschland darstellte - vgl. Kapitel 4.1.2.2). Da in diesem Zusammenhang die polnische und tschechische Textilindustrie eine hohe Bedeutung im passiven Veredlungsverkehr nicht nur für die deutsche, sondern auch westeuropäische Textilindustrie spielt,[707] ist die Entwicklung eines horizontalen Zertifizierungsdruckes möglich (N 1).

Für den deutschen Fahrzeugbau, der Wissensvorsprünge zur EMAS-VO und Wissensdefizite zur ISO 14001 aufwies, bestehen Nachfragepotenziale zur Erhöhung des ISO 14001-Wissens, da infolge der Anforderungen der EMAS II (vgl. Kapitel 3.3.2.2) i. R. der nächsten Validierung das Umweltmanagementsystem entsprechend den Anforderungen der ISO 14001 zu gestalten ist (N 1). In diesem Zusammenhang ist bei Revalidierungen zu erwarten, dass die ISO 14001-Zertifizierungsintensität des deutschen Fahrzeugbaus steigt (da bei erfolgreicher Validierung automatisch das ISO 14001-Zertifikat vergeben wird). Aus diesem Grund besitzen die Wissensvorsprünge der deutschen Chemie- und Mineralölindustrie zu beiden Konzepten besondere Angebotspotenziale (A 6, A 7). Das Wissensdefizit des polnischen Fahrzeugbaus zur ISO 14001 besitzt Nachfragepotenzial, da infolge seiner engen wirtschaftlichen Verpflechtungen, z. B. mit dem

706 Vgl. SÄCHSISCHES STAATSMINISTERIUM FÜR WIRTSCHAFT UND ARBEIT (HRSG.) (1993, S. 159 f.).

707 So ermittelte der Arbeitgeber-Verband Textil, dass sich ca. 36 % der Textilunternehmen schon in einem mittel- und osteuropäischen Land engagieren, 60 % der Firmen Investitionen in diesen Ländern planen. Vgl. O. V. (1997c, S. 8). Siehe auch EU-KOMISSION (1997b, S. 85).

deutschen oder amerikanischen Fahrzeugau,[708] ein Zertifizierungsdruck zu erwarten ist (N 1). Da aus diesem Grund auch der tschechische Fahrzeugbau seine Wissensvorsprünge zur ISO 14001 halten muss, bestehen hier Angebotspotenziale (A 6, A 7). Die gleiche Argumentation ist auch bezüglich des Nachfragepotenzials der Wissensdefizite der polnischen Elektroindustrie bzw. der Angebotspotenziale der Wissensvorsprünge der deutschen und tschechischen Elektroindustrie charakteristisch, da auch hier enge wirtschaftliche Verpflechtungen bestehen.

Die Wissensdefizite der polnischen Chemie- und der polnischen sowie tschechischen Mineralölindustrie zur ISO 14001 besitzen bei einem horizontalen Zertifizierungsdruck Nachfragepotenzial (N 1). Entsprechend der in Kapitel 4.2.2 dargestellten Wachstumspotenziale besteht hier die Möglichkeit die Entwicklung umwelttechnischen Wissens mit dem Aufbau von Kompetenzen zu Umweltmanagementsystemen zu verbinden.

Wissensvorsprünge zum CP-EMS der polnischen Branchen haben Angebotsrelevanz, wenn das CPC von bisher nicht zertifizierungsintensiven Branchen (s. o. z. B. Ernährungsindustrie, Maschinenbau und Textilindustrie) als Möglichkeit angesehen wird, modulartig umweltorientiertes Wissen zu entwickeln (A 6). Die Wissensdefizite dieser polnischen Branchen zur ISO 14001 oder EMAS-VO sind durch Nachfragepotenziale gekennzeichnet, wenn die CP-EMS-Zertifzierung nicht mehr ausreicht, um international vergleichbare Umweltmanagementsystemstandards nachzuweisen, sondern dafür eine Zertifizierung/Validierung nach einem internationalen Standard erforderlich ist (N 1).

Damit ist i. R. des mesoökonomischen Benchmarkings der *deskriptive* Teil zur Erklärung der Wissensstrukturen und Verteilung der Wissenskompetenzen auf Branchenebene (vgl. Abbildung 2-3) abgeschlossen. Im abschließenden Kapitel 4.4 wird auf *normative* Aspekte der Wissensanwendungs- und -durchsetzungskompetenz (vgl. ebenfalls Abbildung 2-3) eingegangen.

4.4 Ansatzpunkte für eine branchenbezogene Wissensentwicklung

Im Folgenden werden über die vergleichende Bewertung der für die Benchmarking-Partner definierten Wissensvorsprünge und -defizite sowie der Kriterien ihrer Marktrelevanz Ansatzpunkte für die branchenbezogene Wissensentwicklung vorgestellt. Dazu werden zunächst in der nachfolgenden Abbildung 4-19 die wichtigsten Schlussfolgerungen des mesoökonomischen Benchmarkings zusammengefasst. Aus der horizontalen Verfolgung der unteren Zeile der Abbildung ist ersichtlich, dass dazu die Branchen, die für das Wissen zur Umwelttechnik und den Umweltmanagementsystemen definierten Wissensvorsprünge und -defizite sowie ausgewählte Kriterien ihrer Marktrelevanz zählen. Jeweils vertikal dazu werden die entsprechenden Ergebnisse für die deutschen, polnischen und tschechischen Branchen dargestellt. Leere Felder bedeuten, dass keine Branche zugeordnet werden konnte. Die Branchensortierung wurde so vorgenommen, dass in Abhängigkeit der Wissensvorsprünge und -defizite zur Umwelttechnik bzw. den Umweltmanagementsystemen folgende vier Branchengruppen unterschieden werden können:

[708] Vgl. EU-KOMISSION (1997a, S. 84).

1. *Branchen mit Wissensdefiziten zur Umwelttechnik und Wissensvorsprüngen zu Umweltmanagementsystemen:* Diese Branchen sind durch restriktive umweltpolitische und -rechtliche Rahmenbedingungen, eine hohe Verbrauchersensibilisierung sowie einen internationalen Wettbewerbs- und Zertifizierungsdruck gekennzeichnet.
2. *Branchen mit Wissensdefiziten zur Umwelttechnik und den -managementsystemen:* Diese Branche ist durch einen Investitions-, aber keinen Zertifzierungsdruck gekennzeichnet.
3. *Branchen mit Wissensvorsprüngen zu Umweltmanagementsystemen (keine Aussagen zum umwelttechnischen Wissen):* Für diese Branchen ist ein starker internationaler Wettbewerbs- und Zertifizierungsdruck charakteristisch.
4. *Branchen mit Wissensdefiziten zu Umweltmanagementsystemen (keine Aussagen zum umwelttechnischen Wissen):* Für diese Branchen ist die Entwicklung eines Zertifizierungsdruckes möglich.

Eine detaillierte Diskussion der Zusammenhänge zwischen der Wissensentwicklung der Branchen in diesen Branchengruppen erfolgt an dieser Stelle nicht, da darauf schon ausführlich in Kapitel 4.2.2 (ökonomische Maßgeblichkeit und Umweltintensität) und 4.3.4 (ökonomische Maßgeblichkeit und Zertifizierungsintensität, Zertifizierungs- und Umweltintensität) eingegangen wurde.

Abbildung 4-19: Zusammenfassung der Ergebnisse des mesoökonomischen Benchmarkings für Deutschland (D), Polen (PL) und Tschechien (CZ) nach Branchengruppen

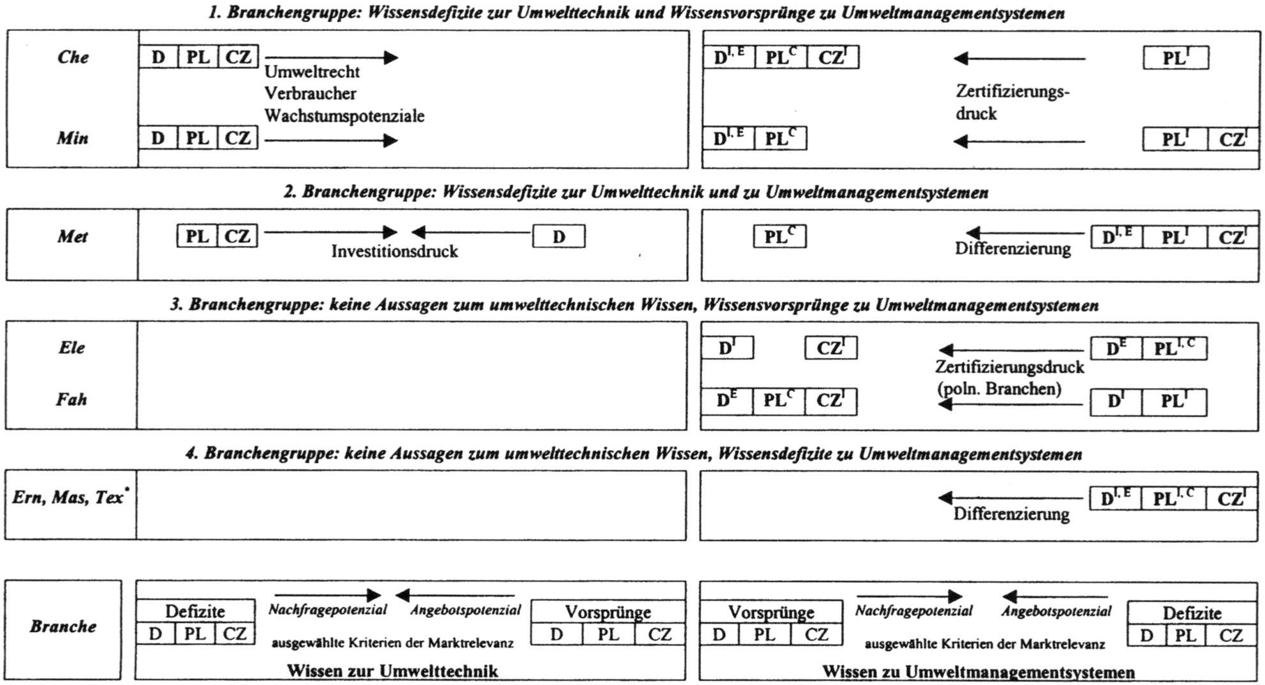

* Anmerkung: Aussagen zur Textilindustrie betreffen nur Polen und Tschechien; ^{I} = ISO 14001; ^{E} = EMAS-VO; ^{C} = CP-EMS.

Quelle: Eigene Darstellung.

Unter Berücksichtigung der diskutierten Kriterien der Marktrelevanz werden abschließend *Ansatzpunkte für eine branchenbezogene Entwicklung der konzeptionellen Wissensbasis durch einen internationalen Wissenstransfer* beschrieben. Sie sind entsprechend der mesoökonomischen Aggregationsebene als Implikationen für Branchenverbände zu verstehen und werden in der nachfolgenden Tabelle 4-6 nach den untersuchten Benchmarks und nach Benchmarking-Partnern geordnet. Dabei ist zu beachten, dass bezogen auf die Benchmarks Umwelt- und Zertifizierungsintensität Ansatzpunkte für einen *horizontalen* sowie für den Benchmark Zertifizierungsintensität zusätzlich Ansätze für einen *vertikalen* Wissenstransfer dargestellt werden. Bezogen auf die Transferrichtungen werden folgende Besonderheiten deutlich:

- Die Weiterentwicklung des umwelttechnischen Wissens der Mineralöl- und Chemieindustrie ist für alle drei Partner erforderlich, denn trotz der geringeren Umweltintensitäten der deutschen Branchen i. Vgl. zu den polnischen und tschechischen Branchen, wurden Wissensdefizite für alle Benchmarking-Partner definiert. Somit bestehen zwar horizontale Wissenstransferpotenziale *von* den deutschen *zu* den polnischen und tschechischen Branchen, aber auch Chancen für die Weiterentwicklung des umwelttechnischen Wissens der deutschen Branchen durch Rückkopplung der Branchenerfahrungen Polens und Tschechiens im Sinne eines *wechselseitigen Wissenstransfers.*
- In Abhängigkeit der geringen Branchenzertifizierungsintensität polnischer Branchen beziehen sich die Ansatzpunkte zur Weiterentwicklung von Wissen zur ISO 14001 i. d. R. auf einen Wissenstransfer *von* deutschen oder tschechischen Branchen *in* polnische Branchen.
- Die Potenziale zum vertikalen Wissenstransfer *von* CP-EMS-zertifizierungsintensiven polnischen Branchen *in* deutsche, polnische und tschechische ökonomisch maßgebliche Branchen, die bisher zu keinem Umweltmanagementsystem Wissensvorsprünge aufgebaut haben, basieren auf der CP-Philosophie, Umweltmanagementsystemkompetenzen modular zu entwickeln. Das wäre z. B. für diese Branchen dann ein alternatives Vorgehen, wenn klein und mittelständisch strukturierte Unternehmen vertreten sind, die keine personellen oder finanziellen Kapazitäten für eine ISO 14001-Zertifizierung oder EMAS-Validierung besitzen, sich infolge des Marktdruckes aber über eine Differenzierungsstrategie auszeichnen müssen. Dies könnte ein Ansatzpunkt der Zweckmäßigkeit des Ausbaus von explizitem und der Integration von implizitem Wissen zum CPC in Deutschland - z. B. auf Basis vorliegender ÖKOPROFIT-Erfahrungen - sein. Diese sind dazu branchenbezogen zu evaluieren.

Tabelle 4-6: Ansatzpunkte für eine branchenbezogene Wissensentwicklung durch einen internationalen Wissenstransfer auf mesoökonomischer Ebene

Ansatzpunkte für den Benchmarking-Partner:		
Deutschland	***Polen***	***Tschechien***
Benchmark: Umweltintensität		
Weiterentwicklung des umwelttechnischen Wissens durch horizontale Kooperationen, z. B. in Form von gemeinsamen *Forschungs- und Entwicklungsprojekten*, den *Aufbau von Intranets*, die *Durchführung von Betriebspraktika* von Fach- und Führungskräften, *gemeinsamen Workshops* für:		
▪ Mineralölindustrie über Rückkopplungen aller drei Partner		
▪ Chemieindustrie über Rückkopplungen der Branchenerfahrungen in Polen und Tschechien	▪ Chemie- und Metallindustrie auf Basis der Branchenerfahrungen in Deutschland	
Benchmark: Zertifizierungsintensität		
(Weiter-)Entwicklung des Wissens zu Umweltmanagementsystemen nach der ISO 14001 durch horizontale Kooperationen, z. B. in Form von *Twinning-Projekten*, *Nutzung/Entwicklung/Spezifizierung von Branchenleitfäden* für:		
	▪ Chemieindustrie auf Basis der Branchenerfahrungen in Deutschland und Tschechien (und in Erweiterung der CP-EMS-Erfahrungen)	
	▪ Mineralölindustrie auf Basis der Branchenerfahrungen in Deutschland (und in Erweiterung der CP-EMS-Erfahrungen)	▪ Mineralölindustrie auf Basis der Branchenerfahrungen in Deutschland
	▪ Elektroindustrie auf Basis der Branchenerfahrungen in Deutschland und Tschechien	
	▪ Fahrzeugbau auf Basis der Branchenerfahrungen in Tschechien (und in Erweiterung der CP-EMS-Erfahrungen)	
modulare Entwicklung von Wissen zu Umweltmanagementsystemen für die Metallindustrie, Ernährungsgewerbe, Maschinenbau und Textilindustrie durch vertikale Kooperationen, d. h. auf Basis der CP-EMS-Erfahrungen der polnischen Chemie-, Mineralöl-, Metallindustrie sowie dem Fahrzeugbau und unter Berücksichtigung deutscher ÖKOPROFIT-Ansätze, z. B. durch die Entwicklung spezifische *Kompetenzzentren* oder *Branchenleitfäden*, die v. a. auf Besonderheiten von KMU und Differenzierungsstrategien abheben		

Quelle: Eigene Darstellung.

Durch die Benchmarking-Analysen auf der mesoökonomischen Ebene wurde das umweltorientierte Wissen der Branchen detailliert untersucht und plausibel Wissensvorsprünge und -defizite definiert. Auf dieser Grundlage wurden begründet Ansatzpunkte für die Weiterentwicklung des umwelttechnischen und -managementsystembezogenen Wissens der Branchen durch einen internationalen Wissenstransfer abgeleitet. Wie schon auf der makroökonomischen Ebene ergeben sich auch hier zwei Ansatzpunkte für weiterführende Forschungen:

- Grundsätzlich stellt die Branche mit Wissensvorsprüngen den Maßstab für erforderliche Leistungssteigerungen der Branchen mit Wissensdefiziten dar. Die Konkretisierung der tatsächlich erforderlichen Leistungssteigerung, z. B. für die Verringerung der Umweltintensität oder Erhöhung der Zertifizierungsintensität einer Branche, sind durch Modellrechnungen zu konkretisieren, die in Abhängigkeit vom Zeitverlauf die Entwicklung der Maßgeblichkeit der Branche, ihre wirtschaftlichen Verknüpfungen und den sich daraus ergebenen Investitions- bzw. Zertifizierungsdruck berücksichtigen.
- Auf dieser Basis können die für Branchenverbände zu verstehenden Ansatzpunkte durch die entsprechenden Entscheidungsträger in Form eines Maßnahmenplanes (wer tut was womit) konkretisiert werden.

I. R. des mesoökonomischen Benchmarkings wurden branchenbezogene Konkretisierungen des umwelttechnischen und -managementsystembezogenen Wissens vorgenommen. Durch die folgende Benchmarking-Analyse auf der mikroökonomischen Ebene (vgl. Kapitel 5) wird der Betrachtungshorizont auf die Prozessebene verlagert und über das explizierte implizite Wissen, das durch die Internalisierung der Normanforderungen zur ISO 14001, EMAS-VO und des CPC erworben wurde, die Wissensvorsprünge bzw. -defizite der Benchmarking-Partner weiter konkretisiert. D. h., dass i. R. des mikroökonomischen Benchmarkings eine Konzentration auf das umweltmanagementsystembezogene Wissen erfolgt.

5 Benchmarking-Analyse des umweltorientierten Wissens Deutschlands, Polens und Tschechiens auf der mikroökonomischen Ebene

Das mikroökonomische Benchmarking zielt auf die Untersuchung des explizierten impliziten Wissens der *unternehmens- und prozessbezogenen Umsetzung von Umweltmanagementsystemen* (Messaspekt), der Bestimmung von Wissensvorsprüngen und -defiziten zu den in den Unternehmen ablaufenden Verfahren (Vergleichsaspekt) und der Ableitung von Ansatzpunkten für die Anpassung, Weiterentwicklung und Verbesserung der Prozesse sowie ihrer Ergebnisse (Gestaltungsaspekt). Als expliziertes implizites umweltorientiertes Wissen wurde *das durch Erfahrungen (d. h. durch Internalisierung des expliziten Wissens) gewonnene und über empirische Erhebungen für jeden verfügbar gemachte Wissen* definiert (vgl. Kapitel 2.3). Im Weiteren werden die Begriffe „expliziertes implizites Wissen" und „expliziertes Erfahrungswissen" synonym verwendet. Entsprechend der Auswahl von Umweltmanagementkonzeptionen in Kapitel 3.3 erfolgt auch auf der mikroökonomischen Ebene eine Fokussierung auf die ISO 14001, die EMAS-VO und das CPC. Während also das Wissen zu Umweltmanagementsystemen auf der makro- und mesoökonomischen Ebene quantitativ *im Sinne des Ausmaßes, Umfangs* bewertet wurde, geht es auf der mikroökonomischen Ebene qualitativ um die Bewertung des *impliziten Wissens*, das durch die *Internalisierung des expliziten Wissens* erworben wurde. In diesem Zusammenhang wird auch geprüft, ob die Ergebnisse des meso- und makroökonomischen Benchmarkings bestätigt, ergänzt oder differenziert werden können.

Voraussetzung für das mikroökonomische Benchmarking ist, dass das implizite Wissen über Kategorien, Kennzahlen oder Messgrößen expliziert wurde. Hierzu sind zwei Möglichkeiten zu unterscheiden: Die eigene Primärdatenerhebung oder die Nutzung der Ergebnisse empirischer Untersuchungen Dritter. I. R. dieser Arbeit wurde dem letztgenannten Vorgehen gefolgt, um das vorhandene explizierte Erfahrungswissen zu berücksichtigen und zu systematisieren. Dadurch konnte eine größere und repräsentativere Menge an Informationen einbezogen werden, als dies bei einer eigenständigen empirischen Erhebung aus personellen, zeitlichen und finanziellen Gründen der Fall gewesen wäre (vgl. dazu auch Kapitel 2.2.4).[709] Als Einschränkung ist bei diesem Vorgehen einerseits zu akzeptieren, dass die unterschiedlichen empirischen Erhebungen durch inhomogene Erhebungsgrundlagen, -zeitpunkte, -methodiken und -zielstellungen gekennzeichnet waren. Andererseits wurden die Studien mit der Zielstellung der Evaluation der Einführung von normkonformen Umweltmanagementsystemen in Unternehmen ohne Wissensbezug durchgeführt. Die Herausforderung bestand daher darin, über zu definierende Kriterienkategorien eine *systematische Darstellung und Bewertung* der Ergebnisse dieser empirischen Analysen *entsprechend dem definierten Benchmarking-Objekt* (konzeptionelle Wissensbasis) *und* den *Zielstellungen* dieser Arbeit (Identifikation und Bewertung des Wissens) durchzuführen.

In Kapitel 5.1 werden daher zunächst die Benchmarks zur Untersuchung des explizierten impliziten Wissens konkretisiert. In Anlehnung an die Voraussetzungen und Kennzeichen der Leis-

[709] Dort wurde darauf hingewiesen, dass BÖHNERT aus Zeit- und Kostengründen vorschlägt, zunächst unternehmensinternes sekundärstatistisches Material, dann unternehmensexternes sekundärstatistisches Material auszuwerten und bei nicht ausreichendem Datenmaterial die primärstatistische Datenerhebung (Umfragen, Interviews) zu nutzen.

tungserstellung werden Kriterien für die Untersuchung des Wissens erarbeitet und diese in Motivations-, Anforderungs- und Effizienzkriterien eingeteilt. In Anlehnung an diese Kategorisierung erfolgt in den nachfolgenden Kapiteln die Untersuchung des durch die Internalisierung erworbenen Wissens zur ISO 14001, EMAS-VO und CPC nach Benchmarking-Partnern.

In Kapitel 5.2 wird das explizierte Erfahrungswissen zur ISO 14001 in deutschen, polnischen und tschechischen Unternehmen auf Basis von jeweils zwei empirischen Erhebungen nach Motivations-, Anforderungs- und Effizienzkriterien bewertet. Auf dieser Basis werden Thesen zu Wissensvorsprüngen und -defiziten auf unternehmerischer Ebene erarbeitet und Kriterien ihrer Marktrelevanz diskutiert.

Wie schon auf der Mesoebene sind auch auf der Mikroebene für die EMAS-VO und das CPC nur nationale Betrachtungsweisen möglich. Auf diese wird aber auch hier nicht verzichtet, sondern die Untersuchung mit der Zielstellung der Bestimmung ergänzender Wissensvorsprünge oder -defizite durchgeführt. So wird in Kapitel 5.3 das Erfahrungswissen zur EMAS-VO in deutschen Unternehmen nach Motivations-, Anforderungs- und Effizienzkriterien auf Basis von drei empirischen Studien analysiert. Abschließend werden auch hier Thesen zu Wissensvorsprüngen und -defiziten auf der Unternehmensebene und Kriterien ihrer Marktrelevanz abgeleitet.

In Kapitel 5.4 erfolgt eine auf polnische Unternehmen begrenzte Untersuchung des explizierten Erfahrungswissens bei der Umsetzung des CPC. Da i. Vgl. zu den anderen Konzeptionen eine qualitativ und quantitativ andere Datenbasis vorliegt, ist die Analyse auf die Anforderungs- und Effizienzkriterien zu beschränken. Auf dieser Basis werden Thesen zu Wissensvorsprüngen und -defiziten auf unternehmerischer Ebene abgeleitet sowie ebenfalls ihrer Marktrelevanz diskutiert.

An dieser Stelle ist i. R. des mikroökonomischen Benchmarkings der deskriptive Teil zur Beschreibung der Wissensstrukturen und Kompetenzverteilung auf Unternehmensebene abgeschlossen. In Kapitel 5.5 wird zum normativen Teil übergegangen, in dessen Rahmen die Anwendungs- und Durchsetzungskompetenzen der Wissensvorsprünge und -defizite der Benchmarking-Partner untersucht werden. Dazu werden auf Basis der Thesen zu den Wissensvorsprünge und -defizite und den Kriterien ihrer Marktrelevanz Ansatzpunkte für die Anpassung, Weiterentwicklung und Verbesserung der Umsetzung der Umweltmanagementkonzeptionen in deutschen, polnischen und tschechischen Unternehmen abgeleitet. Dabei werden auch Zusammenhänge zwischen den Motivations-, Anforderungs- und Effizienzkriterien bewertet sowie die Relevanz des mikroökonomischen Benchmarkings zu Differenzierung, Ergänzung und/oder Bestätigung der Ergebnisse des meso- und makroökonomischen Benchmarkings dargestellt.

5.1 Differenzierung der Benchmarks zur Untersuchung des explizierten Erfahrungswissens nach Motivations-, Anforderungs- und Effizienzkriterien

Bereits in Kapitel 2.5.1.1 wurden Unterschiede im explizierten impliziten Wissen bezüglich der Umsetzung von zertifizierten/validierten Umweltmanagementsystemen als Benchmark festgelegt. Als Maßstab zur Bewertung des explizierten impliziten Wissens wurde vorgeschlagen, den tatsächlichen Umsetzungsstand in deutschen, polnischen oder tschechischen Unternehmen mit den Anforderungen der o. g. Konzeptionen zu vergleichen, um Kompetenzvor- und -nachteile bezogen auf die Umsetzung dieser Konzepte zu erarbeiten. SCHMIDT stellt unter Rückgriff auf CAMP dar, dass derartige qualitative Analysen auf Basis der Erläuterung einzelner, für die Leistungserstellung notwendiger, Arbeitsschritte durchgeführt werden können.[710] In Anlehnung an die Prozesstheorie zählen dazu die Fragen: *„wer tut warum was womit“* (vgl. Kapitel 2.2). Durch Bezug auf die Fragestellungen des mikroökonomischen Benchmarkings und unter Berücksichtigung der Richtlinien der GEMI zur Bewertung umweltorientierter Managementpraktiken (vgl. dazu Kapitel 2.5.1.1) werden die Analysekriterien folgendermaßen strukturiert:

1. *Kriterien zur Motivation der Unternehmen für die Internalisierung des Wissens zu Umweltmanagementsystemen (im Weiteren Motivationskriterien)*

   Benennung von Rahmenbedingungen, Voraussetzungen, Gründen für die Einführung, um einzuschätzen, welches die *ausschlaggebenden* Ursachen für die Internalisierung von Wissen zu normkonformen Umweltmanagementsystemen waren. Für die Bewertung ist es erforderlich, die Antworten der Unternehmen, die entweder als Anteil der prozentualen Nennungen (0-100 %) oder als Punktbewertungen (auf einer Skala von 1-3/5/10) vorliegen, zu kategorisieren. Als Abgrenzungskriterium wird hierzu der jeweilige Mittelwert (z. B. 50 % oder 2,5 Punkte) genutzt. D. h., Antworten, die über dem Mittelwert liegen, werden als ausschlaggebend, Antworten unter dem Mittelwert als weniger wichtige Motivationskriterien definiert. Aus den Ergebnissen dieser Kriterienbewertung können keine Wissensvorsprünge oder -defizite abgeleitet werden. Sie werden vielmehr als Hintergrundinformation genutzt, zu bewerten, *warum welches umweltorientierte Wissen entwickelt wurde.* Auf dieser Basis wird das Interesse der Benchmarking-Partner an der Beibehaltung und Ergänzung des umweltorientierten Wissens definiert, was Einfluss auf die Diskussion von Kriterien der Marktrelevanz hat.[711]

2. *Kriterien zum impliziten Wissen, das i. R. der Internalisierung zu den Anforderungen von Umweltmanagementsystemen entwickelt wurde (im Weiteren Anforderungskriterien)*

   Benennung des Erfüllungsgrades der Normanforderungen, indem die Umsetzung jedes einzelnen Elements der ISO 14001, EMAS-VO oder des CPC (Umweltpolitik, Umweltziele etc. - vgl. für die einzelnen Konzeptionen Kapitel 3.3.1.2, 3.3.2.2 und 3.3.3.2) untersucht wird.[712] Zur Kategorisierung der Antworten wird auch hier der Mittelwert der Bewertungen genutzt. In Anlehnung an das übliche checklistenbasierte Vorgehen zur Überprüfung des Implementierungsgrades eines Umweltmanagementsystems wird die Bewertung von *Wissensvorsprüngen und -defiziten im impliziten Wissen zu den Normanforderungen* folgendermaßen vorgenommen: Wissensvorsprünge eines Partners werden für Elemente festgestellt, deren Erfüllungsgrad über 50 % beträgt, Wissensdefizite sind dagegen für die Bereiche vorhanden, deren Umsetzung zu weniger als 50 % realisiert wurde oder die sich in der Planung befinden.

   Darüber hinaus gehend ist auch eine quantitative Betrachtungsweise auf Basis von Kennzahlen, die i. R. des Öko-Controllings als Umweltmanagementkennzahlen bezeichnet werden, möglich. Sie umfassen systembewertende Kennzahlen (Systemumsetzung, Recht und Beschwerden, Umweltkosten, Nutzen) und bereichsbewertende Kennzahlen (Schulung/Personal,

---

[710] Vgl. SCHMIDT (2000, S. 50 f.).

[711] In Anlehnung an TUCHER VON SIMMELDSDORF (2000, S. 207-210).

[712] Vgl. auch GÜNTHER; KOTTMANN (1998, S. 84 f.), die Kriterien der Vergabe des ASU-Umweltpreises darstellen. Dazu zählen Anforderungen eines Umweltmanagementsystems nach der EMAS-VO, z. B. in den Bereichen Umweltpolitik, -ziele, -programm, Organisation, Kommunikation, aber auch aus der Beschaffung, Logistik, Produktion, dem Produktmanagement, der Abfallwirtschaft oder Umweltkennzahlen aus den Bereichen Energie, Luft, Wasser, Abfall, Rohstoffe.

Sicherheit/Gesundheit, Beschaffung, Externe Kommunikation).[713] Die Kennzahlen der Benchmarking-Partner sind direkt miteinander zu vergleichen und in eine Reihenfolge zu bringen. Wissensvorsprünge im impliziten Wissen weist der Partner mit der besten Kennzahl, Wissensdefizite derjenige mit der schlechtesten Kennzahl auf. I. R. dieser Arbeit wird kein quantitatives Benchmarking durchgeführt, da die genutzten empirischen Erhebungen nicht die erforderliche Informationen enthalten. Hier besteht weiterer Forschungsbedarf.

3. *Kriterien zur Bewertung der Effizienz der Internalisierung des Wissens zu Umweltmanagementsystemen (im Weiteren Effizienzkriterien)*

   Benennung von Effekten, Problemen, Aufwand, Nutzen, erforderlichen Ressourcen oder Arbeitsmitteln bei der Einführung eines Umweltmanagementsystems. Zu berücksichtigen sind quantifizierbare und nicht quantifizierbare Kriterien. Zu den nicht quantifizierbaren zählen interne und externe Nutzeneffekte bzw. die Schwierigkeiten der Einführung eines Umweltmanagementsystems. Quantifizierbare Kriterien sind der zeitliche, personelle und finanzielle Aufwand bzw. die erzielten ökologischen und ökonomischen Einsparungen des Umweltmanagementsystems.[714] Wie bei den anderen Kriterien erfolgt die Abgrenzung qualitativer Antworten auch hier über die Mittelwerte (z. B. 50 % oder 2,5 Punkte). *Wissensvorsprünge im impliziten Wissen zur Bewertung der Effizienz der Internalisierung des Wissens* besitzt ein Benchmarking-Partner für Kriterien, die über dem Mittelwert, *Wissensdefizite* für Kriterien die unter dem Mittelwert liegen. Die Bewertung quantitativer Antworten erfolgt über einen Kennzahlenvergleich, d. h., dass der Partner mit der besten Kennzahl Wissensvorsprünge, der Partner mit der schlechtesten Kennzahl Wissensdefizite aufweist. Sofern auf Basis der Ergebnisse zu den Effizienzkriterien keine Wissensvorsprünge oder -defizite ableitbar sind, wird die Einschätzung von ausschlaggebenden (über dem Mittelwert liegenden) und weniger wichtigen (unter dem Mittelwert liegenden) Kriterien genutzt, um die *Aussagen zu den Motivations- und Anforderungskriterien zu evaluieren.*[715]

Entsprechend der definierten Kriterien wird deutlich, dass die Ergebnisse der vorliegenden empirischen Studien zur Evaluation der Einführung normkonformer Umweltmanagementsysteme *über einen neuen Aspekt* diskutiert werden. D. h., es wird die Annahme getroffen, dass:

a) die Motive zur Einführung von Umweltmanagementsystemen, Motive zur Internalisierung expliziten Wissens darstellen;

b) Erfahrungen bei der Umsetzung der Normanforderungen als Wissensvorsprünge bzw. -defizite des impliziten Wissens definierbar sind und

c) die positiven bzw. negativen Effekte der Einführung eines Umweltmanagementsystems Effekte der Internalisierung expliziten Wissens darstellen.

Diese Annahmen sind plausibel, da die Einführung und Umsetzung von Umweltmanagementsystemen Wissen erfordert, auf diesem basiert und zu Wissen führt. Die Internalisierung des explizi-

[713] Diese Informationen können z. B. aus Umweltberichten bzw. -erklärungen der Unternehmen erhoben. Vgl. z. B. RAUBERGER (1998, S. 17-37); CLAUSEN (1998b, S. 52-64); DYLLICK; KOLIBIUS (1998, S. 38-51). Hier ist zu beachten, dass die Publikation von Umwelterklärungen nur für EMAS-validierte Unternehmen vorgeschrieben ist, wenn gleich auch verstärkt ISO 14001-zertifizierte Unternehmen freiwillig Umweltberichte herausgeben.

[714] In Anlehnung an POLTERMANN; BERRET (1998, S. 39 f.).

[715] In Anlehnung an BMU; UBA (HRSG.) (2002, S. 19).

ten Wissens reicht im Verständnis dieser Arbeit bis zur erfolgreichen Zertifizierung bzw. Validierung. Wenn damit die Ergebnisse der vorliegenden empirischen Studien hier ausdrücklich unter einem Wissensbezug dargestellt und bewertet werden, wird nicht ausgeschlossen, dass andere Bezüge (z. B. strategische Aspekte wie Differenzierung) möglich sind und parallel dazu eine Rolle spielen. Entsprechend den Zielstellungen dieser Arbeit wird darauf aber nicht eingegangen.

Auf Basis der definierten Motivations-, Anforderungs- und Effizienzkriterien wird gewährleistet, dass nicht nur untersucht wird, *welches implizite Wissen* durch die Internalisierung erworben wurde, sondern auch *aus welchen Gründen* und *mit welchen Ergebnissen* die Internalisierung erfolgte. Im Folgenden wird das explizierte implizite Wissen deutscher, polnischer und tschechischer Unternehmen zur ISO 14001 (vgl. Kapitel 5.2), deutscher Unternehmen zur EMAS-VO (vgl. Kapitel 5.3) und polnischer Unternehmen zum CPC (vgl. Kapitel 5.4) untersucht. Zu Beginn der jeweiligen Kapitel erfolgt eine ausführliche Beschreibung der Datenbasis, danach werden die Analyseergebnisse gegliedert nach Motivations-, Anforderungs- sowie Effizienzkriterien vorgestellt, abschließend Thesen zu den Wissensvorsprüngen und -defiziten abgeleitet sowie deren Marktrelevanz diskutiert.

5.2 Benchmarking von Ursachen, Art und Resultaten der Internalisierung von Wissen zur ISO 14001 im internationalen Maßstab

In Deutschland sind drei Studien bekannt, die sich mit der Analyse der Implementierung der ISO 14001 beschäftigten.[716] Dazu zählen die Studie von POLTERMANN; BERRET aus dem Jahr 1997 (Rücklauf 73 Unternehmen),[717] die Umfrage des BDI; DIHT aus dem Jahr 2000 (Rücklauf 400 Unternehmen)[718] und die vom BUNDESMINISTERIUM FÜR UMWELT, NATURSCHUTZ UND REAKTORSICHERHEIT; UMWELTBUNDESAMT (im Weiteren BMU; UBA) aus dem Jahr 2001 (Rücklauf 565 Unternehmen).[719] Für die Ausführungen in diesem Kapitel wird auf die Studie des BMU; UBA zurückgegriffen, da sie die Aktuellste ist und eine repräsentative Stichprobe umfasst. Die Ergebnisse der Studie liefern Erkenntnisse zu den Motivations-, Anforderungs- und Effizienzkriterien. Auf Grund ihrer Ähnlichkeit zu der BMU; UBA-Studie wird auf die BDI; DIHT-Studie im Weiteren nicht zurückgegriffen, wohl aber auf die Ergebnisse der Studie von POLTERMANN; BERRET, um entsprechend ihres zeitlichen Abstandes zur BMU; UBA-Studie Unterschiede zwischen den Bewertungen berücksichtigen zu können.

In Polen wurden bisher zwei Studien über die Umsetzung der ISO 14001 durchgeführt. Dies sind die Studie von EJDYS aus dem Jahr 1999 (Rücklauf 35 Unternehmen)[720] und von MATUSZAK-FLEJSZMAN aus dem Jahr 2000 (Rücklauf 65 Unternehmen).[721] Beide Studien liefern Informa-

[716] Vgl. zur Übersicht *internationaler* Erhebungen zur Umsetzung der ISO 14001 BMU; UBA (HRSG.) (2002, S. 78-81).
[717] Vgl. POLTERMANN; BERRET (1998).
[718] Die Studie wurde zur Unterstützung der Revision der ISO 14001 durchgeführt. Vgl. BUNDESVERBAND DER DEUTSCHEN INDUSTRIE; DEUTSCHER INDUSTRIE- UND HANDELSTAG (2000).
[719] Die Studie wurde mit dem Ziel durchgeführt, die Erfahrungen deutscher Unternehmen bei der Revision der ISO 14001 mit ein zu bringen. Im Schwerpunkt ging es dabei um die Klarheit und Ergänzungswürdigkeit der bisherigen inhaltlichen Anforderungen der Norm sowie die Kompatibilität zur ISO 9001. Vgl. BMU; UBA (HRSG.) (2002).
[720] Vgl. EJDYS (2001).
[721] Vgl. MATUSZAK-FLEJSZMAN (1999, S. 123-134) sowie MATUSZAK-FLEJSZMAN (2001).

tionen zu den Motivationskriterien, die von MATUSZAK-FLEJSZMAN außerdem zu den Anforderungs- und Effizienzkriterien. Sie werden daher beide gleichermaßen berücksichtigt.
In Tschechien wurde durch das CZECH ENVIRONMENTAL MANAGEMENT CENTRE; CLEANER PRODUCTION CENTRE (im Weiteren CEMC; CPC) eine empirische Studie über die Implementierung von Umweltmanagementsystemen durchgeführt. Die Grundgesamtheit dieser Studie umfasste alle zum Erhebungszeitpunkt 1999 ISO 14001-zertifizierten und nach dem nationalen EMAS-Programm validierten Unternehmen (und damit auch Unternehmen der Pilotprojekte POEMS und PHARE). Zu den Unternehmen, die den Fragebogen beantworteten (Stichprobe 46 Unternehmen), zählten auch Unternehmen, die ein Umweltmanagementsystem nach der EMAS-VO validiert hatten (6 Unternehmen) bzw. deren Umweltmanagementsystem noch nicht zertifiziert (5 Unternehmen) oder validiert (2 Unternehmen) war.[722] Da sich der Rücklauf zu 85 % auf Unternehmen mit einem Umweltmanagementsystem nach der ISO 14001 bezog, wird die Studie als aussagefähig für die Analyse der Umsetzung der ISO 14001 definiert. Die Studie liefert Informationen zu den Motivations- und Effizienzkriterien, nicht zu den Anforderungskriterien. Aus diesem Grund werden die Ergebnisse des POEMS-Projektes (Pollution Prevention and Environmental Management System Consultation Program in Small and Medium-sized Enterprises) ergänzend genutzt, wenngleich dies keine empirische Untersuchung zur Analyse der Umsetzung der ISO 14001 in tschechischen Unternehmen ist. Zielstellung von POEMS war es, in kleinen und mittelständischen Pilotunternehmen die Einführung von Umweltmanagementsystemen nach der ISO 14001 vorzubereiten und - durch die Orientierung auf CP-Maßnahmen i. R. des Umweltmanagementprogramms - effizient zu gestalten.[723] Auf Grund der geringen Stichprobe der POEMS-Teilnehmer (12 Unternehmen), haben diese Projektergebnisse informativen Charakter. Das o. g. PHARE-Projekt diente der „Unterstützung der Einführung des Umweltmanagement- und -auditsystems (EMAS)", so dass diese Ergebnisse hier keine Berücksichtigung finden.[724]

Zu beachten ist, dass in den o. g. Studien i. d. R. keine Branchenbeschränkungen auf das Verarbeitende Gewerbe erfolgte (i. R. des mesoökonomischen Benchmarkings wurde in Kapitel 4.1 eine Eingrenzung der Betrachtung auf das Verarbeitende Gewerbe vorgenommen). Die Untersuchung der Verteilung der Stichproben nach Wirtschaftsbereiche zeigte, dass durch die Studien in Deutschland das Verarbeitende Gewerbe zu jeweils 78 %, in Polen zu 86 % (EJDYS) und 94 % (MATUSZAK-FLEJSZMAN) und in Tschechien zu 67 % (CEMC; CPC) bzw. 33 % (POEMS) berücksichtigt wurde. Damit repräsentieren die Ergebnisse der Studien im Schwerpunkt Antworten von Unternehmen des Verarbeitenden Gewerbes (vgl. für eine zusammenfassende Übersicht der Kennzeichen der verwendeten empirischen Studien die nachfolgende Tabelle 5-1).

---

722 Vgl. ČESKÉ EKOLOGICKÉ MANAŽERSKÉ CENTRUM; CENTRUM PREVENCE ZNEČIŠTĚNÍ (2000, S. 22-24).
723 Vgl. ČESKÉ EKOLOGICKÉ MANAŽERSKÉ CENTRUM; CENTRUM PREVENCE ZNEČIŠTĚNÍ (2000, S. 13).
724 Vgl. PRICEWATERHOUSE COOPERS PRAHA ET AL. (ED.) (2000). Zu den Zielstellungen dieses Projektes gehörten:

- grundlegende Informationen und Schulungen zum EMAS-Programm;
- Durchführung von Pilotprojekten in 13 kleinen und mittelständischen, umweltintensiven bzw. exportierenden Unternehmen zur Einführung eines Umweltmanagementsystems nach der EMAS-VO;
- Erarbeitung eines EMAS-Handbuches mit weiterführenden branchenspezifischen Empfehlungen sowie
- Aufbau eines EMAS-Netzwerkes.

Vgl. ČESKÉ EKOLOGICKÉ MANAŽERSKÉ CENTRUM; CENTRUM PREVENCE ZNEČIŠTĚNÍ (2000, S. 19 f.).

ɔelle 5-1: Kennzeichen empirischer Erhebungen zur Umsetzung der Anforderungen der ISO 14001 in deutschen, polnischen und tschechischen Unternehmen

	Deutschland		Polen		Tschechien	
die	***POLTERMANN; BERRET***	***BMU; UBA****	***EJDYS***	***MATUSZAK-FLEJSZMAN***	***CEMC; CPC***	***POEMS***
tpunkt der rchfüh-g	▪ 1997	▪ 2001	▪ 1999	▪ 2000	▪ 1999	▪ 1999-2000
ındge-ıtheit	▪ 164 Unternehmen	▪ 2.308 Organisationen	▪ 50 Unternehmen	▪ 65 Unternehmen	▪ 107 Unternehmen	▪ 12 Pilotunternehmen
wertbarer :klauf	▪ 73 Unternehmen (45 %)	▪ 565 Organisationen (25 %)	▪ 35 Unternehmen (70 %)	▪ 65 Unternehmen (100 %)	▪ 46 Unternehmen (43 %)	▪ 12 Unternehmen (12 %)
. Verarb. verbe	▪ 57 Unternehmen (78 %)	▪ 443 Unternehmen (78 %)	▪ 31 Unternehmen (86 %)	▪ 61 Unternehmen (94 %)	▪ 31 Unternehmen (67 %)	▪ 4 Unternehmen (33 %)
ıwerpunkte Studie	▪ Zertifizierungsgründe ▪ Unterstützung ▪ Instrumente/Methoden ▪ Aufwand/Nutzen ▪ Bewertung	▪ Anwendungsschwierigkeiten ▪ Entwicklungsbedarf ▪ Kosten/Nutzen ▪ Verbesserungsvorschläge	▪ Einführungsgründe ▪ vorhandene Normelemente ▪ Probleme ▪ Effizienz	▪ Einführungsgründe ▪ Erwartungen ▪ Probleme der Einführung bzw. Normumsetzung ▪ interne/externe Vorteile ▪ direkte/indirekte Kosten	▪ Einführungsgründe ▪ Erwartungen ▪ Unterstützung bei der Umsetzung ▪ Vorteile ▪ Kenntnis und Akzeptanz von EMAS	▪ Schulungen ▪ Beratungen ▪ Implementierung der Normanforderungen nach ISO 14001 ▪ Ausbildung interner Auditoren

R. dieser Studie wurden neben zertifizierten Organisationen auch akkreditierte Zertifizierungsstellen, zertifizierende Umweltgutachter sowie Experten aus Akkreditierungslen, Wirtschaftsverbänden, Gewerkschaften und Umweltverbänden befragt. Dieser Teil der Untersuchung wird ergänzend berücksichtigt.

:lle: Eigene Zusammenstellung nach POLTERMANN; BERRET (1998, S. 112-114), BMU; UBA (HRSG.) (2002, S. 17-27); EJDYS (2001, S. 82); MATUSZAK-:JSZMAN (1999, S. 123) und (2001, S. 202); ČESKÉ EKOLOGICKÉ MANAŽERSKÉ CENTRUM; CENTRUM PREVENCE ZNEČIŠTĚNÍ (2000, S. 13-16); CZECH VIRONMENTAL MANAGEMENT CENTRE (2000, S. 2-12).

Die Benchmarking-Ergebnisse zur Umsetzung der Anforderungen der ISO 14001 werden für deutsche Unternehmen in Kapitel 5.2.1, für polnische Unternehmen in Kapitel 5.2.2 und für tschechische Unternehmen in Kapitel 5.2.3 gegliedert nach Motivations-, Anforderungs- und Effizienzkriterien dargestellt. Aus Vereinfachungsgründen wird im Folgenden einheitlich der Begriff des Unternehmens verwendet und nicht zwischen Organisationen (ISO 14001) und Standorten (EMAS-VO) differenziert.

5.2.1 Kennzeichen des impliziten Wissens aus Sicht der deutschen Unternehmen

Motivationskriterien

Die Gründe für die Einführung der ISO 14001 wurden durch das BMU; UBA grundsätzlich und detailliert nach Einzelmotiven abgefragt. Aus Tabelle 5-2 wird deutlich, dass für die Internalisierung von Wissen zur ISO 14001 für fast alle Unternehmen *interne* Gründe ausschlaggebend waren und bei fast jedem zweiten Unternehmen *externe* Gründe oder Vorgaben durch das Mutterunternehmen vorlagen.

Tabelle 5-2: Relevanz interner, externer Gründe sowie der Vorgaben des Mutterunternehmens für die Einführung der ISO 14001 in deutschen Unternehmen

	BMU; UBA-Studie		
Bewertung	***interne Gründe (%)***	***externe Gründe (%)***	***Vorgabe des Mutterunternehmen (%)***
ja	81	60	48
nein	17	38	51
weiß nicht	2	2	1

Quelle: Eigene Zusammenstellung nach BMU; UBA (HRSG.) (2002, S. 40).

Die Dominanz der internen Gründe spiegelte sich in der Aufschlüsselung nach Einzelmotiven (vgl. Tabelle 5-3) nicht direkt wider, da zu den zwei hauptgenannten Gründen Imageeffekte und Kundenanforderungen zählten, erst danach folgte die umweltorientierte Unternehmensphilosophie. Der Vergleich zu den Ergebnissen der POLTERMANN; BERRET-Studie aus dem Jahr 1997 (vgl. ebenfalls Tabelle 5-3) zeigt, dass sowohl interne (Verbesserung des Umweltschutzes, Organisationsverbesserungen, Ressourcen- und Kosteneinsparungen, Rechtssicherheit) als auch externe Gründe (Imageverbesserungen, Wettbewerbsvorteile) zu den Hauptmotiven für die Einführung der ISO 14001 zählten. Ein weiterer, nicht zu vernachlässigender Grund für die Internalisierung des Wissens stellte damals der Zertifizierungsdruck von Mutterunternehmen oder Kunden dar. I. R. der Untersuchung der Effizienzkriterien (interner/externer Nutzen) ist zu prüfen, in wie weit diese Erwartungen durch das Umweltmanagementsystem tatsächlich erfüllt wurden.

Tabelle 5-3: Motive für die Einführung der ISO 14001 in deutschen Unternehmen

Studie	
BMU; UBA	**POLTERMANN; BERRET**
Motive (%)	***Motive (Punkte)***
über 50 %: k. A.	über 2,5 Punkte* ▪ Umweltschutzverbesserung (4,4) ▪ Image, Marketingaspekte (4,3) ▪ Organisationsverbesserung (4,2) ▪ Wettbewerbsvorteile (3,8) ▪ Ressourceneinsparungen (3,8) ▪ Rechtssicherheit (3,8) ▪ Kosteneinsparungen (3,7) ▪ Zusammenarbeit mit Behörden (3,6) ▪ Haftungsrisiko (3,4) ▪ Wunsch der Muttergesellschaft (3,3) ▪ Versicherungsbedingungen (2,9) ▪ Wunsch der Kundschaft (2,9)
unter 50 %: ▪ Image (z. B. PR, Vorbild, Glaubwürdigkeit, Marketing) (18) ▪ Kundenanforderung (z. B. Markterfordernis, Wettbewerbsvorteile) (16) ▪ verschiedene (14) ▪ Unternehmensphilosophie (z. B. Verantwortung, Nachhaltigkeit) (11) ▪ kontinuierliche Verbesserung (z. B. Systematik, Prozess- und Organisationsverbesserung) (9) ▪ Rechtssicherheit (7) ▪ Internationalität (z. B. Akzeptanz der Norm, weltweite Gültigkeit) (7) ▪ integriertes Managementsystem (z. B. Verknüpfung mit QM u. a.) (6) ▪ Kosteneinsparung (5) ▪ Bestätigung (z. B. Darstellung der Umweltleistung) (4) ▪ EMAS-Bezug (z. B. Ergänzung zur EMAS, Mitnahmeeffekt) (3)	unter 2,5 Punkte: ▪ Kreditvergabe (1,8)

* Bewertung: 1 = unwichtig, 5 = wichtig.

Quelle: Eigene Zusammenstellung nach BMU; UBA (HRSG.) (2002, S. 41); POLTERMANN; BERRET (1998, S. 117).

Die Analyse der Motivationskriterien zeigt, dass implizites Wissen zur ISO 14001 in deutschen Unternehmen aus differenzierten Erwägungen entwickelt wurde. Die hohe Bedeutung und die Art interner Gründe weisen darauf hin, dass betriebswirtschaftliche Motive ein wichtiges Kriterium für die Einführung eines Umweltmanagementsystems waren. Die dazu kommende Relevanz externer Gründe sowie des Wettbewerbsdrucks zeigte, dass auch *Markterfordernisse* für die Implementierung eines Umweltmanagementsystems bestanden. Für die Umsetzung dieser Anforderungen war eine offensive umweltorientierte Unternehmensführung erforderlich. Dies erklärt den i. R. des makroökonomischen Benchmarkings über die relativen Leistungsindikatoren aufgezeigten (vgl. Kapitel 3.3.1.3) sowie die i. R. des mesoökonomischen Benchmarkings für die Branchen des Verarbeitenden Gewerbes bestätigten (vgl. Kapitel 4.3.1) hohen Zertifizierungsstand deutscher Unternehmen.

Anforderungskriterien

Auf Basis der BMU; UBA-Studie liegen Informationen zu den Anforderungskriterien sowohl von den befragten Zertifizierern als auch von den Unternehmen vor. Die Zertifizierer (Stichprobe hier: 20 Unternehmen) wurden nach *kritischen Normabweichungen* befragt, die sie i. R. von Erst-, Überwachungs- und Rezertifizierungsaudits bei den Unternehmen festgestellt haben. Die Unternehmen haben angegeben, zu welchen Normanforderungen *inhaltlicher Klärungsbedarf* besteht.

Kategorisiert nach den Normanforderungen der ISO 14001 (vgl. ausführlich Kapitel 3.3.1.2) hatten die Zertifizierer *kritische Abweichungen*, d. h. kein normkonformes Wissen, in den Bereichen Rechtskonformität (80 % Zustimmung), Umweltaspekte (70 %), Zielsetzungen und Einzelziele (60 %), Umweltmanagementsystemaudit (55 %) und Schulung, Bewusstsein, Kompetenz (50 %) festgestellt. Um welche Abweichungen es sich konkret handelte ist aus Tabelle 5-4 ersichtlich.

Tabelle 5-4: Kritische Abweichungen deutscher Unternehmen von den Anforderungen der ISO 14001

BMU; UBA-Studie	
Normanforderung	***Abweichungsprobleme***
Rechtskonformität	▪ Nichteinhaltung gesetzlicher Anforderungen ▪ unvollständige Zusammenstellung relevanter Umweltgesetze und Vorschriften unzureichende Umsetzung und Kontrolle sowie Regelwerksverfolgung
Umweltaspekte	▪ unvollständige Erfassung, Beschreibung und Bewertung wichtiger Umweltaspekte ▪ fehlender Zusammenhang zwischen wesentlichen Umweltaspekten und der Ablauforganisation
Zielsetzungen und Einzelziele	▪ unzureichende Definition von Zielen ▪ fehlende Berücksichtigung der Umweltpolitik und der relevanten Umweltaspekte ▪ kein kontinuierlicher Verbesserungsprozess erkennbar ▪ fehlende Funktionsfähigkeit des Regelkreises: Politik-Zielsetzung-Programm-Bewertung
Umweltmanagement-systemaudit	▪ Nichtverstehen des Audits als Methode ▪ fehlender Umweltbezug und unzureichende Tiefe des Audits ▪ fehlende Unabhängigkeit des Auditors
Schulung, Bewusstsein, Kompetenz	▪ Nichtdurchführung erforderlicher Schulungen ▪ fehlende Kompetenz und Bewusstsein bei den Mitarbeitern ▪ fehlende Einbeziehung und Motivation der Mitarbeiter

Quelle: Eigene Zusammenstellung nach BMU; UBA (HRSG.) (2002, S. 48).

Die kritischen Abweichungen lassen sich z. T. aus *inhaltlich-methodischen Verständnisproblemen* bezüglich der Normanforderungen, d. h. des expliziten Wissens, erklären, aber nicht ausschließlich, da die Unternehmen (Rücklauf hier: 204 Unternehmen) Klärungsbedarf zum expliziten Wissen für die Bereiche Umweltaspekte (22 %), Ablauflenkung (9 %), Zielsetzungen und Einzelziele (6 %), Bewertung durch die oberste Leitung (6 %) angegeben hatten (vgl. für Detailinformationen zum Klärungsbedarf Tabelle 5-5).[725] Der Klärungsbedarf zu Einzelaspekten des expliziten Wissens der ISO 14001 ist auch mit einem seit längerem bestehenden Forschungsbe-

[725] Vgl. BMU; UBA (HRSG.) (2002, S. 52, 83).

darf in diesen Bereichen verbunden.[726] Es wird deutlich, dass nur für die Umweltaspekte und Zielsetzungen, Einzelziele sowohl kritische Abweichungen, d. h. kein normkonformes Wissen, als auch Unklarheiten mit den Normanforderungen, d. h. dem expliziten Wissen, bestanden.[727] Für die anderen in Tabelle 5-5 genannten kritischen Abweichungen ist ein Umsetzungsproblem, d. h. unzureichendes implizites Wissen (Rechtskonformität, Umweltmanagementsystemaudit sowie Schulung, Bewusstsein, Kompetenz) deutscher Unternehmen festzustellen. Für das Benchmarking des Erfahrungswissens zu den Normanforderungen polnischer und tschechischer Unternehmen ist interessant, ob die Verständnis- und Umsetzungsprobleme die gleichen Bereiche betreffen, oder ob dies, z. B. auf Grund eines schon erfolgten Wissenstransfers, nicht der Fall ist.[728]

Tabelle 5-5: Klärungsbedarf deutscher Unternehmen zu einzelnen Anforderungen der ISO 14001

BMU; UBA-Studie	
Normanforderung	***Klärungsbedarf***
Umweltaspekte	▪ Definition des Begriffs Umweltaspekt und der Methodik für seine Erfassung ▪ Berücksichtigung von Kriterien/Beispielen für zu erfassende Umweltaspekte ▪ Definition, ab wann ein Umweltaspekt Bedeutung hat ▪ Definition der Ausführlichkeit der Beschreibung der Umweltaspekte
Ablauflenkung	▪ Definition von Kriterien, welche Abläufe zu berücksichtigen sind ▪ Berücksichtigung von beispielhaften Beschreibungen relevanter Abläufe
Zielsetzungen und Einzelziele	▪ konkretere Beschreibung des erforderlichen Umfangs der Zielsetzungen ▪ Definition der Abgrenzungen zum Umweltprogramm ▪ Konkretisierung der Anforderung „kontinuierliche Verbesserung", da stetige Verbesserungen abnehmenden Grenznutzen und steigende Grenzkosten haben
Bewertung durch die oberste Leitung	▪ Definition des Umfangs der Bewertung ▪ Definition von Unterschieden zum internen Audit und zur regelmäßigen Überprüfung der Umweltpolitik

Quelle: Eigene Zusammenstellung nach BMU; UBA (HRSG.) (2002, S. 53-59).

Auf Grund der kritischen Abweichungen sowie des Klärungsbedarfs hoben die Unternehmen die Bedeutung eines beschreibenden Leitfadens mit konkretisierenden Beispielen und Kriterien hervor. Allerdings hatten nur 49 % der befragten Unternehmen die Leitfaden-Norm ISO 14004 bei der Einführung ihres Umweltmanagementsystems genutzt.[729] Im Vergleich zum Umsetzungsstand der EMAS-VO in deutschen Unternehmen (Kapitel 5.3.1) ist zu prüfen, ob die einerseits klareren Vorgaben im expliziten Wissen (z. B. zu den i. R. der Umweltbetriebsprüfung sowie der -aspekte zu behandelnden Gesichtspunkten - vgl. auch Kapitel 3.3.2.2) zu geringeren Schwierigkeiten bei der Umsetzung, d. h. Internalisierung dieses Wissens oder die höheren Leistungsanforderungen sowie die (bei der EMAS I) bemängelte schwierige Sprache (vgl. auch dazu Kapitel 3.3.2.2) zu größeren Umsetzungsschwierigkeiten geführt haben. In diesem Zusammenhang ist interessant,

[726] Forschungsbedarf besteht nach STEGER (2000, S. 485) z. B. bezogen auf die:

- Umweltaspekte zur: Systemabgrenzung bei der Quantifizierung der direkten und indirekten Umweltwirkungen oder der Rückverfolgbarkeit der regionalen Umweltprobleme auf die Umweltauswirkung einzelner Unternehmen;
- Umweltziele: zur interdisziplinären Bewertung der Vorteilhaftigkeit alternativer betrieblicher Umweltziele.

[727] Vgl. zu den daraus abgeleiteten Empfehlungen für die Revision der ISO 14001 BMU; UBA (HRSG.) (2002, S. 85-91).

[728] Auf der Mesoebene wurde festgestellt, dass v. a. die polnischen/tschechischen Branchen zertifizierungsintensiv waren, deren (Groß-)Unternehmen Verknüpfungen zu ausländischen Konzernen aufwiesen (vgl. Kapitel 4.3.4 und 4.3.5).

[729] Vgl. BMU; UBA (HRSG.) (2002, S. 50, 62).

dass die BMU; UBA-Befragung ergeben hat, dass ISO 14001-zertifizierte deutsche Unternehmen zusätzliches Wissen entwickelten, da sie weitere Anforderungen wie z. B. die Überprüfung der tatsächlichen Übereinstimmung mit den Umweltvorschriften (ca. 88 % der befragten Unternehmen) und die Erstellung eines Umweltberichtes (ca. 78 %) umsetzten. Ca. 76 % der befragten Unternehmen befürworteten eine Übernahme der „Legal Compliance Prüfung", ca. 52 % die Erstellung eines Umweltberichtes als Normanforderung in die ISO 14001, d. h. eine Erweiterung des expliziten Wissens. Unter Berücksichtigung, dass ca. 51 % der befragten Unternehmen auch nach der EMAS-VO validiert waren,[730] heißt dies, dass die höheren Leistungsanforderungen der EMAS-VO für deutsche Unternehmen nicht grundsätzlich als Hemmnis für die Internalisierung des Wissens anzusehen sind. Dies zeigt, dass die Bewertungen des makroökonomischen Benchmarkings differenziert werden müssen, d. h. dass andere Faktoren, wie z. B. der unpraktikable Standortbezug oder die regional beschränkte Gültigkeit der Verordnung, größeren Einfluss auf die geringe Akzeptanz der Verordnung i. Vgl. zur ISO 14001 hatten (vgl. Kapitel 3.3.2.3).

Die über die Analyse der Anforderungskriterien aufgezeigte Dichotomie von Verständnis- und Umsetzungsproblemen bei Erfüllung der Anforderungen der ISO 14001 zeigt, dass die unzureichende Umsetzung der Normanforderungen sowohl aus dem unverständlichen expliziten Wissen zur ISO 14001 (Verständnisprobleme) als auch aus unzureichendem impliziten Wissen (Umsetzungsprobleme) resultierte.

Effizienzkriterien

Auf Basis der BMU; UBA-Studie sowie durch Ergänzungen der POLTERMANN; BERRET-Studie sind zu den Effizienzkriterien Aussagen über grundsätzliche Nutzeneffekte, Schwierigkeiten, dem zeitlichen und finanziellen Aufwand sowie den ökonomischen und ökologischen Einsparungen der Internalisierung des Wissens zur ISO 14001 möglich.

Aus Tabelle 5-6 wird deutlich, dass für die vom BMU; UBA befragten Unternehmen der größte Nutzen der Internalisierung des Wissens im *internen Bereich* (verbesserte Organisation/Dokumentation, erhöhte Rechtssicherheit, Kosteneinsparungen) lag. Imageverbesserungen (externer Bereich) zählten zwar auch zu den wichtigsten positiven Effekten, bezogen auf die Erwartungen (vgl. Tabelle 5-3) bestanden aber deutliche Abweichungen. Diese verstärkten sich bei weiteren, externen Effekten (z. B. Markteffekte, Wettbewerbsvorteile/Standortsicherung). Zwar blieb grundsätzlich der tatsächlich von den Unternehmen empfundene Nutzen hinter ihren Erwartungen zurück, die größten Abweichungen betrafen aber die beiden letztgenannten Bereiche.

Der Vergleich zu den Ergebnissen der POLTERMANN; BERRET-Studie zeigt, dass auch 1997, d. h. bei den Pionierunternehmen der ISO 14001-Umsetzung, interne Effekte (Verbesserung der Organisation sowie des Umweltschutzes, Erhöhung der Mitarbeitermotivation und der Rechtssicherheit) sowie die Imageverbesserung zu den meistgenannten Effekten zählten. Auch aus dieser Studie wurde deutlich, dass die tatsächlichen Effekte hinter den Erwartungen zurückblieben. Die

[730] Vgl. BMU; UBA (HRSG.) (2002, S. 36, 65 f.).

größten Abweichungen betrafen damals gleichermaßen externe (Wettbewerbsvorteile, Image) wie interne (Ressourceneinsparungen, Kostensenkungen) Bereiche.

Auf Basis der Bewertungen beider Studien wird festgestellt, dass aktuell die durch die Unternehmen empfundenen größten Abweichungen zwischen Erwartungen und Effekten der Internalisierung des Wissens zur ISO 14001 im externen Bereich lagen. Dies bedeutet, dass den Unternehmen - nach einem Time-lag - die Innenwirkung der Umsetzung des Umweltmanagementsystems bewusster geworden ist. Dieses Ergebnis ist Voraussetzung dafür, dass interne Gründe weitere Unternehmen für die Internalisierung von Wissen zu einem normkonformen Umweltmanagementsystem motivier(t)en. Die Analyse zeigte weiterhin, dass die Außenwirkung der Wissensinternalisierung zur ISO 14001 nicht den Erwartungen gerecht wird. DYLLICK begründet dies damit, dass schon im expliziten Wissen - und somit auch in dessen praktischer Umsetzung - strategische Komponenten, wie z. B. Forderungen zur Orientierung auf Märkte, Kunden, Konkurrenz, vernachlässigt wurden.[731] Dies kann dazu führen, dass die Relevanz externer Gründe zur Einführung der ISO 14001 sinkt. In diesem Zusammenhang ist zu beachten, dass der Druck von Mutterunternehmen und Kunden zur Internalisierung von Wissen zur ISO 14001 einerseits hoch war (vgl. Tabelle 5-3), andererseits die erfolgte Zertifizierung die Wettbewerbsfähigkeit nicht ausreichend beeinflusste (vgl. Tabelle 5-6). Dies weist darauf hin, dass der Nachweis von Umweltmanagementsystemstandards über eine Zertifizierung als ein selbstverständliches Markterfordernis angesehen wird und über diesen Mechanismus externe Gründe die Internalisierung von Wissen zur ISO 14001 weiter bestimmen werden. Es ist zu prüfen, ob diese Bewertung auch für polnische und tschechische Unternehmen zutrifft.

---

[731] DYLLICK (2000, S. 65-68) bzw. (1999, S. 127) zeigt, dass der Einsatz eines Umweltmanagementsystems zur Erfüllung unterschiedlicher strategischer Ziele dienen kann und differenziert in Abhängigkeit des Strategiebezuges (Gesellschaft, Markt) und Ansatzpunktes (intern, extern) fünf Umweltmanagementsystemtypen, aber nur vier strategische Umweltmanagementsystemausrichtungen. Keinem Feld kann ein Unternehmen zugeordnet werden, wenn es ein Umweltmanagementsystem als Teil des Managementsystems ohne strategische Ausrichtung, sondern insbesondere zur Systematisierung der Strukturen und Abläufe, aufbaut. Bei strategischer Orientierung lassen sich folgende Umweltmanagementsystemtypen unterscheiden:

a) *Auditierung* (interner Ansatzpunkt, gesellschaftsbezogener Strategiebezug), d. h. mit Einführung eines Umweltmanagementsystems stehen Rechtssicherheit, Risikovorsorge zur Marktabsicherung im Vordergrund (z. B. umweltintensive Branchen). Maßnahmen: Notfallvorsorge, Schulung, Ablauflenkung, Dokumentation, Überwachung, Auditierung.

b) *Controlling* (interner Ansatzpunkt, marktbezogener Strategiebezug); d. h. mit der Einführung eines Umweltmanagementsystems stehen die Erzielung von Kostensenkungspotenzialen durch Prozessoptimierung und Orientierung auf klassische Umweltbereiche im Vordergrund. Maßnahmen: Stoffflussanalysen, Ökobilanzen, Umweltkostenrechnung.

c) *Public Relations* (externer Ansatzpunkt, gesellschaftsbezogener Strategiebezug), d. h. mit der Einführung eines Umweltmanagementsystems stehen Image- und Vertrauensbildung im Vordergrund (z. B. Banken, Fluggesellschaften, Anbieter regenerativer Energien). Maßnahmen: Kommunikation, Zusammenarbeit mit Anspruchsgruppen, PR.

d) *Marketing* (externer Ansatzpunkt, marktbezogener Strategiebezug), d. h. Sicherung der Marktposition oder Differenzierung hinsichtlich Produkte/Leistungen stehen im Vordergrund (z. B. Lebensmittel, Textilien, Verkehr, Energie). Maßnahmen: Marktforschung, Konkurrenzanalyse, Produkt- oder Sortimentsentwicklung, Werbung.

Tabelle 5-6: Effekte der ISO 14001 in deutschen Unternehmen i. Vgl. zu ihren Erwartungen

Studie			
BMU; UBA		**POLTERMANN; BERRET**	
Nutzen [*]		***Verbesserungen/Erleichterungen***	
erzielter Nutzen:Erwartungen (Punkte)	*Abweichung (Punkte)*	*Verbesserungen:Einführungsgründe (Punkte)*	*Abweichung (Punkte)*
unter 2 Punkte: [**]		über 2,5 Punkte: [***]	
▪ verbesserte Organisation/Dokumentation (1,3:1,2)	-0,1	▪ Verbesserung Organisation (4,1:4,2)	-0,1
		▪ Verbesserung Umweltschutz (3,9:4,4)	-0,5
▪ erhöhte Rechtssicherheit (1,4:1,2)	-0,2	▪ Image (3,6:4,3)	-0,7
▪ Kosteneinsparung (1,7:1,3)	-0,4	▪ Mitarbeitermotivation (3,6:k. A.)	k. A.
▪ Imageverbesserungen (1,7:1,3)	-0,4	▪ Rechtssicherheit (3,5:3,8)	-0,3
▪ Anlagensicherheit (1,7:1,7)	0,0	▪ Zusammenarbeit mit Behörden (3,0:3,6)	-0,6
▪ Ressourcenschonung (1,7:1,5)	-0,2		
▪ Optimierung von Prozessabläufen (1,7:1,6)	-0,1	▪ Haftungsrisiko (3,0:3,4)	-0,4
		▪ Kosteneinsparungen (2,9:3,7)	-0,8
▪ Mitarbeitermotivation (1,8:1,5)	-0,3	▪ Ressourceneinsparungen (2,8:3,8)	-1,0
		▪ Wettbewerbsvorteile (2,6:3,8)	-1,2
über 2 Punkte:		unter 2,5 Punkte:	
▪ verbesserte Behördenkooperation (2,1:1,7)	-0,4	▪ Versicherungsbedingungen (2,3:2,9)	-0,6
		▪ Kreditvergabe (1,6:1,8)	-0,2
▪ Vorbildwirkung bei Lieferanten (2,1:1,7)	-0,4		
▪ positive Markteffekte (2,2:1,6)	-0,6		
▪ Wettbewerbsvorteile, Standortsicherung (2,2:1,7)	-0,5		
▪ Nutzung öffentlicher Fördergelder (2,7:2,5)	-0,2		
▪ günstigere Versicherungen/Kredite (2,7:2,3)	-0,4		

[*] Da in der Studie die Punktverteilung nur graphisch und nicht zahlenmäßig vorlag, wurde die Höhe der Punkte geschätzt. [**] Bewertung: 1 = ja, 2 = teils/teils, 3 = nein; [***] Bewertung: 1 = keine Verbesserung/Erleichterung, 5 = große Verbesserung/Erleichterung.

Quelle: Eigene Zusammenstellung nach BMU; UBA (HRSG.) (2002, S. 42); POLTERMANN; BERRET (1998, S. 130 f.).

Den Vorteilen standen auch Probleme bei der Internalisierung des Wissens gegenüber. In der BMU; UBA-Studie wurden die Unternehmen differenziert nach den Schwierigkeiten des Aufbaus sowie der Aufrechterhaltung des Umweltmanagementsystems befragt. Die größten Schwierigkeiten wurden in beiden Bereichen durch den hohen Personal-, Zeit-, Dokumentations- und Verwaltungsaufwand ausgelöst, wobei er sich bei der Aufrechterhaltung des Systems i. Vgl. zur Implementierung verringerte (vgl. Tabelle 5-7). Diese Probleme resultierten aus der *Komplexität* (Personal-, Zeitaufwand) und den *Ansprüchen* der Normanforderungen, d. h. des expliziten Wissens. Die weiteren Schwierigkeiten weisen auf die i. R. der Anforderungskriterien erarbeiteten Umsetzungs- und Verständnisprobleme der Unternehmen hin, da sie in fehlenden Bewertungs- bzw. Analysemethoden und unklaren Normformulierungen bestanden. Eine Evaluation dieser Aussagen durch die POLTERMANN; BERRET-Studie ist nicht möglich.

Tabelle 5-7: Schwierigkeiten deutscher Unternehmen beim Aufbau und der Aufrechterhaltung des Umweltmanagementsystems nach der ISO 14001

BMU; UBA-Studie
Schwierigkeiten bei Aufbau:Aufrechterhaltung (Punkte)
unter 2 Punkte:**
▪ hoher Personal- und Zeitaufwand (1,6:2,0)
▪ hoher Dokumentations- und Verwaltungsaufwand (1,6:1,9)
über 2 Punkte:
▪ fehlende Analyse- und Bewertungsmethoden (2,1:2,3)
▪ Schwierigkeiten der Einbindung aller relevanten Mitarbeiter (2,1:2,1)
▪ unklare Anforderungen im ISO 14001-Normtext (2,2:2,4)
▪ hoher Aufwand für vom Umweltmanagementsystem ausgelöste Umweltschutzmaßnahmen (2,3:2,4)
▪ schwierige Integration in bestehende Systeme (2,5:2,5)

* Da in der Studie die Punktverteilung nur graphisch und nicht zahlenmäßig vorlag, wurde die Höhe der Punkte geschätzt. **
Bewertung: 1 = ja, 2 = teils/teils, 3 = nein
Quelle: Eigene Zusammenstellung nach BMU; UBA (HRSG.) (2002, S. 45).

Zu den mit der Einführung der ISO 14001 und somit der Internalisierung des Wissens verbundenen Kosten liegen über beide Studien Angaben mit unterschiedlichem Detaillierungsgrad vor. Zunächst wurde in beiden Studien der durchschnittliche zeitliche Aufwand für die Einführung des Umweltmanagementsystems abgefragt. I. R. der BMU; UBA-Studie (vgl. Tabelle 5-8) gaben insgesamt 65 % der befragten Unternehmen an, für die Umsetzung der ISO 14001 einen *zeitlichen Aufwand* von bis zu einem Jahr benötigt zu haben. Im Durchschnitt war in den Unternehmen vom Entschluss zur Beteiligung an der ISO 14001 bis hin zur Zertifizierung ein durchschnittlicher Zeitaufwand von 13 Monaten notwendig, für die Aufrechterhaltung des Systems wurde mit einem zeitlichen Aufwand von durchschnittlich 3 Monaten/Jahr gerechnet. Der zeitliche Aufwand kann sich dabei auf eine vollständig mit dem Umweltmanagementsystem beschäftigte Person oder auf mehrere teilweise damit beschäftigte Personen beziehen. Die schon erwähnten 51 % auch EMAS-validierten Unternehmen gaben dafür einen Zeitaufwand von 14 Monaten an.[732] Der Vergleich zeigt, dass es sich, bei höheren Leistungsanforderungen der EMAS-VO (explizites Wissen), um einen vergleichsweise geringen zusätzlichen Zeitaufwand der Internalisierung dieses Wissens gehandelt hat. Durch die Analyse des explizierten impliziten Wissens der EMAS-VO in deutschen Unternehmen sind diese Angaben zu evaluieren, d. h. zu prüfen, ob der geringere zusätzliche Zeitaufwand z. B. dadurch zu erklären ist, dass über die parallele Einführung von Umweltmanagementstandards Synergieeffekte bei der Wissensentwicklung auftreten oder ob der Zeitaufwand für die Umsetzung der Anforderungen der EMAS-VO tatsächlich mit dem für die ISO 14001 fast vergleichbar ist (vgl. dazu Kapitel 5.3.1 - Effizienzkriterien).

Nach der Studie von POLTERMANN; BERRET (vgl. ebenfalls Tabelle 5-8) hatten 68 % der befragten Unternehmen den zeitlichen Aufwand mit bis zu einem Mannjahr angegeben, wobei mit zunehmender Unternehmensgröße ein steigender zeitlicher Personalaufwand nachgewiesen wurde.[733] Der Vergleich der prozentualen Verteilung der Antworten der Unternehmen in beiden Studien zeigt, dass der Anteil der Unternehmen, die einen zeitlichen Aufwand von über 2 Jahren benötigten, nach der BMU, UBA-Studie geringer war, als nach der POLTERMANN; BERRET-

[732] Vgl. BMU; UBA (HRSG.) (2002, S. 36).
[733] Vgl. POLTERMANN; BERRET (1998, S. 125).

Studie. Das weist darauf hin, dass mit zunehmendem Implementierungsgrad der ISO 14001 durch deutsche Unternehmen und somit mit steigendem Erfahrungswissen, das über Berichte, Tagungen und Leitfäden expliziert wurde (vgl. dazu Kapitel 2.4.1), der zeitliche Aufwand sinkt.

Tabelle 5-8: Zeitlicher Aufwand für die Einführung der ISO 14001 in deutschen Unternehmen

Studie							
BMU; UBA				**POLTERMANN; BERRET**			
geschätzte Mannjahre (% Unternehmen)							
bis 0,5	*bis 1*	*bis 2*	*über 2*	*bis 0,5*	*bis 1*	*bis 2*	*über 2*
20	45	31	4	28	40	19	13

durchschnittlicher Zeitaufwand	
für die:	*in Mannmonaten*
Einführung des Umweltmanagementsystems	13
Aufrechterhaltung des Umweltmanagementsystems	3

Quelle: Eigene Zusammenstellung nach BMU; UBA (HRSG.) (2002, S. 43); POLTERMANN; BERRET (1998, S. 125).

Während zu dem mit der Umsetzung der ISO 14001 verbundenen finanziellen Aufwand und den Effekten aus der BMU; UBA-Studie durchschnittliche Angaben für die Kosten der Systemeinführung und die erzielten Einsparungen vorlagen, hatten POLTERMANN; BERRET die Kosten der Zertifizierung, die laufenden jährlichen Kosten und Investitionskosten sowie die bisher erzielten Einsparungen nach Kategorien differenziert.[734]

Nach der BMU; UBA-Studie (vgl. Tabelle 5-9) waren mit der Internalisierung des Wissens zur ISO 14001 *durchschnittliche Kosten* in Höhe von 272.000 DM verbunden, denen *Einsparungen* in Höhe von 170.000 DM gegenüberstanden. Die Kosten setzen sich zusammen aus Kosten für externe Beratung, Schulung-, Informations- und Auditierungskosten sowie Investitionskosten. Bezogen auf die Einzelpositionen waren die durchschnittlich erzielten Einsparungen zwar höher als die durchschnittlichen Kosten für externe Beratung, Schulungen, Informationen und die Auditierung, aber geringer als die durchschnittlichen Investitionskosten. Hieraus kann nicht abgeleitet werden, dass die mit der Einführung eines Umweltmanagementsystems verbundenen Kosten höher als die Einsparungen sind, da z. B. die Investitionskosten differenziert werden müssten, in Investitionen die ausschließlich aus Umweltinvestitionen resultieren und Investitionen, die auch der Instandhaltung oder Prozessoptimierung dienen. Weiterhin kann nicht geschlussfolgert werden, dass die Einsparungen immer zumindest die Kosten für externe Beratung, Schulungen, Informationen und Auditierung decken, da für diese Aussage ebenfalls eine Differenzierung notwendig wäre, ob die Einsparungen ausschließlich aus dem eingeführten Umweltmanagementsystem oder auch aus zeitgleichen organisatorischen und prozessualen Veränderungen resultierten.

[734] Hier ist zu beachten, dass die Investitionskosten nicht zwingend durch ein Umweltmanagementsystem ausgelöst werden müssen, sondern i. d. R. rechtliche, wirtschaftliche oder technologische Ursachen haben. Vgl. BMU; UBA (HRSG.) (2002, S. 44).

Tabelle 5-9: Durchschnittliche Kosten und Einsparungen bei der Einführung der ISO 14001 in deutschen Unternehmen

BMU; UBA-Studie	
Kosten der Systemeinführung	***durchschnittliche Höhe (DM)***
▪ Kosten der externen Beratung	42.000
▪ Schulungs-, Informations-, Auditierungskosten	45.000
▪ Investitionen in Sachanlagen	185.000
Einsparungen (Stichprobe: 82 Unternehmen)	170.000

Quelle: Eigene Zusammenstellung nach BMU; UBA (HRSG.) (2002, S. 44).

Ergänzend zu den Angaben der BMU; UBA-Studien werden die Ergebnisse der POLTERMANN; BERRET-Studie gezeigt, da sie einen Eindruck darüber geben, nach welchen Kostenkategorien sich die Kostenarten verteilen und welchen Zusammenhang es zwischen der Höhe der Kosten und der Unternehmensgröße gibt. Nach der POLTERMANN; BERRET-Studie (vgl. Tabelle 5-10) hatten 60 % der Unternehmen bis zur Zertifizierung Kosten zwischen 50.000-100.000 DM (Stichprobe hier: 62 Unternehmen). Es konnte dabei gezeigt werden, dass die Kosten mit zunehmender Unternehmensgröße gestiegen sind. Der jährliche Folgeaufwand wurde von 80 % der Unternehmen zwischen 10.000-50.000 DM eingeordnet (Stichprobe hier: 65 Unternehmen). Auch hier wurde ein Zusammenhang zwischen steigenden Kosten bei steigender Unternehmensgröße nachgewiesen. Die Zertifizierung löste in 68 % der Unternehmen (Stichprobe hier: 50 Unternehmen) Investitionen zwischen 50.000 und 100.000 DM aus.[735]

Tabelle 5-10: Einführungs-, laufende und Investitionskosten deutscher Unternehmen bei der Umsetzung der ISO 14001

POLTERMANN; BERRET-Studie					
Zertifizierungskosten in DM	***Anteil Unternehmen in %***	***laufende jährliche Kosten in DM***	***Anteil Unternehmen in %***	***Investitionskosten in DM***	***Anteil Unternehmen in %****
bis 20.000	8	bis 5.000	9	bis 50.000	40
bis 50.000	34	bis 10.000	29	bis 100.000	28
bis 100.000	26	bis 20.000	22	bis 200.000	12
bis 200.000	19	bis 50.000	29	bis 500.000	16
bis 500.000	11	bis 100.000	9	über 500.000	6
über 500.000	2	über 100.000	2		

*Anmerkung: Die Angaben summieren sich durch Rundungsfehler in der Originalquelle nicht auf 100 %.
Quelle: Eigene Zusammenstellung nach POLTERMANN; BERRET (1998, S. 126-128).

POLTERMANN; BERRET haben des Weiteren nicht nur die ökonomischen, sondern auch die mengenmäßigen Einsparungen abgefragt (vgl. Tabelle 5-11 und Tabelle 5-12). Danach hatten 75 % der Unternehmen (Stichprobe hier: 49 Unternehmen) Einsparungen zwischen 20.000 und 100.000 DM und sogar 20 % von über 200.000 DM durch die Einführung eines Umweltmanage-

[735] Vgl. POLTERMANN; BERRET (1998, S. 126-128).

mentsystems erzielt. Eine Bewertung der Kosten-Nutzen-Relationen wird aus den o. g. Gründen auch hier nicht vorgenommen.

Tabelle 5-11: Durch die ISO 14001 erzielte Kostensenkungen in deutschen Unternehmen

	POLTERMANN; BERRET-Studie
bisher erzielte Einsparungen	***Anteil Unternehmen in %***
bis 20.000 DM	37
bis 50.000 DM	22
bis 100.000 DM	16
bis 200.000 DM	4
über 200.000 DM	20

* Anmerkung: Die Angaben summieren sich durch Rundungsfehler in der Originalquelle nicht auf 100 %.
Quelle: Eigene Zusammenstellung nach POLTERMANN; BERRET (1998, S. 128).

18 % der befragten Unternehmen gaben an, bisher keine mengenmäßigen Einsparungen erzielt zu haben, was daraus zu begründen ist, dass Einsparungen die aus der Internalisierung des Wissens zur ISO 14001 resultieren erst nach einem mittel- bis langfristigen Zeitraum quantifizierbar sind. Bei Betrachtung der bewertbaren mengenmäßigen Effekte ist ersichtlich, dass die Kostensenkungen aus Verringerungen v. a. der Bereiche Abfall, Wasser/Abwasser und Energie resultierten. Hier fehlen quantitative Angaben zur tatsächlich erzielten Umweltleistung. Die Konzentration auf diese Maßnahmenbereiche ist rational, da i. d. R. kurzfristige Amortisationszeiträume realisiert werden können. HAMSCHMIDT schreibt daher Umweltmanagementsystemen zu Beginn ihrer Implementierung eine operative Funktion zum Zwecke der Kostensenkung und Rationalisierung zu.[736] Zu beachten ist aber, dass ab einem bestimmten Umweltschutzniveau der Grenznutzen der Umweltentlastung bei steigenden Grenzkosten sinkt (vgl. auch Kapitel 4.2). Angaben über die Effekte produkt-, prozess-, organisationsbezogener u. a. Maßnahmen fehlen.[737]

Tabelle 5-12: Durch die ISO 14001 erzielte Verringerungen des Umweltverbrauchs in deutschen Unternehmen

	POLTERMANN; BERRET*
Bewertung	***durchschnittliche mengenmäßige Einsparungen (Punkte)***
über 2,5 Punkte:**	▪ Abfall (3,6) ▪ Wasser/Abwasser (3,5) ▪ Energie (3,3) ▪ Gefahrstoffe (2,5)
unter 2,5 Punkte	▪ Rohstoffe (2,4) ▪ Emissionen (2,3)

* Die Angaben beziehen sich nur auf Unternehmen des Verarbeitenden Gewerbes. ** Bewertung: 1 = keine Einsparungen, 5 = große Einsparungen.
Quelle: Eigene Zusammenstellung nach POLTERMANN; BERRET (1998, S. 130).

Die Analyse des personellen, zeitlichen und finanziellen Aufwandes sowie der erzielten Einsparungen zeigte zwar, dass durch deutsche Unternehmen *Quantifizierungen zur Bestimmung der*

[736] Vgl. HAMSCHMIDT (1998, S. 47).
[737] In Anlehnung an JÄGER; WELLHAUSEN; BIRKE; SCHWARZ (1999, S. 65, 76, 79 f.).

tatsächlichen Be- bzw. Entlastungen, die aus der Internalisierung des Wissens zur ISO 14001 resultieren, *vorgenommen* wurden. *Weiterführende betriebswirtschaftliche Bewertungen*, die sich auf die Verknüpfung des Aufwandes und der Einsparungen, z. B. zur Ermittlung der Amortisationsdauer beziehen, konnten *nicht* ermittelt werden.

5.2.2 Weitere Charakteristika des Erfahrungswissens in Bezug auf polnische Unternehmen

Motivationskriterien

In beiden polnischen Studien wurden Einzelgründe für die Internalisierung des Wissens zur ISO 14001 abgefragt. Auch hier lagen die Motive im *internen* (Teil der Unternehmensstrategie, kontinuierliche Verbesserung) und *externen* (Imageverbesserungen, Konkurrenzdruck) Bereich und unterschieden sich daher nicht von denen deutscher Unternehmen. Aus der Studie von MATUSZAK-FLEJSZMAN, die eine größere Anzahl von Einzelmotiven abgefragt hat, ist ersichtlich, dass neben dem Konkurrenzdruck auch der Kundendruck sowie verbesserte Exportmöglichkeiten für jeweils 30 % der befragten Unternehmen eine Ursache für die Beteiligung an der ISO 14001 darstellten (vgl. Tabelle 5-13). Wie für deutsche Unternehmen spielte der Zertifizierungsdruck auch für polnische Unternehmen eine Rolle, wobei dieser national oder international ausgeprägt sein konnte, da keine Informationen über die Art des Konkurrenzdruckes vorlagen.

Tabelle 5-13: Motive für die Einführung der ISO 14001 in polnischen Unternehmen

	EJDYS-Studie	**MATUSZAK-FLEJSZMAN-Studie**
Bewertung	***Motive (%)***	
über 50 %	▪ Imageverbesserungen (92) ▪ kontinuierliche Umweltverbesserungen (67)	▪ Teil der Unternehmensstrategie (92) ▪ Schutz der Umwelt (71) ▪ Verbindung mit dem vorhandenen Qualitätsmanagementsystem (68) ▪ Konkurrenzdruck (60)
unter 50 %	▪ externe Empfehlungen (38) ▪ erwarteter ökonomischer Nutzen (33)	▪ kontinuierliche Verbesserung (41) ▪ Kundendruck (30) ▪ verbesserte Exportmöglichkeiten (30) ▪ Verbesserung des Marktanteils (20) ▪ Druck von Kooperationspartnern (8)

Quelle: Eigene Zusammenstellung nach EJDYS (2001, S. 84 f.); MATUSZAK-FLEJSZMAN (1999, S. 124).

EJDYS hat über die Motive hinausgehend Ursachen für das geringe Interesse an der Internalisierung von Wissen zur ISO 14001 (i. Vgl. zum Interesse an der ISO 9000) ermittelt. Die Antworten weisen auf einen wichtigen Aspekt hin, der i. R. der Effizienzkriterien sowie bei der Analyse des Erfahrungswissens zur ISO 14001 in Tschechien (vgl. Kapitel 5.2.3) noch ausführlichere Beachtung finden wird. Für jedes zweite Unternehmen war das Umweltschutzproblem eine zweitrangige Fragestellung bzw. wurden mit der Einführung der ISO 14001 zu hohe Kosten und ein zu geringer Nutzen verbunden (vgl. Tabelle 5-14). Beide Antworten können im Zusammenhang gesehen werden. I. R. des GEMS Polen wurde festgestellt, dass für viele Unternehmen die *schwierige wirtschaftliche Lage* die Ursache dafür darstellte, kein Umweltmanagementsystem einzuführen.[738] D. h., dass die Bewältigung wirtschaftlicher Herausforderungen (Sicherung des Unternehmens, Durchführung betrieblicher Umstrukturierungen, Neuplazierung auf dem Markt u. ä.) die Beschäftigung mit darüber hinausgehenden Anforderungen hemmt. Die Internalisierung des Wissens zu einem normkonformen Umweltmanagementsystem wird nicht als effizienzbefördernd, d. h. als Hilfsmittel zur Bewältigung der wirtschaftlichen Herausforderungen eingeschätzt. I. R. der Effizienzkriterien ist zu untersuchen, ob diese Einschätzung auf einem Ungleichgewicht zwischen Kosten-Nutzen oder einer unzureichenden Quantifizierung der Kosten-Nutzen-Effekte beruht.

Tabelle 5-14: Ursachen für das geringe Interesse polnischer Unternehmen an der ISO 14001

	EJDYS-Studie
Bewertung	***Ursachen für geringes Interesse (%)***
über 50 %	▪ keine staatlichen Anreize (75) ▪ Umweltschutzproblem ist zweitrangig (58) ▪ zu hohe Kosten, zu geringer Nutzen (50)
unter 50 %	▪ geringes Umweltbewusstsein der Unternehmensleitung (33) ▪ konservative Haltung der Unternehmensleitung (21) ▪ kein Interesse an Umweltfragen (11) ▪ Schwierigkeiten bei der Interpretation der Norm (6)

Quelle: Eigene Zusammenstellung nach EJDYS (2001, S. 90).

Die Analyse der Motivationskriterien zeigte, dass für polnische Unternehmen gleichermaßen wie für deutsche Unternehmen interne und externe Gründe ausschlaggebende Faktoren für die Internalisierung des Wissens zur ISO 14001 waren. Die Art der internen Gründe machte nicht deutlich, dass es sich hier um betriebswirtschaftlich motivierte Ursachen im Sinne der Ausschöpfung von Kostensenkungspotenzialen oder Umsatzerhöhungen handelte, vielmehr waren wirtschaftliche Schwierigkeiten die Ursache für ein geringes Interesse polnischer Unternehmen an der ISO 14001. Dies ist ein Grund für den i. R. des makroökonomischen Benchmarkings über die relativen Leistungsindikatoren aufgezeigten geringeren Einführungsgrad der ISO 14001 i. Vgl. zu Tschechien (vgl. Kapitel 3.3.1.3). Der aber auch bestehende Druck von der Konkurrenz, den Kunden sowie Exportpartnern zeigte, dass auch für polnische Unternehmen die Internalisierung des Wissens zur ISO 14001 ein wichtiges *Markterfordernis* ist. Unter Berücksichtigung des geringeren Implementierungsgrades ergeben sich hier besondere Aufholerfordernisse.

Anforderungskriterien

Informationen zu den Anforderungskriterien liegen auf Basis beider polnischer Studien vor. Entsprechend der formulierten Fragestellung nach den Problemen der Unternehmen bei der Implementierung einzelner Anforderungen der ISO 14001 können hier aber nur Aussagen zu Umsetzungsproblemen gemacht werden, über deren Vergleich mit den Antworten deutscher Unternehmen (vgl. dazu Kapitel 5.2.1 - Anforderungskriterien) Hinweise zu inhaltlich-methodischen Verständnisproblemen der polnischen Unternehmen abgeleitet werden.

[738] Vgl. PISKORSKI (2002, S. 241).

EJDYS hat festgestellt, dass die Unternehmen Schwierigkeiten bei der Bestimmung und Analyse der Umweltaspekte (46 %), hinsichtlich des Umweltbewusstseins der Mitarbeiter und Führungskräfte (46 %) sowie der Erarbeitung der Dokumentation (33 %) hatten, wobei keine der Bewertungen die 50 % Grenze überschritten hat (vgl. Tabelle 5-15). Externe Beratungen wurden den Schwierigkeiten entsprechend für die Internalisierung des Wissens zu den Normanforderungen zu den Umweltaspekten und der Dokumentation sowie für Schulungen in Anspruch genommen.[739]

Tabelle 5-15: Probleme polnischer Unternehmen bei der Umsetzung einzelner Anforderungen der ISO 14001

Studie	
EJDYS	**MATUSZAK-FLEJSZMAN**
Probleme (%)	***Probleme (Punkte)***
über 50 %: -	über 2,5 Punkte: ▪ Identifikation und Beurteilung der Auswirkungen auf die Umwelt (3,2) ▪ Erstellung der Dokumentation (2,9) ▪ Ablauflenkung (2,8) ▪ Entwicklung des Umweltprogramms (2,6) ▪ Festlegung der Ziele und Aufgaben (2,5)
unter 50 %: ▪ Bestimmung und Analyse der Umweltaspekte (46 %) ▪ Umweltbewusstsein der Mitarbeiter und Führungskräfte (46 %) ▪ Erarbeitung der Dokumentation (33 %)	unter 2,5 Punkte: ▪ Notfallvorsorge und -maßnahmen (2,4) ▪ Bewertung durch die oberste Leitung (2,4) ▪ Überwachung und Messung (2,2) ▪ Durchführung interner Audits (2,2) ▪ Kommunikation (2,2) ▪ Überprüfung der Übereinstimmungen und Ableitung von Korrekturmaßnahmen (2,2) ▪ Aufzeichnungen (2,0) ▪ Definition der gesetzlichen Anforderungen (1,9) ▪ Dokumentation und Überwachung (1,9) ▪ Organisationsstruktur und Verantwortlichkeit (1,8) ▪ Durchführung der Schulungen (1,8)

Anmerkung: Bewertung: 1 = nicht problematisch, 5 = sehr problematisch.
Quelle: Eigene Zusammenstellung nach MATUSZAK-FLEJSZMAN (2001, S. 216); EJDYS (2001, S. 88).

Nach der Studie von MATUSZAK-FLEJSZMAN (vgl. auch Tabelle 5-15) traten in polnischen Unternehmen die größten *Umsetzungsprobleme* bei der Identifikation und Beurteilung der Auswirkungen auf die Umwelt (Umweltaspekte), der Vorbereitung der Dokumentation, der Ablauflenkung sowie bei der Entwicklung des Umweltprogramms und der -ziele auf. Die Probleme bei der Ermittlung der Umweltaspekte wurden verursacht durch die unvollständige Identifikation der Aspekte (z. B. hatten nur ca. 1/3 der befragten Unternehmen die indirekten Umweltaspekte berücksichtigt); der fehlenden Berücksichtigung von Inbetriebnahmen bzw. Instandhaltungen von Industrieanlagen oder der fehlenden Ermittlung zukünftiger Auswirkungen der Aspekte. Die Schwierigkeiten im Bereich der Dokumentation lagen v. a. bei den Unternehmen vor, die noch kein Qualitätsmanagementsystem besaßen und beruhten infolge fehlenden Erfahrungswissen

[739] Vgl. EJDYS (2001, S. 88).

hierzu in für den Benutzer zu umfangreichen, unkonkreten oder unverständlichen Dokumentationen. Die Probleme der Ablauflenkung resultierten aus unzureichend definierten Prozessen.[740] Der Vergleich mit den Umsetzungsproblemen deutscher Unternehmen bei der Internalisierung des Wissens zur ISO 14001 (vgl. Tabelle 5-4) zeigt drei Übereinstimmungen (Umweltaspekte, Ziele und Einzelziele, Bewusstsein). Da die erstgenannten auch die Bereiche waren, in denen die deutschen Unternehmen inhaltlich-methodische Probleme mit dem expliziten Wissen zur ISO 14001 hatten (vgl. dazu Tabelle 5-5), liegt der Schluss nahe, dass die Verständnisprobleme der Norm auch in den polnischen Unternehmen zu den oben dargestellten Umsetzungsproblemen geführt haben. Diese Bewertung wird auch auf die Umsetzungsprobleme bezüglich der Ablauflenkung ausgedehnt. Gestützt wird dieser Schluss einerseits durch die Feststellung von MATUSZAK-FLEJSZMAN, dass die o. g. Probleme v. a. die Unternehmen hatten, die diese Anforderungen ohne Beratungsunternehmen eingeführt hatten.[741] Andererseits ist das Auftreten dieser Verständnisprobleme in polnischen Unternehmen plausibel, da das zu Grunde liegende explizite Wissen zur ISO 14001 standardisiert ist (vgl. Kapitel 3.3.2.2). Unter Berücksichtigung des höheren Implementierungsgrades zur ISO 14001 deutscher Unternehmen (vgl. Kapitel 3.3.2.3) weist die Übereinstimmung der auf Verständnisproblemen basierenden Umsetzungsprobleme polnischer und deutscher Unternehmen darauf hin, dass über die Internationalisierungsbeziehungen bisher noch kein ausreichender Wissenstransfer stattgefunden hat. Außer den drei erstgenannten unterschieden sich die weiteren Umsetzungsprobleme polnischer Unternehmen (Ablauflenkung, Dokumentation) von denen deutscher Unternehmen (Rechtskonformität, Schulung, Umweltmanagementsystemaudit- vgl. Tabelle 5-4) und zeigen damit Bereiche von unzureichendem impliziten Wissen der polnischen Unternehmen auf.

Effizienzkriterien

Die Analyse der Effizienzkriterien basiert im Wesentlichen auf der MATUSZAK-FLEJSZMAN-Studie, die Informationen zu den erzielten externen und internen Effekten, den mit der Einführung verbundenen Problemen, dem Zeitaufwand und Kosten enthält und nur durch allgemeine Informationen der EJDYS-Studie ergänzt werden kann.

Die größten Vorteile der Internalisierung von Wissen zur ISO 14001 (vgl. Tabelle 5-16) lagen für polnische Unternehmen nach der Studie von MATUSZAK-FLEJSZMAN im *internen Bereich* (Erhöhung der Rechtssicherheit, des Umweltbewusstseins der Mitarbeiter sowie in einer rationellen Ressourcenwirtschaft). Die hohe Bedeutung der Rechtssicherheit kann daraus erklärt werden, dass die befragten polnischen Unternehmen bei der Internalisierung des Wissens (z. B. Definition von Umweltzielen, -programmen) v. a. darauf fokussierten, eine Übereinstimmung mit den Gesetzen zu erzielen.[742] Die Rechtskonformität ist zwar als erster Schritt notwendig, die Einführung eines Umweltmanagementsystem sollte darüber hinausgehend auch die Umsetzung eines kontinuierlichen Verbesserungsprozesses initiieren. Der größte Vorteil im *externen Bereich* betraf

[740] Vgl. MATUSZAK-FLEJSZMAN (2001, S. 216-223).
[741] Vgl. MATUSZAK-FLEJSZMAN (2001, S. 224).
[742] Vgl. MATUSZAK-FLEJSZMAN (2001, S. 224).

die Verbesserung des Umweltzustandes. Auffällig ist, dass die für deutsche Unternehmen bedeutsamen Imageeffekte der ISO 14001 für polnische Unternehmen eine geringere Rolle spielten.

Tabelle 5-16: Vorteile der Einführung der ISO 14001 in polnischen Unternehmen

	MATUSZAK-FLEJSZMAN-Studie	
Bewertung	***erzielte Vorteile:Erwartungen in %***	***Abweichung in %***
über 50 %	extern:	
	▪ Verbesserung des Umweltzustandes (60:48)	12
	intern:	
	▪ Rechtssicherheit (71:39)	32
	▪ Erhöhung des Umweltbewusstseins der Mitarbeiter (62:65)	-3
	▪ rationelle Ressourcenbewirtschaftung (51:60)	-9
unter 50 %	extern:	
	▪ Steigerung des Unternehmenswertes für Investoren (45:65)	-20
	▪ höhere ökologische Glaubwürdigkeit des Unternehmens bei den Kunden (40:75)	-35
	▪ Verbesserung der Kundenbindung (39:48)	-9
	▪ Erhöhung der Glaubwürdigkeit gegenüber dem Staat (39:66)	-27
	▪ Imageverbesserungen (34:71)	-37
	▪ bessere Beziehungen mit lokalen Gesellschaften (32:65)	-33
	▪ verbesserte Beziehungen mit Umweltorganisationen (30:55)	-25
	▪ Verbesserung der Konkurrenzfähigkeit (30:68)	-38
	▪ Gewinnung neuer Kunden (11:74)	-63
	▪ größerer Marktanteil (11:57)	-46
	intern:	
	▪ Verminderung der Abfallmenge (49:55)	-6
	▪ Energieeinsparung (45:57)	-12
	▪ Steigerung der Selbstkontrolle und Verantwortung der Mitarbeiter (43:65)	-22
	▪ Senkung der Umweltstrafen (43:37)	6
	▪ Erhöhung der Sicherheit am Arbeitsplatz (34:54)	-20
	▪ Erhöhung der Rentabilität (9:39)	-20
	▪ günstigere Bankkredite (9:47)	-38
	▪ ermäßigte Versicherungen (0:42)	-42

Quelle: Eigene Zusammenstellung nach MATUSZAK-FLEJSZMAN (2001, S. 243, 246 f.).

Die Verbesserung des Umweltzustandes sowie die Erhöhung der Rechtssicherheit waren (neben der Verringerung der Umweltstrafen) die einzigen Bereiche, in denen die durch die Unternehmen empfundenen Vorteile größer als die Erwartungen waren. In allen anderen Bereichen blieben die Effekte hinter diesen zurück, eine Tendenz, die auch für die Nutzeneffekte deutscher Unternehmen kennzeichnend war (vgl. Tabelle 5-6). Im internen Bereich betrafen die größten Abweichungen zwischen den Erwartungen und den tatsächlichen Effekten die Erzielung von günstigeren Versicherungen oder Bankkrediten. Nach Auskunft der Unternehmen lag dies an der bisher kurzen Implementierungsdauer des Umweltmanagementsystems, wodurch die entsprechenden Verhandlungen noch nicht geführt werden konnten.[743] Auf Grund der i. R. der Motivationskriterien angesprochenen wirtschaftlichen Hemmnisse der Internalisierung von Wissen zur ISO 14001 war

[743] Vgl. MATUSZAK-FLEJSZMAN (2001, S. 244).

der interne Effekt der rationelleren Ressourcenwirtschaft zwar besonders wichtig, die auch dort zu beobachtenden Abweichung zwischen Erwartungen und tatsächlichen Vorteilen bedient aber die Meinung der zu geringen Effizienz eines Umweltmanagementsystems. Für polnische Unternehmen war ebenfalls charakteristisch, dass die größten Abweichungen bei den externen Nutzeneffekten festgestellt wurden (hier v. a. Gewinnung neuer Kunden, Erhöhung des Marktanteils, Verbesserung der Konkurrenzfähigkeit, Imageeffekte) und somit auch diese Unternehmen die Zertifizierung nicht zum Zwecke der strategischen Profilierung nutzten. Diese mangelnde Außenwirkung der ISO 14001 kann ein Grund dafür sein, dass bei den Motivationskriterien die Hälfte der Unternehmen angegeben hat, dass das Umweltschutzproblem für sie eine zweitrangige Fragestellung ist. Zum anderen dient sie - ähnlich wie bei den deutschen Unternehmen - als Bestätigung dafür, dass der Nachweis vergleichbarer Umweltstandards ein selbstverständliches Markterfordernis ist.
Ähnlich wie bei den deutschen Unternehmen, resultierten auch bei den polnischen Unternehmen die mit der Internalisierung des Wissens verbundenen Probleme (vgl. Tabelle 5-17) hauptsächlich aus der *Komplexität* (Zeitmangel und begrenzte Personalkapazitäten) und den *Ansprüchen* des expliziten Wissens zur ISO 14001 (Dokumentation, Identifikation und Auswahl der Prozesse). Die letztgenannten bestätigen dadurch auch hier die i. R. der Anforderungskriterien ermittelten Umsetzungsprobleme. Die des Weiteren genannten Probleme der zu optimistischen Kostenschätzung und die begrenzten Finanzmittel zeigen wiederum die wirtschaftlichen Probleme der polnischen Unternehmen auf.

Tabelle 5-17: Schwierigkeiten polnischer Unternehmen bei der Einführung der ISO 14001

	MATUSZAK-FLEJSZMAN-Studie
Bewertung	***Schwierigkeiten (Punkte)***
über 2,5 Punkte:	▪ Ausarbeitung der Dokumentation (3,1) ▪ zu optimistische interne Zeit- und Kostenschätzungen (2,7) ▪ zu kurze Implementierungszeit (2,6) ▪ Identifikation und Auswahl der Prozesse (2,6) ▪ begrenzte Personalkapazitäten (2,6) ▪ unsystematische Umsetzung des Umweltmanagementsystems (2,5) ▪ begrenzte Finanzmittel (2,5) ▪ schlechter Zustand der technischen Ausrüstungen (2,5)
unter 2,5 Punkte:	▪ keine eindeutige Norminterpretation (2,4) ▪ keine erfolgreiche interne Kommunikation (2,3) ▪ keine formulierten Ziele und Aufgaben (2,1) ▪ zu kurze Schulungszeit (2,1) ▪ Widerstand der Mitarbeiter (2,1) ▪ falscher Berater (2) ▪ keine Berücksichtigung umweltoffensiver Tätigkeiten (2) ▪ zu wenig Informationen über die Norm (2) ▪ keine Rechtskonformität (1,7) ▪ keine Unterstützung der Geschäftsleitung (1,7) ▪ fehlendes Erstaudit (1,2)

Anmerkung: Bewertung: 1 = nicht problematisch, 5 = sehr problematisch.
Quelle: Eigene Zusammenstellung nach MATUSZAK-FLEJSZMAN (1999, S. 125).

Die Bewertung der zeitlichen Probleme wird durch eine Analyse des für die Internalisierung des Wissens erforderlichen Zeitaufwandes konkretisiert. So wird aus der nachfolgenden Tabelle 5-18 deutlich, dass für 55,4 % der befragten Unternehmen der durchschnittliche Zeitaufwand bis zu einem Jahr betrug. Diese Angaben sind zwar geringer als bei den durch das BMU; UBA befragten deutschen Unternehmen (65 % - vgl. Tabelle 5-8), weisen aber nicht auf grundsätzliche Unterschiede hin - trotz des über das Benchmarking der Leistungsindikatoren Umweltmanagementsysteme (vgl. Kapitel 3.3.1.3) und der branchenbezogenen Zertifizierungsintensität (vgl. Kapitel 4.3.2) dargestellten Unterschiede im Einführungsgrad der ISO 14001 in deutschen und polnischen Unternehmen. Die Aufschlüsselung des Zeitaufwandes nach Unternehmensgröße zeigt, dass sich mit zunehmender Unternehmensgröße auch in polnischen Unternehmen der erforderliche Zeitaufwand erhöhte und bestätigt damit die Ergebnisse der POLTERMANN; BERRET-Studie.

Tabelle 5-18: Zeitlicher Aufwand für die Einführung der ISO 14001 in polnischen Unternehmen

	MATUSZAK-FLEJSZMAN			
	unter 6 Monaten	***7-12 Monate***	***13-18 Monate***	***über 18 Monate***
	Anteil der Unternehmen (%)			
Durchschnitt	12,3	43,1	36,9	7,7
davon Unternehmen:				
▪ *bis 50 Beschäftigte*	37,5	25,0	37,5	-
▪ *bis 250 Beschäftigte*	5,3	57,9	31,6	5,3
▪ *über 250 Beschäftigte*	11,1	36,1	41,7	11,1

Quelle: Eigene Zusammenstellung nach MATUSZAK-FLEJSZMAN (2001, S. 211).

Ähnlich wie bei der POLTERMANN; BERRET-Studie hatte auch i. R. der Studie von MATUSZAK-FLEJSZMAN nur ein Teil der befragten Unternehmen (63 %) Angaben zu den mit der Internalisierung des Wissens verbundenen Kosten gemacht.[744] MATUSZAK-FLEJSZMAN differenzierte zwischen direkten und indirekten Kosten der Einführung eines Umweltmanagementsystems. Bei 85 % der Unternehmen traten *direkte Kosten*, zu denen z. B. Kosten für vorbereitende Schulungen, Einstellung eines Umweltbeauftragten, interne Audits, Erarbeitung der Dokumentation, Einführung des Umweltmanagementsystems, externe Audits, externer Gutachter und die Zertifizierung zählten, bis zu einer Höhe von ca. 75.000 DM auf (vgl. Tabelle 5-19). In Bezug auf die Höhe der Zertifizierungskosten deutscher Unternehmen aus der POLTERMANN; BERRET-Studie, die bei 60 % der befragten Unternehmen zwischen 50.000-100.000 DM lagen (vgl. Tabelle 5-10) sowie unter Berücksichtigung der eingeschränkten Vergleichbarkeit beider Studien zeigt sich, dass polnische und deutsche Unternehmen mit einer ähnlichen Kostenbelastung für die Zertifizierung nach der ISO 14001 rechnen müssen. Auf einer Skala von 1-6 bewerteten die polnischen Unternehmen, dass der größte Anteil der direkten Kosten auf Zertifizierung (4,9 Punkte), Beratung (3,9 Punkte) und Audits (3,1 Punkte) entfiel.[745]

Als *indirekte Kosten* definierte MATUSZAK-FLEJSZMAN z. B. Kosten für Umweltschutzinvestitionen, organisatorische oder technische Änderungen, Betriebskosten der Anlagen, Modernisierungskosten, laufende Schulungs- und Trainingskosten, Umweltgebühren oder Strafen. Schwerpunkte indirekter Kosten polnischer Unternehmen lagen bei den Kategorien von bis zu 50.000 DM (59 % der befragten Unternehmen) und über 150.000 DM (17 %) (vgl. auch dazu Tabelle

[744] Vgl. MATUSZAK-FLEJSZMAN (2001, S. 234).
[745] Vgl. MATUSZAK-FLEJSZMAN (2001, S. 238).

5-19). Hier schätzten die polnischen Unternehmen ebenfalls auf einer Skala von 1-6, dass die meisten Kosten durch Kontrollen (3,7 Punkte), Schulungen (3,1 Punkte) und Korrekturmaßnahmen (3 Punkte) verursacht wurden.[746] Ein Bezug zu den Kosten deutscher Unternehmen ist nicht möglich, da POLTERMANN; BERRET zwischen den laufenden jährlichen und den Investitionskosten differenzierten (vgl. Tabelle 5-10).

Tabelle 5-19: Direkte und indirekte Kosten polnischer Unternehmen bei der Einführung der ISO 14001

	MATUSZAK-FLEJSZMAN-Studie	
Kategorie	***direkte Kosten (%)***	***indirekte Kosten (%)***
bis 50.000 DM (bis 100.000 PLN)	70	59
50.001-75.000 DM (100.001-150.000 PLN)	15	10
75.001-100.000 DM (151.000-200.000 PLN)	3	7
100.001-125.000 DM (200.001-250.000 PLN)	3	0
125.001-150.000 DM (240.001-300.000 PLN)	6	7
über 150.000 DM (über 300.000 PLN)	3	17

Quelle: Eigene Zusammenstellung nach MATUSZAK-FLEJSZMAN (1999, S. 131).

In keiner polnischen Studie sind Angaben über die ökologischen oder ökonomischen Einsparungen abgefragt worden, die durch die Internalisierung des Wissens zur ISO 14001 erzielt wurden. Dies kann damit zusammenhängen, dass die Unternehmen auf Grund der Kürze der Anwendungsdauer der ISO 14001 noch keine detaillierten und quantifizierten Angaben zu Einsparungen machen konnten. So hat EJDYS die Unternehmen nur nach einer allgemeinen Effizienzbewertung gefragt. Danach schätzten zwar über 50 % der befragten Unternehmen ein, dass ein Umweltmanagementsystem effizient ist, ca. ein Viertel gab an, dass es zum gegenwärtigen Zeitpunkt noch nicht bewertbar war.[747]

Tabelle 5-20: Bewertung der Effizienz des Umweltmanagementsystems nach der ISO 14001 durch polnische Unternehmen

	EJDYS-Studie
Kategorie	***Anteil Unternehmen (%)***
ja	17
eher ja	37
eher nein	17
nein	4
schwer zu sagen	25

Quelle: Eigene Zusammenstellung nach EJDYS (2001, S. 87).

Im Vergleich zu der Analyse der Effizienzkriterien deutscher Unternehmen wird deutlich, dass für polnische Unternehmen zwar quantitative Informationen zum zeitlichen und finanziellen Auf-

[746] Vgl. MATUSZAK-FLEJSZMAN (2001, S. 241).

[747] EJDYS hat i. R. ihrer Arbeit aus theoretischer Sicht ausführlich die Kosten und Effekte der Einführung eines Umweltmanagementsystems differenziert und die Berechnungsgrundlagen dargestellt. Vgl. EJDYS (2001, Kapitel 3, S. 107 ff. und Kapitel 4, S. 139 ff.). Ihr theoretisches Modell verifiziert sie im fünften Kapitel am Beispiel eines Unternehmens der Elektrobranche (siehe ebenda, S. 176 ff.). Zwar stellt sie dort ausführlich die Kosten-Nutzen-Effekte dar, die Aussagen sind aber für die Zielstellungen dieser Arbeit nicht nutzbar.

wand vorlagen, auf Grund der kurzen Einführungszeit aber das implizite Wissen zu Höhen und Bereichen erzielter Einsparungen bisher nicht expliziert wurde. Entsprechend der dargestellten Vorbehalte gegen die Einführung eines Umweltmanagementsystems aus wirtschaftlichen Gründen ist es dringend erforderlich, die tatsächlich erzielte Umweltleistung zu quantifizieren und auf dieser Basis Kosten-Nutzen-Rechnungen durchzuführen, um Rahmenbedingungen und Kriterien der effizienten Einführung eines Umweltmanagementsystems zu definieren. Abschließend wird auf das Erfahrungswissen tschechischer Unternehmen zur ISO 14001 eingegangen.

5.2.3 *Vergleichbare und abweichende Merkmale der Wissensentwicklung aus der Perspektive tschechischer Unternehmen*

Motivationskriterien

Die CEMC; CPC-Studie enthält detaillierte Informationen über die Anreize für und die Erwartungen an die Internalisierung des Wissens zur ISO 14001.[748] Beide lagen sowohl im *externen* als auch im *internen Bereich* (vgl. Tabelle 5-21).

Tabelle 5-21: Anreize für und Erwartungen an die Einführung (und Zertifizierung) eines Umweltmanagementsystems in tschechischen Unternehmen

	CEMC; CPC-Studie	
Bewertung	***Anreize (%)***	***Erwartungen (%)***
über 50 %	▪ langfristiges Interesse am Umweltschutz (85) ▪ Schutz der natürlichen Umwelt (72) ▪ Erhöhung der Glaubwürdigkeit des Betriebes (70) ▪ Verbesserung der Wettbewerbsfähigkeit (59) ▪ Bestandteil der Zulieferer-Abnehmer-Beziehung (52)	▪ Imageerhöhungen (87) ▪ Entwicklung des Umweltbewusstseins der Mitarbeiter (76) ▪ Verbesserung der Arbeit im Bereich der Umwelt (72) ▪ Entwicklung von Umweltbewusstsein und -verantwortlichkeiten auf allen Betriebsebenen (67) ▪ Rechtssicherheit (65) ▪ Verbesserung des Umweltprofils (63)
unter 50 %	▪ Berücksichtigung der Anforderungen einer nachhaltigen Entwicklung (39) ▪ Verbesserung der Beziehungen mit der Öffentlichkeit (39) ▪ Erzielung von Rohstoff- und Energieeinsparung (35) ▪ Trend zur Einführung neuer Managementsysteme (38) ▪ Nachweis international vergleichbarer Umweltschutzstandards (26) ▪ Einfluss des Konzerns (24) ▪ Folge von Umweltschutzinvestition (11)	▪ Übersicht über die betriebliche Dokumentation (33) ▪ Verbesserung des Absatzes der Produkte (28) ▪ Kostensenkung durch vorbeugenden Umweltschutz (24) ▪ Vorbild für andere Organisationen der Region (24) ▪ Formalisierung der Prozesse (22) ▪ anders erreichte Kostensenkungen (20)

Quelle: Eigene Zusammenstellung nach ČESKÉ EKOLOGICKÉ MANAŽERSKÉ CENTRUM; CENTRUM PREVENCE ZNEČIŠTĚNÍ (2000, Anhang 4, Frage 1, 2).

[748] In den Kapiteln 5.2.1 und 5.2.2 wurden Angaben zu Erwartungen im Zusammenhang mit den erzielten Effekten i. R. der Effizienzkriterien ausgewertet. Da die Erwartungen in der CEMC; CPC-Studie nicht den Effekten gegenübergestellt werden, ist es plausibler, diese i. R. der Motivationskriterien zu berücksichtigen.

Während bezogen auf die Anreize externe Ursachen dominierten (Erhöhung der Glaubwürdigkeit des Unternehmens, Verbesserung der Wettbewerbsfähigkeit, Bestandteil der Zuliefer-Abnehmer-Beziehungen), spielten bei den Erwartungen interne Aspekte die wichtigste Rolle (Verbesserung des Umweltbewusstseins, der Rechtssicherheit, kontinuierliche Verbesserungen). Damit gibt es keine auffälligen Unterschiede im Vergleich zu den Ergebnissen der Analyse der Motivationskriterien deutscher oder polnischer Unternehmen.
Hervorzuheben ist, dass bei den Internalisierungsanreizen der *Zertifizierungsdruck* (über Zuliefer-Abnehmer-Beziehungen) für über 50 % der befragten tschechischen Unternehmen eine wichtige Rolle spielte. So haben auch bei einer anderen Frage 80 % der Unternehmen angegeben, dass sie von ihren Zulieferern und Vertragspartnern einen schonenden Umgang mit der Natur fordern.[749] Auffällig ist demgegenüber, dass die Verbesserung der Zuliefer-Abnehmer-Beziehungen oder die Gewinnung neuer Kunden bzw. verbesserter Exportmöglichkeiten bei den Erwartungen an die ISO 14001 nur eine geringe Rolle spielten (Verbesserung des Absatzes der Produkte 28 %), statt dessen Erwartungen zu Imageeffekten (externer Effekt) bezogen auf die Nennung die größte sowie die internen Effekte bezogen auf die Anzahl der Nennungen die wichtigste Rolle spielten.

Auf Grund der bestehenden internen und externen Anreize wird in Anlehnung an die Bewertung der Motivationskriterien deutscher und polnischer Unternehmen geschlussfolgert, dass für tschechische Unternehmen unternehmerische und Markterfordernisse gleichermaßen eine wichtige Bedeutung für die Internalisierung des Wissens zur ISO 14001 hatten. Zur Umsetzung dieser Anforderungen war eine offensive umweltorientierte Unternehmensführung erforderlich, was sich in dem hohen Zertifizierungsstand tschechischer Unternehmen, sowohl bezogen auf die relativen Leistungsindikatoren i. R. des makroökonomischen Benchmarkings (vgl. Kapitel 3.3.1.3) als auch bezogen auf die ermittelte hohe Beteiligung einzelner Branchen i. R. des mesoökonomischen Benchmarkings (vgl. Kapitel 4.3.3) widerspiegelte. Die geringe Bedeutung der Markteffekte i. R. der Erwartungen weist darauf hin, dass auch für tschechische Unternehmen der Nachweis eines zertifizierten Umweltmanagementsystems ein selbstverständliches Markterfordernis ist. Dieser Zusammenhang ist i. R. der Analyse der Effizienzkriterien zu prüfen.

Anforderungskriterien

In der Studie vom CEMC; CPC sind keine Informationen darüber enthalten, welche Schwierigkeiten tschechische Unternehmen bei der Umsetzung der Einzelanforderungen der ISO 14001 (d. h. des expliziten Wissens) hatten. Entsprechend des Fragenkatalogs wird ausschließlich deutlich, dass 70 % der befragten Unternehmen bei der Internalisierung des Wissens zu bestimmten Fragestellungen mit Beratern zusammenarbeiteten, während nur 4 % der Unternehmen das Umweltmanagementsystem ohne Unterstützung durch externe Berater einführten.

---

[749] Vgl. ČESKÉ EKOLOGICKÉ MANAŽERSKÉ CENTRUM; CENTRUM PREVENCE ZNEČIŠTĚNÍ (2000, Anhang 4, Frage 4).

I. R. des POEMS-Projektes wurde das explizite Wissen zur ISO 14001 Schritt für Schritt in den Unternehmen internalisiert, sieben Unternehmen wurden noch im Jahr 2000 zertifiziert. Allerdings sind im Endbericht dieses Projektes keine detaillierten Informationen über die dabei von den Unternehmen gemachten Erfahrungen enthalten.[750] Ausschließlich zusammenfassend wurden die größten Schwierigkeiten der Unternehmen bei der Umsetzung der Normanforderungen zur:

- Verbindung zwischen Umweltaspekten, Umweltpolitik und Umweltprogramm;
- Erarbeitung der erforderlichen Dokumentation;
- Festlegung der Verantwortlichkeiten auf den unterschiedlichen Ebenen;
- Durchführung interner Audits sowie
- Unterstützung durch die oberste Leitung[751]

festgestellt. Wird auf dieser Basis trotzdem eine Bewertung vorgenommen, so zeigen sich Übereinstimmung mit den Umsetzungsschwierigkeiten deutscher (Umweltaspekte, Verantwortung, internes Audit – vgl. dazu Tabelle 5-4) und polnischer (Umweltaspekte, Umweltprogramm, Dokumentation – vgl. dazu Tabelle 5-15) Unternehmen. Da für die Umweltaspekte auch inhaltlich-methodische Probleme deutscher Unternehmen charakteristisch waren (vgl. dazu Tabelle 5-5), wird auch für die tschechischen Unternehmen dieses Umsetzungsproblem auf *Verständnisprobleme* des expliziten Wissens zurückgeführt. Gestützt wird dieser Schluss dadurch, dass die an dem POEMS-Projekt teilnehmenden Unternehmen nicht nur die hohe Bedeutung von expliziertem impliziten Wissen in Form von Fallbeispielen zur Umsetzung der Anforderungen der ISO 14001, sondern auch von explizitem Wissen in Form von Handbüchern hervorhoben.[752] Die *Umsetzungsprobleme* bezüglich der Umweltpolitik zeigten einen Bereich von unzureichendem impliziten Wissen ausschließlich für tschechische Unternehmen auf.

Effizienzkriterien

Die Bewertung der Effizienzkriterien basiert auf Aussagen zu den Vorteilen, Problemen und Kosten der Einführung eines Umweltmanagementsystems. In beiden tschechischen Studien sind keine Informationen über die mit dem Umweltmanagementsystem verbundenen Einsparungen enthalten.

Für tschechische Unternehmen lagen die wichtigsten Vorteile der Internalisierung des expliziten Wissens zur ISO 14001 im *internen Bereich* und betrafen die Erstellung von Umweltrichtlinien sowie die bessere Übersicht über betriebliche Tätigkeiten und die Dokumentation. Im *externen Bereich* konnten fast die Hälfte der Unternehmen eine verbesserte Kommunikation mit den Anspruchsgruppen und ca. 1/3 der Unternehmen Vorteile in den Zuliefer-Abnehmer-Beziehungen sowie Wettbewerbsvorteile erzielen (vgl. Tabelle 5-22). Ein direkter Vergleich der empfundenen Vorteile mit den Anreizen und Erwartungen aus Tabelle 5-21 ist auf Grund unterschiedlicher Fragekriterien nicht möglich, so dass keine qualitativen oder quantitativen Aussagen über die Abweichungen vorgenommen werden können. Die geringe Relevanz der Markteffekte stützt aber

[750] Vgl. CZECH ENVIRONMENTAL MANAGEMENT CENTRE (2000, S. 8-15). Vgl. ausführlich zu unternehmensbezogenen Informationen über die Umweltpolitik und das Umweltprogramm ebenda, S. 18-47.
[751] Vgl. ČESKÉ EKOLOGICKÉ MANAŽERSKÉ CENTRUM; CENTRUM PREVENCE ZNEČIŠTĚNÍ (2000, S. 21 f.).
[752] Vgl. ČESKÉ EKOLOGICKÉ MANAŽERSKÉ CENTRUM; CENTRUM PREVENCE ZNEČIŠTĚNÍ (2000, S. 20).

auch hier die Feststellung, dass die Zertifizierung nach der ISO 14001 ein selbstverständliches Markterfordernis für tschechische Unternehmen ist.
Ganz grundsätzlich schätzten 61 % der von CEMC; CPC befragten tschechischen Unternehmen ein, dass ihre Erwartungen, die mit der Internalisierung des Wissens verbunden waren erfüllt wurden, 33 % konnten dies auf Grund der bisher zu kurzen Zeitdauer nicht abschließend bewerten.[753] Auffällig ist in diesem Zusammenhang, dass die tschechischen Unternehmen die durch das Umweltmanagementsystem erzielbaren ökonomischen Effekte (Verringerung des Verbrauchs, Senkung der Betriebskosten und Erhöhung des Umsatzes/Gewinns) von allen Kriterien am schlechtesten bewerteten. Auf eine diesbezügliche Bewertung wird später, i. R. der Analyse des finanziellen Aufwandes, eingegangen.

Tabelle 5-22: Vorteile der Einführung eines Umweltmanagementsystems in tschechischen Unternehmen

	CEMC; CPC-Studie
Bewertung	***Vorteile (%)***
über 50 %	▪ Erstellung von Umweltrichtlinien (78) ▪ bessere Übersicht über Tätigkeiten und Dokumentation (57)
unter 50 %	▪ verbesserte Kommunikation mit Anspruchsgruppen (48) ▪ Verbesserung der Steuerungsprozesse (43) ▪ Verbesserung der Lieferanten-Abnehmer-Beziehungen (37) ▪ Senkung der Rohstoff- und Energiekosten (33) ▪ Wettbewerbsvorteile auf dem Markt (30) ▪ Verringerung der Strafen und Bußgelder (26) ▪ Verringerung der emittierten Schadstoffe (24) ▪ Verringerung des Rohstoff- und Energieverbrauches (22) ▪ Senkung der Betriebskosten (17) ▪ Erhöhung des Umsatzes/Gewinns (9)

Quelle: Eigene Zusammenstellung ČESKÉ EKOLOGICKÉ MANAŽERSKÉ CENTRUM; CENTRUM PREVENCE ZNEČIŠTĚNÍ (2000, Anhang 4, Frage 8).

Informationen über Probleme der Internalisierung des Wissens zur ISO 14001 sind in der CEMC; CPC-Studie nicht enthalten. Auf Basis des POEMS-Projektes werden Ursachen für das geringe Interesse von Unternehmen an sowie Schwierigkeiten bei der Umsetzung eines Umweltmanagementsystems benannt. Auf Grund der geringen Stichprobe haben diese Aussagen informativen Charakter. In *Vorbereitung* auf das POEMS-Projekt wurden 200 Unternehmen kontaktiert, von denen sich schließlich 12 aktiv beteiligten. Die anderen sagten aus folgenden Gründen ab:

- geringes Umweltbewusstsein der Inhaber bzw. obersten Leitung (die Tatsache, dass keine oder geringe Umweltstrafen gezahlt werden, wird als ausreichend empfunden);
- geringer Druck von Abnehmern, Kunden für eine umweltorientierte Unternehmensführung;
- schwierige ökonomische und finanzielle Situation der Unternehmen (dadurch werden nur die Tätigkeiten finanziert, die direkt mit der Produktion verbunden sind);
- gegenwärtig laufende Umstrukturierungen der Unternehmen und Inhaberwechsel ermöglichen keine kontinuierliche Umsetzung der Anforderungen eines Umweltmanagementsystems;

[753] Vgl. ČESKÉ EKOLOGICKÉ MANAŽERSKÉ CENTRUM; CENTRUM PREVENCE ZNEČIŠTĚNÍ (2000, Anhang 4, Frage 3).

- personelle Engpässe, v. a. der kleinen und mittelständischen Unternehmen, wo technische Mitarbeiter oft in Personalunion vielfältige Aufgaben haben, so dass sie im Umweltschutzbereich nur die gesetzlich vorgeschriebenen Aufgaben sichern können.[754]

Wenn gleich diese Antworten nicht repräsentativ sind, so können daraus einige tendenzielle Bewertungen über die Akzeptanzprobleme tschechischer Unternehmen gegenüber Umweltmanagementsystemen abgeleitet werden. Wie für polnische Unternehmen (vgl. Kapitel 5.2.2 - Motivationskriterien) tritt auch für tschechische Unternehmen der Aspekt auf, dass die immer noch andauernde wirtschaftliche Umstrukturierung der Betriebe die Internalisierung des expliziten Wissens zu normkonformen Umweltmanagementsystemen hemmt. Diese Feststellung wird dadurch gestützt, dass auch i. R. des GEMS-Projektes die rezessive wirtschaftliche Situation Tschechiens, die damit verbundenen ökonomischen Probleme der Unternehmen sowie die ungelösten Eigentumsverhältnisse zu den genannten Hauptschwierigkeiten der Umsetzung des Umweltmanagements zählten.[755] Aus diesem Grund orientierten die tschechischen Unternehmen ihre Aktivitäten auf Maßnahmen, die der Produktionssicherung und -entwicklung dienten. Da gerade in der Umstrukturierungsphase für polnische und tschechische Unternehmen die Möglichkeit besteht, umweltorientierte Anforderungen frühzeitig zu implementieren und für die Erzielung betriebswirtschaftlicher Ziele zu nutzen, besteht hier ein besonderer Bedarf zur Darstellung und Umsetzung von Win-win-Effekten von Umweltmanagementsystemen. Die Angabe, dass von Seiten der Kunden und Abnehmer ein zu geringer Druck für die Internalisierung des Wissens bestand, steht im Widerspruch zu den Ergebnissen bei der Analyse der Motivationskriterien. Dies bestätigt, dass die tschechischen Unternehmen nicht grundsätzlich, sondern nur bestimmte Gruppen (z. B. exportierende Unternehmen oder Tochterunternehmen ausländischer Firmen einem Zertifizierungsdruck ausgesetzt waren (vgl. dazu auch die Ergebnisse des mesoökonomischen Benchmarkings in Kapitel 4.3.3).

Auf Basis der *Durchführung* des POEMS-Projektes wurden bezüglich der Umsetzung bzw. Vorbereitung auf die Zertifizierung in den 12 Unternehmen folgende Schwierigkeiten festgestellt:

- unzureichende Dokumentation und Schulungen der Mitarbeiter (vier Unternehmen);
- zeitliche Engpässe der Verantwortlichen, da sie neben dem Umweltmanagementsystem auch für andere Aufgaben verantwortlich waren (drei Unternehmen);
- unzureichende Kooperation mit der obersten Leitung (ein Unternehmen);
- fehlende finanzielle Mittel (ein Unternehmen).[756]

Die größten Umsetzungsprobleme lassen sich auch für tschechische Unternehmen auf die *Komplexität* (zeitliche Engpässe) und *Ansprüche* (Dokumentation) des expliziten Wissens zurückführen und traten somit in gleichen Bereichen wie für deutsche und polnische Unternehmen auf.

Die CEMC; CPC-Studie enthält Angaben zu Kosten, die mit der Einführung und Zertifizierung sowie der Aufrechterhaltung eines Umweltmanagementsystems verbunden sind; über Einsparungen liegen keine Informationen vor. Bezüglich der *Kosten* ist zu beachten, dass diese Informatio-

---

[754] Vgl. ČESKÉ EKOLOGICKÉ MANAŽERSKÉ CENTRUM; CENTRUM PREVENCE ZNEČIŠTĚNÍ (2000, S. 13 f.).
[755] Vgl. HYBŠOVÁ (2002, S. 287, 393).
[756] Vgl. CZECH ENVIRONMENTAL MANAGEMENT CENTRE (2000, S. 14).

nen nur von zehn befragten Unternehmen vorlagen (vgl. dazu Tabelle 5-23). Deren quantitative Angaben vermitteln zwar einen Eindruck über die Kostenbelastung der Unternehmen, die Aussagen sind aber keinesfalls verallgemeinerbar. Die Kosten der tschechischen Unternehmen für die Einführung und Zertifizierung des Umweltmanagementsystems schwankten zwischen ca. 30.000 DM bis zu über 2 Mio. DM. Gleichermaßen differenziert wurden die Kosten für die Aufrechterhaltung des Umweltmanagementsystems angegeben, die zwischen 5.000 DM und 5 Mio. DM lagen. Damit heben sie sich deutlich vom Niveau der deutschen und polnischen Unternehmen ab. Wie die relativen Kennzahlen pro Unternehmen aus Tabelle 5-23 zeigen, lassen sich daraus keine Informationen darüber ableiten, ob die Kosten pro Mitarbeiter mit zunehmender Unternehmensgröße gestiegen oder gesunken sind. Interessant wäre i. R. weiterführender Forschungen, die Ursachen der hohen Zertifizierungskosten der Unternehmen 8-10 und der hohen laufenden Kosten der Unternehmen 3, 8 und 10 zu klären, da sie deutlich vom Niveau der anderen tschechischen Unternehmen abweichen. Denn eine Erklärung ist auf Basis des Datenmaterials oder über Rückschlüsse aus den Motivations- und Anforderungskriterien hier nicht möglich.

Im Vergleich zu der Analyse der Effizienzkriterien deutscher und polnischer Unternehmen wird deutlich, dass für die tschechischen Unternehmen kaum quantitative Informationen zum zeitlichen und finanziellen Aufwand und keine Daten zu den Einsparungen der Internalisierung des Wissens zur ISO 14001 vorlagen. Daher ist es zunächst erforderlich, eine Quantifizierung der tatsächlichen Be- und Entlastungen vorzunehmen. Entsprechend der dargestellten wirtschaftlichen Probleme tschechischer Unternehmen ist es notwendig, Kosten-Nutzen-Bewertungen durchzuführen, um Rahmenbedingungen und Kriterien der effizienten Einführung eines Umweltmanagementsystems zu definieren.

Im folgenden Kapitel werden auf Basis der Benchmarking-Analyse des explizierten impliziten Wissens zur ISO 14001 in deutschen, polnischen und tschechischen Unternehmen Wissensvorsprünge und -defizite der Benchmarking-Partner definiert sowie die Kriterien ihrer Marktrelevanz diskutiert.

belle 5-23: Absolute und relative Kennzahlen zu den Kosten der Einführung eines Umweltmanagementsystems in tschechischen Unternehmen

Kategorie	Unternehmen 1	2	3	4	5	6	7	8	9	10
sten der Einführung und Zertifizierung in l. Kč	610	530	18.155	5.630	2.237	10.060	602	35.511	43.536	15.950
sten der Aufrechterhaltung in Tsd. Kč/Jahr	300	430	29.535	2.230	4.730	1.010	497	22.440	100	100.270
sten der Einführung und Zertifizierung in 1	30.500	26.500	907.750	281.500	111.850	503.000	30.110	1.775.550	2.176.825	797.500
sten der Aufrechterhaltung in DM/Jahr	15.000	21.500	1.476.750	111.500	236.500	50.500	24.850	1.122.000	5.000	5.013.500
zahl der Mitarbeiter	953	65	320	k. A.	1.450	900	58	2060	900	1650
sten der Einführung und Zertifizie-ng/Mitarbeiter in DM	32	408	2.837	k. A.	77	559	519	862	2.419	483
sten der Aufrechterhaltung/Mitarbeiter in 1	16	331	4.615	k. A.	163	56	428	545	6	3.038

elle: Eigene Zusammenstellung und Berechnungen nach ČESKÉ EKOLOGICKÉ MANAŽERSKÉ CENTRUM; CENTRUM PREVENCE ZNEČIŠTĚNÍ (2000, Anhang 4, ge 19).

5.2.4 *Definition von Wissensvorsprüngen bzw. -defiziten unter Berücksichtigung der Motivations- und auf Basis der Anforderungs- und Effizienzkriterienbeurteilung*

Die Benchmarking-Analyse zeigte, dass das zu Grunde liegende Datenmaterial nicht nur infolge der jeweiligen Rückläufe, sondern auch hinsichtlich der Detailinformationen zu den Motivations-, Anforderungs- und Effizienzkriterien erheblich variierte (vgl. dazu auch Tabelle 5-1). Durch die folgende Diskussion wird aber deutlich, dass Quantität und Qualität des auf der mikroökonomischen Ebene explizierten impliziten Wissens nicht durch den auf der makro- und mesoökonomischen Ebene identifizierten Einführungsgrad des Wissens determiniert wird. Bezogen auf die Quantität heißt dies: Obwohl über das Benchmarking der Leistungsindikatoren Umweltmanagementsysteme (Makroebene) als auch über das Benchmarking der branchenbezogenen Zertifizierungsintensität (Mesoebene) für Tschechien ein höherer Einführungsgrad der ISO 14001 i. Vgl. zu Polen nachgewiesen wurde, wurde auf der Mikroebene nur für eine geringe Anzahl von Unternehmen (zehn) das implizite Wissen expliziert. Im Gegensatz dazu wurden von einer größeren Anzahl polnischer Unternehmen das implizite Wissen expliziert, obwohl auf der Makro- und Mesoebene ein geringerer Einführungsgrad der ISO 14001 festgestellt wurde. Für deutsche Unternehmen waren dagegen auf allen drei Aggregationsebenen repräsentative quantitative Informationen vorhanden. Entsprechend dieser Ausführungen wird geschlussfolgert, dass quantitativ das explizierte implizite Wissen deutscher Unternehmen höher war als das polnischer Unternehmen, welches wiederum höher als das tschechischer Unternehmen war. Gerade deshalb stellten die polnischen und tschechischen Studien wichtige Informationsquellen zum Erfahrungswissen der Umsetzung der ISO 14001 durch polnische und tschechische Unternehmen dar, da umfangreiche Handbücher oder Fallstudiendarstellungen fehlten.[757]

Die Analyse der Detailinformationen zu den Motivationskriterien zeigte qualitativ, dass für deutsche, polnische und tschechische Unternehmen ähnliche Gründe für die Internalisierung des expliziten Wissens zur ISO 14001 ausschlaggebend waren. Trotzdem wurde auf der makro- und mesoökonomischen Ebene ein unterschiedlicher Implementierungsgrad festgestellt. Dies ist einerseits aus dem späteren Zeitpunkt der Beteiligung Polens und Tschechiens an der ISO 14001 (1997) i. Vgl. zu Deutschland (1995) zu erklären (vgl. dazu Kapitel 3.3.1.3). Als weitere Ursache wurde durch das mikroökonomische Benchmarking die wirtschaftliche (Umbruch-)Situation der polnischen und tschechischen Unternehmen erarbeitet.

Trotz des auf der makro- und mesoökonomischen Ebene festgestellten unterschiedlichen Einführungsgrades der ISO 14001 erbrachte die Analyse der Anforderungskriterien bezüglich des impliziten Wissen, welches i. R. der Internalisierung des expliziten Wissens entwickelt wurde, keine auffälligen Umsetzungsprobleme, die sich aus dem unterschiedlichen Einführungsgrad erklären

[757] In Anlehnung an FIEDOR (2002, S. 251). Vgl. für eine beispielhafte Darstellung zur Einführung eines:

- Umweltmanagementsystems in einem polnischen Stahlunternehmen INTERNATIONAL NETWORK FOR ENVIRONMENTAL MANAGEMENT (1999, S. 115-121);
- Umweltmanagementsystems bei einem polnischen Kabelhersteller ebenda, S. 123-129;
- integrierten Managementsystems in einer polnischen Gießerei ebenda, S. 131-135;
- integrierten Managementsystems in einem tschechische Abfallwirtschaftsunternehmen ebenda, S. 23-27;
- Umweltmanagementsystems in einem tschechischen Unternehmen der Plastikherstellung ebenda, S. 29-35.

lassen. Vielmehr wurden inhaltlich-methodische Verständnisprobleme ermittelt, die infolge des standardisierten expliziten Wissens bei allen Benchmarking-Partnern gleichermaßen auftraten.

Dagegen variierte das Wissen zur Bewertung der Effizienz der Internalisierung des expliziten Wissens hinsichtlich der Quantifizierung monetärer Aspekte (Kosten, Nutzen) zwischen deutschen, polnischen und tschechischen Unternehmen, wogegen es bezogen auf Kosten-Nutzen-Bewertungen bei allen Partnern gleichermaßen fehlte. Auch hier waren keine Zusammenhänge zwischen dem explizierten impliziten Wissen auf der Mikroebene und dem auf der Makro- und Mesoebene festgestellten Einführungsgrad erkennbar.

Unter Berücksichtigung dieser Rahmenbedingungen werden auf Basis der Benchmarkingergebnisse zu den Motivations-, Anforderungs- und Effizienzkriterien die nachfolgenden Thesen aufgestellt.

Thesen zu Wissensvorsprüngen bzw. -defiziten auf der mikroökonomischen Ebene

ISO 14001

1. Die Untersuchung der *Motivationskriterien* zeigte für deutsche, polnische und tschechische Unternehmen, dass sowohl interne als auch externe Gründe für die Internalisierung des Wissens entscheidend waren. Die tatsächlich eingetretenen qualitativen Nutzeneffekte führten zu dem Schluss, dass für deutsche, polnische und tschechische Unternehmen gleichermaßen eine Zertifizierung ein selbstverständliches Markterfordernis darstellt, was bedingt, dass das *Wissen zur ISO 14001 offensiv erworben* werden muss(te). Die - für die sich im Transformationsprozess befindlichen polnischen und tschechischen Unternehmen - schwierige ökonomische Situation erfordert eine stringente Verknüpfung umweltorientierter Anforderungen mit betriebswirtschaftlichen Zielen.
2. Auf Basis der Analyse der Umsetzung der *Anforderungskriterien* wurden inhaltlich-methodische Verständnisprobleme sowie Umsetzungsprobleme differenziert. *Inhaltlich-methodische Verständnisprobleme* traten für die Normanforderungen *Umweltaspekte, Ziele und Einzelziele* in deutschen, polnischen und tschechischen Unternehmen gleichermaßen auf. Allen drei Partnern werden daher für diese Bereiche paritätische Wissensdefizite zugeordnet.
3. Die *Umsetzungsprobleme* für einzelne Normanforderungen unterschieden sich zwischen den Benchmarking-Partnern, so dass folgende Wissensdefizite definiert werden (dies heißt nicht, dass die für die Bereiche jeweils nicht genannten Unternehmen dort Wissensvorsprünge aufweisen, da die Datengrundlage diese Schlussfolgerung nicht zulässt):

a) *Rechtskonformität* (deutsche Unternehmen);
b) *Umweltmanagementsystemaudit* (deutsche, tschechische Unternehmen);
c) *Schulung, Bewusstsein, Kompetenz* (deutsche Unternehmen);
d) *Dokumentation* (polnische, tschechische Unternehmen);
e) *Ablauflenkung* (polnische Unternehmen);
f) *Umweltprogramm* (polnische, tschechische Unternehmen).

4. Die i. R. der Analyse der *Effizienzkriterien* durchgeführte Bewertung der *Schwierigkeiten* bei der Internalisierung des Wissens wurden in Probleme auf Grund der *Ansprüche* und *Komplexität* des expliziten Wissens differenziert:

a) Die aus den Ansprüchen resultierenden Schwierigkeiten bei der *Umsetzung der Dokumentation* (deutsche, polnische und tschechische Unternehmen) sowie der *Identifikation und Auswahl der Prozesse* (polnische Unternehmen) *bestätigen* in Teilbereichen die unter 3. definierten *Wissensdefizite*.

b) Die auf der *Komplexität* des expliziten Wissens basierenden Schwierigkeiten *hoher Zeitaufwand* (deutsche, polnische und tschechische Unternehmen), *hoher Personalaufwand* (deutsche und polnische Unternehmen) weisen für die genannten Benchmarking-Partner auf Wissensdefizite bei den Effizienzkriterien hin (vgl. dazu ausführlicher Punkt 5).

5. Bezogen auf die monetären Aspekte werden auf Basis der Analyse der *Effizienzkriterien* den Benchmarking-Partnern folgende Wissensdefizite zugeordnet:

a) *Quantifizierung der* erforderlichen *Kosten* (tschechische Unternehmen). Hierzu besitzen deutsche und polnische Unternehmen Wissensvorsprünge.

b) *Quantifizierung der ökonomischen Einsparungen* nach Höhe und Bereichen (polnische und tschechische Unternehmen). Hierzu besitzen deutsche Unternehmen Wissensvorsprünge.

c) *Quantifizierung der ökologischen Einsparungen*, d. h. *der tatsächlichen Umweltleistung* (deutsche, polnische und tschechische Unternehmen).

d) *Weiterführende Kosten-Nutzen-Rechnungen* zur Effizienzbestimmung (deutsche, polnische und tschechische Unternehmen).

6. Die i. R. der Analyse der *Effizienzkriterien* durchgeführte Bewertung des *internen und externen Nutzens* der Einführung von Umweltmanagementsystemen zeigte, dass i. d. R. der tatsächliche Nutzen unter den Erwartungen lag. Hier werden allen Benchmarking-Partnern paritätische Wissensdefizite bei der *transparenten Nutzen-Darstellung* sowie der Ausnutzung *strategischer Erfolgspotenziale* zugeordnet.

Zur Diskussion der Marktrelevanz werden über eine vergleichende Betrachtung der für die Benchmarking-Partner definierten Wissensvorsprünge und -defizite Kriterien beschrieben, die ausschlaggebend dafür sind, dass Wissensvorsprünge zu Angebots- bzw. Wissensdefizite zu Nachfragepotenzialen führen. Die Kriteriendiskussion basiert auf den in Kapitel 2.2 und Abbildung 2-2 vorgenommenen Eingrenzungen. Zum besseren Verständnis werden den diskutierten Kriterien auch hier in Klammern ihre laufenden Nummern aus Abbildung 2-2 zugeordnet.

Die Wissensdefizite deutscher, polnischer und tschechischer Unternehmen zu den Umweltaspekten, Zielen und Einzelzielen basieren auf dem unzureichenden expliziten Wissen. Sie besitzen Nachfragepotenzial, da für Aufrechterhaltung oder den Erwerb der Zertifizierung nach der ISO 14001 die Normanforderungen eingehalten werden müssen (N 1). Da diese Wissensdefizite die Benchmarking-Partner paritätisch betreffen, ist über das weitere Benchmarking zu prüfen, ob entsprechend des Erfahrungswissens deutscher Unternehmen zur EMAS-VO oder polnischer Unternehmen zum CPC in den erforderlichen Bereichen Wissensvorsprünge vorliegen und Kriterien für deren Marktrelevanz definiert werden können (vgl. dazu Kapitel 5.3.2 und Kapitel 5.4.2). Unabhängig davon besteht die Möglichkeit, die Wissensdefizite auf Basis verbesserten expliziten

Wissens (Revision der ISO 14001) bzw. durch Ergänzung des expliziten Wissens, z. B. in Form von Handbüchern, aufzuheben.
In Anlehnung an die obige Argumentation sind auch die für einzelne Benchmarking-Partner definierten Wissensdefizite zu weiteren Normanforderungen bei der Aufrechterhaltung oder Erwerbung der Zertifizierung durch ein Nachfragepotenzial charakterisiert (N 1). Auch hier ist über das weitere Benchmarking zu prüfen, ob entsprechend des Erfahrungswissens deutscher Unternehmen zur EMAS-VO oder polnischer Unternehmen zum CPC in den erforderlichen Bereichen Wissensvorsprünge vorliegen und Kriterien für deren Marktrelevanz definiert werden können (vgl. auch dazu Kapitel 5.3.2 und Kapitel 5.4.2).
Bezogen auf die Effizienzkriterien wurden Wissensdefizite bei der Quantifizierung der Kosten (tschechische Unternehmen) und ökonomischen Effekte (polnische und tschechische Unternehmen) definiert. Da sich diese Wissensdefizite hemmend auf die Motivation zur Internalisierung des Wissens zur ISO 14001 auswirkten, besitzen sie Nachfragepotenziale, da i. R. der Motivationskriterien gezeigt wurde, dass der Nachweis eines nach der ISO 14001 zertifizierten Umweltmanagementsystems ein selbstverständliches Markterfordernis ist (N 1). Die Aufrechterhaltung der in Einzelbereichen für deutsche und polnische Unternehmen definierten Wissensvorsprünge (vgl. dazu 5 a und b) ist erforderlich, um auf dieser Basis weiteres Wissen zu entwickeln (A 7) und besitzt in diesem Sinne Angebotspotenzial. Hinsichtlich der Quantifizierung der tatsächlichen Umweltleistung, weitergehender Kosten-Nutzen-Berechnungen sowie der transparenten Nutzendarstellung bestanden für alle drei Partner Wissensdefizite, die sich ebenfalls hemmend auf die Motivation zur Internalisierung des Wissens zur ISO 14001 auswirken können (N 1) und entsprechend obiger Argumentation Nachfragepotenzial besitzen. Da diesen Defiziten keine Vorsprünge gegenüberstehen, ist auch hier über das weitere Benchmarking zu prüfen, ob entsprechend des Erfahrungswissens deutscher Unternehmen zur EMAS-VO oder polnischer Unternehmen zum CPC in den erforderlichen Bereichen Wissensvorsprünge vorliegen und Kriterien für deren Marktrelevanz definiert werden können (vgl. dazu Kapitel 5.3 und Kapitel 5.4).

Unter Berücksichtigung der Benchmarking-Ergebnisse zur Umsetzung der ISO 14001 in deutschen, polnischen und tschechischen Unternehmen wird im Folgenden das explizierte Erfahrungswissen deutscher Unternehmen zur EMAS-VO untersucht. Dabei wird geprüft, ob Gemeinsamkeiten oder Unterschiede zu den Motivations-, Anforderungs- und Effizienzkriterien und auf dieser Basis zu den Wissensvorsprüngen bzw. -defiziten abgeleitet werden können.

5.3 Benchmarking der Internalisierung von Wissen zur EMAS-VO nach Gründen, Ausprägungen und Resultaten für deutsche Unternehmen

Das bei der Umsetzung der EMAS-VO internalisierte Wissen deutscher Unternehmen wurde über mehrere empirische Studien expliziert.[758] Zielstellung war es auch hier, auf Basis der bisherigen Erfahrungen Empfehlungen für die Revision der EMAS I und die Ausgestaltung der EMAS II zu geben. Für die folgenden Ausführungen wird im Schwerpunkt auf eine Studie des UMWELT-

[758] Vgl. für einen zusammenfassenden Überblick über neun Studien zur Evaluation der EMAS-Erfahrungen in Deutschland aus dem Zeitraum 1995-1998 HAMSCHMIDT (1998, Anhang).

BUNDESAMTES (im Weiteren UBA) zurückgegriffen.[759] Das UBA hat eine Vollerhebung unter allen bis Ende 1998 validierten Unternehmen in Deutschland (1.806) über Erfahrungen bei der Umsetzung der EMAS-VO durchgeführt. Durch einen Rücklauf von 68 % sind die Ergebnisse sowohl auf Branchen- als auch auf Länderebene als repräsentativ einzuschätzen. Allerdings umfasst die Studie ausschließlich Informationen zu den Motivations- und Effizienzkriterien.
Ergänzend werden daher die Ergebnisse der Forschungsgruppe „Evaluierung von Umweltmanagementsystemen" (im Weiteren FEU) unter Leitung des Instituts für Ökologie und Unternehmensführung (Oestrich-Winkel) genutzt, die im Auftrag des UBA u. a. 96 Modellprojekte zur EMAS-VO, die auf EU-, Bundes- oder Länderebene initiiert wurden, bewertet haben.[760] Diese Studie liefert Ergebnisse zu den Motivations-, Anforderungs- und Effizienzkriterien, die aber in Abhängigkeit der zu Grunde liegenden Stichprobe sowie Auswertungsmethodik nur qualitativ und nicht quantitativ vorliegen.
Weitere (frühere) Studien werden auf Grund ihrer geringen Stichproben nicht explizit, sondern über ihre zusammenfassende bzw. verallgemeinernde Ergebnisdarstellung und -bewertung in der Sekundärliteratur berücksichtigt. Hervorzuheben ist hier die Untersuchung von HAMSCHMIDT, der auf der Basis von fünf ausgewählten Studien die ökonomischen und ökologischen Wirkungen durch Umweltmanagementsysteme analysierte und vergleichende Schlussfolgerungen zu diesen getroffen hat.[761] Aus der Charakterisierung der Studien in der vorherigen Fußnote wird deutlich, dass sich drei dieser fünf Studien ausschließlich auf Unternehmen mit EMAS-Erfahrungen beziehen. Da zu den Zielstellungen von HAMSCHMIDT auch unterschiedliche Ergebnisbewertungen zur EMAS-VO und der ISO 14001 gehörten, werden die Ergebnisse seiner Untersuchung hier und nicht i. R. der Analyse der ISO 14001 in Kapitel 5.2.1 berücksichtigt. Die Studie liefert ergänzen-

[759] Vgl. UMWELTBUNDESAMT (1999).
[760] Vgl. UMWELTBUNDESAMT (HRSG.) (1998a) sowie (1998b). Weitere, aber i. R. dieser Arbeit nicht berücksichtigte, Untersuchungsschwerpunkte der FEU waren (vgl. dazu UMWELTBUNDESAMT (1999, S. 21):
- Analyse von ca. 1.600 Literaturstellen;
- Auswertung von über 200 Umwelterklärungen;
- Prüfung der rechtlichen Dimension;
- empirische Untersuchung der Erfahrung von 27 Unternehmen (von denen 15 nach EMAS validiert waren, die anderen hatten entweder noch nicht begonnen, abgebrochen oder einen anderen Standard eingeführt);
- Analyse der Erfahrungen und Erwartungen von Beteiligten am Verfahren und gesellschaftlichen Anspruchsgruppen.

[761] Vgl. HAMSCHMIDT (1998). Zu diesen fünf empirischen Erhebungen zählen (in Klammern werden Bearbeiter, Durchführungszeitpunkt und Umfang der Stichprobe genannt):
- Pilot-Öko-Audits in Hessen – Erfahrungen und Ergebnisse (Forschungsgruppe Betriebliche Umweltpolitik der U-GH Kassel, Verkehr und Landesentwicklung, 1995, 13 hessische Unternehmen, die die EMAS-VO umsetzen);
- Beurteilung des Öko-Audits im Hinblick auf Ressourcenmanagement in KMU (Wuppertal Institut, Abteilung Stoffströme und Strukturwandel, 1997, 13 KMU der Möbelbranche, davon 11 validiert und 2 bei der Einführung);
- Umweltschutz, Umweltmanagement und Umweltberatung – Unternehmensinteressen, Implementierungsprobleme, Beratungsbedarf und Ergebnistransfer (Institut zur Erforschung sozialer Chancen, 1997, 642 Unternehmen einer Zufallsstichprobe, davon 2,9 % validierte Unternehmen);
- Öko-Audit in der mittelständischen Praxis – Evaluierung und Ansätze für eine Effizienzsteigerung von Umweltmanagementsystemen in der Praxis (Unternehmerinstitut e. V.; Arbeitsgemeinschaft selbständiger Unternehmer, Forschungsgruppe Betriebliche Umweltpolitik der U-GH Kassel, 1997, 756 Fragebögen aus 368 Unternehmen, die ASU- oder future-Mitglieder waren bzw. sich an EMAS beteiligten);
- Evaluierung von Umweltmanagementsystemen zur Vorbereitung der 1998 geplanten Überprüfung des gemeinschaftlichen Öko-Audit-Systems (Institut für Ökologie und Unternehmensführung e. V. Oestrich-Winkel; Institut für ökologische Wirtschaftsforschung Berlin, Institut für Energie und Umweltforschung Heidelberg, Ruhr Universität Bochum, Universität Hohenheim, 27 Unternehmen, 50 Interviews mit Anspruchsgruppen – siehe dazu auch vorherige Fußnote).

Vgl. HAMSCHMIDT (1998, S. 16, 21, 24, 27, 30). Siehe zu weiteren empirischen in- und ausländischen Studien der Evaluierung der EMAS-VO STEGER (2000, S. 497-506).

de Informationen zu den Effizienzkriterien, die in Abhängigkeit der Datenbasis sowie Auswertungsmethodik auch hier nur in qualitativer Form vorliegen.

Auch für die empirischen Studien zur Untersuchung des Umsetzung der EMAS-VO ist charakteristisch, dass i. d. R. keine Branchenbeschränkungen auf das Verarbeitende Gewerbe vorgenommen wurden. Die Untersuchung der Verteilung der Stichproben nach Wirtschaftsbereichen zeigt, dass durch die UBA-Studie das Verarbeitende Gewerbe zu ca. 71 % berücksichtigt wurde. Für die FEU-Studie ist keine Angabe möglich. Es wird auch hier die Annahme getroffen, dass die Ergebnisse der Studien aussagefähig für Unternehmen des Verarbeitenden Gewerbes sind (vgl. für eine Übersicht wichtiger Rahmenbedingungen der verwendeten empirischen Studien Tabelle 5-24).

Tabelle 5-24: Kennzeichen empirischer Erhebungen zur Umsetzung der Anforderungen der EMAS-VO in deutschen Unternehmen

	Deutschland	
Studie	***UBA***	***FEU***
Zeitpunkt der Durchführung	▪ 1998/99	▪ 1997
Grundgesamtheit	▪ 1.806 Unternehmen	▪ 96 Modellprojekte, davon 23 im engeren Sinne,* 55 im weiteren Sinne und 18 laufende/geplante**
verwertbarer Rücklauf	▪ 1.228 Unternehmen (68 %)	▪ bei der Auswertung einzelner Kriterien differenziert, in Abhängigkeit der den Modellprojekten zu Grunde liegenden Informationen
dav. Verarb. Gewerbe	▪ 874 Unternehmen (71,2 %)	▪ k. A., da die Branchenzusammensetzung jedes Modellprojektes variiert und Einzelprojekte bei der Kriterienauswertung in Abhängigkeit der verfügbaren Informationen unterschiedlich berücksichtigt werden (vgl. zu einer Aufschlüsselung der Branchenverteilungen nach Modellprojekten PREHN; RICHTER; SCHWEDT; TIEBLER (1998, S. 15-18)).
Schwerpunkte der Studie	▪ Teilnahmemotive ▪ Kosten-Nutzen-Verhältnis ▪ Vergleich EMAS und ISO 14001	▪ Teilnahmemotive ▪ Erfahrungen bei der Umsetzung der Normanforderungen ▪ ökologische Wirksamkeit ▪ Aufwand/Nutzen

* Modellprojekte im engeren Sinne beziehen sich auf eine größere Anzahl von Unternehmen, die v. a. auf EU-, Bundes- oder Länderebene initiiert wurden und durch eine wissenschaftliche Begleitforschung gekennzeichnet waren. ** Modellprojekte im weiteren Sinne umfassen Initiativen von Unternehmen/Institutionen sowie Projekte, deren Ergebnisse in Leitfäden eingeflossen sind.
Quelle: Eigene Zusammenstellung nach PREHN; RICHTER; SCHWEDT; TIEBLER (1998, S. 4 f.); UMWELTBUNDESAMT (1999, S. 21-24).

Im folgenden werden die Benchmarking-Ergebnisse zur Untersuchung der Internalisierung des expliziten Wissens zur EMAS-VO für deutsche Unternehmen in Kapitel 5.3.1 gegliedert nach Motivations-, Anforderungs- und Effizienzkriterien dargestellt. Abschließend erfolgt in Kapitel 5.3.2 die Definition von Wissensvorsprüngen und -defiziten sowie die Diskussion ihrer Marktrelevanz. Bei den nachfolgenden Ausführungen ist zu beachten, dass die Studien entsprechend ihres Erhebungszeitpunktes die Erfahrungen deutscher Unternehmen bezüglich der EMAS I evaluieren. Sofern diese Auswirkungen auf die Revision der EMAS II hatten bzw. sich durch veränderte

Normanforderungen der EMAS II relativieren, wird im Folgenden darauf hingewiesen (siehe für eine vergleichende Darstellung der Anforderungen der EMAS II i. Vgl. zur EMAS I die Ausführungen zum expliziten Wissen in Kapitel 3.3.2.2).

5.3.1 Charakteristika des impliziten Wissens unter Berücksichtigung von Gemeinsamkeiten und Unterschieden im Vergleich zum Wissen zur ISO 14001

Motivationskriterien

Durch die UBA-Studie wurden Gründe für die Internalisierung des Wissens zur EMAS-VO abgefragt, die durch Informationen der FEU ergänzt und evaluiert werden. In Anlehnung an die Aussagen zum verwertbaren Rücklauf der Untersuchungen der FEU in Tabelle 5-24 wird an dieser Stelle nochmals darauf hingewiesen, dass die Ergebnisse der FEU zwar grundsätzlich auf der Auswertung von 96 Modellprojekten basieren, aber nicht jedes Modellprojekt Informationen zu den hier definierten Kriterien enthält. Aus diesem Grund variiert der Rücklauf bei den Motivations-, Anforderungs- und Effizienzkriterien z. T. erheblich. Für die Untersuchungen i. R. dieser Arbeit wird auf die verallgemeinernden Schlussfolgerungen der FEU, die auf Basis des zu Grunde liegenden Rücklaufes gezogen wurden, zurückgegriffen.

Aus Tabelle 5-25 ist ersichtlich, dass nach der UBA-Studie auch für die Einführung der EMAS-VO *interne und externe Gründe* deutscher Unternehmen ausschlaggebend waren. Zu den wichtigsten internen Gründen zählten Umweltschutzverbesserungen, Verringerungen der Umweltbelastungen, Energie- und Ressourceneinsatzoptimierungen, Motivationseffekte für die Mitarbeiter, die Verbesserung der Rechtssicherheit, Verminderung von Umwelt- und Haftungsrisiken und die Verbesserung der Betriebsorganisation. Wichtigster externer Grund war die Erzielung von Imageeffekten. Das zeigt, dass interne Gründe eine höhere Bedeutung als externe Gründe hatten.

Tabelle 5-25: Motive für die Einführung der EMAS-VO in deutschen Unternehmen

UBA-Studie
Einführungsmotive (Punkte)
über 5 Punkte:*
▪ kontinuierliche Verbesserung des Umweltschutzes (8,7)
▪ Schwachstellen- und Potenzialerkennung im Energie-/Ressourceneinsatz (8,3)
▪ Motivation der Mitarbeiter (8,3)
▪ Imagegewinn (8,0)
▪ Erhöhung der Rechtssicherheit (8,0)
▪ Verbesserung der Betriebsorganisation (7,8)
▪ Aufdeckung, Minimierung von Umwelt- und Haftungsrisiken (7,8)
▪ Verringerung unternehmensspezifischer Umweltwirkungen (7,2)
▪ Kosteneinsparungen (6,8)
unter 5 Punkte:
▪ erhöhte Anforderungen von Kunden oder anderen Anspruchsgruppen (4,9)
▪ Entdeckung von ökologischen Produkt- und Verfahrensinnovationen (4,7)

*Bewertung: 10 = wichtigstes Motiv, 0 = unwichtiges Motiv.

Quelle: Eigene Zusammenstellung nach UMWELTBUNDESAMT (1999, S. 29).

Die Bedeutung der Einzelmotive und die Relevanz interner Gründe wird durch die Untersuchungen der FEU bestätigt. D. h., vergleichbare interne und externe Gründe stellten die ausschlaggebenden Motive der deutschen Unternehmen dar, sich an Modellprojekten im engeren Sinne (intern: die Erlangung größerer Rechtssicherheit, die Einbindung bereits durchgeführter Umweltschutzaktivitäten in ein integriertes Gesamtkonzept und die Erzielung von Kostensenkungspotenzialen; extern: Imagevorteile) und im weiteren Sinne (intern: ein seit längerem bestehendes Interesse des Unternehmens an Umweltschutzfragen, Risikominimierung und Erhöhung der Mitarbeitermotivation; extern: Imagepflege) zu beteiligen.[762]

Der Vergleich mit den Motivationskriterien zur Einführung der ISO 14001 zeigt bezüglich der Arten interner Gründe keine wesentlichen Unterschiede. Damit wird auf Basis der Untersuchung der Motivationskriterien noch nicht deutlich, ob Unternehmen die EMAS-VO auf Grund ihrer höheren Leistungsanforderungen umsetzen oder meiden (vgl. dazu Kapitel 3.3.2.3). Andererseits weist die insgesamt höhere Bedeutung interner Gründe i. Vgl. zu den externen Gründen darauf hin, dass mit der Internalisierung von Wissen zur EMAS-VO v. a. leistungssteigernde Effekte verbunden wurden. Die Analyse der Gründe, warum sich die befragten Unternehmen auch in Zukunft an der EMAS-VO beteiligen, bestätigt diese Feststellung. Denn die kontinuierliche Verbesserung des Umweltschutzes und der hohe Anspruch an die Umweltleistung stellten die wichtigsten Kriterien dar (vgl. Tabelle 5-26).[763]

Tabelle 5-26: Motive für die weitere Beteiligung deutscher Unternehmen an der EMAS-VO

UBA-Studie
Gründe der weiteren Teilnahme (Punkte)
über 5 Punkte:*
▪ kontinuierliche Verbesserung des Umweltschutzes (8,3)
▪ hoher Anspruch an die Umweltleistung (7,5)
▪ erhöhte Rechtssicherheit (7,4)
▪ starke Betonung der Mitarbeiterbeteiligung (7,0)
▪ Erstellung einer Umwelterklärung (6,4)
▪ unabhängige Kontrolle (6,2)
▪ hohe Akzeptanz und hoher Bekanntheitsgrad in Deutschland (5,3)
▪ Standortbezug (5,2)
unter 5 Punkte:
▪ verstärkter Marktdruck (4,3)
▪ geringer administrativer und formaler Aufwand (3,7)
▪ geringer finanzieller Aufwand (3,2)
▪ Förderungsmöglichkeiten (2,8)

*Bewertung: 10 = trifft voll zu, 0 = trifft nicht zu.
Quelle: Eigene Zusammenstellung nach UMWELTBUNDESAMT (1999, S. 56).

Bezüglich der externen Gründe war - wie bei der ISO 14001 - die ebenfalls hohe Bedeutung der Imageeffekte charakteristisch. Dies bestätigt, dass die Unternehmen mit der Umsetzung der EMAS-VO eine hohe Glaubwürdigkeit verbunden hatten (vgl. ebenfalls Kapitel 3.3.2.3). Auffal-

[762] Vgl. PREHN; RICHTER; SCHWEDT; TIEBLER (1998, S. 19, 40 sowie zum Rücklauf, S. 19-21; 40-43; 53 f.).
[763] Anmerkung: 31 % der befragten Unternehmen waren bereits nach der ISO 14001 zertifiziert, 14 % planten dies, 20 % waren noch nicht entschieden und 35 % schlossen sie aus. Vgl. UMWELTBUNDESAMT (1999, S. 56).

lend ist, dass weder das UBA, noch die FEU Aspekte des internationalen Marktdruckes (z. B. Vorgabe vom Mutter-, Kooperationsunternehmen, Kundenanforderung, Erzielung von Wettbewerbsvorteilen) für die Internalisierung des Wissens zur EMAS-VO abgefragt bzw. ermittelt hatten. Dies kann einerseits darin begründet sein, dass diese Aspekte nicht als wichtig erachtet wurden, andererseits könnten sie auch unter den Imageeffekten subsumiert worden sein. Aber die Relevanz von Gründen für die weitere Beteiligung der befragten deutschen Unternehmen an der EMAS-VO bestätigt eine geringe Bedeutung des Marktdruckes (verstärkter Marktdruck: 4,3 Punkte) und weist auch auf die mit Deutschland verbundene Bedeutung der Verordnung (hohe Akzeptanz und hoher Bekanntheitsgrad in Deutschland: 5,3 Punkte) hin (vgl. Tabelle 5-26).

Die Analyse der Motivationskriterien zeigte, dass für die Internalisierung von Wissen zur EMAS-VO in deutschen Unternehmen interne, auf die Leistung des Unternehmens bezogene, Kriterien ausschlaggebend waren, während der internationale Marktdruck keine vordergründige Rolle spielte. Damit besteht ein wesentlicher Unterschied zu den Internalisierungsgründen von Wissen zur ISO 14001, wo beide Kriterien gleichermaßen Bedeutung hatten. Diese Feststellung ist durch Untersuchungen der Anforderungs- und Effizienzkriterien zu prüfen. Sie bestätigt aber die i. R. des makroökonomischen Benchmarkings infolge der unterschiedlichen Leistungsindikatoren getroffene Feststellung, dass der ISO 14001-Zertifizierungsdruck größer als der EMAS-Validierungsdruck ist (vgl. Kapitel 3.3.2.3).

Anforderungskriterien

Trotz des dargestellten erheblichen Umfanges empirischer Studien zur Bewertung der EMAS-VO in deutschen Unternehmen liegen keine entsprechend ausführlichen Informationen bezüglich der Anforderungskriterien vor. Dies hängt wohl damit zusammen, dass Schwerpunkte der Evaluation der EMAS I nicht auf der Bewertung der Leistungsanforderungen, sondern der Zweckmäßigkeit der Verordnung insgesamt, des Standortbezuges, des Teilnehmerkreises sowie der Öffentlichkeitsarbeit (Umwelt- und Teilnahmeerklärung) lagen. So sind in der Studie des UBA keine Angaben über das implizite Wissen bezüglich der Umsetzung einzelner Normanforderungen enthalten. Die Basis dieses Abschnittes stellen daher die Untersuchungsergebnisse der FEU dar.

Die FEU analysierte das implizite Wissen bezogen auf die Elemente Umweltprüfung, Umweltbetriebsprüfung, Umweltpolitik, Umweltziele, Umweltprogramm, Umweltmanagementsystem und Umwelterklärung.[764] Auf Grund dieser Schwerpunktsetzungen ist es in diesem Rahmen nicht möglich, alle Anforderungen eines Umweltmanagementsystems nach der EMAS-VO (vgl. dazu ausführlich Kapitel 3.3.2.2) zu berücksichtigen. In der nachfolgenden Tabelle 5-27 werden für jede dieser Anforderung die festgestellten Abweichungen zusammengefasst.

[764] Vgl. für den zu Grunde liegenden Rücklauf für die Umweltprüfung PREHN; RICHTER; SCHWEDT; TIEBLER (1998, S. 58-61), Umweltbetriebsprüfung, S. 62 f.; Umweltpolitik, S. 63 f.; Umweltziele, S. 65 f.; Umweltprogramm, S. 66-68; Umweltmanagementsystem, S. 68-71, Umwelterklärung, S. 72-74 - jeweils ebenda.

Tabelle 5-27: Abweichungen deutscher Unternehmen bei der Erfüllung der Normanforderungen der EMAS-VO

Normanforderung	*Abweichungen*
Umweltprüfung	▪ fehlende Angaben zur Prüfungstiefe und -breite ▪ mangelnde Daten/Bestandsaufnahme zum betrieblichen Umweltschutz ▪ fehlende Umweltpolitik, -ziele oder -leitlinien ▪ Defizite in der Dokumentation, den Verfahrens- und Arbeitsanweisungen
Umweltbetriebsprüfung	▪ keine gesonderten Angaben, siehe Umweltprüfung
Umweltpolitik	▪ fehlender Bezug zur Unternehmenspraxis, da zu starre Orientierung an den „Guten Managementpraktiken“
Umweltziele	▪ unzureichende Quantifizierung und Terminierung der Umweltziele ▪ fehlender organisatorischer bzw. managementbezogener Bezug ▪ fehlende Trennung von Umweltzielen und -programmen
Umweltprogramm	▪ keine Abweichungen feststellbar
Umweltmanagement-system	▪ nicht eindeutige Verteilung von Zuständigkeiten auf untergeordnete Ebenen (v. a. in KMU)
Umwelterklärung	▪ schwerpunktmäßige Darstellung von positiven Resultaten im Umweltschutz und mangelnde Darstellung von Schwachstellen

Quelle: Eigene Zusammenstellung nach PREHN; RICHTER; SCHWEDT; TIEBLER (1998, S. 56-74).

Auf Basis der beschriebenen Einzelabweichungen und in Anlehnung an das Vorgehen bei der Untersuchung der Anforderungskriterien der ISO 14001 wird im Folgenden geprüft, ob die Abweichungen als Umsetzungsprobleme bezeichnet werden können und/oder auf inhaltlich-methodischen Verständnisproblemen des expliziten Wissens zur EMAS-VO beruhten:

- Umweltprüfung/Umweltbetriebsprüfung: Die fehlenden Angaben zur Prüfungstiefe und -breite weisen auf fehlende Informationen im expliziten Wissen hin, obwohl Anhang II und VII diesen Bereichen gewidmet sind. Die restlichen Punkte beschreiben Schwierigkeiten der Erfüllung der Anforderungen der Norm, die auf fehlenden Messungen, Zielsetzungen und Dokumentationen beruhen.
- Umweltpolitik: Die dargestellte Schwierigkeit impliziert ein Problem des Praxisbezuges, die Anforderungen der Norm werden umgesetzt, hier besteht kein Umsetzungsproblem im Sinne der Nichtkonformität mit der Norm. In diesem Zusammenhang ist auch zu beachten, dass der Bezug auf die „Guten Managementpraktiken“ nach der EMAS II nicht mehr gefordert ist.
- Umweltziele: Die gezeigten Schwierigkeiten sind Umsetzungsprobleme im Sinne der Nichtkonformität mit der Norm. Dabei wurde auch festgestellt, dass die Unternehmen auf Basis des Umweltmanagementsystems keine anspruchsvolleren Umweltschutzziele definierten, sondern sich an der bisherigen Praxis anlehnten. Dies führte zu einer Schwerpunktsetzung von medialen Umweltzielen; organisations- oder managementbezogene Ziele wurden vernachlässigt.
- Umweltmanagementsystem: Die dargestellte Schwierigkeit ist ein Umsetzungsproblem, da die Verantwortlichkeiten nicht normkonform definiert wurden. Ein weiterer wichtiger Aspekt ist in diesem Zusammenhang, dass die Verantwortung für Umweltschutzaufgaben i. d. R. Stabstellen- und nicht funktions- oder prozessbezogen definiert wurde. Das Umsetzungsproblem betrifft also den Bereich Organisation und Verantwortung.
- Umwelterklärung: Die Schwierigkeiten zeigen, dass der Schwerpunkt auf die öffentlichkeitswirksame Gestaltung und nicht auf die Vermittlung objektiver Informationen gelegt wurde. Diese Schwierigkeiten werden als Umsetzungsprobleme definiert, da in der Norm Anhang III

explizit darauf hingewiesen wird, dass Vergleiche über Zeiträume oder im Sinne eines Benchmarkings ermöglicht werden sollen.[765]

Auf Basis der Analyse der Umsetzung der Anforderungskriterien der EMAS-VO durch deutsche Unternehmen werden *Umsetzungsprobleme* für die Bereiche Umweltprüfung/Umweltbetriebsprüfung, Umweltziele, Umweltmanagementsystem und Umwelterklärung definiert. Dabei konnten keine Hinweise abgeleitet werden, dass diese aus methodisch-inhaltlichen Verständnisproblemen des expliziten Wissens resultierten bzw. derartige Probleme in anderen Bereichen bestanden. Dies ist einerseits fragwürdig, da v. a. durch kleine und mittlere Unternehmen die schwierige Sprache und der praxisferne Aufbau der Verordnung kritisiert wurden (vgl. Kapitel 3.3.2.3). Dieses Ergebnis lässt sich aber andererseits daraus erklären, dass Datengrundlagen der FEU Modellprojekte zur Einführung der EMAS-VO darstellten, in deren Rahmen die beteiligten Unternehmen bei der Internalisierung des expliziten Wissens unterstützt wurden.
Der Vergleich mit den Umsetzungsproblemen deutscher Unternehmen bei der ISO 14001 zeigt Übereinstimmungen für die Bereiche Umweltziele und Umweltaudit. Damit kann auf Basis des hier zu Grunde liegenden Datenmaterials nicht geschlussfolgert werden, dass die höheren Leistungsanforderungen der EMAS-VO (i. Vgl. zur ISO 14001) zu größeren Umsetzungsproblemen führten; allerdings die definierten Umsetzungsprobleme in Bereichen liegen, in denen die Verordnung detaillierte Regelungen enthält. In diesem Zusammenhang ist interessant, dass HAMSCHMIDT auf Basis seiner Analyse feststellte, dass in keiner von ihm betrachteten Studie Unterschiede in der durch Umweltmanagementsysteme nach der EMAS-VO und der ISO 14001 erzielten ökologischen Leistung festgestellt werden konnte.[766] Dieses Ergebnis verwundert einerseits auf Grund der mit der EMAS-VO verbundenen höheren Leistungsanforderungen, andererseits hängen die tatsächlichen Verringerungseffekte von der unternehmensspezifischen Umsetzung der Normanforderungen ab.[767] STEGER erklärt dies daraus, dass Unternehmen betriebswirtschaftlich rational handeln, unabhängig von der Art des zu Grunde liegenden Managementsystems.[768] In diesem Zusammenhang ist zu beachten, dass grundsätzlich noch Forschungsbedarf zur Messung und zum Vergleich der betrieblichen Umweltleistung anhand allgemeingültiger, d. h. für alle Unternehmen verbindlicher Standards im Sinne von Benchmarks besteht, da i. d. R. die Beurteilung der Umweltleistung auf Basis selbstgesetzter Ziele des Unternehmens erfolgt.[769]

Effizienzkriterien

Auf Basis der zwei bisher genannten Studien sowie der Studie von HAMSCHMIDT sind Aussagen über Nutzeneffekte, dem zeitlichen und finanziellen Aufwand sowie den ökonomischen und ökologischen Einsparungen durch die Internalisierung des Wissens zur EMAS-VO möglich. Da

[765] In Anlehnung an PREHN; RICHTER; SCHWEDT; TIEBLER (1998, S. 131-142).
[766] Vgl. HAMSCHMIDT (1998, S. 43).
[767] Vgl. DYLLICK (1999, S. 119-122); FREIMANN (1999, S. 136) und HAMSCHMIDT (1998, S. 43).
[768] Vgl. STEGER (2000, S. 473).
[769] Vgl. JANZEN (1998, S. 72 f.).

keine Studie Angaben zu Schwierigkeiten bei ihrer Einführung macht, ist kein evaluierender Rückschluss auf die i. R. der Anforderungskriterien definierten Umsetzungsprobleme möglich.

Die Bewertung der grundsätzlichen Nutzeneffekte wird auch hier nach internem und externem Nutzen differenziert. Aus den Ergebnissen der UBA-Studie (vgl. Tabelle 5-28) wird deutlich, dass der Schwerpunkt der Effekte im *internen Bereich* lag (verbesserte Organisation/Dokumentation, erhöhte Rechtssicherheit, erhöhte Mitarbeitermotivation, Ressourcenschonung und Anlagensicherheit). Die wichtigsten externen Effekte bezogen sich auf Imageeffekte und die Vorbildwirkung bei Lieferanten. Zu vernachlässigen sind auch hier Effekte auf die Vergabe günstigerer Versicherungen oder Kredite oder der Nutzung öffentlicher Fördergelder.[770] Die vergleichsweise geringe Bedeutung positiver Markteffekte und Wettbewerbsvorteile bestätigt zunächst die i. R. der Analyse der Motivationskriterien getroffene Feststellung der geringen Rolle des internationalen Marktdrucks für die Internalisierung des expliziten Wissens zur EMAS-VO.

Tabelle 5-28: Positive Effekte der Einführung der EMAS-VO in deutschen Unternehmen

UBA-Studie
positive Effekte (Punkte)
über 5 Punkte:* ▪ verbesserte Organisation/Dokumentation (7,7) ▪ erhöhte Rechtssicherheit (7,1) ▪ Imageverbesserungen (6,9) ▪ Mitarbeitermotivation (6,6) ▪ Ressourcenschonung (5,8) ▪ Anlagensicherheit (5,7) ▪ Vorbildwirkung bei Lieferanten (5,0)
unter 5 Punkte: ▪ Optimierung von Prozessabläufen (4,9) ▪ verbesserte Behördenkooperation (4,8) ▪ positive Markteffekte (4,3) ▪ Kosteneinsparungen (4,2) ▪ Wettbewerbsvorteile/Standortsicherung (4,0) ▪ günstigere Versicherungen/Kredite (2,3) ▪ Nutzung öffentlicher Fördergelder (2,1)

*Bewertung: 10 = trifft voll zu, 0 = trifft nicht zu.
Quelle: UMWELTBUNDESAMT (1999, S. 37).

Die Studie der FEU bestätigt die o. g. dominanten internen Effekte, da auch hier die Erhöhung der Rechtssicherheit, eine erhöhte Mitarbeitermotivation, Ressourceneinsparungen, der Ausbau partiell vorhandener betrieblicher Umweltschutzaktivitäten (KMU), die Verbesserung der Dokumentation bisheriger Umweltschutzaktivitäten (Großunternehmen) sowie eine effektivere Organisation des betrieblichen Umweltschutzes zu den meistgenannten Effekten gehörten. Auch nach dieser Studie wurde externen Effekten eine geringere Bedeutung beigemessen. Der am häufigsten genannte externe Effekt war Imageverbesserungen, mit Abstand folgten Wettbewerbsvorteile, eine verbesserte Kooperation mit Behörden und Stakeholdern sowie die Verbesserung der Kundenbeziehungen.[771] Diese Rangfolge zeigt, dass auch auf Basis der Studie der FEU nicht darauf

[770] Vgl. UMWELTBUNDESAMT (1999, S. 37).
[771] Vgl. PREHN; RICHTER; SCHWEDT; TIEBLER (1998, S. 103-113 sowie ebenda für den Rücklauf).

geschlossen werden kann, dass der (internationale) Marktdruck ein wesentliches Kriterium für die Internalisierung des expliziten Wissens zur EMAS-VO darstellte.

Schließlich beschreibt auch HAMSCHMIDT, dass in anderen empirischen Studien zur EMAS-VO der externe Nutzen (in Bezug auf Markteffekte und die externen Anspruchsgruppen) geringer als der interne Nutzen war und zu wichtigen internen Nutzeneffekten die Erhöhung der Rechtssicherheit, die verbesserte Transparenz und Organisation sowie die Erhöhung der Mitarbeitermotivation zählten.[772]

Im Vergleich zu den Schlussfolgerungen, die auf Basis der Untersuchung der internen und externen Effekte der ISO 14001 (vgl. Kapitel 5.2.1- Effizienzkriterien) für deutsche Unternehmen gezogen wurden, werden folgende Gemeinsamkeiten und Unterschiede festgestellt: Die hohe Bedeutung der internen Effekte *durch* die Internalisierung des Wissens zur EMAS-VO harmoniert mit der Bedeutung interner Gründe *für* dessen Internalisierung. Zwar war auch die Außenwirkung der EMAS-VO geringer als die Innenwirkung. In beiden Fällen waren aber Imageeffekte der wichtigste Effekt, so dass nicht geschlussfolgert werden kann, dass die Verordnung in ihrer Außenwirkung nicht den Erwartungen gerecht wird. Anders war dies bei der ISO 14001 (d. h., hohe Bedeutung externer *Gründe* für die Einführung der ISO 14001, aber geringe Bedeutung externer *Effekte* der Umsetzung), auf Grund dessen gefolgert wurde, dass die Zertifizierung ein selbstverständliches Markterfordernis ist. Diese Feststellung wird nicht auf eine Validierung nach der EMAS-VO übertragen, da die Analyse keinen Hinweis auf die Marktrelevanz der Internalisierung dieses Wissens ergeben hat. Im Vergleich zu den Effekten der ISO 14001 wird deutlich, dass trotz der höheren Leistungsanforderungen (und wie noch zu zeigen sein wird dem höheren Aufwand) nicht erkennbar ist, dass mit der Internalisierung von expliziten Wissen zur EMAS-VO ein höherer interner oder externer Nutzen verbunden ist.[773]

Bezogen auf die mit der Internalisierung des expliziten Wissens zur EMAS-VO verbundenen Kosten, der Kosten-Nutzen-Bewertung sowie erzielten Verringerungen liegen durch die UBA-Studie differenzierte Informationen vor, die durch tendenzielle Aussagen der FEU- und HAMSCHMIDT-Studien ergänzt werden.

Nach der UBA-Studie wurde der *zeitliche, personelle und finanzielle Aufwand* nach kleineren (1-99 Mitarbeiter), mittleren (100-499 Mitarbeiter) und größeren Unternehmensstandorten (500 und mehr Mitarbeiter) differenziert (vgl. Tabelle 5-29).[774] Die Studie ergab, dass der zeitliche, personelle und finanzielle Aufwand mit steigender Unternehmensgröße zugenommen hat. Diese Tendenz hatten POLTERMANN; BERRET auch für den finanziellen Aufwand der Internalisierung des expliziten Wissens zur ISO 14001 festgestellt (vgl. Kapitel 5.2.1 - Effizienzkriterien).

Der zeitliche Aufwand betrug durchschnittlich ca. 14 Monate (vgl. ebenfalls Tabelle 5-29). Diese Angabe entspricht den Ergebnissen der BMU; UBA-Studie, in der Unternehmen, die sowohl ISO 14001-zertifiziert als auch EMAS-validiert waren, ebenfalls 14 Monate für die Umsetzung der EMAS-VO angegeben hatten (vgl. Kapitel 5.2.1 - Effizienzkriterien). Unter Berücksichtigung,

[772] Vgl. HAMSCHMIDT (1998, S. 35, 37).
[773] Vgl. auch STEGER (2000, S. 474-476).
[774] Vgl. UMWELTBUNDESAMT (1999, S. 32).

dass der Anteil von Unternehmen mit beiden Systemen der UBA-Studie geringer war, als nach der BMU; UBA-Studie (31 % i. Vgl. zu 51 %) wird hier die Schlussfolgerung bestätigt, dass die Umsetzung der höheren Leistungsanforderungen der EMAS-VO einen vergleichsweise geringen zusätzlichen Zeitaufwand erforderte. Gestützt wird dies durch die Angaben, nach denen die meiste Zeit für die Erstellung des Umwelthandbuches (durchschnittlich 78 % der Unternehmen), die Datenerhebung (durchschnittlich 73 %) und die Erstellung der Umwelterklärung (durchschnittlich 62 %) benötigt wurde.[775] D. h., die zeitintensivsten Elemente stellten mit Ausnahme der Erstellung der Umwelterklärung keine spezifischen EMAS-Anforderungen dar.

Personell betrachtet, erforderte die Umsetzung der EMAS-VO durchschnittlich 12 Personenmonate (vgl. ebenfalls Tabelle 5-29), im Schwerpunkt in den Bereichen Umweltschutz/Umweltbeauftragter (28 %), Produktion/Fertigung/Technik (26 %), Geschäftsleitung/Management (10 %).[776] Für diese Angaben ist auf Grund fehlender Daten kein Vergleich zur ISO 14001 möglich. Der finanzielle Aufwand für die Internalisierung des Wissens (d. h. vom Entschluss bis zur Validierung) betrug durchschnittlich 116.000 DM, der jährliche Folgeaufwand zur Aufrechterhaltung des Umweltmanagementsystems durchschnittlich 31.000 DM (vgl. ebenfalls Tabelle 5-29). Diese Angaben sind als Schätzungen zu bewerten, da 40 % der vom UBA befragten Unternehmen Schwierigkeiten bei der Quantifizierung der Kosten angaben.[777]

Tabelle 5-29: Zeitlicher, personeller, finanzieller Aufwand der EMAS-Einführung in deutschen Unternehmen

	UBA-Studie			
	kleiner Standort	***mittlerer Standort***	***größerer Standort***	***Durchschnitt***
zeitlicher Aufwand in Monaten	13,2	14,8	14,4	13,8
personeller Aufwand in Personenmonaten	7	9	20	12
finanzieller Gesamtaufwand in DM	72.000	164.000	167.000	116.000
jährlicher finanzieller Aufwand pro Mitarbeiter in DM	k. A.	k. A.	k. A.	240
jährliche Kosten zur Aufrechterhaltung des Umweltmanagementsystems in DM pro Jahr	k. A.	k. A.	k. A.	31.000
jährliche Kosten zur Aufrechterhaltung des Umweltmanagementsystems in DM pro Mitarbeiter	k. A.	k. A.	k. A.	60

Quelle: Eigene Zusammenstellung nach UMWELTBUNDESAMT (1999, S. 32-36).

Die Verteilung *des finanziellen Gesamtaufwandes* nach Kostenarten ist aus nachfolgender Tabelle 5-30 ersichtlich. Auf dieser Grundlage und unter Berücksichtigung der unterschiedlichen Rahmenbedingungen beider Studien wird ein Vergleich mit den Kostenarten und -höhen für die Einführung eines Umweltmanagementsystems nach der ISO 14001 (vgl. Tabelle 5-9) vorgenommen[778] und folgende Schlussfolgerungen gezogen:

[775] Vgl. UMWELTBUNDESAMT (1999, S. 33).
[776] Nennungen anderer Bereiche lagen unter 10 %. Vgl. UMWELTBUNDESAMT (1999, S. 34).
[777] Vgl. UMWELTBUNDESAMT (1999, S. 35).
[778] Unberücksichtigt bleiben sonstige Kosten, da keine Informationen darüber vorliegen, woraus sie sich zusammensetzen.

- Die Kosten für die externe Beratung waren i. R. der Einführung der EMAS-VO (37.000 DM) geringer als bei der ISO 14001 (42.000 DM). Dies ist auf Grund der höheren Leistungsanforderungen verwunderlich, lässt sich aber ggf. aus unterschiedlichen Honoraren der zugelassenen Gutachter i. Vgl. zu den privatwirtschaftlichen Zertifizierern erklären.
- Die Kosten für Schulung, Information, Umwelterklärung, Validierung und Standorteintragung (insgesamt 54.000 DM) waren höher als die Schulungs-, Informations- und Auditierungskosten der ISO 14001 (45.000 DM). Erklärbar ist dies auf Grund zusätzlicher Kosten der EMAS-VO für die Veröffentlichung der Umwelterklärung sowie der Registrierung.
- Die Summe beider Kostenarten zeigt zwischen EMAS-VO (91.000 DM) und ISO 14001 (87.000 DM) nur geringfügige Abweichungen.

D. h., dass die Umsetzung höherer Leistungsanforderungen der EMAS-VO und die zusätzliche Öffentlichkeitsarbeit i. Vgl. zu einer Zertifizierung nach der ISO 14001, zu einem vergleichsweise geringeren zusätzlichen finanziellen Aufwand führte.

Tabelle 5-30: Verteilung des finanziellen Aufwandes deutscher Unternehmen durch die Beteiligung an der EMAS-VO nach Kostenarten

UBA-Studie	
Kostenart	***Kostenhöhe in DM***
externe Beraterkosten	37.000
Kosten für Erstellung der Umwelterklärung*	22.000
Kosten für Schulung und Information	17.000
Kosten für die Validierung	14.000
Kosten für die Eintragung in das Standortregister	1.000
sonstiges	25.000
Summe:	116.000

* Schätzung auf Basis der Angaben von 52 Unternehmen.
Quelle: Eigene Zusammenstellung nach UMWELTBUNDESAMT (1999, S. 36).

Die FEU- und HAMSCHMIDT-Studien ergeben keine weiteren Konkretisierungen für die Kostenarten und -höhen, aber zu tendenziellen Aussagen zu den mit der Internalisierung des Wissens verbundenen Kosten. So hat die FEU auf Basis ihrer Analysen festgestellt, dass der tatsächliche finanzielle Aufwand i. d. R. den geplanten Aufwand überstiegen hat.[779] Neben diesem grundsätzlichen Problem der Kostenbelastung hat HAMSCHMIDT folgende Schwierigkeiten bezogen auf die Kostenerfassung und -differenzierung festgestellt:

- unvollständige Erfassung und unzureichende Differenzierung der Kosten (d. h., schwerpunktmäßige Erfassung von Aufbaukosten, unzureichende Berücksichtigung der Kosten für die Aufrechterhaltung des Umweltmanagementsystems (Betriebskosten));
- unzureichende Identifikation der Beeinflussungsfaktoren und ihrer Wirkungen auf die Kostenhöhe (d. h., Abhängigkeit der Kosten von z. B. Unternehmensgröße, Beratungsbedarf, ökologischem Entwicklungsstand und Zweck des Umweltmanagementsystems, wobei v. a. die erstgenannten Punkte implizieren, dass mit steigender Unternehmensgröße die mitarbeiterbe-

[779] Vgl. PREHN; RICHTER; SCHWEDT; TIEBLER (1998, S. 95).

zogenen Kosten sinken (da i. d. R. in großen Unternehmen schon die erforderlichen Organisationsstrukturen vorhanden sind, welche in kleinen Unternehmen erst entwickelt werden müssen, wodurch z. B. höhere Beratungskosten anfallen));

- fehlende Dynamisierung der Kosten in die Zukunft.[780]

Neben den Kostenbelastungen wurden i. R. der UBA-Studie auch die erzielten *Kosteneinsparungen* untersucht. Während die befragten Unternehmen zwar qualitativ einschätzten, in welchen Bereichen Kostensenkungen erzielt wurden, konnten 75 % der Unternehmen die Kostensenkungen nicht quantifizieren. Wie aus der Tabelle 5-31 ersichtlich ist, hatten fast die Hälfte aller Unternehmen Einsparungen im Bereich der Abfallwirtschaft erzielt und ca. 1/3 der Unternehmen in den Bereichen Energie, Wasser/Abwasser, Recycling. Bezogen auf die ISO 14001 hatten POLTERMANN; BERRET festgestellt, dass die größten mengenmäßigen Einsparungen in den Bereichen Abfall, Wasser/Abwasser und Energie entstanden waren (vgl. Tabelle 5-12). Die Ursachen werden darin gesehen, dass die Konzentration auf Maßnahmen zur effizienteren Verwendung der Ressourcen und Verringerung der Emissionen kurzfristig zu Kostensenkungen führen, während Produkt- und Verfahrensumstellungen umfangreiche Investitionsplanungen bzw. die Neuprofilierung des Unternehmens erfordern.[781] Unter der Annahme, dass die i. R. der EMAS-VO erzielten Kosteneinsparungen zu einem wesentlichen Teil auf einem verringerten Umweltverbrauch beruhten, wird festgestellt, dass beide Systeme zu Einsparungen in den gleichen Bereichen führen.

Tabelle 5-31: Bereiche und Höhe erzielter Kosteneinsparungen durch die EMAS-VO in deutschen Unternehmen

UBA-Studie	
qualitative Bewertung	
Bereich	***Anteil Unternehmen in %***
Abfall	49
Energie	39
Wasser/Abwasser	38
Recycling	35
Produktion	20
Verpackung	18
Lagerhaltung	10
Beschaffung	9
Transport	9
quantitative Bewertung*	
erzielte Einsparungen	***Einsparung in DM***
insgesamt	140.000
pro Mitarbeiter	330

* Datengrundlage 25 % der insgesamt befragten Unternehmen.
Quelle: Eigene Zusammenstellung nach UMWELTBUNDESAMT (1999, S. 38 f.).

Die i. R. der EMAS-VO erzielten durchschnittlichen Einsparungen von 140.000 DM (vgl. auch Tabelle 5-31) liegen unter denen i. R. der BMU; UBA-Studie ermittelten durchschnittlichen Ein-

780 Vgl. HAMSCHMIDT (1998, S. 34-39).
781 Vgl. STEGER (2000, S. 473).

sparungen bei der Einführung der ISO 14001 (vgl. Tabelle 5-9). Zwar beruhten die durchschnittlichen Einsparungen durch die EMAS-VO nur auf den Angaben von 25 % der befragten Unternehmen (entspricht 307 Unternehmen). Da diese Stichprobe aber deutlich höher ist als die, welche den ermittelten Einsparungen durch die ISO 14001 zu Grunde liegt (82 Unternehmen), wird davon ausgegangen, dass die durchschnittlichen, durch die Internalisierung von Wissen zur EMAS-VO erzielbaren, Einsparungen geringer sind als durch die ISO 14001. Eine Ursache dafür ist in den festgestellten leicht höheren Kosten der EMAS-VO zu sehen. Ob geringere Umweltentlastungen ebenfalls eine Rolle spielten, kann auf Basis der hier vorliegenden Informationen nicht geklärt werden, sollte aber i. R. weiterführender Forschungen untersucht werden, um zu prüfen, ob die höheren Leistungsanforderungen der EMAS-VO zu einer höheren Umweltentlastung führen. Hier sind auch die schon beschriebenen Ausführungen von HAMSCHMIDT zu berücksichtigen, der keine Unterschiede in der ökologischen Leistung in Abhängigkeit des zu Grunde liegenden Standards feststellte (vgl. Anforderungskriterien).

Ähnlich wie bezogen auf die Kostenbelastung enthalten die FEU- und HAMSCHMIDT-Studien auch für die Arten und Höhen der Kosteneinsparungen keine Konkretisierungen, sondern tendenzielle Aussagen. So hat die FEU festgestellt, dass zwar Kostensenkungen ein wichtiger Effekt der EMAS-VO darstellten, die Unternehmen aber höhere Einsparungen erwartet hatten.[782] HAMSCHMIDT fasst folgende Charakteristika zusammen:

- die durch die Einführung eines Umweltmanagementsystems erzielten Kostensenkungen werden i. d. R. nicht quantifiziert;
- den erzielten Kosteneinsparungen liegen Ressourceneinsparungen zu Grunde, die sich zwar sowohl auf die Inputseite (mit Schwerpunkt Energie-, Wasser-, Rohstoffeinsatz) als auch auf die Outputseite (Abfall, Entsorgung) beziehen; i. d. R. konzentrierten sich die Maßnahmen aber auf die klassischen Umweltbereiche;
- quantitative Angaben über die Höhe und Entwicklung absoluter Umweltentlastungen fehlen, daher kann die tatsächliche Umweltleistung nicht beurteilt werden.[783]

Entsprechend der Schwierigkeiten bei der Quantifizierung der Kostenbe- und -entlastungen, aber auch der Probleme bei der Messung von Effekten bzw. Problemen, die durch die Einführung des Umweltmanagementsystems verursacht werden, sind Aussagen über das Kosten-Nutzen-Verhältnis der Internalisierung des expliziten Wissens zur EMAS-VO schwierig. Von den durch das UBA befragten deutschen Unternehmen konnten 29 % dazu keine Aussage treffen. Die Bewertungen der restlichen Unternehmen müssen mit durchschnittlich 25 % für positiv und durchschnittlich 29 % für negativ als noch unentschieden eingeschätzt werden.[784]

Diese Ergebnisse der Kosten-Nutzen-Bewertungen zeigen, dass trotz des i. R. des makro- und mesoökonomischen Benchmarkings festgestellten hohen Implementierungsgrades der EMAS-VO

[782] Vgl. PREHN; RICHTER; SCHWEDT; TIEBLER (1998, S. 103).
[783] Vgl. HAMSCHMIDT (1998, S. 37, 40-43).
[784] Vgl. UMWELTBUNDESAMT (1999, S. 39 f.).

in deutschen Unternehmen (vgl. Kapitel 3.3.2.3 und Kapitel 4.3.2) wichtige betriebswirtschaftliche Bewertungen der Internalisierung des expliziten Wissens bisher unzureichend durchgeführt wurden. Diese sind zwar einerseits nur mittelfristig quantifizierbar, andererseits weist dies auf fehlende Instrumentarien zur Bewertung hin. Auf Basis dieser Ergebnisse können zwar die i. R. des Benchmarkings zur ISO 14001 für deutsche Unternehmen definierten Wissensvorsprünge bezüglich der Quantifizierung der Kosten und Einsparungen bestätigt werden. Für die Kosten sind darüber hinaus in denen von HAMSCHMIDT genannten Bereichen weiterführende und differenzierende Bewertungen erforderlich. Für die Einsparungen bestätigen die Ergebnisse von HAMSCHMIDT die Bewertung des unzureichend vorliegenden Wissens zur Konkretisierung der tatsächlichen Umweltleistung. Beide Punkte sind Voraussetzung dafür, dass auch bezogen auf die EMAS-VO weiterführende betriebswirtschaftliche Bewertungen, die sich auf die Verknüpfung des Aufwandes und der Einsparungen beziehen, durchgeführt werden können.

5.3.2 Festlegung von Wissensvorsprüngen bzw. -defiziten unter Beachtung der Motivations- und auf Grundlage der Anforderungs- und Effizienzkriterienbewertung

Anders als bei der ISO 14001 entsprechen die i. R. der Benchmarking-Analyse aufgezeigten quantitativen (Umfang der Stichprobe) und qualitativen (Detailierungsgrad der Informationen zu den Motivations-, Anforderungs- und Effizienzkriterien) Informationen im explizierten impliziten Wissen dem auf der makro- und mesoökonomischen Ebene erarbeiteten hohen Einführungsgrad der EMAS-VO in deutschen Unternehmen (vgl. Kapitel 3.3.2.3 und 4.3.1).

Die Untersuchung der Motivationskriterien zeigte, dass für die Internalisierung des expliziten Wissens zur EMAS-VO andere Gründe eine Rolle spielten als für die Internalisierung des expliziten Wissens zur ISO 14001. So war für deutsche Unternehmen charakteristisch, dass die Hauptmotive mit den höheren Leistungsanforderungen zusammenhingen und der Validierungsdruck durch den Markt eine untergeordnete Rolle spielte.

Die Analyse der Anforderungskriterien erbrachte für deutsche Unternehmen keine auffälligen Umsetzungs- oder Verständnisprobleme, die sich aus den höheren Leistungsanforderungen der EMAS-VO erklären lassen. Vielmehr wurden zwei Teilbereiche (Umweltziele und Umweltaudit) identifiziert, die auch i. R. der ISO 14001 als Umsetzungsprobleme definiert wurden.

Bezogen auf die Effizienzindikatoren wurde zunächst festgestellt, dass die Umsetzung der höheren Leistungsanforderungen des expliziten Wissens zur EMAS-VO zu einem (in Bezug auf die ISO 14001) vergleichsweise geringem zusätzlichen zeitlichen und finanziellen Aufwand führte. Andererseits wurde festgestellt, dass die Internalisierung dieses Wissens hauptsächlich zu internen Nutzeneffekten führte; nicht nachweisbar war, dass grundsätzlich ein höherer Nutzen erzielbar war. Gleichermaßen wie für die ISO 14001 war auch für die EMAS-VO charakteristisch, dass sich das Wissen deutscher Unternehmen auf die Quantifizierung von Kosten und Einsparungen beschränkte und zu Kosten-Nutzen-Bewertungen fehlte. D. h., dass trotz des auf der makro- und mesoökonomischen Ebene festgestellten höheren Implementierungsgrades der EMAS-VO i. Vgl. zur ISO 14001 kein zusätzliches Wissen erworben wurde.

Unter Berücksichtigung dieser Rahmenbedingungen werden auf Basis des Benchmarkings der Motivations-, Anforderungs- und Effizienzkriterien die nachfolgenden Thesen aufgestellt.

Thesen zu Wissensvorsprüngen bzw. -defiziten auf der mikroökonomischen Ebene

EMAS-VO

1. Die Untersuchung der *Motivationskriterien* zeigte für deutsche Unternehmen, dass interne, auf die Leistung bezogene Gründe ausschlaggebend für die Einführung eines Umweltmanagementsystems waren, während ein (internationaler) Marktdruck nicht nachgewiesen werden konnte. D. h., dass für deutsche Unternehmen *kein internationales Markterfordernis für eine offensive Erwerbung und Verteilung des EMAS-Wissens* besteht.
2. Auf Basis der Analyse der Umsetzung der *Anforderungskriterien* wurden für *deutsche Unternehmen* Umsetzungsprobleme identifiziert, so dass Wissensdefizite für folgende Bereiche definiert werden: *Umweltprüfung/Umweltbetriebsprüfung, Umweltziele, Organisation und Verantwortung sowie Umwelterklärung.* Es konnte nicht geschlussfolgert werden, dass diese Wissensdefizite aus den höheren Leistungsanforderungen resultierten.
3. Die Bewertungen der *Effizienzkriterien* führen zu folgenden Schlussfolgerungen:

a) Bezogen auf den erforderlichen *zeitlichen Aufwand* konnten gezeigt werden, dass die Umsetzung der höheren Leistungsanforderungen der EMAS-VO nur zu einem geringen zusätzlichen Zeitaufwand (i. Vgl. zur ISO 14001-Einführung) führte.

b) Die Umsetzung der höheren Leistungsanforderungen der EMAS-VO führte für *deutsche Unternehmen* auch zu einem vergleichsweise *geringeren zusätzlichen finanziellen Aufwand* (i. Vgl. zur Einführung der ISO 14001).

c) Die i. R. des Benchmarkings zur ISO 14001 für *deutsche Unternehmen* definierten Wissensvorsprünge bezüglich der *Quantifizierung der Kosten und ökonomischen Einsparungen* sind auch für die EMAS-VO zu bestätigen. Für weiterführende und differenzierendere Kenntnisse hinsichtlich der *Kostenerfassung und -differenzierung*, der *Quantifizierung der ökologischen Einsparungen* und *Kosten-Nutzen-Rechnungen* bestehen auch hier Wissensdefizite.

Zur Diskussion der Marktrelevanz werden auch hier über eine vergleichende Betrachtung der für die Benchmarking-Partner definierten Wissensvorsprünge und -defizite Kriterien beschrieben, die ausschlaggebend dafür sind, dass Wissensvorsprünge zu Angebots- bzw. Wissensdefizite zu Nachfragepotenzialen führen (vgl. zu den Kriterien grundsätzlich Kapitel 2.2 und Abbildung 2-2). Dabei kann im Wesentlichen auf die Argumentation i. R. des Benchmarkings zur ISO 14001 zurückgegriffen werden (vgl. Kapitel 5.2.4). D. h., Wissensdefizite zu den Anforderungskriterien besitzen Nachfragepotenzial, da für die Aufrechterhaltung oder den Erwerb einer Validierung nach der EMAS-VO die Normanforderungen eingehalten werden müssen (N 1). Die Aufrechterhaltung der in Einzelbereichen für deutsche Unternehmen definierten Wissensvorsprünge zu den Effizienzindikatoren ist erforderlich, um auf dieser Basis weiteres Wissen zu Kosten-Nutzen-Bewertungen zu entwickeln (A 7) und besitzt in diesem Sinne Angebotspotenzial. Die Wissensdefizite zu Kosten-Nutzen-Bewertungen sind durch Nachfragepotenziale charakterisiert, wenn z. B. bei einer anstehenden Revalidierung die Entscheidung zu treffen ist, trotz des fehlenden Marktdruckes sich weiter an der EMAS-VO zu beteiligen, da über ein entsprechend normkonformes Umweltmanagementsystem eine höhere Effizienz erzielbar ist (N 1). In diesem Zusammenhang ist aber zu beachten, dass bisherige empirische Studien keine Unterschiede in der ökologischen Leistung in Abhängigkeit der zu Grunde liegenden Norm festgestellt haben.

Da einzelne Wissensdefizite hinsichtlich der Normanforderungen die gleichen Bereiche betrafen wie bei der ISO 14001 (Umweltaspekte, Ziele und Einzelziele) besteht bei deutschen EMAS-Unternehmen kein angebotsrelevantes Wissen, um diese Lücken zu schließen. Gleiches betrifft z. B. die für die Kosten-Nutzen-Effekte erarbeiteten Wissensdefizite deutscher Unternehmen. Über das weitere Benchmarking in Kapitel 5.4 ist daher zu prüfen, ob entsprechend des Erfahrungswissens polnischer Unternehmen zum CPC in den erforderlichen Bereichen Wissensvorsprünge vorliegen und Kriterien für deren Marktrelevanz definiert werden können.

5.4 Benchmarking von Kennzeichen und Beiträgen der Internalisierung von Wissen zum Cleaner Production Concept in polnischen Unternehmen

Auf Grund einer anderen Datenbasis unterscheidet sich die folgende Analyse von den Untersuchungen der vorangegangenen Kapitel. Denn für die Erfahrungen polnischer Unternehmen zum CPC wurden bisher keine empirischen Studien veröffentlicht, die Fragebogen-gestützt Informationen zu den Motivations-, Anforderungs- und Effizienzkriterien enthalten. Die Datenbasis dieses Kapitels stellen daher Erfahrungsberichte über die CPC-Umsetzung in polnischen Unternehmen dar, die i. R. des 10-jährigen Jubiläums des CPC in Polen veröffentlicht wurden.[785] Daraus folgt, dass für die Motivationskriterien keine Informationen vorhanden, die Analysen der Anforderungs- und Effizienzkriterien durch andere Schwerpunkte als die in den Kapiteln 5.2 und 5.3 gekennzeichnet sind. Für die Durchführung vergleichbarer Analysen besteht damit weiterführender Forschungsbedarf. Wie schon i. R. der Analyse des Erfahrungswissens zur ISO 14001 und EMAS-VO wird auch hier die Annahme getroffen, dass die zu Grunde liegenden Informationen für Unternehmen des Verarbeitenden Gewerbes aussagefähig sind.

5.4.1 Neue Aspekte zum Erfahrungswissen entsprechend der Spezifik des Cleaner Production-Ansatzes

Anforderungskriterien

Während i. R. der Untersuchungen zur ISO 14001 und der EMAS-VO das bei der Internalisierung des expliziten Wissens entwickelte implizite Wissen im Vordergrund stand,[786] wird hier entsprechend der Verfügbarkeit von Informationen auf einen anderen Aspekt und zwar auf die Schnittstellen zwischen CPC und Umweltmanagementsystemen eingegangen. D. h., es wird – in Anlehnung an die Ausführungen in Kapitel 3.3.3.3. – untersucht, inwiefern die Internalisierung von Wissen zum CPC ein vorbereitender Schritt für die Umsetzung der Anforderungen eines Umweltmanagementsystems nach der ISO 14001 darstellt. In der nachfolgenden Abbildung 5-1 wird der Erfüllungsgrad von drei Unternehmen bezüglich der Anforderungen der ISO 14001 dargestellt. Alle drei Unternehmen hatten ein Qualitätsmanagementsystem eingeführt, während nur zwei von ihnen (Polar, Drumet) auch eine CP-Schule absolviert hatten.

---

[785] Vgl. NOWAK (Ed.) (2000); NOWAK (2002) und SZAFRANIEC (2002).

[786] Vgl. für Fallbeispiele der CP-Einführung in Unternehmen weltweit UNITED NATIONS INDUSTRIAL DEVELOPMENT ORGANIZATION (1997) und für ein polnisches Unternehmen der Lederverarbeitung NOWAK (2002, S. 323-327).

Abbildung 5-1: Relevanz des CPC zur Erfüllung der Anforderungen der ISO 14001 am Beispiel von drei polnischen Unternehmen

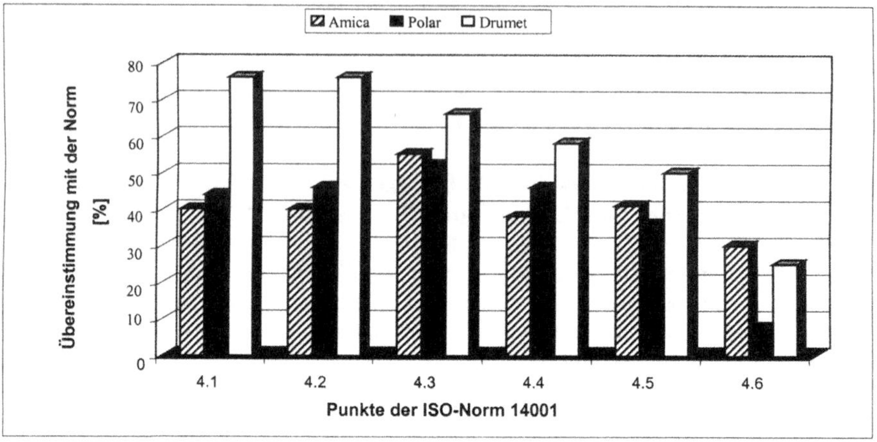

Anmerkung: 4.1: Allgemeine Forderungen; 4.2: Umweltpolitik; 4.3: Planung; 4.4: Implementierung und Durchführung; 4.5: Kontroll- und Korrekturmaßnahmen; 4.6: Bewertung durch oberste Leitung (vgl. Abbildung 3-1).
Quelle: NOWAK (2002, S. 329).

Unter Berücksichtigung der geringen Stichprobe und der daraus folgenden Nichtverallgemeinerungsfähigkeit werden zum Zusammenhang zwischen implizitem Wissen zu CPC und dem Erfüllungsgrad der Anforderungen der ISO 14001 drei Feststellungen getroffen:

1. Größtenteils war die prozentuale Erfüllung der Anforderungen der ISO 14001 durch die Unternehmen (Polar, Drumet) höher, welche zusätzlich zur Einführung des Qualitätsmanagementsystems auch an der CP-Schule teilgenommen hatten. Eine Ausnahme stellten die Elemente 4.3 (Planung), 4.5 (Kontroll- und Korrekturmaßnahmen) und 4.6 (Bewertung durch die oberste Leitung) dar, wo das Unternehmen, welches nicht an der CP-Schule teilgenommen hatte (Amica) einen höheren Erfüllungsgrad als Polar aufwies.
2. Entsprechend dieser Abweichungen sowie unter Berücksichtigung der weiteren Unterschiede im Erfüllungsgrad spielte das implizite Wissen zu CPC insbesondere für die Erfüllung der Normanforderungen 4.1 (Allgemeine Forderungen), 4.2 (Umweltpolitik) und 4.4 (Implementierung und Durchführung) eine positiv beeinflussende Rolle, während dies für die unter 1. genannten Elemente nicht charakteristisch war. Dieses Ergebnis ist unerwartet, da Aspekte der Planung, des Controllings und der Einbeziehung der obersten Leitung auch i. R. des CPC eine wichtige Rolle spielen (vgl. dazu Kapitel 3.3.3.2, v. a. Abbildung 3-5).
3. Die Abweichungen des Erfüllungsgrades im direkten Vergleich der CP-Unternehmen Polar und Drumet zeigen, dass Synergieeffekte zwischen dem CPC und ISO 14001 abhängig sind von Quantität und Qualität der unternehmensspezifischen Internalisierung des expliziten Wissen zum CPC.

Der Vergleich zu den Ergebnissen aus Kapitel 5.2.2 (Anforderungskriterien) zeigt, dass sich implizites Wissen zum CPC der beiden Beispielunternehmen:

a) positiv auf die Normanforderungen 4.4 (Implementierung und Durchführung) der ISO 14001 auswirkten, für dessen Elemente Dokumentation und Ablauflenkung Wissensdefizite polnischer Unternehmen festgestellt wurden (vgl. Kapitel 5.2.4);

b) vergleichsweise gering auf die Erfüllung Normanforderungen 4.3 (Planung) der ISO 14001 auswirkten, für dessen Elemente Umweltaspekte, Ziele und Einzelziele und Umweltmanagementprogramm ebenfalls Wissensdefizite polnischer Unternehmen festgestellt wurden (vgl. dazu Kapitel 5.2.4).

Unter Berücksichtigung der schon getroffenen Feststellung, dass das CPC gerade für die unter b) genannten Anforderungen wichtige Voraussetzungen enthält, wird festgestellt, dass die Verknüpfung von CPC und Umweltmanagementsystemen auf Basis der i. R. dieser Arbeit ermittelten Wissensdefizite, weiter optimiert werden kann. Gestützt wird diese Aussage durch die Untersuchung von MATUSZAK-FLEJSZMAN, die zwar feststellte, dass 33 % der befragten Unternehmen ihr Wissen zu Umweltmanagementsystemen auf Basis von impliziten Wissen zum CPC internalisierten. Die empfundenen Synergieeffekte betrafen aber die Bereiche:

- Produktanalyse (23,6 %);
- Ermittlung von Umweltzielen (23,6 %);
- Arbeiten in Teams (10,9 %) und
- ökonomische Bewertung der Ergebnisse (9,1 %)[787]

und orientierten sich daher nicht auf die i. R. dieser Arbeit zu den Anforderungskriterien der ISO 14001 ermittelten Wissensdefizite. Damit besteht ein Potenzial für eine stringentere Verknüpfung des implizitem Wissens zum CPC mit den Anforderungen der ISO 14001 (sowie ggf. perspektivisch auch der EMAS-VO) – um auf dieser Basis die Überschwappeffekte (vgl. dazu Kapitel 3.3.3.3) von CP-EMS-Zertifizierungen auf ISO 14001-Zertifizierungen zu befördern. Überschwappeffekte von einem CP-Managementsystem zu einer ISO 14001-Zertifizierung können auf Basis hier vorliegender Informationen nicht bewertet werden.

Effizienzkriterien

I. R. der Effizienzkriterien sind in Abhängigkeit der Datengrundlage keine Aussagen zu dem internen und externen Nutzen, den Schwierigkeiten, Problemen, Kostenarten und -höhen der Internalisierung des Wissens zu CPC, sondern ausschließlich zu den ökologischen und ökonomischen Einsparungen möglich. Diese werden im Folgenden zusammenfassend einerseits auf der Ebene der CP-Schulen und andererseits auf Ebene der CP-EMS-verifizierten Unternehmen dargestellt.

In der nachfolgenden Tabelle 5-32 werden die ökologischen Effekte, die durch CP-Pilotprojekte i. R. von zehn CP-Schulen erzielt wurden (die jeweils ca. 20-30 Unternehmen umfassen und ca. acht Monate dauern – vgl. dazu Kapitel 3.3.3.1) zusammengefasst.[788] Hier ist zu beachten, dass

[787] Vgl. MATUSZAK-FLEJSZMAN (2001, S. 213).

[788] Entsprechende Informationen sind z. T. auch für tschechische CP-Pilotprojekte sowie für bisher in deutschen Kommunen realisierte ÖKOPROFIT-Einsteigerprogramme erhältlich. Vgl. für Polen für die Effekte von sieben Schulen einzeln NOWAK (ED.) (2000, S. 51) und für Teilnehmer und Projekte aller 38 Schulen ebenda, S. 52-100).

aus den Ergebnissen nicht deutlich wird, aus welcher Anzahl und Art von Pilotprojekten sie resultieren und diese sich somit von Bereich zu Bereich unterscheiden können. Die Ergebnisse dienen daher v. a. dazu, die Zielstellungen des CPC zu verdeutlichen, nicht aber zu Verallgemeinerungszwecken. Die umfangreichsten Verringerungen wurden in den Bereichen flüssige Abfälle, Wasser und Gasemissionen erzielt. Die Konzentration auf diese Bereiche resultiert daraus, dass:

- die Unternehmen erhebliche Preissteigerungen in den letzten Jahren für die Nutzung (z. B. Wasser) bzw. Entsorgung (z. B. Abwasser) Einsparungen ökonomisch motivierten und diese
- i. Vgl. zu anderen Bereichen (z. B. Energie) durch einfachere technologische Veränderungen bzw. geringerem Investitionsaufwand realisiert werden konnten.

Tabelle 5-32: Zusammenfassung der ökologischen Ergebnisse von zehn CP-Schulen in Polen

Bereich	Verringerung in %
feste Abfälle	38
flüssige Abfälle	52
Gasemissionen	41
Wasser	45
elektrische Energie	26
Wärmeenergie	14

Quelle: SZAFRANIEC (2002, S. 342).

Auf Unternehmensebene liegen detailliertere Angaben vor. Hier wurden für 54 der bisher 90 CP-EMS-verifizierten Unternehmen (vgl. Kapitel 3.3.3.3) die produktionsspezifischen ökologischen und ökonomischen Einsparungen erfasst.[789]

Tabelle 5-33: Ökologische und ökonomische Effekte des CP-EMS in 54 verifizierten polnischen Unternehmen

Bereich	1995	1996	1997	1998	Veränderung 1995-1998 in %
Produktion in 1.000.000 US $	***3.689***	***3.635***	***3.918***	***3.946***	7,0
ökologische Effekte					
▪ feste Abfälle in Mg/1.000 US $	0,337	0,266	0,238	0,224	-33,5
▪ Abwasser in m^3/1.000 US $	11,337	10,85	9,29	8,164	-28,0
▪ Wasser in m^3/1.000 US $	15,84	15,85	13,62	12,087	-23,7
▪ Gasemissionen in Mg/1.000 US $	0,4852	0,4693	0,388	0,383	-21,1
▪ elektrische Energie in MWh/1.000 US $	7,469	8,457	7,692	6,827	-8,6
ökonomische Effekte					
▪ kumulierte Einsparungen in 1.000 US $	7.988	11.638	26.412	38.812	385,9
▪ durchschnittliche Einsparungen pro Unternehmen in 1.000 US $	148	216	489	719	
▪ durchschnittliche Einsparung pro Unternehmen in DM	73.963	107.759	244.556	359.370	
▪ durchschnittliche Einsparung pro Unternehmen und Jahr in DM	73.963	53.880	81.519	89.843	

Quelle: Eigene Zusammenstellung und Berechnung nach SZAFRANIEC (2002, S. 343-346).

[789] Vgl. detailliert für die durchgeführten Umweltschutzinvestitionen, die ökonomischen und ökologischen Effekte aller am CP-EMS im Zeitraum 1996-2000 teilgenommenen Unternehmen NOWAK (ED.) (2000, S. 125-326).

Aus Tabelle 5-33 ist ersichtlich, dass Umweltverbrauch sowie -belastungen trotz steigender Produktion (mit Ausnahmen des Jahres 1996) kontinuierlich verringert wurden (Ausnahme: Elektroenergieverbrauch, der 1998 gesunken ist). Die größten Einsparungen wurden - wie schon begründet - bei den festen Abfälle, dem Abwasser und dem Wasserverbrauch erzielt. Damit verbunden sind (auch unter Berücksichtigung von Inflation und jährlichen Kurschwankungen) die ökonomischen Effekte jährlich gestiegen. Die kumulierten Einsparungen resultierten aus geringeren variablen Kosten (z. B. Materialkosten), gesenkten Gebühren des Umweltverbrauchs (z. B. für Wasserverbrauch) und verringerten Umweltstrafen (z. B. durch Grenzwertüberschreitungen). Nicht berücksichtig wurden Investitionskosten, so dass keine Informationen über Amortisationszeiten der eingeführten Umweltschutzmaßnahmen vorliegen.

Der Bezug dieser Ergebnisse auf die qualitativen Angaben deutscher Unternehmen zu den Bereichen, in denen durch die Internalisierung von Wissen zur ISO 14001 bzw. EMAS-VO die höchsten Einsparungen erzielt wurden (vgl. dazu Tabelle 5-12 und Tabelle 5-31), macht deutlich, dass die größten Einsparungen sowohl nach dem CP-EMS als auch den anderen Umweltmanagementsystemen die Bereiche Abfall, Wasser, Abwasser betrafen. Auf Grund fehlender Vergleichbarkeit der Daten (i. R. der Umweltmanagementsysteme wurde der Anteil Unternehmen quantifiziert, die Einsparungen nach Bereichen angegeben haben; i. R. des CP-EMS wurden die erzielten Verringerungen quantifiziert) wird hier nicht geschlussfolgert, dass beide Konzepte zu gleichen Ergebnissen führen. Vielmehr wird entsprechend der Übereinstimmung der Bereiche festgestellt, dass der CP-Ansatz zur Beförderung des betrieblichen Umweltschutzes i. R. eines Umweltmanagementsystems nutzbar ist (vgl. dazu auch Kapitel 3.3.3.2).

Werden die in der Tabelle 5-33 berechneten durchschnittlichen Einsparungen des CP-EMS pro Jahr und Unternehmen in Zusammenhang mit den quantitativen Angaben deutscher Unternehmen zu den durchschnittlichen Einsparungen der ISO 14001 (170.000 DM) bzw. EMAS-VO (140.000 DM) gebracht (vgl. Tabelle 5-11 und Tabelle 5-31), so liegen die polnischen Angaben zwar unter denen deutscher Unternehmen. Es ist aber zu berücksichtigen, dass für die Angaben deutscher Unternehmen kein Bezugszeitraum bekannt ist. Sowohl unter der Annahme, dass es sich um die Angabe einmalig erzielter Verringerungen handelte, als auch bei Aufteilung der Angaben auf mehrere Jahre, zeigen sich Vorteile des CP-EMS, da hier kontinuierlich hohe Einsparungen erzielt wurden. Dieser Effekt ist umso bedeutender, wenn unter Berücksichtigung unterschiedlicher Kaufkraftparitäten davon auszugehen ist, dass die Kosten und Einsparungen in Polen auf einem geringeren Niveau liegen als in Deutschland. Der dargestellte Effekt ist daraus zu erklären, dass i. R. der CP-Philosophie die Einführung des CPC dann als abgeschlossen gilt, wenn die ökologisch-ökonomischen Wirkungen nachweisbar sind[790] und begründet die Motivation polnischer Unternehmen zur Internalisierung des CPC-Wissens. Der quantifizierbare Nachweis einer kontinuierlichen Verbesserung entspricht zwar auch der Philosophie der EMAS-VO, nicht aber der ISO 14001, wo die kontinuierliche Verbesserung auf das Umweltmanagementsystem bezogen wird.

[790] Vgl. NOWAK (2002, S. 319).

5.4.2 Ableitung von Wissensvorsprüngen in Abhängigkeit der Beurteilung von Anforderungs- und Effizienzkriterien

Die Benchmarking-Analyse zeigte auch für das CPC, dass das explizierte implizite Wissen auf der Mikroebene nicht durch die Ergebnisse des makro- oder mesoökonomischen Benchmarkings determiniert wurde. D. h., obwohl über das Benchmarking der Leistungsindikatoren Umweltmanagementsysteme (Makroebene), als auch über das Benchmarking der branchenbezogenen Zertifizierungsintensität (Mesoebene) für Polen ein hoher Implementierungsgrad des CP-EMS nachgewiesen wurde, waren bezogen auf die Motivationskriterien keine und die Anforderungs- sowie Effizienzkriterien unvollständige Informationen auf der Mikroebene verfügbar, da entsprechende empirische Erhebungen fehlten.

I. R. der Analyse der Anforderungskriterien konnten für polnische Unternehmen auf Grund anderer Schwerpunktsetzungen der hier verfügbaren Informationen zwar keine Vergleiche mit den Ergebnissen aus der Analyse der Anforderungskriterien zur ISO 14001 gezogen werden. Über die Untersuchung, in welchen Bereichen das implizite Wissen zum CPC die Internalisierung von Wissen zur ISO 14001 beförderte, wurden aber Ansatzpunkte zur besseren Verknüpfung des Wissens beider Konzeptionen erarbeitet.

Die Analyse der Effizienzkriterien beschränkte sich zwar auf die ökologischen und ökonomischen Einsparungen. Ihre Untersuchung war aber deswegen besonders wichtig, weil gerade für diese Bereiche für polnische und tschechische Unternehmen Wissensdefizite zur ISO 14001 sowie für deutsche Unternehmen zur EMAS-VO definiert wurden. Von besonderer Relevanz war, dass i. R. des CP-EMS nicht nur Wissen zur Quantifizierung der ökologischen und ökonomischen Einsparungen, sondern auch zu einer kontinuierlichen Verbesserung identifiziert wurde. Da dies auch der Philosophie der EMAS-VO entspricht, kann ein großes Interesse polnischer Unternehmen an der Internalisierung dieses expliziten Wissens erwartet werden (unter der Voraussetzung, dass das explizite Wissen in Polen standardisiert wird). Ein weiterer wichtiger Aspekt der Analyse der Effizienzkriterien war, dass über die Übereinstimmung von Bereichen, in denen Einsparungen durch das internalisierte Wissen zu CPC i. Vgl. zur ISO 14001 und der EMAS-VO erzielt wurden, die Vorteilhaftigkeit der Verknüpfung der Konzepte bezüglich der Beförderung des betrieblichen Umweltschutzes i. R. eines Umweltmanagementsystems gezeigt werden konnte.

Unter Berücksichtigung dieser Rahmenbedingungen werden auf Basis der Benchmarking-Ergebnisse zu den Anforderungs- und Effizienzkriterien folgende Thesen aufgestellt.

Thesen zu Wissensvorsprüngen bzw. -defiziten auf der mikroökonomischen Ebene   ***CPC***
1. Das implizite Wissen zu CPC wirkte sich positiv auf die Erfüllung der Normanforderungen *Allgemeine Forderungen, Umweltpolitik und Implementierung und Durchführung der ISO 14001* aus. Für diese Bereiche werden den CP-Unternehmen Wissensvorsprünge zugeordnet.
2. Aus der Analyse der Effizienzkriterien wurde deutlich, dass das CP-EMS nicht nur auf die *Quantifizierung der ökologisch-ökonomischen Einsparungen*, sondern auch auf die *Realisierung einer kontinuierlichen Verbesserung* orientiert. Für beide Bereiche werden den polnischen CP-Unternehmen Wissensvorsprünge zugeordnet.

Abschließend erfolgt auch hier die Diskussion der Marktrelevanz der definierten Wissensvorsprünge, in dem auf Kriterien für ihr Angebotspotenzial eingegangen wird (vgl. zu den Kriterien grundsätzlich Kapitel 2.2 und Abbildung 2-2). Die Wissensvorsprünge zu den Normanforderungen und den Effizienzkriterien betreffen die Bereiche, für die bezogen auf die Umsetzung der ISO 14001 Wissensdefizite für polnische Unternehmen festgestellt wurden (A 5). Eine Kombination des impliziten Wissens zur ISO 14001 und dem CPC könnte sich vorteilhaft auf die Aufhebung dieser Defizite auswirken (A 6) und somit Überschwappeffekte des CP-EMS auf die ISO 14001 befördern (A 7). Ihnen werden somit Angebotspotenziale zugeordnet. Weiteres Angebotspotenzial der Wissensvorsprünge polnischer Unternehmen zu den Effizienzkriterien ergibt sich auf Grund der für die EMAS-VO gezeigten nachfragerelevanten Wissensdefizite deutscher Unternehmen zur Quantifizierung von erzielten Einsparungen (A 5).

Damit ist i. R. des mikroökonomischen Benchmarkings der *deskriptive* Teil zur Erklärung der vorhandenen Wissensstrukturen und der Verteilung der Wissenskompetenzen hinsichtlich der Internalisierung des expliziten Wissens zur ISO 14001, EMAS-VO und CPC (vgl. dazu Abbildung 2-3) abgeschlossen. Im abschließenden Kapitel 5.5 wird nun auf *normative* Aspekte der Wissensanwendungs- und -durchsetzungskompetenz (vgl. ebenfalls Abbildung 2-3) eingegangen.

5.5 Ansatzpunkte zur Weiterentwicklung des impliziten Wissens zu Umweltmanagementsystemen in deutschen, polnischen und tschechischen Unternehmen

Im Folgenden werden über die vergleichende Bewertung der für die Benchmarking-Partner definierten Wissensvorsprünge und -defizite sowie der Kriterien ihrer Marktrelevanz Ansatzpunkte für die Weiterentwicklung der prozessualen Umsetzung der ISO 14001, EMAS-VO und des CPC vorgestellt (vgl. dazu Abbildung 2-5). Zuvor werden die wichtigsten Schlussfolgerungen des mikroökonomischen Benchmarkings differenziert nach Anforderungskriterien (vgl. dazu Abbildung 5-2) und Effizienzkriterien (vgl. dazu Abbildung 5-3) wiederholend zusammengefasst. Die Schlussfolgerungen zu Motivationskriterien werden i. R. der Ansatzpunkte zu Wissenstransferpotenzialen berücksichtigt, da sie nicht der Ableitung von Wissensvorsprüngen und -defiziten, sondern der Bewertung warum welches Wissen entwickelt wurde, dienten.

Aus der horizontalen Verfolgung der unteren Zeile der nachfolgenden Abbildungen 5-2 ist ersichtlich, dass für die Anforderungskriterien die Benchmarks, die definierten Wissensvorsprünge und -defizite sowie ausgewählte Kriterien ihrer Marktrelevanz dargestellt werden. Jeweils vertikal dazu werden die entsprechenden Ergebnisse für deutsche, polnische und tschechische Unternehmen gezeigt. In der Abbildung 5-2 werden die Anforderungskriterien der ISO 14001 und EMAS-VO entsprechend der Struktur der EMAS II (vgl. Kapitel 3.3.2.2, Abbildung 3-2) gegliedert. Für die Bereiche der ISO 14001 Planung, Implementierung und Durchführung sowie Kontroll- und Korrekturmaßnahmen werden nur die Einzelanforderungen erwähnt, für die Wissensvorsprünge und -defizite definiert wurden. Alle anderen Einzelanforderungen bleiben zur Gewährleistung einer besseren Übersicht in der nachfolgenden Abbildung unberücksichtigt. Die Wissensvorsprünge polnischer Unternehmen zum CPC sind in diese Struktur ebenfalls integrierbar, da sie in Bezug auf die Normanforderungen der ISO 14001 definiert wurden (vgl. Kapitel 5.4.2). I. R. der

Diskussion der Marktrelevanz der Wissensdefizite wurde festgestellt, dass sie bei Aufrechterhaltung bzw. Erwerb der Zertifizierung/Validierung angebots- bzw. nachfragerelevant werden (vgl. Kapitel 5.2.4 und 5.3.2). Aus diesem Grund werden diese Kriterien nicht bei jedem Defizit, sondern durch die mittige Positionierung für alle Kriterien abgebildet.

In der danach folgenden Abbildung 5-3 werden die Ergebnisse der Benchmarking-Analyse bezogen auf die Effizienzkriterien dargestellt. Aus der horizontalen Verfolgung der unteren Zeile der Abbildungen ist ersichtlich, dass dazu die Benchmarks, die definierten Wissensvorsprünge und -defizite sowie ausgewählte Kriterien ihrer Marktrelevanz zählen. Jeweils vertikal dazu werden die entsprechenden Ergebnisse für deutsche, polnische und tschechische Unternehmen dargestellt.

Abbildung 5-2: Zusammenfassung der Ergebnisse des mikroökonomischen Benchmarkings für deutsche (D), polnische (PL) und tschechische (CZ) Unternehmen - Anforderungskriterien

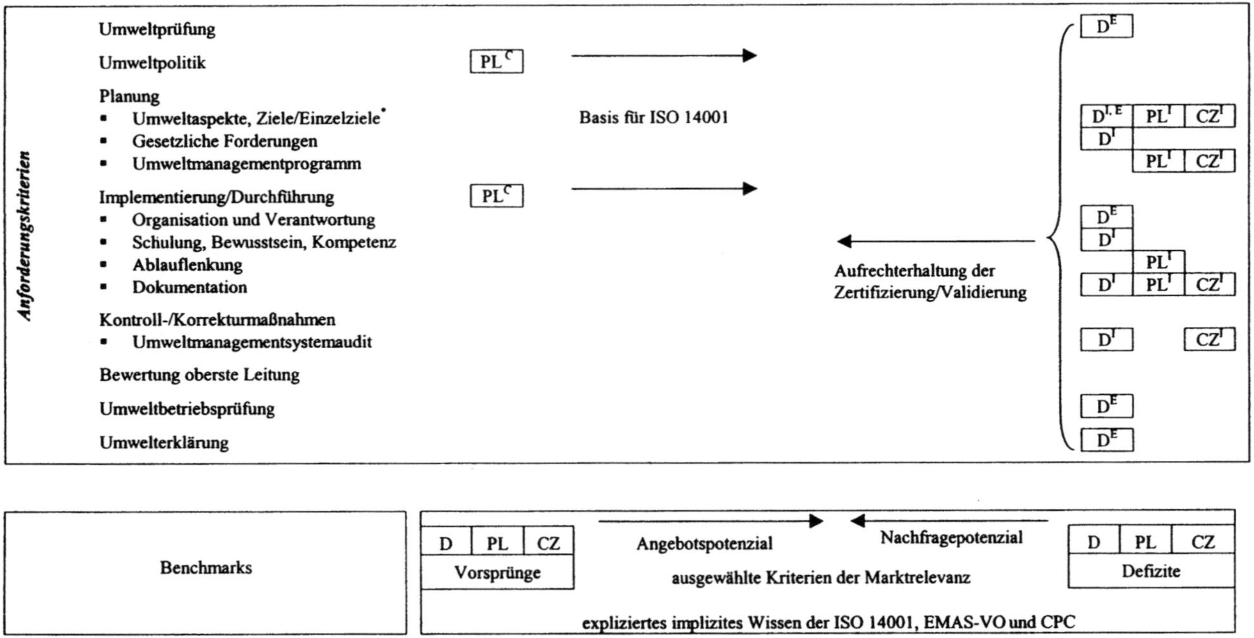

Anmerkung: * Verständnisproblem; I: ISO 14001; E: EMAS-VO; C: CPC.

Quelle: Eigene Darstellung.

Abbildung 5-3: Zusammenfassung der Ergebnisse des mikroökonomischen Benchmarkings für deutsche (D), polnische (PL) und tschechische (CZ) Unternehmen - Effizienzkriterien

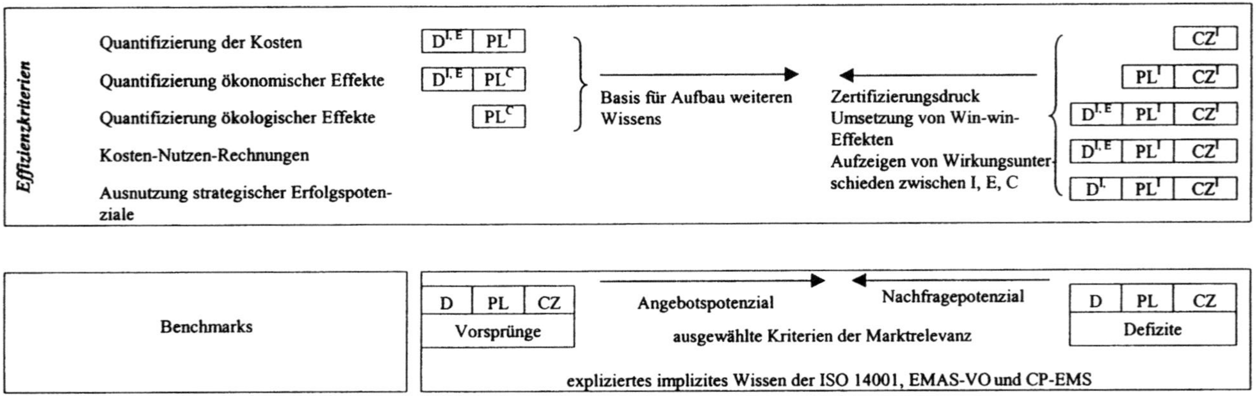

Anmerkung: [I]: ISO 14001; [E]: EMAS-VO; [C]: CP-EMS.

Quelle: Eigene Darstellung.

Entsprechend den diskutierten Kriterien der Marktrelevanz werden abschließend *Ansatzpunkte für die Weiterentwicklung des impliziten Wissens zur Umsetzung von Umweltmanagementsystemen durch einen internationalen Wissenstransfer* beschrieben. Sie sind entsprechend der mikroökonomischen Aggregationsebene als Implikationen für Unternehmen oder Unternehmensverbände zu verstehen und werden in der nachfolgenden Tabelle 5-34 nach untersuchten Benchmarks und Benchmarking-Partnern geordnet. Für die einzelnen Wissenstransferpotenziale ist folgendes zu beachten:

- Entsprechend der erarbeiteten Hemmnisse zur Umsetzung der ISO 14001 infolge der wirtschaftlichen Schwierigkeiten polnischer und tschechischer Unternehmen i. R. des Transformationsprozesses, zielt der jeweils erstgenannte Ansatzpunkt bei den Anforderungs- und Effizienzkritierien auf die grundsätzliche Beförderung der Motivation polnischer und tschechischer Unternehmen zur Wissensinternalisierung. Während für den Wissenstransfer i. R. der Anforderungskriterien die Nutzung der Erfahrungen *von* deutschen Unternehmen vorgeschlagen wird (z. B. ostdeutscher Unternehmen), werden beim Wissenstransfer i. R. der Effizienzkritierien auch die Verwendung der hierzu definierten Wissensvorsprünge *von* polnischen CP-EMS-Unternehmen vorgeschlagen.
- Da Wissensdefizite erarbeitet wurden, die für alle Benchmarking-Partner gleichermaßen charakteristisch waren, werden - wie schon auf der Mesoebene - auch hier Potenziale für eine gemeinsame Wissensentwicklung gegeben. Chancen für einen *wechselseitigen Wissenstransfer* bestehen bei den Anforderungskriterien zur Klärung der Verständnisprobleme der ISO 14001 und bezüglich der Effizienzkriterien zur Umsetzung von Effizienzberechnungen oder der Ausnutzung externer Nutzenpotenziale. Auch hier wird die Nutzung der zu den Effizienzkriterien definierten Wissensvorsprünge *von* polnischen CP-EMS-Unternehmen empfohlen. Das Erfahrungswissen polnischer CP-EMS-Unternehmen zur Umsetzung einer kontinuierlichen Verbesserung im Sinne von win-win-Effekten könnte somit einen weiteren Ansatz zur Bewertung der Zweckmäßigkeit des landesweiten Aufbaus expliziten bzw. der weiteren Internalisierung von implizitem Wissen zum CPC in Form des ÖKOPROFIT-Ansatzes in Deutschland darstellen.
- Für die Anforderungskriterien werden schließlich Potenziale zur *Wissensentwicklung* bezogen auf diejenigen Einzelanforderungen abgeleitet, für die den Benchmarking-Partnern Wissensdefizite zugeordnet wurden. Hier wird bewusst nicht von *Wissenstransfer* gesprochen, da in Abhängigkeit der Datenbasis keine Wissensvorsprünge erarbeitet werden konnten. Da Wissen zu diesen Anforderungen entsprechend erfolgreicher Zertifizierungen bei Einzelunternehmen vorhanden sein kann, bezieht sich dieser Ansatzpunkt auf die Entwicklung von Instrumenten zur Wissenssystematisierung.

Tabelle 5-34: Ansatzpunkte zur prozessualen Entwicklung der konzeptionellen Wissensbasis durch einen internationalen Wissenstransfer auf mikroökonomischer Ebene

<table>
<tr><th colspan="3">Ansatzpunkte für den Benchmarking-Partner:</th></tr>
<tr><th>Deutschland</th><th>Polen</th><th>Tschechien</th></tr>
<tr><td colspan="3">Benchmark: Anforderungskriterien</td></tr>
<tr><td></td><td colspan="2">Entwicklung von Wissen zur ISO 14001 im Zusammenhang mit der Entwicklung des Managementwissens auf Basis der Erfahrungen deutscher Unternehmen, z. B. über Twinning-Projekte, Projektworkshops</td></tr>
<tr><td colspan="3">Klärung der Verständnisprobleme zu Umweltaspekten, Zielen und Einzelzielen durch gemeinsame Weiterentwicklung des expliziten Wissens zur ISO 14001, z. B. über internationale Projektgruppen und in Form von Handbüchern/Leitfäden mit konkreten Beispielen und Kriterien</td></tr>
<tr><td colspan="3">zielgerichtete Wissensidentifikation zu Einzelanforderungen der ISO 14001, z. B. durch Entwicklung von Wissenslandkarten oder Fähigkeitsmatrixen deutscher, polnischer und tschechischer Unternehmen; Jobrotation von Fach- und Führungskräften oder den Aufbau elektronischer Diskussionsforen, z. B. zu(r):</td></tr>
<tr><td>▪ Schulung, Bewusstsein, Kompetenz</td><td colspan="2">▪ Umweltmanagementprogramm, Erarbeitung und Umsetzung der Dokumentation</td></tr>
<tr><td>▪ Umweltmanagementsystemaudit</td><td>▪ Ablauflenkung</td><td>▪ Umweltmanagementsystemaudit</td></tr>
<tr><td>▪ Dokumentation, Rechtskonformität</td><td></td><td></td></tr>
<tr><td colspan="3">Benchmark: Effizienzkriterien</td></tr>
<tr><td></td><td colspan="2">Darstellung von Rahmenbedingungen, Anforderungen und Maßnahmen zur Einführung von Umweltmanagementsystemen unter Kosten- und Nutzengesichtspunkten sowie Entwicklung von Wissen zur Quantifizierung von Kosten und ökonomischen Einsparungen der Internalisierung des Wissens zur ISO 14001, z. B. durch Zusammenstellung repräsentativer Fallstudien bzw. -beispielen auf Basis der Erfahrungen deutscher Unternehmen und polnischer CP-EMS-Unternehmen</td></tr>
<tr><td colspan="3">Gemeinsame Entwicklung von Umweltkosten und -nutzen identifizierenden und kalkulierenden Umweltmanagementinstrumenten zur Realisierung von Kosten-Nutzen-Berechnungen unter Berücksichtigung der CP-EMS-Erfahrungen polnischer Unternehmen bzw. der ÖKOPROFIT-Erfahrungen deutscher Unternehmen, z. B. über die Entwicklung von Projekt-/Lerngruppen</td></tr>
<tr><td colspan="3">Entwicklung von Wissen zur Ausnutzung externer Nutzenpotenziale der ISO 14001 durch Verlagerung des Schwerpunktes von operativen auf strategische Maßnahmen, z. B. über die Entwicklung von themenspezifischen Netzwerken</td></tr>
</table>

Quelle: Eigene Darstellung.

Auf Basis der mikroökonomischen Benchmarking-Analyse wurden somit das bei der Internalisierung des expliziten Wissens zu Umweltmanagementsystemen erworbene und über Erhebungen explizierte Wissen detailliert untersucht und begründet Bereiche erarbeitet, in denen ein internationaler Wissenstransfer zur Weiterentwicklung des impliziten Wissens ansetzen kann. Unter Berücksichtigung der Ausführungen i. R. des makro- und mesoökonomischen Benchmarkings werden abschließend auch hier zwei Ansatzpunkte für weiterführende Forschungen aufgezeigt:

- Die Konkretisierung der tatsächlich erforderlichen Leistungssteigerung der Benchmarking-Partner, z. B. für den Wissensaustausch zu Einzelaspekten der Anforderungskritieren der ISO 14001, sind durch Modellrechnungen zu konkretisieren, die in Abhängigkeit vom Zeitverlauf die Weiterentwicklung des Wissens (z. B. durch Schulungen) oder Wissensverluste (z. B. durch Ausscheiden von Mitarbeitern) deutscher, polnischer und tschechischer Unternehmen berücksichtigen.
- Auf dieser Basis können die für Unternehmen-(sverbände) vorgestellten Ansatzpunkte durch die entsprechenden Entscheidungsträger in Form eines Maßnahmenplanes (wer tut was womit) konkretisiert werden.

Entsprechend des definierten methodischen Vorgehens (vgl. Kapitel 2.6, Abbildung 2-5) ist hier die quantitative und qualitative Benchmarking-Analyse abgeschlossen. Im abschließenden sechsten Kapitel werden die über die Benchmarking-Analyse auf der makro-, meso- und mikroökonomischen Ebene erzielten Ergebnisse zusammengefasst, das methodische Vorgehen bewertet und auf dieser Basis ein Ausblick auf weiterführende Forschungen gegeben.

6. Ergebnisse, Grenzen und weitere Erfordernisse für das Benchmarking von umweltorientiertem Wissen

Unter Berücksichtigung von Motivation, Zielstellungen und methodischen Annahmen wird i. R. dieses abschließenden Kapitels zunächst zusammenfassend auf die Ergebnisse des makro-, meso- und mikroökonomischen Benchmarkings eingegangen. Dazu werden die Ergebnisse in die drei Kategorien: 1.) Definition von Wissensvorsprüngen und -defiziten sowie Darstellung von Zusammenhängen zwischen den Benchmarkbewertungen auf einer Aggregationsebene; 2.) Darstellung von Zusammenhängen zwischen den Benchmarkbewertungen unterschiedlicher Aggregationsebenen und 3.) Diskussion der abgeleiteten Ansatzpunkte für die Veränderung der konzeptionellen Wissensbasis durch einen internationalen Wissenstransfer differenziert (vgl. Kapitel 6.1).

In Kapitel 6.2 erfolgt die Bewertung der den Ergebnissen dieser Arbeit zu Grunde liegenden methodischen Grundlagen. Dabei wird auf die Eingrenzung des Benchmarking-Objektes, die Auswahl der Benchmarking-Partner, die Definition und Bewertung der Benchmarks sowie Rahmenbedingungen der Benchmarking-Analyse eingegangen und Zweckmäßigkeit bzw. Grenzen der gewählten Methodik diskutiert. Für jeden Bereich werden Ansatzpunkte für weiterführende Forschungen aufgezeigt, die abschließend im Zusammenhang mit dem schon in den Kapiteln 3, 4 und 5 erarbeiteten weiterführenden Forschungsbedarf zusammengefasst werden.

6.1 Zusammenfassung und Differenzierung der Ergebnisse des makro-, meso- und mikroökonomischen Benchmarkings

Da Wissen als Auslöser, Grundlage und Erfolgsfaktor der internationalen Tätigkeit eine integrative Rolle spielt, kann das Wissensmanagement einen eigenständigen Bereich der internationalen Zusammenarbeit darstellen. Dem internationalen Management von umweltorientiertem Wissen kommt dabei infolge der mit der Internationalisierung verbundenen Mengen- und Effizienzeffekte eine besondere Bedeutung zu (vgl. Kapitel 1.1 - 1.3). Die Dimensionen des wechselseitigen und kooperativen Verständnisses des internationalen Managements von umweltorientiertem Wissen wurden in die drei Hauptaspekte: die zu Grunde liegende Wissensbasis, der Wissenstransfer und die Wissensevolution subsummiert. Da die Identifikation und Bewertung der Wissensbasis eine grundlegende Voraussetzung für die Initiierung eines internationalen Wissenstransfers und die Wissensevolution ist, wurde eine Eingrenzung der Betrachtung auf den ersten Aspekt, d. h. auf die *Wissensbasis*, vorgenommen. Diese ist grundsätzlich durch eine personelle (z. B. Quantität, Qualität des Humankapitals), strukturelle (z. B. Infrastruktur, Organisationsstruktur) und konzeptionelle (z. B. Methoden, Instrumente, Modelle) Dimension charakterisiert. Zum Zwecke der Komplexitätsreduzierung wurde eine weitere Eingrenzung der Betrachtung auf die *konzeptionelle Wissensbasis*, d. h., auf Bestandteile des umweltorientierten Wissen, wie z. B. Normen, Routinen, Fähigkeiten, Fertigkeiten oder Erfahrungen, die für die Umsetzung einer umweltorientierten Unternehmensführung erforderlich sind, vorgenommen. In diesem Rahmen war es *Zielstellung* dieser Arbeit, eine Methodik zu entwickeln und anzuwenden, durch die die konzeptionelle Basis des umweltorientierten Wissens Deutschlands, Polens und Tschechiens identifiziert, analysiert und bewertet werden kann. Dem entsprechend wurden drei *Einzelziele* definiert:

1. Definition von Determinanten umweltorientierten Wissens (Identifikation der Wissensbasis);
2. Charakterisierung der Ausprägungen des umweltorientierten Wissens im internationalen Maßstab (Analyse der Wissensbasis);
3. Erarbeitung internationaler Unterschiede im umweltorientierten Wissen im Sinne von Wissensvorsprüngen und -defiziten (Bewertung der Wissensbasis).

Von der Untersuchung explizit ausgeschlossen waren Fragestellungen, die sich auf den Wissenstransfer und die Wissensevolution beziehen. Im Sinne einer impulsgebenden Schnittstellenbetrachtung wurde diskutiert, unter welchen Voraussetzungen die definierten Wissensvorsprünge und -defizite Marktrelevanz erhalten können, d. h. als Wissensangebote bzw. -nachfrage für einen Wissenstransfer von Bedeutung sind. Auf dieser Basis wurden Ansatzpunkte für die Veränderung der konzeptionellen Basis des umweltorientierten Wissens Deutschlands, Polens und Tschechiens durch einen internationalen Wissenstransfer erarbeitet (vgl. Kapitel 1.4). Über eine kriterienbasierte Untersuchung verschiedener Controlling-Instrumente zur Partnerauswahl und -bewertung wurde das Benchmarking als zweckmäßigstes Instrument zur Bearbeitung der oben beschriebenen Zielstellung definiert (vgl. Kapitel 1.5). Damit reihte sich die hier durchgeführte internationale Analyse in ein relativ junges Forschungsgebiet ein, da sich das Benchmarking sowohl i. R. des Wissensmanagements als auch bezogen auf umweltorientierte Untersuchungsgegenstände erst in der Entwicklung befindet.

Für das Benchmarking von umweltorientiertem Wissen liefert diese Arbeit methodische und analytische Ergebnisse. Der Beitrag zur Weiterentwicklung der Benchmarking-Methodik resultiert aus der Konkretisierung der Anforderungen dieses Instrumentes für die Untersuchung des *umweltorientierten* Wissens im *internationalen* Kontext (vgl. Kapitel 2.1-2.2). Gleichermaßen wird dadurch ein modellhaftes Vorgehen zur Verwirklichung der oben dargestellten Einzelziele ermöglicht. Zunächst wird auf die methodischen Beiträge eingegangen.

Als *Benchmarking-Objekt* wurde die konzeptionelle Wissensbasis definiert und durch die o. g. Einzelziele strukturiert. Unter Rückgriff auf die Untergliederung von Wissen in explizites und implizites Wissen sowie auf Wissensbereiche der internationalen umweltorientierten Unternehmensführung erfolgte die Eingrenzung des Benchmarking-Objektes auf das explizite und explizierte implizite umwelttechnische und -managementsystembezogene Wissen (vgl. Kapitel 2.3).

Die Auswahl der *Benchmarking-Partner* Deutschland, Polen und Tschechien wurde auf Basis der Entwicklung relevanter Rahmenbedingungen für Umweltschutz und -management durch die Darstellung der zu erwartenden Unterschiede in der strukturellen Basis des umweltorientierten Wissens ergänzend begründet (vgl. Kapitel 2.4).

Die Ableitung der *Benchmarks* erfolgte durch ein strukturelles Herunterbrechen vom Analysebereich zu kritischen Leistungsgrößen und Leistungsbeurteilungsindikatoren. D. h., es wurden zunächst Erklärungsfaktoren eines internationalen Engagements erarbeitet, auf dieser Basis Bestimmungsfaktoren des internationalen Wissensmanagements definiert und auf dieser Grundlage quantitative oder qualitative Benchmarks zur Untersuchung der konzeptionellen Wissensbasis abgeleitet. Entsprechend ihres Abstraktionsgrades wurden die Benchmarks drei Aggregationsebenen - der makroökonomischen, der mesoökonomischen und der mikroökonomischen Ebene - zugeordnet (vgl. Kapitel 2.5). Durch die Festlegung von Benchmarks wurden Determinanten des umweltorientierten Wissens erarbeitet, d. h. die Wissensbasis identifiziert (erstes Einzelziel).

Die *Benchmarking-Analyse* wurde für alle definierten Benchmarks und für jede Betrachtungsebene durchgeführt. Durch das makroökonomische Benchmarking wurde der Rahmen für das Benchmarking auf den niederen Aggregationsstufen festgelegt, es hatte dadurch *grundlegenden (oder auch strategischen)* Charakter. Über das mesoökonomische Benchmarkings wurde eine Differenzierung der Ergebnisse des makroökonomischen Benchmarkings auf Branchenebene erzielt, so dass es durch einen *taktischen* Charakter gekennzeichnet war. Durch das mikroökonomische Benchmarking wurde schließlich eine Konkretisierung der Ergebnisse des makro- und mesoökonomischen Benchmarkings auf der Prozessebene erreicht, es hatte dadurch *operativen* Charakter. Über den *Messaspekt* der Benchmarking-Analyse wurden jeweils die Ausprägungen der konzeptionellen Basis des umweltorientierten Wissens im internationalen Maßstab untersucht (zweites Einzelziel). Der *Bewertungsaspekt* diente dazu, jeweils die internationalen Unterschiede in der konzeptionellen Wissensbasis im Sinne von Wissensvorsprüngen und -defiziten zu bewerten (drittes Einzelziel). Dieser Teil der Benchmarking-Analyse hatte *deskriptiven* Charakter, da die Wissensbasis und die Kompetenzverteilung erklärt wurden. Durch den *Gestaltungsaspekt* der Benchmarking-Analyse wurden jeweils Potenzialfaktoren der Marktrelevanz der definierten Wissensvorsprünge und -defizite diskutiert. Dieser Teil der Benchmarking-Analyse hatte *normativen* Charakter, da in Abhängigkeit der Anwendungs- und Durchsetzungskompetenz des identifizierten Wissens Ansatzpunkte für die Veränderung der Wissensbasis durch einen Wissenstransfer zwischen Deutschland, Polen und Tschechien entwickelt wurden (vgl. Kapitel 2.6).

Die analytischen Beiträge dieser Arbeit resultieren aus der Umsetzung des Benchmarkings zur Analyse und Bewertung der konzeptionellen Basis des umweltorientierten Wissens im *internationalen Kontext* auf der *makro-, meso- und mikroökonomischen Aggregationsebene*. Die Benchmarking-Ergebnisse haben - wie schon erwähnt - deskriptiven und normativen Charkter und sind in folgende drei Kategorien differenzierbar:

1. Definition benchmarkbezogener Wissensvorsprünge und -defizite sowie Diskussion von Zusammenhängen zwischen den Benchmarkbewertungen auf *einer* Aggregationsebene (deskriptiv);
2. Diskussion von Zusammenhängen, Ergänzungen oder Differenzierungen der Benchmarkbewertungen *unterschiedlicher* Aggregationsebenen (deskriptiv) und
3. Ableitung von *Ansatzpunkten* zur Veränderung der konzeptionellen Wissensbasis durch einen internationalen Wissenstransfer (normativ).

Die analytischen Beiträge der Arbeit werden im Weiteren entsprechend der drei Kategorien detailliert für jede Aggregationsebene beschrieben (vgl. zusammenfassend Abbildung 6-1).

<u>Ergebnisse des makroökonomischen Benchmarkings des umweltorientierten Wissens Deutschlands, Polens und Tschechiens (vgl. Kapitel 3)</u>

Zu 1.)

Am Beispiel von Umweltzustandsindikatoren der Bereiche Luft, Wasser/Abwasser und Abfall wurden zunächst die *Rahmenbedingungen* des umweltorientierten Wissens Deutschlands, Polens und Tschechiens untersucht und in Abhängigkeit der *Wirtschaftskraft* Wissensvorsprünge und -defizite hinsichtlich des Wissens zur Entwicklung der Umweltzustandsindikatoren definiert.

Art und Umfang der konzeptionellen Basis des umweltorientierten Wissens Deutschlands, Polens und Tschechiens wurden über die Leistungsindikatoren Umweltschutz (realisierte und potenzielle Umweltschutzinvestitionen) sowie das explizite Wissen und die Leistungsindikatoren Umweltmanagementsysteme (ISO 14001, EMAS-VO und CPC) analysiert. Für die Leistungsindikatoren Umweltschutz wurden auf Basis der Investitionsfähigkeiten und -notwendigkeiten; für das explizite Wissen und die Leistungsindikatoren Umweltmanagementsysteme infolge der Markterfordernisse *Wissensvorsprünge und -defizite* bezogen auf die Entwicklung der analysierten Benchmarks abgeleitet (vgl. ausführlich Kapitel 3.1.4, 3.2.3 und 3.3.4 sowie Abbildung 3-6).

Zwischen den definierten Wissensvorsprüngen und -defiziten der Benchmarking-Partner zu o. g. Benchmarks wurden folgende *Zusammenhänge* aufgezeigt: Der Benchmarking-Partner Deutschland mit (angebotsrelevanten) Wissensvorsprüngen bei Umweltzustandsindikatoren wies auch (angebotsrelevante) Wissensvorsprünge bei den Leistungsindikatoren Umweltschutz, explizites Wissen und Leistungsindikatoren Umweltmanagementsysteme (ISO 14001, EMAS-VO) auf. Dies wurde daraus erklärt, dass eine führende Position des Benchmarks Umweltzustandsindikatoren nur durch ebenfalls führende Positionen der umwelttechnischen und umweltmanagementsystembezogenen Benchmarks erzielbar war. Im Umkehrschluss hieß dies, dass (die als nachfragerelevant eingeschätzten) Wissensdefizite der Partner Polen und Tschechien bei Umweltzustandsindikatoren auf (nachfragerelevanten) Wissensdefiziten bei Leistungsindikatoren Umweltschutz und Umweltmanagementsysteme (ISO 14001, EMAS-VO) basierten, obwohl keine Wissensdefizite beim expliziten Wissen Umweltmanagementsysteme vorliegen mussten (Polen hatte zwar Wissensdefizite zur EMAS-VO, dafür aber zusätzliches Wissen zum CP-EMS erworben). Die Ursache lag darin, dass fehlendes Wissen bei der Umsetzung von Umwelttechnik und Umweltmanagementsystemen zu einer hohen Umweltbelastung führte und allein Wissensvorsprünge im expliziten Wissen zu Umweltmanagementsystemen nicht ausreichend waren, um Umweltzustandsindikatoren zu verbessern. Eine interessante Erkenntnis waren in diesem Zusammenhang die Wissensvorsprünge Polens und Tschechiens zum expliziten Wissen bezogen auf den integrierten Umweltschutz- und modularem Umweltmanagementsystemansatz der CPC und für Polen auch zu den Leistungsindikatoren des CP-EMS. Für Deutschland wurden hier - auch unter Berücksichtigung der ÖKOPROFIT-Ansätze - Wissensdefizite definiert, das Angebotspotenzial der Wissensvorsprünge Polens sowie das Nachfragepotenzial der Wissensdefizite Deutschlands wurde aber von dem komplementären Nutzen dieses Konzeptes für das schon vorhandene Wissen zur ISO 14001 und der EMAS-VO abhängig gemacht; ob Ansatzpunkte hierzu bestehen, sollte durch das Benchmarking auf den unteren Aggregationsstufen untersucht werden.

Zu 2.)

k. A., da erst eine Aggregationsebene betrachtet wurde.

Zu 3.)

In Abhängigkeit der diskutierten Kriterien von Angebots- und Nachfragepotenzialen der Wissensvorsprünge bzw. -defizite wurden Ansatzpunkte zur *grundsätzlichen* Beibehaltung, Neuausrichtung oder Neukombination des umweltorientierten Wissens beschrieben. Infolge der Abhängigkeit der Bewertung des Benchmarks Umweltzustandsindikatoren von den Benchmarks Leistungsindikatoren Umweltschutz und Umweltmanagementsysteme wurde er in diesem Zusammenhang nicht explizit berücksichtigt. Die Ansatzpunkte waren entsprechend der Aggregationsebene als *Politikimplikationen* zu verstehen.

Dabei wurden für die Leistungsindikatoren Umweltschutz und Umweltmanagementsysteme (ISO 14001, EMAS-VO) Potenziale für einen Wissenstransfer *von* Deutschland *nach* Polen und Tschechien festgestellt. Im Gegensatz dazu wurden für das explizite Wissen unterschiedliche Transferrichtungen erarbeitet (für das explizite Wissen zur EMAS-VO *von* Deutschland *und* Tschechien *nach* Polen und für das CPC *von* Polen und Tschechien *nach* Deutschland).

Die Ergebnisse des makroökonomischen Benchmarkings legten den Rahmen für das Benchmarking auf den niederen Aggregationsstufen fest. Innerhalb dieses Rahmens wurde durch das mesoökonomische Benchmarking eine branchenbezogene und über das mikroökonomische Benchmarking eine prozessbezogene Untersuchung des umweltorientierten Wissens durchgeführt.

Ergebnisse des mesoökonomischen Benchmarkings des umweltorientierten Wissens in deutschen, polnischen und tschechischen Branchen (vgl. Kapitel 4)

Zu 1.)

Über die Benchmarks Umwelt- und Zertifizierungs-/Validierungsintensität wurde im Wirtschaftsbereich des Verarbeitenden Gewerbes die *branchenbezogene Umsetzung* des auf der Makroebene identifizierten Wissens zur Umwelttechnik und den Umweltmanagementsystemen analysiert und grenzwertabhängig Wissensvorsprünge bzw. -defizite für *ökonomisch maßgebliche Branchen* Deutschlands, Polens und Tschechiens konkretisiert (vgl. ausführlich Kapitel 4.2.4 und 4.3.3 sowie Abbildung 4-19).

Dabei wurden auch die *Zusammenhänge* einerseits *zwischen ökonomischer Maßgeblichkeit der Branchen und ihrer Umwelt- bzw. Zertifizierungs-/Validierungsintensität* sowie andererseits zwischen der *Umwelt- und Zertifizierungs-/Validierungsintensität einer Branche* untersucht. Denn das Kriterium der ökonomischen Maßgeblichkeit wurde unter der Annahme gewählt, dass die Größe einer Branche Einfluss auf die Entwicklung von umweltorientiertem Wissen hat.

So wurde gezeigt, dass *ökonomisch maßgebliche Branchen* nur *zu einem geringen Anteil* (Deutschland zwei Branchen: Chemie- und Mineralölindustrie; Polen und Tschechien drei Branchen: Chemie-, Metall- und Mineralölindustrie) *auch umweltintensive Branchen* darstellten. Diese Branchen nutzten ihre wirtschaftlichen Potenziale, um ihre Umweltbelastungen zu verringern, dies aber bisher in einem noch nicht ausreichendem Maße, weshalb diesen Branchen Wissensdefizite zugeordnet wurden. Die anderen umweltintensiven Branchen (je eine Branche in Deutschland: Holzindustrie und Polen: Glasindustrie; vier Branchen in Tschechien: Glas-, Leder-, Papier- und sonstige Industrie) stellen ökonomisch nichtmaßgebliche Branchen dar. Für fünf ökonomisch maßgebliche Branchen konnten entsprechend des vorliegenden Datenmaterials keine Bewertungen über Wissensvorsprünge oder -defizite zu umwelttechnischem Wissen getroffen werden (Elektro-, Ernährungs-, Fahrzeug-, Maschinen-, Textilindustrie). Dem entsprechend konnte nicht nachgewiesen werden, dass die ökonomische Maßgeblichkeit der Branche Einfluss auf die Entwicklung von umwelttechnischem Wissen hatte.

Weiterhin wurde deutlich, dass *sehr zertifizierungs-/validierungsintensiv i. d. R. nur ökonomisch maßgebliche Branchen* waren (Ausnahme: EMAS-Validierungsintensität der deutschen sonstigen Industrie), die dadurch Wissensvorsprünge aufbauten (ISO 14001: Deutschland: Chemie-, Elektro-, Mineralölindustrie; Tschechien: Chemie-, Elektroindustrie, Fahrzeugbau; EMAS-VO: Deutschland: Chemieindustrie, Fahrzeugbau, Mineralölindustrie; CP-EMS: Polen: Chemieindustrie, Fahrzeugbau, Metall- und Mineralölindustrie). Dies zeigt, dass zwar die ökonomische Maßgeblichkeit der Branche ein entscheidendes Kriterium für die Entwicklung von Wissen zu Umweltmanagementsystemen war. Allerdings nutzten nicht alle ökonomisch maßgeblichen Branchen ihre wirtschaftlichen Potenziale, um Wissensvorsprünge zur ISO 14001, der EMAS-VO und dem CP-EMS zu entwickeln (betrifft bei allen drei Benchmarking-Partnern: Ernährungsgewerbe, Maschinenbau sowie in Polen und Tschechien: Textilindustrie).

Bezogen auf den Zusammenhang zwischen Umwelt- und Zertifizierungs-/Validierungsintensität war für deutsche und polnische umweltintensive Branchen charakteristisch, dass sie ihre Umweltinvestitionsbemühungen durch ein Umweltmanagementsystem ergänzten. D. h., dass für die Branchen, für die auf Grund ihrer hohen Umweltintensität ein Defizit an umwelttechnischem Wissen definiert wurde, ein offensives Umweltmanagement charakteristisch war (Chemie-, Metall-, Mineralölindustrie). Dieses bezog sich bei deutschen Branchen auf die ISO 14001 und die EMAS-VO, bei polnischen Branchen auf das CP-EMS, welches aber nicht soweit entwickelt wurde, dass auch eine Zertifizierung/Validierung nach einem internationalen Standard erfolgt ist. Dadurch konnten auf mesoökonomischer Ebene die Überschwappeffekte von einem CP-Managementsystem auf eine ISO 14001-Zertifizierung nicht nachgewiesen werden. Andererseits wurde dadurch deutlich, dass die auf der makroökonomischen Ebene beschriebene Zielstellung, über den CP-Ansatz kurzfristig die betrieblichen Umweltbelastungen zu verringern, auf der Branchenebene Anwendung gefunden hat. Im Gegensatz zu den deutschen und polnischen Branchen war nur für eine tschechische Branche ein Zusammenhang zwischen Umweltintensität und Zertifizierungsintensität charakteristisch (Chemieindustrie). Dies zeigt, dass eine hohe branchenbezogene Umweltintensität nicht immer zu einer hohen branchenbezogenen Zertifizierungsintensität führt.

In Abhängigkeit dieser Untersuchungen wurden die Branchen abschließend in folgende vier Branchengruppen eingeordnet:

a) Branchen mit Wissensdefiziten zur Umwelttechnik und Wissensvorsprüngen zu Umweltmanagementsystemen (Chemie- und Mineralölindustrie);

b) Branchen mit Wissensdefiziten zur Umwelttechnik und den -managementsystemen (Metallindustrie);

c) Branchen mit Wissensvorsprüngen zu Umweltmanagementsystemen; keine Aussage zum Wissen zur Umwelttechnik (Elektroindustrie, Fahrzeugbau);

d) Branchen mit Wissensdefiziten zu Umweltmanagementsystemen; keine Aussage zum Wissen zur Umwelttechnik (Ernährungsgewerbe, Maschinenbau, Textilindustrie).

Zu 2.)

I. R. des mesoökonomischen Benchmarkings stellten die Bestätigung, Ergänzung und Differenzierung der auf der makroökonomischen Ebene definierten Wissensvorsprünge und -defizite weitere wichtige Ergebnisse dar. Bezogen auf das *umwelttechnische Wissen* wurden prinzipiell über die höhere durchschnittliche Umweltintensität des Verarbeitenden Gewerbes Polens (8,7 % im Zeitraum 1995-1999) und Tschechiens (6,7 % im Zeitraum 1994-1998) i. Vgl. zu Deutschland (5,6 % im Zeitraum 1991-1994 bzw. 4,2 % im Zeitraum 1995-1997) die auf der Makroebene getroffenen Bewertungen zu Wissensdefiziten Polens und Tschechiens bzw. Wissensvorsprüngen Deutschlands in Bezug auf die Leistungsindikatoren Umweltschutz *bestätigt*. Allerdings wurde auch gezeigt, dass der auf der makroökonomischen Ebene ermittelte *Wissensvorsprung Deutschlands* für die Leistungsindikatoren Umwelttechnik *nicht auf alle ökonomisch maßgeblichen Branchen* Deutschlands *übertragbar* ist, da nur der Metallindustrie ein Wissensvorsprung, der Chemie- und Mineralölindustrie dagegen ein Wissensdefizit zugeordnet wurde. Da für keine der polnischen und tschechischen Branchen ein Wissensvorsprung definiert wurde, *folgten die Bewertungen des mesoökonomischen Benchmarkings denen auf der Makroebene*, allerdings auch nicht für alle Branchen, da für fünf Branchen Deutschlands, Polens und Tschechiens keine Aussagen zum umwelttechnischen Wissen getroffen werden konnten (s. o.).

Hinsichtlich des Wissens zu Umweltmanagementsystemen wurden ebenfalls differenzierte Bewertungen getroffen. Prinzipiell wurden über die *hohe durchschnittliche Branchenzertifizierungsintensität* zur *ISO 14001* des deutschen Verarbeitenden Gewerbes (2,3 % im Zeitraum 1995-2000 i. Vgl. zu Polen 0,1 % im Zeitraum 1997-2000 und Tschechien 1,8 % im Zeitraum 1997-2000) und über einzelne höhere Zertifizierungsintensitäten tschechischer Branchen i. Vgl. zu deutschen Branchen (Fahrzeugbau und Elektroindustrie) der auf der Makroebene bezogen auf die Leistungsindikatoren zur ISO 14001 definierte *Wissensvorsprung Deutschlands* und die Annäherungstendenzen Tschechiens *bestätigt*. Des Weiteren wurde auch hier deutlich, dass die auf der makroökonomischen Ebene festgestellten Wissensvorsprünge bzw. -defizite *nicht auf alle ökonomisch maßgeblichen Branchen übertragbar waren*, da zwar für jeweils drei Branchen Wissensvorsprünge definiert wurden, vier (Deutschland) bzw. fünf (Tschechien) Branchen aber auch Wissensdefizite aufwiesen (s. o.). Im Gegensatz dazu wurde das bezogen auf den Leistungsindikator zur ISO 14001 auf der Makroebene für Polen definierte Wissensdefizit für *alle ökonomisch maßgeblichen Branchen Polens bestätigt*, da keine dieser Branchen zu den sehr zertifizierungsintensiven zählte.

Eine differenzierte Bewertung ist auch für die Wissensvorsprünge und -defizite Deutschlands zur *EMAS-VO* zu treffen. Die hohe durchschnittliche *Branchen*validierungsintensität (6,6 % im Zeitraum 1996-2000), die für alle Branchen zu höheren EMAS-Validierungsintensitäten i. Vgl. zu den ISO 14001-Zertifizierungsintensitäten führte, *bestätigt* den auf der Makroebene bezüglich der Leistungsindikatoren definierten *Wissensvorsprung Deutschlands*. Allerdings kann auch dieser *im Einzelnen nicht auf alle Branchen übertragen* werden, da auch hier nur für drei Branchen Wissensvorsprünge, aber für fünf Branchen Wissensdefizite charakteristisch waren (s. o.).

Bezogen auf das *CP-EMS* wird der auf der Makroebene über die Leistungsindikatoren definierte *Wissensvorsprung Polens* auf der Mesoebene *grundsätzlich bestätigt*, wobei alle Branchen des polnischen Verarbeitenden Gewerbes (Ausnahme: sonstige Industrien) eine höhere CP-EMS- als ISO 14001-Zertifizierungsintensität aufwiesen (durchschnittliche Branchenzertifizierungsintensität im Zeitraum 1996-2000: 0,9 %). Auch hier war charakteristisch, dass dieser Wissensvorsprung zwar auf vier, aber nicht auf alle ökonomisch maßgeblichen Branchen zutraf (s. o.).

Zu 3.)

Auf Basis der beschriebenen Voraussetzungen für Angebots- und Nachfragepotenziale der definierten Wissensvorsprünge bzw. -defizite wurden Ansatzpunkte zur *Weiterentwicklung des* umwelttechnischen und umweltmanagementsystembezogenen *Wissens ökonomisch maßgeblicher Branchen* durch einen internationalen Wissenstransfer abgeleitet. Entsprechend der mesoökonomischen Aggregationsebene waren diese als *Implikationen für Branchenverbände* zu verstehen.

Für die Benchmarks Umwelt- und Zertifizierungsintensität wurden Potenziale für einen *horizontalen*, für den Benchmark Zertifizierungsintensität zusätzlich für einen *vertikalen* internationalen Wissenstransfer vorgestellt. Dabei wurden differenzierte Transferrichtungen erarbeitet. Unter Berücksichtigung, dass dieser Arbeit ein wechselseitiges und kooperatives Verständnis des Wissensmanagements zu Grunde liegt, wurden für die Weiterentwicklung des umwelttechnischen Wissens erstmals explizit *wechselseitige Wissenstransferpotenziale* zwischen der deutschen, polnischen und tschechischen Chemie- und Mineralölindustrie hervorgehoben. Dem gegenüber wurden für die Erhöhung der ISO 14001-Zertifizierungsintensität Wissenstransferpotenziale *von* deutschen *oder* tschechischen *in* polnische Unternehmen festgestellt. Basierend auf der CP-Philosophie, Umweltmanagementsystemkompetenzen modular zu entwickeln, wurde schließlich der Ansatzpunkt zum vertikalen Wissenstransfer *von* CP-EMS-zertifizierungsintensiven polnischen Branchen *in* deutsche, polnische und tschechische ökonomisch maßgebliche Branchen, die bisher zu keinem Umweltmanagementsystem Wissensvorsprünge aufgebaut hatten, entwickelt. Die Nutzung des CP-EMS, z. B. für Branchen mit klein und mittelständisch strukturierten Unternehmen, die keine personellen oder finanziellen Kapazitäten für eine ISO 14001-Zertifizierung oder EMAS-Validierung besitzen, sich infolge des Marktdruckes aber über eine Differenzierungsstrategie auszeichnen müssen, wurde als ein Ansatzpunkt der Zweckmäßigkeit des Ausbaus oder der weiteren Integration des expliziten Wissens zum CPC, z. B. über den ÖKOPROFIT-Ansatz, in Deutschland zur Diskussion gestellt.

<u>Ergebnisse des mikroökonomischen Benchmarkings des umweltorientierten Wissens in deutschen, polnischen und tschechischen Unternehmen (vgl. Kapitel 5)</u>

1.)

Auf dieser Ebene wurde das *das i. R. der Internalisierung des expliziten Wissens zu Umweltmanagementsystemen erworbene* und über empirische Erhebungen explizierte *Wissen* untersucht. Hierzu wurde eine Unterscheidung in Motivations-, Anforderungs- und Effizienzkritierien vorgenommen. Die Analyseergebnisse zu Motivationskritierien wurden genutzt um zu bewerten, welches ausschlaggebende *Ursachen der Internalisierung* des expliziten Wissens zu Umweltmanagementsystemen waren. Auf dieser Basis wurde das Interesse der Benchmarking-Partner an der Aufrechterhaltung bzw. Weiterentwicklung des Wissens bewertet. Die Anforderungskriterien dienten dazu, das implizite Wissen, welches i. R. der Internalisierung bezogen auf *prozessuale Aspekte der Normanforderungen* entwickelt wurde, nach Wissensvorsprüngen und -defiziten zu bewerten. Auf Basis der Analyse der Effizienzkriterien wurden Wissensvorsprünge und -defizite zur Darstellung der *Auswirkungen der Internalisierung* des expliziten Wissens definiert (vgl. ausführlich Kapitel 5.2.4, 5.3.3 und 5.4.2 sowie Abbildung 5-2 und 5-3), da diese wiederrum Einfluss auf die Motivationskriterien haben.

Auf Basis der Analyse der Motivationskriterien (hierzu waren keine Informationen zum CPC vorhanden) wurde deutlich, dass die Internalisierung expliziten Wissens zur ISO 14001 durch *andere Motive* beeinflusst wurde, als die Internalisierung expliziten Wissens zur EMAS-VO. Für die Entwicklung von Wissen zur ISO 14001 waren für deutsche, polnische und tschechische Unternehmen gleichermaßen sowohl interne als auch externe Gründe ausschlaggebend, wobei erarbeitet wurde, dass die Zertifizierung ein *selbstverständliches Markterfordernis* darstellte. Im Gegensatz dazu wurde am Beispiel deutscher Unternehmen gezeigt, dass der Marktdruck keine ausschlaggebende Rolle für die Entwicklung von Wissen zur EMAS-VO spielte, sondern interne, auf *die Leistung bezogene Faktoren*.

Auf Basis der Analyse der Anforderungskriterien wurden für die ISO 14001 *Verständnis- und Umsetzungprobleme* definiert. Die Wissensdefizite durch inhaltlich-methodische Verständnisprobleme des expliziten Wissens traten entsprechend seines internationalen Standardisierungsgrades bei allen Partnern gleichermaßen auf (betraf Anforderungen zu Umweltaspekten sowie Zielen und Einzelzielen). Wissensdefizite infolge von Umsetzungsproblemen unterschieden sich nur teilweise bei den Benchmarking-Partnern (Defizit bei allen Partnern: Dokumentation; Defizit in deutschen und tschechischen Unternehmen: Umweltmanagementsystemaudit; Defizit in polnischen und tschechischen Unternehmen: Umweltmanagementprogramm; Defizit in deutschen Unternehmen: Rechtskonformität; polnischen Unternehmen: Ablauflenkung). Die Analyse der Anforderungskriterien zur EMAS-VO ergab für deutsche Unternehmen *keine auffälligen Umsetzungs- oder Verständnisprobleme*, die aus den höheren Leistungsanforderungen des expliziten Wissens zu erklären waren. Vielmehr wurden Wissensdefizite in Bereichen identifiziert (Umweltziele und Umweltaudit), die auch bezogen auf die Internalisierung des Wissens zur ISO 14001 als wissensdefizitäre Bereiche eingeschätzt wurden. Die Analyse der Anforderungskriterien zum CPC zielte für polnische Unternehmen auf die grundsätzliche Untersuchung der Zweckmäßigkeit der Internalisierung von CPC-Wissen zur Entwicklung von Wissen zur ISO 14001 und erbrachte positive Einflüsse für die Anforderungen Umweltpolitik und Implementierung/Durchführung.

Über die Analyse der Effizienzkriterien wurden für die Benchmarking-Partner *zunehmende Wissensdefizite* für die *Quantifizierung der Auswirkungen der Internalisierung* des expliziten Wissens zur ISO 14001 festgestellt (bezüglich der Kosten: tschechische Unternehmen; bezüglich ökonomischer Effekte: polnische und tschechische Unternehmen; bezüglich ökologischer Effekte, weiterführende Kosten-Nutzen-Rechnungen: deutsche, polnische und tschechische Unternehmen). Die Analyse der Effizienzkriterien zeigte für deutsche Unternehmen, dass die *Entwicklung des Wissens* zur EMAS-VO trotz höherer Anforderungen des expliziten Wissens nur *zu einem geringeren zeitlichen und finanziellen Aufwand* führte, ein größerer Nutzen aber nicht nachweisbar war. Außerdem wurden die *Wissensdefizite* deutscher Unternehmen zur Quantifizierung der ökologischen Effekte sowie weiterführender Kosten-Nutzen-Rechnungen auch für die Internalisierung von Wissen zur EMAS-VO bestätigt. Für polnische Unternehmen wurden i. R. der Untersuchung der Effizienzkriterien zum CP-EMS Wissensvorsprünge für die Quantifizierung der ökologischen und ökonomischen Einsparungen sowie zur Erzielung einer kontinuierlichen Verbesserung ermittelt. Diese waren v. a. deshalb von besonderem Interesse, weil in diesen Bereichen polnischen und tschechischen Unternehmen Wissensdefizite zur ISO 14001 sowie deutschen Unternehmen zur EMAS-VO zugeordnet wurden.

Zu 2.)

Auch i. R. des mikroökonomischen Benchmarkings zählten die Bestätigung, Ergänzung und Differenzierung der auf der makro- bzw. mesoökonomischen Ebene definierten Wissensvorsprünge und -defizite zu weiteren wichtigen Ergebnissen.

Die Ergebnisse zeigten, dass Quantität und Qualität des explizierten impliziten Wissens auf der mikroökonomischen Ebene nicht durch die auf der makro- und mesoökonomischen Ebene definierten Wissensvorsprünge bzw. -defizite determiniert wurden. D. h. quantitativ am Beispiel der ISO 14001: Obwohl über das Benchmarking der Leistungsindikatoren Umweltmanagementsysteme (Makroebene), als auch über das Benchmarking der branchenbezogenen Umweltorientierung (Mesoebene) für Tschechien ein hoher Einführungsgrad der ISO 14001 nachgewiesen wurde, wurde auf der Mikroebene nur für eine geringe Anzahl von Unternehmen (zehn) das implizite Wissen expliziert. Im Gegensatz dazu wurden von einer größeren Anzahl polnischer Unternehmen das implizite Wissen expliziert, obwohl auf der Makro- und Mesoebene ein geringerer Einführungsgrad der ISO 14001 festgestellt wurde. Für deutsche Unternehmen waren dagegen auf allen drei Aggregationsebenen repräsentative quantitative Informationen sowohl zur ISO 14001 als auch zur EMAS-VO vorhanden. Gleichermaßen wurde auch das explizierte implizite Wissen zu CPC allgemein bzw. zum CP-EMS speziell auf der Mikroebene nicht durch die Ergebnisse des makro- oder mesoökonomischen Benchmarkings determiniert, da obwohl über das Benchmarking der Leistungsindikatoren Umweltmanagementsysteme (Makroebene), als auch über das Benchmarking der branchenbezogenen Umweltorientierung (Mesoebene) für Polen ein hoher Implementierungsgrad des CPC bzw. CP-EMS nachgewiesen wurde, bezogen auf die Motivationskriterien keine und die Anforderungs- sowie Effizienzindikatoren unvollständige Informationen auf der Mikroebene verfügbar waren.

Die qualitative Betrachtung wird nach ISO 14001, EMAS-VO und CPC differenziert. Die über die Analyse der Motivationskriterien dargestellte hohe Relevanz des Marktdruckes zum Nachweis einer Zertifizierung nach ISO 14001 erklärt zwar den auf der makroökonomischen Ebene gezeigten hohen Implementierungsgrad in deutschen Unternehmen sowie die dynamischen Zertifizierungstendenzen polnischer und tschechischer Unternehmen. Trotzdem wurde sowohl auf der makro- als auch auf der mesoökonomischen Ebene ein unterschiedliches Zertifizierungsniveau deutscher, polnischer und tschechischer Unternehmen festgestellt. Das mikroökonomische Benchmarking ergab in Ergänzung zu den auf der makro- und mesoökonomischen Ebene festgestellten Ursachen (späterer Zeitpunkt der Beteiligung Polens und Tschechiens, Zertifizierung in Abhängigkeit der ökonomischen Maßgeblichkeit einer Branche) als weitere Erklärung die immer noch andauernde wirtschaftliche Umstrukturierung sowie die damit verbundenen wirtschaftlichen Probleme polnischer und tschechischer Unternehmen. Der auf der Mikroebene ermittelte fehlende Marktdruck für die Internalisierung expliziten Wissens zur EMAS-VO kann eine Erklärung für den auf der makroökonomischen Ebene gezeigten geringen Validierungsgrad tschechischer Unternehmen sowie das bisher fehlende Interesse Polens an der Standardisierung des expliziten Wissens zur EMAS-VO darstellen.

Bezogen auf die *Anforderungskriterien* war für die ISO 14001 interessant, dass trotz des auf der Makro- und Mesoebene festgestellten unterschiedlichen Einführungsgrades, auf der Mikroebene zwar unterschiedliche Wissensvorsprünge und -defizite festgestellt wurden, es aber *keine Auffälligkeiten oder Besonderheiten* gab, die aus dem hohen (Deutschland) bzw. geringeren (Polen und Tschechien) Einführungsgrad der ISO 14001 erklärt werden konnten. Vielmehr waren deutsche, polnische und tschechische Unternehmen in zwei Bereichen (Umweltaspekte sowie Ziele und Einzelziele) auf Grund von inhaltlich-methodischen *Verständnisproblemen des auf der Makroebene dargestellten expliziten Wissens* durch paritätische Wissensdefizite gekennzeichnet. Gleichermaßen wurden auch nicht für das implizite Wissen deutscher Unternehmen zur EMAS-VO *Auffälligkeiten oder Besonderheiten* in den Wissensvorsprüngen oder -defiziten ermittelt, die sich aus dem auf der Makro- und Mesoebene dargestellten höheren Einführungsgrad erklären lassen. Für das CPC sind auf Basis der Analyse der Anforderungskriterien auf der Mikroebene zwei Rückschlüsse zu Aussagen auf der makroökonomischen Ebene möglich. So wurden Bereiche positiver Auswirkungen der Internalisierung von Wissen zum CPC auf die Internalisierung von Wissen zur ISO 14001 identifiziert, so dass grundsätzlich die Vorteilhaftigkeit der Verbindung beider Konzeptionen bestätigt wurde. Die ermittelten Potenziale für eine stringentere Verknüpfung beider Ansätze stellen Ansatzpunkte für eine Beförderung von Überschwappeffekten der CP-EMS-Zertifizierungen auf ISO 14001-Zertifizierungen dar.

Bezogen auf die Effizienzkriterien wurden für deutsche Unternehmen für die ISO 14001 und die EMAS-VO ähnliche Wissensdefizite festgestellt, trotz des auf der Makro- und Mesoebene gezeigten höheren Implementierungsgrades der EMAS-VO. Für polnische und tschechische Unternehmen wurden umfangreichere Wissensdefizite ermittelt, was in der kürzeren Implementierungsdauer und dem geringeren Einführungsgrad begründet sein kann. Die hinsichtlich des CP-EMS für polnische Unternehmen ermittelten Wissensvorsprünge (Quantifizierung der Einsparungen und Umsetzung einer kontinuierlichen Verbesserung) erklären einerseits den auf der makro- und mesoökonomischen Ebene ermittelten hohen Implementierungsgrad des CPC. Andererseits kann dadurch die auf der makroökonomischen Ebene getroffene und durch das mesoökonomische Benchmarking für umweltintensive Branchen gezeigte Feststellung bestätigt werden, dass Wissen zum CPC der Beförderung des betrieblichen Umweltschutzes i. R. eines Umweltmanagementsystems dient.

Zu 3.)

Auf der mikroökonomischen Ebene wurden in Abhängigkeit der diskutierten Kriterien zu Angebots- und Nachfragepotenzialen der Wissensvorsprünge bzw. -defizite Ansatzpunkte zur Weiterentwicklung des impliziten Wissens bezogen auf *prozessuale Aspekte der Normanforderungen* und der Quantifizierung der *Auswirkungen der Wissensinternalisierung* erarbeitet. Entsprechend der mikroökonomischen Aggregationsebene waren sie als Implikationen für *Unternehmen oder Unternehmensverbände* zu verstehen.

Über einen Wissenstransfer *von* deutschen und *von* polnischen CP-EMS-Unternehmen zielten zwei Ansatzpunkte zunächst grundsätzlich auf die *Beförderung der Motivation* polnischer und tschechischer Unternehmen i. R. wirtschaftlicher Umstrukturierungen Wissen zur ISO 14001 zu internalisieren. Des weiteren wurden auch auf dieser Ebene Potenziale für einen *wechselseitigen Wissenstransfer* festgestellt, die sich hinsichtlich der Anforderungskriterien auf die Klärung der

Verständnisprobleme der ISO 14001 und bezüglich der Effizienzkriterien auf die Umsetzung von Effizienzberechnungen oder der Ausnutzung externer Nutzenpotenziale bezogen. Auch hier wurde die Nutzung der Wissensvorsprünge polnischer CP-EMS-Unternehmen zu den Effizienzkriterien vorgeschlagen und somit das Erfahrungswissen polnischer CP-EMS-Unternehmen zur Umsetzung einer kontinuierlichen Verbesserung im Sinne von win-win-Effekten als weiterer Ansatzpunkt zur Bewertung der Zweckmäßigkeit des Aufbaus bzw. der Integration von explizitem und implizitem Wissen zum CPC (auch hier wieder über den ÖKOPROFIT-Ansatz) in Deutschland in die Diskussion eingebracht. Ansätze zum Abbau der Wissensdefizite zu Einzelanforderungen der ISO 14001 fokussierten ausdrücklich auf die *Wissensidentifikation* und nicht auf den *Wissenstransfer*, da in Abhängigkeit der Datenbasis hierzu keine Wissensvorsprünge erarbeitet werden konnten. Weil Wissen zu diesen Anforderungen entsprechend erfolgreicher Zertifizierungen bei Einzelunternehmen vorhanden sein muss, bezog sich dieser Vorschlag auf die Entwicklung von Instrumenten zur Wissenssystematisierung.

Durch die Diskussion der methodischen und analytischen Beiträge wurde deutlich, dass i. R. dieser Arbeit auf unterschiedlichen Aggregationsebenen die konzeptionelle Basis des umweltorientierten Wissens detailliert analysiert, nach Wissensvorsprüngen bzw. -defiziten schlüssig bewertet und begründet Ansatzpunkte für ihre Weiterentwicklung durch einen internationalen Wissenstransfer abgeleitet wurden. Damit diente das Instrument des Benchmarkings der Erarbeitung notwendiger Informationen zur *Bewertung und Entwicklung* der konzeptionellen Basis des umweltorientierten Wissens im internationalen Maßstab, d. h. als strategisches Instrument zur Vorbereitung eines internationalen Wissenstransfers. In diesem Zusammenhang ist zu beachten, dass die i. R. dieser Arbeit durchgeführte Benchmarking-Analyse des umweltorientierten Wissens Deutschlands, Polens und Tschechiens exploratorischen Charakter hat. In diesem Sinne liefert sie erstmalig einen Beitrag dafür, die konzeptionelle Basis des umweltorientierten Wissen für alle drei Partner umfassend und stringent zu untersuchen. Da Eingrenzungen, z. B. hinsichtlich der zu berücksichtigenden Wissenselemente oder des zu betrachtenden Zeitraumes vorgenommen wurden, dient die Untersuchung als ein Einstieg in das internationale Management von umweltorientiertem Wissen zwischen Deutschland, Polen und Tschechien.

In der folgenden Abbildung 6-1 werden die wichtigsten Ergebnisse des makro-, meso- und mikroökonomischen Benchmarkings entsprechend der drei diskutierten Ergebniskategorien (Ableitung von Wissensvorsprüngen und -defiziten sowie Diskussion der Zusammenhänge zwischen den Benchmarkbewertungen auf einer Aggregationsebene; Zusammenhänge zwischen den Benchmarkbewertungen unterschiedlicher Aggregationsebene und Ableitung von Ansatzpunkten für die Veränderung der konzeptionellen Wissensbasis) zusammengefasst. Abschließend werden in Kapitel 6.2 die gewählte Methodik kritisch analysiert und Impulse für weiterführende Forschungen gegeben.

Abbildung 6-1: Differenzierung der Ergebnisse der makro-, meso- und mikroökonomischen Benchmarking-Analysen und ihrer Zusammenhänge

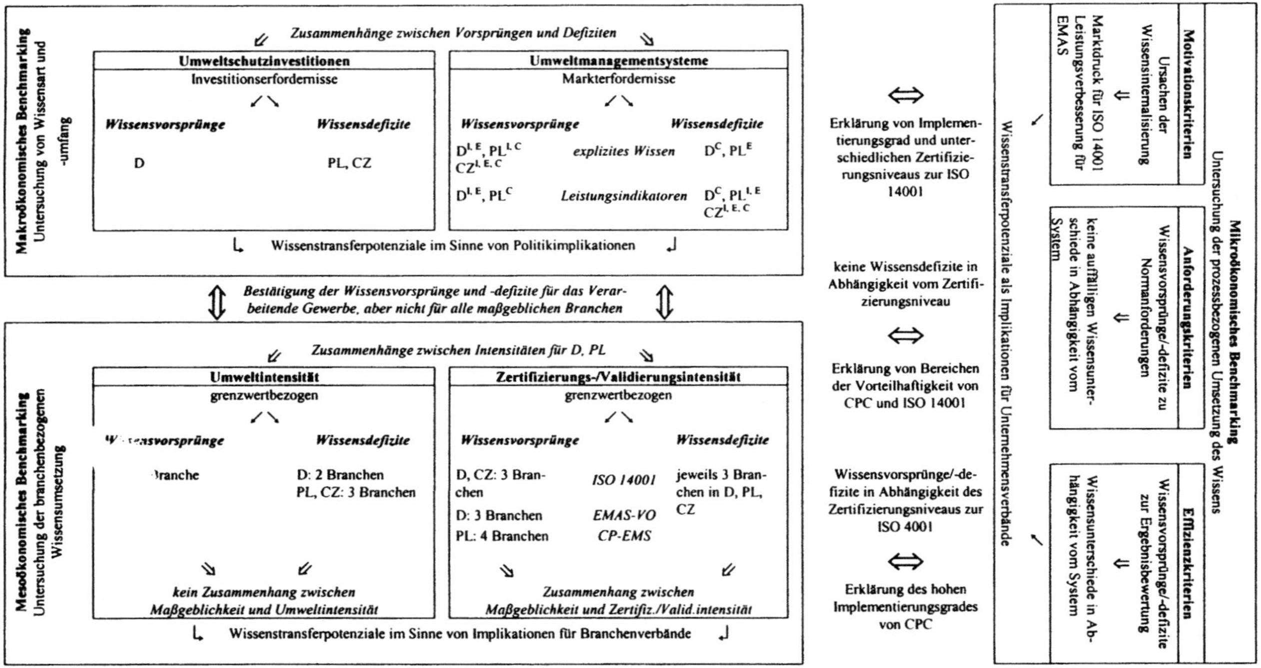

Anmerkung: Die Benchmarks sind fett markiert. D = Deutschland, PL = Polen, CZ = Tschechien; I = ISO 14001, E = EMAS-VO, C = CPC;
⇔ Zusammenhänge zwischen Benchmarks unterschiedlicher Ebenen, ⇘ Zusammenhänge zwischen Benchmarks auf einer Ebene. Ergebnisse zu Umweltzustandsindikatoren bleiben unberücksichtigt.

Quelle: Eigene Darstellung.

6.2 Bewertung des methodischen Vorgehens und Ableitung von Ansatzpunkten für weiterführende Forschungen

Die erarbeiteten Benchmarking-Ergebnisse wurden durch die dargestellten Festlegungen zum Benchmarking-Objekt, den -partnern und Benchmarks determiniert (vgl. Kapitel 6.1). Die sich in Abhängigkeit der gewählten Methodik ergebenden Möglichkeiten und Grenzen werden nachfolgend kritisch diskutiert.

1. Benchmarking-Objekt

Das zu untersuchende Benchmarking-Objekt wurde mehrfach eingegrenzt. Zunächst wurde der Betrachtungshorizont von den unterschiedlichen Aspekten des internationalen Wissensmanagements auf die *Wissensbasis* gelenkt, so dass Fragestellungen des Wissenstransfers und der Wissensevolution unberücksichtigt blieben. Von den personellen, strukturellen und konzeptionellen Aspekten der Wissensbasis wurde eine weitere Eingrenzung auf die *konzeptionelle* Wissensbasis vorgenommen. Auf Basis der hier vorliegenden Ergebnisse sind daher weiterführende Forschungen, die sich auf die personelle und strukturelle Wissensbasis, aber auch auf die Berücksichtigung des Wissenstransfers sowie der Wissensevolution beziehen, sinnvoll.

Für die Untersuchung der konzeptionellen Wissensbasis wurden zwei inhaltliche Eingrenzungen vorgenommen. Den Möglichkeiten des Benchmarkings folgend wurde zum einen definiert, dass nur das *explizite und explizierte implizite Wissen* - dem exploratorischen Charakter dieser Arbeit folgend stets auf Basis aggregierter sekundärstatistischer Informationen - untersucht wird. Nicht eingegangen wurde darauf, die Anwendung des Benchmarking-Konzeptes für die Analyse und Bewertung *impliziten umweltorientierten Wissens* zu prüfen. Hier bestehen Ansatzpunkte für weiterführende Forschungen, z. B. indem über eine repräsentative, internationale Erhebung primärstatistische Daten erhoben werden, um dadurch das individuelle Umweltwissen zu operationalisieren. Zum anderen wurde die Untersuchung des umweltorientierten Wissens auf nachweisbares, d. h. quantifizierbares Wissen zur *Umwelttechnik* (im Sinne realisierter und geplanter Umweltschutzinvestitionen) und zu den *Umweltmanagementsystemen* (im Sinne zertifizierter/validierter Umweltmanagementsysteme) eingegrenzt (vgl. Kapitel 2.3). Entsprechend dieses Rahmens blieben darüber hinaus gehende Aspekte des umweltorientierten Wissens unberücksichtigt, worauf im Zusammenhang mit den definierten Benchmarks detaillierter eingegangen wird.

2. Benchmarking-Partner

Die Auswahl der Benchmarking-Partner Deutschland, Polen und Tschechien wurde einleitend über die ökonomischen Verknüpfungen sowie später detailliert auf Grund der zu erwartenden Unterschiede im umweltorientierten Wissen (vgl. Kapitel 2.4) begründet. Hierzu waren zwei Aspekte relevant: Die historisch begründete unmittelbare Nachbarschaft dieser Partner am äußeren Grenzverlauf der EU bedingte einerseits, dass noch unterschiedliche umweltpolitische und -rechtliche Rahmenbedingungen und somit Wissenstandards vorherrschen. Infolge der Bestrebungen Polens und Tschechiens, der EU beizutreten, fanden und finden dynamische Anpassungsreaktionen zum Nachweis vergleichbarer Umweltstandards statt. Zum anderen waren alle drei

Partner von den Transformationsprozessen betroffen. Durch die Wiedervereinigung Deutschlands wurde die politische, ökonomische, ökologische und soziale Umgestaltung der Neuen Bundesländer über umfangreiche finanzielle Transferleistungen sowie die vollständige Übernahme der umweltpolitischen und -rechtlichen Regelungen der Alten Bundesländer gesteuert. Wenngleich die Umstrukturierungen bisher noch nicht abgeschlossen sind, ist doch charakteristisch, dass über diese Prozesse eine erhebliche Anpassung der wirtschaftlichen, sozialen und ökologischen Verhältnisse sowie des umweltorientierten Wissens erfolgt ist. Entsprechend des angestrebten EU-Beitritts bestand auch in Polen und Tschechien die Notwendigkeit und das Interesse, eine Anpassung der umweltpolitischen und -rechtlichen Rahmenbedingungen an die Anforderungen der EU vorzunehmen. Allerdings fand der Transformationsprozess in Polen und Tschechien in einem anderen Rahmen statt, bei dem Transferleistungen, z. B. über Internalisierungstendenzen deutscher, amerikanischer und skandinavischer Unternehmen oder Organisationen, aber keine vollständige Übernahme umweltpolitischer oder -rechtlicher Regelungen, erfolgten. Trotz der dynamischen Anpassungen des umweltorientierten Wissens Polens und Tschechiens war zu erwarten, dass es sich im Sinne des Benchmarkings noch ausreichend von dem Deutschlands unterschied.

Um einerseits das umweltorientierte Wissen, welches sich i. R. einer langfristigen Tradition entwickelte und andererseits das umweltorientierte Wissen, welches sich infolge von Anpassungsreaktionen durch den Transformationsprozess herausbildete zu berücksichtigen, wurde die Benchmarking-Analyse am Beispiel von Deutschland, Polen und Tschechien durchgeführt. Es wurde nur dann eine Unterscheidung zwischen dem umweltorientierten Wissen der Alten und Neuen Bundesländer vorgenommen, wenn dies grundsätzlich zu Klärung der Art und Ursachen von Wissensvorsprüngen oder -defiziten erforderlich war. Die Untersuchung des umweltorientierten Wissens von Regionen wie die Neuen Bundesländer, Polen und Tschechien, die gleichermaßen von Transformationsprozessen betroffen waren, stellt einen weiteren Forschungsansatz dar.

Gleichermaßen kann die Benchmarking-Analyse i. R. weiterführender Forschungen auf andere Partner ausgedehnt werden. Am Beispiel weiterer mittel- und osteuropäischer Staaten (z. B. die baltischen Staaten, Ungarn, Bulgarien oder Rumänien) könnte geprüft werden, ob Wissensunterschiede zwischen diesen Ländern und Deutschland oder Polen und Tschechien in anderen Bereichen bzw. Dimensionen bestehen, um weitere Wissenstransferpotenziale zu erarbeiten. Weiterhin kann das Wissen deutscher Unternehmen zur ISO 14001 oder EMAS-VO an dem Wissen von Ländern, die einen vergleichbaren relativen ISO 14001- (z. B. Japan) bzw. EMAS-Implementierungsgrad (z. B. Österreich) aufweisen, zum Zwecke der Differenzierung von Wissenstransferpotenzialen gemessen werden. Interessant wäre auch, das Wissen polnischer Unternehmen zum CPC mit dem Wissen anderer westeuropäischer Länder, die führend bei der Umsetzung des CPC sind (z. B. Norwegen oder Österreich) zu vergleichen, um Wissenstransferpotenziale z. B. nach Deutschland zu ergründen.

3. Benchmarks

Die Ableitung von Benchmarks wurde unter Rückgriff auf sieben Theorien zur Erklärung eines internationalen Engagements durchgeführt. Dazu erfolgte ein strukturelles Herunterbrechen vom Analysebereich (d. h. dem internationalen Transfer von umweltorientiertem Wissen), zu kritischen Leistungsgrößen (welche Faktoren sind ausschlaggebend für Quantität, Qualität und Ergebnisse des umweltorientierten Wissens) und Leistungsbeurteilungsindikatoren (quantitative und qualitative Benchmarks im Sinne von Wissenskategorien). Entsprechend der oben dargestellten Eingrenzungen zum Benchmarking-Objekt (explizites und expliziertes implizites Wissen zur Umwelttechnik und den Umweltmanagementsystemen) war der Rahmen für die Ableitung der Benchmarks vorgegeben. Auf dieser Basis wurden acht Benchmarks definiert, die in Abhängigkeit ihres Abstraktionsgrades auf der makro-, meso- und mikroökonomischen Betrachtungsebene strukturiert wurden. Damit wurden indirekt inhaltliche Verknüpfungen der betrachteten Internationalisierungstheorien berücksichtig, für die Konkretisierung von Kausalrelationen zu Abhängigkeiten bzw. Überschneidungen der definierten Benchmarks in Abhängigkeit der zugrundeliegenden Internationalisierungstheorien besteht weiterführender Forschungsbedarf.

Kennzeichnend für die hier durchgeführte Benchmarking-Analyse ist, dass nicht nur alle abgeleiteten Benchmarks, sondern auch alle Aggregationsstufen berücksichtigt wurden. Trotzdem war es in diesem Rahmen nur möglich, einen Ausschnitt des umweltorientierten Wissens zu betrachten. Dieser umfasste - impulsgebend durch die Umweltzustandindikatoren - durch die Umweltschutzinvestitionen technisches Wissen der Bereiche Luftreinhaltung, Wasser-/Abwasser, Abfall, Boden und Naturschutz sowie durch die Umweltmanagementsysteme Wissen auf normativer, strategischer und operativer Ebene. Im Rahmen weiterführender Forschungen wären Schwerpunktsetzungen auf andere Wissenskategorien denkbar. Dazu zählen z. B. das Benchmarking von additivem Umwelttechnikwissen i. Vgl. zu integriertem Wissen oder die Berücksichtigung der hier nicht betrachten Finanzinvestitionen; das Benchmarking zu Wissen bezüglich Umweltmanagementinstrumenten wie dem Stoffstrommanagement, der Ökobilanzierung oder der Umweltkostenrechnung sowie das Benchmarking zu Detailwissen in betrieblichen Funktionsbereichen (z. B. umweltorientierte Beschaffung, Produktion, Logistik, Marketing, Organisation, Personalwirtschaft).

Die definierten Benchmarks wurden explizit für die Untersuchung des *umweltorientierten* Wissens abgeleitet. Entsprechend der gewählten Methodik, die Benchmarks auf Basis der Internationalisierungstheorien, durch Extraktion aus den Erklärungsfaktoren des internationalen Engagements und den Bestimmungsfaktoren des internationalen Wissenstransfers zu bestimmen, kann auch der Bezug zu anderen Themenstellungen hergestellt werden. D. h., aus den Bestimmungsfaktoren des internationalen Wissenstransfers sind Benchmarks auch für andere Wissensarten z. B. für Wissen zu Forschung und Entwicklung oder zum Marketing ableitbar. Am Beispiel von Forschungs- und Entwicklungs-Wissen wird das wie folgt kurz veranschaulicht: Auf der makroökonomischen Ebene können Wissensunterschiede infolge standortspezifischer Rahmenbedingungen, z. B. anhand von Benchmarks zum Qualifikationsniveau, dem Technologisierungsgrad oder den Patentanmeldungen festgestellt werden. In Bezug auf den Standardisierungsgrad der Forschungs- und Entwicklungsinstrumente kann z. B. das Wissen zu Innovationsinstrumenten untersucht werden. Auf der mesoökonomischen Ebene ist für die ökonomisch maßgeblichen Branchen eine Untersuchung des Wissens z. B. anhand des Qualifikationsniveaus der Beschäftigten, der Forschungs-/Entwicklungsausgaben oder der Patentanmeldungen denkbar, um so forschungsintensive von weniger forschungsintensiven Branchen abzugrenzen. Und schließlich können auf der mikroökonomischen Ebene detaillierte Untersuchungen zur Umsetzung der Forschung und Entwicklung, z. B. anhand realisierter Produkt- oder Prozessinnovationen durchgeführt werden.

Für die Bewertung der Benchmarks wurde festgelegt, dass ein Vergleich der Kennzahlen (quantitativ) oder Kriterienausprägungen (qualitativ) erfolgt und Wissensvorsprünge dem Partner mit der besten Kennzahl bzw. zielführendsten Kriterienausprägung, Wissensdefizite entsprechend dem Partner mit der schlechtesten Kennzahl und nichtzielführenden Kriterienausprägung zugeordnet werden. Weiter wurde definiert, dass der Partner mit Wissensvorsprüngen den Maßstab für Leistungssteigerungen der Partner mit Wissensdefiziten darstellt. Durch diese Festlegung wurde gewährleistet, dass begründet Bereiche für einen Wissenstransfer aufgezeigt wurden. I. R. weiterführender Forschungen können aufbauend auf den Ergebnissen dieser Arbeit für die aufgezeigten, potenziellen Wissenstransferbereiche tiefergehende Modellrechungen für das tatsächliche Leistungssteigerungspotenzial durchgeführt werden.

Das oben skizzierte Vorgehen zur Ermittlung von Wissensvorsprüngen und -defiziten sowie der Leistungssteigerungspotenziale impliziert, dass die Benchmarking-Bewertung durch direkten Vergleich der Partner Deutschland, Polen und Tschechien erfolgte und nicht anhand eines allgemeingültigen Richtwertes (z. B. Emissions-, Investitions-, Zertifizierungsniveau). Im Rahmen weiterführender Forschungen wäre zu diskutieren, wie die Bewertung des Wissens anhand benchmarkbezogener Grenzwerte vorgenommen werden kann. Hier wären z. B. das maximale Emissionsniveau in Abhängigkeit der Belastbarkeit der Ökosysteme (Makroebene), das dafür erforderliche Investitionsniveau einzelner Branchen (Mesoebene) oder die notwendige Umweltleistung einzelner Unternehmen in Abhängigkeit von z. B. der Branche, der Produktion und ihrer Umweltbelastungen (Mikroebene) zu bestimmen und Wissensvorsprünge und -defizite der Benchmarking-Partner anhand dieser Richtwerte zu ermitteln.

4. Benchmarking-Analyse

Die i. R. dieser Arbeit definierten Benchmarks wurden entsprechend ihres Abstraktionsgrades auf der makro-, meso- und mikroökonomischen Ebene systematisiert und die *Benchmarking-Analyse* auf diesen Ebenen durchgeführt. Großer Wert wurde darauf gelegt, die Datenverfügbarkeit und -vergleichbarkeit zu charakterisieren. Es wurde deutlich, dass unterschiedliche statistische Erhebungsmethoden und -zeiträume zwar Inhomogenitäten im Datenbestand bedingten, trotzdem aber eine ausreichende Annäherung der Datenqualität erreicht und die Genauigkeit, Nachvollziehbarkeit, Aktualität der Daten gewährleistet wurde. Für die Datenerhebung wurde vorgeschlagen, zunächst unternehmensinternes sekundärstatistisches Material, dann unternehmensexternes sekundärstatistisches Material und bei nicht ausreichendem Datenmaterial primärstatistische Datenerhebungen durchzuführen. Auf Grund der Abstraktionsstufe der Benchmarking-Partner wurde einerseits nicht auf unternehmensinterne Daten und entsprechend dem exploratorischen Charakter der Analyse wurde andererseits nicht auf die primärstatistische Datenerhebung zurückgegriffen, sondern - dem Grundgedanken des Benchmarkings folgend - das verfügbare Wissen auf Basis unternehmensexterner sekundärstatistischer Informationen aufgearbeitet. Auf diese Weise konnten auf jeder Untersuchungsebene (Makro-, Meso- und Mikroebene) eine größere und repräsentativere Menge an Informationen berücksichtigt werden, als dies bei eigenständigen empirischen Erhebung aus personellen, zeitlichen und finanziellen Gründen der Fall gewesen wäre. Als Einschränkung waren bei diesem Vorgehen die oben beschriebenen Unterschiede in der Datenqualität sowie die Tatsache zu akzeptieren, dass die verfügbaren Informationen nicht den Zielstellungen dieser Arbeit spezifisch, sondern i. d. R. zu anderen Zwecken erhoben wurden. Die Herausforderung bestand daher darin, auf Basis der verfügbaren Informationen das umweltorientierte

Wissen zu systematisieren und zu bewerten. Die auf dieser Basis erzielten Erkenntnisresultate waren, wie die Darstellungen in Kapitel 6.1 gezeigt haben, in drei Kategorien klassifizierbar.

Der Ableitung von Wissensvorsprüngen und -defiziten sowie Zusammenhängen zwischen den Benchmarkbewertungen auf einer Aggregationsebene (1) sowie der Diskussion von Zusammenhängen zwischen den Benchmarkbewertungen unterschiedlicher Aggregationsebenen (2) lag das gegenwärtig verfügbare Wissen zu Grunde. Trotzdem die Benchmarking-Analyse zeitraumbezogen und unter Berücksichtigung von Dynamisierungstendenzen durchgeführt wurde, blieben tendenziell mögliche Wissensentwicklungen (z. B. die Generierung neuen Wissens in Abhängigkeit des vorhandenen Wissensniveaus) oder Wissensverluste (z. B. bezogen auf die Leistungsindikatoren Umweltmanagementsysteme durch Berücksichtigung des Anteils nicht erfolgreicher Rezertifizierungen oder -validierungen) außerhalb der Betrachtung. Auch hier bestehen Ansatzpunkte für weiterführende Forschungen.

Die vorgeschlagenen Ansatzpunkte für die Veränderung der konzeptionellen Wissensbasis (3) stellen erste Ansätze für einen zielgerichteten internationalen Wissenstransfer dar. Diese könnten z. B. über eine umweltorientierte Balanced Scorecard operationalisiert und evaluiert werden, in dem Ziele, Ursachen-Wirkungs-Zusammenhänge sowie Messgrößen und Maßnahmen konkretisiert werden. Die den hier ermittelten Wisssenstransferpotenzialen zu Grunde liegende Diskussion der Marktrelevanz der definierten Wissensvorsprünge und -defizite, berücksichtigte nur ausgewählte Kriterien von Angebot von und Nachfrage nach umweltorientiertem Wissen. Zur Konkretisierung der Ansatzpunkte sind i. R. weiterführender Forschungen die angebots- und nachfragebestimmenden Faktoren, welche hier zunächst von der Untersuchung ausgeklammert wurden, in die Diskussion der Marktrelevanz einzubeziehen. Dazu zählten einerseits die monetären Aspekte, d. h., hier ist aufzuzeigen, unter welchen Rahmenbedingungen der Wissenstransfer aus unternehmerischen Gesichtspunkten (z. B. Gewinn- oder Umsatzmaximierung, Kostenminimierung) initiiert werden würde. Andererseits betraf dies Aspekte des Informationsmanagements. Hier sind unter Berücksichtigung bestehender Ansätze Instrumentarien zu entwickeln, durch welche die richtige Information zur richtigen Zeit am richtigen Ort zur Verfügung steht. Voraussetzung für die Umsetzung des Wissenstransfers ist schließlich, dass entsprechende Märkte geschaffen werden, auf denen Angebot und Nachfrage zusammentreffen und zur Erzielung eines Marktgleichgewichtes gesteuert werden. In diesem Zusammenhang ist auch auf die Schwierigkeiten bei der Umsetzung von Wissensangeboten und -nachfrage auf dem Markt einzugehen, wie z. B. die Informations- und Suchkosten, interkulturelle Unterschiede oder mangelnde Qualifikationen für die Wissensaufnahme. Diese Fragen beziehen sich somit nicht mehr auf den Aspekt der Wissensbasis, sondern des Wissenstransfers.

Die kritische Bewertung der dieser Arbeit und ihren Ergebnissen zu Grunde liegenden methodischen Annahmen zeigte differenzierte Bereiche für weiterführende Forschungen auf, welche die im Zusammenhang mit den Ergebnissen der Benchmarking-Analysen aus Kapitel 3, 4 und 5 benannten Ansätze ergänzen. Sie werden in der nachfolgenden Abbildung 6-2 als weiterführender Forschungsbedarf zusammengefasst. Wenn diese Arbeit dadurch Impulse für die Fortsetzung des Benchmarkings von umweltorientiertem Wissens geben kann, so ist ein weiterer Anspruch dieser Arbeit erfüllt.

Abbildung 6-2: Impulse für weiterführende Forschungen zum Benchmarking von umweltorientiertem Wissen

Bereich	***Forschungsbedarf***
Benchmarking als Methode	▪ Anwendung des Benchmarking-Konzeptes für die Analyse und Bewertung impliziten umweltorientierten Wissens ▪ Ausdehnung der Benchmarking-Analyse auf andere Partner ▪ Berücksichtigung weiteren umweltorientierten Wissens durch Ableitung anderer Benchmarks ▪ Bewertung des Wissens anhand benchmarkbezogener Grenzwerte
Weiterführung des makroökonomischen Benchmarkings	▪ Umfassende Analyse der Umweltschutzinvestitionen unter Berücksichtigung der immateriellen Real- und nominalen Umweltschutzinvestitionen ▪ Untersuchung möglicher Einflussfaktoren und ihrer Auswirkungen für die differenzierten jährlichen Zuwächse der Umweltschutzinvestitionen ▪ Zusammensetzung der Investitionen auf Basis der ausländischen Unterstützung nach Ländern und Bereichen ▪ Weiterentwicklung des Anwendungsstandards zur ISO 14001 und der EMAS II ▪ Nachweis der Auswirkungen getätigter Umweltschutzinvestitionen bzw. eingeführter Umweltmanagementsysteme auf die Verringerung der absoluten und relativen Umweltbelastungen
Weiterführung des mesoökonomischen Benchmarkings	▪ Umsetzung einer ökologischen Branchenstrukturanalyse auf Basis der Methodik zur ökonomischen Branchenstrukturanalyse ▪ Quantifizierung und Evaluierung der jährlichen differenzierten Umweltintensitäten polnischer und tschechischer Branchen ▪ Differenzierung von additiven und integrierten Umweltschutzinvestitionen ▪ Zusammensetzung der Eigen- und Fremdfinanzierung der Umweltschutzinvestitionen ▪ Evaluierung der modulartigen Erweiterung des CP-EMS polnischer ISO 14001-zertifizierten Unternehmen
Weiterführung des mikroökonomischen Benchmarkings	▪ Kennzahlen-basierte Bewertung der Umsetzung von Umweltmanagementsystemen ▪ Messung und Vergleich der betrieblichen Umweltleistung anhand allgemeingültiger Standards ▪ Messung der Umweltentlastungseffekte auf Grund höherer Leistungsanforderungen der EMAS-VO ▪ Explizierung des impliziten Wissens zum CPC/CP-EMS nach Motivations-, Anforderungs- und Effizienzkriterien
Schnittstellendiskussion	▪ Konkretisierung von angebots- und nachfragebestimmenden Voraussetzungen bezogen auf monetäre und informative Aspekte

Quelle: Eigene Darstellung.

Anhangverzeichnis

Anhang 1: Ausgewählte makroökonomische Indikatoren für Polen (PL) und Tschechien (CZ) 1991-2001 313
Anhang 2: Subsummierung der Branchen aus der Sypro-Klassifikation in 15 an die WZ 93 orientierte Branchenklassen für das Verarbeitende Gewerbe in Deutschland 314
Anhang 3: Gegenüberstellung der Branchenklassifikationen nach NACE und WZ 93 315
Anhang 4: Einzelergebnisse der Portfolio-Analyse für die betrachteten Teilzeiträume 316
Anhang 5: Einzelergebnisse der ABC-Analyse für die betrachteten Teilzeiträume 319
Anhang 6: Branchengruppen auf Basis des NACE- und EAC-Code 322
Anhang 7: ISO-zertifizierte Unternehmen des Verarbeitenden Gewerbes in Polen 1998-2000 323
Anhang 8: ISO-zertifizierte Unternehmen des Verarbeitenden Gewerbes in Tschechien 1997-2000 324

Anhang 1: Ausgewählte makroökonomische Indikatoren für Polen (PL) und Tschechien (CZ) 1991-2001

	BIP real Veränderung gg. Vorjahr in %		***Industrieproduktion Veränderung gg. Vorjahr in %***		***Anteil Privatsektor in % des BIP***		***Anteil Privatsektor % der Beschäftigten***		***Investitionsquote lt. VGR in % des BIP***		***Arbeitslosenquote in %*** (am Jahresende)		***Inflationsrate Veränderung gg. Vorjahr in %*** (Jahresdurchschnitt)	
	PL	***CZ***	***PL***	***CZ***	***PL***	***CZ***	***PL***	***CZ***	***PL***	***CZ***	***PL***	***CZ***	***PL***	***CZ***
1991	- 7,0	- 14,2	k. A.	k. A.	42,1	17,3	55,5	18,8	19,5	23,1	11,8	4,1	70,3	56,7
1992	2,6	-6,4	k. A.	k. A.	45,4	27,6	56,0	31,1	16,8	30,3	13,6	2,6	43,0	11,1
1993	3,8	-0,9	k. A.	k. A.	47,5	45,1	57,5	47,1	15,9	28,3	16,4	3,5	35,3	20,8
1994	5,2	2,6	k. A.	k. A.	52,1	56,3	60,6	53,0	16,1	32,3	16,0	3,2	32,2	10,0
1995	7,0	4,8	k. A.	k. A.	58,0	66,4	62,6	57,2	17,1	35,8	14,9	2,9	27,8	9,1
1996	6,0	4,8	8,3	2,0	60,1	71,9	64,1	74,2	18,0	33,1	13,2	3,5	19,9	8,8
1997	6,8	-1,0	11,5	4,5	65,0	76,0	68,8	76,4	23,6	32,4	10,5	5,2	14,9	8,5
1998	4,8	-2,2	3,5	1,6	66,0	77,6	70,8	77,3	25,3	31,9	10,4	7,5	11,9	10,7
1999	4,1	-0,2	4,3	-3,1	70,0	77,2	74,0	80,1	26,5	30,2	13,0	9,4	7,3	2,1
2000[1]	5,4	2,5	9,0	5,0	k. A.	k. A.	k. A.	79,3[2]	27,8	30,0	13,5	9,5	9,8	4,2
2001[1]	6,1	3,0	k. A.	5,0	k. A.	k. A.	k. A.	k. A.	k. A.	30,0	13,1	10	6,8	4,5

[1] Prognose
[2] für das erste Quartal
[3] Jahresende
[4] Jahresdurchschnitt

Quelle: BUNDESMINISTERIUM FÜR WIRTSCHAFT (HRSG.) (1995, S. 18); BUNDESMINISTERIUM FÜR WIRTSCHAFT (HRSG.) 1996, S. 13, 20 f.); BUNDESMINISTERIUM FÜR WIRTSCHAFT (HRSG.) (1997, S. 30 und 38 f.) sowie BFAI (2000b, S. 7, 16).

Anhang 2: Subsummierung der Branchen aus der Sypro-Klassifikation in 15 an die WZ 93 orientierte Branchenklassen für das Verarbeitende Gewerbe in Deutschland

Abkürzung	15 Branchenklassen des Verarbeitenden Gewerbes in Anlehnung an WZ 93	Sypro-Branchen mit Sypro-Klassifikationsnummer
VG	Verarbeitendes Gewerbe	
Ern	Ernährungsgewerbe und Tabakverarbeitung	▪ Ernährungsgewerbe (68) ▪ Tabakverarbeitung (69)
Tex	Textil- und Bekleidungsgewerbe	▪ Textilgewerbe (63) ▪ Bekleidungsgewerbe (64)
Led	Ledererzeugung und -verarbeitung	▪ Ledererzeugung (61) ▪ Lederverarbeitung (62)
Hol	Holzbe- und verarbeitung	▪ Holzbearbeitung (53) ▪ Holzverarbeitung (54)
Pap	Papier-, Verlags- und Druckgewerbe	▪ Zellstoff-, Holzschliff-, Papier- und Pappeerzeugung (55) ▪ Papier- und Pappeverarbeitung (56) ▪ Druckerei, Vervielfältigung (57)
Min	Kokerei, Mineralölverarbeitung, Herstellung und Verarbeitung von Spalt- und Brutstoffen	▪ Mineralölverarbeitung (22) ▪ Herstellung und Verarbeitung von Spalt- und Brutstoffen (24)
Che	Chemische Industrie	▪ Chemische Industrie (40)
Gum	Herstellung von Gummi- und Kunststoffen	▪ Gummiverarbeitung (59) ▪ Herstellung von Kunststoffwaren (58)
Gla	Glasgewerbe, Keramik, Herstellung und Verarbeitung von Steinen und Erden	▪ Feinkeramik (51) ▪ Herstellung und Verarbeitung von Glas (52) ▪ Gewinnung und Verarbeitung von Steinen und Erden (25)
Met	Metallerzeugung und -bearbeitung, Herstellung von Metallerzeugnissen	▪ Eisenschaffende Industrie (27) ▪ NE-Metallerzeugung, NE-Metallhalbzeugwerke (28) ▪ Gießerei (29) ▪ Stabziehereien, Kaltwalzwerke (3011) ▪ Drahtziehereien (3015) ▪ Herstellung von Gesenk- und leichten Freiformschmiedestücken, schweren Preß-, Zieh- und Stanzteilen (3021) ▪ Stahlverformung, Oberflächenveredlung, Härtung (3025) ▪ Mechanik (3030) ▪ Stahl- und Leichtmetallbau, Schienenfahrzeugbau (31) ▪ Herstellung von Eisen-, Blech- und Metallwaren (38)
Mas	Maschinenbau	▪ Maschinenbau (32)
Ele	Herstellung von Büromaschinen, DV-Geräten und -einrichtungen, Elektrotechnik, Feintechnik, Optik	▪ Elektrotechnik, Reparatur von elektrischen Geräten für den Haushalt (36) ▪ Feinmechanik, Optik, Herstellung von Uhren (37) ▪ Herstellung von Büromaschinen, ADV-Geräten und -Einrichtungen (50)
Fah	Straßenfahrzeug-, Schiff-, Luft- und Raumfahrzeugbau	▪ Straßenfahrzeugbau, Reparatur von Kraftfahrzeugen (33) ▪ Schiffbau (34) ▪ Luft- und Raumfahrzeugbau (35)
Son	Sonstige	▪ Herstellung von Musikinstrumenten, Spielwaren, Schmuck, Füllhaltern, Verarbeitung von natürlichen Schnitz- und Formstoffen, Foto- und Filmlabors (39) ▪ Reparatur von Gebrauchgütern (ohne elektrische Geräte für den Haushalt) (65)

Anmerkung: Vgl. für die WZ 93 Anhang 3.
Quelle: Eigene Darstellung nach STATISTISCHES BUNDESAMT (HRSG.) (1979) und (1993).

Anhang 3: Gegenüberstellung der Branchenklassifikationen nach NACE und WZ 93

Abkürzung	Englische NACE-Klassifikation (seit 1995 genutzt in Deutschland, Polen, Tschechien)	Branchenklassen des Verarbeitenden Gewerbes nach WZ 93
VG	Manufacturing Sector (D)	Verarbeitendes Gewerbe (D)
Ern	Manufacture of food products, beverage and tobacco products (15, 16)	Ernährungsgewerbe und Tabakverarbeitung (DA)
Tex	Manufacture of textiles, waring apparel, dressing and dyeing of fur (17, 18)	Textil- und Bekleidungsgewerbe (DB)
Led	Tanning and dressing of leather, manufacture of lugga-ge, handbags, saddlery, harness and footwar (19)	Ledergewerbe (DC)
Hol	Manufacture of wood and of products of wood and cork (20)	Holzgewerbe (DD)
Pap	Manufacture of paper and paper products, publishing, printing and reproduction of printed media (21, 22)	Papier-, Verlags- und Druckgewerbe (DE)
Min	Extraction and briquetting of solid fuels, coke ovens extraction of petroleum and natural gas, mineral oil refining (23)	Kokerei, Mineralölverarbeitung, Herstellung und Verarbeitung von Spalt- und Brutstoffen (DF)
Che	Manufacture of chemicals and chemicals products (24)	Chemische Industrie (DG)
Gum	Manufacture of rubber and plastic products (25)	Herstellung von Gummi- und Kunststoffen (DH)
Gla	Manufacture of non-metallic mineral products (26)	Glasgewerbe, Keramik, Herstellung von Baustoffen (DI)
Met	Manufacture of basic metals and fabricated metal pro-ducts (27, 28)	Metallerzeugung und -bearbeitung, Herstellung von Metallerzeugnissen (DJ)
Mas	Manufacture and repair of machinery and equipment (29)	Maschinenbau (DK)
Ele	Manufacture of office, accounting and computing machinery, electric machinery and apparatus, medical, precision and optical instruments, watches and clocks, manufacture and repair of radio, television (30,31, 32, 33)	Herstellung von Büromaschinen, DV-Geräten und -Einrichtungen, Elektrotechnik, Feintechnik, Optik (DL)
Fah	Manufacture of motor vehicles, trailers and semi-trailers, manufacture and repair of other tranport ve-hicles (34, 35)	Fahrzeugbau (DM)
Son	Other manufacturing industries, recycling (36, 37)	Herstellung von Möbel, Schmuck, Musikinstrumente, Sportgeräte, Spielwaren und sonstigen Erzeugnissen, Recycling (DN)

Quelle: Eigene Darstellung nach STATISTISCHES BUNDESAMT (HRSG.) (1993) und CZECH STATISTICAL OFFICE (1997a, S. 370).

Anhang 4: Einzelergebnisse der Portfolio-Analyse für die betrachteten Teilzeiträume

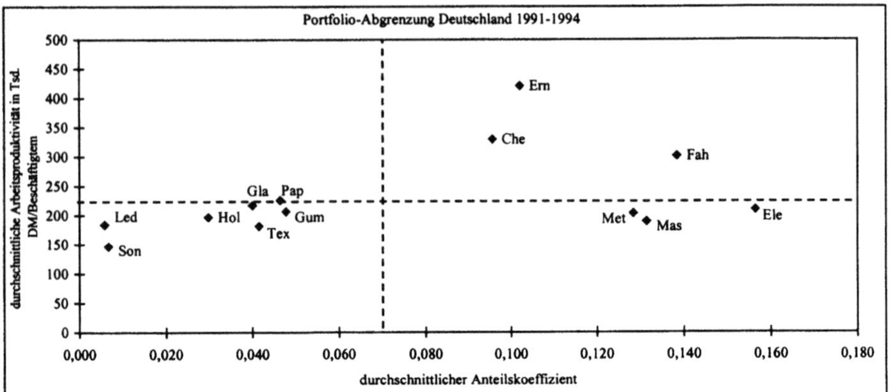

Trennwert der Arbeitsproduktivität: 232, Trennwert des Anteilskoeffizienten: 0,075
i. Vgl. dazu Mineralölbranche: durchnittliche Arbeitsproduktivität: 3319, durchschnittlicher Anteilskoeffizient: 0,030

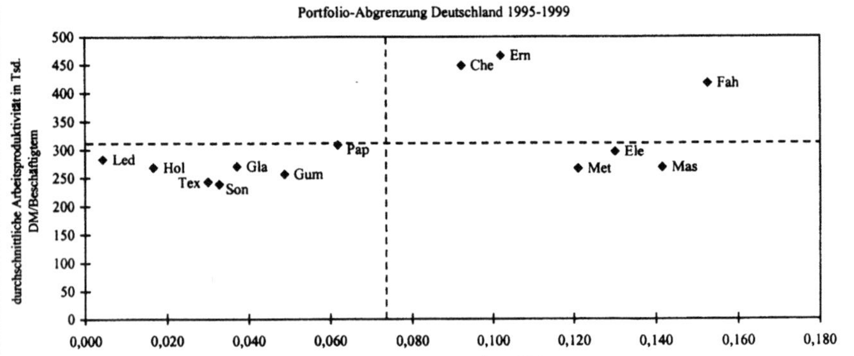

Trennwert der Arbeitsproduktivität: 310, Trennwert des Anteilskoeffizienten: 0,075
i. Vgl. dazu Mineralölbranche: durchschnittliche Arbeitsproduktivität: 4784, durchschnittlicher Anteilskoeffizient: 0,029

Quelle: Eigene Berechnungen nach STATISTISCHES BUNDESAMT WIESBADEN (1993b, S. 214 f.), (1995, S. 202 f.), (1996, S. 202), (1999, S. 195), (2000a, S. 185)

Portfolio-Abgrenzung Polen 1992-1999

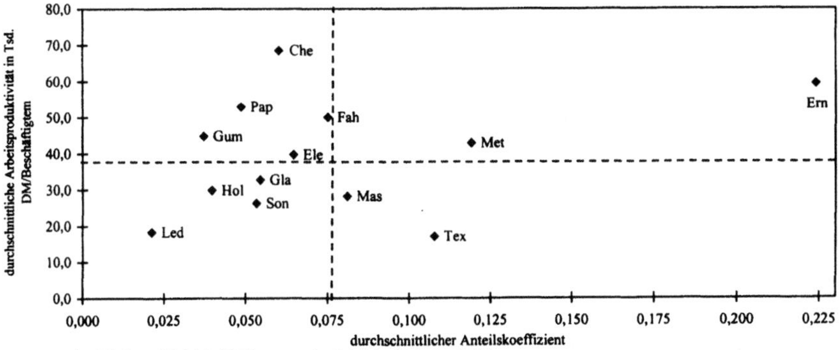

Trennwert der Arbeitsproduktivität: 39, Trennwert des Anteilskoeffizienten: 0,076

i. Vgl. dazu Mineralölbranche: durchschnittliche Arbeitsproduktivität: 266, durchschnittlicher Anteilskoeffizient: 0,037

Quelle: Eigene Berechnungen nach CENTRAL STATISTICAL OFFICE (1996b, S. 22 f., 387), (1998b, S. 124 f., 362), (2000b, S. 132 f., 369); STATISTISCHES BUNDESAMT (2000b, S. 298).

Portfolio-Abgrenzung Tschechien 1991-1994

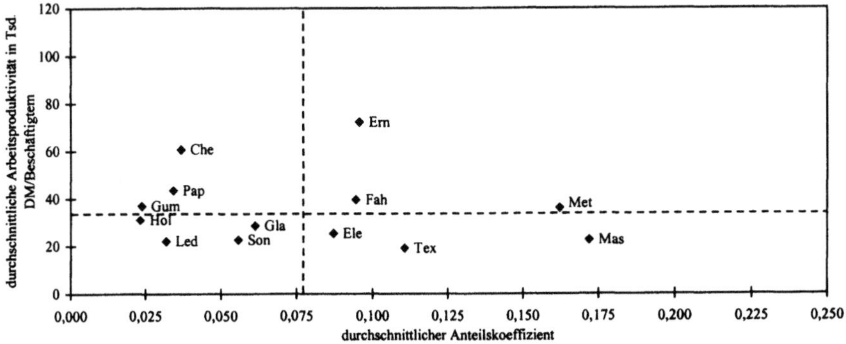

Trennwert der Arbeitsproduktivität: 35, Trennwert des Anteilskoeffizienten: 0,076

i. Vgl. dazu Mineralölbranche: durchschnittliche Arbeitsproduktivität: 166, durchschnittlicher Anteilskoeffizient: 0,012

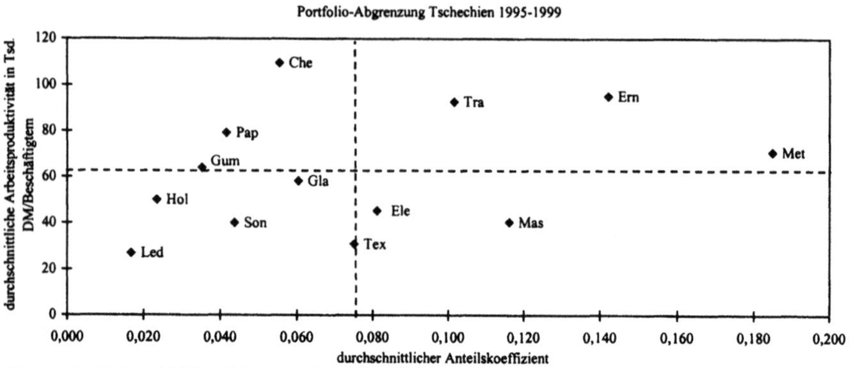

Trennwert der Arbeitsproduktivität: 62, Trennwert des Anteilskoeffizienten: 0,075
i. Vgl. dazu Mineralölbranche: durchschnittliche Arbeitsproduktivität: 483, durchschnittlicher Anteilskoeffizient: 0,022

Quelle: Eigene Berechnungen nach CZECH STATISTICAL OFFICE (1993, S. 227-236), (1995, S. 335 f.), (1996b, S. 371-385), (1997b, S. 374, 383), (1998b, S.406, 411), (1999, S. 398, 403), (2000b, S. 459, 464); STATISTISCHES BUNDESAMT (2000b, S. 298).

Anhang 5: Einzelergebnisse der ABC-Analyse für die betrachteten Teilzeiträume

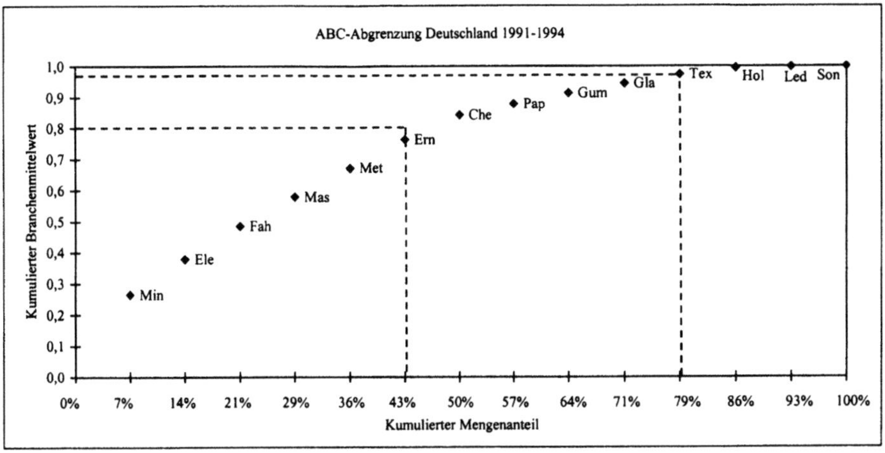

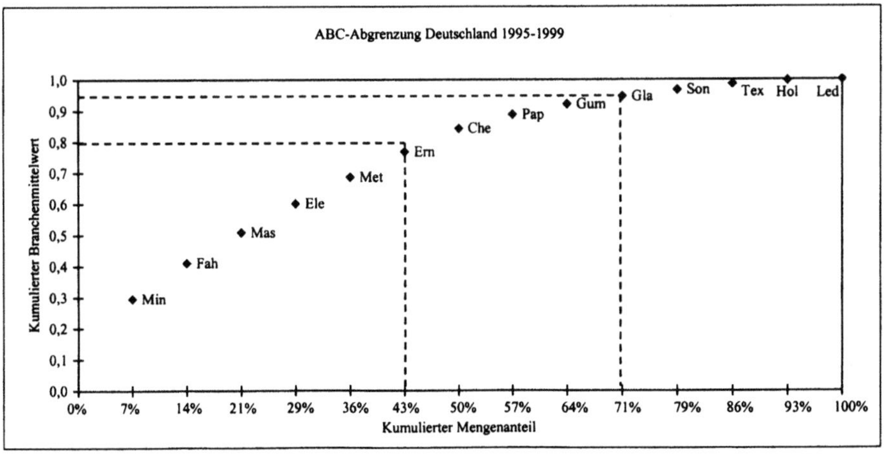

Quelle: Eigene Berechnungen nach STATISTISCHES BUNDESAMT WIESBADEN (1993b, S. 214 f.), (1995, S. 202 f.), (1996, S. 202), (1999, S. 195), (2000a, S. 185)

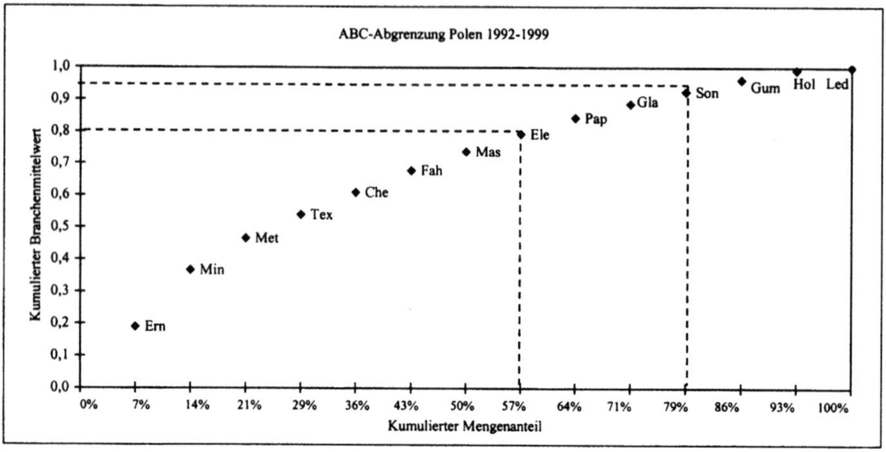

Quelle: Eigene Berechnungen nach CENTRAL STATISTICAL OFFICE (1996b, S. 22 f., 387), (1998b, S. 124 f., 362), (2000b, S. 132 f., 369); STATISTISCHES BUNDESAMT (2000b, S. 298).

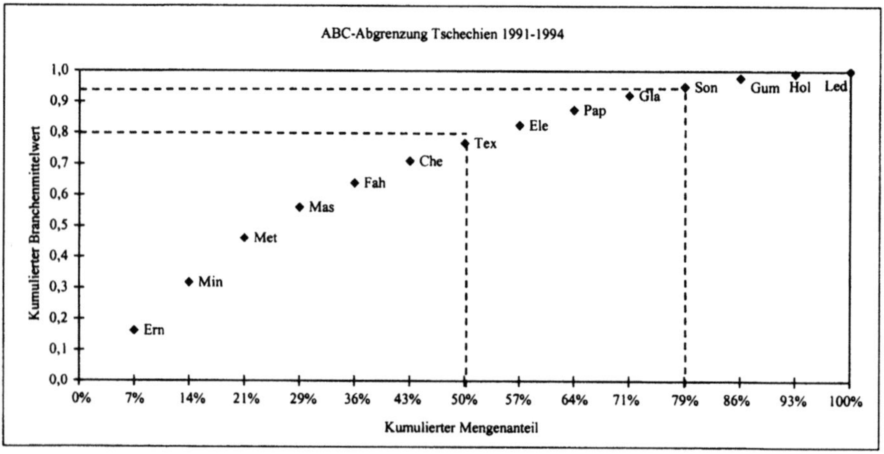

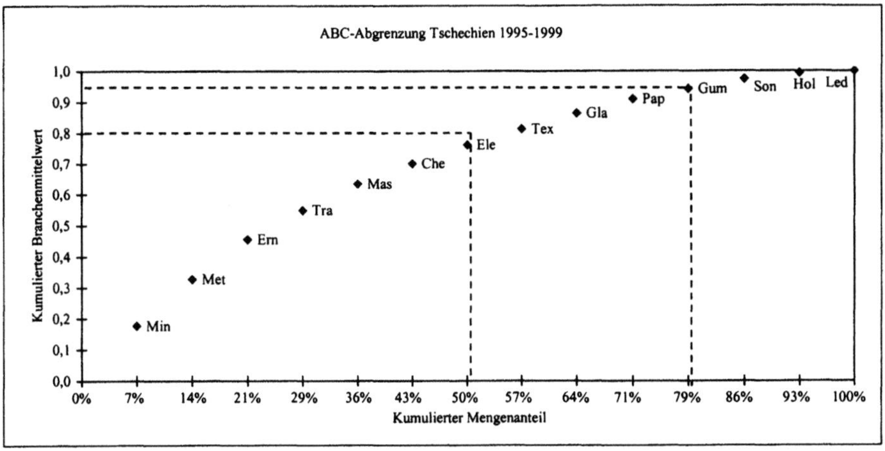

Quelle: Eigene Berechnungen nach CZECH STATISTICAL OFFICE (1993, S. 227-236), (1995, S. 335 f.), (1996b, S. 371-385), (1997b, S. 374, 383), (1998b, S.406, 411), (1999, S. 398, 403), (2000b, S. 459, 464); STATISTISCHES BUNDESAMT (2000b, S. 298).

Anhang 6: Branchengruppen auf Basis des NACE- und EAC-Code

Branchengruppe	Einzelbranchen	NACE-Code	EAC-Code
Ern	Ernährungsgewerbe und Tabakverarbeitung	15, 16	3
Tex	Textil- und Bekleidungsgewerbe	17, 18	4
Led	Ledergewerbe	19	5
Hol	Holzgewerbe	20	6
Pap	Papiergewerbe	21	7
	Verlagsgewerbe	22.1	8
	Druckgewerbe, Vervielfältigung von bespielten Trägern	22.2, 22.3	9
Min	Kokerei und Mineralölverarbeitung	23.1, 23.2	10
	Herstellung und Verarbeitung von Spalt- und Brutstoffen	23.3	11
Che	Chemische Industrie	24 ohne 24.4.	12
	Herstellung von pharmazeutischen Erzeugnissen	24.4	13
Gum	Herstellung von Gummi- und Kunststoffwaren	25	14
Gla	Glasgewerbe, Keramik, Verarbeitung von Steinen und Erden	26 ohne 26.5, 26.6	15
	Herstellung von Zement, Kalk, Gips und Erzeugnissen aus Beton	26.5, 26.6	16
Met	Metallerzeugnisse und -bearbeitung, Herstellung von Metallerzeugnissen	27, 28	17
Mas	Maschinenbau	29	18
Ele	Herstellung von Büromaschinen, Datenverarbeitungsgeräten und -einrichtungen; Elektrotechnik, Feinmechanik, Optik	30,31, 32, 33	19
Fah	Schiffbau	35.1	20
	Luft- und Raumfahrzeugbau	35.3	21
	Anderer Fahrzeugbau (Kraftwagen, Schienenfahrzeuge, Krafträder, Fahrräder)	34, 35.2, 35.4, 35.5	22
Son	Herstellung von Möbel, Schmuck, Musikinstrumenten, Sportgeräten, Spielwaren und sonstigen Erzeugnissen	36	23
	Rückgewinnung, Recycling	37	24

Quelle: http://www.14001news.de (30.03.02).

Anhang 7: ISO-zertifizierte Unternehmen des Verarbeitenden Gewerbes in Polen 1998-2000

Firmenname	Branche	Zertifizierungsorganisation	
		ISO 14000	ISO 9000
ABB Alstom Power Sp. Z o.o.	**Elektroindustrie, Maschinenbau**	**DQS**	**DQS**
ABB Elta Sp. Z o.o.	**Elektroindustrie, Maschinenbau**	**PCBiC,DQS**	**PCBiC,DQS**
ABB ZWAR S.A. Zakład Odłączników WN	**Elektroindustrie, Maschinenbau**	**DQS**	**DQS**
ABB ZWAR S.A. Zakład w Lęborku	**Elektroindustrie, Maschinenbau**	**DQS**	**DQS**
Amica Wronki S.A.	Elektroindustrie	DQS, PCBiC	DQS, PCBiC
ANGA Uszczelnienia Mechaniczne Sp. z o.o.	Gummiindustrie	KEMA	KEMA
Apator Toruń S.A.	Maschinenbau	G Lloyd	G Lloyd
Auto Tools Warszawa Sp. z o.o.	Maschinenbau	TÜV R	PCBiC
COLMEC Sp. z o.o.	Maschinenbau	TÜV S	TÜV S
Daewoo-FSO Motor S.A. Zakład Żerań	**Fahrzeugbau**	**PCBiC**	**TÜV R**
Delphi Automotive Systems Poland Sp. z o.o. O/ Ostrów Wielkopolski	**Fahrzeugbau**	**TÜV RW**	**TÜV RW**
Elektromontaż Gdańsk S.A.	Elektroindustrie	BVQI	BVQI
Elektromontaż Rzeszów S.A.	Elektroindustrie	PCBiC	PCBiC
Esselte Polska S.A.	Gummiindustrie	SGS PL	SGS YL
Fabryka Aparatów Elektrycznych APENA S.A.	**Maschinenbau**	**G Lloyd**	**G Lloyd**
Fabryka Kosmetyków "Pollena - Ewa" S.A.	Chemische Industrie	TÜV RW	TÜV RW
Fabryka Kotłów RAFAKO S.A.	Maschinenbau	TÜV RW	TÜV RW
Fabryka Maszyn i Urządzeń "FAMAK" S.A. Zakład Montażowy Sp. z o.o.	Maschinenbau	PCBiC	PCBiC
Firma Oponiarska "Dębica" S.A.	Gummiverarbeitung	Lloyd's R	BVQI
Huta Częstochowa S.A.	Glasindustrie	PCBiC	BVQI,PRS
Huta Ostrowiec S.A.	Glasindustrie	PCBiC	PCBiC
INNOWROCŁAWSKIE ZAKŁADY CHEMICZNE Soda Mątwy S.A.	Chemische Industrie	SGS	G Lloyd, PCBiC
Janikowskie Zakłady Sodowe "Janikosoda" S.A.	Ernährungsgewerbe	SGS-ICS	GLC
Krakowska Fabryka Kabli S.A.	Elektroindustrie	BASEC	BASEC
LYS Fusion Poland Sp. z o.o.	Gummi- und Kunststoffindustrie	PCBiC,DQS	PCBiC,DQS
Maszyny Elektryczne "CELMA" S.A.	Maschinenbau	G Lloyd	G Lloyd
Philips Consumer Electronics Industries Poland LTD. Kwidzyń	**Elektroindustrie**	**KEMA**	**KEMA**
Philips Lighting Bielsko Ltd.	**Elektroindustrie**	**KEMA**	**KEMA**
Polmo Łomianki S.A.	Elektroindustrie	PCBiC	PCBiC, DQS
Sandvik Baildonit S.A.	**Metallindustrie**	**TÜV N**	**TÜV N**
Sowiko Sp. z o.o.	Maschinenbau	PCBiC	ZETOM
Thomson Polkolor Sp. z o.o.	**Elektroindustrie**	**PCBiC, BVQI**	**PCBiC**
Towarowa 33 Corporation Sp. z o.o.	Fahrzeugbau	PCBiC(Z)	PCBiC(Z)
Zakłady Elektrod Węglowych S.A.	Elektroindustrie	TÜV RW	TÜV RW
Zakłady Gumowe Górnictwa S.A.	Gummiindustrie	TÜV RW	TÜV RW
Zakłady Przemysłu Bawełnianego "Frotex"	Textilindustrie	TÜV RW	TÜV RW
Zakłady Samochodowe "Jelcz" S.A.	Fahrzeugbau	PCBiC	PCBiC,DQS
Zakłady Urządzeń Okrętowych "Famor" S.A.	Fahrzeugbau	PRS	PRS

Quelle: Eigene Darstellung nach http://www.inem.pl (30.03.02).

Anhang 8: ISO-zertifizierte Unternehmen des Verarbeitenden Gewerbes in Tschechien 1997-2000

Unternehmen	Zertifizierungsorganisation	Branche
ABB EJF, a.s.	**Bureau Veritas Quality International**	**Elektroindustrie**
ABB Elektro-Praga, s.r.o.	**EZÚ Praha**	**Elektroindustrie**
Aliachem, a.s., OZ Fatra Napajedla	Lloyd's Register Quality Assurance	Chemieindustrie
ATESO, a.s.	RWTÜV e.V.	Fahrzeugbau
AUTOPAL FORD, s.r.o.	**Lloyd's Register Quality Assurance**	**Fahrzeugbau**
Avon Automotive, a.s.	TÜV Rheinland	Gummiindustrie
Balakom, a.s.	Lloyd's Register Quality Assurance	Chemieindustrie
BARUM CONTINENTAL, s.r.o.	TÜV Rheinland	Gummiindustrie
BIOCEL Paskov, a.s.	Det Norske Veritas	Holzindustrie
BONATRANS, a.s.	SGS Zurich	Fahrzeugbau
BRISK Tábor a.s.	EZÚ Praha	Elektroindustrie
Bühler Motor, s.r.o.	LGA InterCert	Fahrzeugbau
Cementárky a vápenky Prachovice, a.s.	TAZÚS Praha	Glasindustrie
Česká rafinérská, a.s.		Chemieindustrie
DAF Trucks Praha, s.r.o.	**Lloyd's Register Quality Assurance**	**Fahrzeugbau**
DINEL, s.r.o.	EZU Praha	Elektroindustrie
DURA Automotive CZ, s.r.o.	DQS Frankfurt am Main	Fahrzeugbau
FAB, a.s.	RWTÜV Praha	Metallindustrie
Fezko, a.s.	RW TÜV e.V	Textilindustrie
Frantschach Pulp & Paper, a.s.	BVQI	Papierindustrie
GALATEK, a.s.	ITI TÜV	Chemieindustrie
Grupo Antolin Bohemia, a.s.	RWTÜV Praha	Fahrzeugbau
HAKEL, s.r.o.	EZÚ Praha	Elektroindustrie
Hella Autotechnik, s.r.o.		Fahrzeugbau
HUTCHINSON, s.r.o.	BVQI	Kunststoffindustrie
Chemické závody Sokolov, a.s.	RWTÜV e. V.	Chemieindustrie
Infineon Technologies Trutnov, s.r.o.	**DQS**	**Elektroindustrie**
INFUSIA, a.s., Hořátev	BVQI	Chemieindustrie
INTERAGENCIE, a.s.	CERT ACO, Kladno	Metallindustrie
Isolit-Bravo, s.r.o.	EZU Praha	Elektroindustrie
J.P.PLAST, s.r.o.	DNV	Kunststoffindustrie
JÄKL Karviná, a.s.	RWTÜV Praha	Metallindustrie
JUTA, a.s., závod 01	ITC Zlín	Textilindustrie
JUTA, a.s., závod 03	ITC Zlín	Textilindustrie
Kabelovna Děčín - Podmokly, a.s.	RWTÜV e. V.	Elektroindustrie
KABLO ELEKTRO Velké Meziříčí, s.r.o.	RWTÜV e.V.	Elektroindustrie
Kablo Kladno, a.s.	RWTÜV e.V.	Elektroindustrie
KAUČUK, a.s.	Lloyd's Register Q. Assurance	Chemieindustrie
Kautex Textron Bohemia, s.r.o.	TÜV Rheinland/B - B	Textilindustrie
Keramický a betonový blok, s.r.o.	VÚPS	Glasindustrie
KOMUTEX, s.r.o.	RWTÜV	Kommutatorherstellung
KOSTAL CR, s.r.o.	RWTÜV e.V.	Elektroindustrie
Kovohutě Příbram, a.s.	RWTÜV e.V.	Metallindustrie
Léčiva, a.s.	DNV	Chemieindustrie
LUCAS Autobrzdy, s.r.o.	**TÜV Rheinland**	**Fahrzeugbau**
Matsuushita Television Central Europe s.r.o.	**EZÚ Praha**	**Elektroindustrie**
MERITOR LVS Liberec, a.s.	ERM Certification and Verification Services Ltd.	Fahrzeugbau
MESIT Přístroje, s.r.o.	EZU Praha	Elektroindustrie
Messer Technogas, s.r.o.	TÜV Management Service	Gas
METRA, a.s. Blansko, závod Kooperace, sekce LEXMARK	EZÚ Praha	Elektroindustrie
MONROE Czechia, s.r.o.	RWTÜV Praha	Fahrzeugbau

MONTÁŽE ENGINEERING, s.r.o.	Český lodní a průmyslový registr	Fahrzeugbau
Moravia Steel, a.s.	TÜV CERT	Metallindustrie
MOSTRO, a.s.	RWTÜV e.V.	Metallindustrie
NETEX, s.r.o.	CERT ACO Kladno	Textilindustrie
NOVÁ HUŤ, a.s., závod 13 Ocelárna	RWTÜV Praha	Metallindustrie
NOVÁ HUŤ, a.s., závod 14 Válcovny	RWTÜV e.V.	Metallindustrie
NOVÁ HUŤ, a.s., závod 15 Rourovna	RWTÜV e. V.	Metallindustrie
NOVÁ HUŤ, a.s., závod 2 Strojírenský závod	RWTÜV e. V.	Metallindustrie
OEZ Letohrad, s.r.o.	EZÚ Praha	Elektroindustrie
OLMA, a.s.	ITC Zlín	Ernährungsgewerbe
Pegas - DS, a.s.	TZÚ	Textilindustrie
Pegas, a.s.	TZÚ	Textilindustrie
Peguform Bohemia, a.s. Libáň	SGS - ICS	Kunststoffindustrie
Peguform Bohemia, a.s. Liberec	KPMG, Hamburg	Kunststoffindustrie
PIPELIFE-FATRA, s.r.o.	ITC Zlín	Kunststoffindustrie
Pivovar Radegast, a.s.	Det Norske Veritas	Ernährungsgewerbe
Plastika, v.d.	CERT ACO Kladno	Kunststoffindustrie
Rubena - Glebus Polymers, s.r.o.	RWTÜV Praha	Kunststoffindustrie
Rubena, a.s.	RWTÜV Praha	Gummiindustrie
SAFT FERAK, a.s.	EZU Praha	Elektroindustrie
SET A & D, s.r.o.	DQS	Elektroindustrie
Setuza, a.s.	RW TÜV e.V	Chemieindustrie
SCHADE, s.r.o. Blatná	DQS Frankfurt am Main	Fahrzeugbau
Sico Rubena, s.r.o.	RWTÜV Praha	Chemieindustrie
SIEMENS Automobilové systémy, s.r.o.	**RWTÜV**	**Elektroindustrie**
Sika CZ, s.r.o.	Stavcert Praha	Chemieindustrie
SILON, a.s.	RW TÜV e.V	Kunststoffindustrie
Slévárny Třinec, a.s.	RW TÜV e. V.	Metallindustrie
SPOLANA, a.s.	RWTÜV Praha	Chemieindustrie
Spolek pro chemickou a hutní výrobu, a.s.	TÜV Rheinland/TÜV Umwelt Cert GmbH	Chemieindustrie
Strojírny POLDI, s.r.o.	CERT ACO Kladno	Metallindustrie
ŠKODA JS, a.s.		**Fahrzeugbau**
Škoda Liberec, a.s.		**Fahrzeugbau**
TRW – DAS, a.s.	RWTÜV e.V.	Fahrzeugbau
Třinecké železárny, a.s.	RWTÜV Praha	Metallindustrie
Třinecké železárny, a.s., závod Strojírenská výroba	RWTÜV e.V.	Metallindustrie
Tyco Electronics EC Trutnov, s.r.o.	DQS	Elektroindustrie
Vagónka Česká Lípa, a.s.	Český lodní a průmyslový registr	Fahrzeugbau
Válcovny plechu, a.s.	RWTÜV Praha	Metallindustrie
VALEO autoklimatizace, s.r.o.	SGS Zurich	Fahrzeugbau
VDO ČR, s.r.o.	TÜV Management Service	Fahrzeugbau
VDO ČR, s.r.o., závod Adršpach		Fahrzeugbau
VEBA, a.s.	RWTÜV e.V.	Textilindustrie
VESUVIUS ČR, a.s.	Lloyd's Register Q. Assurance	Glasindustrie
VÚES, a.s.	RWTÜV e.V.	Elektroindustrie
ZNOVÍN Znojmo, a.s.	ETA Umweltmana-gement	Ernährungsindustrie

Quelle: Eigene Darstellung nach Angaben von CEMC.

Literaturverzeichnis

Adam, Dietrich (1996): Planung und Entscheidung, Gabler Verlag, Wiesbaden

Agenda-Büro der Stadt Ulm (2001): ÖKOPROFIT Ulm/Neu-Ulm 2001, Süddeutsche Verlagsgesellschaft, Ulm

Albach, Horst (2000): Allgemeine Betriebswirtschaftslehre, Gabler Verlag, Wiesbaden

Amelingmeyer, Jenny (2000): Wissensmanagement, Gabler Verlag, Wiesbaden

Amtsblatt der Europäischen Gemeinschaften Nr. L 114 (2001): Verordnung (EG) 761/2001 des Europäischen Parlamentes und des Rates vom 19. März 2001 über die freiwillige Beteiligung von Organisationen an einem Gemeinschaftssystem für das Umweltmanagement und die Umweltbetriebsprüfung (EMAS), Brüssel, 27. April 2001

Amtsblatt der Europäischen Gemeinschaften Nr. L 168/1 (1993): Verordnung (EWG) Nr. 1836/93 vom 29. Juni 1993 über die freiwillige Beteiligung gewerblicher Unternehmen an einem Gemeinschaftssystem für das Umweltmanagement und die Umweltbetriebsprüfung, Brüssel, 10.7.1993

Annighöfer, Frank (1993): Umweltschutzmanagement - nicht Kostenfaktor, sondern Zukunftssicherung, in Sietz, Manfred; Saldern, Andreas von (Hrsg.): Umweltschutz-Management und Öko-Auditing, Springer Verlag, Berlin, Heidelberg, S. 1-8

Arbeitskreis Volkswirtschaftliche Gesamtrechnung der Länder (2001): Bruttoinlandsprodukt, Bruttowertschöpfung nach Ost-West-Großraumregionen, nach Wirtschaftsbereichen und je Erwerbstätigen in jeweiligen Preisen, Stuttgart (Mailanfrage an Dieter.Bergen@stala.bwl.de)

Arbeitskreis Wirtschaft Lokale Agenda 21 Geretsried+Wolfratshausen (Hrsg.) (o. J.): ÖKOPROFIT Preisträger 1999, Kreiter Druckservice GmbH, Wolfratshausen

Baas, Leo W. (1996): An integrated Approach to Cleaner Production, in Misra, Krishna B. (Ed.): Clean Production, Environmental and Economic Perspectives, Springer Verlag, Berlin, Heidelberg, S. 211-229

Bailey, Margret L.; Mayes, Katie (1996): Cleaner Production Case Studies, in Misra, Krishna B. (Ed.): Clean Production, Environmental and Economic Perspectives, Springer Verlag, Berlin, Heidelberg, S. 231-253

Balderjahn, Ingo; Mennicken, Claudia (1996): Das Management ökologischer Risiken und Krisen: Verhaltenswissenschaftliche Grundlagen, in ZfB, Ergänzungsheft 2: Betriebliches Umweltmanagement 1996, Gabler Verlag, Wiesbaden, S. 23-49

Barkenthien, Hans-Peter; Kramer, Matthias (2001): Handlungsempfehlungen für Neue Wege der Umweltpartnerschaften, in Barkenthien, Hans-Peter; Kramer, Matthias (Hrsg.): Neue Wege zu Umweltpartnerschaften mit Mittel- und Osteuropa, Erich Schmidt Verlag, Berlin, S. 272-275

Bartolomeo, Matteo; Ranghieri, Federica (1998): Öko-Benchmarking in Italien, in Kottmann, Heinz; Clausen, Jens (Hrsg.): Ökologisches Benchmarking von Unternehmen, IÖW-Schriftenreihe, Nr.133/98, o. V., Berlin, S. 1-16

Baumast, Annett (1998): Die Entstehungsgeschichte des Umwelt-Audit, in Doktoranden-Netzwerk Öko-Audit e. V. (Hrsg.): Umweltmanagementsysteme zwischen Anspruch und Wirklichkeit, Springer Verlag, Berlin, Heidelberg, S. 33-56

BBR Unternehmensberatung GmbH (Hrsg.) (o. J.): ÖKOPROFIT Auszeichnung 2001, Druckerei Dullinger, Landshut

Becker, Bernd (2001): Integrierte Technik integrieren?, in Ökologisches Wirtschaften 6/2001, S. 22 f.

Bendt, Antje (2000): Wissenstransfer in multinationalen Unternehmen, Gabler Verlag, Wiesbaden

Bentlage, Jörg (1999): Potentiale der Entwicklung und Implementierung eines Umweltmanagementsystems im öffentlichen Dienstleistungsbereich, gezeigt anhand der Stadtverwaltung Erlangen unter besonderer Berücksichtigung der Verordnung (EWG) Nr. 1836/93, Erlangen

Bentlage, Jörg; Rieger, Heike (1998): Aktuelle Entwicklungen zur Erweiterung des Anwendungsbereiches der EG-Öko-Audit-Verordnung, in Doktoranden-Netzwerk Öko-Audit e. V. (Hrsg.): Umweltmanagementsysteme zwischen Anspruch und Wirklichkeit, Springer Verlag, Berlin, Heidelberg, S. 221-238

Berensmann, Kathrin; Beyfuß, Jörg (2000): Mittel- und Osteuropa: Wirtschaftslage nach zehn Jahren Transformation, in iw-trends, 4/2000, S. 55-73

Berger, Roland (1997): Chancen und Risiken der Internationalisierung aus Sicht des Standortes Deutschland, in Krystek, Ulrich; Zur, Eberhard (Hrsg.): Internationalisierung, Springer Verlag, Berlin, Heidelberg, S. 19-33

Bfai (2000c): Polen, Umweltreport 1999/2000, o. V., Köln

Bfai (Hrsg.) (1994): Umwelttechnik Marktprognosen, Berlin

Bfai (Hrsg.) (1996): Öko-Audit, o. V., Köln

Bfai (Hrsg.) (1998): Tschechische Republik, Umweltreport 1997, o. V., Köln

Bfai (Hrsg.) (2000a): Ausländische und deutsche Direktinvestitionen, Mittel- und Osteuropa 1999, o. V., Köln

Bfai (Hrsg.) (2000b): Ostmittel- und Osteuropa im Aufschwung, INDICUM GmbH, Köln

Bitz, Michael; Dellmann, Klaus; Domsch, Michel; Egner, Henning (1993): Vahlens Kompendium der Betriebswirtschaftslehre, Band 1, Verlag Franz Vahlen, München

BMU; UBA (Hrsg.) (2002): ISO 14001 in Deutschland, o. V., Berlin

Bogaschewsky, Ronald (1997): Benchmarking für Produktions- und Logistikprozesse - eine Einführung, in Sabisch, Helmut; Tintelnot, Claus (Hrsg.): Benchmarking - Weg zu unternehmerischen Spitzenleistungen, Schäffer-Poeschel Verlag, Stuttgart, S. 75-87

Böhm, Steffen G. (2000): Intra- und inter-organisationaler Wissenstransfer, QUEM-report Heft 65, ESM Satz und Grafik GmbH, Berlin

Böhnert, Arndt-Alexander (1999): Benchmarking, Charakteristik eines aktuellen Managementinstruments, Verlag Dr. Kovač, Hamburg

Borrmann, Werner A. (1997): Erfolgsfaktoren für die Globalisierung von Unternehmen – Ergebnisse einer Studie von A. T. Kearney, in Macharzina, Klaus; Oesterle, Michael-Jörg (Hrsg.): Handbuch Internationales Management, Gabler Verlag, Wiesbaden, S. 809-823

Börsig, Clemens; Baumgarten, Christoph (1997): Grundlagen des internationalen Kooperationsmanagements, in Macharzina, Klaus; Oesterle, Michael-Jörg (Hrsg.): Handbuch Internationales Management, Gabler Verlag, Wiesbaden, S. 475-496

Borys, Tadusz (1998): Schlüsselmärkte des Umweltschutzes, in Kramer, Matthias; Reichel, Markus (Hrsg.): Internationales Umweltmanagement und europäische Integration, Gabler Verlag, Wiesbaden, S. 83-94

Bosch, Karl (1996): Großes Lehrbuch der Statistik, R. Oldenbourg Verlag, München, Wien

Boyens, Karsten (1998): Externe Verwertung von technologischem Wissen, Deutscher Universitätsverlag, Wiesbaden

Bramsemann, Rainer (1990): Handbuch Controlling, Carl Hanser Verlag, München, Wien

Braun, Robert Andreas; Otto, Stefan (1998): Vaillants Weg zur Business Exzellenz – Integration des Umweltmanagements in eine Prozeßorientierte Organisation, in Winter, Georg (Hrsg.): Das umweltbewußte Unternehmen, Verlag Franz Vahlen, München, S. 255-268

Brauweiler, Hans-Christian (2000): Charakteristika und Chancen globaler Umweltmärkte, in Kramer, Matthias; Wagner, Robert: Umweltintegrierte Konzepte und Technologien in Mittel- und Osteuropa, Gabler Verlag, Wiesbaden, S. 5-13

Brauweiler, Hans-Christian (2002): Innovationen im peripheren Raum, eine Analyse am Beispiel der Grenzräume Ostsachsens, Gabler Verlag, Wiesbaden

Brauweiler, Jana; Kramer, Matthias (2001): Vergleichende Analyse umweltorientierter Unternehmensführung in deutschen, polnischen und tschechischen Unternehmen, in OsteuropaWirtschaft 1/2001, S. 39-62

Brauweiler, Jana; Vaněček, Vojtěch; Nowak, Zygfryd; Kramer, Matthias (2000): Umweltmanagement im Transformationsprozeß, Ansatzpunkte für einen internationalen Know-how-Transfer – dargestellt am Beispiel polnischer und tschechischer Unternehmen, in UmweltWirtschaftsForum, 1/2000, S. 16-25

Brennecke, Volker, M.; Krug, Sebastian; Winkler, Claudia, M. (1998): Effektives Umweltmanagement, Springer Verlag, Berlin, Heidelberg

Brodel, Dietmar (1996): Internationales Umweltmanagement, Gabler Verlag, Wiesbaden

Brösse, Ulrich (1996): Industriepolitik, R. Oldenbourg Verlag, München, Wien

Brugger, Ernst, A.; Maurer, Martin (1994): Fördern multinationale Firmen das Ökologie-Know-how in Entwicklungsländern?, Verlag Rüegger AG, Chur/Zürich

Bühl, Achim; Zöfel, Peter (1996): SPSS für Windows Version 6.1., Verlag Addison Wesley, Bonn

Bullinger, Hans-Jörg; Wörner, Kai; Prieto, Juan (1998): Wissensmanagement - Modelle und Strategien für die Praxis, in Bürgel, Hans Dietmar (Hrsg.): Wissensmanagement, Springer Verlag, Berlin, Heidelberg, S. 21-39

Bundesministerium für Bildung und Forschung (Hrsg.) (2000): Zur technologischen Leistungsfähigkeit Deutschlands, Zusammenfassender Endbericht 1999, o. V., Bonn

Bundesministerium für Umwelt, Naturschutz und Reaktorsicherheit (Hrsg.) (2000): Umweltbewusstsein in Deutschland 2000, o. V., Berlin

Bundesministerium für Umwelt, Naturschutz und Reaktorsicherheit; Umweltbundesamt (Hrsg.) (1997): Leitfaden Betriebliche Umweltkennzahlen, Druckhaus Deutsch, Bonn/Berlin

Bundesministerium für Wirtschaft (Hrsg.) (1995): Wirtschaftslage und Reformprozesse in Mittel- und Osteuropa, Sammelband 1995, ZIPPEL-Druck, Berlin

Bundesministerium für Wirtschaft (Hrsg.) (1996): Wirtschaftslage und Reformprozesse in Mittel- und Osteuropa, Sammelband 1996, Chudeck Druck Service, Brühl

Bundesministerium für Wirtschaft (Hrsg.) (1997): Wirtschaftslage und Reformprozesse in Mittel- und Osteuropa, Sammelband 1997, Chudeck Druck Service, Brühl

Bundesverband der deutschen Industrie; Deutscher Industrie- und Handelstag (2000): Ergebnisse der Umfrage zur Revision von ISO 14001, Unterlage des DIN - NAGUS, 7/2000, o. V., o. O.

Bürgel, Hans Dietmar; Zeller, Andreas (1998): Forschung & Entwicklung als Wissenscenter, in Bürgel, Hans Dietmar (Hrsg.): Wissensmanagement, Springer Verlag, Berlin, Heidelberg, S. 53-65

Bürgel, Hans-Dietmar; Haller, Christine; Binder, Markus (1996): F&E-Management, Verlag Franz Vahlen, München

Butterbrodt, Detlef (1997): Praxishandbuch umweltorientiertes Management, Springer Verlag, Berlin, Heidelberg

Camp, Robert C. (1989): Benchmarking: The search for Industry Best Practices That Lead to Superior Performance, ASQC Quality Press, Wisconsin 1989

Cascio, Joseph; Woodside, Gayle; Mitchell, Phillip (1996): ISO 14000 Guide, McGraw-Hill, Amerika 1996

Central Statistical Office (1996a): Environment 1996, Statistical Publications House, Warsaw

Central Statistical Office (1996b): Statistical Yearbook of the Republic of Poland 1996, Statistical Publications House, Warsaw

Central Statistical Office (1997): Environment 1997, Statistical Publications House, Warsaw

Central Statistical Office (1998a): Environment 1998, Statistical Publications House, Warsaw

Central Statistical Office (1998b): Statistical Yearbook of the Republic of Poland 1998, Statistical Publications House, Warsaw

Central Statistical Office (1999): Environment 1999, Statistical Publications House, Warsaw

Central Statistical Office (2000a): Environment 2000, Statistical Publications House, Warsaw

Central Statistical Office (2000b): Statistical Yearbook of the Republic of Poland 2000, Statistical Publications House, Warsaw

Central Statistical Office (2001): Environment, Statistical Publications House, Warsaw

Čermák, Oldřich (1999): Technická normalizační komise 106 - Management životního prostředí, in České ekologické manažerské centrum; Česká podnikatelská rada pro udržitelný rozvoj (Ed.): Aspekty, Speciál 99 ISO 14001/EMAS, S. 2-3

České Ekologické Manažerské Centrum; Centrum Prevence Znečištění (2000): Průzkumová a analytická studie o zavádění EMAS/ISO 14001 v ČR, Prag 2000, unveröffentlicht

CHMU, WIOS, LfUG, UBA (Hrsg.) (1999): Gemeinsamer Bericht zur Luftqualität im Schwarzen Dreieck 1998, Dolnośląskie Zakłady Graficzne, Jelenia Góra

Christianová, Anna; Krčma, Miroslav (2002): Das Cleaner Production Program und seine Ergebnisse in Tschechien, in Kramer, Matthias et al. (Hrsg.): Grundlagen eines ganzheitlichen Managements, S. 351-369, erscheint demnächst

Clausen, Jens (1998): Sinnhaftes Benchmarking oder Faszination leicht zugänglicher Zahlenwerte, in Kottmann, Heinz; Clausen, Jens (Hrsg.): Ökologisches Benchmarking von Unternehmen, IÖW-Schriftenreihe, Nr.133/98, o. V., Berlin, S. 52-64

Clemens, Cornelia (1993): Energieversorgung und Umwelt in Osteuropa, in Institut der deutschen Wirtschaft (Hrsg.): Osteuropa auf dem Weg in die Marktwirtschaft, Deutscher Instituts-Verlag, Köln, S. 162-169

Codling, Sylvia (1997): An international focus on gaining information, selecting benchmarking partners and exchanging best practice, in Sabisch, Helmut; Tintelnot, Claus (Hrsg.): Benchmarking – Weg zu unternehmerischen Spitzenleistungen, Schäffer-Poeschel Verlag, Stuttgart, S. 35-42

Corsten, Hans (1995): Lexikon der Betriebswirtschaftslehre, R. Oldenbourg Verlag, München, Wien

Czech Cleaner Production Centre (1998): Cleaner Production, Manual for Cleaner Production Assessment in Enterprises, o. V., Prague

Czech Environmental Management Centre (2000): Final Report POEMS, Prag, o. O., o. V.

Czech Statistical Office (1993): Statistical Yearbook of the Czech Republik 1993, Verlag Scientia, Prague

Czech Statistical Office (1995): Statistical Yearbook of the Czech Republik 1995, Verlag Scientia, Prague

Czech Statistical Office (1996a): Statistical Environmental Yearbook 1996, Verlag Scientia, Prague

Czech Statistical Office (1996b): Statistical Yearbook of the Czech Republik 1996, Verlag Scientia, Prague

Czech Statistical Office (1997a): Statistical Environmental Yearbook 1997, Verlag Scientia, Prague

Czech Statistical Office (1997b): Statistical Yearbook of the Czech Republik 1997, Verlag Scientia, Prague

Czech Statistical Office (1998a): Statistical Environmental Yearbook 1998, Verlag Scientia, Prague

Czech Statistical Office (1998b): Statistical Yearbook of the Czech Republik 1998, Verlag Scientia, Prague

Czech Statistical Office (1999): Statistical Environmental Yearbook 1999, Verlag Scientia, Prague

Czech Statistical Office (2000a): Statistical Environmental Yearbook 2000, Verlag Scientia, Prague

Czech Statistical Office (2000b): Statistical Yearbook of the Czech Republic 2000, CD-Version, Prague

Czech Statistical Office (2001): Bruttowertschöpfung nach Wirtschaftsbereichen 1991-1999, Sonderaufstellung, Prag

Deger, Rupert (1997): Weltklasse-Wettbewerbsfähigkeit erreichen mit Benchmarking, in Sabisch, Helmut; Tintelnot, Claus (Hrsg.): Benchmarking – Weg zu unternehmerischen Spitzenleistungen, Schäffer-Poeschel Verlag, Stuttgart, S. 187-193

Diehl, Jörg M.; Staufenbiehl, Tomas (1997): Statistik mit SPSS für Windows Version 6.1., Klotz Verlag, Eschborn

Dorn, Dieter (1998): Umweltmanagementsysteme, Kommentar zu DIN EN ISO 14001ff. und der EG-Öko-Audit-Verordnung, Beuth-Kommentare, Beuth Verlag GmbH, Berlin, Wien, Zürich

Dülfer, Eberhard (1997): Internationales Management in unterschiedlichen Kulturbereichen, R. Oldenbourg Verlag, München, Wien

Dunning, John, H. (1979): Explaining changing patterns of international production: in defence of the eclectic theory, in Oxfort Bulletin of Economics and Statistics, 41/1979, S. 269-295

Dunning, John, H. (1988): Explaining international production, Unwin Hyman, Ltd., London

Dunning, John, H. (1993): Multinational Enterprises and the global economy, Addison-Wesley Publishers Ltd., Suffolk

Durdil, Josef (1998): Entwicklungstrends der Finanzierung von Umweltschutzprojekten in der Tschechischen Republik, in Kramer, Matthias; Reichel, Markus (Hrsg.): Internationales Umweltmanagement und europäische Integration, Gabler Verlag, Wiesbaden, S. 95-104

Dyckhoff, Harald; Ahn, Heinz (2001): Sicherstellung der Effektivität und Effizienz der Führung als Kernfunktion des Controllings, in Kostenrechnungspraxis, 2/2001, S. 111-121

Dyllick, Thomas (1999): Wirkungen und Weiterentwicklungen von Umweltmanagementsystemen, in Seidel, Eberhard (Hrsg.): Betriebliches Umweltmanagement im 21. Jahrhundert, S. 117-130

Dyllick, Thomas (2000): Strategischer Einsatz von Umweltmanagementsystemen, in UmweltWirtschaftsForum 3/2000, S. 64-68

Dyllick, Thomas; Hummel, Johannes (1995): EMAS und/oder ISO 14001, in UmweltWirtschaftsForum, Heft 3/1995, S. 24-28

Dyllick, Thomas; Kolibius, Mischa (1998): Ökologisches Benchmarking - verdeutlicht anhand einer explorativen Untersuchung im internationalen Lebensmittelhandel, in Kottmann, Heinz; Clausen, Jens (Hrsg.): Ökologisches Benchmarking von Unternehmen, IÖW-Schriftenreihe, Nr.133/98, o. V., Berlin, S. 38-51

Dziegielewska, Dominika Anna (2000): How much does it cost to join the European Union and who is going to pay for it?, Interim Report IR-00-001/January, o. O., International Institute for Applied Systems Analysis

Eden, Haro (1997): Kleine und mittlere Unternehmen im Prozeß der Internationalisierung, in Krystek, Ulrich; Zur, Eberhard (Hrsg.): Internationalisierung, Springer Verlag, Berlin, Heidelberg, S. 43-75

Ehrmann, Harald (1997): Unternehmensplanung, Friedrich Kiehl Verlag GmbH, Ludwigshafen (Rhein)

Eisenführ, Franz; Weber, Martin (1994): Rationales Entscheiden, Springer Verlag, Berlin, Heidelberg

Ejdys, Joanna (2001): Zintegrowania Ocena Efektywności Systemu Zarządzania środowiskowego, unveröffentlichte Dissertation, Białystok

Engaging Stakeholders (Ed.) (1997): The 1997 Benchmark Survey, o. V., o. O.

Engelhard, Johann; Eckert, Stefan (1994): Markteintrittsverhalten deutscher Unternehmen in osteuropäischen Ländern, Bamberger Betriebswirtschaftliche Beiträge 98/1994, o. V., Bamberg

Environmental Protection Agency (2001): Toxics Release Inventory 1999, Executive Summary, Washington 2001 aus http://www.epa.gov/tri

EU-Kommission (1997a): Agenda 2000 - Stellungnahme der Komission zum Antrag Polens auf Beitritt zur Europäischen Union, o. V., Brüssel, 15.0.7.1997

EU-Kommission (1997b): Agenda 2000 - Stellungnahme der Komission zum Antrag Tschechiens auf Beitritt zur Europäischen Union, o. V., Brüssel, 15.0.7.1997

Europäisches Komitee für Normung (1996): Umweltmanagementsysteme, Spezifikation mit Anleitung zur Anwendung (ISO 14001:1996), deutsche Fassung

Europäisches Komitee für Normung (1999): Umweltmanagement, Umweltleistungsbewertung, Leitlinien (EN ISO 14031:1999), deutsche Fassung

Fahrbach, Michael; Heinrich, Verena; Pfitzner, Ralf (2000): Strategisches Umweltcontrolling mit Hilfe der Balanced Scorecard, in UmweltWirtschaftsForum 2/2000, S. 41-44

Fäßler, Klaus; Rehkugler, Heinz; Wegenast, Claudius (1991): Lexikon des Controllings, Verlag moderne industrie, Landsberg/Lech 1991

Fassmann, Heinz (1999): Regionale Transformationsforschung - Konzeption und empirische Befunde, in Pütz, Robert (Hrsg.): Ostmitteleuropa im Umbruch, Geographisches Institut Johannes Gutenberg-Universität Mainz, S. 11-20

Felbert, Dirk von (1998): Wissensmanagement in der unternehmerischen Praxis, in Pawlowsky, Peter (Hrsg.): Wissensmanagement, Gabler Verlag, Wiesbaden, S. 119-141

Fiedor, Bogusław (2002): Betriebliche Umweltmanagementsysteme in Polen unter besonderer Berücksichtigung der ISO 14001, in Kramer, Matthias et al. (Hrsg.): Grundlagen eines ganzheitlichen Managements, S. 246-261, erscheint demnächst

Fischer, Thomas M. (2000): Erfolgspotentiale und Erfolgsfaktoren im strategischen Management, in Welge, Martin K.; Al-Laham, Andreas; Kajüter, Peter (Hrsg.): Praxis des strategischen Managements, Gabler Verlag, Wiesbaden, S. 71-94

Freimann, Jürgen (1999): Jenseits von EMAS, Umweltmanagementsysteme – Erfahrungen und Perspektiven, in Seidel, Eberhard (Hrsg.): Betriebliches Umweltmanagement im 21. Jahrhundert, Springer Verlag, Berlin, Heidelberg, S. 131-145

Gawlik, Radosław (2001): Status Quo und zukünftige Aufgaben im Umweltschutz der Republik Polen, in Barkenthien, Hans-Peter; Kramer, Matthias (Hrsg.): Neue Wege zu Umweltpartnerschaften mit Mittel- und Osteuropa, Erich Schmidt Verlag, Berlin, S. 79-93

Gege, Maximilian (1994): Motive einer umweltorientierten Unternehmensführung, in Hansmann, Karl-Werner (Hrsg.): Marktorientieres Umweltmanagement, Schriften zur Unternehmensführung, Band 50/51, Gabler Verlag, Wiesbaden, S. 83-116

Gemeinde Ritterhude (Hrsg.) (o. J.): Ritterhude und Europa, o. V., o. O.

Gepro (Gesellschaft für Produktionstechnik und Organisation mbH) (1996): Strategische Planung mit Benchmarking, o. V., Aachen

Gerybadze, Alexander (1998): Wissensmanagement und Durchsetzungskompetenz in transnationalen Unternehmen, in Bürgel, Hans Dietmar (Hrsg.): Wissensmanagement, Springer Verlag, Berlin, Heidelberg, S. 67-92

Global Environmental Management Initiative (1994): Environmental Self-Assessment Program, o. V., Washington

Global Environmental Management Initiative (1996): ISO 14001 Environmental Management Systems Self-Assessment Checklist, o. V., Washington

Goldmann, Bernhard; Schellens, Julia (1995): Betriebliche Umweltkennzahlen und ökologisches Benchmarking, Schriftenreihe „Wirtschaft und Umwelt", Bd. 6, K. Gutke Verlag, Köln

Grochla, Erwin (1993): Betrieb, Betriebswirtschaft und Unternehmen, in Handwörterbuch der Betriebswirtschaftslehre, Bd. 1, Schäffer-Poeschel Verlag, Stuttgart, Sp. 374-390

Grunwald, Bernd (1995): Der Weg zurück zur Nummer eins, in Mertins, Kai; Siebert, Gunnar; Kempf, Stefan (Hrsg.): Benchmarking: Praxis in deutschen Unternehmen, Springer Verlag, Berlin, Heidelberg, S. 143-152

Gruszka, Anna (1999): Krajowa działalność normalizacyjna w zakresie zarządzania środowiskowego, in Klub Polskie Forum ISO 9000 (Ed.): Międzynarodowe forum zarządzania środowiskowego ISO 14000 „Nasza wspólna przyszłość", Klub Polskie Forum ISO 9000, o. O., S. 193-198

Günther, Klaus (1998): Betriebliches Umweltmanagement setzt sich in der Praxis durch, in UmweltWirtschaftsForum, 1/1998, S. 16-20

Günther, Klaus; Kottmann, Heinz (1998): ASU-Öko-Benchmarking: Umweltpreis fördert Vergleich von Umweltmanagementsystemen, in Kottmann, Heinz; Clausen, Jens (Hrsg.): Ökologisches Benchmarking von Unternehmen, IÖW-Schriftenreihe, Nr. 133/98, o. V., Berlin, S. 83-94

Günther, Thomas (1997): Möglichkeiten und Grenzen des Benchmarking im Controlling, in Sabisch, Helmut; Tintelnot, Claus (Hrsg.): Benchmarking – Weg zu unternehmerischen Spitzenleistungen, Schäffer Poeschel Verlag, Stuttgart, S. 175-185

Hamschmidt, Jost (1998): Auswirkungen von Umweltmanagementsytemen nach EMAS und ISO 14001 in Unternehmen, IWÖ-Diskussionsbeitrag Nr. 65, St. Gallen

Handelsgesetzbuch (1995), einschließlich Seehandelsrecht, Gesellschaftsrecht, Wertpapierrecht, Gütertransportrecht, Wettbewerbsrecht, C. H. Beck Verlag, München

Hansen, Ursula (1992): Umweltmanagement im Handel, in Steger, Ulrich (Hrsg.): Handbuch des Umweltmanagements, C. H. Beck Verlag, München, S. 733-755

Hardes, Heinz-Dieter; Krol, Rahmeyer, Fritz; Schmidt, Alfons (1993): Volkswirtschaftslehre, Mohr Verlag, Tübingen

Hauff, Michael von (1998): Der Markt für Umwelttechnik, in WISU 1/98, S. 78-83

Hauff, Michael von; Solbach, Daniel (1999): Persepektiven integrierter Umweltschutztechnologie, in Zeitschrift für Umweltpolitik und Umweltrecht, 1/99, S. 67-85

Haussmann, Helmut (1997): Vor- und Nachteile der Kooperation gegenüber anderen Internationalisierungsformen, in Macharzina, Klaus; Oesterle, Michael-Jörg (Hrsg.): Handbuch Internationales Management, Gabler Verlag, Wiesbaden, S. 459-474

Henn, Klaus-Peter (1993): Die Organisation des Umweltschutzes in Unternehmen, in Sietz, Manfred; Saldern, Andreas von (Hrsg.): Umweltschutz-Management und Öko-Auditing, Springer Verlag, Berlin, Heidelberg, S. 18-43

Hentrich, Steffen; Komar, Walter; Voss, Gerhard; Weisheimer, Martin (2001): Umweltschutz in Deutschland, IW-Themenheft, 2/2001, Deutscher Instituts-Verlag GmbH, Köln

Heppner, Karsten (1997): Organisation des Wissenstransfers, Gabler Verlag, Wiesbaden

Hilke, Wolfgang (1993): Markt, Marktformen und Marktverhaltensweisen, in Wittmann, Waldemar; Kern, Werner; Köhler, Richard; Küpper, Hans-Ulrich; Wysocki, Klaus v. (Hrsg.): Handwörterbuch der Betriebswirtschaft, Teilband 2, Schäffer-Poeschel Verlag, Stuttgart, Sp. 2769-2781

Hipp, Christiane; Renger, Guido (1998): Die Dynamik ökologischer Entwicklungsprozesse in Unternehmen, in ZfB, Ergänzungsheft 1/98 Betriebliches Umweltmanagement, S. 25-46

Hirschhausen, Christian von (2000): Enterprise Reform and Competition Analysis in the Post-socialist Context: Analytic Framework and Stylized Facts, in Hirschhausen, Christian von; Bitzer, Jürgen (Hrsg.): The Globalization of Industry and Innovation in Eastern Europe, Verlag Edward Elgar Cheltenham, UK; Northampton, MA, USA, S. 37-55

Homeyer, Ingmar von; Bär, Stefani; Carius, Alexander; Deim, Szilvia (2001): Umweltpolitik in Mittel- und Osteuropa, Books on Demand GmbH, Norderstedt

Homeyer, Ingmar von; Carius, Alexander (2000): Die Osterweiterung der Europäischen Union als Herausforderung für die Umweltpolitik, in Zeitschrift für Umweltpolitik & Umweltrecht, 3/2000, S. 337-368

Hoo, Sybren de (1997): The possibility of cleaner production worldwide, in Hillary, Ruth (Hrsg.): Environmental Management Systems and Cleaner Production, John Wiley & Sons Ltd. West Sussex, S. 49-57

Hopfenbeck, Waldemar (1994): Umweltorientiertes Management und Marketing, Verlag moderne industrie, Landsberg/Lech

Hopfenbeck, Waldemar; Jasch, Christine; Jasch, Andreas (1996): Lexikon des Umweltmanagements, Verlag moderne industrie

Horbach, Jens (1996): Umweltproblematik in den CEFTA-Ländern und Marktchancen für Umwelttechnik, in Wirtschaft im Wandel 10/1996, S. 9-12

Horváth, Péter; Reichmann, Thomas (1993): Vahlens Großes Controllinglexikon, Verlag Franz Vahlen GmbH, München

Hřebíček, Jiří (2000): Der Umwelttechnikmarkt in Tschechien, in Kramer, Matthias; Wagner, Robert (Hrsg.): Umweltintegrierte Konzepte und Technologien in Mittel- und Osteuropa, Gabler Verlag, Wiesbaden, S. 14-27

http://emcentre.com/cpglblstatus (30.03.02)

http://erfurt.de/erfurt/dt/Pages/HA10/hh1412.htm (30.03.02)

http://www.14001news.de (30.03.02)

http://www.agenda21wiesbaden.de/Oekoprofit.htm (30.03.02)

http://www.augsburg.de/Seiten/augsburg_d/umwelt/lokale_agenda_21/oekoprofit (30.03.02)

http://www.baumgroup.de (30.03.02)

http://www.cemc.cz (30.03.02)

http://www.cpc.at (30.03.02)

http://www.cpc.cz (30.03.02)

http://www.europa.eu.int/comm/environment/emas (30.03.02)

http://www.graz.at/umwelt/uamt/oekoprofit (30.03.02)

http://www.hamburg.de/Behoerden/Umweltbehoerde/FachamtK (30.03.02)

http://www.inem.org (30.03.02)

http://www.inem.pl (30.03.02)

http://www.muenster.de/stadt/umweltamt/wu/oekoprofit.htm (30.03.02)

http://www.oekoprofit-berlin.de (30.03.02)

http://www.unepie.org (30.03.02)

http://www.unepie.org/pc/cp (30.03.02)

http://www.unido.org (30.03.02)

http://www-user.tu-cottbus.de (30.03.02)

http://zeus.polsl.gliwice.pl/~polccp (30.03.02)

Hub, Michael (2000): Quo vadis EMAS, in ForUM 1/2000, S. 39-41

Hummels, Henning (1998): Anreize zur Standardisierung umweltverträglichen Verhaltens multinationaler Unternehmen, Peter Lang Verlag, Frankfurt am Main

Hupka, Jan (1997): Seperation Techniques – Key to Cleaner Production, in o.V.: Environmental Management in the Baltic Sea Region, Drukarnia Misiuro, Gdansk, S. 57-62

Hüwels, Hermann (2000): Neuer Schwung durch EMAS II?, in ForUM 2/2000, S. 22-25

Hýbšova, Zdenka (2002): Global Environmental Management Survey in der Tschechischen Republik, in Kramer, Matthias et al. (Hrsg.): Grundlagen eines ganzheitlichen Managements, S. 262-294, erscheint demnächst

Institut der deutschen Wirtschaft (2001): IW-Umweltservice, 2/2001

International Network for Environmental Management (1999): Case Studies in Environmental Management in Central and Eastern Europe, Greenleaf Publishing Ltd., Sheffield

International Organization for Standardization (1998): ISO 14000 - Meet the whole family, o. V., Geneve

International Organization for Standardization (2001): ISO Survey of ISO 9000 und ISO 14000 Certificates - Tenth cycle, o. V., o. O.

International Organization for Standardization (2001-CD-Version): ISO Survey of ISO 9000 und ISO 14000 Certificates - Tenth cycle, CD-Version

Jäger, Thomas; Wellhausen, Anja; Birke, Martin; Scharz, Michael (1998): Umweltschutz, Umweltmanagement und Umweltberatung, Ergebnisse einer Befragung in kleinen und mittleren Unternehmen, o. V., Köln

Janzen, Henrik (1998): Die Bedeutung des Öko-Audits für das betriebliche Umwelt- und Risikomanagement, in Doktoranden-Netzwerk Öko-Audit e. V. (Hrsg.): Umweltmanagementsysteme zwischen Anspruch und Wirklichkeit, Springer Verlag, Berlin, Heidelberg, S. 59-84

Jasch, Andreas (1997): Das Umweltaudit und die nationale und internationale Normung, in Löbel, Jürgen; Schörghuber, Wolfgang (Hrsg.): EU-Umweltaudits, Springer Verlag, Berlin, Heidelberg, S. 71-89

Jáskiewicz, Jacek (1999): Situationsbeschreibung im Bereich des Umweltschutzes in Polen - Forschritt und Perspektiven, in Kramer, Matthias; Brauweiler, Hans-Christian (Hrsg.): Internationales Umweltrecht, Gabler Verlag, Wiesbaden, S. 15-21

Joergensen, Michael Soegaard (1996): Education and Manpower Development for Cleaner Production, in Misra, Krishna B. (Ed.): Clean Production, Environmental and Economic Perspectives, Springer Verlag, Berlin, Heidelberg, S. 799-831

Johanson, Jan; Vahlne, Jan-Erik (1977): The Internationalization Process of a Firm: A Model of Knowledge Development and Increasing Foreign Market Commitments, in Journal of International Business Studies, 8. Jg., Heft 1, S. 23-32

Joklová, Daniela (2000): Transfer und Anwendung von EU-Direktiven in der Tschechischen Republik, in Kramer, Matthias; Brauweiler, Hans-Christian (Hrsg.): Gewässerschutz- und Hochwasserschutzrecht, Gabler Verlag, Wiesbaden

Jones, Tom (2000): Die OECD-Leitsätze für multinationale Unternehmen, in Fichter, Klaus; Schneidewind, Uwe (Hrsg.): Umweltschutz im globalen Wettbewerb, Springer Verlag, Berlin, Heidelberg, S. 81-90

Jost, Thomas (2001): Wettbewerbsvorteile deutscher Unternehmen in Mittel- und Osteuropa, in WiST, Heft 1, Januar 2001, S. 23-29

Juchler, Jakob (2000): Zehn Jahre Transformationsprozess in Polen, in Osteuropa, 2/2000, S. 189-200

Jung, Hans (1994): Allgemeine Betriebswirtschaftslehre, R. Oldenbourg Verlag GmbH, München, Wien

Kajüter, Peter (2000): Strategieunterstützung durch Benchmarking, in Welge, Martin K.; Al-Laham, Andreas; Kajüter, Peter (Hrsg.): Praxis des strategischen Managements, Gabler Verlag, Wiesbaden, S. 113-131

Kaminske, G. F. (Hrsg.) (1995): Umweltmanagement, Moderne Methoden und Techniken zur Umsetzung, Carl Hanser Verlag München, Wien

Karlöf, Bengt; Östblom, Svante (1994): Das Benchmarking Konzept, Verlag Franz Vahlen, München

Kaupe, Guido (1998): Schnittstellen zwischen dem UVP-Gesetz, der EG-Öko-Audit-Verordnung und der IVU-Richtlinie, in Doktoranden-Netzwerk Öko-Audit e. V. (Hrsg.): Umweltmanagementsysteme zwischen Anspruch und Wirklichkeit, Springer Verlag, Berlin, Heidelberg, S. 199-220

Kaźmierczyk, Paweł (1997): The Environmental Technology Market in Central and Eastern Europe, published by ProTeria, Szentendre

Kaźmierczyk, Paweł; Reinfried, Dieter (2000): Die Umweltschutzsituation in Mittel- und Osteuropa, in Kramer, Matthias; Wagner, Robert (Hrsg.): Umweltintegrierte Konzepte und Technologien in Mittel- und Osteuropa, Gabler Verlag, Wiesbaden, S. 1-4

Kehlenbeck, Christian (2000): Wissensmanagement: Ziele und Gestaltungsempfehlungen, o. V., o. O.

Kiel, Thomas (2001): EMAS II, in UmweltWirtschaftsForum 2/2001, S. 40-45

Kienbaum, Jochen; Schröder, Andreas (1997): Benchmarking in der Praxis, in Kienbaum, Jochen (Hrsg.): Benchmarking Personal: von den Besten lernen, Schäffer-Poeschel Verlag, Stuttgart, S. 3-13

Kirchgeorg, Manfred (1995): Umweltorientierte Unternehmensstrategien im Längsschnittvergleich von 1988-1994, in Freimann, Jürgen; Hildebrandt, Eckart (Hrsg.): Praxis der betrieblichen Umweltpolitik, Gabler Verlag, Wiesbaden, S. 57-74

Klenger, Franz (1997): Operatives Controlling, R. Oldenbourg Verlag, München, Wien

Klink, Götz Oliver (1996): Genese einer ökologieorientierten Unternehmensführung, ein evolutionstheoretisches Modell, Erich Schmidt Verlag, Berlin

Klipphahn, Veit (1997): Umweltmanagement und Umwelt-Auditing, Peter Lang Verlag, Frankfurt am Main

Körschges, Adolf (1997): Benchmarking bei 3M - Managing Total Quality, in Sabisch, Helmut; Tintelnot, Claus (Hrsg.): Benchmarking – Weg zu unternehmerischen Spitzenleistungen, Schäffer-Poeschel Verlag, Stuttgart, S. 167-173

Kosta, Jiří (1995): Länderanalyse Tschechische Republik, in Weidenfeld, Werner (Hrsg.): Demokratie und Marktwirtschaft in Osteuropa, Bundeszentrale für politische Bildung, Schriftenreihe, Band 329, Bonn, S. 143-156

Kosta, Sebastian; Hassan, Ali (1997): Umweltmanagementsysteme in der chemischen Industrie, Springer Verlag, Berlin, Heidelberg

Krajewski, Michał (1999): Zavádění systémů environmentálního managementu (EMS) v Polsku, in České ekologické manažerské centrum; Česká podnikatelská rada pro udřzitelný rozvoj (Ed.): Aspekty, Speciál 99 ISO 14001/EMAS, S. 36-38

Kramer, Matthias (1990): Ein einzelbetrieblich basiertes Simulationsmodell der regionalen Agrarstrukturentwicklung, Lit Verlag, Münster

Kramer, Matthias (1999): Internationales Umweltmanagement in Mittel- und Osteuropa, in Seidel, Eberhard (Hrsg.): Betriebliches Umweltmanagement im 21. Jahrhundert, S. 147-165

Kramer, Matthias; Brauweiler, Hans-Christian (1999): Grenznaher Raum und internationale Zusammenarbeit auf ökologischem Gebiet unter besonderer Berücksichtigung der deutsch-polnischen Kooperation, in Kramer, Matthias; Brauweiler, Hans-Christian (Hrsg.): Internationales Umweltrecht, Gabler Verlag, Wiesbaden, S. 207-223

Kramer, Matthias; Brauweiler, Hans-Christian (Hrsg.) (1999): Internationales Umweltrecht, Gabler Verlag, Wiesbaden

Kramer, Matthias; Brauweiler, Hans-Christian (Hrsg.) (2000): Gewässerschutz- und Hochwasserschutzrecht, Gabler Verlag, Wiesbaden

Kramer, Matthias; Brauweiler, Hans-Christian (Hrsg.) (2002): Naturschutzrecht und Nutzungskonflikte, Gabler Verlag Wiesbaden

Kramer, Matthias; Brauweiler, Hans-Christian; Urbaniec, Maria (1999a): Einfluß der Umweltgesetze auf Marktentwicklung und Finanzbedarf des polnischen Umweltmarktes, in Kramer, Matthias; Brauweiler, Hans-Christian (Hrsg.): Internationales Umweltrecht, Gabler Verlag, Wiesbaden, S. 225-242

Kramer, Matthias; Brauweiler, Jana (2001): Umweltpartnerschaften zum Aufbau betrieblicher Umweltmanagementsysteme, in Barkenthien, Hans-Peter; Kramer, Matthias (Hrsg.): Neue Wege zu Umweltpartnerschaften mit Mittel- und Osteuropa, Erich Schmidt Verlag, Berlin, S. 196-209

Kramer, Matthias; Brauweiler, Jana; Gozdziaszek, Piotr (1998): Implementierung des Umwelt-Audit-Systems nach der EG-Verordnung im internationalen Maßstab am Beispiel von Produktionsstandorten der Dr. August Oetker Nahrungsmittel KG in Deutschland und Polen, in Kramer, Matthias; Reichel, Markus (Hrsg.): Internationales Umweltmanagement und europäische Integration, Gabler Verlag, Wiesbaden, S. 187-200

Kramer, Matthias; Brauweiler, Jana; Lehmann, Markus (2000): Portfolio- und ABC-Analyse als Instrument eines internationalen Branchenstrukturvergleichs am Beispiel Deutschland, Polen und Tschechien und der Euroregion Neisse, in OsteuropaWirtschaft 3/2000, S. 221-256

Kramer, Matthias; Brauweiler, Jana; Urbaniec, Maria (1999b): Entwicklungstendenzen des polnischen Abfallmarktes – dargestellt unter besonderer Berücksichtigung der rechtlichen Rahmenbedingungen für die Verwertung und Entsorgung organischer Abfälle, in Kramer, Matthias; Brauweiler, Christian (Hrsg.): Internationales Umweltrecht, Gabler Verlag, Wiesbaden, S. 243-262

Kramer, Matthias; Brauweiler, Jana; Vaněček, Vojtěch; Hyršlová, Jaroslava; Obršalová, Ilona (1998): Umweltkostenmanagement in einem Chemieunternehmen der Tschechischen Republik, in Kramer, Matthias; Reichel, Markus (Hrsg.): Internationales Umweltmanagement und europäische Integration, Gabler Verlag, Wiesbaden, S. 215-233

Kramer, Matthias; Brauweiler, Jana; Wasiak, Beata; Klonz, Ewa (1998): Analyse des umwelttechnischen Marktpotentials in der polnischen Mineralölbranche nach dem Bottom-up-Ansatz, in Kramer, Matthias; Reichel, Markus (Hrsg.): Internationales Umweltmanagement und europäische Integration, Gabler Verlag, Wiesbaden, S. 201-214

Kramer, Matthias; Reichel, Markus (2001): Umweltpartnerschaften – Voraussetzungen und Evaluierungsaspekte, in Barkenthien, Hans-Peter; Kramer, Matthias (Hrsg.): Neue Wege zu Umweltpartnerschaften mit Mittel- und Osteuropa, Erich Schmidt Verlag, Berlin, S. 8-15

Krcmar, Helmut; Rehäuser, Jacob (1997): Benchmarking im Informationsmanagement - ein Rahmenkonzept, in Sabisch, Helmut; Tintelnot, Claus (Hrsg.): Benchmarking – Weg zu unternehmerischen Spitzenleistungen, Schäffer-Poeschel Verlag, Stuttgart, S. 123-132

Kreikebaum, Hartmut (1998): Organisationsmanagement internationaler Unternehmen, Gabler Verlag, Wiesbaden

Kreimeier, Nils (2001): Grüne Punkte im „Schwarzen Dreieck“, in Ost-West-Contact, 1/2001, S. 16-18

Kreis Aachen (Hrsg.) (2002): Auszeichnung ÖKOPROFIT Betriebe, Caritas Behindertenwerk GmbH, o. O.

Kreis Minden-Lübecke (Hrsg.) (2002): ÖKOPROFIT im Kreis Minden-Lübecke, mail druck + medien, o. O.

Kreuz, Werner (1997): Prozeß-Benchmarking – Voraussetzung zur Optimierung von Abläufen im Unternehmen, in Sabisch, Helmut; Tintelnot, Claus (Hrsg.): Benchmarking – Weg zu unternehmerischen Spitzenleistungen, Schäffer-Poeschel Verlag, Stuttgart, S. 24-33

Krinn, Helmut; Meinholz, Heinz (1997): Einführung eines Umweltmanagementsystems in kleinen und mittleren Unternehmen, Springer Verlag, Berlin, Heidelberg

Kriwald, Torsten; Haasis, Hans-Dietrich (2001): Betriebliches Wissensmanagement in Produktion und Umweltschutz, in Haasis, Hans-Dietrich; Kriwald, Torsten (Hrsg.): Wissensmanagement in Produktion und Umweltschutz, Springer Verlag, Berlin, Heidelberg, S. 1-19

Krüger, Rolf; Steven, Marion (2000): Supply Chain Management im Spannungsfeld von Logistik und Management, in WiST, Heft 9, 2000, S. 501-507

Krystek, Ulrich; Zur, Eberhard (1997a): Internationalisierung als Herausforderung für die Unternehmensführung: Eine Einführung, in Krystek, Ulrich; Zur, Eberhard (Hrsg.): Internationalisierung, Springer Verlag, Berlin, Heidelberg, S. 3-17

Krystek, Ulrich; Zur, Eberhard (1997b): Strategische Allianzen als Alternative zur Akquisition?, in Krystek, Ulrich; Zur, Eberhard (Hrsg.): Internationalisierung, Springer Verlag, Berlin, Heidelberg, S. 131-149

Kubr, Milan; Wallace, John (1983): Success and Failures in Meeting the Management Challenge, World Bank Staff Working Papers Number 585, Management and development subseries Number 12, World Bank, Washington

Kühne, Olaf (1999): Transformation und Umwelt in Ostmitteleuropa, in Osteuropa 11/12/1999, S. 1245-1259

Kumar, Brij, N.; Epple, Philipp (1997): Exporte, Kooperationen und Auslandsgesellschaften als Stationen des Lernens im Internationalisierungsprozeß, in Macharzina, Klaus; Oesterle, Michael-Jörg (Hrsg.): Handbuch Internationales Management, Gabler Verlag, Wiesbaden, S. 309-324

Kummer, Sebastian (2001): Internationalisierung von Produktionsstrukturen - Ursache von oder Schutz gegen Umweltdumping, in Kramer, Matthias; Brauweiler, Jana (Hrsg.): Umweltorientierte Unternehmensführung und ökologische Steuerreform, Gabler Verlag, Wiesbaden, S. 33-45

Landesanstalt für Umweltschutz Baden-Württemberg (1994): Umweltmanagement in der metallverarbeitenden Industrie, o. V., Karlsruhe

Landesanstalt für Umweltschutz Baden-Württemberg; Umweltministerium Baden-Württemberg (Hrsg.) (1994): Umweltmanagementsystem, ein Modellhandbuch, Texdat-Service gem. GmbH Weinheim, Karlsruhe

Landeshauptstad München (Hrsg.) (2000): Münchener ÖKOPROFIT Betriebe, Auszeichnung 2001, M. Saupe Co. GmbH, o. O.

Landeshauptstadt Erfurt; Stadtverwaltung (o. J.): ÖKOPROFIT Erfurt, Formulardruck Hergl, o. J.

Landeshauptstadt Hannover (Hrsg.) (2002): ÖKOPROFIT Hannover 2001, Carl Albrecht Druckerei + Verlag, o. O.

Landkreis Kehlheim (Hrsg.) (2001): ÖKOPROFIT Kehlheim 2001, M. Saupe & Co. GmbH, o. O.

Langner, Heike (1997): Kundenorientierte Auswahl von Benchmarking-Prozessen, in Sabisch, Helmut; Tintelnot, Claus (Hrsg.): Benchmarking – Weg zu unternehmerischen Spitzenleistungen, Schäffer-Poeschel Verlag, Stuttgart, S. 107-114

Lehmann-Waffenschmidt, Marco (2000): Zehn Jahre deutsche Wiedervereinigung - nur ein makroökonomisches Problem?, in Hamburger Jahrbuch für Wirtschafts- und Gesellschaftspolitik 45/2000, S. 41-60

Löffelholz, Josef (1980): Repetitorium der Betriebswirtschaftslehre, Gabler Verlag, Wiesbaden

Ludwig, Helmuth (1996): Stratgisches Benchmarking international tätiger Unternehmen anhand von publizierten Daten, Wissenschaftsverlag Vauk Kiel KG, Kiel

Luken, Ralph (1996): UNIDO Technical Assistance for Cleaner Production, in Misra, Krishna B. (Ed.): Clean Production, Environmental and Economic Perspectives, Springer Verlag, Berlin, Heidelberg, S. 279-284

Macharzina, Klaus (1982): Theorie der internationalen Unternehmenstätigkeit - Kritik und Ansätze einer integrativen Modellbildung, Institut für Betriebswirtschaftslehre, Nr. 14/1982, o. V., o. O.

Macharzina, Klaus; Oesterle, Michael-Jörg (1997): Das Konzept der Internationalisierung im Spannungsfeld zwischen praktischer Relevanz und theoretischer Unschärfe, in Macharzina, Klaus; Oesterle, Michael-Jörg (Hrsg.): Handbuch Internationales Management, Gabler Verlag, Wiesbaden, S. 3-21

Matschke, Manfred Jürgen (1993): Investitionsplanung und Investitionskontrolle, Verlag Neue Wirtschafts-Briefe, Herne Berlin

Matuszak-Flejszman, Alina (1999): Warunki wdrażania systemu zarządzania środowiskowego według normy ISO 14001 w polskich przedsiębiorstwach, in Klub Polskie Forum ISO 9000 (Ed.): Międzynarodowe forum zarządzania środowiskowego ISO 14000 „Nasza wspólna przyszłość", Klub Polskie Forum ISO 9000, o. O., S. 123-134

Matuszak-Flejszman, Alina (2001): Jak Skutecznie Wdrozyc System Zarzadzania Srodowiskowego WG Normy ISO 14001, Pzits, Poznan

Meffert, Heribert; Kirchgeorg, Manfred (1994): Grundlagen des Umweltschutzes aus wettbewerbsstrategischer Perspektive, in Hansmann, Karl-Werner (Hrsg.): Schriften zur Unternehmensführung, Band 50/51, S. 21-58

Meffert, Heribert; Kirchgeorg, Manfred (1998): Marktorientiertes Umweltmanagement, Schäffer-Poeschel Verlag, Stuttgart

Meissner, Hans Günter (1994): Internationales Marketing und internationale Politik - Abhängigkeiten, Einflußfaktoren und Strukturen, in Schiemenz, Bernd; Wurl, Hans-Jürgen (Hrsg.): Internationales Management, Gabler Verlag, Wiesbaden, S. 45-59

Meissner, Hans Günther (1995): Eintrittsstrategien auf west- und osteuropäischen Märkten, in Scholz, Christian; Zentes, Joachim (Hrsg.): Strategisches Euro-Management, Schäffer-Poeschel Verlag, Stuttgart, S. 115-133

Meißner, Werner; Fassing, Werner (1989): Wirtschaftsstruktur und Strukturpolitik, Verlag Franz Vahlen, München

Mense-Petermann, Ursula (1997): Betriebliche Restrukturierung im Ländervergleich, in Journal for East European Management Studies, 2/1997, S. 173-197

Merten, Peter (1985): Know-How-Transfer durch multinationale Unternehmen in Entwicklungsländer, Erich Schmidt Verlag, Berlin

Meyernick, Lutz von (1997): Arbeitssicherheit, Gesundheits- und Umweltschutz im global tätigen Unternehmen – Betriebswirtschaftliche Chance oder Verringerung von Effizienzpotentialen, in Macharzina, Klaus; Oesterle, Michael-Jörg (Hrsg.): Handbuch Internationales Management, Gabler Verlag, Wiesbaden, S. 847-858

Michaelowa, Axel (1995): Internationale Kompensationsmöglichkeiten zur CO_2-Reduktion unter Berücksichtigung steuerlicher Anreize und ordnungrechtlicher Maßnahmen, HWWA-Report Nr. 152, HWWA-Institut für Wirtschaftsforschung, Hamburg

Mikoláš, Jan (1999): Projekt Phare na podporu EMAS odstartován, in České ekologické manažerské centrum; Česká podnikatelská rada pro udržitelný rozvoj (Ed.): Aspekty, Speciál 99 ISO 14001/EMAS, S. 28-29

Misra, Krishna B. (1996): Performance Perspective for Cleaner Production, in Misra, Krishna B. (Ed.): Clean Production, Environmental and Economic Perspectives, Springer Verlag, Berlin, Heidelberg, S. 721-750

Möller, Liane (1997): Ökologische Probleme der politischen Veränderungen in Osteuropa, Verlag Haag und Herchen, Frankfurt am Main

Möller, Liane (1999): Ökonomische Instrumente der Umweltpolitik in den Reformländern Mittel- und Osteuropas, Metropolis Verlag, Marburg

Müller, Stefan; Kornmeier, Martin (1997): Motive und Unternehmensziele als Einflußfaktoren der Einzelwirtschaftlichen Internationalisierung, in Macharzina, Klaus; Oesterle, Michael-Jörg (Hrsg.): Handbuch Internationales Management, Gabler Verlag, Wiesbaden, S. 71-101

Müller-Stewens, Günter; Lechner, Christoph (1997): Unternehmensindividuelle und gastlandbezogene Einflußfaktoren der Markteintrittsform, in Macharzina, Klaus; Oesterle, Michael-Jörg (Hrsg.): Handbuch Internationales Management, Gabler Verlag, Wiesbaden, S. 231-252

Nevel, Lutgart van; Taylor, Philip D. P.; Ornemark, Ulf; Moody, John R.; Heumann, Klaus G.; De Bièvre, Paul: The International Measurement Evaluation Programme (IMEP) IMEP-6: „Trace elements in water", in Acceditation and Quality Assurance, 1998, S. 56-68

Nickel, Hans-Peter; Radtke, Philipp (1998): Umsetzung umweltbewußter Unternehmensführung bei der Deutschen Waggonbau AG auf Grundlage des Berliner Modells, in Winter, Georg (Hrsg.): Das umweltbewußte Unternehmen, Verlag Franz Vahlen, München, S. 223-232

Nicodemus, Gerd R. (1998): Reale Optionswerte in der Umweltökonomie, Physica-Verlag, Heidelberg

Nill, Jan; Lünenbürger, Benjamin; Petschow, Ulrich (2000a): Beitrittshemmniss Umweltstandards?, in Ökologisches Wirtschaften, 6/2000, S. 7-8

Nill, Jan; Lünenbürger, Benjamin; Petschow, Ulrich (2000b): EU-Osterweiterung und Umweltschutz am Beispiel Polen, Schriftenreihe des IÖW Nr. 154/2000, Berlin

Nissen, Ulrich; Pape, Jens; Vollmer, Simone A. M.; Kreiner-Cordes, Gerald (1998): Der an die EU-Mitgliedstaaten gerichtete Regelungsauftrag zur Unterrichtung der Öffentlichkeit über die EG-Öko-Audit-Verordnung, in Doktoranden-Netzwerk Öko-Audit e. V. (Hrsg.): Umweltmanagementsysteme zwischen Anspruch und Wirklichkeit, Springer Verlag, Berlin, Heidelberg, S. 109-129

Nowak, Zygfryd (1997): The Role of CP Centers - European Roundtable on Cleaner Production, o. V., Oslo

Nowak, Zygfryd (2002): Das „Cleaner Production Concept" als Strategie für eine nachhaltige Entwicklung von Unternehmen in Polen, in Kramer, Matthias et al. (Hrsg.): Grundlagen eines ganzheitlichen Managements, S. 311-338, erscheint demnächst

Nowak, Zygfryd (Ed.) (2000): Cleaner Production - the Polish CP-Programme after 10 years, „Polish CP Movement" Society, Katowice

Nowak, Zygfryd; Wasilewski, Marek; Szmal, Arkadiusz (1996): Jak uzyskać świadectwo przedsiebiorstwa czystszej produkcji, Polskie Centrum Czystszej Produkcji, Katowice

o. V. (1996): Zentrale Brückenkopf-Funktion, in iwd, 50/1996, S. 4-5

o. V. (1997a): Finanzkraft schnell erschöpft, in Technik für Umweltschutz Jahrbuch 1996/1997, S. 18-20

o. V. (1997b): Polen ist offen, in UmweltMagazin April 1997, S. 24

o. V. (1997c): Praktikable Konzepte fehlen noch, in iwd, Nr. 44/1997, S. 8

o. V. (1998): Internationale Organisationen und Netzwerke zur Förderung des Umweltmanagements, in Fichter, Klaus; Clausen, Jens (Hrsg.): Schritte zum nachhaltigen Unternehmen, 1998, Springer Verlag, Berlin, Heidelberg, S. 263-306

o. V. (2000a): Neues EMAS und neue Leitfäden, in Unternehmen&Umwelt, 1/00, S. 23

o. V. (2000b): Revision der ISO 14.000ff. Standards, in Ökologisches Wirtschaften 6/2000, S. 2

o. V. (2000c): Umweltschutz Polen: Umweltmanagement verbreitet sich nur langsam, in bfai-Info Osteuropa 7/2000, S. 22-24

OECD (Hrsg.) (1997): OECD Environmental Data, Compendium 1997, o. V., Paris

OECD (Hrsg.) (1999): OECD Environmental Data, Compendium 1999, o. V., Paris

Olszynski, Jozef; Vogel, Otto (1991): Polen auf dem Weg in die Marktwirtschaft, Zwischenbilanz und Ausblick, Beiträge zur Wirtschafts- und Sozialpolitik, Nr. 194, 8/1991, Institut der deutschen Wirtschaft, Köln

Orthmann, Frank (1998): Der Stand der Diskussion über Deregulierungs- und Substitutionsmaßnahmen im Zusammenhang mit der EG-Öko-Audit-Verordnung, in Doktoranden-Netzwerk Öko-Audit e. V. (Hrsg.): Umweltmanagementsysteme zwischen Anspruch und Wirklichkeit, 1998, Springer Verlag, Berlin, Heidelberg, S. 131-142

Ost- und Mitteleuropa Verein e. V. (1999): Benchmarking der Markterschließungsstrategien wichtiger Wettbewerber Deutschlands auf den Märkten Mittel- und Osteuropas, o. V., Hamburg

Pape, Jens (2001): Neuer Wind durch EMAS II?, in Ökologisches Wirtschaften, 1/2001, S. 6-7

Pawlowsky, Peter (1998): Integratives Wissensmanagement, in Pawlowsky, Peter (Hrsg.): Wissensmanagement, Gabler Verlag, Wiesbaden, S. 9-45

Perlitz, Manfred (1995): Internationales Management, Gustav Fischer Verlag, Stuttgart, Jena

Perlitz, Manfred (1997): Spektrum kooperativer Internationalisierungsformen, in Macharzina, Klaus; Oesterle, Michael-Jörg (Hrsg.): Handbuch Internationales Management, Gabler Verlag, Wiesbaden, S. 441-457

Peters, Hans-Rudolf (1996): Sektorale Strukturpolitik, R. Oldenbourg Verlag, München, Wien

Petschow, Ulrich; Hübner, Kurt; Dröge, Susanne; Meyerhoff, Jürgen (1998): Nachhaltigkeit und Globalisierung, Springer Verlag, Berlin, Heidelberg

Pfliegner, Kerstin (1997): International voluntary standards – the potential for trade barriers, in Hillary, Ruth (Hrsg.): Environmental Management Systems and Cleaner Production, John Wiley & Sons Ltd. West Sussex, S. 37-47

Pieske, Reinhard (1995): Die Auswahl von Benchmarking-Partnern, in Mertins, Kai; Siebert, Gunnar; Kempf, Stefan (Hrsg.) Benchmarking: Praxis in deutschen Unternehmen, Springer Verlag, Berlin, Heidelberg, S. 49-71

Pieske, Reinhard (1997): Benchmarking in der Praxis, Verlag moderne industrie, Landsberg/Lech

Piontek, Jochem (1996): Controlling, R. Oldenbourg Verlag, München, Wien

Pischon, Alexander; Iwanowitsch, Dirk (1998): Generische Managementsyteme als zukünftige Option, in Doktoranden-Netzwerk Öko-Audit e. V. (Hrsg.): Umweltmanagementsysteme zwischen Anspruch und Wirklichkeit, Springer Verlag, Berlin, Heidelberg, S. 313-350

Piskorski, Krzysztof (2002): Global Environmental Management Survey (GEMS) in Polen, in Kramer, Matthias et al. (Hrsg.): Grundlagen eines ganzheitlichen Managements, S. 229-245, erscheint demnächst

Polanyi, Michael (1966): The tacit dimension, Doubleday & Company Inc., Garden City, New York

Poltermann, Gabriele (1998): Erste Erfahrungen mit der Anwendung der DIN ISO 14.001 – eine empirische Untersuchung, in Doktoranden-Netzwerk Öko-Audit e. V. (Hrsg.): Umweltmanagementsysteme zwischen Anspruch und Wirklichkeit, Springer Verlag, Berlin, Heidelberg, S. 287-311

Poltermann, Gabriele, Berret, Sonja (1998): ISO 14000ff und Öko-Audit - Methodik und Umsetzung, Forschungsbericht des Instituts für Energiewirtschaft und Rationelle Energieanwendung, Band 48, Stuttgart

Ponert, Jiří (1998): Einführung von EMAS, in Brauweiler, Christian; Vojtášová, Pavla; Hřebíček (Hrsg.): Umweltmärkte Mittel- und Osteuropa, Sammelband zum deutsch-tschechischen Workshop auf der EnviBrno 1998, Brno, S. 51-53

Prehn, Marco; Richter, Gabriele; Schwedt, Birgit; Tiebler, Petra (1998): Auswertung der Ergebnisse von Modellprojekten zur Umsetzung der EG-Umwelt-Audit-Verordnung, in Umweltbundesamt (Hrsg.): Umweltmanagement in der Praxis, Teilergebnisse des Forschungsvorhabens (Teile I bis III) zur Vorbereitung der 1998 vorgesehenen Überprüfung des gemeinschaftlichen Öko-Audit-Systems, Texte 29/98, o. V., Berlin, S. 1-142

Preißler, Peter R. (1996): Controlling, R. Oldenbourg Verlag, München, Wien

PricewaterhouseCoopers Praha; Environmental Management Office s.r.o. Praha; BIJO TC a.s. Praha; AQ-test spol. s.r.o Ostrava (Ed.) (2000): Support to the introduction of environmental management and auditing system (EMAS), Final Report, o. O., unveröffentlicht

Pritsch, Olaf; Vollmar, Thomas (1998): Einführung eines prozeßorientierten und integrierten Managementkonzeptes bei den Berliner Wasserbetrieben, in Winter, Georg (Hrsg.): Das umweltbewußte Unternehmen, Verlag Franz Vahlen, München, S. 282-297

Probst, Gilbert; Romhardt, Kai (1996): Bausteine des Wissensmanagements - ein praxisorientierter Ansatz, Université de Genève, Genève

Pysz, Piotr (1997): Wirtschaftswachstum in Polen versus makroökonomische Stabilität in der Tschechischen Republik – 1990-1996, in Journal for East European Management Studies, 2/1997, S. 139-160

Rall, Wilhelm (1994): Internationale Strategische Allianzen - Wege zum Erfolg, in Pausenberger, Ehrenfried (Hrsg.): Internationalisierung von Unternehmen, Schäffer-Poeschel Verlag, Stuttgart, S. 31-46

Rall, Wilhelm (1999): Globale Organisationen: Fundament des Erfolgs im Weltmarkt, in Giesel, Franz; Glaum, Martin (Hrsg.): Globalisierung, Herausforderungen an die Unternehmensführung zu Beginn des 21. Jahrhunderts, C. H. Beck Verlag, München, S. 89-115

Rau, Harald (1999): Mit Benchmarking an die Spitze, Falken Verlag, Niederhausen/Ts.

Rauberger, Rainer (1998): Benchmarking mit Umweltkennzahlen bei Banken, in Kottmann, Heinz; Clausen, Jens (Hrsg.): Ökologisches Benchmarking von Unternehmen, IÖW-Schriftenreihe, Nr.133/98, o. V., Berlin, S. 17-37

Reiplinger, Peter (2000): Zusammenarbeit zwischen Sachsen und den Nachbarländern in Grenzgewässerfragen, in Kramer, Matthias; Brauweiler, Hans-Christian (Hrsg.): Gewässerschutz- und Hochwasserschutzrecht, Gabler Verlag, Wiesbaden, S. 39-54

Reisinger, Helmut (1994): Marktoffensive in Osteuropa, Übernahme oder Neugründung von Unternehmen, Signum Verlag Ges. m. b. H. & Co. KG, Wien

Reiß, Michael; Corsten, Hans (1995): Schnittstellenfokussierte Unternehmensführung, in Corsten, Hans; Reiß, Michael (Hrsg.): Handbuch der Unternehmensführung, Konzepte-Instrumente-Strategien, Gabler Verlag, Wiesbaden, S. 5-18

Remtová, Květa (2002): Anwendungsstand von EMAS und ISO 14001 in Tschechien, in Kramer, Matthias et al. (Hrsg.): Grundlagen eines ganzheitlichen Managements, S. 295-309, erscheint demnächst

Roustan, Michel; Laigo, Sandrine; Caille, Jeanne; Roulph, Christian (1996): Basic Concepts of Cleaner Technologies, in Misra, Krishna. B. (Ed.): Clean Production, Environmental and Economic Perspectives, Springer Verlag, Berlin, Heidelberg, S. 171-182

Russ, Marje (1997): Linking cleaner production and ISO 14001 environmental management systems in New Zealand, in Hillary, Ruth (Hrsg.): Environmental Management Systems and Cleaner Production, John Wiley & Sons Ltd. West Sussex, S. 107-116

Sabisch, Helmut (1997): Benchmarking als notwendiger Bestandteil des Innovationsmanagements im Unternehmen, in Sabisch, Helmut; Tintelnot, Claus (Hrsg.): Benchmarking – Weg zu unternehmerischen Spitzenleistungen, Schäffer-Poeschel Verlag, Stuttgart, S. 1-13

Sächsisches Staatsministerium für Umwelt und Landesentwicklung (Hrsg.) (1994): Umweltmanagement in der Textilindustrie, o. V., Dresden

Sächsisches Staatsministerium für Umwelt und Landesentwicklung (Hrsg.) (1998a): Kursbuch Umwelt – Journal des Sächsischen Staatsministerium für Umwelt und Landesentwicklung, 1/1998

Sächsisches Staatsministerium für Umwelt und Landwirtschaft (Hrsg.) (1998b): Praxisleitfaden Öko-Audit, Handbuch zum Umweltrecht, Druckerei Vetters, Dresden

Sächsisches Staatsministerium für Wirtschaft und Arbeit (Hrsg.) (1993): Wirtschaft und Arbeit in Sachsen 1993, o. V., Dresden

Sächsisches Staatsministerium für Wirtschaft und Arbeit (Hrsg.) (1996): Wirtschaft und Arbeit in Sachsen 1996, o. V., Dresden

Schanz, Kai-Uwe (1995): Internationale Unternehmensstrategien in der neuen WTO-Weltordnung, Verlag Rüegger AG, Chur/Zürich

Schitag Ernst & Young (1996): Maßnahmen zur Stärkung des Exportes der Umweltindustrie (Umwelttechnik, Umweltdienstleistungen und umweltfreundliche Produkte), Studie im Auftrag des Umweltbundesamtes, o. V., o. O.

Schmalen, Helmut (1996): Grundlagen und Probleme der Betriebswirtschaft, Wirtschaftsverlag, Bachem, Köln

Schmidt, Frank (2000): Strategisches Benchmarking, Josef Eul Verlag, Lohmar, Köln

Schmidt-Bleek (1994): Wieviel Umwelt braucht der Mensch, Birkhäuser Verlag, Berlin, Basel, Boston

Schmiedel-Blumenthal, Philipp (2001): Entwicklung eines ganzheitlichen Wissensmanagements zur erfolgreichen Umsetzung von industriellen Innovationen, Josef Eul Verlag, Lohmar, Köln

Schneidewind, Uwe (2000): Strukturpolitik von Unternehmen im globalen Kontext, in Fichter, Klaus; Schneidewind, Uwe (Hrsg.): Umweltschutz im globalen Wettbewerb, Springer Verlag, Berlin, Heidelberg, S. 237-250

Schneidewind, Uwe; Fichter, Klaus (2000): Neue Spielregeln für die grenzenlose Ökonomie: Eine Einleitung, in Fichter, Klaus; Schneidewind, Uwe (Hrsg.): Umweltschutz im globalen Wettbewerb, Springer Verlag, Berlin, Heidelberg, S. 1-11

Scholz, Christian (1992): Effektivität und Effizienz, organisatorische, in Frese, Erich (Hrsg.): Enzyklopädie der Betriebswirtschaftslehre, Handwörterbuch der Organisation (Bd. 2), J.B. Metzlersche Verlagsbuchhandlung und Carl Ernst Poeschel Verlag GmbH, Stuttgart, Sp. 533-552

Schrader, Stephan (1990): Zwischenbetrieblicher Informationstransfer: eine empirische Analyse kooperativen Verhaltens, Duncker & Humblot, Berlin

Schröder, Ernst F. (1996): Modernes Unternehmenscontrolling, Friedrich Kiehl Verlag GmbH, Ludwigshafen (Rhein)

Schuldt, Nicola (2000): Umweltpolitik im Transformationsprozess, in Zeitschrift für Umweltpolitik & Umweltrecht, 3/2000, S. 369-392

Schulte, Christof (1996): Lexikon des Controllings, R. Oldenbourg Verlag, München, Wien

Schulz, Klaus (1998): Betriebliches Umweltschutzengagement, Gabler Verlag, Wiesbaden

Schumann, Jochen (1986): Grundzüge der mikroökonomischen Theorie, Springer Verlag, Berlin, Heidelberg

Schwarze, Jochen (1988): Grundlagen der Statistik I, Herne Verlag, Berlin

Seidel, Eberhard (1985): Betriebsökonomische Effizienzindikatoren, Dokumentation erweiterter Wirtschaftlichkeitsverfahren, o. V., o. O.

Seidel, Eberhard (Hrsg.) (1999): Betriebliches Umweltmanagement im 21. Jahrhundert, Springer Verlag, Berlin, Heidelberg

Seidel, Eberhard; Menn, Heiner (1991): Ökologisch orientierte Betriebswirtschaft, in Seidel, Eberard; Strebel, Heinz (Hrsg.): Umwelt und Ökonomie, Gabler Verlag, Wiesbaden, S. 151-177

Seidel, Eberhard; Strebel, Heinz (Hrsg.) (1991): Umwelt und Ökonomie, Reader zur ökologieorientierten Betriebswirtschaftslehre, Gabler Verlag, Wiesbaden

Seidel, Eberhard; Weber, Frank M. (1998): Die EMAS-Praxis in Deutschland, in UmweltWirtschaftsForum 1/98, S. 22-27

Seidler, Christina; Peschke, Gerd (2002): Umweltsystemwissenschaftliche Grundlagen des Umweltmanagements, in Kramer, Matthias; Urbaniec, Maria (Hrsg.): Umweltschutz als betriebliches Entscheidungsproblem, erscheint demnächst, S. 7-43

Seifert, Eberhard, K. (1998): Nachhaltige Entwicklung und Agenda 21 – Herausforderung für Wissenschaft, Politik und Wirtschaft, in Winter, Georg (Hrsg.): Das umweltbewußte Unternehmen, Verlag Franz Vahlen, München, S. 21-31

Sell, Axel (1994): Internationale Unternehmenskooperationen, R. Oldenbourg Verlag, München, Wien

Siedenbiehl, Georg (1997): Internationales Management, Fortis Verlag FH, Köln

Sietz, Manfred (2000): EMAS II – Mehr als ein neues Logo, in Unternehmen&Umwelt, 1/00, S. 20-21

Sommer, Jerzy; Rotko, Jerzy (1999): Umweltrechtsprechung in Polen - aktueller Stand und künftige Entwicklungen, in Kramer, Matthias; Brauweiler, Hans-Christian (Hrsg.): Internationales Umweltrecht, Gabler Verlag, Wiesbaden, S. 49-63

Spendolini, Michael J. (1992): The Benchmarking Book, amacom, New York

Stadt Esslingen (Hrsg.) (2001): ÖKOPROFIT Esslingen 2001, Bechtle Verlag & Druck, Esslingen

Stadt Kempten (Hrsg.) (o. J.): ÖKOPROFIT Kempten 1999/2000, Offsetdruck + Fotosatz G. Feldmeier, Kempten

Stadt Mainz (Hrsg.) (2001): ÖKOPROFIT Mainz 2001, Druckzentrum Lang, Mainz

Stadtplanungsamt Hamm (Hrsg.) (o. J.): Auszeichnung Hammer ÖKOPROFIT Betriebe 2000/2001, Griebsch & Rochol Druck GmbH, Hamm

Stahlmann, Volker (1994): Umweltverantwortliche Unternehmensführung, Aufbau und Nutzen eines Öko-Controlling, C. H. Beck Verlag, München

Statistisches Bundesamt (1993a): Fachserie Umwelt Nr. 19, Reihe 1.2 Abfallbeseitigung im Produzierenden Gewerbe und in Krankenhäusern, Metzler-Poeschel, Wiesbaden

Statistisches Bundesamt (1993b): Statistisches Jahrbuch 1993, Metzler-Poeschel, Wiesbaden

Statistisches Bundesamt (1994): Statistisches Jahrbuch 1994, Metzler-Poeschel, Wiesbaden

Statistisches Bundesamt (1995): Statistisches Jahrbuch 1995, Metzler-Poeschel, Wiesbaden

Statistisches Bundesamt (1996): Statistisches Jahrbuch 1996, Metzler-Poeschel, Wiesbaden

Statistisches Bundesamt (1997): Statistisches Jahrbuch 1997, Metzler-Poeschel, Wiesbaden

Statistisches Bundesamt (1998): Statistisches Jahrbuch 1998, Metzler-Poeschel, Wiesbaden

Statistisches Bundesamt (1999a): Statistisches Jahrbuch 1999, Metzler-Poeschel, Wiesbaden

Statistisches Bundesamt (1999b): Statistisches Jahrbuch für das Ausland 1999, Metzler-Poeschel, Wiesbaden

Statistisches Bundesamt (2000a): Statistisches Jahrbuch 2000, Metzler-Poeschel, Wiesbaden

Statistisches Bundesamt (2000b): Statistisches Jahrbuch für das Ausland 2000, Metzler-Poeschel, Wiesbaden

Statistisches Bundesamt (2001a): Bruttowertschöpfung nach Wirtschaftsbereichen 1991-1999, Sonderaufstellung, Wiesbaden

Statistisches Bundesamt (2001b): Mikrozensen Verarbeitendes Gewerbe 1991-1999, Sonderaufstellung Bonn

Statistisches Bundesamt (Hrsg.) (1979): Systematisierung der Wirtschaftszweige, Ausgabe 1979, Fassung für die Statistik des Produzierenden Gewerbes (SYPRO), Wiesbaden

Statistisches Bundesamt (Hrsg.) (1993): Klassifikation der Wirtschaftszweige, Ausgabe 1993 (WZ 93), Wiesbaden

Steger, Ulrich (1993): Umweltmanagement, Gabler Verlag, Wiesbaden

Steger, Ulrich (2000): Umweltmanagementsysteme - Erfahrungen und Perspektiven, in ZfU 4/2000, S. 467-507

Steger, Ulrich (Hrsg.) (1992): Handbuch des Umweltmanagements, C. H. Beck Verlag, München

Stegmüller, Wolfgang (1970): Das Problem der Kausalität, in Krüger, Lorenz (Hrsg.): Kenntnisprobleme der Naturwissenschaften, Kiepenheuer & Witsch, Köln, Berlin

Strebel, Heinz (1980): Umwelt und Betriebswirtschaft, Erich Schmidt Verlag, Berlin

Suchánek, Zdeněk (1997): Einführung des Umweltmanagements in Form der EMS-Normen, des Programms EMAS und des Programms „Responsible Care – Verantwortliches Unternehmerverhalten in der Chemie in der tschechischen Industrie, in o. V.: Wirtschaft und Handel in der Tschechischen Republik, 10/1997, S. 13-14

Surmacz, Wojciech (2001): Software przyspiesza certifikację firmy, in Puls Biznesu, Wyniki spółek – Raporty kwartalne spółek publicznych, 13 listopada 2001

Szafraniec, Marek (2002): Resultate und Leistungen des Polnischen CP-Programms, in Kramer, Matthias et al. (Hrsg.): Grundlagen eines ganzheitlichen Managements, S. 339-350, erscheint demnächst

Tay, Joo-Hwa (1996): Cleaner Production for Electroplating Industry, in Misra, Krishna B. (Ed.): Clean Production, Environmental and Economic Perspectives, Springer Verlag, Berlin, Heidelberg, S. 255-277

Tews, Kerstin (1999): EU-Erweiterung und Umweltschutz: umweltpolitische Koordination zwischen EU und Polen, Leipziger Universitätsverlag GmbH, Leipzig

The Regional Environmental Centre; Czech Environmental Management Centre (1998): The state of the environmental management in 11 countries of Central and Eastern Europe, Prague Verlag, Prague

Thimme, Peter M. (1998): Der Wettbewerb zwischen EG-Öko-Audit-Verordnung und DIN ISO 14.001, in Doktoranden-Netzwerk Öko-Audit e. V. (Hrsg.): Umweltmanagementsysteme zwischen Anspruch und Wirklichkeit, Springer Verlag, Berlin, Heidelberg, S. 265-285

Thoenes, Hans Willi (1995): Technischer Umweltschutz, in Junkernheinrich, Marin; Klemmer, Paul; Wagner, Gerd Rainer (Hrsg.): Handbuch zur Umweltökonomie, Analytika Verlag, Berlin, S. 241-245

Thommen, Jean-Paul; Achleitner, Ann-Kristin (1998): Allgemeine Betriebswirtschaftslehre, Gabler Verlag, Wiesbaden

Tischler, Klaus (1998): Betriebliches Umweltmanagement als Lernprozess, Peter Lang Verlag, Frankfurt am Main

Tóth, Gergely (2001): The ISO 14001 Speedometer - a new tool to asses country ranking in ISO 14001 certifictations, 2001, beziehbar über: gergelytoth@mail.neti.hu

Troge, Andreas (2000): Schritte zu einer nachhaltigen Weltumweltordnung, in Fichter, Klaus; Schneidewind, Uwe (Hrsg.): Umweltschutz im globalen Wettbewerb, Springer Verlag, Berlin, Heidelberg, S. 15-21

Trommsdorff, Volker; Schuchardt, Christian A. (1998): Transformation osteuropäischer Unternehmen, Gabler Verlag, Wiesbaden

Tucher von Simmelsdorf, Friedrich W. Frhr. (2000): Benchmarking von Wissensmanagement, Gabler Verlag, Wiesbaden

Ulrich, Peter (1998): Organisationales Lernen durch Benchmarking, Gabler Verlag, Wiesbaden

Umweltbundesamt (Hrsg.) (1997): Umweltschutz und Beschäftigung, o. V., Berlin

Umweltbundesamt (Hrsg.) (1998a): Umweltmanagement in der Praxis, Teilergebnisse des Forschungsvorhabens (Teile I bis III) zur Vorbereitung der 1998 vorgesehenen Überprüfung des gemeinschaftlichen Öko-Audit-Systems, Texte 29/98, o. V., Berlin

Umweltbundesamt (Hrsg.) (1998b): Umweltmanagement in der Praxis, Teilergebnisse des Forschungsvorhabens (Teile V und VI) zur Vorbereitung der 1998 vorgesehenen Überprüfung des gemeinschaftlichen Öko-Audit-Systems, Texte 52/98, o. V., Berlin

Umweltbundesamt (Hrsg.) (1999): EG-Umweltaudit in Deutschland, Erfahrungsbericht 1995-1998, o. V., Berlin

Umweltbundesamt (Hrsg.) (2000): Wege zum technischen Umweltschutz, Verlag Kohlhammer Stuttgart, Berlin

Umweltbundesamt (Hrsg.) (2001): Daten zur Umwelt 2000, Erich Schmidt Verlag, Berlin

Umweltbundesamt; Statistisches Bundesamt (1998): Umweltdaten Deutschland 1998, Erich Schmidt Verlag, Berlin

UNEP; CP (Hrsg.) (o. J.): Cleaner Production: A Guide to Information Sources, 4 th Edition, PDF unter http://www.uneptie.org/pc/dp/network/cp_worldwide.htm

United Nations Industrial Development Organization (1997): National Cleaner Production Centres - Case Studies, REMAprint, Wien

United States Environmental Protection Agency (1992): Facility Pollution Prevention Guide, o. V., Washington

Urbaniec, Maria; Kramer, Matthias (2000): Der Umwelttechnikmarkt in Polen, in Kramer, Matthias; Wagner, Robert (Hrsg.): Umweltintegrierte Konzepte und Technologien in Mittel- und Osteuropa, Gabler Verlag, Wiesbaden, S. 28-47

Vogel, Friedrich (1992): Beschreibende und schließende Statistik, R. Oldenbourg Verlag, München, Wien

Volk, Renate (2000): Auf dem Weg zum Nachhaltigkeitspakt, in Unternehmen&Umwelt, 1/00, S. 21

Vollmuth, Hilmar J. (1994): Controlling-Instrumente von A-Z, WRS Verlag Wirtschaft, Recht und Steuer GmbH & Co, Planegg/München

Volodin, Igor (1997): The UNIDO/UNEP NCPC Programme with Emphasis on Demonstration Projekts, in o.V.: Environmental Management in the Baltic Sea Region, Drukarnia Misiuro, Gdansk, S. 66-75

Voss, Gerhard (1993): Strategie zu ökologischen Sanierung Osteuropas, in Institut der deutschen Wirtschaft Köln: Osteuropa auf dem Weg in die Marktwirtschaft, Deutscher Instituts-Verlag, Köln, S. 147-161

Wagner, Gerd Rainer (Hrsg.) (1993): Betriebswirtschaft und Umweltschutz, Schäffer-Poeschel Verlag, Stuttgart

Wasmer, René (2001): Umweltmanagement gemäß der ISO 14000er-Reihe und die SQS-Zertifizierung, in Scholz, Roland W. (HRSG.): Erfolgskontrolle von Umweltmaßnahmen, Springer Verlag, Berlin, Heidelberg, S. 45-61

Watson, Gregory H. (1993): Benchmarking: vom Besten lernen, Verlag moderne industrie, Landsberg/Lech

Wätzold, Frank; Bültmann, Alexandra; Eames, Malcolm; Lulofs, Kris; Schucht, Simone (2001): EMAS and regulatory relief in Europe: Lessons from national experience, in European Environment 11/2001, S. 37-48

Weber, Martin (1992): Nutzwertanalyse, in Frese, Erich (Hrsg.): Handwörterbuch der Organisation, J. B. Metzlersche Verlagsbuchhandlung und Carl Ernst Poeschel Verlag GmbH, Stuttgart 1992, Sp. 1435-1448

Weizsäcker, Ernst, Ulrich; Lovins, Amory B.; Lovins, L. Hunter (1997): Faktor Vier, Droemersche Verlagsanstalt Th. Knaur Nachf., München

Welfens, Maria J. (1993): Umweltprobleme und Umweltpolitik in Mittel- und Osteuropa, Physica-Verlag, Heidelberg

Welfens, Paul J. J.; Jungmittag, Andre (2001): Die Integration Osteuropas in die EU, in WiST, Heft 2, Februar 2001, S. 87-92

Welge, Martin K.; Holtbrügge, Dirk (2000): Wissensmanagement in Multinationalen Unternehmungen – Ergebnisse einer empirischen Untersuchung, in zfbf 8/2000, S. 762-777

Welge, Martin, K.; Holtbrügge, Dirk (1998): Internationales Management, Verlag moderne industrie, Landsberg/Lech

Wicenec, Christian (1998): Öko-Audit: Umwelterklärungen in der Praxis, Kölner Texte und Thesen Nr. 45, Institut der Deutscher Wirtschaft Köln, Instituts-Verlag, Köln

Wicht, Hans-Jürgen (2000): Was ändert sich im Unternehmen durch EMAS II?, in ForUM, 2/2000, S. 19-22

Wicke, Lutz; Haasis, Hans-Dietrich; Schafhausen, Franzjosef; Schulz, Werner (1992): Betriebliche Umweltökonomie, Verlag Franz Vahlen, München

Wildemann, Horst (2001): Wissensmanagement und Unternehmenserfolg: Erfolgspotentiale, Einführungsstrategien und Organisation des Wissensmanagements, in Haasis, Hans-Dietrich; Kriwald, Torsten (Hrsg.): Wissensmanagement in Produktion und Umweltschutz, Springer Verlag, Berlin, Heidelberg, S. 21-44

Winter, Georg (1997): Ökologische Unternehmensentwicklung, Springer Verlag, Berlin, Heidelberg

Winter, Georg (1998): Umweltorientierte Unternehmensführung nach Integriertem System – das Winter-Modell, in Winter, Georg (Hrsg.): Das umweltbewußte Unternehmen, Verlag Franz Vahlen, München, S. 211-222

Wirtschafts- und Beschäftigungsförderung Dortmund (Hrsg.) (o. J.): Dortmunder ÖKOPROFIT-Betriebe, Auszeichnung 2001/2002, Druckerei Rühmer, Schwerte

Wöhe, Günter (1990): Einführung in die Allgemeine Betriebswirtschaftslehre, Verlag Franz Vahlen, München

Woll, Artur (1990): Allgemeine Volkswirtschaftslehre, Verlag Franz Vahlen, München

Woll, Artur (Hrsg.) (1991): Wirtschaftslexikon, R. Oldenbourg Verlag, München, Wien

World Business Council for Sustainable Development (o. J.): Eco-Efficiency and Cleaner Production, o. V., Conches, Geneva

Wrona, Thomas (1999): Globalisierung und Strategien der vertikalen Integration, Gabler Verlag, Wiesbaden

Wruk, Hans-Peter (2001): Was EMAS II bringt, in Unternehmen & Umwelt, 1/2001, S. 24

Zabel, Hans-Ulrich (1994): Wirtschaft und Umwelt - Systembetrachtung unter Erfolgsgesichtspunkten, in Kreikebaum, Hartmut; Seidel, Eberhard; Zabel, Hans-Ulrich (Hrsg.): Unternehmenserfolg durch Umweltschutz, Gabler Verlag, Wiesbaden, S. 1-29

Zimmermann, Frank; Bothmer, Dietmar (2000): Die Emissionssituation im Schwarzen Dreieck gestern – heute – übermorgen, in Freistaat Sachsen, Landesamt für Umwelt und Geologie (Hrsg.): Abschlußveranstaltung OMKAS, APRESYS Informations-Systeme GmbH, Dresden, S. 15-22

Zschiedrich, Harald (2000): Strategische Ost-West-Wertschöpfungspartnerschaften, in Osteuropa-Wirtschaft, 4/2000, S. 329-393

Zschiedrich, Harald (2001): Direktinvestitionen als Hoffnungsträger im EU-Beitrittsprozess mittelosteuropäischer Wirtschaften, in Osteuropa-Wirtschaft, 3/2001, S. 205-216

GPSR Compliance

The European Union's (EU) General Product Safety Regulation (GPSR) is a set of rules that requires consumer products to be safe and our obligations to ensure this.

If you have any concerns about our products, you can contact us on ProductSafety@springernature.com

In case Publisher is established outside the EU, the EU authorized representative is:

Springer Nature Customer Service Center GmbH
Europaplatz 3
69115 Heidelberg, Germany

Batch number: 10815964

Printed by Printforce, the Netherlands